OPTICAL FIBER
COMMUNICATIONS TECHNOLOGY
2ND EDITION

光纤通信技术
第2版

原荣 编著

机械工业出版社
CHINA MACHINE PRESS

本书是在作者编著的《光纤通信技术》的基础上，根据光纤通信技术的最新进展，更新扩容、归纳整理并重新编写的。

全书共分为11章，第1章概述了光纤通信的发展史、技术进展和光纤通信技术的基础知识；第2~6章介绍了光纤光缆、光无源/有源器件、光发射/接收和放大；第7~8章阐述了信道编码、信道复用和光调制、电复用/光复用和相干光纤通信系统、高速光纤通信关键技术及系统；第9章阐述了光纤通信系统光信噪比、Q参数预算及技术设计；第10章介绍了无源光网络接入技术；第11章简述了常用的光纤通信测量仪器以及光纤特性、光纤系统和器件指标测试技术。

本书的名词术语索引与书中章节对应，方便查阅，对从事光纤通信器件制造、系统研究教学、规划设计、管理维护的专业人员来说，是非常有用的参考书。

本书可供通信及有关专业学生使用，也可作为培训教材使用。本书免费提供习题题解和电子课件，欢迎使用本书作为教材的教师登录 www.cmpedu.com 免费注册、审核后下载，或联系编辑索取（QQ：2446305805，电话：010-88379745）。

图书在版编目（CIP）数据

光纤通信技术/原荣编著．—2版．—北京：机械工业出版社，2020.8
（2025.1重印）
ISBN 978-7-111-66121-4

Ⅰ.①光…　Ⅱ.①原…　Ⅲ.①光纤通信　Ⅳ.①TN929.11

中国版本图书馆CIP数据核字（2020）第126788号

机械工业出版社（北京市百万庄大街22号　邮政编码100037）
策划编辑：李馨馨　责任编辑：李馨馨　秦　菲
责任校对：张艳霞　责任印制：郜　敏
中煤（北京）印务有限公司印刷

2025年1月第2版·第3次印刷
184mm×240mm·30印张·739千字
标准书号：ISBN 978-7-111-66121-4
定价：146.00元

电话服务　　　　　　　　　　　网络服务
客服电话：010-88361066　　　机　工　官　网：www.cmpbook.com
　　　　　010-88379833　　　机　工　官　博：weibo.com/cmp1952
　　　　　010-68326294　　　金　书　网：www.golden-book.com
封底无防伪标均为盗版　　　机工教育服务网：www.cmpedu.com

前　言

1966 年，英籍华人高锟发表了关于通信传输新介质的论文，指出利用玻璃纤维进行信息传输的可能性和技术途径，从而奠定了光纤通信的基础。在此后短短的 50 多年中，光纤损耗由当时的 3000 dB/km 已经降低到目前的 0.151 dB/km。在光纤损耗降低的同时，光纤通信用光源、探测器和无源/有源器件，无论是分立元件，还是集成器件都取得了突破性的进展。自 20 世纪 70 年代中期以来，光纤通信的发展速度之快令人震惊，可以说没有任何一种通信方式可以与之相比拟，光纤通信已成为所有通信系统的最佳技术选择。

目前，无论电信骨干网还是用户接入网，无论陆地通信网还是海底光缆网，无论看电视还是打电话，光纤无处不在、无时不用，光纤传输随时随地都能碰到。所以，对于从事信息技术的人员来讲，了解光纤通信技术是至关重要的。

近年来，光纤通信已进入了基于 WDM+EDFA/Raman 光中继放大+偏振复用/相干检测技术的第 4 代光纤通信时代。目前，100G 系统已成熟商用并规模部署，电信运营商和设备厂商正在积极推动 400G 系统的试验和部署，相关标准化工作也取得了阶段性进展。400G WDM 传输技术势必将在下一代高速光纤通信系统中应用。

本书再版除保留了第 1 版的大部分内容外，也根据光纤通信技术的最新进展，删除了读者熟知、内容陈旧或技术仍不成熟的内容，增加了部分技术成熟、实用的内容，经更新扩容、归纳整理并重新编写。

第 1 章　光纤通信基础，由原来的"光纤通信概述"修改而来，删除了第 1 版的"光纤通信优点"，将"平板介质波导"修改为"一维（$\varphi=0$）光纤波导"，并放在第 2 章叙述，更新扩容了"光纤通信技术发展"，增加了"ITU-T 光传输网（OTN）的最新进展"。

第 2 章　光纤和光缆，将光纤传输原理归纳整理为"光线理论分析传输条件——全反射和相干""光线理论分析光纤模式""导波理论分析光纤模式"3 节，增加了"改变光纤结构、设计不同光纤""超低损耗光纤选择"和"海底光缆分类及性能"3 节。

第 3 章　光纤通信无源器件，删除了第 1 版的"棱镜复用/解复用器""波长转换器""尼科耳棱镜———一种起偏器""渥拉斯顿棱镜———一种偏振分束器""阵列波导光栅滤波器""可重构光分插复用器""波长选择交换可重构光分插复用器"7 节。将第 1 版中4.4.3 节中的"阵列波导光栅（AWG）工作原理"与本章 AWG 器件归纳汇总在一起，单独构成 3.8 节。

第 4 章　光发射及光调制，重新编写了"波长可调半导体激光器"，删除了第 1 版的"AWG 多频激光器"和"高速光发射机"，增加了"光纤激光器"和"先进的光调制技术"。

第 5 章　光探测及光接收，重新编写了 5.5 节，突出了接收机 BER、Q 参数和 SNR。

第 6 章　光放大器，增加了"光纤拉曼放大器等效开关增益和有效噪声指数""L 波段 EDFA 及 C+L 波段应用"和"混合使用拉曼放大和 C+L 波段 EDFA"3 节。

第 7 章　光纤通信系统，删除了第 1 版中前景不明的光时分复用、光码分复用和光孤子通信系统。增加了已实用化的高速系统关键技术——偏振复用。将第 1 版中的"高速光纤传输系统"（7.6 节）和"光纤传输系统色散补偿和管理"（7.7 节）抽出，并入新增加的"第 8 章　高速光纤通信"。考虑到第 8 章将对偏振复用相干检测系统进行介绍，所以也删除了第 1 版中"相干实验系统"。增加了"正交频分复用（OFDM）光纤传输系统——4G、5G 移动通信基础"。

第 8 章　高速光纤通信，这是新增加的 1 章，其中"前向纠错"是在原有基础上，根据最新标准编写而成；8.7 节"系统色散补偿和管理"是在第 1 版 7.7 节的基础上，删减归纳整理、并增加了实用化的"光纤色散管理技术"和"光子晶体光纤（PCF）补偿"2 节；其余内容，如"数字信号处理（DSP）""增益均衡""奈奎斯特脉冲整形及其系统""100 Gbit/s/400 Gbit/s 超长距离 DWDM 系统""射频信号光纤传输（RoF）"和"海底光缆通信系统"均为新增内容。

第 9 章　光纤通信系统设计，在原第 8 章基础上，经增删、归纳整理、扩充而成，增加"系统设计概述""光纤通信系统 OSNR 和 Q 参数""Q 参数和 OSNR 预算"；在光功率预算中，增加"无中继放大系统功率预算"；删除第 1 版中"带宽设计"和"单信道光纤通信系统设计"2 节；增加"光中继/无中继系统技术设计考虑""光中继间距设计"等内容；汇总、归纳整理功率代价因素；增加 G.694.1 DWDM 信道中心频率和灵活频栅建议；重新编写"网络管理"。

第 10 章　无源光网络接入技术，根据 2016 年颁布的 ITU-T G.987.2 建议，增加了 XG-PON（10 Gbit/s PON）的内容。

第 11 章　光纤通信仪器及测试，增加了"相干光时域反射仪（C-OTDR）"和"系统 Q 参数测量"2 节。

为了适合不同层次读者的使用，本书特地在介绍一个现象或器件的原理前，尽量把一些通俗易懂、日常生活中经常会碰到的现象辅以插图，简单明了地加以说明。例如，对光纤通信发展史、光反射/折射、衍射/干涉、双折射和各种光调制方式，都从直观明了、通俗易懂的角度用图说明。在解释光的干涉现象时，先用看得见、摸得着的两列水波的干涉和一根被夹紧弦线的振动来说明，然后再引出与此类似但抽象的光波干涉。在介绍光纤的各种损耗和受激发射导致光放大时，均用图形象地说明。

为了增加本书的知识性和趣味性，启发读者的创新精神，培养青年读者刻苦求学的精神，本书插入了一些二维码内容，介绍对光学和光电子学做出杰出贡献的科学家们的科学发明过程、励志求学故事，以及知识扩展、深度阅读等内容。

本书技术先进实用，内容浅显易懂、前后连贯，原理上一脉相通，比如在第1章，介绍了平面电磁波，提到"光波在给定时间被一定的距离分开的两点间存在的相位差"这一概念很重要，提醒读者要记住，因为以后经常会用到。果然，后文在介绍马赫-曾德尔（M-Z）干涉仪构成的滤波器、复用/解复用器和调制器，由AWG构成的波分复用/解复用器、光分插复用器，以及电光效应调制器、热电效应光开关等知识点时，它们的工作原理均用到这一相位差的概念，并使用式（1.2.8）。本书最后给出详尽的名词术语索引，读者在阅读和实际工作中，可以根据需要通过关键字（已给出所在章节的位置）查找到系统设计和工程计算所需要的内容、数据、图表和公式。从某种意义上说，本书就像一本光纤通信技术手册。

对于一般的读者，即使以前没有光纤通信的背景知识，只要从头读起，也能理解本书的内容，使你对光纤通信有所了解，因为本书以通俗化的方式、从概念和基础知识讲起，前后又有连贯性和条理性。对于已具有光纤通信背景知识的读者，根据各自的实际需要通读或挑选其中一些内容阅读。

为了满足教学需要，本书免费提供习题题解和电子课件，有需要的读者可和责任编辑联系。

衷心感谢机械工业出版社李馨馨编辑和秦菲编辑为本书再版所做出的贡献！

因作者水平所限，书中难免存在遗漏或错误之处，敬请读者指正。

原 荣

目　　录

前言
第1章　光纤通信基础 ···················· 1
  1.1　光纤通信技术发展 ···················· 1
    1.1.1　光通信发展史 ···················· 1
    1.1.2　高速光纤通信系统进展 ···················· 7
    1.1.3　ITU-T 光传输网（OTN）的最新进展 ···················· 9
  1.2　光波基础 ···················· 13
    1.2.1　光的本质——波动性和粒子性 ···················· 13
    1.2.2　均匀介质中的光波——光是电磁波 ···················· 16
  1.3　光的传播特性 ···················· 18
    1.3.1　光的反射、折射和全反射——光纤波导传输光的基础 ···················· 18
    1.3.2　光的干涉和衍射——激光器和滤波器基础 ···················· 21
    1.3.3　光的偏振——偏振复用基础 ···················· 29
    1.3.4　光的双折射——$LiNbO_3$调制器、延迟片及偏振分光器基础 ···················· 31
    1.3.5　TE 模、TM 模和 HE 模 ···················· 33
  复习思考题 ···················· 34
  习题 ···················· 35
第2章　光纤和光缆 ···················· 36
  2.1　光纤结构和类型 ···················· 36
    2.1.1　多模光纤 ···················· 36
    2.1.2　单模光纤 ···················· 39
    2.1.3　超低损耗光纤 ···················· 41
    2.1.4　光纤制造工艺 ···················· 42
  2.2　光纤传输原理 ···················· 43
    2.2.1　光线理论分析传输条件——全反射和相干 ···················· 43
    2.2.2　光线理论分析光纤传输模式 ···················· 44
    2.2.3　导波理论分析光纤传输模式 ···················· 49
    2.2.4　单模光纤的基本特性 ···················· 53

2.3 光纤传输特性 ……………………………………………………… 54
　2.3.1 衰减 …………………………………………………………… 54
　2.3.2 色散 …………………………………………………………… 56
　2.3.3 光纤比特率 …………………………………………………… 62
　2.3.4 光纤带宽 ……………………………………………………… 63
　2.3.5 非线性光学效应 ……………………………………………… 64
2.4 单模光纤的进展和应用 ……………………………………………… 65
　2.4.1 改变光纤结构、设计不同光纤 ……………………………… 65
　2.4.2 G.652 标准单模（SSM）光纤 ……………………………… 66
　2.4.3 G.653 色散位移光纤（DSM）光纤 ………………………… 66
　2.4.4 G.654 截止波长位移单模光纤 ……………………………… 66
　2.4.5 G.655 非零色散位移光纤（NZ-DSF）……………………… 67
　2.4.6 G.656 宽带非零色散位移光纤（WNZ-DSF）……………… 67
　2.4.7 G.657 接入网用光纤 ………………………………………… 69
　2.4.8 正负色散光纤和色散补偿光纤（DCF）…………………… 71
2.5 光纤的选择 …………………………………………………………… 73
　2.5.1 一般光纤选择 ………………………………………………… 73
　2.5.2 超低损耗光纤选择 …………………………………………… 74
2.6 光缆 …………………………………………………………………… 75
　2.6.1 对光缆的基本要求 …………………………………………… 75
　2.6.2 光缆结构和类型 ……………………………………………… 76
　2.6.3 海底光缆分类及性能 ………………………………………… 78
复习思考题 …………………………………………………………………… 81
习题 …………………………………………………………………………… 81

第3章　光纤通信无源器件 ………………………………………………… 83
3.1 光连接器 ……………………………………………………………… 83
　3.1.1 活动连接器结构和特性 ……………………………………… 83
　3.1.2 连接损耗 ……………………………………………………… 84
　3.1.3 光接头 ………………………………………………………… 85
3.2 光耦合器 ……………………………………………………………… 86
　3.2.1 光方向耦合器 ………………………………………………… 86
　3.2.2 熔拉双锥星形耦合器 ………………………………………… 88
　3.2.3 单纤双向光耦合器 …………………………………………… 89
3.3 可调谐光滤波器 ……………………………………………………… 90

3.3.1 法布里–珀罗（F–P）滤波器 ⋯⋯⋯⋯⋯⋯⋯⋯⋯⋯⋯⋯⋯⋯⋯ 91

3.3.2 马赫–曾德尔（M–Z）滤波器 ⋯⋯⋯⋯⋯⋯⋯⋯⋯⋯⋯⋯⋯⋯ 94

3.3.3 布拉格（Bragg）光栅滤波器 ⋯⋯⋯⋯⋯⋯⋯⋯⋯⋯⋯⋯⋯⋯ 95

3.4 波分复用/解复用器 ⋯⋯⋯⋯⋯⋯⋯⋯⋯⋯⋯⋯⋯⋯⋯⋯⋯⋯⋯⋯⋯⋯ 98

3.4.1 衍射光栅解复用器 ⋯⋯⋯⋯⋯⋯⋯⋯⋯⋯⋯⋯⋯⋯⋯⋯⋯⋯⋯ 98

3.4.2 马赫–曾德尔（M–Z）干涉滤波复用/解复用器 ⋯⋯⋯⋯⋯⋯⋯ 99

3.4.3 介质薄膜干涉滤波解复用器 ⋯⋯⋯⋯⋯⋯⋯⋯⋯⋯⋯⋯⋯⋯ 100

3.5 光调制器 ⋯⋯⋯⋯⋯⋯⋯⋯⋯⋯⋯⋯⋯⋯⋯⋯⋯⋯⋯⋯⋯⋯⋯⋯⋯⋯ 102

3.5.1 电光效应和电光调制器（M–ZM） ⋯⋯⋯⋯⋯⋯⋯⋯⋯⋯⋯ 103

3.5.2 QPSK 光调制器及其在偏振复用相干检测系统中的应用 ⋯⋯⋯ 108

3.5.3 电吸收波导调制器（EAM） ⋯⋯⋯⋯⋯⋯⋯⋯⋯⋯⋯⋯⋯⋯ 110

3.6 光开关 ⋯⋯⋯⋯⋯⋯⋯⋯⋯⋯⋯⋯⋯⋯⋯⋯⋯⋯⋯⋯⋯⋯⋯⋯⋯⋯⋯ 111

3.6.1 机械式光开关 ⋯⋯⋯⋯⋯⋯⋯⋯⋯⋯⋯⋯⋯⋯⋯⋯⋯⋯⋯⋯ 111

3.6.2 电光开关 ⋯⋯⋯⋯⋯⋯⋯⋯⋯⋯⋯⋯⋯⋯⋯⋯⋯⋯⋯⋯⋯⋯ 113

3.6.3 热电效应及热光开关 ⋯⋯⋯⋯⋯⋯⋯⋯⋯⋯⋯⋯⋯⋯⋯⋯⋯ 114

3.7 光隔离器和光环形器 ⋯⋯⋯⋯⋯⋯⋯⋯⋯⋯⋯⋯⋯⋯⋯⋯⋯⋯⋯⋯⋯ 115

3.7.1 法拉第磁光效应 ⋯⋯⋯⋯⋯⋯⋯⋯⋯⋯⋯⋯⋯⋯⋯⋯⋯⋯⋯ 115

3.7.2 磁光块状光隔离器 ⋯⋯⋯⋯⋯⋯⋯⋯⋯⋯⋯⋯⋯⋯⋯⋯⋯⋯ 116

3.7.3 磁光波导光隔离器 ⋯⋯⋯⋯⋯⋯⋯⋯⋯⋯⋯⋯⋯⋯⋯⋯⋯⋯ 117

3.7.4 光环行器 ⋯⋯⋯⋯⋯⋯⋯⋯⋯⋯⋯⋯⋯⋯⋯⋯⋯⋯⋯⋯⋯⋯ 118

3.8 阵列波导光栅（AWG）工作原理及器件 ⋯⋯⋯⋯⋯⋯⋯⋯⋯⋯⋯⋯ 118

3.8.1 AWG 星形耦合器 ⋯⋯⋯⋯⋯⋯⋯⋯⋯⋯⋯⋯⋯⋯⋯⋯⋯⋯ 119

3.8.2 AWG 工作原理 ⋯⋯⋯⋯⋯⋯⋯⋯⋯⋯⋯⋯⋯⋯⋯⋯⋯⋯⋯ 120

3.8.3 AWG 光复用/解复用器 ⋯⋯⋯⋯⋯⋯⋯⋯⋯⋯⋯⋯⋯⋯⋯ 122

3.8.4 AWG 光分插复用器 ⋯⋯⋯⋯⋯⋯⋯⋯⋯⋯⋯⋯⋯⋯⋯⋯⋯ 124

3.9 光双折射器件 ⋯⋯⋯⋯⋯⋯⋯⋯⋯⋯⋯⋯⋯⋯⋯⋯⋯⋯⋯⋯⋯⋯⋯⋯ 127

3.9.1 相位延迟片和相位补偿器 ⋯⋯⋯⋯⋯⋯⋯⋯⋯⋯⋯⋯⋯⋯⋯ 127

3.9.2 起偏器和检偏器 ⋯⋯⋯⋯⋯⋯⋯⋯⋯⋯⋯⋯⋯⋯⋯⋯⋯⋯⋯ 128

3.9.3 偏振控制器 ⋯⋯⋯⋯⋯⋯⋯⋯⋯⋯⋯⋯⋯⋯⋯⋯⋯⋯⋯⋯⋯ 129

复习思考题 ⋯⋯⋯⋯⋯⋯⋯⋯⋯⋯⋯⋯⋯⋯⋯⋯⋯⋯⋯⋯⋯⋯⋯⋯⋯⋯⋯ 130

习题 ⋯⋯⋯⋯⋯⋯⋯⋯⋯⋯⋯⋯⋯⋯⋯⋯⋯⋯⋯⋯⋯⋯⋯⋯⋯⋯⋯⋯⋯⋯ 131

第4章 光发射及光调制 ⋯⋯⋯⋯⋯⋯⋯⋯⋯⋯⋯⋯⋯⋯⋯⋯⋯⋯⋯⋯⋯⋯ 132

4.1 概述 ⋯⋯⋯⋯⋯⋯⋯⋯⋯⋯⋯⋯⋯⋯⋯⋯⋯⋯⋯⋯⋯⋯⋯⋯⋯⋯⋯⋯ 132

4.2 发光机理 ⋯⋯⋯⋯⋯⋯⋯⋯⋯⋯⋯⋯⋯⋯⋯⋯⋯⋯⋯⋯⋯⋯⋯⋯⋯⋯ 133

4.2.1　发光机理概述 ………………………………… 133

4.2.2　激光器起振的阈值条件 …………………………… 136

4.2.3　激光器起振的相位条件 …………………………… 138

4.3　半导体激光器结构 …………………………………… 140

4.3.1　异质结半导体激光器 …………………………… 140

4.3.2　量子限制激光器 ………………………………… 142

4.3.3　分布反馈激光器 ………………………………… 143

4.4　波长可调半导体激光器 ……………………………… 146

4.4.1　耦合腔波长可调半导体激光器 ………………… 147

4.4.2　衍射光栅波长可调激光器 ……………………… 150

4.5　其他激光器 …………………………………………… 151

4.5.1　垂直腔表面发射激光器 ………………………… 151

4.5.2　光纤激光器 ……………………………………… 152

4.6　半导体激光器的特性 ………………………………… 155

4.6.1　半导体激光器的基本特性 ……………………… 156

4.6.2　模式特性 ………………………………………… 158

4.6.3　调制响应 ………………………………………… 159

4.6.4　半导体激光器噪声 ……………………………… 159

4.7　先进的光调制技术 …………………………………… 160

4.7.1　光调制技术原理 ………………………………… 160

4.7.2　光调制技术分类 ………………………………… 162

4.7.3　偏振复用差分正交相移键控（PM-DQPSK） …… 163

4.7.4　数/模（D/A）转换正交幅度调制（QAM） ……… 164

4.7.5　香农限制和调制技术比较 ……………………… 167

复习思考题 ………………………………………………… 168

习题 ………………………………………………………… 168

第5章　光探测及光接收 …………………………………… 170

5.1　光探测原理 …………………………………………… 170

5.1.1　响应度和量子效率 ……………………………… 170

5.1.2　响应带宽 ………………………………………… 171

5.2　光探测器 ……………………………………………… 172

5.2.1　PIN光电二极管 ………………………………… 172

5.2.2　雪崩光电二极管 ………………………………… 175

5.2.3　MSM光探测器 ………………………………… 177

　　　5.2.4　单行载流子光探测器（UTC-PD）·················· 177

　　　5.2.5　波导光探测器（WG-PD）·················· 179

　　　5.2.6　行波光探测器（TW-PD）·················· 181

　5.3　数字光接收机 ·················· 184

　　　5.3.1　光/电转换和前置放大器 ·················· 184

　　　5.3.2　线性放大 ·················· 186

　　　5.3.3　数据恢复 ·················· 186

　5.4　接收机信噪比（SNR） ·················· 187

　　　5.4.1　噪声机理 ·················· 188

　　　5.4.2　PIN 光接收机的信噪比 ·················· 188

　　　5.4.3　APD 接收机的信噪比 ·················· 190

　　　5.4.4　光信噪比（OSNR）和信噪比的关系 ·················· 191

　5.5　接收机误码率、Q 参数和信噪比 ·················· 192

　　　5.5.1　比特误码率和 Q 参数 ·················· 192

　　　5.5.2　比特误码率和 Q 参数、信噪比的关系 ·················· 194

　　　5.5.3　收发机功率代价 ·················· 196

　5.6　光接收机 ·················· 197

　　　5.6.1　光接收机性能 ·················· 197

　　　5.6.2　电子载流子（UTC）光接收机 ·················· 197

　　　5.6.3　阵列波导光栅（AWG）多信道光接收机 ·················· 198

　　　5.6.4　107 Gbit/s WG-PIN 行波放大光接收机 ·················· 199

　复习思考题 ·················· 200

　习题 ·················· 201

第 6 章　光放大器 ·················· 203

　6.1　光放大器基础 ·················· 203

　　　6.1.1　增益频谱和带宽 ·················· 204

　　　6.1.2　增益饱和 ·················· 205

　　　6.1.3　光放大器噪声 ·················· 206

　　　6.1.4　光放大器应用 ·················· 206

　6.2　半导体光放大器 ·················· 207

　　　6.2.1　半导体光放大器设计 ·················· 207

　　　6.2.2　半导体光放大器特性 ·················· 210

　　　6.2.3　半导体光放大器的应用 ·················· 211

　6.3　掺铒光纤放大器 ·················· 212

6.3.1 掺铒光纤结构和 EDFA 的构成 ·············· 212

6.3.2 EDFA 工作原理及其特性 214

6.3.3 掺铒光纤放大器的优点 ·············· 218

6.3.4 EDFA 的应用 ·············· 218

6.3.5 L 波段 EDFA 及 C+L 波段应用 ·············· 219

6.3.6 放大器级联 ·············· 221

6.4 光纤拉曼放大器 ·············· 223

6.4.1 光纤拉曼放大器的工作原理 ·············· 224

6.4.2 光纤拉曼增益和带宽 ·············· 224

6.4.3 多波长泵浦增益带宽 ·············· 225

6.4.4 光纤拉曼放大器等效开关增益和有效噪声指数 ·············· 226

6.4.5 光纤拉曼放大技术的应用 ·············· 228

6.4.6 混合使用拉曼放大和 C+L 波段 EDFA ·············· 230

复习思考题 ·············· 231

习题 ·············· 231

第 7 章 光纤通信系统 ·············· 233

7.1 光纤通信系统基础 ·············· 233

7.1.1 脉冲编码——将模拟信号变为数字信号 ·············· 233

7.1.2 信道编码——减少误码方便时钟提取 ·············· 236

7.1.3 信道复用——扩大信道容量，充分利用光纤带宽 ·············· 239

7.1.4 光调制——让光携带声音和数字信号 ·············· 240

7.2 频分复用/时分复用光纤通信系统 ·············· 243

7.2.1 频分复用（FDM）光纤传输系统 ·············· 243

7.2.2 微波副载波复用（SCM）光纤传输系统 ·············· 245

7.2.3 光纤/电缆混合（HFC）网——典型的 FDM 光纤传输系统 ·············· 250

7.2.4 正交频分复用（OFDM）光纤传输系统——4G、5G 移动通信基础 ·············· 255

7.2.5 SDH 光纤通信系统——典型的 TDM 光纤通信系统 ·············· 258

7.3 光复用光纤通信系统 ·············· 262

7.3.1 波分复用（WDM）光纤传输系统 ·············· 263

7.3.2 偏振复用（PM）光纤传输系统 ·············· 265

7.4 相干光纤通信系统 ·············· 268

7.4.1 相干检测原理 ·············· 268

7.4.2 相干解调方式 ·············· 271

7.4.3 相干系统接收 ·············· 273

复习思考题 ……………………………………………………………………………… 275
习题 ………………………………………………………………………………………… 276

第 8 章　高速光纤通信 …………………………………………………………………… 278
　8.1　前向纠错 …………………………………………………………………………… 278
　　8.1.1　前向纠错技术概述 ……………………………………………………………… 278
　　8.1.2　ITU-T 前向纠错标准和实现方法 …………………………………………… 278
　8.2　数字信号处理（DSP）……………………………………………………………… 281
　　8.2.1　DSP 在高比特率光纤通信系统中的作用 ………………………………… 281
　　8.2.2　数字信号处理技术的实现 …………………………………………………… 284
　　8.2.3　100 Gbit/s 系统数字信号处理器 …………………………………………… 286
　8.3　增益均衡 …………………………………………………………………………… 287
　　8.3.1　增益均衡的必要性和方法 …………………………………………………… 287
　　8.3.2　无源均衡器 …………………………………………………………………… 290
　　8.3.3　有源斜率均衡器 ……………………………………………………………… 291
　8.4　奈奎斯特脉冲整形及其系统 ……………………………………………………… 292
　　8.4.1　奈奎斯特脉冲整形概念 ……………………………………………………… 292
　　8.4.2　奈奎斯特发送机/接收机及其系统 ………………………………………… 294
　8.5　100G 超长距离 DWDM 系统 …………………………………………………… 295
　　8.5.1　100G 超长距离 DWDM 系统关键技术 …………………………………… 296
　　8.5.2　100G 超长距离 DWDM 系统光收发模块 ……………………………… 298
　8.6　400G 光纤通信系统 ……………………………………………………………… 300
　　8.6.1　400G 光纤通信系统技术概述 ……………………………………………… 300
　　8.6.2　单载波 400G 传输系统技术 ……………………………………………… 303
　　8.6.3　双载波 400G 传输系统技术 ……………………………………………… 303
　8.7　系统色散补偿和管理 ……………………………………………………………… 307
　　8.7.1　负色散光纤补偿 ……………………………………………………………… 307
　　8.7.2　光滤波器补偿 ………………………………………………………………… 310
　　8.7.3　啁啾光纤色散补偿 …………………………………………………………… 311
　　8.7.4　电子色散补偿——DSP 基础 ……………………………………………… 313
　　8.7.5　光子晶体光纤（PCF）补偿 ………………………………………………… 314
　　8.7.6　光纤色散管理技术 …………………………………………………………… 315
　8.8　射频信号光纤传输（RoF）……………………………………………………… 317
　　8.8.1　微波信号的光学产生 ………………………………………………………… 317
　　8.8.2　光纤传输宽带无线接入网 …………………………………………………… 321

8.9　海底光缆通信系统 ·· 323

8.9.1　海底光缆通信系统在世界通信网络中的地位和作用 ··························· 323

8.9.2　海底光缆通信系统的组成和分类 ·· 324

8.9.3　海底光缆通信系统的发展历程 ·· 325

8.9.4　连接中国的海底光缆通信系统发展简况 ··· 326

复习思考题 ··· 329

第9章　光纤通信系统设计 ·· 330

9.1　系统设计概述 ··· 330

9.1.1　系统设计总体考虑 ··· 330

9.1.2　系统结构 ·· 332

9.1.3　光纤损耗限制系统 ··· 337

9.1.4　光纤色散限制系统 ··· 338

9.2　光纤通信系统 OSNR 和 Q 参数 ··· 339

9.2.1　Q 参数与 BER 的关系 ·· 339

9.2.2　光信噪比（OSNR） ·· 340

9.2.3　Q 参数与 OSNR 的关系 ·· 341

9.3　Q 参数和 OSNR 预算 ··· 342

9.3.1　系统运行期间 Q 参数结构图 ··· 342

9.3.2　数字线路段 Q 参数预算 ··· 343

9.3.3　光中继系统 OSNR 预算 ·· 344

9.4　光纤通信系统光功率预算 ··· 346

9.4.1　低速小容量系统光功率预算 ··· 346

9.4.2　WDM 系统光功率预算 ·· 348

9.4.3　无中继放大系统功率预算 ··· 350

9.4.4　功率代价因素 ·· 352

9.5　光纤通信系统技术设计 ·· 355

9.5.1　光中继系统技术设计考虑 ··· 355

9.5.2　光中继间距设计 ··· 356

9.5.3　无中继系统技术设计考虑 ··· 358

9.6　DWDM 系统设计 ··· 359

9.6.1　中心频率、信道间隔和带宽 ··· 359

9.6.2　光放大器系统设计 ··· 362

9.6.3　网络管理 ·· 364

9.6.4　网络保护、生存和互联 ·· 367

复习思考题 ·· 368

习题 ·· 369

第10章 无源光网络接入技术 ·· 371

10.1 接入网在网络建设中的作用及发展趋势 ·· 371

10.1.1 接入网在网络建设中的作用 ·· 371

10.1.2 光接入网技术演进 ··· 372

10.1.3 三网融合——接入网的发展趋势 ··· 373

10.2 网络构成 ··· 374

10.2.1 网络结构 ··· 374

10.2.2 光线路终端（OLT） ··· 376

10.2.3 光网络单元（ONU） ··· 378

10.2.4 光分配网络（ODN） ··· 380

10.3 无源光网络（PON）基础 ·· 382

10.3.1 分光比 ··· 382

10.3.2 结构和要求 ··· 383

10.3.3 下行复用技术 ··· 384

10.3.4 上行接入技术 ··· 384

10.3.5 安全性和私密性 ··· 387

10.4 PON 接入系统 ··· 387

10.4.1 EPON 系统 ·· 387

10.4.2 GPON 系统 ·· 390

10.4.3 WDM-PON 系统 ··· 397

10.4.4 WDM/TDM 混合无源光网络 ·· 402

复习思考题 ·· 403

习题 ·· 404

第11章 光纤通信仪器及测试 ·· 406

11.1 光纤通信测量仪器 ··· 406

11.1.1 光功率计 ··· 406

11.1.2 光纤熔接机 ··· 407

11.1.3 光时域反射仪 ··· 408

11.1.4 相干光时域反射仪（C-OTDR） ··· 409

11.1.5 误码测试仪 ··· 412

11.1.6 PCM 综合测试仪 ··· 413

11.1.7 SDH 测试仪 ··· 413

11.1.8　光谱分析仪 ·· 413

11.1.9　多波长光源 ·· 414

11.1.10　光衰减器 ·· 415

11.1.11　综合测试仪 ·· 416

11.2　光纤传输特性测量 ··· 417

11.2.1　损耗测量 ·· 417

11.2.2　带宽测量 ·· 418

11.2.3　色散测量 ·· 418

11.2.4　偏振模色散测量 ·· 419

11.3　光器件参数测量 ··· 420

11.3.1　光源参数测量 ·· 420

11.3.2　探测器参数测量 ·· 421

11.3.3　无源光器件参数测量 ······································ 424

11.4　光纤通信系统指标测试 ··· 426

11.4.1　平均发射光功率和消光比测试 ·························· 426

11.4.2　光接收机灵敏度和动态范围测试 ······················ 428

11.4.3　光纤通信系统误码性能测试 ···························· 430

11.4.4　系统 Q 参数测量 ·· 430

复习思考题 ·· 431

附录 ·· 433

附录 A　电磁波频率与波长的换算 ··································· 433

附录 B　dBm 与 mW、μW 的换算 ··································· 433

附录 C　dB 值和功率比 ··· 434

附录 D　百分损耗（%）与分贝（dB）损耗换算表 ············ 435

附录 E　PDH 与 SDH 速率等级 ······································· 435

附录 F　WDM 信道 Δλ 和 Δν 的关系 ······························ 436

附录 G　物理常数 ·· 437

附录 H　系统设计参数 ·· 437

附录 I　名词术语索引 ·· 438

附录 J　二维码对应内容 ·· 456

参考文献 ·· 458

第1章 光纤通信基础

1.1 光纤通信技术发展

1.1.1 光通信发展史

1. 周幽王烽火戏诸侯——古老的光通信

什么叫光通信？光通信是利用光波作为载体来传递信息的通信。

广义地说，用光传递信息并不是什么新鲜事。早在公元前 2000 多年，我们的祖先就在都城和边境堆起一些高高的土丘，遇到敌人入侵，就在这些土丘上燃起烟火传递受到入侵的信息，各地诸侯看见烟火就立刻领兵来救援，这种土丘叫作烽火台，它就是一种古老的光通信设备。其中"周幽王烽火戏诸侯"的故事流传甚广（见图 1.1.1），昏君周幽王为了让自己的爱妃开怀一笑，在无敌情的情况下，点燃烽火令各路诸侯派兵救援。然而当真正有敌人入侵时，再一次点燃烽火时，却没人理会。

另外，夜间的信号灯、水面上的航标灯也是古老光通信的实例。

图 1.1.1　古老的光通信设备——烽火台（周幽王烽火戏诸侯）

2. 中华民族对世界光学事业的贡献

谈到中华民族对世界光学事业的贡献，可以追溯到公元前 3 世纪，我国周代就会用凹透镜向日取火，可以说是奥林匹克向日取火的鼻祖，而西方国家直到公元 13 世纪才相传有人用了 3 年时间, 用金属磨成一个凹面镜, 在太阳光下取火, 这比我国至少落后十几个世纪。还有公元前 400 年, 我国先秦时代伟大的学者墨翟在他的《墨经》里就对光的几何性质在理论上做了比较完整的论述, 它比欧几里得著的《光学》也早 100 多年。

3. 谁发明了光电话

名家故事
贝尔发明电话

1876 年, 美国人贝尔 (Bell) 发明了光电话, 他用太阳光作光源, 通过透镜 1 把光束聚焦在送话器前的振动镜片上。人的嘴对准橡胶管前面的送话口, 一发出声音, 振动镜就振动而发生变形, 引起光的反射系数发生变化, 使光强度随话音的强弱变化, 实现话音对光强度的调制。这种已调制的反射光通过透镜 2 变成平行光束向右边传送。在接收端, 用抛物面反射镜把从大气传送来的光束反射到处于焦点的硒管上, 硒的电阻随光的强弱变化, 使光信号变换为电流, 传送到受话器, 使受话器再生出声音。在这种光波系统中, 光源是太阳光, 接收器是硒管, 传输介质是大气, 如图 1.1.2 所示。1880 年使用这种光电话传输距离最远仅 213 m, 很显然这种系统没有实用价值。

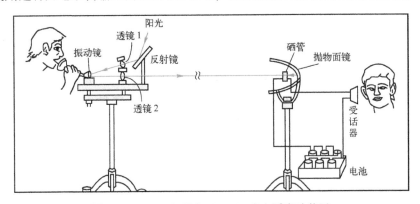

图 1.1.2 1876 年贝尔 (Bell) 光电话实验装置

4. 谁发明了激光器

名家档案
世界上第一台红宝石激光器发明者——梅曼

用灯泡作光源, 调制速度非常有限, 只能载运一路音频信号。

1960 年, 美国人梅曼 (Maiman) 发明了第一台红宝石激光器, 之后氦-氖 (He-Ne) 气体激光器、二氧化碳 (CO_2) 激光器也先后出现, 并投入实际应用, 给光通信带来了新的希望。激光 (LASER) 是取英文 Light Amplification by Stimulated Emission of Radiation 的第一个字母组成的缩写词, 意思是受激发射的光放大。这种光与燃烧木材和钨丝灯发出的光不一样, 它由物质原子结构的本质所决定, 频率很高, 超过微波频率一万倍, 也就是说它的通信容量要比微波大一万倍, 如果每个话路频带宽度为 4 kHz, 则可容纳 100 亿个话路。而且激光的频率成分单纯、方向性好、光束发散角小，几乎是一束平行的光束，所以对光通信很有吸引力。

5. 最早的光通信系统

自贝尔发明光电话后，有人又用弧光灯代替日光作为光源延长了通信距离，但还是只限于数千米。在第一次世界大战期间，曾使用弧光灯作发射机，通过声生电流对其光强进行调制；使用硅光电池作接收器，当调制后的光信号照射到硅光电池的 PN 结上时，通过光伏效应就在外电路产生变化的光电流，在晴好天气通信距离可达 8 km，如图 1.1.3a 所示。当光电管出现后，人们又用它作为接收器，将调制后的光信号还原成电信号。光电倍增管中有电压逐级提高的多级阳极，其工作原理就是利用电子多级加速发射使外电路的光生电流放大而工作的。

实验表明，用光波承载信息的大气传输进行点对点通信是可行的，但是通话的性能受空气的质量和气候的影响十分严重，不能实现全天候通信。

为了克服气候对激光通信的影响，人们把激光束限制在特定的空间内传输，因而在1960 年提出了透镜波导和反射镜波导的光波传输系统，如图 1.1.3b 和 1.1.3c 所示。这两种波导从理论上说是可行的，但是实现起来却非常困难，地上人为的活动会使地下的透镜波导变形和振动，为此必须把波导深埋或选择在人车稀少的地区使用。使用光纤的现代光纤通信系统如图 1.3.3d 所示。

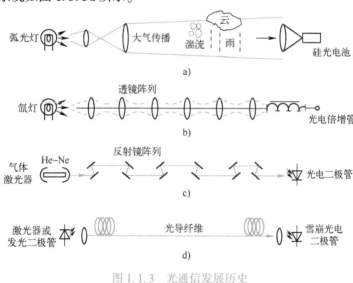

图 1.1.3　光通信发展历史

a）大气传输光通信　b）透镜波导　c）反射镜波导　d）现代光纤通信

6. 光纤是怎样传光的

大气传输容易受到天气的影响，透镜波导传输又容易受外界影响产生变形和振动，由于没有找到稳定可靠和低损耗的传输介质，所以光通信的研究曾一度走入低潮。

那么能不能找到一种介质,就像电线电缆导电那样来传光呢?

古代希腊的一位吹玻璃工匠观察到,光可以从玻璃棒的一端传输到另一端。1930 年,有人拉出了石英细丝,人们就把它称为光导纤维,简称光纤或光波导,并论述了它传光的原理。接着,这种玻璃丝在一些光学机械设备和医疗设备(如胃镜)中得到应用。

现在,为了保护光纤,在它外面包上一层塑料外衣,所以它就可以在一定程度上弯曲,而不会轻易折断。那么,光能不能沿着弯曲的光纤波导传输呢?答案是肯定的。

光纤由纤芯和包皮两层组成,它们都是玻璃,只是材料成分稍有不同。一种光纤的芯径只有 $50 \sim 100\,\mu m$,包皮直径为 $120 \sim 140\,\mu m$,所以光纤很细,比头发丝还细。假定光线对着纤维以一定入射角射入光纤,如图 1.1.4 所示,当光线传输到芯和皮的交界面上时,会发生类似镜子反射光的现象,又一次反射回来。当光线传输到光纤的拐弯处时,来回反射的次数就会增多,只要弯曲不是太厉害,光线就不会跑出光纤。光线就是这样在光纤内往返曲折地向前传输。

图 1.1.4　光线在光纤里传输的示意图

7. 光纤通信的鼻祖——高锟

看来,用光纤来导光进行光通信的问题似乎已解决了。其实问题并没有那么简单,因为用普通玻璃制成的光纤损耗很大,每千米就有 3000 dB,记作

3000 dB/km。这样的光纤,当光通过 100 m 后,它的能量就只剩下了百亿分之一了。所以,要想用光纤进行通信的关键问题是如何降低光纤的损耗。

但是到了 20 世纪 60 年代中期,情况发生了根本的变化,而且这种变化还是由一位华人引起的,他就是高锟!早在 1966 年 7 月,英籍华人高锟发表了具有历史意义的关于通信传输新介质的论文(Kao K C,Hockhem G A. Dielectric-fiber surface waveguide for optical frequency. Proc. Inst. Electr. Eng.,1966,113(7):1151)。当时他还是一个在英国 Harlow ITT 实验室工作的年轻工程师,他指出利用光导纤维进行信息传输的可能性和技术途径,从而奠定了光纤通信的基础。在高锟早期的实验中,光纤的损耗约为 3000 dB/km,他指出这么大的损耗不是石英纤维本身的固有特性,而是由材料中的杂质离子的吸收产生的,如果把材料中金属离子含量的比重降低到 10^{-6} 以下,光纤损耗就可以减小到 10 dB/km,再通过改进制造工艺,提高材料的均匀性,可进一步把光纤的损耗减小到几 dB/km。这种想法很快就变成了现实,1970 年,光纤进展取得了重大突破,美国康宁(Corning)公司成功研制损耗为 20 dB/km 的石英光纤。目前，一种超低损耗光纤在 1550 nm 波长附近的损耗仅为 0. 149 dB/km，接近了石英光纤的理论损耗极限。图 1. 1. 3d 表示目前正在应用的利用光导纤维进行光通信的示意图。

在光纤损耗降低的同时，作为光纤通信用的光源，半导体激光器也出现了，并取得了实质性的进展。1970 年，美国贝尔实验室和日本 NEC 先后成功研制出室温下连续振荡的 GaAlAs 双异质结半导体激光器，1977 年半导体激光器的寿命已达到 10 万小时，完全满足实用化的要求。

低损耗光纤和连续振荡半导体激光器的研制成功，是光纤通信发展的重要里程碑。

20 世纪 90 年代，掺铒光纤放大器（Erbium-Doped Fiber Amplifier，EDFA）的应用迅速得到了普及，用它可替代光-电-光再生中继器，同时可对多个 1. 55 μm 波段的光信号进行放大，从而使波分复用（Wavelength Division Multiplexing，WDM）系统得到普及。光通信发展的简史如表 1. 1. 1 所示。

表 1. 1. 1　光通信发展简史

古代光通信	烽火台，夜间的信号灯，水面上的航标灯，古代希腊吹玻璃工匠观察到玻璃棒可以传光
1666 年	牛顿用三角棱镜将太阳白光分解为七色彩带，并用微粒学进行了解释
1669 年	巴塞林那斯（E Bartholinus）发现光通过方解石晶体出现双折射现象
1678 年	惠更斯（Huygens）在《光论》中提出波前的每一点是产生球面次波的点波源，而以后任何时刻的波前则可看作是这些次波的包络
1801 年	托马斯·杨（Thoms Young）进行双缝干涉实验
1815 年	菲涅尔（Fresnel）利用干涉原理解释了波的衍射现象，建立了菲涅尔方程
1864 年	麦克斯韦（Maxwell）通过理论研究指出，和无线电波、X 射线一样，光是一种电磁波，光学现象实质上是一种电磁现象，光波就是一种频率很高的电磁波
1867 年	麦克斯韦证实，光的传播就是通过电场、磁场的状态随时间变化的规律表现出来。他把这种变化列成了数学方程，后来人们就叫它为麦克斯韦波动方程，这种统一电磁波的理论获得了极大的成功
1876 年	美国人贝尔（Bell）发明了光电话（光源为阳光，接收器为硅光电池，传输介质为大气）
1888 年	德国物理学家赫兹首先用人工的方法获得了电磁波，实验验证了麦克斯韦预言——光是一种电磁波
1891~1893 年	赫兹用实验方法测出了电磁波的传播速度，它和光的传播速度近似相等
1897 年	法国物理学家法布里（Fabry）和珀罗（Perot）发明了法布里-珀罗光学谐振器，奠定了激光器、滤波器和干涉仪等的理论基础
1905 年	爱因斯坦用光量子的概念，从理论上成功地解释了光电效应现象，奠定了光探测器、光伏电池和电荷耦合器件（Charge Couple Device，CCD）等的理论基础，为此，他于 1912 年获得了诺贝尔物理学奖
1915 年	威廉·布拉格（William Bragg）父子获得 1915 年诺贝尔物理学奖，以表彰他们用 X 射线对晶体结构的分析所做出的贡献。他们也是布拉格衍射方程的建立者
1929 年	科勒制成了银氧铯光阴极光电管
1930 年	1930 年，有人拉出了石英细丝，并论述了它传光的原理

（续）

1953 年	荷兰人范赫尔把一种折射率为 1.47 的塑料涂在玻璃纤维上，形成比玻璃纤维芯折射率低的套层，得到了对光线反射的单根纤维。但由于塑料套层不均匀，光能量损失太大
20 世纪 60 年代	1960 年，美国发明了第一台红宝石激光器，并进行了透镜阵列传输光的实验 1961 年，制成氦-氖（He-Ne）气体激光器 1962 年，制成砷化镓半导体激光器 1966 年，英籍华人高锟就光纤传光的前景发表了具有历史意义的论文，此时光纤损耗约为 3000 dB/km
20 世纪 70 年代	1970 年，美国康宁公司成功研制出损耗为 20 dB/km 的石英光纤 1970 年，美国贝尔实验室和日本 NEC 先后成功研制出室温下连续振荡的 GaAlAs 双异质结半导体激光器 1976 年，日本在大阪附近的奈良县开始筹建世界上第一个完全用光缆实现光通信的实验区
20 世纪 80 年代	提高传输速率，增加传输距离，大力推广应用，光纤在海底通信获得应用
20 世纪 90 年代	掺铒光纤放大器（EDFA）的应用迅速得到了普及，WDM 系统实用化
2010 年以后	偏振复用/相干检测、超强 FEC 纠错技术、DSP 色散补偿技术、先进光调制技术、奈奎斯特脉冲整形技术得到广泛应用

进入 21 世纪以来，由于多种先进的调制技术、超强前向纠错（Forward Error Correction，FEC）技术、电子色散补偿技术等一系列新技术的突破和成熟，以及有源和无源器件集成模块大量问世，出现了以 40 Gbit/s 和 100 Gbit/s 为基础的 WDM 系统的应用。

在现已安装使用的光纤通信系统中，光纤长度有的很短，只有几米长（计算机内部或机房内），有的又很长，如连接洲与洲之间的海底光缆。20 世纪 70 年代中期以来，光纤通信的发展速度之快令人震惊，可以说没有任何一种通信方式可与之相比拟。光纤通信已成为所有通信系统的最佳技术选择。由于高锟（Charles K. Kao）在开创光纤通信历史上的卓越贡献，南京紫金山天文台于 1996 年以他的名字命名了一颗小行星（编号为 3463）——"高锟星（Kaokuen）"，如图 1.1.5a 所示；1998 年国际电气工程师学会（IEE）授予他荣誉奖章。2009 年 10 月 6 日，瑞典皇家科学院又授予高锟 2009 年度诺贝尔物理学奖。

a)　　　　　　　　　　　　　　b)

图 1.1.5　光纤通信发明家高锟

a）南京紫金山天文台以高锟的名字命名了一颗小行星"高锟星（Kaokuen）"　b）高锟（1933—2018 年）

1.1.2 高速光纤通信系统进展

在光放大器带宽有限的情况下，为了扩大传输容量，科学家们从两个方向提高频谱利用率，即每单位频谱（Hz）每秒（s）传输的比特数（bit/s/Hz）。第一个方向是在发送端使用频谱整形技术，尽可能减小光信号的光谱宽度使之接近符号率（见 8.4 节），这样信道间距也就可以减小到接近符号率。第二个方向是采用每符号携带比正交相移键控（Quadrature Phase Shift Keying，QPSK）调制更多比特的多阶正交幅度调制（m-ary Quadrature Amplitude Modulation，mQAM），如 8QAM、16QAM、32QAM 甚至 64QAM（见 4.7.4 节）。8QAM 每个符号可以携带 3 bit 信息；16QAM 每个符号可以携带 4 bit 信息（见图 1.1.7）；64QAM 每个符号携带 6 bit 信息。一般来说，2^m-QAM 可以携带 $\log_2 2^m$ bit 信息。如果使用偏振复用（Polarization Multiplexed，PM），则每个符号携带的比特数加倍。

为了减小光纤衰减系数，扩大传输距离，减小非线性影响，提高光信噪比，可增大光纤有效芯径面积（见 2.1.3 节）。使用大有效芯径面积（150 μm²）光纤和偏振复用归零码 QPSK 调制，有人实验研究了相干光 40 Gbit/s 跨洋距离传输，当传输距离为 10000 km 时，频谱效率可以达到 3.2 bit/s/Hz，实验中没有对光纤的色散进行补偿，最后只用数字信号处理（Digital Signal Processing，DSP）技术进行了色散补偿。

使用数字信号处理技术，可显著提高受光纤色度色散（Chromatic Dispersion，CD）、偏振膜色散（Polarization Mode Dispersion，PMD）和非线性效应影响的单信道密集波分复用（Dense Wavelength Division Multiplexing，DWDM）的系统性能（见 8.2 节）。

使用超强前向纠错技术（Super Forward Error Correction，SFEC），可纠正光纤通信系统传输产生的突发性长串误码和随机单个误码，提高接收机灵敏度，延长无中继传输距离，增加传输容量，放松对系统光路器件的要求。它是提高光纤通信系统可靠性的重要手段（见 8.1 节）。

采用 C+L 波段 EDFA 中继器，可使增益带宽达到 66 nm（见 6.3.5 节）。通常，C 波段 EDFA 增益带宽只有 20~30 nm。混合使用分布式拉曼放大和 EDFA，可进　步扩大增益带宽。

采用传输光纤受激拉曼散射（Stimulated Raman Scattering，SRS）放大，在 1430~1502 nm 波长范围内，采用 4 种泵浦源对 C+L 波段 EDFA 泵浦，在 1536.4~1610.4 nm 波长范围内，信号增益带宽可以达到 74 nm，这种系统比 C+L 波段的 EDFA 放大中继系统的结构更简单。在这么宽的范围内，已实现了 DWDM 信号 7400 km 无电中继传输。该系统使用 240 个波长，波长间距 37.5 GHz，每个波长携带 12 Gbit/s 的信号。

2017 年 5 月报道，日本电气公司 NEC（Nippon Electric Company）使用 C+L 波段 EDFA、32QAM 调制，在 11000 km 海底光缆单根光纤上实现了 50.9 Tbit/s 的传输容量、6.14 bit/s/Hz 的频谱效率。

图 1.1.6 表示不同的复用/调制技术频谱效率（Spectral Efficiency，SE）逐年提高的情

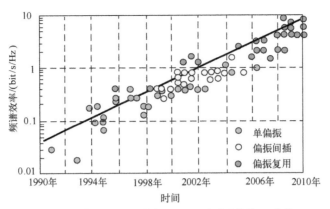

QPSK每符号携带2bit信号；16QAM每符号携带4bit信号

图1.1.6　频谱效率随先进的复用/调制技术逐年提高[22]

况，近来，除采用偏振复用外，还在偏振复
用的基础上采用偏振间插技术，进一步提高
频谱利用率。图1.1.7表示目前常用到的先
进调制技术的星座图。单偏振调制方式有通
断键控（On-Off Keying, OOK）、二进制相移
键控（Binary Phase Shift Keying, BPSK）和正
交相移键控（QPSK）；双偏振（x 偏振和 y 偏
振）复用的调制方式有 QPSK、16QAM 和
64QAM 等。

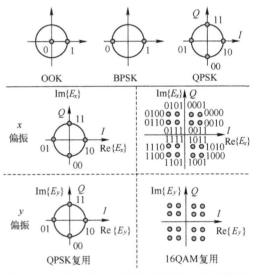

随着光纤传输技术的进步，光纤通信系
统发展很快。如前所述，近 20 年来其商用系
统已经历了 3 代。第 4 代光纤通信技术也正
在发展中，目前，实用系统每根光纤已能支
持 15 Tbit/s（150×100 Gbit/s）的容量，实验结

图1.1.7　几种先进的复用/调制技术的星座图

果已接近香农限制（见图4.7.8）。表1.1.2给出了第4代光纤通信系统采用的各种技术。

表 1.1.2　第 4 代光纤通信系统技术[2]

使用技术	技术描述及性能
光纤技术 色散管理和补偿技术	用+/-色散光纤相间配置进行色散管理，采用大芯径有效面积纯硅芯单模光纤（PSCF）或 NZ-DSF；在相干系统中，发送机对非线性进行预补偿，接收机用 DSP 对非线性进行补偿
光发射技术	PM-RZ-BPSK、PM-QPSK 或 PM-QAM 调制，多维调制，采用增益频谱预均衡技术（8.3 节）

（续）

使用技术	技术描述及性能
光接收技术	相干检测（7.4 节）
超强前向纠错技术（SFEC）	提高接收机灵敏度约 5~8 dB（8.1 节）
EDFA 技术	接收机前置放大器、LD 功率放大器、在线中继放大器以及远泵前放和功放（6.1.4 节）； EDFA 具有增益自调整能力，可提高非 WDM 系统的可靠性（9.6.2 节），C+L 波段技术（6.3.5 节）
分布式拉曼放大技术	发送端和接收端均采用拉曼放大，或混合使用 EDFA/Raman 放大（6.4.6 节）
数字信号处理（DSP）技术	色散补偿和时钟恢复，减少非线性影响（8.2 节）
脉冲（频谱）整形技术	减小频谱宽度，使信道间距接近符号率，避免信道间干扰，提高频谱效率（8.4 节）
空分复用	采用多芯光纤、光子晶体光纤、多模光纤，进一步提高每根光纤的传输容量

2016 年底有报道称，采用信道速率 100 Gbit/s 的偏振复用/相干检测 DWDM 系统——亚太直达海底光缆通信系统（Asia Pacific Gateway，APG）已交付使用，该系统连接中国（上海、台湾和香港）、日本、韩国、越南、泰国、马来西亚、新加坡，全长约 10900 km，传输容量达 54.8 Tbit/s。

2016 年 12 月 30 日，中国联通参与投资建设的亚欧 5 号海底光缆通信系统（SMW-5）经验收已具备业务开通条件。该系统连接中国（上海、香港、台湾）、新加坡、巴基斯坦、吉布提、沙特阿拉伯、埃及、土耳其、意大利、法国等 19 个国家，骨干段信道传输速率 100 Gbit/s、设计容量 24 Tbit/s。

2017 年有报道称，单载波 400G/500G 信号、信道间距 50 GHz，数/模（D/A）转换器以 43.125 Gbaud 对 I/Q 调制器驱动，使用 G.654 光纤拉曼放大，采用 PM-64QAM 或 128QAM 调制，传输 1000 km 后，频谱效率分别达到 8 bit/s/Hz 或 10 bit/s/Hz[23]。

2017 年 12 月 14 日曾有报道，中国工业和信息化部、中国电信集团和芬兰国有信息和通信技术公司 Cinia 等单位，正在讨论跨越北极圈，连接日本、俄罗斯、芬兰和挪威，建设一条长达 10500 km 的海底光缆，旨在力争到 2020 年建成一条连接欧洲和中国最快最近的通信通道。据估计，这条新光缆将使亚欧两大洲之间的通信时延降低一半。

1.1.3　ITU-T 光传输网（OTN）的最新进展

1. 光纤通信系统技术标准化组织及其有关标准

国际上有三个组织在进行光纤通信系统技术的标准化，它们分别是国际电信联盟电信标准部（ITU-T）、电气和电子工程师学会（IEEE）和光互联网论坛（Optical Internetworking Forum，OIF）。对于 100G 超长 DWDM 系统的标准化，IEEE P802.3ba 负责开发 100G 以太网接口标准，IEEE P802.3bs 定义 200G 和 400G 以太网对各种带宽的要求。ITU-T 第 15 研究组（SG15）与 IEEE 紧密配合，制定新的标准传输速率和信号格式，以便支持管理 100 GbE/400 GbE 信号的有效传输；OIF 则负责制定 100G/400G 系统线路侧的收发模块规范，以便使这两个高速系统获得广泛的应用[24][25][26]。图 1.1.8 表示 100G 端对端所涉及的标准及其组织。

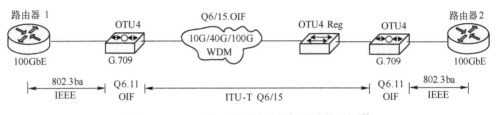

图 1.1.8　100G 端对端所涉及的标准及其组织[2]

OIF 的任务是传输光传输单元 4（OTU4）净荷信号，并添加帧对准信号，打包成 OTU4 帧。OIF 实现 100G 传输的方法是基于数字信号处理（DSP）技术的相干检测。

2014 年以来，ITU-T、IEEE、OIF 等国际标准化组织以及中国通信标准化协会（China Communications Standards Association，CCSA）相继开展了 400G 系统的标准化工作，400G 系统国际标准将逐步成熟完善，国内与 400G 系统设备有关的标准也已进入研究阶段。

2016 年，ITU-T 制定了 G. 709 光传输网（Optical Transport Network，OTN）接口标准[27]，发布了 OTN 模块帧结构支持文件 58[28]。灵活的 OTN（Flexible OTN，FlexO）（G. 709.1）允许使用 100 GbE/OTN4 光模块，作为单独的 FlexO 物理层，从而受益于这些低成本的光模块。未来也可以使用较高速率的以太网模块（如 200 Gbit/s 或 400 Gbit/s 物理层模块）。FlexO 也可以部分使用 100 GbE 和 400 GbE 以太网 FEC 结构，以便发挥以太网 IP 的优势。

2017 年 8 月，OIF 发布了灵活的相干 DWDM 传输框架文件，指定了一种灵活的相干 DWDM 传输的技术途径，提供了一些网络设备供应商对模块和器件供应感兴趣的技术方向指南[26]。

2017 年 12 月 6 日，以太网联盟批准了 IEEE 802.3bs 200 GbE 和 400 GbE 以太网补充标准，规范了 200 Gbit/s 和 400 Gbit/s 应用媒质接入、控制参数、物理层和管理参数，包括 400 GbE 多模光纤 10 m 16 发 16 收；400 GbE（4×100 Gbit/s）单模光纤 500 m、8 波长 2 km 和 10 km 传输；200 GbE 多模光纤 4 路并行 500 m、4 波长 CWDM 传输距离 2 km 和 10 km。

2. ITU-T 规范的光传输网（OTN）

ITU-T 第 15 研究组制定了光传输网 ITU-T G. 709 12/2009 标准，将 100 GbE 以太网净荷封装在 OTU4 中，称为通用映射程序（General Mapper Procedure，GMP），如图 1.1.9 所示。OTU4 支持较低速率 OTN 信号的复用信号（表 1.1.3）。OTU4 速率约为

111.81 Gbit/s，包括 FEC 数据等开销。组成 100G 系统有 2 种可能，2×40G 和 10×10G，如图 1.1.10 所示。

表 1.1.3　OTUk 帧速率

OTU 类型	OTU 标称比特速率/(kbit/s)		OTU 比特速率容差
OTU1	255/238×2488320	2666057.143	
OTU2	255/237×9953280	10709225.316	± 20 ppm
OTU3	255/236×39813120	43018413.559	
OTU4	255/227×99532800	111809973.568	
OTUk 速率＝255/（239−k）×STM−N 帧速率			

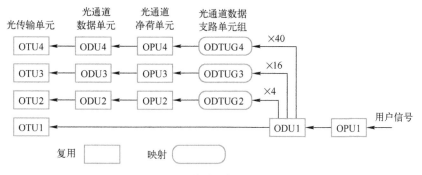

图 1.1.9　光传输网复用映射结构

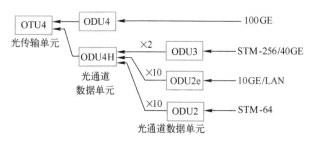

图 1.1.10　不同业务到 OTU4 的复用/解复用[2]

ITU-T 在 2016 年制定的 G.709 光传输网（OTN）接口标准中[27]，给出 OTNCn 复用制式，如图 1.1.11 所示。在复用进 OPUCn 之前，首先，所有 OTNCn 用户数据被映射进自己的 ODUk 中，2 级复用允许用户数据首先复用进传统的 OPUk 中。

在图 1.1.11 中，ODUflex（GFP）为灵活速率 ODU，当一个 GFP-F 映射进 OPUflex 时，用于携带用户数据包信号；ODUflex（CBR）为灵活速率 ODU，用于携带恒定比特率（CBR）用户信号；ODUflex（IMP）为灵活速率 ODU，当映射进 OPUflex 时，用于携带具有以太网空闲字节的用户数据包信号。

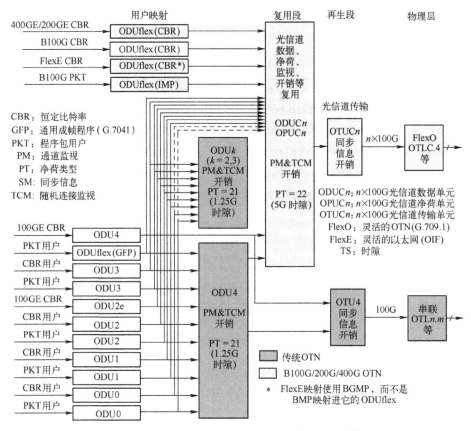

图 1.1.11 ITU-T G. 709 OTNCn 映射复用制式[28]

B100G 接口应能重复使用尽可能多的速率为 100 Gbit/s 的 OTN IP 接口。新 OTN 制式不仅要携带 400 GbE，而且只要可能也要重复使用它的技术和物理层器件，以便从成熟的以太网器件成本中受益。一个 OPUC1 必须能够携带一个 ODU4 用户，而一个 OPUC4 必须能够携带一个 400 GbE 用户。

光传输网 B100G 速率如表 1.1.4 所示。

表 1.1.4 光传输网 B100G 速率

OTUCn/ODUCn 信号速率	OPUCn 净荷域速率	OTUCn/OPUCn 帧周期
$n\times(239/226)\times 99.5328$ Gbit/s $=n\times105.258138$ Gbit/s	$n\times(238/226)\times 99.5328$ Gbit/s $=n\times104.817727$ Gbit/s	1.163 μs

ITU-T 定义了灵活的光传输网（FlexO），以便提供灵活的模块化物理层机制，用于支持不同的 B100G 信号接口速率。FlexO 在概念上与 OIF 的 FlexE 类似，和 FlexE 一样，

FlexO 是一种模块化接口，包括一套 100G 光物理层数据流，允许 OTUCn 使用任意的 n 值，允许使用 100GbE/OTU4 光模块，未来也可以使用更高速率的以太网模块，如200 GbE 或 400 GbE 物理层模块。FlexO 具有绑在一起的 n 个 100G 物理层，以便携带一个 OTUCn，每个 100G 物理层携带一片 OTUC。

1.2　光波基础

一提到光，人们会立刻联想到太阳光和电灯光。光是一种电磁波，太阳光和电灯光可以看作是波长在可见光范围内的电磁波的混合体。与此相反，光纤通信使用的激光器发出的光则是单色光，具有极窄的光谱宽度。点光源是只有几何位置而没有大小的光源。在自然界，理想的点光源是不存在的，但是对于均匀发光的小球体，如果它本身的大小和它到观察点的距离相比小得多，就可以近似地把它看作点光源。激光器发出的光也可以看作是点光源。光线是光向前传播的一条类似几何线的直线。有一定关系的一些光线的集合叫光束。

1.2.1　光的本质——波动性和粒子性

光具有两种特性，即波动性（Wave）和粒子性（Photon），下面分别加以介绍。

1. 光的波动性

1864 年，麦克斯韦（Maxwell）通过理论研究指出，和无线电波、X 射线一样，光是一种电磁波，利用它的波动性可解释光的反射、折射、衍射、干涉和衰减等特性。单频光称为单色光，在均匀介质中，可用麦克斯韦（Maxwell）波动方程的弱导近似形式描述，即

$$\nabla^2 E = \left(\frac{1}{c^2}\right)\left(\frac{\partial^2 E}{\partial t^2}\right) \quad \text{和} \quad \nabla^2 H = \left(\frac{1}{c^2}\right)\left(\frac{\partial^2 H}{\partial t^2}\right) \tag{1.2.1}$$

式中，∇^2 是二阶拉普拉斯运算符，E 和 H 分别是电场强度和磁场强度，c 是真空中的光速，其值为$(\mu_0 \varepsilon_0)^{-1/2}$，$\mu_0$ 是真空磁导率，ε_0 是真空介电常数，光纤波导中的光速为 c/n，n 为光纤介质折射率。

光波可以用频率（波长）、相位和传播速度来描述。频率是每秒传播的波数，波长是在介质或真空中传输一个波（波峰-波峰）的距离。

2. 光的粒子性

利用光的波动性可以解释很多现象，但是很多时候光的行为并不像一个波，而更像是由许多微粒组成的集合体，这种微粒称为光子———一个携带光能量的

名家贡献
爱因斯坦那不可思议的 1905 年

量子（Quantum）概念，这种量子概念假设由普朗克（Planck）于 1900 年在解决黑体辐

射这个困扰人们多时的问题时首先提出，他指出，必须假定，能量在发射和吸收的时候，不是连续不断的，而是分成一份一份的。

1905 年，爱因斯坦提出单色光的最小单位是光子，光子能量可用普朗克方程来描述

$$E = h\nu \tag{1.2.2}$$

式中，h 是普朗克常数，单位为焦耳·秒（J·s）；ν 是光频。光子能量 E 与它的频率 ν 成正比，光子频率越高，光子能量越大。光子能量用电子伏特（eV）表示，1 eV 就是一个电子电荷经过 1 V 电位差时，电场力所做的功。

像所有运动的粒子一样，光子与其他物质碰撞时也会产生光压。光也是一种能量的载体，当光子流打到物质表面上时，它不但要把能量传递给对方，也要把动量传递给对方，而且也遵守能量守恒定律和动量守恒定律。为了验证上述说法的正确性，可用图 1.2.1b 表示的实验装置进行实验。在一个抽成真空的玻璃容器内，装有阳极 A 和金属锌板的阴极 K。两个电极分别与电流计 G、电压计 V 和电池组 B 连接。当光子照射到阴极 K 的金属表面上时，它的能量被金属中的电子全部吸收，如果光子的能量足够大，大到可以克服金属表面对电子的吸引力，电子就能跑出金属表面，在加速电场的作用下，向阳极 A 移动而形成电流，这种现象就叫作光电效应。实验表明，使用可见光照射时，不论光的强度多么大，照射时间多么久，电流计总是没有电流；但使用紫外光照射时，不论光的强度多么微弱，照射时间多么短暂，电流计总是有电流，说明金属板上有电子跑出来。这是因为可见光的频率低，光子能量小，小于锌的电子溢出功；而紫外光的频率高，光子能量大，大于锌的电子溢出功。

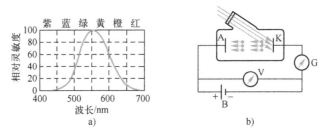

图 1.2.1 光的波动性和光子性

a）人眼对不同波长光的灵敏度 b）光电效应实验装置图

爱因斯坦（Albert Einstein）因为他的光电效应理论获得了 1921 年诺贝尔物理学奖。

1936 年曾有实验证明，当圆偏振光在双折射晶片中产生时，这个晶片经受着反作用的转矩。

光在不同的介质中具有不同的传播速度，在真空中它以最大的速度直线传播，光子能量可用爱因斯坦方程描述，即

$$E = mc^2 \tag{1.2.3}$$

式中，m 是光子质量，单位为 kg；c 是光速，单位为 km/s。频率 ν、波长 λ 和光速 c 的关系为

$$\nu = c / \lambda \qquad (1.2.4)$$

用它可进行电磁波频率与波长的换算。图 1.2.2 表示电磁波频率与波长的换算，图中也标出光通信所用到的波段。

用式（1.2.4）可进行电磁波频率与波长的换算，如图 1.2.2 所示，该图也标出了光通信所用到的波段。

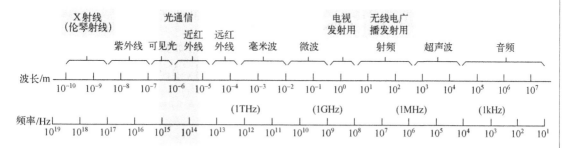

图 1.2.2　电磁波频率与波长的换算

从式（1.2.2）和式（1.2.3）可以得到 $\nu = mc^2/h$ 和 $m = h\nu/c^2$。当光通过强电磁场时，由于相互作用，它的运动轨迹要改变方向，电磁场越强，改变越大，如图 1.2.3 所示。当光通过比真空密度大的介质时，其传播速度要减慢，如图 1.2.4 所示，减慢的程度与介质折射率 n 成反比，即在式（1.2.1）中的波速 $v = c/n$，$c = 1/\sqrt{\varepsilon_0 \mu_0}$ 是真空中的光速，$c = 3 \times 10^8$ m/s，ε_0 为真空介电常数，μ_0 是真空磁导率，$n = \sqrt{\varepsilon/\varepsilon_0}$ 为介质折射率。

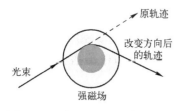

图 1.2.3　光通过强电磁场时运动
轨迹要改变方向

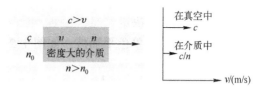

图 1.2.4　光通过密度大的介质时
传播速度要减慢

光的光子性可以用来度量光接收机的灵敏度，比如"0"码不携带能量时，用每比特接收的平均光子数 $\overline{N}_P = N_P/2$ 表示接收机灵敏度，它的使用相当普遍，特别是在相干通信系统中，光探测器的量子极限是 $\overline{N}_P = 10$。但大多数接收机实际工作的 $\overline{N}_P$ 远大于量子极限值，通常 $\overline{N}_P \geqslant 1000$。

【例 1.2.1】 计算探测器每秒接收光子数

0.8 μm 波长的光波以 1 μW 的光功率入射到探测器上，请问探测器每秒接收的光子数是多少？

解：从式（1.2.2）和式（1.2.4）可知，一个 0.8 μm 波长的光子能量是

$$E = h\nu = hc/\lambda = 2.48 \times 10^{-19} \text{J}$$

因为光功率是单位时间产生的能量，所以 1 s 时间内产生的能量是 $E = Pt$，1 μW 的光功率（P）在单位时间（t）内就产生 1 μJ 的能量。该能量可产生的光子数是

$$N_\text{P} = \frac{E_\text{tot}}{E_\text{sig}} = \frac{10^{-6}\text{J}}{2.48 \times 10^{-19}\text{J/光子}} = 4.03 \times 10^{12} \text{光子}$$

式中，E_tot 是探测器接收到的总能量，E_sig 是单个光子的能量。如果时间从 1 s 减少到 1 ns，仍然可以接收到 4000 个光子，7.4.3 节介绍的相干接收机，$N_\text{P} < 100$ 是很容易实现的，5.6 节介绍的普通光接收机需要 $N_\text{P} > 1000$。

1.2.2 均匀介质中的光波——光是电磁波

光是一种电磁波，即由密切相关的电场和磁场交替变化形成的一种偏振横波，它是电波和磁波的结合。它的电场和磁场随时间不断地变化，分别用 E_x 和 H_y 表示，在空间沿着 z 方向并与 z 方向垂直向前传播，这种波称为行波（Traveling Wave），如图 1.2.5 所示。由于电磁感应，当磁场发生变化时，会产生与磁通量的变化成比例的电场；反过来，电场的变化也会产生相应的磁场。并且 E_x 和 H_y 总是相互正交传输。最简单的行波是正弦波，沿 z 方向传播的数学表达式为

$$E_x = E_\text{o}\cos(\omega t - kz + \phi_\text{o}) \tag{1.2.5}$$

式中，E_x 是时间 t 在 z 方向传输的电场，E_o 是波幅，ω 是角频率，k 是传播常数或波数，$k = 2\pi/\lambda$，这里 λ 是波长，ϕ_o 是相位常数，它考虑到在 $t = 0$ 和 $z = 0$ 时，E_x 可以是零也可以不是零，这要由起点决定。$(\omega t - kz + \phi_\text{o})$ 称为波的相位，用 ϕ 来表示。式（1.2.5）描述了沿 z 方向无限传播的单色平面波，如图 1.2.6 所示。在任一垂直于传播方向 z 的平面

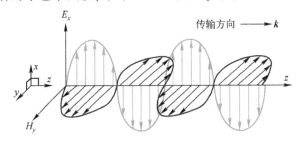

图 1.2.5 电磁波是行波，电场 E_x 和磁场 H_y 随时间不断变化，在空间沿着 z 方向
总是相互正交传输

上，由式（1.2.5）可知波的相位是个常数，也就是说在这一平面上电磁场也是个常数，该平面称为波前。平面波的波前很显然是与传播方向正交的平面，如图 1.2.6 所示。

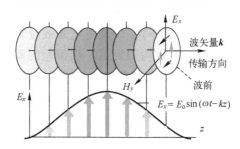

图 1.2.6　沿 z 方向传播的电磁波是平行移动的平面波，在指定平面上的任一点具有相同的 E_x 或 H_y，所有电场（或磁场）在 xy 平面同向[5]

由电磁理论可知，随时间变化的磁场总是产生同频率随时间变化的电场（法拉第定律）；同样，随时间变化的电场也总是产生同频率随时间变化的磁场。因此电场和磁场总是以同样的频率和传播常数（ω 和 k）同时相互正交存在的，如图 1.2.5 所示，所以也有与式（1.2.5）表示的 E_x 式类似的磁场 H_y 行波方程，通常用电场 E_x 来描述光波与非导电材料（介质）的相互作用，今后凡提到光场就是指电场。也可以用指数形式描述行波，因为 $\cos\phi = \mathrm{Re}[\exp(\mathrm{j}\phi)]$，这里 Re 指的是实数部分。于是式（1.2.5）可以改写为

或者
$$E_x(z,t) = \mathrm{Re}\left[E_o \exp(\mathrm{j}\phi_o) \exp \mathrm{j}(\omega t - kz) \right]$$
$$E_x(z,t) = \mathrm{Re}\left[E_c \exp \mathrm{j}(\omega t - kz) \right] \tag{1.2.6}$$

式中，$E_c = E_o \exp(\mathrm{j}\phi_o)$ 表示包括相位常数 ϕ_o 的波幅。

图 1.2.5 中波前沿矢量 k 传播，k 称为波矢量，它的幅度是传播常数 $k = 2\pi/\lambda$，显然，它与恒定的相平面（波前）垂直。波矢量 k 可以是任意的方向，也可以与 z 不一致。

根据式（1.2.5），在给定的时间（t）和空间（z），对应最大场的相位 ϕ 可用下式描述
$$\phi = (\omega t - kz + \phi_o)$$

在时间间隔 δt 内，波前移动了 δz，因此该波的相速度是 $\delta z/\delta t$。于是相速度为
$$v = \frac{\mathrm{d}z}{\mathrm{d}t} = \frac{\omega}{k} = \nu\lambda \tag{1.2.7}$$

式中，ν 是频率（$\omega = 2\pi\nu$），单位是赫兹（Hz），1 Hz 等于每秒振荡 1 周，两个相邻振荡波峰之间的时间间隔称为周期 T，等于光波频率的倒数，即 $\nu = 1/T$。

假如波沿着 z 方向依波矢量 k 传播，如式（1.2.5）所示，被 Δz 分开的两点间的相位差 $\Delta\phi$ 可用 $k\Delta z$ 简单表示，因为对于每一点 ωt 是相同的。假如相位差是 0 或 2π 的整数倍，则两个点是同相位，于是相位差 $\Delta\phi$ 可表示为

$$\Delta\phi = k\Delta z \quad \text{或} \quad \Delta\phi = \frac{2\pi\Delta z}{\lambda} \tag{1.2.8}$$

我们经常对光波上在给定时间内被一定的距离分开的两点间的相位差感兴趣，比如由马赫-曾德尔（M-Z）干涉仪构成的滤波器、复用/解复用器和调制器，由阵列波导光栅（Arrayed Waveguide Grating，AWG）构成的诸多器件（滤波器、波分复用/解复用器、光分插复用器和波长可调/多频激光器等），以及由电光效应制成的外调制器和由热光效应制成的热光开关等，它们的工作原理均用到这一相位差的概念，所以大家要特别予以关注，本书以后有关章节也会经常用到这一概念，并使用式（1.2.8）。

1867年，麦克斯韦提出了光是一种电磁波，光的传播就是通过电场、磁场的状态随时间变化的规律表现出来。他把这种变化列成了数学方程，后来人们就叫它为麦克斯韦波动方程，这种统一电磁波的理论获得了极大的成功。1888年，德国物理学家赫兹首先用实验的方法获得了电磁波，并且通过电谐振接收到它，这就证实了电磁波的实际存在。

1.3 光的传播特性

1.3.1 光的反射、折射和全反射——光纤波导传输光的基础

光在同一种物质中传播时，是沿直线传播的。但是光波从折射率较大的介质入射到折射率较小的介质时，在一定的入射角度范围内，光在边界会发生反射和折射，如图1.3.1a所示。入射光与法平面的夹角θ_i叫入射角，反射光与法平面的夹角θ_r叫反射角，折射光与法平面的夹角θ_t叫折射角。把筷子倾斜地插入水中，可以看到筷子与水面的相交处发生弯折，原来那根直直的筷子似乎变得向上弯了，这就是光的折射现象，如图1.3.1b所示。因为水的折射率要比空气的大（$n_1>n_2$），所以折射角θ_t要比入射角θ_i大，其原因下面就要说明，所以我们看到水中的筷子向上翘起来了。

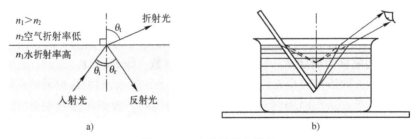

图1.3.1 光的反射和折射

a）入射光、反射光和折射光 b）插入水中的筷子变得向上弯曲了

水下的潜水员在某些位置时，可以看到岸上的人，如图1.3.2入射角为θ_{i1}的情况，但是当他离开岸边向远处移动时，当入射角等于或大于某一角度θ_c时，他就感到晃眼，什么也看不见。此时的入射角θ_c就叫作临界角。下面就来解释这种现象。

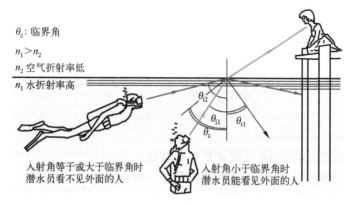

图1.3.2　由于光线在界面的反射和折射，在水下不同位置的潜水员看到的景色是不一样的

现在考虑一个平面电磁波从折射率为n_1的介质1传输到折射率为n_2的介质2，并且$n_1 > n_2$，就像光从纤芯辐射到包层一样，如图1.3.3和图1.3.4a所示，$\mathbf{k}_i$、$\mathbf{k}_r$和$\mathbf{k}_t$分别表示入射光、反射光和折射光的波矢量，但因入射光和反射光均在同一个介质内，所以$\mathbf{k}_i = \mathbf{k}_r$；$\theta_i$、$\theta_r$和$\theta_t$分别表示入射光、反射光和折射光方向与两介质边界面法线的夹角。

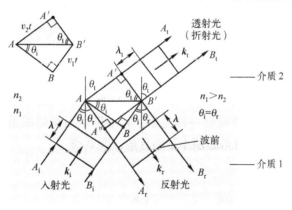

图1.3.3　光波从折射率较大的介质入射到折射率较小的介质时在边界发生反射和折射

入射光在界面反射时，只有$\theta_r = \theta_i$的反射光因相长干涉而存在，因入射光A_i和B_i同相，所以反射波A_r和B_r也一定同相，否则它们会因相消干涉而相互抵消，所有其他角度的反射光都不同相而相消干涉。

折射光A_t和B_t在介质2中传输，因为$n_1 > n_2$，所以光在介质2中的传输速度要比在介质1中的大。当波前AB从介质1传输到介质2时，我们知道在同一波前上的两个点总是同相位的，入射光 B_i 上的相位点 B 经过一段时间到达 B'，与此同时入射光 A_i 上的相位点 A 到达 A'。于是波前 A' 波和 B' 波仍然具有相同的相位，否则就不会有折射光。只有折射光 A_t 和 B_t 以一个特别的折射角 θ_t 折射时，在波前上的 A' 点和 B' 点才同相。

如果经过时间 t，相位点 B 以相速度 v_1 传输到 B'，此时 $BB' = v_1 t = ct/n_1$。同时相位点 A 以相速度 v_2 传输到 A'，$AA' = v_2 t = ct/n_2$。波前 AB 与介质 1 中的波矢量 k_i 垂直，波前 $A'B'$ 与介质 2 中的波矢量 k_t 垂直。从几何光学可以得到（见图 1.3.3 左上角的小图）

$$AB' = \frac{v_1 t}{\sin\theta_i} = \frac{v_2 t}{\sin\theta_t} \quad \text{或} \quad \frac{\sin\theta_i}{\sin\theta_t} = \frac{v_1}{v_2} = \frac{n_2}{n_1} \tag{1.3.1}$$

这就是斯奈尔（Willebrord Snell）定律，它表示入射角和折射角与介质折射率的关系。

现在考虑反射波，波前 AB 变成 $A''B'$，在时间 t，B 移动到 B'，A 移动到 A''。因为它们必须同相位，以便构成反射波，BB' 必须等于 AA''。因为 $BB' = AA'' = v_1 t$，从三角形 ABB' 和 $A''AB'$ 可以得到

$$AB' = \frac{v_1 t}{\sin\theta_i} = \frac{v_1 t}{\sin\theta_r}$$

因此 $\theta_r = \theta_i$，即入射角等于反射角，与物质的折射率无关。

在式（1.3.1）中，因 $n_1 > n_2$，所以折射角 θ_t 要比入射角 θ_i 大，当折射角 θ_t 达到 90° 时，入射光沿交界面向前传播，如图 1.3.4b 所示，此时的入射角称为临界角 θ_c，有

$$\sin\theta_c = \frac{n_2}{n_1} \tag{1.3.2}$$

当入射角 θ_i 超过临界角 $\theta_c(\theta_i > \theta_c)$ 时，没有折射光，只有反射光，这种现象叫作全反射（Total Internal Reflection，TIR），如图 1.3.4c 所示。这就是图 1.3.2 中入射角为 θ_{i2} 的那个潜水员，只觉得水面像镜面一样晃眼，看不见岸上姑娘的道理。也就是说，潜水员要想看到岸上的姑娘，入射角必须小于临界角，即 $\theta_i < \theta_c$。

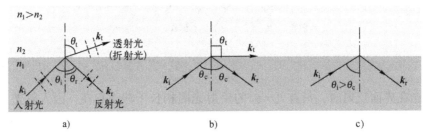

图 1.3.4　光波从折射率较大的介质以不同的入射角进入折射率较小的介质时出现三种不同的情况[5]

a）$\theta_i < \theta_c$ 同时反射和透射　b）$\theta_i = \theta_c$ 临界角　c）$\theta_i > \theta_c$ 全反射

由此可见，全反射就是光纤波导传输光的必要条件。光线要想在光纤中传输，必须使光纤的结构和入射角满足全反射的条件，使光线闭锁在光纤内传输。

对于 $\theta_i > \theta_c$，不存在折射光线，即发生了全内反射。此时，$\sin\theta_t > 1$，θ_t 是一个虚构的折射角，所以沿着边界传输的光波称为消逝波。

1.3.2 光的干涉和衍射——激光器和滤波器基础

1. 光的干涉

干涉就是两列波或多列波叠加时因为相位关系有时相互加强，有时相互削弱的一种波的基本现象。例如，在水池中，从相隔不远的两处，同时分别投进一块石头，就会产生同样的水波，都向四周传播，仔细观察两列水波会合处的情景，即可发现其波幅时而因相长干涉上涨，时而因相消干涉下降，如图1.3.5所示。这就是波的干涉现象，光作为一种电磁波也有这种现象。

在了解光波的干涉现象之前，先回忆一个已知的力学问题。这个力学问题就是：长度为 L 的一根弦线两端被夹住时所做的各种固有振动方式，如图1.3.6所示。在振动弦线中，边界条件要求弦线两端各有一个节点，即选择波长 λ 时一定要使

$$L = m\frac{\lambda}{2} \quad 或 \quad \lambda = \frac{2L}{m} \quad (m = 1, 2, 3, \cdots) \qquad (1.3.3a)$$

或者说，由于波长 λ 要满足式（1.3.3a）被整数化了。弦线的波扰动可用驻波来描述，图1.3.6表示 $m = 1$，2，3这三种振动方式驻波的振幅函数曲线。

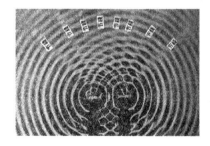
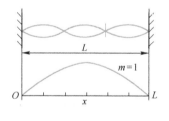
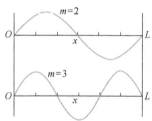

图1.3.5 水池中两列水波的干涉波纹　　图1.3.6 一根长为 L 的绷紧弦线及其三种可能的振动方式

收音机用谐振回路选台，就是电谐振的一种应用。与电谐振一样，光也有谐振，光波在谐振腔内也存在相长干涉和相消干涉，谐振时也可以通过谐振腔存储能量和选出所需波长的光波。

基本的谐振腔是由置于自由空间的两块平行镜面 M_1 和 M_2 组成，如图1.3.7a所示。光波在 M_1 和 M_2 间反射，导致这些波在空腔内相长干涉和相消干涉。从 M_1 反射的 A 光向右传输，先后被 M_2 和 M_1 反射，也向右传输变成 B

知识扩展
电谐振

光，它与 A 光的相位差是 $k(2L)$，式中 k 为传播常数（见式（1.2.8））。如果 $k(2L)=2m\pi$（m 为整数），则 B 光和 A 光发生相长干涉，其结果是在空腔内产生了一列稳定不变的电磁波，我们把它称为驻波（Stationary Waves）。因为在镜面上（假如镀金属膜）的电场必须为零，所以谐振腔的长度是半波长的整数倍，即

$$m\left(\frac{\lambda}{2}\right)=L, \quad m=1,2,3\cdots \tag{1.3.3b}$$

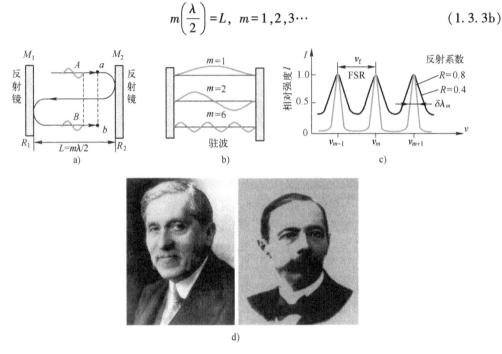

图 1.3.7　法布里-珀罗（F-P）谐振腔及其特性
a) 反射波 B 和原波 A 干涉　b) 只有特定波长的驻波才能在谐振腔内存在
c) 不同反射系数的驻波电场强度和频率的关系
d) 法布里-珀罗谐振腔发明家法国物理学家法布里（Fabry，1867—1945 年）和珀罗（Perot，1863—1925 年）

由式（1.3.3）可知，不是任意一个波长都能在谐振腔内形成驻波，对于给定的 m，只有满足式（1.3.3）的波长才能形成驻波，并记为 λ_m，称为腔模式，如图 1.3.7b 所示。因为光频和波长的关系是 $\nu=c/\lambda$，所以对应这些模式的频率 ν_m 是谐振腔的谐振频率，即

$$\nu_m=m\left(\frac{c}{2L}\right)=m\nu_f, \quad \nu_f=\frac{c}{2L} \tag{1.3.4}$$

式中，ν_f 是基模（$m=1$）的频率，在所有模式中它的频率最低。两个相邻模式的频率间隔是 $\Delta\nu_m=\nu_{m+1}-\nu_m=\nu_f$，称为自由频谱范围（Free Spectrum Range，FSR）。图 1.3.7c 说明了谐振腔允许形成驻波模式的相对强度与频率的关系。假如谐振腔没有损耗，即两个镜面对光全反射，那么式（1.3.4）定义的频率 ν_m 的峰值将很尖锐。如果镜面对光不是全反射，一些光将从谐振腔辐射出去，ν_m 的峰值就不尖锐，而具有一定的宽度。显然，这

种简单的镀有反射镜面的光学谐振腔只有在特定的频率内能够储存能量，这种谐振腔就叫作法布里–珀罗（Fabry–Perot）光学谐振器，它由法国物理学家法布里（Fabry，1867—1945 年）和珀罗（Perot，1863—1925 年）于 1897 年发明。

利用式（1.2.8）表示的光波在传输过程中两点间相位差的概念，可以得到图 1.3.7a 中反射波与入射波的相位差是 $kL = (2\pi/\lambda)L = m\pi$。谐振腔内的电场强度和频率的关系如图 1.3.7c 所示，其峰值位于传播常数 $k = k_m$ 处，k_m 是满足 $k_m L = m\pi$ 的 k 值，因 $k = 2\pi/\lambda$，所以由 $k_m L = m\pi$ 可以直接得出式（1.3.3）和式（1.3.4）。

镜面反射系数 R 越小，意味着谐振腔的辐射损耗越大，从而影响到腔体内电场强度的分布。R 越小峰值展宽越大，如图 1.3.7c 所示。该图也定义了法布里–珀罗谐振腔的频谱宽度 $\delta\nu_m$，它是单个腔模频率或波长特性曲线半最大值的全宽（Full Width and Half Maximum，FWHM）。当 $R > 0.6$ 时，可用下面的简单表达式计算

$$\delta\nu_m = \frac{\Delta\nu_f}{F}; \qquad F = \frac{\pi R^{1/2}}{1-R} \tag{1.3.5}$$

式中，F 称为谐振腔的精细度，它随着谐振腔损耗的减小而增加（因 R 增加）。精细度越大，模式峰值越尖锐。精细度是模间隔 $\Delta\nu_m$ 与频谱宽度 $\delta\nu_m$ 的比。

法布里–珀罗光学谐振腔已广泛应用于激光器、干涉滤波器和分光镜中。考虑一束光入射进法布里–珀罗谐振腔，如图 1.3.8 所示。谐振腔由部分反射和透射的两个相互平行的电介质镜组成，因此入射光只有一部分进入腔长为 L 的谐振腔。由式（1.3.3b）可知，只有特定腔模的光才能在腔内建立起振荡，其他波长的光因产生相消干涉而不能存在。于是，假如入射光中有一个波长的光与谐振腔中的一个腔模对应，它就可以在腔内维持振荡，并有一部分光从右边反射镜透射出去，变成输出光。商用干涉滤波器就是基于这种原理，如图 1.3.8 所示。入射光通过由部分反射电介质镜组成的法布里–珀罗光学谐振腔，其透射光可以作为滤波器的输出，调节腔长 L 可选择所需的波长输出，即可以通过调节腔长 L 来扫描不同的波长，从而实现滤波器的调谐。

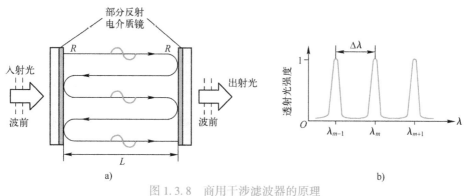

图 1.3.8　商用干涉滤波器的原理

a）由部分反射电介质镜组成的法布里–珀罗谐振腔　b）透射光强度和波长的关系

以上的谐振腔腔体是空气，如果是介质（折射率为 n），那么要用 nk 代替 k，则 $kL=(2\pi/\lambda)L=m\pi$ 也可以使用。如果入射角不是法线入射，而是有一个入射角 θ，只要用 $k\cos\theta$ 代替 k 即可。

知识扩展
基本的法布里–珀罗干涉仪

名家故事
法国导师法布里和其中国学生严济慈

2. 光的相干

可以用纯正弦波描述一个传播的电磁波（用电场描述），如式（1.3.6）所示。

$$E_x = E_o \sin(\omega_o t - k_o z) \tag{1.3.6}$$

式中，$\omega_o = 2\pi\nu_o$ 是角频率，k_o 是波数或传播常数，假定该电磁波无限扩展到所有空间，并在所有时间均存在，如图 1.3.9a 所示，这样的纯正弦波是完全相干（Perfect Coherence）的，因为波上的所有点是可以预见的。完全相干可以这样理解它的含义，我们从波上某一点的相位可以预见该波上任一其他点的相位。例如，在图 1.3.9a 中，在给定的空间位置，波形上被任一时间间隔分开的任意两点如 P 和 Q 总是相关的，因为我们可以从 P 点的相位预见到任一时间间隔 Q 点的相位，这就是时间相干（Temporal Coherence）。任意与时间相关的随机函数 $f(t)$ 可用频率、幅度和相位各不相同的多个正弦波之和来表示，我们只需要一个如式（1.3.6）描述的频率为 $\nu_o = \omega_o/2\pi$ 的纯正弦波来说明时间的相干性，如图 1.3.9a 所示。

纯正弦波只是一种理想的正弦波，实际上它只在有限的时间间隔 Δt 内对应有限的空间长度 $L=c\Delta t$ 内存在，如图 1.3.9b 所示，该 Δt 可能是光源的发射过程，如 "1" 码时对一个激光器输出的调制过程，实际上光波的幅度也并不总是恒定不变的。我们只对一列光波上在 Δt 期间内或空间距离 $L=c\Delta t$ 内一些点的相关性感兴趣，如果在 Δt 期间或 $L=c\Delta t$ 距离内相关，我们就说这列波具有相干时间 Δt 和相干长度 $L=c\Delta t$。在图 1.3.9b 中，因为它并不是理想的正弦波，在它的频谱中包括许多频率分量，计算表明，构成这列有限光波的最重要的频率成分是在中心频率 ν_o 附近，即最重要的频率成分位于 $\Delta\nu = 1/\Delta t$ 内（见图 1.3.9b 右图），$\Delta\nu$ 是频谱宽度，它与时间相干长度 Δt 有关，即

$$\Delta\nu = \frac{1}{\Delta t} \tag{1.3.7}$$

因此，相干和频谱宽度有密切的关系，例如发射波长为 589 nm 的钨灯频谱宽度为 $\Delta\nu = 5\times10^{11}$ Hz，这意味着它的相干时间 $\Delta t = 2\times10^{-12}$ s，或 2 ps，它的相干长度 $L = 6\times10^{-4}$ m，或 0.60 mm。多模 He-Ne 激光器的频谱宽度为 1.5×10^9 Hz，对应的相干长度是 200 mm。由于单模连续波激光器具有很窄的线宽，所以它的相干长度可达几百米，因此已广泛应用于光干涉及其相关的应用中。

图 1.3.9c 表示白光是一种非相干光，它的频谱包括很宽的频率范围，它是理想的非相干光，实际上的光均在图 1.3.9a 和图 1.3.9c 所示的频率范围之间。

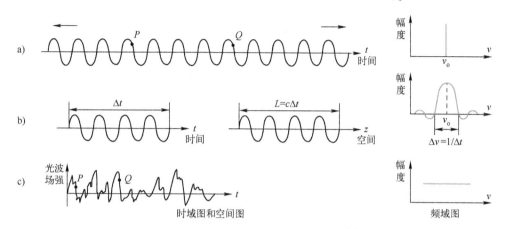

图 1.3.9　相干光、非相干光及其频谱[5]
a）正弦波是完全相干波　b）相干时间和相干长度　c）非相干光

两个波的相干性表示这两个波的相关程度，图 1.3.10a 中的光 A 和光 B 具有相同的频率，但是它们只在时间间隔 Δt 内一致，因此它们只在 Δt 内相干，这种现象称它们在间隔 Δt 内互相干（Mutual Temporal Coherence）。它只能在下面的情况下出现，即当相干长度均为 L 的在不同通道传输的完全相同的两列波到达目的地时，只有在空间距离为 $L=c\Delta t$ 范围内干涉。

空间相干（Spatial Coherence）描述的是在一个光源上不同位置发射的光波间的相干程度，如图 1.3.10b 所示。假如光源上 P 和 Q 两点发射的光波具有相同的相位，此时 P 和 Q 是空间相干源。尽管空间相干源在整个发射表面发射的光同相位，然而这些光在空间并不总能满足相干条件，可能只有在部分时间相干，因此这些波只在相干长度 $L=c\Delta t$ 内同相位。平面波是一种空间上完全相干的波，光通过分离的两个狭缝（或针孔）后会发生干涉（见图 1.3.12），同一波面的光经透镜聚焦后几乎成一点。实际上，由于衍射现象，这个点的直径约为波长的几倍。

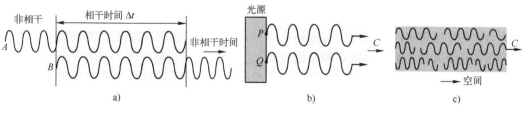

图 1.3.10　相干光和非相干光
a）互相干，两列波只有在 Δt 期间内发生相干　b）空间相干源　c）非相干光束

与相干光相反，非相干光波可以看作是由各种平面光波或者波面已严重失真的光随机相互叠加而成。太阳光近似为平面波，但由于太阳各部分发出来的光的波面互相重叠，经透镜汇聚后，仍旧形成太阳的像，它是光斑，而不是点。发光二极管发出的光，时间相干性和空间相干性都不好，如图 1.3.11d 所示。通过毛玻璃的相干光也没有空间的相干性，其波面已严重失真。

与此相反，来自遥远星球并经单色滤光片分出来的光，以及激光器发出的光，其空间相干性都非常好，可认为是近似于从点光源发出的光，如图 1.3.11c 所示。

由于非相干光是不同方向的波面的叠加，所以散发到各个方向的光不能聚焦成一点，而是成了光源的实像。

图 1.3.11a 和图 1.3.11b 分别表示近乎单色的光源和含有多个波长的光源。大部分非相干光束在其横截面上包含一些时间和相位都随机变化的光波，如图 1.3.11d 所示。

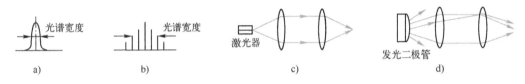

图 1.3.11　各种光源比较

a）近乎单色的光源　b）含有多个波长的光源　c）近乎点光源的光源　d）空间相干性差的光源

3. 光的衍射

光的衍射（Diffraction）是指直线传播的光实际上绕射到障碍物背后去的一种现象。这是波的一种共性，例如用防洪堤围成一个入口很窄的渔港，港外的水波会从入口处绕到堤内来传播，这种现象就是一种衍射现象。

波的一个重要特性是它的衍射效应，例如声波在传播过程中可以弯曲和偏转，光波也有类似的特性，例如一束光在遇到障碍物时也弯曲传播，尽管这种弯曲很小。图 1.3.12a 表示准直光通过孔径为 a 的小孔时产生光的偏转，产生明暗相间的光强花纹，称为弥散环，这种现象称为光的衍射，光强的分布图案称为衍射光斑。显然，衍射光束的光斑与光通过小孔时产生的几何阴影并不相符。

衍射可以理解为从小孔发射出的多个光波的干涉。我们考虑一个平面光波入射到长为 a 的裂缝中，根据惠更斯-菲涅尔（Huygens-Fresnel）原理，每个波前上没有被遮挡的点在给定的间隔都可以作为球面二次波光源，其频率与首次波的相同，在远处任一点光场的幅度是所有这些波的幅度和相位的叠加。当平面波到达裂缝时，裂缝上的点就变成相干的球面二次波光源，这些球面波干涉构成新的波前，它是这些二次球面波波前的包络。这些球面波可以相长干涉，不仅在正前方向，而且也在其他适当的方向发生相长干涉，在观察屏幕上出现明亮相间的花纹。衍射实际上就是干涉，它们之间并没有什么区别。

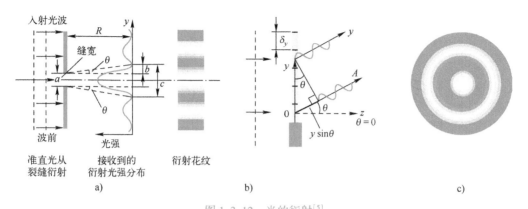

图 1.3.12　光的衍射[5]

a）裂缝衍射　b）裂缝 a 可划分成 N 个孔径为 δ_y 的点光源　c）小孔衍射光斑

我们可以把裂缝宽度 a 划分成 N 个相干的光源，每个长 $\delta y = a/N$，如果 N 足够大，就可把该光源看作点光源，如图 1.3.12b 所示。

名家贡献
惠更斯－菲涅尔
原理

小孔衍射的光斑是明暗相间的衍射花纹，如图 1.3.12c 所示。明亮区对应从裂缝上发出的所有球面波的相长干涉，黑暗区对应它们的相消干涉。

图 1.3.13 表示不同入射光波的衍射光斑，图 1.3.13a 表示平面入射光波射入一个小孔，射出的光波发生衍射，在其背后的屏幕上产生光强度变化的光斑（弥散环），如果屏幕离开小孔足够远，屏幕上的光斑就是弗琅荷费（Fraunhofer）衍射光斑。图 1.3.13b 表示尺寸为 $b \times a$ 的方孔产生的衍射光斑。图 1.3.13c 和图 1.3.13d 表示两个相距不同的点光源通过小孔后在其后的屏幕上产生的衍射光斑，由图可见，当距离 s 变得越来越短时，将导致两个弥散环圆盘靠得越来越近，最后将难以分辨。

4. 衍射方程和衍射光栅

最简单的衍射光栅（Diffraction Grating）是在不透明材料上具有一排周期性分布的裂缝，如图 1.3.14a 所示。入射光波在一定的方向上被衍射，该方向与波长和光栅特性有关。图 1.3.14b 表示光通过有限数量的裂缝后，接收到的衍射光强分布。由图可见，沿一定的方向（θ）具有很强的衍射光束，根据它们出现位置的不同，分别标记为零阶（中心）及分布在其两侧的一阶和二阶光波等。假如光通过无限数量的裂缝，则衍射光波具有相同的强度。事实上，任何折射率的周期性变化，都可以作为衍射光栅，衍射光栅解复用器将在 3.4.1 节介绍。

假定入射光束是平行波，因此裂缝变成相干光源。并假定每个裂缝的宽度 a 比把裂缝分开的距离 d 更小，如图 1.3.14a 所示。从两个相邻裂缝以角度 θ 发射的光波间的路径差是 $d\sin\theta$，由式（1.2.8）可知，$\Delta z = d\sin\theta = (\Delta\phi/2\pi)\lambda = m\lambda$，令 $m = \Delta\phi/2\pi$，所以，所

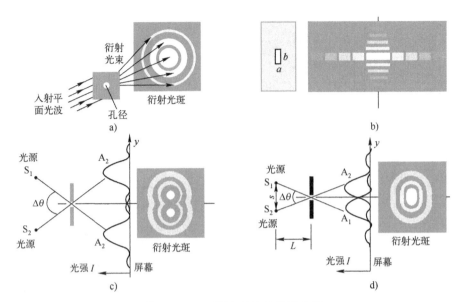

图 1.3.13　不同入射波的衍射光斑

a) 小孔衍射　b) 方孔衍射　c) 两个点光源距离较远时的衍射　d) 两个点光源距离较近时的衍射

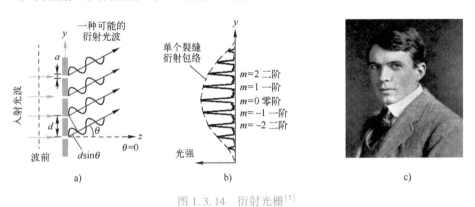

图 1.3.14　衍射光栅[5]

a) 有限裂缝数衍射光栅　b) 接收到的衍射光强分布　c) 布拉格（W. L. Bragg）

有这些从一对相邻裂缝发射的光波相长干涉的条件是路径差 $d\sin\theta$ 一定是波长的整数倍，即

$$d\sin\theta = m\lambda \quad m = 0, \pm1, \pm2, \cdots \tag{1.3.8}$$

很显然，相消干涉的条件是路径差 $d\sin\theta$ 一定要等于半波长的整数倍，即

$$d\sin\theta = \left(m + \frac{1}{2}\right)\lambda \quad m = 0, \pm1, \pm2, \cdots$$

式（1.3.8）就是著名的衍射方程，有时也称为布拉格衍射条件，式中 m 值决定衍射的阶数，$m=0$ 对应零阶衍射，$m=\pm1$ 对应一阶衍射，以此类推。当 $a<d$ 时，衍射光束的幅度

被单个裂缝的衍射幅度调制，如图 1.3.14b 所示。由式（1.3.8）可见，不同波长的光对应不同长度的距离 d，因此，衍射光栅可以把不同波长的入射光分开，它已被广泛应用到光谱分析仪中。

威廉·亨利·布拉格与其子威廉·劳伦斯·布拉格（W. L. Bragg）为英国著名物理学家，通过对 X 射线谱的研究，提出晶体衍射理论，建立了布拉格衍射方程（布拉格定律），并改进了 X 射线分光计。

衍射光栅可以分为传输光栅和反射光栅。入射光波和衍射光波在光栅两侧的是传输光栅，如图 1.3.15a 所示；同在光栅一侧的是反射光栅，如图 1.3.15b 和图 1.3.15c 所示。光栅是由周期性变化的反射表面构成的，这可通过在金属薄膜上刻蚀平行的凹槽得到。没

有刻蚀表面的反射可作为同步的二次光源，它们发射的光波沿一定的方向干涉就产生零阶、一阶和二阶等衍射光波。

当入射光波不是法线入射到衍射光栅时，式（1.3.8）要做一些修改。假如光波以与光栅法线成 θ_i 的入射角入射，此时 m 阶衍射光波的衍射角 θ_m 由式（1.3.9）给出

$$d(\sin\theta_m - \sin\theta_i) = m\lambda, \qquad m = 0, \pm 1, \pm 2, \cdots \tag{1.3.9}$$

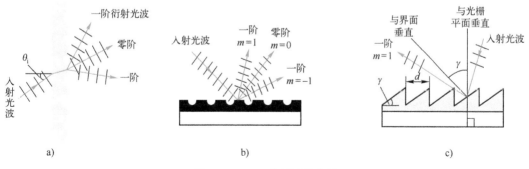

图 1.3.15　三种不同的光栅

a）传输光栅　b）反射光栅　c）阶梯面反射光栅

1.3.3　光的偏振——偏振复用基础

当光通过不同介质界面时，入射光分为反射光和折射光，斯奈尔（Willebrord Snell）推导出了式（1.3.1）表示的反射定律和折射定律。但是，这两个定律只决定了它们的方向，为了确定这两部分光的强度和振动的取向，1821 年，菲涅尔（Augustin Fresnel，1788~1827 年，如图 1.3.16 所示）发表了题为《关于偏振光线的相互作用》的论文，假设光是横电磁波，把入射光分为振动平面平行于入射面的线偏振光和垂直于入射面的线偏振光，成功地解释了偏振现象，并导出了光的折射比、反射比之间关系的菲涅尔方程[4]，

解释了马吕斯的反射光偏振现象和双折射现象，奠定了晶体光学的基础。1823 年，菲涅尔又发现了光的圆偏振和椭圆偏振现象。

光波和声波同样都是波，但它们具有不同的性质。声波是在它的行进方向上，以反复的强弱变化来传播的疏密纵波；而光波却是在与传播方向垂直的平面内振动的横波（见 1.2.2 节）。自然光在垂直于它行进方向（z 轴）的平面内（由 y 轴和 x 轴构成的平面）的所有方向上都有振动，如图 1.3.18a 所示，我们把这种光称为非偏振光。然而，在晶体中传输时，自然光振动方向要受到限制，它只允许在某一

图 1.3.16 菲涅尔（Augustin Fresnel）

特定方向上振动的光通过，如图 1.3.17 和图 1.3.18b、图 1.3.18c 和图 1.3.18d 所示。这种只在特定方向上振动的光叫作偏振（Polarization）光。

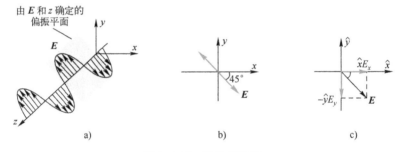

图 1.3.17 线性偏振光

a）线性偏振光波，它的电场振荡方向限定在沿垂直于传输 z 方向的线上 b）场振荡包含在偏振平面内
c）在任一瞬间的线性偏振光可用包含幅度和相位的 E_x 和 E_y 合成

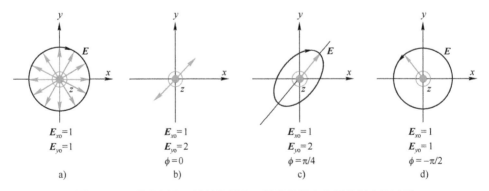

图 1.3.18 非偏振光、线性偏振光、椭圆偏振光和圆偏振光的区别

a）非偏振光 b）线性偏振光 c）右椭圆偏振光 d）圆偏振光

　　光的偏振（也称极化）描述当它通过晶体介质传输时其电场的特性。线性偏振光是它的电场振荡方向和传播方向总在一个平面内（振荡平面），如图 1.3.17a 所示，因此线性偏振光是平面偏振波。与此相反，非偏振光是一束光在每个垂直 z 方向的随机方向都具有电场 E，如图 1.3.18a 所示。如果一束非偏振光波通过一个偏振片，就可以使它变成线性偏振光，因为偏振片把电场振荡局限在与传输方向垂直的一个平面内，这个偏振片就叫作起偏器，如图 3.9.3 所示。

　　图 1.3.18 表示非偏振光、线性偏振光、椭圆偏振光和圆偏振光的区别，z 是光波传播的方向。

1.3.4　光的双折射——LiNbO₃调制器、延迟片及偏振分束器基础

　　从 1.3.1 节已知道，当光从空气进入水或玻璃时，就产生折射。但是，当入射光进入某些晶体时，却会发现折射光线不只一条，而是两条，这种现象称为双折射（Birefringence），如图 1.3.19 所示。下面就来说明为什么会产生双折射。关于利用双折射现象制成的光学器件见 3.9 节。

> **名家贡献**
> 巴塞林那斯——双折射现象的发现者

1. 各向同性材料和各向异性材料

　　晶体的一个重要特征是它的许多特性与晶体的方向有关。因为折射率 $n = \sqrt{\varepsilon_r}$，介质导电系数 ε_r 与电子极化有关，电子极化又与晶体方向有关，所以晶体的折射率与传输光的电场方向有关。大部分非晶体材料，例如玻璃和所有的立方晶体是光学各向同性材料，即在每个方向具有相同的折射率，如图 1.3.20a 所示。所有其他晶体，如方解石（CaCO₃）和 LiNbO₃，它的折射率都与传输方向和偏振态有关，这种材料叫作各向异性晶体，如图 1.3.20b 所示。1669 年，丹麦的巴塞林那斯（E. Bartholinus）发现当光通过方解石晶体时，会出现双折射现象。

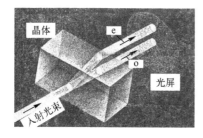

图 1.3.19　一束光入射到方解石晶体上变成两束偏振光

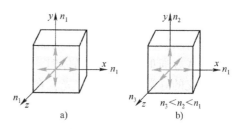

图 1.3.20　各向同性晶体和各向异性晶体
a) 各向同性晶体　b) 各向异性晶体

　　可用三种折射率指数 n_1、n_2 和 n_3 来描述光在各向异性晶体内的传输，n_1、n_2 和 n_3 分别表示互相垂直的三个轴 x、y 和 z 方向上的折射率。这种晶体具有两个光学轴，所以也称为双轴晶体。当 $n_1 = n_2$ 时，晶体只有一个光轴，称这种晶体为单轴晶体。在单轴晶

体中，$n_3>n_1$ 的晶体（如石英）是正单轴晶体，$n_3<n_1$ 的晶体（如方解石和 $LiNbO_3$）称为负单轴晶体。

由于实际光纤的纤芯折射率并不是各向同性，$n_{1x}\neq n_{1y}$，所以单模光纤也存在双折射现象，引起偏振模色散（PMD），有关这方面的介绍见 2.3.2 节。

2. 双折射及偏振分束器（分光棱镜或称 WDM 器件）

任何光线进入各向异性晶体后，将折射分成两束正交的线性偏振光，以不同的偏振态和相速度经历不同的折射率传输，如图 1.3.21 所示，这种现象称为双折射，利用双折射可制成偏振分束器（Polarizing Beam Splitter，PBS）。

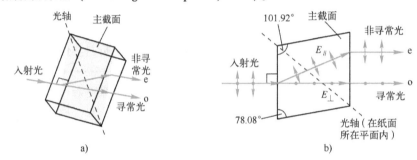

图 1.3.21　入射光进入各向异性晶体方解石后将发生双折射，产生相互正交偏振的
寻常光（o）和非寻常光（e），以不同的速度传播
a）棱形方解石使入射光发生双折射　b）寻常光具有与光轴垂直的偏振

在单轴晶体中，两个正交的偏振光称为寻常（Ordinary，o）光和非寻常（Extraordinary，e）光。寻常光在所有的方向具有相同的相速度，它的表现就像普通的电磁波，电场垂直于相速度传输的方向。非寻常光的相速度与传输方向和它的偏振态有关，而且电场也不垂直于相速度传输的方向。

现在考虑方解石晶体（$CaCO_3$）的双折射。方解石是一种负单轴晶体，沿一定的晶体平面把晶体切成菱面体，晶面是一个平行四边形（相邻两角的角度是 78.08° 和 101.92°），如图 1.3.21b 所示，包含光轴并与一对晶体表面垂直的方解石菱形晶体平面叫作主截面。当偏振光以法线方向射入方解石晶体时，与主截面垂直，而与光轴成一定的角度。入射光分成相互正交的寻常光和非寻常光，在主截面平面内也包含入射光。寻常光具有垂直于光轴的场振荡，它遵守斯奈尔定律，即光进入晶体不偏转，于是 E 场振荡的方向必须与纸平面垂直（用黑点表示），$E_\perp$ 是寻常光。

非寻常光是一种与寻常光正交的偏振光，并在包含光轴和波矢量 k 的主截面内。非寻常光的偏振就在纸平面内，用 $E_{//}$ 表示，它的传输速度和发散与寻常光不同。很显然，非寻常光不遵守斯奈尔定律，因为其折射角不为零。

3. 双折射的几种特例及应用

自然光在晶体中振动方向要受到限制，它只允许在某一特定方向上振动的光通过，这种只在特定方向上振动的光称为偏振光。偏振光与光轴的关系虽然不同，但均垂直投射到方解石晶体切割出来的薄片上，会产生不同的现象，如图 1.3.22 所示。图 1.3.22a 表示晶片切割成光轴与晶体的表面垂直，偏振光与光轴平行投射到晶片上，o 光和 e 光均以 o 光的速度 v_o 无偏向地通过晶片。所以出射光束有与入射光束相同的偏振特性，此时的方解石表现得与各向同性晶体一样，o 光和 e 光没有任何区别。图 1.3.22b 表示另外一种特例，所用的晶片切割成光轴与晶片的表面平行，即偏振光与光轴垂直投射到晶片上，入射光束虽然无偏向地传播，但在晶体内 o 光以 v_o 传播，e 光以与 v_o 不同的速度 v_e 传播，o 光和 e 光在互相正交的方向上偏振，3.5.1 节介绍的 M-Z 调制器和 3.9 节介绍的相位延迟片就是这种情形。图 1.3.22c 使用的晶片光轴与晶片的表面成任意角，在这样切割成的晶片中，产生两条分开的光束，以不同的速度通过晶体。图 1.3.22d 使用的晶片与图 1.3.22c 的相同，并且画出两条如图 1.3.19 一样的出射光束，在互相正交的方向上偏振，图 1.3.21 表示的双折射就是这种情形，利用这种效应可以制成偏振分束器。

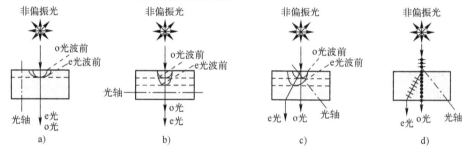

图 1.3.22 偏振光与光轴的关系不同，投射进入方解石晶片上的非偏振光产生不同的双折射现象[10]

a）入射光与光轴平行，不发生双折射，也没有速度差

b）入射光与光轴垂直，在同一方向发生有速度差的双折射（相位光调制器、相位延迟片就是这种情况）

c）入射光与光轴成一定角度，在不同方向发生有速度差的双折射（偏振分束器）

d）同图 1.3.22c，但偏振态和出射光线都表示出来了

1.3.5 TE 模、TM 模和 HE 模

在图 1.3.23 中，光波中的电场 E 垂直于传输方向 z。入射平面是包含入射光线和反射光线的平面，即包含 y 轴和 z 轴的平面，即纸平面。电场分量分别有入射波、反射波和折射波分量，现在我们只考虑入射波的电场分量。

图 1.3.23 表示向光纤纤芯和包层边界传播的入射波包含两种可能的电场分量 $E_\perp$ 和磁场分量 $B_\perp$，它们均与入射平面垂直，分别如图 1.3.23a 和图 1.3.23b 所示。$E_\perp$ 入射进入纸平面，而 $B_\perp$ 从纸平面出来。$E_\perp$ 沿 x 方向传播，所以 $E_\perp=E_x$，而伴随它产生的磁场 $B_{//}$ 是平行于入射平面。磁场分量 $B_\perp$ 垂直于入射平面，而伴随它产生的电场分量 $E_{//}$ 也平行于入射平面。

其他垂直于入射光波，在任何方向的电场可以分解为沿 $E_{//}$ 和 $E_\perp$ 方向传播的电场分量。这两个电场分量经历着不同的相位变化，$\phi_{//}$ 和 $\phi_\perp$ 以不同的入射角 θ_m 沿波导传播。因此，对

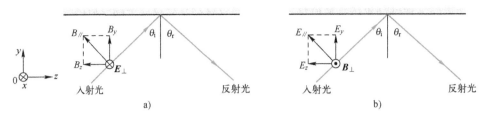

图 1.3.23 横电波（TE）和横磁波（TM）[5]

a）TE 模 b）TM 模

于 $E_{//}$ 和 $E_\perp$，就有互不相同的一套模式。与 $E_\perp$（或 E_x）有关的模式被称为横电模（Transverse Electric field modes，TE），用 TE_m 表示，因为 $E_\perp$ 垂直于传播方向 z，所以称"横"模。

与横电模相对应，垂直于传播方向伴随 $E_{//}$ 场产生的磁场 $B_\perp$ 的模式称为横磁模（Transverse Magnetic field modes，TM），用 TM_m 表示。$E_{//}$ 具有平行于 z 轴的场分量 E_z，它沿着光波传输的方向传输。很显然，E_z 是传播的纵电模（与"横电模"对应）。与此相对应，对于 TE 模，沿着光波传输的方向传输的磁场分量 B_z 是纵磁模。在法布里-珀罗谐振腔内，沿轴线方向的各种驻波分布状态是纵模（见 4.2.3 节），但与光纤内纵向上光波的传输要求是行波状态不同（见 2.2.2 节）。光波纵模的概念和声波纵模的概念是一致的，即都与传播方向一致。

TE 波在传输方向上有磁场分量，无电场分量；而 TM 波正好相反，在传输方向上无磁场分量，有电场分量。在均匀介质中传播的光波是平面波，其电场和磁场的方向与光的传播方向垂直，如图 1.2.5 所示，即在传播方向上既无电场分量也无磁场分量，所以是一种横电磁波（TEM 波）。在光纤中传输的光波，在传输方向上既有电场分量，也有磁场分量，它是一种混合模，用 HE 模或 EH 模表示，可以看作是传播方向上不同平面波的合成。HE 模或 EH 模的差异，主要由电磁场在传输 z 方向上的投影分量的大小来决定。如 z 方向上磁场分量占优势，则为 HE 模；如 z 方向上电场分量占优势，则为 EH 模。

当纤芯和包层的折射率差（Δ）远远小于 1 时，场的轴向电场分量 E_z 和磁场分量 H_z 很小，因而弱导光纤中 HE_{11} 模近似为线偏振模，并记为 LP_{01}。所以，HE_{11} 模是两种偏振态相互垂直的 TE 模和 TM 模，传播常数十分接近，具有相同的等效折射率和相同的传输速度，相互叠加的模，称为兼并模。有关光纤中传输的这种模，在 2.2.2 节还要进一步介绍。

与全反射有关的相位 ϕ 的变化取决于电场的偏振态，而且 ϕ 随 $E_{//}$ 和 $E_\perp$ 的不同而不同。但是当 $(n_1-n_2) \ll 1$ 时，两者 ϕ 的差别很小，可以忽略不计。所以，对于 TE 模和 TM 模，波导条件和截止条件可以认为是相同的。

复习思考题

1-1 用光导纤维进行通信最早在哪一年由谁提出？

1-2 光纤是如何传光的？

1-3 组成 100G 系统可能有哪 2 种可能？

1-4 简述相速度、相位差的概念。为什么我们经常对光波上给定时间被一定的距离分开的两点间的相位差感兴趣？

1-5 比较光在空气和光纤中传输的速度，哪个传输得快？

1-6 光波从折射率较大的介质以不同的入射角进入折射率较小的介质出现哪三种不同的情况？

1-7 简述法布里-珀罗（F-P）谐振腔的构成和工作原理。为什么谐振腔的长度是半波长的整数倍？而光波相长干涉的条件是路径差为波长的整数倍？

1-8 简述 LED 和 LD 的时间相干性和空间相干性。

1-9 光谱分析仪为什么要用衍射光栅？简述衍射光栅的构成和工作原理。

1-10 简述线性偏振光和非偏振光的电场振荡方向和传播方向有何不同。

1-11 什么是光的双折射？

习题

1-1 光程差计算

波长为 1.55 μm 的两束光沿 z 方向传输，从 A 点移动到 B 点经历的路径不同，其光程差为 20 μm，计算这两束光的相位差。

1-2 谐振模式和频谱宽度

考虑一个空气间隙长为 100 μm 的法布里-珀罗谐振腔，镜面反射系数为 0.9，请计算靠近波长 900 nm 的模式、模式间隔和每个模式的频谱宽度。

1-3 圆偏振和椭圆偏振

假如 $E_x=A\cos(\omega t-kz)$，$E_y=B\cos(\omega t-kz+\phi)$，$A$ 和 B 不等，$\phi=\pi/2(90°)$，请问该电磁波是何种偏振？

1-4 石英半波片

石英晶体的寻常折射率指数是（n_o）1.5442，非寻常折射率指数（n_e）是 1.5533，请问波长 $\lambda=590$ nm 的石英晶体半波片的厚度应该是多少？

1-5 从线性偏振到圆偏振

如果线性偏振光 E 以法线方向入射到四分之一波片上，如图 3.9.1 所示，线性偏振光 E 与慢轴的夹角 $\alpha=45°$，请证明输出光是圆偏振光。

1-6 计算谐振腔的频率间隔和波长间隔

典型的 AlGaAs 激光器谐振腔长 0.3 mm，腔内填充介质 AlGaAs，中心波长 0.82 μm，介质折射率 3.6。请计算相邻纵模间的频率间隔和波长间隔。

第2章　光纤和光缆

光纤是通信网络的优良传输介质，尤其以石英（SiO_2）光纤得到的应用最为广泛。和电缆相比，光纤具有信息传输容量大、中继距离长、不受电磁场干扰、保密性能好和使用轻便等优点。随着技术的进步，光纤价格逐年下降，应用范围不断扩大。光纤通信在高速率长距离干线网和用户接入网方面的发展潜力都很大。为了保证光纤性能稳定，系统运行可靠，必须根据实际使用环境设计各种结构的光纤和光缆。本章从应用的角度概述光纤的传光原理、光纤和光缆的类型和特性，以供设计光纤系统时选择。

2.1　光纤结构和类型

光纤是一种纤芯折射率 n_1 比包层折射率 n_2 大的同轴圆柱形电介质波导，如图 2.1.1 所示。纤芯材料主要成分为掺杂的 SiO_2，纯度达 99.999%，其余成分为极少量的掺杂剂（如 GeO_2 等），以提高纤芯的折射率。纤芯直径为 $8 \sim 100\,\mu m$。包层材料一般也为 SiO_2，外径为 $125\,\mu m$，其作用是把光强限制在纤芯中。为了增强光纤的柔韧性、机械强度和耐老化特性，还在包层外增加一层涂覆层，其主要成分是环氧树脂和硅橡胶等高分子材料。光能量主要在纤芯中传输，包层为光的传输提供反射面和光隔离，并起一定的机械保护作用。

根据光纤横截面上折射率的径向分布情况，可以把光纤粗略地分为阶跃型和渐变型两种。作为信息传输波导，实用光纤有两种基本类型，即多模光纤（见图 2.1.1a、图 2.1.1b）和单模光纤（见图 2.1.1c）。图 2.1.1 表示不同种类光纤的光线在纤芯传播的路径和由于色散引起的输出脉冲相对于输入脉冲的展宽 $\Delta\tau$，以及其横截面的折射率分布。

2.1.1　多模光纤

光的一个传输模式就是以某一角度（2.2.1 节将给出是数值孔径 NA）射入光纤端面，并能在纤芯内发生全反射的传播光线。如果光纤的芯径较大，允许光波以多个特定的角度射入光纤端面，并在光纤内传播，则称光纤中有多个模式。图 2.1.1a 和图 2.1.1b 表示有三个模在光纤中传输。

可以传播数百到上千个模式的光纤称为多模（MultiMode，MM）光纤。根据折射率在纤芯和包层的径向分布情况，多模光纤又可分为阶跃多模光纤和渐变多模光纤。

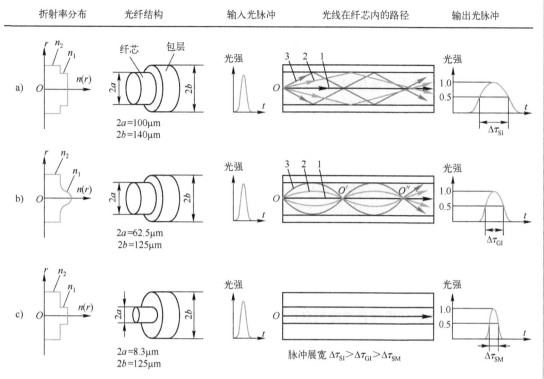

折射率分布　　　光纤结构　　　输入光脉冲　　　光线在纤芯内的路径　　　输出光脉冲

图 2.1.1　实用光纤的结构、折射率分布和在纤芯内的传输路径

a) 阶跃多模光强　b) 渐变多模光纤　c) 单模光纤

1. 阶跃多模光纤

阶跃 (Step Index, SI) 多模光纤折射率在纤芯为 n_1 保持不变,到包层突然变为 n_2,如图 2.1.1a 所示,阶跃型光纤的折射率分布可以表示为

$$n = \begin{cases} n_1, & r < a \\ n_2, & a \leqslant r \leqslant b \end{cases} \quad (n_1 > n_2) \tag{2.1.1}$$

式中,r 为光纤的径向坐标,n_1 和 n_2 分别表示纤芯和包层的均匀折射率。在纤芯和包层界面处 ($r = a$),折射率呈阶跃式变化。一般纤芯直径 $2a = 50 \sim 100\,\mu m$,光线以曲折形状传播,如图 2.1.1a 所示,这种阶跃多模光纤的传光原理可以简单地理解为,在这种波导内,光纤波导好像是一种透镜系统,对于每种模式的光线来说,对应一组焦距固定的透镜系统传输入射光。不同模式的光线,透镜的焦距也不同,模式 3 的光线对应的透镜焦距短,而模式 2 的光线对应的透镜焦距长。

阶跃多模光纤因色散使输出脉冲信号展宽 ($\Delta\tau_{1/2}$) 最大,相应的带宽大约只有 $10\,\text{MHz} \cdot \text{km}$,通常用于短距离传输。

2. 渐变多模光纤

阶跃多模光纤的主要缺点是存在大的模间色散，光纤带宽很窄；而单模光纤没有模间色散，只有模内色散，所以带宽很宽。但是随之出现的问题是，由于单模光纤芯径很小，所以把光耦合进光纤是很困难的。那么是不是制造一种光纤，既没有模间色散，带宽较宽，芯径较大，又使光耦合容易呢？这就是如图 2.1.1b 所示的渐变折射率多模光纤，简称为渐变多模光纤。

可以这样理解阶跃多模光纤存在的模间色散，在图 2.1.1a 中，代表各模的光线以不同的路径在纤芯内传输，在传输速度相同的情况下（均为 c/n_1，c 是自由空间光速），到达终点所需的时间也不同。例如，编号为 1 的光线直线传输，路径最短，到达光纤末端所需的时间最短；编号为 3 的光线曲折传输，路径最长，到达光纤末端所需的时间最长。所以这些光线经接收机内的光探测器变成各自的光生电流，这些光生电流在时域内叠加后，使输出脉冲相对于输入脉冲展宽了 $\Delta\tau_{SI}$。

渐变（Graded Index，GI）多模光纤折射率 n_1 不像阶跃多模光纤是个常数，而是在纤芯中心最大，沿径向往外按抛物线形状逐渐变小，直到包层变为 n_2，如图 2.1.1b 所示。这样的折射率分布可使模间色散降到最小，其理由是，虽然各模光线以不同的路径在纤芯内传输，但是因为这种光纤的纤芯折射率不再是一个常数，所以各模的传输速度也互不相同。沿光纤轴线传输的光线速度最慢（因 $n_{1,r\to0}$ 最大，所以速度 $c/n_{1,r\to0}$ 最小）；光线 3 到达末端传输的距离最长，但是它的传输速度最快（因 $n_{1,r\to a}$ 最小，所以速度 $c/n_{1,r\to a}$ 最快），这样一来到达终点所需的时间几乎相同，输出脉冲展宽不大。

为了进一步理解渐变多模光纤的传光原理，可把这种光纤看作由折射率恒定不变的许多同轴圆柱薄层 n_a、n_b 和 n_c 等组成，如图 2.1.2a 所示，而且 $n_a>n_b>n_c\cdots$。使光线 1 的入射角 θ_A 正好等于折射率为 n_a 的 a 层和折射率为 n_b 的 b 层的交界面 A 点发生全反射时临界角 $\theta_c(ab)=\arcsin(n_b/n_a)$，然后到达光纤轴线上的 O' 点。而光线 2 的入射角 θ_B 却小于在 a 层和 b 层交界面 B 点处的临界角 $\theta_c(ab)$，因此不能发生全反射，而光线 2 以折射角 θ_B 透射进入 b 层。如果 n_b 适当且小于 n_a，光线 2 就可以到达 b 和 c 界面的 B' 点，它正好在 A 点的上方（OO' 线的中点）。假如选择 n_c 适当且比 n_b 小，使光线 2 在 B' 发生全反射，即 $\theta_B>\theta_c(bc)=\arcsin(n_c/n_b)$。于是通过适当地选择 n_a、n_b 和 n_c，就可以确保光线 1 和 2 通过 O'。那么，它们是否同时到达 O' 呢？由于 $n_a>n_b$，所以光线 2 在 b 层要比光线 1 在 a 层传输得快，尽管它传输的路径比较长，也能够赶上光线 1，所以几乎同时到达 O' 点。这种渐变多模光纤的传光原理，相当于在这种波导中有许多按一定规律排列着的自聚焦透镜，把光线局限在波导中传输，如图 2.1.1b 所示。

实际上，渐变光纤的折射率是连续变化的，所以光线从一层传输到另一层也是连续的，如图 2.1.2b 和图 2.1.2c 所示。当光线经多次折射后，总会找到一点，其折射率满足全反射。入射光线除图 2.1.2 表示的子午光线外，还有斜射光线，即螺旋光线，所以要考

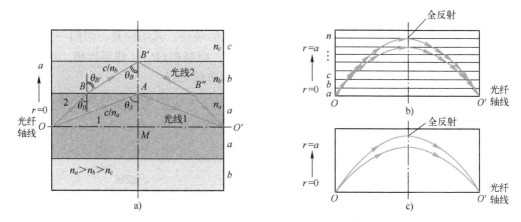

图 2.1.2　渐变 (GI) 多模光纤减小模间色散的原理

a) 渐变多模光纤由折射率恒定不变的许多同轴圆柱薄层 n_a、n_b 和 n_c 等组成

b) 光线从一层传输到另一层，当光线经多次透射后，总会找到一点，其折射率满足全反射条件

c) 渐变多模光纤的折射率是连续变化的，光线从一层传输到另一层也是连续的，当光线经多次透射后，
总会找到一点，其折射率满足全反射条件

虑所有这些光线通过渐变光纤时产生的模式色散，尽管其色散已比阶跃光纤小很多，但是也并不是说不存在。

渐变型光纤一般纤芯直径 $2a = 50 \sim 100\,\mu m$，光线以正弦形状传播，输出脉冲信号展宽 ($\Delta\tau_{1/2}$) 比阶跃型光纤小，带宽可达 $0.2 \sim 2\,GHz \cdot km$，比特速率和距离乘积可达 $0.3 \sim 10(Gbit/s) \cdot km$，当速率为 $100\,Mbit/s$ 时传输距离可达 $100\,km$，信息传输容量是阶跃型光纤的 $100 \sim 200$ 倍。虽然如此，对于中继距离在 $30\,km$ 以上、传输速率为 $620\,Mbit/s$ 到 $2.5\,Gbit/s$ 的干线通信系统，GI 光纤还是不能满足要求。高速率长距离传输系统采用带宽极大的单模光纤最为合适。

无论是阶跃型光纤还是渐变型光纤，均定义 Δ 为光纤的相对折射率差，即

$$\Delta = \frac{n_1 - n_2}{n_1} \tag{2.1.2}$$

光能量在光纤中传输的必要条件是 $n_1 > n_2$，Δ 越大，把光能量束缚在纤芯的能力越强，通常 Δ 远小于 1。

2.1.2　单模光纤

当光纤的芯径很小时，光纤只允许与光纤轴线一致的光线通过，即只允许通过一个基模。只能传播一个模式的光纤称为单模 (Single Mode, SM) 光纤。标准单模光纤折射率分布和阶跃多模光纤的相似，只是纤芯直径比多模光纤的小得多，模场直径只有 $9 \sim 10\,\mu m$，光线沿轴线直线传播，如图 2.1.1c 所示，传播速度最快，色散使输出脉冲信号展

宽（$\Delta\tau_{1/2}$）最小。

2.2.3 节将会专门用导波理论解释单模光纤传输的条件，其结论是：当归一化波导参数（也叫归一化芯径）$V<2.405$ 时，只有一种模式，即基模 LP_{01}（即零次模，$N=0$）通过光纤芯传输，这种只允许基模 LP_{01} 传输的光纤称为单模光纤。

多模光纤和单模光纤传播速度的差异可以用图 2.1.3 不同速度的汽车赛跑形象地表示，三种汽车各有不同的外形和速度，代表不同的模式。

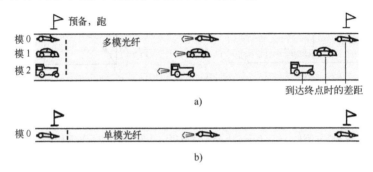

图 2.1.3　多模光纤和单模光纤传播速度的差异

a）多模光纤　b）单模光纤

事实上，为调整工作波长或改变色散特性，可以设计出各种结构复杂的单模光纤。已经开发的有色散位移光纤、非零色散位移光纤、色散补偿光纤，以及在 $1.55\,\mu m$ 衰减最小的光纤等。

表 2.1.1 对阶跃多模光纤、渐变多模光纤和阶跃单模光纤的特性进行了比较。

表 2.1.1　阶跃多模光纤、渐变多模光纤和阶跃单模光纤的特性比较

参　　数	阶跃多模光纤	渐变多模光纤	阶跃单模光纤
$\Delta=(n_1-n_2)/n_1$	0.02	0.015	0.003
芯径 $2a/\mu m$	100	62.5	8.3（MFD=9.3）
包层直径 $/\mu m$	140	125	125
数值孔径（NA）	0.3	0.26	0.1
带宽×距离 或色散	$20\sim100\,MHz\cdot km$	$0.3\sim3\,GHz\cdot km$	$<3.5\,ps/(km\cdot nm)$ $>100(Gbit/s)\cdot km$
衰减$/(dB/km)$	850 nm：$4\sim6$ 1300 nm：$0.7\sim1$	850 nm：3 1300 nm：$0.6\sim1$ 1550 nm：0.3	850 nm：1.8 1300 nm：0.34 1550 nm：0.2
应用光源	LED	LED、LD	LD
典型应用	短距离或用户接入网	本地网、宽域网或中等距离	长距离通信

2.1.3　超低损耗光纤

　　光纤损耗是由材料中杂质离子的吸收产生的，如果使用纯硅材料拉制光纤，就可以获得超低损耗的光纤。图 2.1.4a 表示纯硅芯光纤（Pure Silica Core Fiber，PSCF）在 1550 nm 波长历年来损耗降低的情况。一种 0.149 dB/km（1550 nm 波长）的超低损耗光纤，其有效面积 135 μm^2，色散 21 ps/（nm·km），色散斜率 0.061 ps/（nm^2·km），损耗谱如图 2.1.4b 所示，为了比较，也画出了标准单模光纤（Standard Single-Mode Fiber，SSMF）的损耗与波长的关系。

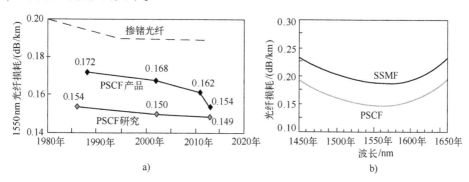

图 2.1.4　光纤性能历年进展情况

a）光纤损耗在 1550 nm 波长历年降低情况　b）光纤损耗频谱特性

　　降低光纤损耗，根本上是要减小瑞利散射损耗，该损耗占 1550 nm 波长传输损耗的 80%。瑞利散射起源于微掺杂浓度的波动和玻璃分子网格结构密度的波动。因此，PSCF 芯不掺杂，这是减小掺杂浓度波动的最好解决办法。此外，为抑制玻璃成分密度波动，可采用 0.72 dB/（km/μm^{-4}）瑞利散射系数的玻璃。为了使 PSCF 损耗最小，选用光纤芯折射率指数横截面分布为环形的结构，如图 2.1.5a 所示，芯中心掺少量氟，围绕它的是纯硅环状芯。为了降低弯曲损耗性能，采用掺氟包皮的 W 形结构。为了减小与光纤芯

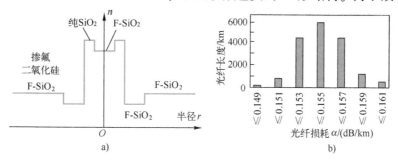

图 2.1.5　PSCF 光纤结构及性能[29]

a）PSCF 光纤折射率指数 n 分布横截面结构图　b）17000 km PSCF 光纤损耗 α 分布图

有效面积成反比的非线性影响，使 PSCF 的有效面积增大到 135 μm²。这种光纤的色散（21 ps/(nm·km)）相当大，其目的也是为了抑制非线性影响。

图 2.1.5b 表示 17000 km 长 PSCF 光纤损耗在 1550 nm 波长的分布，平均损耗为 0.154 dB/km，损耗分布类似高斯形状，其他特性，如有效面积、色散和色散斜率等也具有好的稳定性。

2.1.4　光纤制造工艺

我们知道，光纤的纤芯折射率 n_1 比包层折射率 n_2 高，如图 2.1.1 所示。纤芯材料主要成分为 SiO_2，其余成分为极少量的掺杂剂（如 GeO_2 等），以提高纤芯的折射率。包层材料一般也为 SiO_2，作用是把光强限制在纤芯中，为了增强光纤的柔韧性、机械强度和耐老化特性，还在包层外增加一层涂覆层，其主要成分是环氧树脂和硅橡胶等高分子材料。

制造光纤时，需要先熔制出一根合适的玻璃棒，如图 2.1.6a 所示。为使光纤的纤芯折射率 n_1 比包层折射率 n_2 高，首先在制备纤芯玻璃棒时，要均匀地掺入少量比石英折射率高的材料（如锗）；接着在制备包层玻璃时，再均匀地掺入少量比石英折射率低的材料（如硼）。这就制成了拉制光纤的原始玻璃棒，通常把它叫作光纤预制棒。把预制棒放入高温（约 2000 ℃）拉丝炉中加温软化，拉制成线径很细的玻璃丝，如图 2.1.6b 所示，同时在玻璃丝外增加一层高分子材料涂覆层，以便增强玻璃丝的柔韧性和机械强度。这种玻璃丝中的纤芯和包皮的厚度比例和折射率分布与预制棒材料的完全一样。这种只有约为 125 μm 粗细的玻璃丝就是通信用的导光纤维，简称为光纤。当然，为了使纤芯直径在拉制过程中保持一致，还需要对线径进行测量控制。

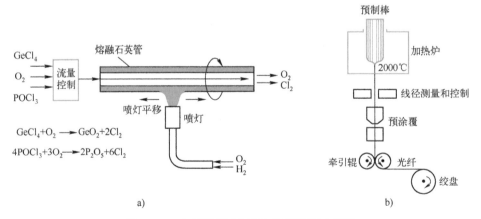

GeCl₄+O₂ ⟶ GeO₂+2Cl₂
4POCl₃+3O₂ ⟶ 2P₂O₅+6Cl₂

图 2.1.6　光纤预制棒制造和拉丝装置示意图
a）预制棒制造原理图　b）拉丝装置示意图

2.2　光纤传输原理

　　根据纤芯直径 $2a$ 和光波波长 λ 比值的大小，可用光在波导中的光线理论或导波理论两种方法对光纤的传输原理进行分析。对于多模光纤，$2a/\lambda$ 远远大于光波波长 λ，可用几何光学的光线理论近似分析光纤的传光原理和特性；对于单模光纤，$2a$ 可与 λ 比拟，就必须用麦克斯韦导波理论来进行分析。

2.2.1　光线理论分析传输条件——全反射和相干

　　从 1.3.1 节的介绍已经知道，光波从折射率较大的介质入射到折射率较小的介质时，在边界将发生反射和折射，当入射角 θ_i 超过临界角 θ_c 时，将发生全反射，如图 1.3.4c 所示。光纤传输电磁波的条件除满足光线在纤芯和包层界面上的全反射条件外，还需满足传输过程中的相干加强条件。因此，对于特定的光纤结构，只有满足一定条件的电磁波可以在光纤中进行有效的传输，这些特定的电磁波称为光纤模式。光纤中可传导的模式数量取决于光纤的具体结构和折射率的径向分布。如果光纤中只支持一个传导模式，则称该光纤为单模光纤。相反，支持多个传导模式的光纤称为多模光纤。

　　为简单和直观起见，以阶跃型光纤为例，进一步用几何光学方法分析多模光纤的传输原理和导光条件。如图 2.2.1 所示，光线在光纤端面以不同角度 α 从空气入射到纤芯（$n_0 < n_1$），不是所有的光线能够在光纤内传输，只有一定角度范围内的光线在射入光纤时产生的折射光线才能在光纤中传输。假如在光纤端面的入射角是 α，在波导内光线与正交于光纤轴线的夹角是 θ_i。此时，$\theta_i > \theta_c$（临界角）的光线将发生全反射，而 $\theta_i < \theta_c$ 的光线将进入包层泄漏出去。于是，为了光能够在光纤中传输，入射角 α 必须要能够使进入光纤的光线在光纤内发生全反射而返回纤芯，并以曲折形状向前传播。由图 2.2.1 可知，最大的 α 角应该是使 $\theta_i = \theta_c$。在 n_0/n_1 界面，根据斯奈尔（Snell）定律（见 1.3.1 节）可得

$$\frac{\sin\alpha_{max}}{\sin(90°-\theta_c)}=\frac{n_1}{n_0} \tag{2.2.1}$$

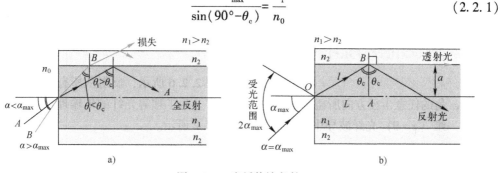

图 2.2.1　光纤传输条件
a）不同入射角 θ_i 的光纤　b）$\theta=\theta_c$ 的光线

全反射时由式（1.3.2）可知，$\sin\theta_c = n_2/n_1$，将此式代入式（2.2.1），可得

$$\sin\alpha_{max} = \frac{(n_1^2 - n_2^2)^{1/2}}{n_0}$$

当光从空气进入光纤时，$n_0 = 1$，所以

$$\sin\alpha_{max} = (n_1^2 - n_2^2)^{1/2} \qquad (2.2.2)$$

定义数值孔径（Numerical Aperture，NA）为

$$NA = \sqrt{n_1^2 - n_2^2} = n_1\sqrt{2\Delta} \qquad (2.2.3)$$

式中，$\Delta = (n_1 - n_2)/n_1$ 为纤芯与包层相对折射率差。设 $\Delta = 1\%$，$n_1 = 1.5$，得到 NA = 0.21 或 $\theta_c = 12.1°$。因此用数值孔径表示的光线最大入射角 α_{max} 是

$$\sin\alpha_{max} = \frac{NA}{n_0} \qquad (2.2.4)$$

$$\sin\alpha_{max} = NA \quad (n_0 = 1 \text{ 时})$$

角度 $2\alpha_{max}$ 称为入射光线的总接收角，它与光纤的数值孔径和光发射介质的折射率 n_0 有关。式（2.2.4）只应用于子午光线入射，对于斜射入射光线，具有较宽的可接收入射角。多模光纤的大多数入射光线是斜射光线，所以它对入射光线所允许的最大可接收角要比子午光线入射的大。

当 $\theta_i = \theta_c$ 时，光线在波导内以 θ_c 入射到纤芯与包层交界面，透射光线沿交界面向前传播（透射角为 90°），如图 2.2.1b 所示。当 $\theta_i < \theta_c$ 时，光线将透射进入包层并逐渐消失。因此，只有与此相对应的在半锥角为 $2\alpha_{max}$ 的圆锥内入射的光线才能在光纤内传播，所以光纤的受光范围是 $2\alpha_{max}$。

NA 表示光纤接收和传输光的能力，NA（或 α_{max}）越大，光纤接收光的能力越强，从光源到光纤的耦合效率越高。对无损耗光纤，在 α_{max} 内的入射光都能在光纤中传输。NA 越大，纤芯对光能量的束缚能力越强，光纤抗弯曲性能越好。但 NA 越大，经光纤传输后产生的输出信号展宽越大，因而限制了信息传输容量，所以要根据使用场合，选择适当的 NA。

2.2.2　光线理论分析光纤传输模式

光纤波导横截面是二维（r 和 φ）尺寸，如图 2.2.6 所示，反射从所有表面，即从与 y 轴成 φ 角的任意半径方向所碰到的界面发生反射。为了理解光纤的传输理论，先来分析光线在一维（$\varphi = 0$）光纤波导中的传播，如图 2.2.2 所示。

1. 分析一维波导光纤

由于波导芯的折射率 n_1 大于包层的折射率 n_2，所以光在光纤波导界面处发生全反射。取电场 E 方向为沿 x 方向、平行于界面并正交于 z 方向。光线以 z 字形沿 z 方向向前传播，

并在纤芯和包层界面处（如 B 和 C 点）全反射，在图 2.2.2 中，用细实线表示出光线恒定的相位波前，它正交于传输方向。光线在 C 点反射后，反射光线波前正好与在 A 点的起始光线波前重叠，如果它们不同相，这两束光线将相消干涉，相互抵消。因此只有特定的反射角 θ 能够发生相长干涉，由此可见，只有特定的波才能在波导中存在。

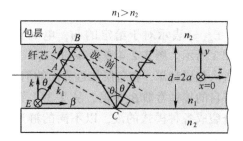

图 2.2.2 光纤波导中传输的光波必须与它自己相长干涉，否则相消干涉就不会建立起传输光场

A 和 C 两点的相位差对应光路径长度 $AB+BC$，而且在 A 和 B 点的每次全反射都会产生一个相位差 ϕ。假如 k_1 是光波在 n_1 介质中的传播常数，$k_1 = kn_1 = 2\pi n_1 / \lambda$，式中 k 和 λ 分别是自由空间传播常数和波长。为了实现相长干涉，A、C 两点间的相位差必须是 2π 的整数倍，即

$$\Delta\phi(AC) = k_1(AB+BC) - 2\phi = m(2\pi), \quad m = 0, 1, 2, \cdots$$

由图 2.2.2 可知，$BC = d/\cos\theta$，$AB = BC\cos(2\theta)$，于是

$$AB + BC = BC\cos(2\theta) + BC = BC\left[(2\cos^2\theta - 1) + 1\right] = 2d\cos\theta$$

所以光波在波导中传输的条件是

$$k_1\left[2d\cos\theta\right] - 2\phi = m(2\pi) \quad \text{或} \quad k_1 d\cos\theta - \phi = m\pi, \quad m = 0, 1, 2, \cdots \quad (2.2.5)$$

显然，对于给定的 m，只有一定的 θ 和 ϕ 值才能满足式（2.2.5），ϕ 与 θ 有关，也与光波的偏振态有关。因此对于每个 m 值，将允许有一个 θ_m 和一个相对应的 ϕ_m。因 $k_1 = 2\pi n_1 / \lambda$，$d = 2a$，所以满足波导相长干涉的波导条件式（2.2.5）变成

$$\frac{2\pi n_1(2a)}{\lambda}\cos\theta_m - \phi_m = m\pi, \quad m = 0, 1, 2, \cdots \quad (2.2.6)$$

式中，ϕ_m 表示 ϕ 是入射角 θ_m 的函数。

可以把波矢量 k_1 分解成两个沿波导（z 轴）的传播常数 β 和 k，如图 2.2.2 所示。设 θ_m 满足波导条件，则

$$\beta_m = \boldsymbol{k}_1\sin\theta_m = \left(\frac{2\pi n_1}{\lambda}\right)\sin\theta_m \quad (2.2.7)$$

$$k_m = \boldsymbol{k}_1\cos\theta_m = \left(\frac{2\pi n_1}{\lambda}\right)\cos\theta_m \quad (2.2.8)$$

由式（2.2.6）显然可见，只有一定入射角的光线才能在波导内传输，并与 $m = 0, 1, 2, \cdots$ 对应，而且大的 m 值产生小的 θ_m 角。每个不同的 m 值将产生不同的由式（2.2.7）决定的传播常数 β，m 值称为模数。

与式（1.2.5）类似，沿波导传输的光波可用式（2.2.9）来描述

$$E(y,z,t)=2E_m(y)\cos(\omega t-\beta_m z) \qquad (2.2.9)$$

式中，$E_m(y)$ 表示对于给定的 m，电场在沿 z 方向传输的过程中沿 y 方向的分布，如图 2.2.3 所示。图 2.2.4 表示 $m=0,1,2$ 三种模式的波沿波导 y 方向的电场分布，m 越大光场进入包层越深，在包层靠近界面的消逝波以指数形式沿 y 方向衰减。整个电场沿 z 方向以各自的传播常数 β_m 传输，从 2.3.2 节可知它是群速度。图 2.2.5 表示光脉冲进入波导后分裂成各种模式的波，以不同的群速度向前传输，高阶模传输最慢，低阶模最快，在波导输出端重新复合构成展宽的输出光脉冲。

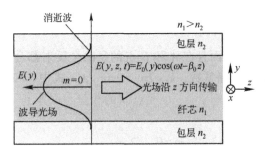

图 2.2.3　$m=0$ 基模沿波导 y 方向的电场分布，通常入射角 $\theta=90°$，沿 z 方向的相速度最大　　图 2.2.4　$m=0,1,2$ 三种模式的波沿光纤波导 y 方向的电场分布

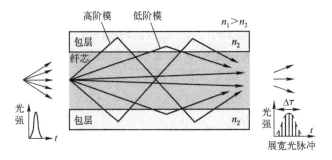

图 2.2.5　光脉冲进入光纤波导后分裂成各种模式的波

2. 归一化芯径——V 参数

虽然式（2.2.6）规定了光波在波导中传输所允许的入射角，但它还必须同时满足全反射条件 $\sin\theta_m>\sin\theta_c$，因此在波导中有一个允许在其中传输的最大模数。从式（2.2.6）可以获得一个 $\sin\theta_m$ 的表达式，并应用 $\sin\theta_m>\sin\theta_c$，得到最大模数 m 必须满足

$$m\leqslant (2V-\phi)/\pi \qquad (2.2.10)$$

式中

$$V=\frac{2\pi a}{\lambda}\sqrt{n_1^2-n_2^2}=\frac{2\pi a}{\lambda}n_1\sqrt{2\Delta}=\frac{2\pi a}{\lambda}\mathrm{NA} \qquad (2.2.11)$$

V 数也叫作 V 参数，因为频率与波长成反比，所以叫归一化频率；在光纤波导中，因为

$d=2a$，所以 V 参数也叫归一化芯径。对于给定的自由空间波长 λ，V 数取决于波导几何尺寸（$d=2a$）和波导特性（n_1 和 n_2）。从式（2.2.10）和式（2.2.11）可知，要想使模式数量减少，可以减少 $2a/\lambda$ 值，或者使 n_1 和 n_2 值更接近些。

3. 分析二维波导光纤

光纤波导横截面是二维（r 和 φ）尺寸，如图 2.2.6 所示。因为任意方向的半径 r 均可以用 x 和 y 来表示，所以波的相长干涉包括 x 方向和 y 方向的反射，因此用两个整数 l 和 m 来标记所有可能在波导中存在的行波或导模。

在阶跃折射率光纤中，沿光纤曲折传输的光线，除通过轴线入射的子午光线外（每个反射光线也通过光纤轴线），如图 2.2.6a 所示，还有非轴线入射的斜射光线，此时反射光线没有通过轴线，而是围绕轴线螺旋式前进，如图 2.2.6b 所示。

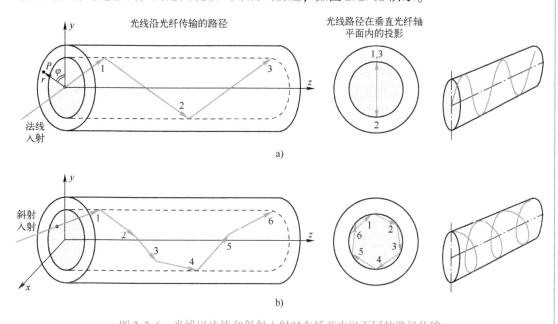

图 2.2.6　光线以法线和斜射入射时在纤芯内以不同的路经传输

a）子午光线总与光纤轴相交　b）斜线光线不与轴相交，而是围绕轴曲折前进（螺旋光线），数字表示光线反射的次数

在阶跃多模光纤中，入射的法线光线和斜射光线都产生沿光纤传输的导模，每一个都具有一个沿 z 方向的传播常数（群速度）β。法线光线在光纤内产生 TE 波和 TM 波，然而斜射光线产生的导模既有横电场 E_z 分量，又有横磁场 B_z 分量，因此既不是 TE 波，也不是 TM 波，而是 HE 波或 EH 波，这两种模的电场和磁场都具有沿 z 方向的分量，所以称为混合模，如图 2.2.7a 所示。HE 模的磁场分量比电场分量强，而 EH 模却相反。

当光纤的折射率差 $\Delta \ll 1$ 时，称这种光纤为弱导光纤。通常阶跃型光纤 $\Delta \approx 0.01$，所以它是弱导光纤。这种光纤的导模几乎是平面偏振行波，它们具有横电场和横磁场，即 E

和 **B** 互相正交，且垂直于 z 轴，类似于平面波的场方向，但是场强在平面内不是常数，称这些波为线性偏振（Linearly Polarized，LP）波，即具有横电场和横磁场的特性。这种沿光纤传输的 LP 导模可用沿 z 方向的电场分布 $E(r,\varphi)$ 表示，这种场分布或者场斑是在垂直于光纤轴（z 方向）的平面内，因此与 r 和 φ 有关，而与 z 方向无关。因此用对应于 r 和 φ 两种边界的两个整数 l 和 m 来描述其特性。这样在一个 LP 模中的传输场分布可用 $E_{lm}(r,\varphi)$ 表示，称这种模为 LP_{lm} 模。于是 LP_{lm} 模就可用沿 z 方向的行波表示

$$E_{LP} = E_{lm}(r,\varphi)\exp[\,j(\omega t - \beta_{lm}z)\,] \tag{2.2.12}$$

式中，E_{LP} 表示 LP 模的电场，β_{lm} 是它沿 z 方向的传播常数。显然，对于给定的 l 和 m，$E_{lm}(r,\varphi)$ 表示在 z 轴某个位置上特定的场分布，该场以 β_{lm}（群速度）沿光纤传播。

图 2.2.7 表示阶跃光纤的基模（E_{01}）电场分布，它对应 l=0 和 m=1 的 LP_{01} 模（即零次模，N=0）。该场在纤芯的中心（光纤轴）最大，由于透射波（含消逝波）的存在，有部分场进入包层，其大小与 V 参数有关，由式（2.2.7）可知，即与波长有关。各模的光强与 E^2 成正比，这意味着，在 LP_{01} 模内的光强分布具有沿光纤轴线的最大值，如图 2.2.7b 所示，在中心最大，逐渐减弱，接近包层最小。图 2.2.7c 也表示出 LP_{11} 模（即 1 次模，N=1）和 LP_{21} 模（即 2 次模，N=2）的强度分布。l 和 m 对应 LP_{lm} 模的光强分布图案（场斑），l 表示循环一周（$\varphi=360°$）最大光强的对数，m 表示从纤芯开始沿 r 方向到包层具有场斑的个数。例如，LP_{21} 模表示循环一周有两对场斑，从纤芯到包层有一个场斑。由此可见，l 表示螺旋传输的程度，或者说斜射光线对该模贡献的大小，对于 LP_{01}（基模）l 为零，说明没有斜射光线，对于 LP_{11} 模，循环一周有一对场斑；m 与光线的反射角有关。

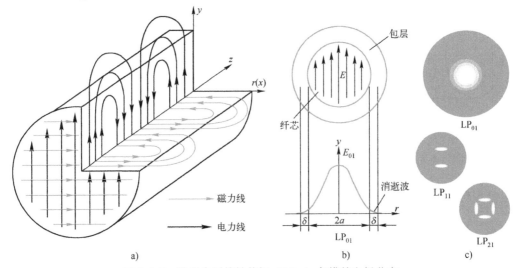

图 2.2.7　阶跃光纤线性偏振（LP_{lm}）各模的电场分布

a）LP_{01}（HE_{11}）模电力线和磁力线在光纤波导中的分布　b）LP_{01} 模与光纤轴垂直的横截面的电场分布

c）LP_{lm} 模与光纤轴垂直的横截面的强度分布

从上面的讨论可知，光以各种传导模沿光纤传输，每种模具有自己的传播常数 β_{lm}（即与波长有关的群速度 $V_g(l,m)$）、电场分布 $E_{lm}(r,\varphi)$。当脉冲光射入光纤后，它通过各种导模沿光纤传输，然而每种模式的光以不同的群速度传输，低次模传输快，高次模传输慢，所以到达光纤末端的时间也各不相同，经光探测器转变成光生电流后，各模式混合使输出脉冲相对于输入脉冲展宽，这种色散称为模间色散。色散与光纤波导的结构参数和尺寸（a 和 Δ）有关，这一点将在 2.3.2 节进一步讨论，因此可以设计一种只能传输基模的波导，从而也就没有模间色散。

2.2.3　导波理论分析光纤传输模式

光纤波导是导电率为零的一种圆柱形波导，用 3 个变量即光纤半径尺寸 r、光纤轴方向 z、r 与 y 轴的夹角 φ 表示，如图 2.2.6 所示，在光纤中传输的光波是电磁波，其运动规律仍遵守麦克斯韦波动方程，它是一种微分方程。在柱坐标系中，用拉普拉斯方程表示的光纤波导内的电场为

$$\frac{\partial^2 E_z}{\partial r^2}+\frac{1}{r}\frac{\partial E_z}{\partial r}+\frac{1}{r^2}\frac{\partial^2 E_z}{\partial \varphi^2}+\frac{\partial^2 E_z}{\partial z^2}+k_0^2 n^2 E_z=0 \qquad (2.2.13)$$

式中，k_0 为传播常数，n 为阶跃光纤折射率，当 $r \leqslant$ 纤芯半径 a 时，$n=n_1$；当 $r>a$ 时，$n=n_2$。

光纤波导结构决定边界条件，用分离变量法将波动方程式（2.2.13）化解为系数为自变量函数的贝塞尔线性方程，然后通过适当的换元法将变系数方程化为常系数方程，便可把光的传播用电磁波表示。只有满足边界条件所决定的某一相位匹配条件，电磁波才能被封闭在纤芯内传输，这就是传输模。解波动方程可以得到光纤模式特性、场结构、传播常数和截止条件等。用波动光学分析光波在光纤中的传输结果是，第一类 l 阶贝塞尔函数 $J_l(x)$ 可以描述光波在纤芯内的光场分布，它有点像衰减的正弦函数；第一类修正 l 阶贝塞尔函数 $K_l(x)$ 可以描述光波在包层内的光场分布，它有点像衰减的指数函数。对于阶跃折射率光纤，反映其特性的 V 参数为

$$V=k_0 a\sqrt{n_1^2-n_2^2}$$

因传播常数 $k_0=2\pi/\lambda$（见 1.2.2 节），所以

$$V=\frac{2\pi a}{\lambda}\sqrt{n_1^2-n_2^2}=\frac{2\pi a}{\lambda}n_1\sqrt{2\Delta}=\frac{2\pi a}{\lambda}\mathrm{NA} \qquad (2.2.14)$$

式中，λ 是自由空间工作波长，a 是纤芯半径，n_1 和 n_2 分别是纤芯和包层的折射率，NA 是光纤的数值孔径，Δ 是纤芯和包层的折射率差

$$\Delta=\frac{n_1-n_2}{n_1}\approx\frac{n_1^2-n_2^2}{2n_1^2} \qquad (2.2.15)$$

由式（2.2.14）可知，V 参数与光纤的几何尺寸（芯径）$2a$ 有关，所以称为归一化

纤芯直径，或简称为归一化芯径；另一方面，V 参数又与波长成反比，具有频率的量纲，所以又称为归一化频率，同时又与光纤波导折射率 n_1 和 n_2 有关，因此它是描述光纤特性的重要参数。

引入归一化传播常数 b，它与传播常数（群速度）$\beta = \beta_{lm}$ 的关系是

$$b = \frac{(\beta/k)^2 - n_2^2}{n_1^2 - n_2^2} \tag{2.2.16}$$

式中，传播常数（相速度）$k = 2\pi/\lambda$，n_1 和 n_2 分别是纤芯和包层的折射率。因为 LP 模的传播常数 β_{lm} 取决于波导特性和光源波长，因此仅用与 V 参数有关的归一化传播常数 b，描述光在波导中的传输特性是非常方便的。

图 2.2.8 表示几种低阶线性偏振模（LP）的 b 与 V 的关系。由图可见，基模 LP_{01} 对所有的 V 数都存在，所以以 LP_{01} 在任何光纤中都能存在，是永不截止的模式，称为基模或主模。而 LP_{11} 在 $V = 2.405$ 截止。对于每个比基模高的特定的 LP 模，总有一个对应于截止波长的截止 V 数。给出光纤的 V 参数，从图 2.2.8 中很容易找到对于允许在波导中存在的 LP 模所对应的 b，接着按式（2.2.16）就可以求得 β。

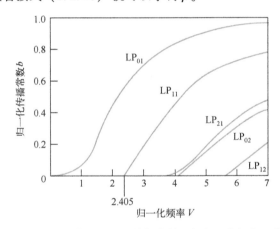

图 2.2.8　几种 LP 模的归一化传播常数 b 与归一化频率 V 的关系

注：LP_{01} 为零次模，$N=0$；LP_{11} 为 1 次模，$N=1$；LP_{21} 为 2 次模，$N=2$

当 $V < 2.405$ 时，只有一种模式即基模 LP_{01} 通过光纤芯传输，当减小芯径使 V 数进一步减小时，光纤仍然支持 LP_{01} 模，但该模进入包层的场强增加了，因此该模的一些光功率被损失掉。这种只允许基模 LP_{01} 在要求的波长下传输的光纤称为单模光纤。通常单模光纤比多模光纤具有更小的纤芯半径 a 和较小的折射率差 Δ。

当 $V > 2.405$ 时，假如光源波长 λ 减小得足够小，单模光纤将变成多模光纤，高阶模也将在光纤中传输。因此光纤变成单模的截止波长 λ_c，由 $V_{\text{cut-off}} = (2\pi a/\lambda_c)(n_1^2 - n_2^2)^{1/2} = 2.405$ 得出

$$\lambda_c = \frac{2\pi a}{2.405}(n_1^2 - n_2^2)^{1/2} \tag{2.2.17}$$

当 $V > 2.405$ 时，模数增加得很快。在阶跃折射率多模光纤中能够支持的模式数量 N 可用式（2.2.18）表示

$$N = \frac{4V^2}{\pi^2} \approx \frac{V^2}{2} \tag{2.2.18}$$

例如，一个 $a = 25\,\mu m$，$\Delta = 5 \times 10^{-3}$ 的典型多模光纤，在 $\lambda = 1.3\,\mu m$ 处，当 $V = 18$ 时，$N = 162$；当 $V = 5$ 时，$N = 12.5$。当 V 小于一定数值时，除 LP_{01}（HE_{11}）外，其他模式均截止，只传输单个模式，这种光纤就是单模光纤。

改变阶跃折射率光纤的各种物理参数可能对传输模数量的影响可从式（2.2.14）推断出来，例如，增加芯径 a 或者折射率 n_1 可增加模数 V；另一方面，增加波长 λ 或者包层折射率 n_2 可以减少模数。式（2.2.14）不包含包层直径，这说明它在各导模的传输中没有扮演重要的角色。在多模光纤中，光通过许多模传输，并且所有模主要局限在芯内传输。在阶跃折射率光纤中，一小部分基模场将进入包层传输。假如包层没有足够厚，这部分场将到达包层的最外边并泄漏出去，发生光能量的丢失，如图 2.2.1 所示。因此，通常阶跃单模光纤的包层直径至少是纤芯直径的 10 倍。

V 和 β 均是一个无量纲参数。光波在光纤中传播的条件是，在纤芯要把光能量尽量约束在纤芯中传输，在包层光场是消逝（Evanescent）波（见 1.3.1 节），即 $r \to \infty$ 时，场强衰减为零。这就要求传播常数在纤芯要满足 $\beta < (n_1\omega)/c$，在包层要满足 $\beta > (n_2\omega)/c$，因此，光纤中传导模存在的条件是使传播常数 β 满足

$$\frac{n_1\omega}{c} > \beta > \frac{n_2\omega}{c} \tag{2.2.19}$$

根据以上的定义，最小的归一化传播常数 $b = 0$，对应 $\beta = kn_2$，即在包层中传输；最大的归一化传播常数 $b = 1$，对应 $\beta = kn_1$，即在纤芯中传输。对于各种传导模，b 与 V 的关系在相关文献中已经计算出来。

1.3.5 节已介绍了 TE 模、TM 模和 HE 模，在光纤波导中，TE 模和 TM 模传播常数十分接近，具有相同的等效折射率和相同的传输速度。HE_{11} 模就是由这两种偏振态相互正交的 TE 模和 TM 模叠加组成，称为兼并模，这就是基模 LP_{01}。

【例 2.2.1】 多模光纤模式数量计算

纤芯折射率为 1.468，直径为 $100\,\mu m$，包层折射率为 1.447，假如光源波长为 $850\,nm$，请计算阶跃折射率多模光纤所允许传输的模式数量。

解：将 $a = 50\,\mu m$、$\lambda = 0.850\,\mu m$、$n_1 = 1.468$ 和 $n_2 = 1.447$ 代入 V 数表达式

$$V = \frac{2\pi a}{\lambda}\sqrt{n_1^2 - n_2^2} = \frac{2\pi \times 50}{0.850}\sqrt{1.468^2 - 1.447^2} = 91.44$$

因为 $V \gg 2.405$，模数是 $N \approx V^2/2 = 91.44^2/2 = 4181$。

【例 2.2.2】 单模光纤芯径计算

纤芯折射率 $n_1 = 1.468$，包层折射率 $n_2 = 1.447$，假如光源波长为 1300 nm，请计算单模光纤的芯径是多少。

解： 当 $V \leq 2.405$ 时可实现单模传输，于是

$$V = 2\pi a \lambda^{-1} \sqrt{n_1^2 - n_2^2} \leq 2.405$$

或者

$$2\pi a (1.3\ \mu m)^{-1} \sqrt{1.468^2 - 1.447^2} \leq 2.405$$

从中解得 $a \leq 2.01\ \mu m$，所以这样细的芯径，对于光纤与光纤的耦合或者光源与光纤的耦合都是相当困难的，必须采用特别的技术才行。请注意芯径已能够和光源波长相比拟，所以几何光学已不能在这里使用。

【例 2.2.3】 多模光纤数值孔径、最大可接收角和支持的模式数量

阶跃光纤纤芯和包层的折射率分别是 1.480 和 1.460，纤芯半径为 50 μm，光源波长为 0.85 μm。请计算光从空气射入光纤的数值孔径、最大可接收角和所能支持的模式数量。

解： 光纤的数值孔径是

$$NA = (n_1^2 - n_2^2)^{1/2} = (1.480^2 - 1.460^2)^{1/2} = 0.2425$$

从 $\sin\alpha_{max} = NA/n_0 = 0.2425/1$，得到最大可接收角是 $\alpha_{max} = 14°$，总接收角是 $2\alpha_{max} = 28°$。V 数是 $V = (2\pi a/\lambda) NA = [(2\pi \times 50)/0.85] \times 0.2425 = 89.62$。模式数量 $N \approx V^2/2 = 4016$。

【例 2.2.4】 单模光纤数值孔径、最大可接收角和截止波长 λ_c 计算

典型单模光纤的纤芯直径是 8 μm，折射率是 1.46。归一化折射率差是 0.3%，包层直径是 125 μm，光源波长为 0.85 μm。请计算光纤的数值孔径、最大可接收角和截止波长 λ_c。

解： 光纤的数值孔径是

$$NA = (n_1^2 - n_2^2)^{1/2} = [(n_1 + n_2)(n_1 - n_2)]^{1/2}$$

用 $(n_1 - n_2) = n_1 \Delta$ 和 $(n_1 + n_2) \approx 2n_1$ 代入上式可得到数值孔径为

$$NA = [(2n_1)(n_1 \Delta)]^{1/2} = n_1(2\Delta)^{1/2} = 1.46 \times (2 \times 0.003)^{1/2} = 0.113$$

最大可接收角 $\sin\alpha_{max} = NA/n_0 = 0.113/1$，即 $\alpha_{max} = 6.5°$。

单模传输的条件是 $V \leq 2.405$，对应的截止波长是

$$\lambda_c = 2\pi a NA/2.405 = (2\pi \times 4\ \mu m) \times 0.113/2.405 = 1.18\ \mu m$$

所以，光源发射波长小于 1.18 μm 将导致多模工作。

2.2.4 单模光纤的基本特性

1. 基模传输条件

由 2.2.2 节的分析可知，单模光纤的传输条件是归一化芯径（频率）

$$V < 2.405 \tag{2.2.20}$$

此时其他模式的光波均被截止，只有线偏振模 LP_{01} 模在光纤中传输，它是光纤的主模。V 值由式（2.2.14）确定。利用式（2.2.14）可以估计单模光纤在 $1.3 \sim 1.6\,\mu m$ 波长范围内的纤芯半径 a。取 $\lambda = 1.2\,\mu m$，$n_1 = 1.45$，$\Delta = 5 \times 10^{-3}$，则当 $a = 3.2\,\mu m$ 时，即能满足 $V < 2.405$。若 $\Delta = 3 \times 10^{-3}$，则纤芯可增至 $a = 4\,\mu m$。实际上大多数单模光纤设计在 $a \approx 4\,\mu m$，欲使光纤在可见光谱区也能在单模条件下工作，则 a 应减小一半。

2. 场结构和模式兼并

当 Δ 远远小于 1 时，场的轴向电场分量 E_z 和磁场分量 H_z 很小，因而弱导光纤中 HE_{11} 模近似为线偏振模，并记为 LP_{01}，它有两个沿 x 方向和 y 方向的偏振模，它们具有相同的传播常数（$\beta_x = \beta_y$）和截止频率 $V(V = 2.405)$，因此 LP_{01} 模包括两个正交的线偏振模 LP_{01}^x 和 LP_{01}^y，在理想光纤的情况下，它们相互兼并在一起。

3. 双折射效应和偏振特性

正交偏振模的兼并特性只适用理想圆柱形纤芯的光纤。在 1.3.4 节中，已对光在各向异性介质中传输时产生的双折射进行了介绍。实际上，光纤的纤芯形状沿长度难免出现变化，光纤也可能受非均匀应力使圆柱对称性受到破坏，两个模式的传播常数 $\beta_x \neq \beta_y$，所以光纤波导也是一种各向异性介质波导，也存在双折射，使光纤正交偏振兼并的特性受到破坏。

在常规单模光纤传输系统中，双折射效应产生如图 2.3.9 表示的偏振模色散（PMD），它对模拟有线电视（Community Antenna Television，CATV）系统和高速长距离系统有重大影响。

4. 模场半径

由 2.2.2 节可知，单模光纤中的场强大部分局限在纤芯直径 $2a$ 中，但是仍然有一部分泄漏到包层中，设泄漏到包层的深度是 δ，如图 2.2.7b 所示，因此单模光纤的纤芯直径对于描述场强的分布已没有多大意义，而改用模场半径（w）来描述基模场强在空间的分布，场强在波导中的分布用模场直径（Mode Field Diameter，MFD）$2w = 2a + 2\delta$ 表示

$$2w \approx 2a + \frac{a}{V}$$

即

$$2w \approx 2a\frac{V+1}{V} \tag{2.2.21}$$

一般将场强作为高斯分布来近似计算模场半径，归一化模场半径 w/a 可用归一化芯径 V 来表示。假如 $V<2.405$，由图 2.2.8 可知，除 LP_{01} 模外其余的模全部被截止了。

【例 2.2.5】 单模截止波长、V 参数和模场直径

纤芯直径为 7 μm、折射率为 1.458，包层折射率为 1.452，当光源波长为 1.3 μm 时，计算光纤单模工作的截止波长、V 参数和模场直径。

解：对于单模工作，有

$$V = 2\pi a\lambda^{-1}\sqrt{n_1^2 - n_2^2} \leqslant 2.405$$

将 $a = 3.5$ μm、$n_1 = 1.458$ 和 $n_2 = 1.452$ 代入上式，整理后得到

$$\lambda > [2\pi(3.5\ \mu m)(1.458^2 - 1.452^2)^{1/2}]/2.405 = 1.208\ \mu m$$

当波长小于 1.208 μm 时，将导致多模传输。在 $\lambda = 1.3$ μm 时

$$V = 2\pi[3.5\ \mu m/1.3\ \mu m](1.458^2 - 1.452^2)^{1/2} = 2.235$$

此时模场直径是

$$2w_o \approx 2a(V+1)/V = (7\ \mu m)(2.235+1)/2.235 = 10.13\ \mu m$$

2.3 光纤传输特性

衰减、色散和带宽是光纤波导最重要的传输特性。在传输高强度功率条件下，则还要考虑光纤的非线性光学效应。

2.3.1 衰减

通常，光纤内传输的光功率 P 随距离 z 的衰减（Attenuation），可以用式（2.3.1）表示

$$\frac{dP}{dz} = -\alpha P \qquad (2.3.1)$$

式中，α 是衰减系数。如果 P_{in} 是在长度为 L 的光纤输入端注入的光功率，根据式（2.3.1），输出端的光功率应为

$$P_{out} = P_{in}\exp(-\alpha L) \qquad (2.3.2)$$

习惯上用 dB/km 表示 α 的单位，由式（2.3.2）得到衰减系数

$$\alpha_{dB} = \frac{1}{L}10\lg\left(\frac{P_{in}}{P_{out}}\right) \quad dB/km \qquad (2.3.3)$$

引起衰减的原因是光纤对光能量的吸收损耗、散射损耗和辐射损耗，如图 2.3.1 所示。光纤用熔融 SiO_2 制成，光信号在光纤中传输时，由于吸收、散射和波导缺陷等机理产生功率损耗，从而引起衰减。吸收损耗有纯 SiO_2 材料引起的内部吸收和杂质引起的外部吸收。内部吸收是由于构成 SiO_2 的离子晶格在光波（电磁波）的作用下发生振动损失

的能量。外部吸收主要由 OH⁻ 离子杂质引起。散射损耗主要由瑞利散射引起。瑞利散射是由在光纤制造过程中材料密度的不均匀（造成折射率不均匀）产生的。

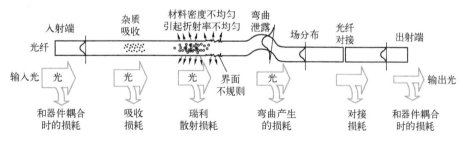

图 2.3.1　光纤传输线的各种损耗

另外还有非线性散射损耗，它是在 DWDM 系统中，当光纤中传输的光强大到一定程度时，就会产生受激拉曼散射、受激布里渊散射和四波混频等非线性现象，使输入光能量转移到新的频率分量上，从而产生非线性损耗。

图 2.3.2 给出了典型单模光纤和多模光纤衰减谱。单模光纤衰减在 1.55 μm 已降到 0.19 dB/km，在 1.30 μm 已降到 0.35 dB/km。

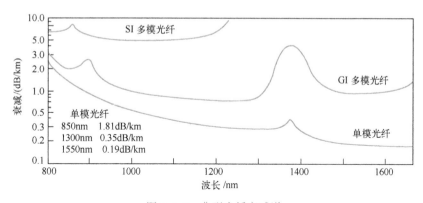

图 2.3.2　典型光纤衰减谱

【例 2.3.1】 光纤长度计算

注入单模光纤的 LD 功率为 1 mW，在光纤输出端光探测器要求的最小光功率是 10 nW，在 1.3 μm 波段工作，光纤衰减系数是 0.4 dB/km，请问无需中继器的最大光纤长度是多少？

解： 由式（2.3.3）可得

$$L = \frac{1}{\alpha_{dB}} 10\lg\left(\frac{P_{in}}{P_{out}}\right) = \frac{1}{0.4} 10\lg\left(\frac{10^{-3}}{10\times10^{-9}}\right) = 125 \text{（km）}$$

2.3.2　色散

色散（Dispersion）是日常生活中经常会碰到的一种物理现象。一束白光通过一块玻璃三角棱镜时，在棱镜的另一侧被散开，变成五颜六色的光带，在光学中称这种现象为色散。

当光信号通过光纤时，也要产生色散现象。色散是不同成分的光信号在光纤中传输时，因群速度不同产生不同的时间延迟而引起的一种物理效应。光信号分量包括发送信号调制和光源谱宽中的频率分量，以及光纤中的不同模式分量。如果信号是模拟调制，则色散限制了带宽。如果信号是数字脉冲，则色散使脉冲展宽。色散通常用 3 dB 光带宽 f_{3dB} 或脉冲展宽 $\Delta\tau$ 来表示，这里 $\Delta\tau$ 是输出光脉冲相对于输入光脉冲的展宽。如果脉冲是高斯函数，则 $\Delta\tau=(\Delta\tau_2^2-\Delta\tau_1^2)^{1/2}$，式中，$\Delta\tau_1$ 和 $\Delta\tau_2$ 分别为输入光脉冲和输出光脉冲的宽度。

1. 各模群速度不等引起脉冲展宽

本节讨论光能沿光纤波导传输的速度。在折射率为 n_1 的均匀波导中，平面波的传播速度为 $v=c/n_1$，也就是说，介质波导（折射率为 n_1）中的光速比真空中的光速 c 慢，前者是后者的 $1/n_1$。玻璃的 $n_1\approx1.5$，因而在玻璃中的光速度要比在真空中的慢 33%。现在考虑传输模中的一条光线，如图 2.3.3 所示，它在纤芯内以角度 θ 全反射，在介质中的光速 $v=c/n_1$。但是，能量沿波导传输方向（z 轴）的传输速度是

$$v_g=v\cos\theta=\frac{c}{n_1}\cos\theta \tag{2.3.4}$$

这一速度称为群速度（Group Velocity），它表示调制光脉冲包络的传播速度，如图 2.3.3 和图 2.3.4 所示。它与相速度 v 不同，相速度（Phase Velocity）是波前沿垂直于波前的方向传播的速度，群速度 v_g 是相速度 v 在群速度传输方向（向右）传输的速度。

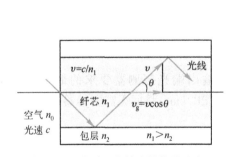

图 2.3.3　阶跃型光纤波导的群速度 v_g

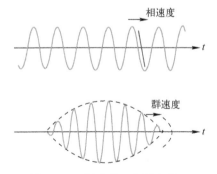

图 2.3.4　相速度 v 和群速度 v_g

群速度和光纤模式有关，模数不同，其群速度也不同。由于不同的模有不同的传播

速度，因而在入射端输入的光脉冲中，次数越高的模越滞后。这并不难理解，因为模的次数越高，其角度 θ 越大（见图 2.2.5），传播就需要更多的时间。

上述群速度一般还可用传播常数 β 来表示（见图 2.2.2），即

$$v_g = \mathrm{d}\omega/\mathrm{d}\beta \qquad (2.3.5)$$

群速度除了和光纤模式有关外，还和因调制产生的光频分量有关。设频率为 ω 的一光谱分量经过长为 L 的单模光纤传输后，产生时延 $T = L/v_g$。由于光脉冲包含许多频率分量，所以不同频率分量的光在传输后产生不同的延迟，不能同时到达光纤输出端，从而导致了光脉冲的展宽。设光脉冲的谱宽为 $\Delta\omega$，则脉冲展宽为

$$\Delta T = \frac{\mathrm{d}T}{\mathrm{d}\omega}\Delta\omega = \frac{\mathrm{d}}{\mathrm{d}\omega}(L/v_g)\Delta\omega = L\beta_2\Delta\omega \qquad (2.3.6)$$

式中，$\beta_2 = \mathrm{d}^2\beta/\mathrm{d}\omega^2$ 称为群速度色散（Group Velocity Dispersion，GVD），它直接决定了脉冲在光纤中的展宽程度。

在光纤通信系统中，$\Delta\omega$ 由光源的谱宽 $\Delta\lambda$ 决定，常用 $\Delta\lambda$ 代替 $\Delta\omega$。利用 $\omega = 2\pi c/\lambda$ 和 $\Delta\omega = (-2\pi c/\lambda^2)\Delta\lambda$，则式（2.3.6）可变成

$$\Delta T = L\frac{\mathrm{d}}{\mathrm{d}\lambda}(1/v_g)\Delta\lambda = -\frac{2\pi c}{\lambda^2}\beta_2 L\Delta\lambda = DL\Delta\lambda \qquad (2.3.7)$$

式中

$$D = \frac{\mathrm{d}}{\mathrm{d}\lambda}(1/v_g) = -(2\pi c/\lambda^2)\beta_2 \qquad (2.3.8)$$

式中，D 称为色散系数，单位为 $\mathrm{ps}/(\mathrm{nm}\cdot\mathrm{km})$。色散对光纤所能传输的最大比特速率 B 的影响，可利用相邻脉冲间不产生重叠的原则来确定，即 $\Delta T < 1/B$。利用式（2.3.7）可以求出群速度色散对单模光纤比特率和距离乘积的限制，即

$$BL < \frac{1}{|D|\Delta\lambda} \qquad (2.3.9)$$

这仅是一种近似的估算。对于非零色散位移光纤，在 $1.55\,\mu\mathrm{m}$ 附近，D 的大小为 $2\sim3\,\mathrm{ps}/(\mathrm{nm}\cdot\mathrm{km})$，对于分布式反馈激光器（Distributed Feedback Laser，DFL），线宽约为 $20\,\mathrm{MHz}$，$\Delta\lambda \approx 0.0002\,\mathrm{nm}$，则 $BL \leqslant 500\,(\mathrm{Tbit/s})\cdot\mathrm{km}$。

除群速度外还有相速度，相速度是光频相位传播的速度，如图 2.3.4 所示。

2. 色散种类

光纤色散主要包括模式色散、色度色散和偏振模色散。色度色散又分为材料色散和波导色散。对于多模光纤，模式色散是主要的，材料色散相对较小，波导色散一般可以忽略。对于单模光纤，由于只有一个模式在光纤中传输，所以不存在模式色散，只有色度色散和偏振模色散，而且材料色散是主要的，波导色散相对较小。对于制造良好的单模光纤，偏振模色散最小。在密集波分复用（DWDM）和光时分复用（Optical Time

Division Multiplexing，OTDM）系统中，随着光纤传输速率的提高，高阶色散也必须考虑。

下面分别对这几种色散加以分析。

（1）模式色散

模式色散（Modal Dispersion）是由于在多模光纤中，不同模式的光信号在光纤中传输的群速度不同，引起到达光纤末端的时间延迟不同，经光探测后各模式混合使输出光生电流脉冲相对于输入脉冲展宽，如图 2.3.5 所示，它取决于光纤的折射率分布，并和材料折射率的波长特性有关。模式色散引起脉冲展宽，由它决定的光纤所能传输的最大信号比特速率 B（对 RZ 码）为

$$B < \frac{1}{2\Delta\tau_{\text{mod}}} = \frac{c}{2L\Delta n} \qquad (2.3.10)$$

式中，c 为光速，L 为光纤长度，Δn 为光纤包层和纤芯的折射率差。有关光纤所能传输的最大信号比特率，在 2.3.3 节中还要进一步介绍。

由式（2.3.10）可以得到模式色散引起单位长度的脉冲展宽（对 RZ 码）为

$$\frac{\Delta\tau_{\text{mod}}}{L} = \frac{\Delta n}{c} \qquad (2.3.11)$$

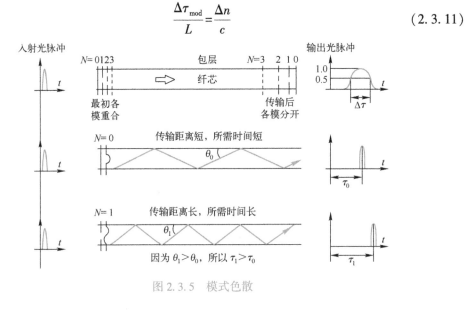

图 2.3.5 模式色散

【例 2.3.2】模式色散引起脉冲展宽计算

已知 $n_1 = 1.486$，$n_2 = 1.472$，仅考虑模式色散，计算阶跃折射率光纤每 1 km 的脉冲展宽。

解： 光纤长度单位和光速单位分别用 km 和 km/s 表示，利用式（2.3.11）可求得阶跃折射率光纤每 1 km 的脉冲展宽

$$\Delta\tau_{\text{mod}} = \frac{L\Delta n}{c} = \left[\frac{1\times(1.486-1.472)}{3\times10^5}\right]\text{s} = 4.67\times10^{-8}\text{s} = 46.7\text{ ns}$$

（2）色度色散

色度色散是由于不同波长（颜色）的光以不同的速度在光纤中传输引起不同的时间延迟而产生的。色度色散又分为材料色散和波导色散，常简称为色散，它引起单位长度的总色散为

$$\frac{\Delta\tau_{cd}}{L} = | D_m(\lambda) + D_w(\lambda) | \Delta\lambda \tag{2.3.12}$$

式中，$\Delta\tau_{cd}$ 表示由于光纤色散引起的输出脉冲展宽，L 为光纤长度，$\Delta\lambda$ 为光源谱宽，$D_m(\lambda)$ 是材料色散系数，$D_w(\lambda)$ 是波导色散系数，其单位为 ps/（nm·km），$D_m(\lambda)$ 和 $D_w(\lambda)$ 均与波长和光纤种类有关，如图 2.3.6 所示。

图 2.3.7 形象地说明了由于光纤材料色散引起的输出脉冲展宽。所有发射光源都是在一定波长范围 $\Delta\lambda$ 内发射的非单色光，当各种波长的光进入纤芯后，由于波长与折射率有关，所以在光纤波导中的光以不同的群速度 $v_g(\lambda_m)$ 传输。在纤芯内以基模传输，波长短的波（频率高）速度慢，波长长的波（频率低）速度快，所以它们到达光纤末端的时间也不同，导致输出脉冲展宽。图中 τ 表示光纤的传输延迟，$\Delta\tau$ 表示由于光纤色散引起的输出脉冲展宽。由于硅光纤的群折射率 N_g 在 1.3 μm 附近几乎是常数，所以在这一波长的材料色散为零。

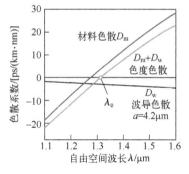

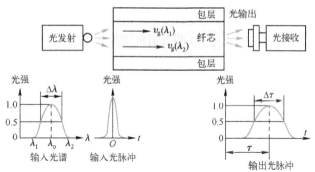

图 2.3.6　典型单模光纤的色散系数　　　图 2.3.7　材料色散引起单模光纤输出脉冲展宽 $\Delta\tau$

图 2.3.8 表示标准光纤、色散位移光纤、非零色散位移光纤、色散平坦光纤和色散补偿光纤的色散特性和衰减特性。

（3）高阶色散

一般来说，色散系数 D 或群速度色散 β_2 决定了脉冲在光纤中的展宽程度。从式（2.3.9）可见，如果工作在零色散波长 λ_{ZD}，此时 β_2 或 $D \approx 0$，则可以显著地提高单模光纤的 BL 值。然而，即使 $\lambda = \lambda_{ZD}$，对于超短光脉冲工作（脉宽<0.1 ps），色散的影响也不能完全消除。由于高阶色散的影响，光脉冲仍然展宽了。这是因为在 $\lambda = \lambda_{ZD}$ 处，由图 2.3.6 可知，脉冲频谱包含的所有波长的色散 D 不全为零。很显然，与波长有关的色散在脉冲展宽中将扮演主要的角色。

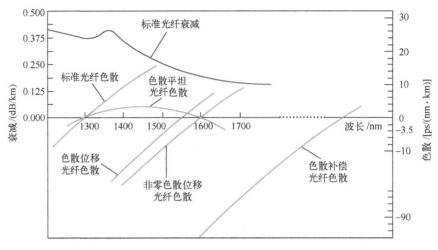

图 2.3.8　各类光纤的色散特性和衰减特性

三阶色散 β_3 和色散斜率 $S = \mathrm{d}D/\mathrm{d}\lambda$ 有关，由式（2.3.8）可以得到色散斜率 S

$$S = \left(\frac{2\pi c}{\lambda^2}\right)^2 \beta_3 + \left(\frac{4\pi c}{\lambda^3}\right)\beta_2 \tag{2.3.13}$$

式中，$\beta_3 = \mathrm{d}\beta_2/\mathrm{d}\omega = \mathrm{d}^3\beta/\mathrm{d}\omega^3$。在 $\lambda = \lambda_{ZD}$，$\beta_2 = 0$ 时，S 与 β_3 成正比。对 G.652 和 G.655 光纤，在 1550 nm 处，S 的取值范围为 $0.072 \sim 0.095\,\mathrm{ps}/(\mathrm{nm}^2 \cdot \mathrm{km})$，$\beta_3$ 的典型值为 $0.1\,\mathrm{ps}^3/\mathrm{km}$。光纤的高阶色散或色散斜率越大、光源的谱宽越宽，系统的码速距离积就越小。

对于谱宽为 $\Delta\lambda$ 的光源，考虑高阶色散后，$D = S\Delta\lambda$，使用该值，色散对比特率与距离的乘积限制仍可以用式（2.3.9）估算，即

$$BL|S|(\Delta\lambda)^2 < 1 \tag{2.3.14}$$

对于使用 $\Delta\lambda = 2\,\mathrm{nm}$ 的多模 LD 和在 $\lambda = 1550\,\mathrm{nm}$ 处 $S = 0.05\,\mathrm{ps}/(\mathrm{nm}^2 \cdot \mathrm{km})$ 的色散位移光纤系统，BL 接近 $5\,(\mathrm{Tbit/s}) \cdot \mathrm{km}$。使用单模 LD 可以提高 BL 值。

（4）偏振模色散

在标准单模光纤中，基模 LP_{01} 由两个相互正交的线性偏振模 TE 模和 TM 模组成。只有在折射率为理想圆对称光纤中，$\beta^x_{\mathrm{LP}_{01}} = \beta^y_{\mathrm{LP}_{01}}$，两个偏振模的群速度时间延迟才相同，因而兼并为单一模式。由于制造缺陷和环境干扰（弯折或扭曲），实际光纤的纤芯折射率并不是各向同性，$n_x \neq n_y$，单模光纤也存在 1.3.4 节介绍的双折射现象。折射率与电场方向有关，给定模式的传播常数就与它的偏振（电场方向）有关，当电场分别平行于 x 轴和 y 轴时，电场沿 x 轴和 y 轴的传播常数将具有不同的值，比如 $\beta^x_{\mathrm{LP}_{01}} > \beta^y_{\mathrm{LP}_{01}}$，导致 E_x 比 E_y 传输得快，在输出端产生时间延迟 $\Delta\tau$，如图 2.3.9 所示。光纤越长，光程差 Δz 越大，相位差 $\Delta\phi$ 也越大，延迟 $\Delta\tau$ 也越大。即使是单色光源，也会产生色散，使输出光脉冲展宽 $\Delta\tau$，这种色散称为偏振模色散。因此，即使是零色散波长的单模光纤，其带宽也不是无

限大，而是受到 PMD 的限制。

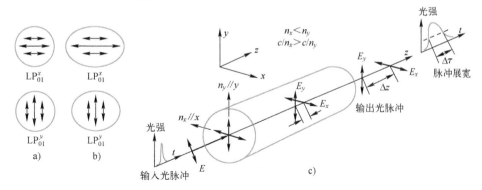

图 2.3.9　椭圆纤芯光纤偏振模色散

a）在圆纤芯光纤中，$\beta^x_{LP_{01}} = \beta^y_{LP_{01}}$，两个模是兼并的　b）在椭圆纤芯中，$\beta^x_{LP_{01}} \neq \beta^y_{LP_{01}}$，两个模不兼并

c）若 $n_x < n_y$，E_x 比 E_y 传输得快，所以产生光程差 Δz 和相位差 $\Delta\phi = k\Delta z$

与群速度色散类似，脉冲展宽可用时间延迟 $\Delta\tau$ 来估算，对于长度为 L 的光纤，PMD 可以表示为

$$\Delta\tau = \left| \frac{L}{v_{gx}} - \frac{L}{v_{gy}} \right| = L \left| \beta_{LP_{01x}} - \beta_{LP_{01y}} \right| = L\Delta\beta_1 \qquad (2.3.15)$$

式中，$\Delta\beta_1$ 与光纤的双折射有关，v_g 与 β 的关系由式（2.3.5）给出，$\Delta\tau/L$ 用来描述 PMD 的大小。通常用 $\Delta\tau$ 的均方值描述 PMD 的特性

$$\sigma_\tau = \sqrt{(\Delta\tau)^2} = D_{PMD}\sqrt{L} \qquad (2.3.16)$$

式中，D_{PMD} 是 PMD 引起的色散参数，典型值为 $D_{PMD} = 0.1 \sim 1\ ps/\sqrt{km}$，因为 D_{PMD} 与 $\sqrt{km}$ 成反比，群速度色散系数 D 与 km 成反比（见式（2.3.8）），所以 PMD 产生的脉冲展宽与 D 的影响相比是小的。然而，对于在光纤零色散波长附近工作的长距离系统，PMD 将变成系统性能的限制因素。

（5）不同光纤的折射率分布

当归一化芯径参数 V 在 $1.5 < V < 2.4$ 范围内时，波导色散系数为

$$D_w(\lambda) = \frac{1.984 N_{g2}}{(2\pi a)^2 2c n_2^2} \qquad (2.3.17)$$

式中，n_2 和 N_{g2} 分别是包层的折射率和群折射率，a 是光纤芯半径。由式（2.3.17）可见，色散与光纤的几何尺寸和折射率有关，所以可设计一种波导来改变零色散波长 λ_0，例如可减小纤芯半径和增加掺杂浓度，使 λ_0 移到光纤损耗最小的 1550 nm 波长，这种光纤就是色散位移光纤。改进单模光纤结构和参数的设计，可以获得在 1550 nm 具有负色散值大的色散补偿光纤，还可以得到在 1300 nm 和 1550 nm 两个波长的色散都为零的色散平坦光纤。图 2.3.10 为标准单模光纤、色散位移光纤、非零色散光纤和色散补偿光纤的折射率分布。

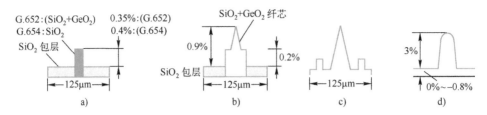

图 2.3.10   几种单模光纤的结构和折射率分布

a) 标准单模光纤 b) 色散位移光纤 c) 非零色散光纤 d) 色散补偿光纤

【例 2.3.3】脉冲展宽计算

考虑波长 1550 nm 处，用群速度色散 17 ps/（nm·km）的单模光纤传输 10 Gbit/s 的信号，计算经 100 km 传输后的脉冲展宽。

解： 对于 10 Gbit/s 的信号，其脉冲宽度为 $\tau = 100$ ps，光谱带宽近似为 $\Delta f = 1/\tau = 10\,\text{GHz}$，对应的波长带宽由附录式（F.4）得到

$$\Delta\lambda = \lambda^2\frac{\Delta f}{c} = (1.55\times10^{-6})^2\times\frac{10\times10^9}{3\times10^8} = 0.08\,\text{nm}$$

利用式（2.3.12）可以得到脉冲展宽为

$$\Delta\tau_{cd} = |D_m(\lambda) + D_w(\lambda)|L\Delta\lambda = DL\Delta\lambda = 17\times100\times10^3\times0.08 = 136\,\text{ps}$$

2.3.3   光纤比特率

在数字通信中，通常沿光纤传输的是代表信息的光脉冲。在发射端，信息首先被转变成脉冲形式的电信号，如图 2.3.11 所示，代表信息的数字比特脉冲通常都很窄。电脉冲驱动光发射机（如 LD）使其在二进制 "1" 码时发光，"0" 码时不发光，然后耦合进光纤，经光纤传输后到达光接收机，再还原成电脉冲，最后从中解调出信息。数字通信工程师感兴趣的是光纤能够传输的最大数字速率，这个速率称为光纤的比特率容量 B（bit/s），它直接与光纤的色散特性有关。

在图 2.3.11 中，τ 表示光纤对输入光脉冲的传输延迟，$\Delta\tau_{1/2}$ 表示由于各种色散基理，使不同波长的光和各种模式的光通过光纤线路后在不同时间到达终点，经光探测器在光电转换的过程中，因光场叠加导致输出电脉冲展宽。通常用输出光强最大值一半的全宽（FWHM）表示。由图 2.3.11 可知，为了把两个连续的输出脉冲分开，即码间不要互相干扰，要求它们峰-峰间的时间间隔至少为 $2\Delta\tau_{1/2}$。为此，最好每隔 $2\Delta\tau_{1/2}$ 在输入端输入一个脉冲，即输入脉冲的周期 $T = 1/B = 2\Delta\tau_{1/2}$，于是归零脉冲最大比特率 B 是

$$B = \frac{0.5}{\Delta\tau_{1/2}} \tag{2.3.18}$$

如果输入信号是模拟信号（如正弦波），式（2.3.18）中的 B 就是频率 f。式（2.3.18）假定代表二进制 "1" 的脉冲在一个周期内，下一个 "1" 到来前必须回到

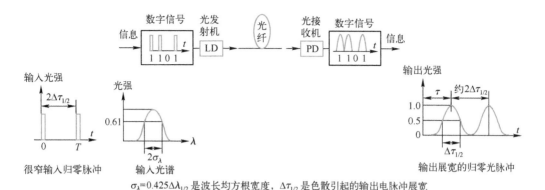

$\sigma_\lambda = 0.425\Delta\lambda_{1/2}$ 是波长均方根宽度，$\Delta\tau_{1/2}$ 是色散引起的输出电脉冲展宽

图 2.3.11　光纤数字系统最大比特速率由色散引起的脉冲展宽决定

"0"，如图 2.3.11 所示，这种比特率称为归零比特率，否则就是非归零比特率。

【例 2.3.4】 计算例 2.3.2 中可传输的归零脉冲信号的最大比特速率

解：通常，输入脉冲宽度远小于模式色散引起的脉冲展宽，由式（2.3.12）可以得到最大归零比特速率为

$$B = 1/(2\Delta\tau_{\mathrm{mod}}) = 1/(2\times4.67\times10^{-8}) = 10.7 \text{ Mbit/s}$$

2.3.4　光纤带宽

由于光纤色散，光脉冲经光纤传输后使输出脉冲展宽，如图 2.3.11 所示，从而影响到光纤的带宽，下面分别就光纤带宽和光缆段总带宽加以分析。

1. 光纤带宽

光纤带宽的概念可用图 2.3.12 来说明，其中图 2.3.12a 表示传输模拟信号的光纤线路，图 2.3.12b 表示频率为 f 的光纤输入和输出光信号，图 2.3.12c 表示光纤的传输特性及由于光纤色散使输出光带宽减小的情况。

由图 2.3.12c 可知，输入信号的高频成分被光纤衰减了，所以光纤起低通滤波的作用。光纤带宽用 $f_{3\mathrm{dB,op}}$ 表示，它对应图 2.3.12c 光纤的传输特性曲线纵坐标从 1 下降 0.5 或 3 dB 的频率。

设输出光脉冲为高斯形状，则色散限制的光带宽为

$$f_{3\mathrm{dB,op}} \approx 0.75B \qquad (2.3.19)$$

光纤带宽和比特速率的关系 $B \le 1.33 f_{3\mathrm{dB,op}}$。可以近似认为光纤带宽就是色散限制光波系统的最大比特速率。

输出光脉冲为高斯形状的 3 dB 光带宽可用式（2.3.20）表示

$$f_{3\mathrm{dB,op}} = \frac{0.440}{\Delta\tau_{1/2}} \qquad (2.3.20)$$

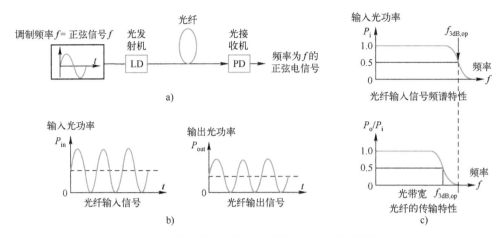

图 2.3.12　传输模拟信号的光纤线路及光纤的传输带宽

a）传输模拟信号的光纤线路　b）光纤输入和输出光信号　c）光纤色散使输出光带宽减少

2. 光缆段总带宽

实际光缆段是由多根光缆连接而成的，多模光纤的光缆段总带宽 B_{tot} 包括模式色散带宽 B_{mod} 和色度色散带宽 B_{chr}。设模式色散产生的频率响应和光源光谱都是高斯函数，则光缆段总带宽 B_{tot} 为

$$B_{tot} = (B_{mod}^{-2} + B_{chr}^{-2})^{-1/2} \qquad (2.3.21)$$

在不考虑偏振模色散的条件下，单模光纤的光缆段总带宽由式（2.3.21）确定。

2.3.5　非线性光学效应

前面的讨论事实上都假设光纤是线性系统，光纤的传输特性与入射光功率的大小无关。对于入射光功率较低和传输距离不太长的光纤通信系统，这种假设是合理的。但是，在强电磁场的作用下，任何介质对光的响应都是非线性的，光纤也不例外。SiO_2 本身虽不是强的非线性材料，但作为传输波导的光纤，其纤芯的横截面积非常小，高功率密度光经过长距离的传输，光纤非线性效应就不可忽视了。特别是波分复用系统、相干光系统以及模拟传输的大型有线电视（CATV）干线网显得更为突出。

光纤非线性光学效应是光和光纤介质相互作用的一种物理效应，这种效应主要来源于介质材料的三阶极化率 $\chi^{(3)}$，与其相关的非线性效应主要有受激拉曼散射（SRS）、受激布里渊散射（Stimulated Brillouin Scattering，SBS）、自相位调制（Self‐Phase Modulation，SPM）、交叉相位调制（XPM）和四波混合（Four‐Wave Mixing，FWM），以及孤子（Soliton）效应等（见文献［4］中的 2.3.5 节）。非线性效应对光纤通信系统的限制是一个不利的因素，但利用这种效应又可以开拓光纤通信的新领域，例如制造分布式光纤拉曼放大器（见 6.4 节），以及实现先进的孤子通信等。

2.4 单模光纤的进展和应用

1970 年，美国贝尔实验室根据英籍华人高锟提出的利用光导纤维可以进行通信的理论，成功地试制出了用于通信的光纤，此后光纤光缆得到迅速的发展。近 50 年来，光纤光缆的新产品层出不穷，而且在通信业得到了广泛的应用。本节将对目前常用的几种光纤性能做一介绍。

2.4.1 改变光纤结构、设计不同光纤

由式（2.3.17）可知，当归一化芯径参数 V 在 1.5 $<V<$2.4 范围时，波导色散系数为

$$D_{\text{w}}(\lambda) = \frac{1.984N_{\text{g2}}}{(2\pi a)^2 \times 2cn_2^2} \tag{2.4.1}$$

式中，n_2 和 N_{g2} 分别是包层的折射率和群折射率，a 是光纤芯半径。因此，波导色散与制造光纤的材料特性和光纤的几何尺寸有关，改变单模光纤结构和参数设计，就有可能设计一种波导来改变零色散波长 λ_0，例如减小纤芯半径和增加掺杂浓度，使 λ_0 移到光纤损耗最小的 1550 nm 波长，这种光纤就是色散位移光纤。虽然色度色散通过零点，但这并不意味着就没有色散。首先，$D_{\text{m}}+D_{\text{w}}=0$ 只是对 λ_0 有效，而不是对光源谱宽 $\Delta\lambda$ 内的所有波长有效；其次，二阶色散对色散也有贡献。

改变单模光纤结构和参数设计，可以获得在 1550 nm 波长具有负色散值大的色散补偿光纤，还可以得到在 1300 nm 和 1550 nm 两个波长的色散都为零的色散平坦光纤。图 2.3.10 表示标准单模光纤、色散位移光纤、非零色散光纤和色散补偿光纤的折射率分布，图 2.4.1 表示色散平坦光纤的色散系数和折射率分布。

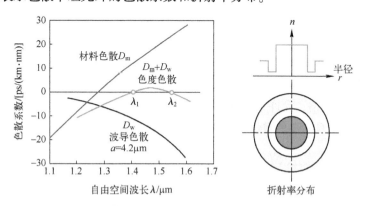

图 2.4.1 色散平坦光纤的色散系数和折射率分布

纯硅芯光纤（PSCF）的性能见图 2.1.4。

2.4.2 G.652 标准单模（SSM）光纤

标准单模光纤（Standard Single-Mode Fiber，SSMF）是指零色散波长在 1.3 μm 窗口的单模光纤，国际电信联盟电信标准分局（ITU-T）把这种光纤规范为 G.652《单模光纤和光缆特性》光纤，这属于第一代单模光纤，其特点是当工作波长为 1.3 μm 时，光纤色散很小，系统的传输距离只受一个因素，即光纤衰减所限制。但这种光纤在 1.3 μm 波段的损耗较大，为 0.3~0.4 dB/km；在 1.55 μm 波段的损耗较小，为 0.2~0.25 dB/km。色散在 1.3 μm 波段为 ±3.5 ps/(nm·km)，在 1.55 μm 波段较大，约为 20 ps/(nm·km)。这种光纤可支持用于在 1.55 μm 波段的 2.5 Gbit/s 的干线系统，但由于在该波段的色散较大，若传输 10 Gbit/s 的信号，传输距离超过 50 km 时，就要求使用价格昂贵的色散补偿模块，另外由于它的使用也增加了线路损耗，缩短了中继距离，所以不适用于 DWDM 系统。

经过 ITU-T 不断的修正，将 G.652 光纤划分为 G.652A、G.652B、G.652C 和 G.652D 四个子类，如表 2.4.2 所示。G.652A 最高可应用到 STM-16 系统，也适用于传输 40 km 的 10 Gbit/s 以太网和 G.693 规定的 STM-256 系统。G.652B 可支持高比特率传输。G.652C 完全消除了 1383 nm 附近的水峰，使工作波长从 1260 nm 一直延伸到 1625 nm，从而使该光纤适用于城域网全波段粗波分复用（Coarse Wavelength Division Multiplexing，CWDM）系统。但该光纤在 1550 nm 附近，由于大的正色散值，限制了最大的传输距离。G.652D 的应用场合与 G.652B 类似，但它允许传输使用 1360~1530 nm 之间的扩展波段。

表 2.4.2~表 2.4.4 列出了 G.652 标准光纤与其他光纤的比较。

2.4.3 G.653 色散位移光纤（DSM）光纤

G.652 光纤的最大缺点是低衰减和零色散不在同一工作波长上，为此，在 20 世纪 80 年代中期，成功开发了一种把零色散波长从 1.3 μm 移到 1.55 μm 的色散位移光纤（Dispersion-Shifted Fiber，DSF）。ITU 把这种光纤规范为 G.653《色散位移单模光纤和光缆特性》光纤，它属于第二代单模光纤。

G.653 光纤也分为 A 和 B 两类，A 类是常规的色散位移光纤，B 类与 A 类类似，只是对 PMD 的要求更为严格，允许 STM-64 的传输距离大于 400 km，并可支持 STM-256 应用。

表 2.4.4 列出了 G.653 色散位移光纤与其他光纤的比较。

2.4.4 G.654 截止波长位移单模光纤

为了满足海底光缆长距离通信的需求，科学家们开发了一种应用于 1.55 μm 波长的纯石英芯单模光纤，它是通过降低光纤包层的折射率，来提高光纤 SiO_2 芯层的相对折射率而实现的。ITU 把这种光纤规范为 G.654《截止波长位移单模光纤和光缆特性》光纤，该光纤具有更大的有效面积（大于 110 μm²），超低的非线性和损耗，它在 1.55 μm 波长附近仅为 0.151 dB/km，可以尽量减少使用 EDFA 的数量，并具有氢老化稳定性和良好的抗辐射特性，特别适用于无中继海底 DWDM 传输。G.654 光纤在 1.3 μm 波长区域的色散为零，但在 1.55 μm 波长区域色散较大，为 17~20 ps/(nm·km)。

G.654 光纤也分为 A、B 和 C 三类，A 类是常规的截止波长位移光纤（Cutoff Wavelength Shifted Fiber，CSF），B 类支持 1550 nm 波长范围城域网系统，也可用于长距离、大容量 WDM 系统，C 类与 A 类相似，但对 PMD 要求更为严格，可支持高比特率和长距离应用。

2.4.5　G.655 非零色散位移光纤（NZ-DSF）

色散位移光纤在 1.55 μm 波长处色散为零，不利于多信道 WDM 传输，因为当复用的信道数较多时，信道间距较小，这时就会发生一种称为四波混频（FWM）的非线性光学效应，这种效应使两个或三个传输波长混合，产生新的、有害的频率分量，导致信道间发生串扰。如果光纤线路的色散为零，FWM 的干扰就会十分严重；如果有微量色散，FWM 干扰反而还会减小。针对这一现象，科学家们研制了一种新型光纤，ITU-T 规范为 G.655《非零色散位移单模光纤和光缆特性》光纤。非零色散位移光纤（NZ-Dispersion Shifted Fiber，NZ-DSF）实质上是一种改进的色散位移光纤，其零色散波长不在 1.55 μm，而是在 1.525 μm 或 1.585 μm 处。在光纤的制作过程中，适当控制掺杂剂的量，使它大到足以抑制高密度波分复用系统中的四波混频，小到足以允许单信道数据速率达到 10 Gbit/s，而不需要色散补偿。非零色散光纤消除了色散效应和四波混频效应，而标准光纤和色散位移光纤都只能克服这两种缺陷中的一种，所以非零色散光纤综合了标准光纤和色散位移光纤最好的传输特性，既能用于新的陆上网络，又可对现有系统进行升级改造，它特别适合于高密度 WDM 系统的传输，所以非零色散光纤是新一代光纤通信系统的最佳传输介质。AT&T 研制的真波光纤（True Wave™）、美国康宁玻璃公司开发的叶状光纤（Leaf Fiber）、阿尔卡特的特锐光纤（TeraLight™）以及国内长飞公司的大保实光纤等均属于非零色散光纤。

G.655 光纤也分为 A、B 和 C 三类，分别应用于信道间距为 200 GHz、100 GHz 和 50 GHz 的情况。G.655B 和 G.655C 光纤的 PMD 值在 STM-64 系统中至少要传输 40 km，同时还要支持海底光缆的应用，而当 G.655C 光纤的 PMD_Q 最大值为 $0.2\,ps/\sqrt{km}$ 时，还要支持 STM-256 系统传输 80 km 的应用。

表 2.4.2 列出了 G.652 光纤与 G.655、G.656 光纤/光缆参数的比较。由表可见，非零色散位移光纤综合了常规光纤和色散位移光纤最好的传输特性，是新一代 DWDM 光纤通信系统的最佳传输介质，将在大容量线路中取代色散位移光纤。

2.4.6　G.656 宽带非零色散位移光纤（WNZ-DSF）

光纤在 1383 nm 波长附近，由于 OH⁻ 离子的吸收，产生一个较大的损耗峰，所以早期的光纤通信系统，只能使用光纤的 0.85 μm 波段（第一窗口）和 1.3 μm 波段（第二窗口），现在人们把早期使用的这一波段称为初始波段（Original Wavelength Band，O）。随着光电器件和光纤技术的进步，人们为了利用光纤在 1.55 μm 波段损耗几乎最小的特性，又在该波段开发出了许多先进的实用的光纤通信系统，这一波段称为第三窗口。使用 DWDM 技术建立起来的许多长距离干线系统和海底光缆系统就是使用光纤的这一 C 波段（Conventional Wavelength Band，C）。随着工作在 1290~1660 nm 波段的光纤拉曼放大技术的突破以及为了满足 DWDM 系统向长波方向扩展的需要，光纤制造商和系统开发者又启用了 1600 nm 波段。为了将 DWDM 系统应用于城域网，仅使用现有的波段是不够的，为此光纤制造商在 1380 nm 波长附近，把 OH⁻ 离子浓度降到了 10^{-8} 以下，消除了 1360~1460 nm 波段的损耗峰，使该波段的损耗也降低到 0.3 dB/km 左右，可应用于光纤通信，而且色散值也小，所以在相同比特率下传输的距离更长。该波段就是 E 波段（Extended Wavelength Band，E），它位于初始波段（O 波段）和短波段（Short Wavelength Band，S）之间。这样一来，全波光纤，顾名思义，就是在光纤的整个波段，从 1280 nm 开始到 1675 nm 终止，这样的宽波段都可以用来通信。与常规光纤相比，全波光纤应用于 DWDM，可使信道数增加 50%，这就为 DWDM 系统应用于城域网创造了条件。ITU-T 把这种光纤规范为 G.656《宽带非零色散位移单模光纤和光缆特性》。

光纤的 C 波段正好与 EDFA 工作波段一致，这是目前常用的光纤波段，以它为参考，比它波长短的称为 S 段，比它长的称为 L 波段（Long Wavelength Bandw，L），比它的波长更长的称为 U 波段（Ultralong Wavelength Band，U），如表 2.4.1 和图 2.4.2 所示。

表 2.4.1 通信光纤的工作窗口

	初始波段	扩展波段	短波段	常规波段	长波段	超长波段
工作波段	O	E	S	C	L	U
工作波长/nm	1260~1360	1360~1460	1460~1530	1530~1565	1565~1625	1625~1675

G.656 宽带非零色散位移光纤（Wide NZ-DSF，WNZ-DSF）克服了以往使用的 G.652、G.653 和 G.655 光纤的一些缺陷，可广泛地应用到长途骨干网和城域网络，该光纤具有优异的色散特性，在 S+C+L 波段内的最小色散系数大于 2 ps/(nm·km)，最大色散系数不超过 14 ps/(nm·km)，其在 1550 nm 处的有效面积为 52~64 μm²。由于在 S+C+L 波段内都具有较合适的色散系数，并且具有适中的有效面积，

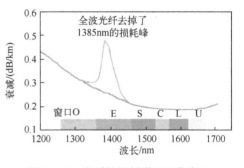

图 2.4.2 光纤的损耗谱和工作窗口

可以有效地抑制非线性效应，因此该光纤可在 S+C+L 波段内应用密集的波分复用技术。该光纤具有优异的相对较小的色散斜率和相对较低的色散系数，大大降低了色散补偿的

代价，具有优异的衰减特性，在 1460~1650 nm 内衰减都小于 0.4 dB/km，在 1550 nm 处的衰减小于 0.22 dB/km。此外，该光纤还具有优异的偏振模特性、几何性能和机械性能。表 2.4.2 列出了 G.652 与 G.655、G.656 光纤/光缆参数的比较。

ITU-T G.656 光纤使网络运营商更容易配置带宽，无须进行色度色散补偿就可以直接在系统中采用 CWDM 系统。

表 2.4.2　G.652 与 G.655、G.656 光纤/光缆参数的比较

性能参数		G.652				G.655			G.656
		A	B	C	D	A	B	C	
模场直径/μm		8.6~9.5±0.6(1310 nm)				8~11±0.7(1550 nm)			8.6~9.5±0.7(1550 nm)
包层直径/μm		125±1				125±1			125±1
同心度误差（最大值）/μm		0.6				≤0.8			0.8
包层不圆度（最大值）/%		1.0				≤2.0			2.0
光缆截止波长最大值/nm		1260				1450			1450
宏弯损耗	弯曲半径/mm	30				30			30
	弯曲圈数	100				100			100
	1550 nm 最大值/dB	0.5			0.5	≤0.5			
	1625 nm 最大值/dB	0.5	0.5				≤0.5	≤0.5	0.5
色散参数	λ_{0min} & λ_{0max}/nm	1300 & 1324				1530 & 1565			1460 & 1625
	D_{min}/[ps/(nm·km)]						±1		+2
	D_{max}/[ps/(nm·km)]					±6	±10	±10	+14
衰减参数/dB/km	光缆在 1310~1625 最大值			0.4	0.4				0.4 (1460 nm)
	光缆在 1310 处最大值	0.5	0.4						
	光缆在 1550 处最大值	0.4	0.35	0.3	0.3		0.35		0.35
	光缆在 1625 处最大值		0.4				0.4	0.4	0.4
光缆 PMD	M（光缆段数）	20				20			20
	Q	0.01%				0.01%			0.01%
	最大值 PMD$_Q$/(ps·km$^{-1/2}$)	0.5	0.2	0.5	0.2	0.5	0.5	0.2	0.2
适用波长范围		O+C	O+C+L	O+E+S+C+L	O+E+S+C+L	C	L	L	S+C+L

表中，λ_{0min} & λ_{0max} 是零色散波长范围，Q 是光缆发生偏振模色散（PMD）的概率。

2.4.7　G.657 接入网用光纤

随着光纤宽带业务向家庭延伸（Fiber To The Home，FTTH），通信光网络的建设重点

正在由核心网向光纤接入网发展。在 FTTH 建设中，由于光缆被安放在拥挤的管道中或者经过多次弯曲后被固定在接线盒和插座等狭小空间的线路终端设备中，所以 FTTH 用的光缆应该是结构简单、敷设方便和价格便宜的光缆。为了规范抗弯曲单模光纤产品的性能，ITU-T 于 2006 年在日内瓦通过了 ITU-T G.657《接入网用弯曲不敏感单模光纤和光缆特性》建议。

在实际使用的光缆线路中，光缆中的光纤不可避免地会受到各种弯曲应力作用，这些弯曲应力作用的结果是使光纤中的传导模变换为辐射模，导致光功率损失。研究证明，光纤的弯曲损耗 α 与光纤的折射率分布结构参数（相对折射率 Δ、纤芯半径 a）有关，即

$$\alpha = k(a/\Delta)^2 \tag{2.4.2}$$

式中，k 是比例常数，它与光纤接触面的粗糙程度和材料特性有关。从式（2.4.2）可以得到一个启示：通过增大 Δ 就可以提高光纤抗弯曲性能。由此可以推测，抗弯曲光纤应该具有比较大的纤芯/包层折射率差的结构。另外，阶跃折射率单模光纤的弯曲性能也可以用无量纲参数 MAC 表示，如式（2.4.3）所示。

$$MAC = MFD/\lambda_c \tag{2.4.3}$$

式中，MFD 为模场直径，λ_c 为截止波长。由此可见，光纤的弯曲敏感性随着 MFD 值的减小而降低。这就意味着，具有小 MFD 和长 λ_c 的光纤比具有大 MFD 数值和短 λ_c 的光纤具有更低的弯曲敏感性。由此得出的结论是，G.657 光纤应该是一种具有小 MFD 或者长 λ_c 的光纤。

按照工作波长和使用范围，G.657 光纤可以分成 G.657 A 和 G.657 B 两类，均可以在 1260~1625 nm 整个波长范围工作。G.657 A 光纤的传输和互连性能与 G.652 D 相同；不同的是，为了改善光纤接入网中的光纤接续性能，G.657 A 光纤具有更好的弯曲性能和更精确的几何尺寸。

G.657 B 光纤的传输工作波长分别是 1310 nm、1550 nm 和 1625 nm，它的熔接和连接特性与 G.652 光纤完全不同，可以在弯曲半径非常小的情况下正常工作。表 2.4.3 列出了 G.657 与 G.652 光纤/光缆参数的比较。

表 2.4.3　G.657 与 G.652 光纤/光缆参数的比较

性能参数	G.652 B/D	G.657 A	G.657 B
1310 nm 模场直径/μm	8.6~9.5±0.6	8.6~9.5±0.4	6.3~9.5±0.4
包层直径/μm	125±1.0	125±0.7	125±0.7
同心度误差（最大值）/μm	0.6	0.5	0.5
包层不圆度（最大值）/%	1.0	1.0	1.0
光缆截止波长最大值/nm	1260	1260	1260

（续）

性 能 参 数		G. 652 B/D	G. 657 A	G. 657 B
宏弯损耗	弯曲半径/nm	30	15　10	15　10　7.5
	弯曲圈数	100	10　1	10　1　1
	1550 nm 最大值/dB	—	0.25　0.75	0.03　0.1　0.5
	1625 nm 最大值/dB	0.1	1.0　1.5	0.1　0.2　1.0
色散参数	$\lambda_{0\min}$/nm	1300	1300	待定
	$\lambda_{0\max}$/nm	1324	1324	待定
衰减参数/dB/km	光缆在 1310~1625 nm 最大值	0.4	0.4	0.5（1310 nm）
	光缆在 1550 nm 处最大值	0.3	0.3	0.3
	光缆在 1625 nm 处最大值	—	—	0.4
光缆 PMD	M（光缆段数）	20	20	待定
	Q	0.01%	0.01%	
	最大值 PMD_Q/(ps · km$^{-1/2}$)	0.20	0.20	

表 2.4.4　标准光纤、色散位移光纤、非零色散位移光纤和色散补偿光纤的比较

	标准光纤（SSM）（G. 652）	色散位移光纤（DSF）（G. 653）	非零色散位移光纤（NZ-DSF）（G. 655）	色散补偿光纤（DCF）
零色散波长/μm	1.3 附近	1.55 附近	在 1.525 或 1.585 附近	在 1.7 以上
1.55 μm 色散值 D/[ps/(nm · km)]	色散值较大 17~20	色散值很小 ±3.5	色散值小 ±(2~3)	负色散值大 -(70~200)
色散斜率 S/[ps/(nm^2 · km)]	0.093	0.075	0.1	-0.15
模场直径/μm	8.6~9.5±0.6	7~8.3	8~11±0.7(1550 nm)	5
衰减/(dB/km)	衰减大 0.35~0.4	衰减较大 0.215（敷设后）	衰减中等 0.151，最大 0.35	衰减大 0.3~0.5

2.4.8　正负色散光纤和色散补偿光纤（DCF）

（1）正色散单模光纤（Positively Dispersive single mode Fiber，PDF）

正色散值可以减小非线性效应对 DWDM 系统的影响，大部分 G.65x 序列单模光纤在 1550 nm 波长附近具有正的色散值，可作为 PDF 光纤。

（2）负色散单模光纤（Negative Dispersive single mode Fiber，NDF）

负色散值可以减小非线性效应对 DWDM 系统的影响，G.655 单模光纤在 1550 nm 波长附近具有负的色散值，可作为 NDF 光纤。

（3）色散补偿光纤（DCF）

具有大的负色散值，它是针对现已敷设的 1.3 μm 标准单模光纤而设计的一种新型单

模光纤。为了使现已敷设的 1.3 μm 光纤系统采用 WDM/EDFA 技术，就必须将光纤的工作波长从 1.3 μm 改为 1.55 μm，而标准光纤在 1.55 μm 波长的色散不是零，而是正的 17~20 [ps/(nm·km)]，并且具有正的色散斜率，所以必须在这些光纤中加接具有负色散的色散补偿光纤，进行色散补偿，以保证整条光纤线路的总色散近似为零，从而实现高速率、大容量、长距离的通信。典型的 DCF 特性见表 2.4.5，几种单模光纤的结构和折射率分布比较见图 2.3.10。

　　色散补偿光纤早在 20 世纪 80 年代就提出来了，但是直到 20 世纪 90 年代中期，当光通信系统从 2.5 Gbit/s 发展到 10 Gbit/s 时才获得广泛的使用。随着比特速率的增加，色散已成为普通单模光纤（G.652）传输距离超过 100 km 时的主要限制。为此开发了使零色散波长从 1.3 μm 移到 1.55 μm（处于常用 C 波段的中心）的色散位移光纤（DSF）。但是很快就认识到，由于色散在这一窗口接近零容易产生四波混频（FWM），所以很难实现 DWDM。研究发现，通过设计使光纤在这一窗口具有有限的色散就可以减轻 FWM 的影响，这就使科学家们开发了非零色散位移光纤（NZ-DSF），从而使传输距离扩大到 600 km 也不必在光纤中间进行色散补偿，但是在收/发两端还是需要的。然而基于 NZ-DSF 的 WDM 系统，使传输带宽超过 32 nm，距离也超过 2000 km 以及 40 Gbit/s 系统的出现，要求色散补偿光纤除补偿色散和色散斜率外，还提出非线性影响弱和弯曲损耗小的要求。为此又开发了专为补偿 NZ-DSF 的色散补偿光纤。据 2001 年 OFC 报道，已研制出能够抑制自相位调制的 DCF，其主要参数如表 2.4.5 所示，利用该表列出的两类光纤做成的色散补偿模块的色散和损耗特性如图 2.4.3 所示。

表 2.4.5　色散补偿光纤在 1550 nm 波长的主要参数

类型	Δ^+[%]	损耗 /(dB/km)	有效芯径面积 /μm²	色散 /[ps/(km·nm)]	色散斜率 /[ps/(km²·nm)]	品质指数 M /[ps/(nm·dB)]	ϕ_{SPM} (为 G.655 设计)
A	1.6	0.30	19	−87	−0.71	290	$1.6×10^{-4}$
B	2.2	0.50	15	−145	−1.34	290	$1.3×10^{-4}$

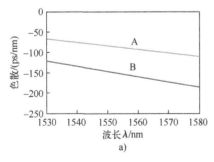
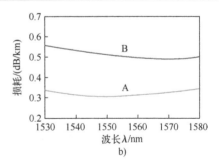

图 2.4.3　DCF 模块的色散和损耗特性

a）色散特性　b）损耗特性

大有效芯径面积单模光纤（Large Effective-area Fiber，LEF），在工作信号波长具有大的有效面积，可以减小非线性效应对 DWDM 系统的影响。

2.5 光纤的选择

2.5.1 一般光纤选择

表 2.5.1 和表 2.4.2～表 2.4.4 综合了 ITU 规范的成缆光纤的典型特性。

表 2.5.1 成缆 G.651 多模光纤典型特性

折射率分布	纤芯直径/μm	包层直径/μm	纤芯不圆度	包层不圆度	同心度误差	数值孔径	衰减/(dB/km)		色度色散/[ps/(nm·km)]	
							850 nm	1300 nm	850 nm	1300 nm
GI	50±6%	125±2.4%	<6%	<2%	<6%	0.18～0.24 (±0.02)	4～6	0.8～1	≤120 带宽×距离=20～100 MHz·km	≤6

对光纤的基本要求是：从发射光源耦合进光纤的光功率最大，光信号通过光纤传输后产生的畸变最小，光纤的传输窗口要满足系统应用的要求。具体的设计要根据使用条件进行折中。

（1）衰减

选定的波长，衰减要足够小，以使在满足接收机所要求光功率的前提下，使中继距离尽可能大。设计系统时，要考虑连接器、接头和耦合器的损耗和系统工作所需的余量。为此，要正确选择工作波长和光纤类型。

（2）耦合损耗

它包括光源耦合损耗和检测器耦合损耗。纤芯尺寸和数值孔径大，可减小光源的耦合损耗；但要增加检测器的耦合损耗。为了减小和检测器的耦合损耗，要求纤芯尺寸和数值孔径要足够小，以使出射光完全落在检测器上。为了提高接收机响应速度，降低噪声，则要求检测器面积小，所以不能采用增大检测器光敏面的办法来减小耦合损耗。纤芯尺寸和数值孔径大的光纤，其传输带宽小，适合于采用发光二极管（Light-Emitting Diode，LED）的系统。

（3）连接损耗

它包括连接器和接头的损耗。纤芯直径的公差、不圆度和纤芯与包层同心度误差要尽可能小，以得到最小连接损耗。提高光纤的几何精度，要增加制造成本。增大纤芯尺寸和数值孔径可以减小几何公差对连接损耗的不利影响，但与增大带宽相矛盾。

（4）色散和带宽

为了使已调制的光信号以最小畸变通过光纤全长，光纤色散要足够小。为了减小光纤色散，要严格控制折射率分布指数（g）和零色散波长。对具体系统要正确选择光纤类型和工作波长，例如长距离高速率缆系统要选择零色散位移到 1.55 μm 的 G.654 单模光纤。波分复用系统要选择色散系数虽然很小、但不为零的 G.655 单模光纤，以减小四波混频的影响。用于城域网的 DWDM 系统要选择无水峰可用波长范围特别宽的全波光纤。采用发光二极管的系统，要充分考虑材料色散的影响等。典型的色散补偿光纤（DCF）特性见表 2.5.2。

表 2.5.2　ITU-T G.65*x* 光纤和色散补偿光纤的性能比较[30]

	标准光纤 SSMF G.652	色散位移光纤 DSF G.653	截止波长位移单模光纤 CSF G.654	非零色散位移光纤 NZ-DSF G.655	非零色散位移宽带光纤 WNZ-DSF G.656	色散补偿光纤 DCF
零色散波长 /μm	1.3 附近	1.55 附近	1.3 附近	1.525 或 1.585 附近	1.525 或 1.585 附近	1.7 以上
1.55 μm 色散 D/[ps/(nm·km)]	+(17~20)	~0	+(17~20) 最大 22	±(2~3)	>+(2~3)	−(70~200)
色散斜率 S/[ps/(nm²·km)]	0.09	0.075	0.07	~0.1	—	−0.15
模场直径/μm （测量波长/μm）	8.6~9.5 (1.3)	7~8.5 (1.55)	9.5~13 (1.55)	8~11 (1.55)	8.12~9.03 (1.55)	5
1.55 μm 最大衰减 /(dB/km)	0.4	0.35	0.22	0.35	<0.3	0.3~0.5

2.5.2　超低损耗光纤选择

为了保证与迅速发展的世界电信业务同步增长，基于 100 Gbit/s 数字相干技术和使用非色散管理光纤线路的大容量海底光缆系统，已广泛使用。实现这种大容量超长距离系统，主要挑战是提高系统光信噪比（Optical Signal to Noise Ratio，OSNR）。这种系统中，色散（CD）和偏振模色散（PMD）产生的线性损伤被数字信号处理器（DSP）补偿，性能参数 Q 值几乎与 OSNR 成比例增加。为了提高系统性能，对低损耗、小非线性效应光纤的需求与日俱增。事实上，当今海底光缆光纤的标准传输损耗是 0.16 dB/km。而最近开发并批量生产的纯硅芯光纤（Pure Silica Core Fiber，PSCF），在 1550 nm 波长，损耗已降低到 0.15 dB/km，并具有 110~130 μm² 足够大的有效芯径面积[29]。

对长距离海底光缆通信系统来说，光纤损耗是首要考虑的因素，这是因为，由式（9.2.5）可知，系统 OSNR 与中继段入射光功率成正比，而入射光功率又与光纤有效芯径面积成正比，而与光纤非线性系数成反比，即芯径面积越大，允许入射光功率越大；

光纤非线性越大，允许进入光纤的入射功率就越小。同时 OSNR 与中继段光纤损耗成反比。因此，减小光纤损耗系数和增大有效芯径面积，可扩大传输距离，提高光信噪比。

因此，长距离无中继系统倾向选择 G.654 纯硅芯光纤。然而，若距离不是很长，使用 G.653 色散位移光纤和 G.655 非零色散位移光纤（NZ-DSF）也是可以的，但这两种光纤因色散小将不利于 WDM 系统升级。实际上，小色散光纤要比大色散光纤的 WDM 非线性效应阈值低，因为色散越小，四波混频等效应越大。因此，使用色散较大光纤，即使引起信道光谱展宽，也使光信号长距离传输受益。事实上，2.5 Gbit/s 信号传输距离超过 500 km，NDSF 光纤和 PSCF 光纤色散可被抑制。然而，对于 10 Gbit/s 或更高比特率的信号，接收端或发送端必须补偿线路色散。这可以用色散补偿光纤或布拉格光栅进行补偿，即使距离很长，也无须经受显著的色散代价。

表 2.5.3 列出海底光缆常使用的线路光纤特性。光纤有效芯径面积也很重要，如表 2.5.3 所示，G.652 光纤和 G.654 光纤比 G.653 光纤具有更大的有效面积，这意味着允许减少非线性效应的影响，因为非线性效应阈值与有效芯径面积成反比。

为了减小光纤非线性影响，扩大无中继系统传输距离，增加传输带宽，要求采用低损耗大芯径单模光纤。目前已有超低损耗大有效面积的光纤，如超低损耗纯硅芯光纤，纤芯有效面积 $110 \sim 130\ \mu m^2$，平均传输损耗为 0.162 dB/km 或 0.167 dB/km。有报道称，也有纤芯有效面积更大的光纤，这种光纤有效面积高达 $155\ \mu m^2$，损耗为 0.183 dB/km（在 $1550\ \mu m$ 波长）。

表 2.5.3　海底光缆使用的有代表性的线路光纤[30]

参数	G.652	G.653	G.654	G.655		
	NDSF	DSF	PSCF	NZ-DSF-	NZ-DSF+	NZ-DSF++
ITU-T 标准	G.652	G.653	G.654	G.655	G.655	G.655B
1550 nm 损耗 α/dBm	0.2	0.21	0.18	0.21	0.21	0.21
零色散波长 λ_0/nm	1310	1530~1570	1300	1560~1590	1470~1515	1420
1550 nm 色散 D/[ps/(nm·km)]	+17	~0	+18	-2	+4	+8
有效芯径面积 A_{eff}/μm^2	75~80	50	75~80	55	55~70	65

2.6　光缆

2.6.1　对光缆的基本要求

对光缆的基本要求是保护光纤固有的机械特性和光学特性，防止在施工过程中和使用期间光纤断裂，保持传输特性的稳定。为此，必须根据使用环境，设计各种结构的光缆，以免光纤受应力的作用和有害物质的侵蚀。

石英光纤本身的理论断裂强度高达 $1600\,kg/mm^2$，由于表面裂纹和水分作用，实际裸光纤断裂强度只有 $20\,kg/mm^2$，相当于直径 $0.125\,mm$ 的光纤能经受 $250\,g$ 的张力。为了提高光纤的机械强度，要在光纤拉制的同时，用塑料对光纤表面进行被覆。被覆光纤断裂强度最小相当于 $1\sim3\,kg$，平均 $6\sim7\,kg$，完全满足应用的要求。为了确保成缆前光纤机械强度的可靠性，最有效的方法是进行张力筛选，筛选张力的大小与光纤使用寿命密切相关。

在施工过程和实际使用环境中，光缆受到拉力的作用而伸长，或由于低温的影响而收缩。为避免外力对光纤的作用，设计光缆时，要使外力和光纤隔离或至少有缓存，以减小外力的影响，延长光纤的寿命。实现这种隔离的有效方法之一是把光纤封闭在松套管内制成层绞式光缆。对套管的要求是内外表面平滑、杨氏模量大、热膨胀系数和光纤的相近。光纤在套管内有一定余长，能适当地自由移动，并取应力最小的位置，如图 2.6.1 所示。光缆制造时，光纤在应力最小的套管中心，如图 2.6.1a 所示；当光缆受拉力作用而伸长时，为保持无应力状态，光纤移向加强件，如图 2.6.1b 所示；当光缆在低温收缩时，光纤移向缆芯外缘，仍然处于无应力状态，如图 2.6.1c 所示。因此，这种光缆即使在一定范围内发生应变，还可以存在着一个保持光纤无应变的窗口，在这个窗口内，光纤衰减的增加为零，如图 2.6.1d 和图 2.6.1e 所示。光缆设计的目标是得到并增大这个无应变窗口。

事实上，光纤本身对温度是稳定的。由于光纤材料（SiO_2）与被覆材料和成缆材料的热膨胀系数不同，在低温状态下，材料收缩产生微弯曲而使光纤衰减增加。

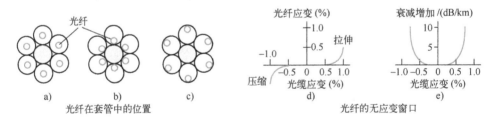

图 2.6.1　松套管光纤无应变窗口

a）光纤在应力最小的套管中心　b）光缆受拉力作用伸长时，为保持无应力状态，光纤移向加强件

c）光缆低温收缩时，光纤移向缆芯外缘，仍然处于无应力状态

d）松套管光缆即使在一定范围内发生应变，仍存在着一个保持光纤无应变的窗口　e）在该窗口内光纤衰减的增加为零

2.6.2　光缆结构和类型

光缆由缆芯和护套两部分组成。缆芯一般包括被覆光纤（芯线）和加强件，有时加强件分布在护套中，这时缆芯主要就是芯线。芯线是光缆的核心，决定着光缆的传输特性。加强件承受光缆的张力，通常采用杨氏模量大的钢丝或者非金属的芳纶纤维

（Kevlar）。护套一般由聚乙烯（或聚氯乙烯）和钢带或铝带组成，对缆芯起机械保护和环境保护作用，要求有良好的抗压能力和密封性能。

1. 被覆光纤（芯线）

为了提高光纤机械强度，抑制微弯损耗，通常要对光纤进行两次被覆。一次被覆材料一般用软塑料，如紫外固化的丙烯酸树脂或热固化的硅酮树脂，一次被覆光纤直径为 0.25~0.40 mm。二次被覆光纤有紧套和松套两种，紧套光纤是用模量大的尼龙12紧套在硅酮树脂一次被覆光纤的表面，松套光纤是把丙烯酸树脂一次被覆光纤放在高强度聚酰胺塑料套管内，套管充填油胶（Jelly）。套管直径由容纳的光纤数目决定。一次被覆光纤在套管内有一定余长，可适度自由移动，避免应力作用和微弯损耗，改善低温特性（见图2.6.2）。

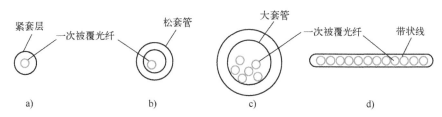

图2.6.2 二次被覆光纤（芯线）简图

a) 紧套 b) 松套 c) 大套管 d) 带状线

为增加光缆容纳的光纤数目，采用一种带状式的芯线。将一次被覆光纤（4~12纤）平行排列并加被覆形成带状线，再把这种带状线一层一层叠加构成带状单元芯线。这种芯线可以放在大套管内，也可以放在骨架槽内，形成高密度光缆。

2. 缆芯结构

缆芯结构多种多样，基本结构有四种形式。

1）层绞式：把松套光纤绕在中心加强件周围绞合而构成，这种结构的缆芯制造设备简单，工艺相当成熟，得到广泛采用。该缆芯采用松套光纤可以增强抗拉强度，改善温度特性。

2）骨架式：把紧套光纤或丙烯酸一次被覆光纤，放入中心加强件周围的螺旋形塑料骨架凹槽内而构成。这种缆芯抗侧压力性能好，有利于对光纤的保护。

3）中心套管式：把一次被覆光纤或光纤束放入大套管中，加强件分布在套管周围而组成。这种结构加强件同时起着护套作用，有利于减轻光缆重量。

4）带状式：把带状芯线放入大套管内，加强件分布在套管周围；也可以把带状芯线放入骨架凹槽内，或者放入松套管进行绞合。带状缆芯结构有利于制造容纳数百根光纤的高密度光缆。带状光缆广泛应用于干线网和用户网。

3. 护套结构

护套的作用是保护缆芯，防止机械损伤和有害物质的侵蚀，特别要注意抗侧压力，以及密封、防潮耐腐蚀性能。中心套管式和带状式缆芯结构，加强件分布在护套中，护套还起抗张力作用。基本光缆结构如图2.6.3所示。

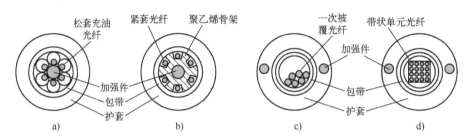

图 2.6.3　基本光缆结构简图
a) 层绞式　b) 骨架式　c) 中心套管式　d) 带状式

在特殊场合使用的光缆结构要求更加严格。海底光缆要承受海水压力和拖网渔船的干扰，防止海水浸蚀，对光缆的机械强度和密封性能要求很高。一般要用一层或多层镀锌圆钢丝进行铠装，以保护缆芯和护套。电力通信光缆要防止强电场特别是短路和雷击产生的强电场对光缆的影响，要采用无金属光缆，这种光缆一般用高强度非金属材料，常用的是纤维增强塑料（Fiber Reinforced Plastic，FRP）作加强件，如自承式光缆和缠绕式光缆。架空地线复合光缆（Optical Fiber Composite Overhead Ground Wire，OPGW）是把无金属光缆包在空心地线内，用一层或多层铝合金丝和铝包钢丝铠装。在矿区或地铁等场合要使用阻燃光缆，用聚醋酸乙烯酯（PVA）作护套，可耐250℃以上的高温。

2.6.3　海底光缆分类及性能

ITU-T G.978 对海底光缆参数进行了规范[31]。

1. 海底光缆分类及结构

从应用观点分，海底光缆可分为中继海底光缆、无中继海底光缆和可浸水陆地光缆。中继海底光缆内有远供电系统使用的铜导体，而无中继海底光缆却没有。无中继海底光缆应用于浅滩和深水，可浸水陆地光缆适用于穿湖过河。

从是否受到保护观点分，海底光缆可分为轻型（LW）光缆、轻型保护（LWP）光缆、单铠装（SA）光缆、双铠装（DA）光缆和岩石铠装（RA）光缆，典型海底光缆结构如图2.6.4所示。轻型（LW）光缆和轻型保护（LWP）光缆适用水深1000 m以上，单铠装（SA）光缆适用水深20~1500 m，双铠装（DA）、岩石铠装（RA）光缆适用水深0~20 m。

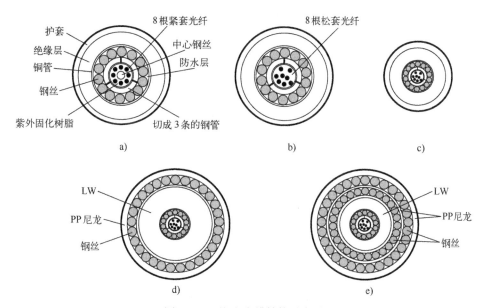

图 2.6.4　海底光缆结构示意图

a) 紧套光纤光缆　b) 松套光纤光缆　c) 轻型（LW）光缆
d) 单铠装（SA）光缆　e) 双铠装（DA）光缆

图 2.6.5 表示轻型光缆、轻型保护光缆、单铠装光缆和双铠装光缆的结构。

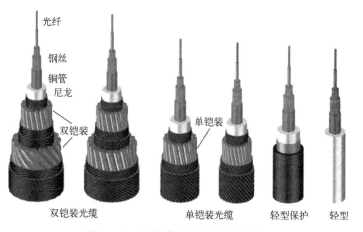

图 2.6.5　几种典型的海底光缆结构

为了保护光纤，通常采用紧套光纤和松套光纤，如图 2.6.4a 和图 2.6.4b 所示。在紧套光纤光缆结构里，光纤受力基本上与光缆的相同。在松套光纤光缆里，光纤可以自由移动，不受力，拉长值比光缆的短。

图片资料
海底光缆光纤及中继器

海底光缆由护套、钢丝、钢管、填充物、远供导体铜管和光纤组成，通常使用的国际海底光缆纤芯为8~16芯。钢管按经线方向装配组合在光纤单元外，主要作用是抵抗压力，外径标称值一般为6.1mm。数根钢丝以左右方向绕在钢管外围，以增强抵抗力。

我国中天科技海缆有限公司已有多种型号的海底光缆提供给国内外用户使用。

2. 中继系统海底光缆

对以光放大器为基础的长距离中继系统海底光缆的基本要求是：光纤要满足大容量传输线路的独特性能，光缆要经得起海洋严酷环境的考验。

海底光缆要承受海水压力、浸蚀和拖网渔船的侵扰，为此，对光缆的机械强度和密封性能要求很高。一般要用一层或多层镀锌圆钢丝进行铠装，以保护缆芯和护套。

由于海洋环境的特殊性，海底光缆的设计和制造要求十分严格。

光缆设计要求使光纤与电导体和海洋环境隔离，以保护缆芯免受侵害。光缆设计与制造应在最低成本条件下，可靠地保持光纤的特性。光缆的保护程度取决于海水深度，大陆架暗礁比深海平地更加严酷。要根据海洋环境的实际状况，设计不同类型的光缆，以适应不同环境的使用。海底光缆包括四个主要部分：光纤构件、组合电导体、聚乙烯绝缘层和铠装保护。典型铠装材料是钢带或钢丝，制造不同类型光缆的方法是改变铠装材料和厚度，或用多层铠装。常用海底光缆的特性列于表2.6.1。

表 2.6.1　海底光缆特性

特 性	深水（DW）	特殊应用（SPA）	轻型铠装（LWA）	单铠装（SA）	双铠装（DA）
外直径/mm	21.0	31.7	38.0	42.2	51.0
最大张力强度/kN	107	107	181	223	434
无余长张力强度/kN	81	82	147	187	325
光缆模量/(kN/mm^2)	22.4	19.8	7.5	8.3	8.4
最大工作深度/m	6000	4500	1500	1300	400

深水（DW）海缆：这是基本的海底光缆，由光纤构件、组合电导体和聚乙烯绝缘层组成，适合深海应用。

特殊应用（SPA）海缆：这种结构包含DW光缆，用纵向金属隔离层保护，并覆盖高密度聚乙烯保护层。这种光缆适用于有鱼类啃咬和存在意外磨损的区域，以及计划的光缆连接处。

轻型铠装（LWA）海缆：这种结构包含DW光缆，单层中等强度钢丝铠装保护。适合埋入海洋。

单铠装（SA）海缆：这种结构和LWA光缆相似，用单层钢丝铠装，强度较大，适用于非埋设应用。

双铠装（DA）海缆：在DW光缆上施加两层钢铠装保护，适用于靠近海岸的区域，这种地方受到损坏的危险最大。

3. 无中继系统光缆

无中继系统海底光缆一般可以选择三种类型的传输光纤：纤芯为纯 SiO_2 的 G. 654 光纤、掺锗（GeO_2-SiO_2）的 G. 652 光纤、色散位移光纤 G. 653 和 G. 655，这些光纤的特性见表 2.5.3。在远离岸边的海底光缆中接入一段 $20 \sim 50$ m 的掺铒（Er）光纤，从终端站对其泵浦提供增益，可延长中继距离。虽然掺铒光纤的传输特性和传输光纤不同，但是与传输光纤同样可靠，也可以成缆。

无中继海底光缆和中继光缆的结构相似，只是直径约为中继光缆直径的 60%，这样设计可降低浅水应用的光缆成本。这种无中继光缆的组成有：光纤构件包含的光纤可达 24 对；加强件提供抗张强度，防止操作时拉伸；铜导管在故障定位时作为电导体；绝缘套防止海水渗透；铠装保护由金属带与聚乙烯和铠装钢丝组成。

复习思考题

2-1　用光线光学方法简述多模光纤导光原理。

2-2　作为信息传输波导，实用光纤有哪两种基本类型？

2-3　什么叫多模光纤？什么叫单模光纤？

2-4　多模光纤有哪两种？单模光纤又有哪几种？

2-5　光纤数值孔径的定义是什么？其物理意义是什么？

2-6　光纤传输电磁波的条件有哪两个？

2-7　推导光线在一维光纤波导传播时满足相长干涉的波导条件式。

2-8　为什么 V 参数是描述光纤特性的重要参数？

2-9　造成光纤传输损耗的主要因素有哪些？哪些是可以改善的？最小损耗在什么波长范围内？

2-10　什么是光纤的色散？对通信有何影响？多模光纤的色散由什么色散决定？单模光纤色散又由什么色散决定？

2-11　单模光纤的传输特性用哪几个参数表示？

2-12　光纤传输归零脉冲时最大比特率 B 可用哪个公式表示？为什么？

2-13　简述 G. 652、G. 653、G. 654、G. 655、G. 656、G. 657 和正负色散光纤和色散补偿光纤（DCF）各型号光纤的特征。

2-14　简述海底光缆分类。

习题

2-1　mW 和 dBm 换算

一个 LED 的发射功率是 3 mW，如用 dBm 表示是多少？经过 20 dB 损耗的光纤传输后还有多少光功率?

2-2　数值孔径计算

接收机 PIN 光电二极管的光敏面直径是 2 mm,使用 1cm 的透镜聚焦,透镜和 PIN 管之间为空气,计算接收机的数值孔径。

2-3　传播模式数量计算

光纤直径 50 μm,阶跃光纤纤芯和包层的折射率分别是 1.480 和 1.460,光源波长为 0.82 μm,计算这种光纤能够传输的模式数量。

2-4　求只传输一个模式的纤芯半径

阶跃光纤 $n_1 = 1.465$,$n_2 = 1.460$,如果光纤只支持 1.25 μm 波长光的一个模式传输,计算这种光纤纤芯最大的允许半径。

2-5　传播模式数量计算

多模光纤直径 100 μm,阶跃光纤纤芯和包层的折射率分别是 1.5 和 1.485,光源波长为 0.82 μm,计算这种光纤能够传输的模式数量。当工作波长变为 1.5 μm 时,又可以传输多少个模式?

2-6　计算纤芯半径、数值孔径和光斑尺寸

阶跃光纤的纤芯和包层的折射率分别是 1.465 和 1.46,归一化芯径为 2.4。计算该光纤纤芯半径、数值孔径和 0.8 μm 波长的光斑尺寸。

2-7　材料色散

光源波长谱宽 $\Delta\lambda$ 和色散 $\Delta\tau$ 指的是输出光强最大值一半的宽度,$\Delta\lambda_{1/2}$ 称为光源线宽,它是光强与波长关系曲线半最大值一半的宽度,$\Delta\tau_{1/2}$ 是光纤输出信号光强与时间关系曲线半最大值全宽。

请计算以下两种光源的硅光纤每千米材料色散系数:

1)当光源采用工作波长为 1.55 μm、线宽为 100 nm 的 LED 时;

2)当光源采用工作波长仍为 1.55 μm、但线宽仅为 2 nm 的 LD 时。

2-8　材料色散、波导色散和色度色散

假如光源是线宽为 $\Delta\lambda_{1/2} = 2$ nm 的 1.55 μm LD,请问纤芯直径 $2a = 8$ μm 时,每千米色散是多少?波长 1.55 μm 为零色散的纤芯直径又是多少?已知 $\lambda = 1.5$ μm 时,$D_m = 10$ ps/(km · nm);$a = 4$ μm 时,$D_w = -6$ ps/(km · nm)。

第3章　光纤通信无源器件

在光纤通信系统中，除光缆外，还包括许多光无源器件，如光纤连接器、光耦合器、可调谐光滤波器、波分复用/解复用器、光调制器、光开关、光隔离器、光环形器、光分插复用器和光双折射器件等。光无源器件的性能直接影响着通信系统的质量和可靠性，本章将分别对它们进行介绍。

3.1　光连接器

光连接器（Connectors）是把两个光纤端面结合在一起，以实现光纤与光纤之间可拆卸（活动）连接的器件，对这种器件的基本要求是使发射光纤输出的光能量最大限度地耦合进接收光纤。连接器是光纤通信中应用最广泛的光无源器件。连接器尾纤（即一端有活动连接器的光纤）用于和光源或光检测器耦合，构成发射机或接收机的输出或输入接口，也可以构成光缆线路或各种光无源器件两端的接口。连接器跳线（两头都有光纤活动连接器的一小段光纤）用于终端设备和光缆线路及各种光无源器件之间的互连，以构成光纤传输系统。

对连接器的主要要求是连接损耗（插入损耗）小、回波损耗大、多次插拔重复性好、互换性好、环境温度变化时性能保持稳定，并有足够的机械强度。当然价格也是一个重要的因素。因此，需要精密的机械和光学设计和加工装配，以保持两个光纤端面和角度达到高精度匹配，并保持适当的间隙。

3.1.1　活动连接器结构和特性

连接器的基本结构包括接口零件、光纤插针和对中三部分。光纤插针的端面有平面（Plane Contact，PC）、球面或斜面（Angled Physical Contact，APC）接触，如图3.1.1a所示。对中可以采用套管结构、双锥结构、V形槽结构或透镜耦合结构。光纤插针可以采用微孔结构、三棒结构或多层结构，因此连接器的结构也是多种多样的。采用套管结构对中和微孔结构光纤插针固定效果最好，又适合大批量生产，得到了广泛的应用，如图3.1.1b所示。两插头与转接器的连接有FC型、SC型和ST型。FC表示用螺纹连接，SC（Square/Subscriber Connector）表示轴向插拔矩形外壳结构，ST（Spring Tension）表示弹簧带键卡口结构。

通常采用的光纤活动连接器有 FC/PC、FC/APC、SC/PC、SC/APC 和 ST/PC 型。它们的结构特点和性能指标如表 3.1.1 所示。还有一种用于雷达天线旋转平台用的旋转光纤连接器，用光汇流环替代电汇流环，提高了上/下行信号的隔离度和可靠性，延长了汇流环寿命，实现了设备小型化。该光纤旋转连接器指标为：波长 850~1650 nm，插入损耗 3 dB，旋转光变化量 1 dB，通道隔离度 50 dB，反射损耗>30 dB，最高转速 100 r/min。

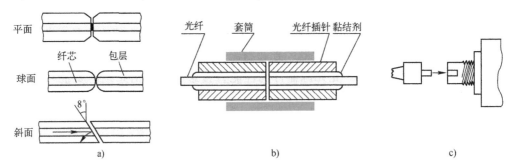

图 3.1.1　常用连接器物理接触和插座

a）三种常见的物理接触　b）光纤插针与套筒连接示意图　c）连接器插头和插座

表 3.1.1　各种单模光纤活动连接器的结构特点和性能指标

结构和特性	类型	FC/PC	FC/APC	SC/PC	SC/APC	ST/PC
结构特点	端面形状	凸球面	8°斜面	凸球面	8°斜面	凸球面
	连接方式	螺纹	螺纹	轴向插拔	轴向插拔	卡口
	连接器形状	圆形	圆形	矩形	矩形	圆形
性能指标	平均插入损耗/dB	≤0.2	≤0.3	≤0.3	≤0.3	≤0.2
	最大插入损耗/dB	0.3	0.5	0.5	0.5	0.3
	重复性/dB	≤±0.1	≤±0.1	≤±0.1	≤±0.1	≤±0.1
	互换性/dB	≤±0.1	≤±0.1	≤±0.1	≤±0.1	≤±0.1
	回波损耗/dB	≥40	≥60	≥40	≥60	≥40
	插拔次数	≥1000	≥1000	≥1000	≥1000	≥1000
	使用温度范围/℃	-40~+80	-40~+80	-40~+80	-40~+80	-40~+80

【例 3.1.1】 APC 连接器端面的倾斜角为何是 8°

解：因为普通单模光纤的数值孔径典型值是 0.13，由 $NA = \sin\theta_A$，得到接收角 $\theta_A = 7.5°$，所以 8°倾斜角使反射光大于接收角，使反射光不会反射回去。

3.1.2　连接损耗

尽量减小连接损耗是连接器设计的基础。产生连接损耗的机理有两方面（见图 3.1.2）。

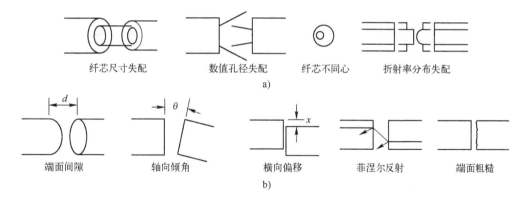

图 3.1.2　连接损耗的机理
a）固有损耗　b）外部损耗

首先，光纤公差引起的固有损耗，这是由光纤制造公差，如纤芯尺寸、数值孔径、纤芯/包层同心度和折射率分布失配等因素产生的。

其次，连接器加工装配引起的外部损耗，这是由连接器加工装配公差，如端面间隙、轴向倾角、横向偏移和菲涅尔（Fresnel）反射及端面加工粗糙等因素产生的。

3.1.3　光接头

光接头是把两个光纤端面结合在一起，以实现光纤与光纤之间的永久性（固定）连接。接头用于相邻两根光缆（纤）之间的连接，以形成长距离光缆线路。永久性连接一般在现场实施，这种连接是光缆线路铺设中的重要技术。

对接头的要求主要是，连接（接头）损耗小，有足够的机械强度和长期的可靠性和稳定性，以及价格便宜等。熔接损耗通常单模光纤为 0.03 dB，多模光纤为 0.02 dB，保偏光纤为 0.07 dB。

接头损耗的机理和连接器插入损耗相似，但不存在端面间隙和由菲涅尔反射引起的损耗，横向偏移和轴线倾角成为外部损耗的主要原因。和连接器相比，光纤公差产生的固有损耗相对占更大的比例。

1. 热熔连接

把端面切割良好的两根光纤放在 V 形槽内，用微调器使纤芯精确对中，用高压电弧加热把两个光纤端面熔合在一起，如图 3.1.3 所示，用热缩套管和钢丝加固形成接头。接头的质量不仅受光纤公差而且受电弧电流和加热时间的影响。热熔连接方法在世界范围得到广泛应用。市场上有多种规格的自动控制熔接机，使用方便。

2. 机械连接

用 V 形槽、准直棒或弹性夹头等机械夹具，使两根端面良好的光纤保持外表面准直，

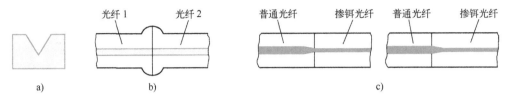

图 3.1.3 把端面切割良好的两根光纤放在 V 形槽内，用微调架对中，高压电弧加热熔合在一起

a）V 形槽 b）热熔连接 c）普通光纤和掺铒光纤热熔连接

用热固化或紫外固化，并用光学兼容环氧树脂粘接加固。这种连接方法接头损耗大，因为纤芯对中的程度完全取决于光纤外径公差和机械夹具对光纤的控制能力。

3. 毛细管黏结连接

把光纤插入精制的玻璃毛细管中，用紫外固化黏结剂固定，对端面进行抛光。在支架上用压缩弹簧把毛细管挤压在一起。调节光纤位置，使输出功率达到最大，从而实现对中，用光学兼容环氧树脂粘接形成接头。这种连接方法接头损耗很低。

3.2 光耦合器

光耦合器（Optical Coupler）的功能是把一个或多个光输入分配给多个或一个光输出。耦合器对线路的影响是插入损耗，可能还有一定的反射和串音。选择耦合器的主要依据是实际应用场合。四种类型的耦合器基本结构如图 3.2.1 所示。

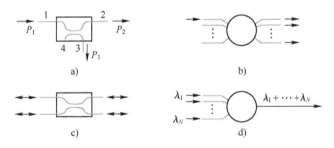

图 3.2.1 光耦合器基本结构

a）T 形耦合器 b）星形耦合器 c）方向耦合器 d）波分耦合器

3.2.1 光方向耦合器

方向耦合器（Directional Coupler）是构成光纤分配网络的基础，它是一种 2×2 光纤耦合器，如图 3.2.1c 所示，图中用箭头表示允许光纤功率通过的方向。2×2 光纤耦合器是一种与波长无关的方向耦合器，它是通过热熔拉伸把扭合在一起的两根光纤加工成双锥形状做成的耦合波导。另外，方向耦合器也可以用 2 个 1/4 节距的棒透镜（或自聚焦透

镜）中间镀上反射膜（或用半反射镜）粘合在一起构成，它也可以用作 T 形耦合器。这种透镜的插入损耗为 1 dB。

图 3.2.1a 表示少用 1 个端口的 3 端口 2×2 方向耦合器，即变成 T 形耦合器，它的功能是把一根光纤输入的光功率分配给 2 根光纤。这种耦合器可以用作不同分光比的功率分路器。T 形耦合器可以是与波长无关的耦合器（Wavelength Independent Coupler，WIC），也可以是与波长有关的耦合器（Wavelength Dependent Coupler，WDC），如图 3.2.3c 所示。为了描述 T 形耦合器的特性，假设入射到端口 1 的功率为 P_1，根据所需要的分光比，把 P_1 在端口 2 和端口 3 之间进行分配。理想情况下，同侧输入的光功率不能耦合到同侧的端口（如端口 4），为此称其为隔离端口，所以这种耦合器称为方向耦合器。假定传送到端口 2 的功率为 P_2，传送到端口 3 的功率为 P_3。不考虑损耗时，定义这种理想耦合器的各种损耗（用 dB 表示）如下。

耦合器的通过损耗 $L_{thr}^{ide} = -10\lg(P_2/P_1)$，表示输入端口 1 到输出端口 2 间的传输损耗，即到达输出端口 2 的功率与端口 1 的输入功率之比。

耦合器的抽头损耗 $L_{tap}^{ide} = -10\lg(P_3/P_1)$，表示输入端口到抽出端口之间的传输损耗，即到达抽出端口 3 的功率与输入功率之比。

两个输出端口间的功率分配比，即分光比为 $R = P_2/P_3$，常用抽头损耗描述耦合器的特性，并以此分类，例如 10 dB 的耦合器表示具有 10 dB 的抽头损耗。表 3.2.1 列出几种理想耦合器的通过损耗、抽头损耗及分光比。

表 3.2.1　几种理想四端口方向耦合器的特性参数

耦合器类型	抽头损耗 L_{tap}^{ide}/dB	通过损耗 L_{thr}^{ide}/dB	分光比 R	插入损耗	隔离度
3	3	3	1∶1		
6	6	1.25	3∶1	0.2~1 dB	>40 dB
10	10	0.46	9∶1		
12	12	0.28	15∶1		

对于无损耗耦合器，$P_2 = P_1 - P_3$，因此通过损耗可用抽头损耗表示

$$L_{thr}^{ide} = -10\lg(1 - 10^{-L_{tap}^{ide}/10}) \tag{3.2.1}$$

实际的耦合器是存在插入损耗的，耦合器的插入损耗（或附加损耗）为

$$L_{ext} = -10\lg\frac{P_2 + P_3}{P_1} \tag{3.2.2}$$

它表示耦合器内的功率损耗，包括辐射损耗、散射损耗、吸收损耗以及耦合到隔离端口的损耗。插入损耗表明，有多少输入功率到达输出端口 2 和端口 3。一个好的方向耦合器插入损耗小于 1 dB（如用百分比表示，$\delta = 20\%$），方向性大于 40 dB。

现举例说明插入损耗对通过损耗和抽头损耗的影响。假设一个耦合器具有 1 dB 的插

入损耗，分光比是1:1，那么有多少输入功率到达两个输出端口呢？用 $L_{ext}=1\,dB$ 代入式（3.2.2），得到 $(P_2+P_3)/P_1=0.794$，因为 $P_2=P_3$，所以 $P_2/P_1=P_3/P_1=0.397$。它相当于 4 dB（$10lg0.397$）的通过损耗和4 dB的抽头损耗。但根据表3.2.1，分光比为1:1时，对于理想耦合器（不考虑插入损耗），通过损耗和抽头损耗均应为3 dB。显然，在考虑插入损耗时，通过损耗和抽头损耗均应在表3.2.1的基础上加上用 dB 值表示的插入损耗，即

$$L_{thr}=-10lg(P_2/P_1)+L_{ext} \qquad (3.2.3)$$

$$L_{tap}=-10lg(P_3/P_1)+L_{ext} \qquad (3.2.4)$$

目前用于S、C和L波段的宽带耦合器，包括980 nm和1480 nm的波分复用耦合器，其主要指标为：分光比 1%~50%，插入损耗(IL) < 0.1 dB，回波损耗（ORL）55 dB，偏振相关损耗 0.03 dB，偏振模色散（PMD）0.05 ps，方向性60 dB，功率容量2 W。

方向耦合器是双向的，输入端口和输出端口可以互换；其结构又是对称的，不管哪个端口作为输入端口，特性损耗都是相同的。

利用1×2方向耦合器，可以构成1×N树形耦合器，用于PON系统中的光分配网络（ODN）。

3.2.2 熔拉双锥星形耦合器

星形耦合器是一种 N×N 耦合器，它的功能是把 N 根光纤输入的光功率混合叠加在一起，并均匀分配给 N 根输出光纤。这种耦合器可以用作多端功率分路器或功率组合器。星形耦合器不包括波长选择元件，是与波长无关的器件。输入端和输出端的数目 N 不一定相等，在 LAN 应用中一般就是这种情况。

N×N 星形耦合器可以由几个 2×2 耦合器组合而成，这种组合星形耦合器的缺点是元件多、体积大。熔拉双锥星形耦合器是一种紧凑的单体星形耦合器，这种耦合器的制造技术是把许多光纤部分熔化在一起，并把熔化部分拉伸以便减小光纤的直径，形成双锥形结构。由式（2.2.14）可知，纤芯直径的减小将导致归一化芯径 V 参数的减小；而 V 参数的减小，由式（2.2.21）可知，又导致模场直径（光斑尺寸）增加，使每根光纤的消逝场扩大重叠。所以，锥形部分的作用是使光纤间的电磁场产生互耦效应，从而使一根输入光纤的光信号耦合到多根输出光纤中去，把每根光纤的输入信号混合在一起，并近似相等地分配给每个输出端。图3.2.2a 和图3.2.2b 表示用这种技术制造的传输型和反射型星形耦合器。

用熔拉双锥技术制造多模光纤星形耦合器比较容易，但制造单模光纤星形耦合器就困难得多，所以通常采用组合耦合器。图3.2.2c 是由12个2×2单模光纤耦合器组合的8×8星形耦合器结构。

通常，多模和单模1×2和1×N光分路器的技术指标为：分光比可选，方向性≥55 dB，附加损耗≤0.1 dB，偏振相关损耗≤0.03 dB。1310 nm 和 1550 nm 两波长的波分复用器的技术指标为：隔离度≥30 dB，偏振相关损耗≤0.1 dB，方向性≥60 dB。

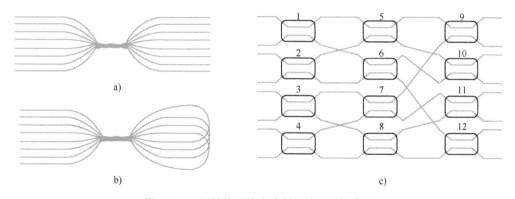

图 3.2.2　用熔拉双锥方法制造的星形耦合器

a）传输型　b）反射型　c）由 12 个单模光纤耦合器组成的 8×8 星形耦合器

3.2.3　单纤双向光耦合器

单纤系统需要采用双向收发器分离上行和下行业务，这就需要一种光耦合器，把一根光纤中传输的上行和下行信号分开。从功能上分，有两种不同类型的耦合器，即与波长无关的耦合器和与波长有关的耦合器，如图 3.2.3 所示。分光（束）器就是一种部分反射器，如图 3.2.3b 所示，半反射镜可以是部分反射膜（介质膜或金属膜），分光比由膜的厚度和组成成分确定。图 3.2.3d 表示一种实用 2×2 双向耦合器的结构。

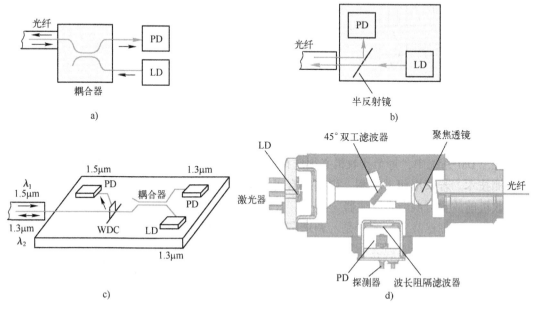

图 3.2.3　单纤双向光耦合器

a）1×2 耦合器　b）2×2 双向耦合器　c）与波长有关的 WDC 耦合器　d）实用 2×2 双向耦合器

3.3　可调谐光滤波器

电子滤波器是从包含多个频率分量的电子信号中提取出所需要频率的信号，让其通过的滤波器叫作带通滤波器，阻止其通过的叫作带阻滤波器。光滤波器也与此类似，它是光通信系统，特别是 WDM 网络中非常重要的器件。人们可以把这种光滤波器放在光探测器的前端构成一个调谐接收机；把这种滤波器放在激光腔体内，又可以构成波长可调光源。

光频滤波根据其机理可分为干涉（衍射）型和吸收型两类，每一类根据其实现的原理又可以分为若干种，根据其调谐的能力又可分为光频固定滤波器和可调谐光滤波器。

可调谐光滤波器（Tunable Optical Filters）是一种波长（或频率）选择器件，它的功能是从许多不同频率的输入光信号中选择一个特定频率的光信号。图 3.3.1 给出可调谐光滤波器的基本功能，图中 Δf_s 为输入的最高频率信道和最低频率信道之间的频率差，Δf_{ch} 为信道间隔。如果调谐范围覆盖的 Δf_L 等于光纤整个 1.3 μm 或 1.5 μm 低损耗窗口，那么调谐范围应为 200 nm（25000 GHz），实际系统的要求往往小于这个数值。$T(f)$ 为滤波器的传输函数。

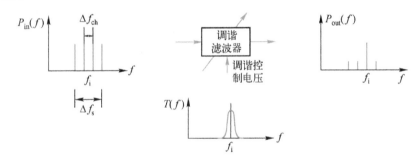

图 3.3.1　可调谐光滤波器的基本功能

在 WDM 系统中，每个接收机必须选择所需要的信道。信道选择可采用相干检测或直接检测技术。若采用相干检测，则要求有可调谐本地振荡器；若采用直接检测，则要求在接收机前放置可调谐光滤波器。

对可调谐光滤波器的要求是：调谐范围宽，滤波器带宽必须足够大，以传输所选择信道的全部频谱成分，但又不能太大，以避免邻近信道的串扰。可调谐光滤波器还要求调谐范围宽（覆盖整个系统的波长复用范围）、调谐速度快、插入损耗小、对偏振不敏感，另外还要求稳定性好，以免受环境温度、湿度和震动的影响，当然成本还要低。

本节介绍 3 种光滤波器：法布里-珀罗（Fabry-Perot，F-P）滤波器、马赫-曾德尔（Mach-Zehnder，M-Z）干涉滤波器、各种光栅滤波器，特别是阵列波导光栅（AWG）

滤波器。

3.3.1 法布里-珀罗（F-P）滤波器

1. 基本的法布里-珀罗（F-P）干涉仪

基本的法布里-珀罗（F-P）干涉仪是由两块平行镜面组成的谐振腔构成，一块镜面固定，另一块可移动，以改变谐振腔的长度，如图 3.3.2 所示。镜面是经过精细加工并镀有金属反射膜或多层介质膜的玻璃板，图中略去输入和输出光纤及透镜系统，而集中讨论谐振腔。光纤输入光经过谐振腔反射一次后，聚焦在输出光纤端面上，由式（1.3.3b）可知，只有两块平行镜面间的距离 L（谐振腔的长度）是半波长的整数倍时，在两块镜面间来回反射的某一波长的光波发生相长干涉，才会形成驻波透射出去。但这种结构的干涉仪构成的滤波器体积大，使用不便。

2. 光纤 F-P 干涉仪

光纤法布里-珀罗（F-P）干涉仪的结构如图 3.3.3 所示，光纤端面本身就充当两块平行的镜面。图 3.3.4a 和图 3.3.4b 分别表示间隙型和内波导型光纤 F-P 滤波器。如果将光纤（即 F-P 的反射镜面）固定在压电陶瓷上，通过外加电压使压电陶瓷产生电致伸缩作用来改变谐振腔的长度，同样可以从复用信道中选取所需要的信道。这种结构可实现小型化。

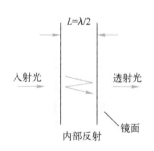

图 3.3.2　基本 F-P 干涉仪

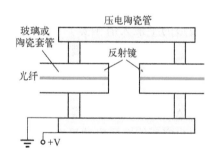

图 3.3.3　光纤 F-P 干涉仪

光纤 F-P 干涉仪可用作调谐滤波器的基本物理机理与 1.3.2 节讨论过的光多次干涉和谐振特性类似。对于无源 F-P 滤波器，因为滤波器只能允许满足谐振腔单纵模传输的相位条件的频率信号通过，所以传输特性与波长有关。F-P 滤波器的传输特性如图 3.3.5a 所示，它具有多个谐振峰，每两个谐振峰间的频率间距由式（1.3.4）可知

$$\Delta f_{\mathrm{L}} = \frac{c}{2nL} \tag{3.3.1}$$

式中，n 是构成 F-P 滤波器的材料折射率，L 是谐振腔长度。Δf_{L} 就是滤波器的自由光谱范围 FSR。假如滤波器设计成只允许复用信道中的一个信道通过，如图 3.3.5c 中的 $f_i = f_1$

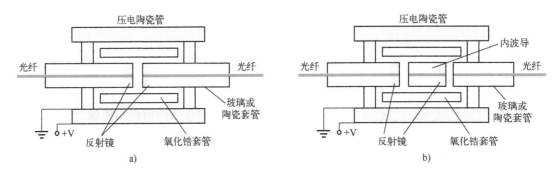

图 3.3.4　光纤 F-P 滤波器结构

a）间隙型光纤 F-P 滤波器　b）内波导型光纤 F-P 滤波器

信道的频率正好对准传输特性的谐振峰，所以只有 $f_i = f_1$ 的信道才能通过滤波器，而其他信道被抑制了。但是由于传输特性的非理想性，其他信道的信号也有一小部分通过滤波器，从而造成对 f_1 信道的干扰。

3. F-P 滤波器的传输特性

进入 F-P 滤波器的 N 个不同频率的波分复用光信号，其总带宽为复用信号的总带宽

$$\Delta f_s = N\Delta f_{ch} = NS_{ch}B \tag{3.3.2}$$

必须小于 Δf_L，这里 N 是信道数，S_{ch} 是归一化信道间距，其值为 $S_{ch} = \Delta f_{ch}/B$，B 是比特率，Δf_{ch} 是信道间距，如图 3.3.5b 所示。同时，滤波器带宽 Δf_{F-P}（定义为图 3.3.5 表示的传输函数波形的半最大值全宽）应该足够大，以便让所选信道的整个频谱成分通过，对于归零码 $\Delta f_{F-P} = B$。于是得到最多可以选择出的信道数为

$$N < \frac{\Delta f_L}{\Delta f_{ch}} = \frac{\Delta f_L}{S_{ch}\Delta f_{F-P}} = \frac{F}{S_{ch}} \tag{3.3.3}$$

式中，$F = \Delta f_L / \Delta f_{F-P}$ 是 F-P 滤波器的精细度，它决定滤波器的选择性，即能分辨的最小频率差，从而也决定所能选择出的最大信道数。精细度的概念与 F-P 干涉仪理论中的相同。假如谐振腔内部损耗忽略不计，则精细度由镜面反射率 R 决定，假设两个镜面的 R 相等，此时

$$F = \frac{\pi\sqrt{R}}{(1-R)} \tag{3.3.4}$$

对于 F-P 滤波器，信道间距要小于 $3\Delta f_{F-P}(S_{ch}=3)$，以便保持串话小于 -10 dB。将 $S_{ch} = 3$ 限制值和式（3.3.4）代入式（3.3.3），得到 F-P 滤波器可以选择出的最多信道数为

$$N < \frac{\pi\sqrt{R}}{3(1-R)} \tag{3.3.5}$$

由此可见，信道数由镜面反射率决定。具有 99% 反射率的滤波器可以选出 104 个信道。改变装在滤波器上的压电陶瓷的电压来改变谐振腔（滤波器）的长度，从而选择出

所需要的信道。滤波器长度只要改变不到 $1\,\mu\text{m}$，就可以选择出不同的信道。滤波器长度 L 本身在满足 $\Delta f_{\text{L}} > \Delta f_{\text{s}}$ 的条件下，由式（3.3.1）决定，对于 $\Delta f_{\text{s}} = 100\,\text{GHz}$，$n = 1.5$，则需 $L < 1\,\text{mm}$。如果信道间距很宽（约 $1\,\text{nm}$），L 可能要小到 $10\,\mu\text{m}$。

光纤滤波器的制作过程如下：首先将光纤密封在标准的玻璃或陶瓷套管中，然后对光纤端面抛光，并镀上多层介质反射膜，再把这些管子和氧化锆套管对准，然后将这一组件放置在一个外径为 $6.35\,\text{mm}$ 的圆柱形压电外壳中，外壳的端面与管子用环氧树脂黏结。

图 3.3.5 表示 F-P 滤波器的传输特性，图 3.3.5a 为典型滤波器的功率传输函数，两个相邻传输峰的频率差为 Δf_{L}；图 3.3.5b 表示 N 个信道经波分复用后，总带宽为 Δf_{s} 的输入信号频谱曲线；图 3.3.5c 表示 F-P 滤波器的输出频谱曲线。

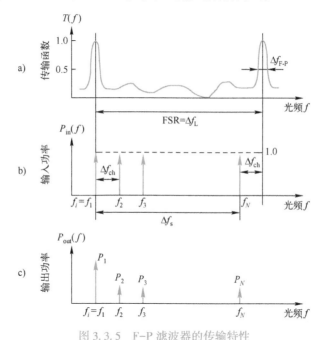

图 3.3.5　F-P 滤波器的传输特性

a）功率传输函数　b）N 个信道经波分复用后加到滤波器输入端的频谱图　c）滤波器输出频谱图

光纤 F-P 滤波器的优点是无须增加耦合损耗就集成在系统中。使用两个单腔滤波器级联，可使有效精细度（F）增加到接近 1000，从而最多信道数可以大一个数量级（见文献［4］中的 3.3.1 节）。

F-P 滤波器的优点是调谐范围宽，而且通带可以做得很窄，通常可以做到与偏振无关。F-P 滤波器可以集成在系统内，减小耦合损耗，其缺点是一般设计的滤波器调谐速度较慢，使用压电调谐技术，调谐速度可以达到 $1\,\mu\text{s}$。

3.3.2　马赫-曾德尔（M-Z）滤波器

图3.3.6表示马赫-曾德尔（Mach-Zehnder）干涉滤波器的示意图，它由两个3 dB耦合器串联组成一个马赫-曾德尔干涉仪，干涉仪的两臂长度不等，光程差为ΔL。

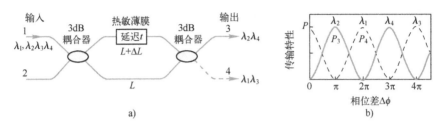

图3.3.6　马赫-曾德尔干涉滤波器

a ）MZ干涉滤波器构成图　b）滤波器输出（端口3的输出用实线表示，端口4的输出用虚线表示）

马赫-曾德尔干涉滤波器的原理是基于两个相干单色光经过不同的光程传输后的干涉理论。考虑两个波长λ_1和λ_2复用后的光信号由光纤送入马赫-曾德尔干涉滤波器的输入端1，两个波长的光功率经第一个3 dB耦合器均匀地分配到干涉仪的两臂上，由于两臂的长度差为ΔL，所以经两臂传输后的光，在到达第二个3 dB耦合器时就产生由式（1.2.8）决定的相位差$\Delta\phi = k\Delta L$，因$k = 2\pi/\lambda$，所以$\Delta\phi = k\Delta L = (2\pi/\lambda)\Delta L$，因为$\lambda = c/(nf)$，所以$\Delta\phi = 2\pi f(\Delta L)n/c$，式中$n$是波导折射率，复合后每个波长的信号光在满足一定的相位条件下，在两个输出光纤中的其中一个相长干涉，而在另一个相消干涉。如果在输出端口3，相位差为π，λ_2满足相长条件，λ_1满足相消条件，则输出λ_2光；如果在输出端口4，相位差为2π，λ_2满足相消条件，λ_1满足相长条件，则输出λ_1光，如图3.3.6所示。以此类推，如果同时输入λ_1、λ_2、λ_3、λ_4波长的信号，λ_4信号在端口3的相位差为3π，满足相长干涉条件，则也在输出端口3输出；而λ_3信号在端口4的相位差为4π，满足相长干涉条件，则也在输出端口4输出。

这种滤波器要求输入光波的频率间隔必须精确地控制在$\Delta f = c/(2n\Delta L)$的整数倍。当波长数为4个时，需要3个马赫-曾德尔干涉滤波器级联；当波长数为8个时，需要三级共7个马赫-曾德尔干涉滤波器级联，而且要使第一级的频率间隔为Δf，第二级的频率间隔为$2\Delta f$，第三级的频率间隔为$4\Delta f$，才能将它们分开，如图3.3.7所示。

改变Δf既可以分别控制有效光通道的折射率n和长度差ΔL，也可以同时控制n和ΔL。可以通过对热敏薄膜加热或者改变压电晶体的控制电压来达到。级联马赫-曾德尔干涉滤波器可以用InP衬底或Si衬底平面光波导（Planer Lightwave Circuit，PLC）来实现。因为这种滤波器的调谐机理是热电的，所以切换时间约为1 ms。

此外，马赫-曾德尔干涉仪（M-ZI）构成的可调谐滤波器制造成本低，对偏振很不灵敏，串音很低，但是调谐控制复杂，调谐速度较慢。

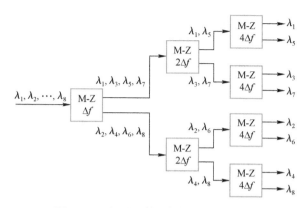

图 3.3.7　级联马赫–曾德尔干涉滤波器

3.3.3　布拉格（Bragg）光栅滤波器

1. 布拉格光栅（Bragg Grating）

布拉格（Bragg）光栅由间距为 Λ 的一列平行半反射镜组成，Λ 称为布拉格间距，如图 3.3.8 所示。如果半反射镜数量 N（布拉格周期）足够大，那么对于某个特定波长的光信号，从第一个反射镜反射出来的总能量 $E_{r,tot}$ 约为入射的能量 E_{in}，即使功率反射系数 R 很小。由式（1.3.3）可知，该特定波长 λ_B 强反射的条件是

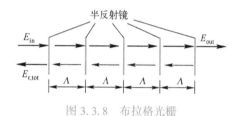

图 3.3.8　布拉格光栅

$$\Lambda = -m\lambda_B/2 \qquad m = 1, 2, 3, \cdots \qquad (3.3.6)$$

式中，m 代表布拉格光栅的阶数，当 $m = 1$ 时，表示一阶布拉格光栅，此时光栅周期等于半波长（$\Lambda = \lambda_B/2$）；当 $m = 2$ 时，表示二阶布拉格光栅，此时光栅周期等于 2 个半波长（$\Lambda = \lambda_B$）。式（3.3.6）表明，布拉格间距（或光栅周期）应该是 λ_B 波长　半的整数倍，负号代表是反射。

布拉格光栅的基本特性就是以共振波长为中心的一个窄带光学滤波器，该共振波长称为布拉格波长。式（3.3.6）的物理意义是，光栅的作用如同强的反射镜，该原理适用于光纤光栅、分布式反馈（Distribute Feedback，DFB）激光器和分布式布拉格反射（Distributed Bragg Reflector，DBR）激光器。

2. 光纤光栅和光纤光栅滤波器（Fiber Grating Filter）

光纤光栅是利用光纤中的光敏性而制成的。所谓光敏性，是指强激光（在 10~40 ns 脉冲内产生几百毫焦耳的能量）辐照掺杂光纤时，光纤的折射率将随光强的空间分布发生相应的变化，变化的大小与光强呈线性关系。例如，用特定波长的激光干涉条纹（全

息照相）从侧面辐照掺锗光纤，就会使其内部折射率呈现周期性变化，就像一个布拉格光栅，成为光纤光栅，如图 3.3.9a 所示。这种光栅大约在 500℃ 以下稳定不变，但用 500℃ 以上的高温加热时就可擦除。在 InP 衬底上用 $In_x Ga_{1-x} As_y P_{1-y}$ 材料制成凸凹不平结构的表面，其间距为 Λ 的光栅就构成一个单片集成布拉格光栅，如图 3.3.9b 所示。

光纤布拉格光栅是一小段光纤，一般几毫米长，其纤芯折射率经两束相互干涉的紫外光（峰值波长为 240 nm）照射后产生周期性调制，干涉条纹周期 Λ 由两光束之间的夹角决定，大多数光纤的纤芯对于紫外光来说是光敏的，这就意味着将纤芯直接曝光于紫外光下将导致纤芯折射率永久性变化。这种光纤布拉格光栅的基本特性就是以共振波长为中心的一个窄带光学滤波器，该共振波长称为布拉格波长，由式（3.3.6）可知，其值为

$$\lambda_B = 2\Lambda/m \tag{3.3.7}$$

由式（3.3.7）可知，工作波长由干涉条纹周期 Λ 决定，对于 1.55 μm 附近，Λ 为 1~10 μm。沿光纤长度方向施加拉力，可以改变光纤布拉格光栅的间距，实现机械调谐。加热光纤也可以改变光栅的间距，实现热调谐。

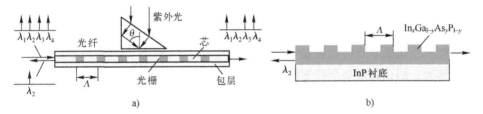

图 3.3.9　光纤布拉格光栅

a）用紫外干涉光制作光纤布拉格光栅滤波器　b）单片集成布拉格光栅

利用光纤布拉格光栅反射布拉格共振波长附近光的特性，可以做成波长选择分布式反射镜或带阻滤光器。如果在一个 2×2 光纤耦合器输出侧的两根光纤上写入同样的布拉格光栅，则还可以构成带通滤波器，如图 3.3.10 所示。

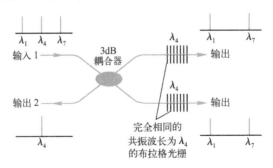

图 3.3.10　光纤光栅带通滤波器

表 3.3.1 给出了目前已有的各种商用光纤布拉格光栅（Fiber Bragg Grating，FBG）滤波器参数。温度在–5~70℃范围内变化，反射谱宽变化小于 40 pm（1 pm = 10^{-12} m）。增益平坦滤波器用于对拉曼放大器、EDFA、放大自发辐射（Amplified Spontaneous Emission，ASE）光源的增益谱线进行平坦，而且在 EDFA 级联系统中使用，平坦度误差不线性累积，最大增益峰值可达 6 ~ 8 dB，偏振相关损耗 < 0.1 dB，PMD < 0.05 ps，温度漂移 < 1 ps/℃。对于光纤激光器用光栅，反射谱宽 5 年最大漂移 50 pm，温度每变化 1℃，反射谱宽变化 7~14 pm。

表 3.3.1　几种光纤布拉格光栅（FBG）滤波器性能比较

	波长固定 FBG	非偏振保持 FBG	偏振保持 FBG	增益平坦滤波器
中心波长/nm	980, 1064, 1080, 1310, 1480, C&L	980, 1064, 1080, 1310, 1480, C&L	980, 1064, 1080	1410~1625 C+L 波段
3 dB 带宽/nm	0.02~5	0.02~5	0.02~5	<120, 可变
反射率/%	0.1~99.99	0.1~99.99	0.1~99.99	可变
参考波段外损耗/dB	<0.2	<0.2	<0.2	<0.2, <0.4（带内）
光栅类型	均匀、切趾、啁啾	均匀、切趾、啁啾	均匀、切趾、啁啾	均匀

3. 基于 DFB 半导体激光器技术的光栅滤波器

用工作在 1.55 μm 波段的 InGaAsP/InP 材料，制成内部包含一个或多个布拉格光栅的平板波导，就构成基于 DFB 半导体激光器技术的光栅滤波器，它的波长调谐可通过对谐振腔注入电流实现。类似于多段 DFB 半导体激光器使用的相位控制段，也用于 DBR 滤波器的调谐。这种滤波器的调谐速度很快，约为几个纳秒，而且可以提供增益，因为可以把放大器和滤波器集成在一起。这种滤波器也可以和接收机集成在一起，因为它们使用同一种半导体材料。InGaAsP/InP 滤波器的这些特性对 WDM 应用很有吸引力。

各种调谐滤波器的一般特性列于表 3.3.2。

表 3.3.2　各种光滤波器的一般特性

类　型	F-P	光纤光栅	介质薄膜	M-Z	声光	DFB-LD	AWG+SOA
调谐范围/nm	60~500	10	—	10	250~400	4~5	10~12
3 dB 带宽/nm	0.5	1	1	0.01	1	0.05	0.5~0.68
信道数目	100 以上	—	40	100	100	10 以上	15~64
调谐速度	1 μs	μs	ms	1~10 ns	10 μs	0.1~1 ns	ns
插入损耗/dB	2~3	0.1	1.5	3~5	5~6	0	1.3
调谐方式	压电	机械或热	不能调谐	热敏或电	射频声波	电流改变 n	SOA 通或断

3.4 波分复用/解复用器

波分复用器（WDM）的功能是把多个不同波长的发射机输出的光信号复合在一起，并注入一根光纤，如图 3.4.2c 所示。解复用器（Demultiplexers）的功能与波分复用器正好相反，它是把一根光纤输出的多个波长的复合光信号，用解复用器还原成单个不同波长信号，并分配给不同的接收机，如图 3.4.1c 所示。由于光波具有互易性，改变传播方向，解复用器可以作为复用器，但解复用器要求有波长选择元件，而复用器则不需要这种元件。根据波长选择机理的不同，波分解复用器件可以分为无源和有源两种类型。无源波分解复用器件又可以分为光栅型和光滤波器型。

3.4.1 衍射光栅解复用器

在 1.3.2 节中，我们介绍了衍射光栅的基本原理，并且得到了因相长干涉出现强度最大的光斑位置条件，这就是由式（1.3.8）表示的 $d\sin\theta = m\lambda$，d 为光栅间距，该式对任意波长都适用。对于 $m = 1$ 的一阶衍射

$$\sin\theta_i = \lambda_i/d \tag{3.4.1}$$

这就意味着每个波长在一定的角度出现最大值，如图 3.4.1a 所示。

图 3.4.1b 为反射光栅解复用器原理图。输入的多波长复合信号聚焦在反射光栅上，光栅对不同波长光的衍射角不一样，从而把复合信号分解为不同波长的分量，然后由透镜聚焦在每根输出光纤上。所以这种以角度分开波长的器件也叫作角色散器件。使用渐变折射率透镜可以简化装置，使器件相当紧凑，如图 3.4.1c 所示。如果用凹面光栅，可以省去聚焦透镜，并可集成在硅片波导上。5~10 波时的插入损耗为 2.5~3 dB，波长间隔20~30 nm，串扰 25~30 dB。

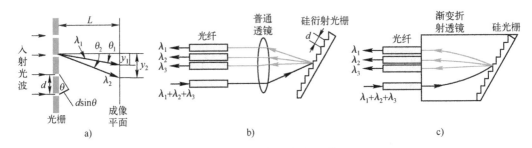

图 3.4.1　光栅型解复用器

a）透射光栅　b）普通透镜反射光栅　c）渐变折射率透镜反射光栅

对式（1.3.8）微分，可以得到

$$\Delta\theta/\Delta\lambda = m/(d\cos\theta) \tag{3.4.2}$$

式中，$\Delta\theta$ 表示分开两个波长间距为 $\Delta\lambda$ 的光信号角度。将角度分开转变成距离分开，由图 3.4.1a 可知

$$y_i = L\tan\theta_i \tag{3.4.3}$$

【例 3.4.1】 光栅解复用器

（1）如果光栅间距 $d = 5\,\mu m$，需要分开的波长是 1540.56 nm 和 1541.35 nm，请问要想把它们分开需要多大的角度？

（2）使用相同的光栅，把它们分开时，透射衍射光栅和光纤端面间的距离 L 是多少？

解： 这是 ITU-T 推荐的 DWDM 系统波长，可以近似认为波长间距为 0.8 nm。

（1）从式（3.4.3）得到

对于 $\lambda_1 = 1540.56$ nm

$$d = 5\,\mu m, \quad \theta_1 = \sin^{-1}(\lambda_1/d) = 17.945°$$

对于 $\lambda_2 = 1541.35$ nm

$$d = 5\,\mu m, \quad \theta_2 = \sin^{-1}(\lambda_2/d) = 17.955°$$

（2）由式（3.4.5）可得

$$L = (y_2 - y_1)/(\tan\theta_2 - \tan\theta_1)$$

普通单模光纤的包皮直径是 245 μm，所以相邻两根光纤的最小间距 $y_2 - y_1 = 245\,\mu m$，则 $L = (y_2 - y_1)/(\tan\theta_2 - \tan\theta_1) = 1.323$ m。显然用这么长的距离来制作 WDM 器件是不现实的，所以，通过本例说明必须采用透镜来缩短相邻两根光纤的最小间距。

3.4.2　马赫-曾德尔（M-Z）干涉滤波复用/解复用器

在 3.3.2 节，已介绍了马赫-曾德尔（M-Z）干涉仪用作干涉滤波器的原理。这种滤波器只能让复用信道中的一个信道通过，从而实现对复用信号的解复用。反过来用，这种滤波器也可以构成多个波长的复用器。

图 3.4.2a 表示 M-Z 的结构，M-Z 干涉仪的一臂比另一臂长，其差为 ΔL，由式（1.2.8）可知，使两臂之间产生与波长有关的相位差是 $\Delta\phi = k\Delta L$，图 3.4.2b 表示 M-Z 干涉仪的传输函数，其峰-峰之间的相位差对应自由光谱范围（FSR），如果 λ_1 和 λ_2 光在端口 4 都满足相长干涉条件，则在端口 4 输出 λ_1 和 λ_2 的复合光。

图 3.4.2c 说明由 3 个 M-Z 干涉仪组成的 4 信道复用器的原理。每个 M-Z 干涉仪的一臂比另一臂长，使两臂之间产生与波长有关的相移。光程差的选择要使不同波长的两个输入端的总功率只传送到一个指定的输出端，从而可以制成更有效的波分复用器。整个结构可以用 SiO_2 波导制作在一块硅片上。

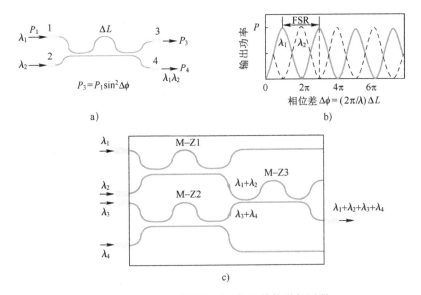

图 3.4.2　马赫-曾德尔干涉仪及其信道复用器

a）1 个 M-Z 干涉仪结构　b）M 干涉仪传输特性　c）由 M-Z 干涉仪组成的集成 4 信道波分复用器

3.4.3　介质薄膜干涉滤波解复用器

1. 电介质镜

电介质镜由数层折射率交替变化的电介质材料组成，如图 3.4.3a 所示，并且 $n_2 > n_1$，每层的厚度为 $\lambda_L/4$，λ_L 是光在电介质层传输的波长，且 $\lambda_L = \lambda_o/n$，λ_o 是光在自由空间的波长，n 是光在该层传输的介质折射率。从界面上反射的光相长干涉，使反射光增强，如果层数足够多，波长为 λ_o 的反射系数接近 1。图 3.4.3b 表示典型的多层电介质镜反射系数与波长的关系。

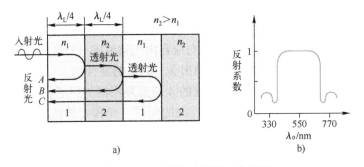

图 3.4.3　多层电介质镜工作原理

a）反射光相长干涉　b）反射系数与波长的关系

对于介质 1 传输的光在介质 1 和 2 的界面 1-2 反射的反射系数是 $r_{12}=(n_2-n_1)/(n_1+n_2)$，而且是正数，表明没有相位变化。对于介质 2 传输的光在介质 2 和 1 的界面 2-1 反射的反射系数是 $r_{21}=(n_1-n_2)/(n_2+n_1)$，其值是负数，表明相位变化了 π。于是通过电介质镜的反射系数的符号交替发生变化。考虑两个随机的光波 A 和 B 在两个前后相挨的界面上反射，由于在不同的界面上反射，所以具有相位差 π。反射光 B 进入介质 1 时已经历了两个 $\lambda_L/4$ 距离，即 $\lambda_L/2$，相位差又是 π。此时光波 A 和 B 的相位差已是 2π。于是光波 A 和 B 是同相，于是产生相长干涉。与此类似，也可以推导出光波 B 和 C 产生相长干涉。因此，所有从前后相挨的两个界面上反射的波都具有相长干涉的特性，经过几层这样的反射后，透射光强度将很小，而反射系数将达到 1。电介质镜原理已广泛应用到垂直腔表面发射激光器中。

2. 介质薄膜光滤波解复用器

介质薄膜光滤波器（Thin-Film Filters，TFE）解复用器利用光的干涉效应选择波长。可以将每层厚度为 1/4 波长，高、低折射率材料（例如 TiO_2 和 SiO_2）相间组成的多层介质薄膜，用作干涉滤波器，如图 3.4.4a 所示。在高折射率层反射光的相位不变，而在低折射率层反射光的相位改变 π。连续反射光在前表面相长干涉复合，在一定的波长范围内产生高能量的反射光束，在这一范围之外，则反射很小。这样通过多层介质膜的干涉，就使一些波长的光通过，而另一些波长的光透射。用多层介质膜可构成高通滤波器和低通滤波器。两层的折射率差应该足够大，以便获得陡峭的滤波器特性。用介质薄膜滤波器可构成 WDM 解复用器，如图 3.4.4b 和图 3.4.5 所示。

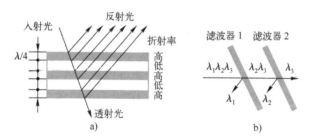

图 3.4.4　用介质薄膜滤波器构成解复用器

a) 介质薄膜滤波器　b) 解复用器

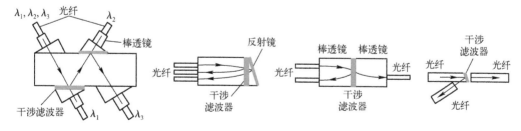

图 3.4.5　用介质薄膜滤波器构成的几种解复用器

提到插入损耗，2 波复用为 1.5 dB，6 波复用为 2 dB，所以插入损耗很低，但是波长不能微调。表 3.4.1 给出几种常用波分复用器件的性能比较。

表 3.4.1　几种常用波分复用器性能比较

器件类型	工作机理	特　点	通道间隔/nm	通道数	串扰/dB	插入损耗/dB	主要缺点
棱　镜	角色散	结构简单	20	>3	≤−30	5	自由度小
衍射光栅	干涉	结构简单	0.5~10	4~131	≤−30	3~6	温度敏感
介质薄膜	干涉	插入损耗低	1~100	2~6	≤−25	1.5~3	路数少、不能调
熔锥拉伸	场互耦	分光比可变	10~100	2（单模）	≤−45~10	0.2~0.5	通常只做 2×2
AWG	干涉	易集成、可重复	0.4, 0.8, 5	4, 8, 16, 64, 128	≤−35	3	温度敏感

3.5　光调制器

光调制（Optic Modulation）有直接调制和外调制两种方式。前者是信号直接调制光源的输出光强，后者是信号通过外调制器对连续输出光进行调制。直接调制是激光器的注入电流直接随承载信息的信号而变化，如图 3.5.1a 所示，但是用直接调制来实现调幅（AM）和幅移键控（ASK）时，注入电流的变化要非常大，并会引入不希望有的线性调频（啁啾）。

在直接检测接收机中，光检测之前没有光滤波器，在低速系统中，较大的瞬时线性调频影响还可以接受。但是，在高速系统、相干系统或用非相干接收的波分复用系统中，激光器可能出现的线性调频使输出线宽增大，使色散引入脉冲展宽较大，信道能量损失，并产生对邻近信道的串扰，从而成为系统设计的主要限制。

如果把激光的产生和调制过程分开，就完全可以避免这些有害影响。外调制方式是让激光器连续工作，把外调制器放在激光器输出端之后，如图 3.5.1b 所示，用承载信息

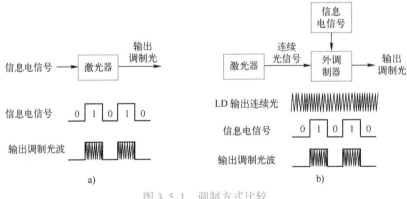

图 3.5.1　调制方式比较

a）直接调制　b）外调制

的信号通过调制器对激光器的连续输出进行调制。只要调制器的反射足够小，激光器的线宽就不会增加。为此，通常要插入光隔离器，最有用的调制器是电光波导调制器和电吸收波导调制器，本节将对此进行介绍。

3.5.1　电光效应和电光调制器（M-ZM）

名家贡献
珀克对晶体学的贡献

1. 电光效应

电光效应是指某些光学各向同性晶体在电场作用下显示出光学各向异性的效应（即双折射效应）。折射率与所加电场强度的一次方成正比变化的称为线性电光效应，即珀克（Pockels）效应，它于 1893 年由德国物理学家珀克（Pockels）发现。折射率与所加电场强度的二次方成正比的称为二次电光效应，即克尔（Kerr）效应，它于 1875 年由英国物理学家克尔（Kerr）发现。

电光调制的原理是基于晶体的线性电光效应（Electro-Optic Effects），即电光材料如 $LiNbO_3$ 晶体的折射率 n 随施加的外电场 E 而变化，即 $n = n(E)$，从而实现对激光的调制。

电光调制器是一种集成光学器件，它把各种光学器件集成在同一个衬底上，从而增强了性能，减小了尺寸，提高了可靠性和可用性。

图 3.5.2a 表示的横向珀克线性电光效应相位调制器，施加的外电场 $E_a = U/d$ 与 y 方向相同，光的传输方向沿着 z 方向，即外电场在光传播方向的横截面上。假设入射光为与 y 轴成 $45°$ 角的线偏振光 E，可以把入射光用沿 x 和 y 方向的偏振光 E_x 和 E_y 表示，外加电场引入沿 z 轴传播的双折射，即光以平行于 x 和 y 轴的两个正交偏振态经历不同的折射率（n'_x 和 n'_y）沿着 z 轴方向传播[5]

$$n'_x \approx n_x + \frac{1}{2} n_x^3 \gamma_{22} E_a \quad \text{和} \quad n'_y \approx n_y - \frac{1}{2} n_y^3 \gamma_{22} E_a \qquad (3.5.1)$$

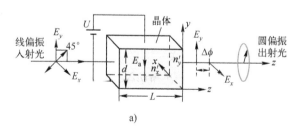
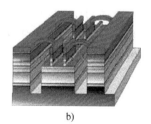

图 3.5.2　横向线性电光效应相位调制器

a）横向珀克线性电光效应相位调制器原理图

b）利用横向线性电光效应相位调制器制成的行波马赫-曾德尔 PIC 调制器

式中，γ_{22} 是珀克线性电光系数，其值取决于晶体结构和材料。此时，施加电场 E_a 引起的折射率变化 $\Delta n = \alpha E_a$ 为

$$\Delta n = \frac{n_0^3}{2}\gamma_{ij}E_j \tag{3.5.2}$$

式中，n_0 是 $E=0$ 时材料的折射率，γ_{ij} 是线性电光系数，i、j 对应于在适当坐标系统中，输入光相对于各向异性材料轴线的取向。根据式（1.2.8），得到相位差 $\Delta\phi$ 和电场强度 E_a 的关系为

$$\Delta\phi = \frac{2\pi}{\lambda}\Delta n_i L = \frac{2\pi}{\lambda}\left(n_0^3 \gamma_{22}\frac{L}{d}U\right) \tag{3.5.3}$$

式中，L 是相互作用长度。于是施加的外电压在两个电场分量间产生一个可调整的相位差 $\Delta\phi$，因此，出射光波的偏振态可被施加的外电压控制。可以调整电压来改变介质从四分之一波片到半波片，由 3.9.1 节可知，产生半波片的半波电压 $U=U_{\lambda/2}$ 对应于 $\Delta\phi=\pi$。横向线性电光效应的优点是可以分别独立地减小晶体厚度 d 和增加长度 L，前者可以增加电场强度，后者可引起更多的相位变化。因此 $\Delta\phi$ 与 L/d 成正比，但纵向线性电光效应除外。

2. 强度调制器

在图 3.5.2a 所示的相位调制器中，在相位调制器之前和之后分别插入 1.3.4 节介绍的起偏器（Polarizer）和检偏器（Analyzer），就可以构成强度调制器，如图 3.5.3 所示，起偏器和检偏器的偏振化方向相互正交。起偏器偏振化方向与 y 轴有 45° 角的倾斜，所以进入晶体的 E_x 和 E_y 光幅度相等。

当外加电压为零时，E_x 和 E_y 分量在晶体中传输，经历着相同的折射率变化，因此晶体的偏振光输出 I_0 与输入相同。根据马吕斯（Malus）定律，检偏器的输出光强由式（3.9.2）给出，即 $I=I_0\cos^2\theta$，由于检偏器和起偏器成正交状态，$\theta=90°$，所以探测器探测不到光。

当施加的外电压在两个电场分量间产生相位差 $\Delta\phi$，且 $\Delta\phi$ 在 0° 和 45° 之间变化时，离开晶体的光就变成椭圆偏振光（见 1.3.3 节）。因此，就有一个沿检偏器轴线传输的光强分量，通过检偏器到达探测器，其强度与施加的电压有关

$$I = I_0\sin^2\left(\frac{1}{2}\Delta\phi\right) \qquad \text{或} \qquad I = I_0\sin^2\left(\frac{\pi U}{2U_{\lambda/2}}\right) \tag{3.5.4}$$

式中，I_0 是传输光强曲线的峰值，如图 3.5.3b 所示。由式（3.5.4）可知，当施加的电压为 $U_{\lambda/2}(U_\pi)$ 时，$I=I_0\sin^2(\pi/2)$，I 达到最大。所以，强度调制器需要使外加电压等于 $U_{\lambda/2}$，此时，输出偏振光的相位与输入偏振光的比较，发生 $\lambda/2$ 的变化，在两个电场分量间产生相位差 π，即 $\Delta\phi=\pi U/U_{\lambda/2}=\pi$。

当电信号为数字信号时，可以接通或断开光脉冲，因此不会产生传输光强的非线性；当电信号为模拟信号时，就必须使工作点处在 I-U 曲线的线性区，也就是说，使工作点处于曲线的 $I_0/2$ 处，这可以通过在起偏器之后插入一个四分之一波片，以便在晶体的输

入端提供圆偏振光（见图 3.9.2c），这意味着在外加电压施加前，输入偏振光已经变化了 $\pi/4$，施加的电压根据其是正还是负，引起增加或减小 $\Delta\phi$。此时的传输曲线如图 3.5.3c 的虚线所示，图中调制器的工作点已用光学的方法偏置到 Q 点。

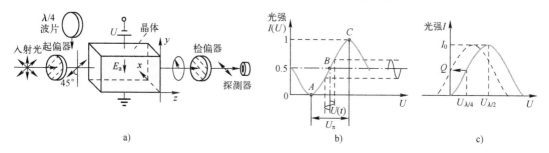

图 3.5.3　横向线性电光效应强度调制器

a）在相位调制器之前和之后分别插入起偏器和检偏器可构成强度调制器

b）马赫-曾德尔调制器（M-ZM）电光响应

c）探测器检测到的光强和施加到晶体上的电压的传输特性，虚线表示插入 $\lambda/4$ 波片后的特性

3. 相位调制器

目前，大多数调制器是由铌酸锂（$LiNbO_3$）晶体制成的，这种晶体在某些方向有非常大的电光系数。根据式（3.5.3）可以构成相位调制器，它是电光调制器的基础，通过相位调制，可以实现幅度调制和频率调制。图 3.5.4 表示集成横向珀克（Pockel）效应相位调制器，它是在 $LiNbO_3$ 晶体表面扩散进钛（Ti）原子，制成折射率比 $LiNbO_3$ 高的掩埋波导，加在共平面条形电极的横向电场 E_a 通过波导，两电极长为 L，间距为 d。衬底是 x 切割的 $LiNbO_3$，在电极和衬底间镀上一层很薄的电介质缓冲层（约 200 nm 厚的 SiO_2），以便把电极和衬底分开。由于珀克效应，入射光分解为沿 x 和 y 方向的偏振光 E_x 和 E_y，所对应的折射率分别变为 n_x' 和 n_y'，于是当 E_x 和 E_y 沿 z 传输距离 L 后，产生随施加调制信号 $U(t)$ 变化的折射率变化 $\Delta n = n_x' - n_y'$。

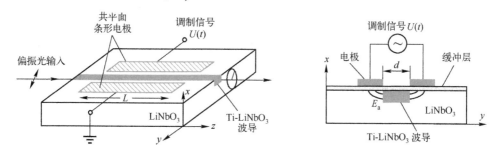

图 3.5.4　x 切割 $LiNbO_3$ 集成相位调制器

由式（3.5.3）可知，E_x 和 E_y 就产生与外加调制信号同步的相位变化

$$\Delta\phi = \phi_1 - \phi_2 = \Gamma \frac{2\pi}{\lambda}\left(n_0^3 r_{22}\frac{L}{d}U\right) \tag{3.5.5}$$

式中，Γ 的取值范围为 $[0.5, 0.7]$，是由于施加的电场没有完全作用于波导中的光场而引入的系数，从而实现了相位调制。

商用相位调制器的工作波长 1525 ~ 1575 nm，插入损耗 2.5 ~ 3.0 dB，消光比 > 25 dB，回波损耗 45 dB，半波电压 < 3.5 V。

【例 3.5.1】电光效应相位调制器

在图 3.5.2 表示的横向珀克相位 $LiNbO_3$ 调制器中，晶体施加电压为 24 V，自由空间工作波长为 1.3 μm，如果要求通过该晶体传输的电场分量 E_x 和 E_y 产生的相位差为 π（半波片），请问 d/L 的值是多少？

解：在式（3.5.3）中，令 $\Delta\phi = \pi$，$U = U_{\lambda/2}$，对于 $LiNbO_3$ 晶体，$n_0 = 2.272$，$\gamma_{22} = 3.4 \times 10^{-12}$ m/V，所以

$$\Delta\phi = \frac{2\pi}{\lambda}\left(n_0^3 r_{22}\frac{L}{d}U_{\pi/2}\right) = \pi$$

由此得到

$$\frac{d}{L} = \frac{1}{\Delta\phi}\frac{2\pi}{\lambda}(n_0^3\gamma_{22}U_{\pi/2}) = \frac{1}{\pi}\frac{2\pi}{1.3\times10^{-6}}\times2.2^3\times3.4\times10^{-12}\times24 = 1.3\times10^{-3}$$

这样薄的厚度 d 可用集成光学技术实现。

4. 马赫-曾德尔幅度调制器

最常用的幅度调制器是在 $LiNbO_3$ 晶体表面用钛扩散波导构成的马赫-曾德尔（M-Z）干涉型调制器，如图 3.5.5 所示。

马赫-曾德尔干涉仪（Mach-Zehnder Interferometer，M-ZI）可以用来观测从同一光源发射的光束分裂成两道准直光束后，经不同路径产生的相对相移变化。该仪器以德国物理学家路德维希·马赫和路德维·曾德尔命名。曾德尔首先于 1891 年提出这一构想，马赫于 1892 年发表论文对这一构想加以改良。

马赫-曾德尔（M-Z）干涉型调制器使用两个频率相同但相位不同的偏振光波进行干涉，外加电压引入相位的变化可以转换为幅度的变化。在图 3.5.5a 表示的由两个 Y 形波导构成的结构中，在理想的情况下，输入光功率在 C 点平均分配到两个分支传输，在输出端 D 干涉，所以该结构扮演着一个干涉仪的作用，其输出幅度与两个分支光通道的相位差有关。两个理想的背对背相位调制器，在外电场的作用下，能够改变两个分支中待调制传输光的相位。由于加在两个分支中的电场方向相反，如图 3.5.5a 的右上方的截面图所示，所以在两个分支中的折射率和相位变化也相反，例如若在 A 分支中引入 π/2 相位的变化，那么在 B 分支则引入 -π/2 相位的变化，因此 A、B 分支将引入 π 相位的变化。

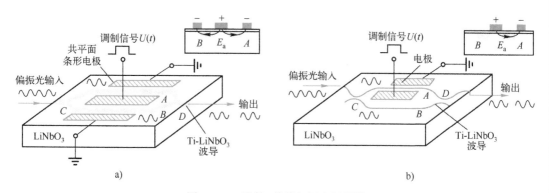

图 3.5.5　马赫–曾德尔幅度调制器

a) 调制电压施加在两臂上　b) 调制电压施加在单臂上

假如输入光功率在 C 点平均分配到两个分支传输，其幅度为 A，在输出端 D 的光场为

$$E_{out} \propto A\cos(\omega t + \phi) + A\cos(\omega t - \phi) = 2A\cos\phi\cos(\omega t) \tag{3.5.6}$$

输出功率与 E_{out}^2 成正比，所以由式（3.5.6）可知，当 $\phi = 0$ 时输出功率最大，当 $\phi = \pi$ 时，两个分支中的光场相互抵消干涉，使输出功率最小，在理想的情况下为零。于是

$$\frac{P_{out}(\phi)}{P_{out}(0)} = \cos^2\phi \tag{3.5.7}$$

由于外加电场控制着两个分支中干涉波的相位差，所以外加电场也控制着输出光的强度，虽然它们并不呈线性关系。

在图 3.5.5b 表示的强度调制器中，在外调制电压为零时，马赫–曾德尔干涉仪 A、B 两臂的电场表现出完全相同的相位变化；当加上外电压后，电压引起 A 波导折射率变化，从而破坏了该干涉仪的相长特性，因此在 A 臂上引起了附加相移，结果使输出光的强度减小。作为一个特例，当两臂间的相位差等于 π 时，在 D 点出现了相消干涉，输入光强为零；当两臂的光程差为 0 或 2π 的倍数时，干涉仪相长干涉，输出光强最大。当调制电压引起 A、B 两臂的相位差在 0~π 时，输出光强将随调制电压而变化。由此可见，加到调制器上的电比特流在调制器的输出端产生了波形相同的光比特流复制。

5. 外腔调制器的技术指标

外腔调制器的性能由消光比（开关比）和调制带宽度量。

消光比定义为相长干涉（相当于"开"）时的插入损耗和相消干涉（相当于"关"）时的插入损耗之比。例如一个调制器，"开"状态时插入损耗为 8 dB，"关"状态时为 34 dB，则该调制器的消光比为 26 dB。LiNbO$_3$ 调制器的消光比大于 20 dB，插入损耗为百分之几（零点几 dB）。

调制带宽定义为 $\Delta f_{mod} = (\pi RC)^{-1}$，式中 C 是调制器的集总电容，R 是与 C 并联的等效电路负载电阻。当 $R = 50\,\Omega$，$C = 2\,\mathrm{pF}$ 时，$\Delta f_{\mathrm{mod}} = 3.2\,\mathrm{GHz}$。马赫-曾德尔幅度调制器调制带宽可达 $20\,\mathrm{GHz}$。

表 3.5.1 列出几种商用 $\mathrm{LiNbO_3}$ M-Z 调制器的性能比较。

表 3.5.1　几种商用 $\mathrm{LiNbO_3}$ M-Z 调制器的性能比较

	强度调制器		相位调制器	
工作速率/Gbit/s	10	40	10	40
工作波长（C+L）/nm	1525~1605		1525~1605	
插入损耗（带连接器）/dB	4		3.5~4.5	4
零/固定啁啾系数	-0.1~0.1/±(0.6~0.8)			
回波损耗/dB	40		40	
静态/动态消光比/dB	20/13			
电光带宽（-3 dB）/GHz	10~12	35	10~12	35
射频驱动/半波电压/V	6/5.2	6.5/5.5	4.5/3.5	5.5/4
其他	集成光衰减器或 PD	带固定偏置和 PD	内置终端起偏器	

3.5.2　QPSK 光调制器及其在偏振复用相干检测系统中的应用

高速光纤传输系统面临的最大挑战是，采用传统调制方式，高比特速率传输导致的物理损害非常突出。以色散为例，采用传统的非归零（NRZ）码调制，色散随着速率呈指数增长，40 Gbit/s 线路的色散是 10 Gbit/s 的 16 倍，100 Gbit/s 串行线路的色散将达到 10 Gbit/s 的 100 倍。一种用于 100 Gbit/s 及其以上速率系统的先进的调制方式是差分正交相移键控（Differential Quadrature Phase-Shift Keying，DQPSK）。这种调制技术同时调制信号的强度和相位，以尽可能减轻色散的影响。但 DQPSK 调制方式在实现的过程中需要一种 QPSK 光调制器。

图 3.5.6a 所示的 DQPSK 光调制器由 4 个如图 3.5.5b 所示的马赫-曾德尔调制器（M-ZM）构成，它们是在 0.1 mm 厚的铌酸锂（$\mathrm{LiNbO_3}$）晶体基板上制作的参数相同的双平行马赫-曾德尔调制器（Dual Parallel Mach-Zehnder Modulater，DP-MZM），参数相同指的是均为单边带调制器、均采用频移键控（FSK）和行波共平面波导电极等。DP-MZM DQPSK 光调制器包含两个主 M-Z 干涉仪，每一个主干涉仪又内嵌两个子干涉仪。对于 DQPSK 调制，两个二进制数据流分别加到两个子 M-ZI（M-$\mathrm{Z_A}$ 和 M-$\mathrm{Z_B}$）插拔电极，以便控制同相 I 成分和正交 Q 成分。该调制器的传输特性及其对调制电信号的电光响应如图 3.5.3b 和图 3.5.3c 所示，其频谱特性如图 3.5.6b 所示。通常，$\mathrm{LiNbO_3}$ MZ 调制器 3 dB

带宽约 35 GHz，20 dB 带宽 75~96 GHz。

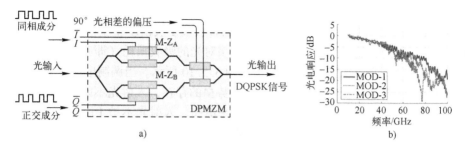

图 3.5.6　马赫-曾德尔（M-Z）光调制器

a）DQPSK 光调制器　b）马赫-曾德尔调制器（M-ZM）频谱特性

图 3.5.7 表示差分正交相移键控（DQPSK）调制技术用于偏振复用相干系统，激光器发出的连续光经过偏振分光器（PS）一分为二，每束光通过并联马赫-曾德尔调制器，对 x 偏振光和 y 偏振光分别进行 DQPSK 调制，然后 x、y 正交偏振光通过偏振光合波器（PC）复用，从而得到一路 PM-DQPSK 光信号。

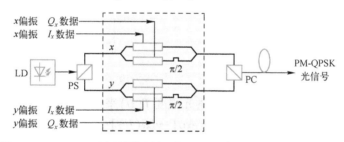

图 3.5.7　DQPSK 光调制器在偏振复用相干检测系统发送端中的应用

图 3.5.8 表示输入光为行波的 MZM DQPSK PIC 芯片显微图，芯片尺寸为 7.5 mm×1.3 mm，电光相互作用长度 3 mm，$\pi/2$ 相移长度 1.5 mm，射频输入为差分输入。

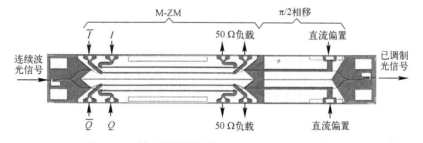

图 3.5.8　输入光为行波的 M-ZM DQPSK PIC 芯片

3.5.3 电吸收波导调制器（EAM）

电吸收波导调制器是一种 P-I-N 半导体器件，其 I 层由多量子阱（Multiple Quantum Well，MQW）波导构成，如图 3.5.9 所示。I 层对光的吸收损耗（即归一化透光强度）与外加调制电压（即反向偏置电压）有关，如图 3.5.10 所示。当调制电压使 P-I-N 反向偏置时，入射光完全被 I 层吸收，换句话说，因势垒的存在，入射光不能通过 I 层，相当于输出 "0" 码；反之，当偏置电压为零时，势垒消失，入射光不被 I 层吸收而通过它，相当于输出 "1" 码，从而实现对入射光的调制，如图 3.5.11 所示。

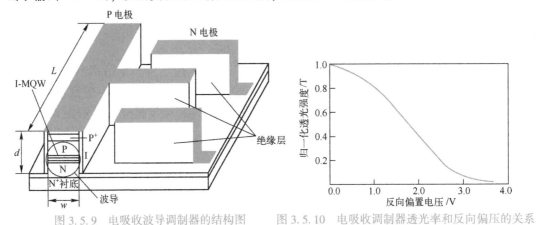

图 3.5.9　电吸收波导调制器的结构图　　图 3.5.10　电吸收调制器透光率和反向偏压的关系

电吸收调制器的电光转换特性可用透光强度 $T(U)$ 来表示，其表达式为

$$T(U) = \exp\left[-\gamma L \alpha(U)\right] \tag{3.5.8}$$

式中，γ 表示 MQW 有源区和波导区的重叠程度，大概占 16%，L 为波导长度，$\alpha(U)$ 表示在外加反向偏压 U 的情况下 MQW 波导的吸收系数，如图 3.5.12 所示，吸收系数和波长有关，也与施加的反向偏压有关，改变波导的结构和掺杂成分可以使电吸收调制器用于 1.5 μm 波段。3 dB 带宽与波导长度 L 有关，$L = 100$ μm 时，3 dB 带宽为 38 GHz；$L = 370$ μm 时，3 dB 带宽为 10 GHz。

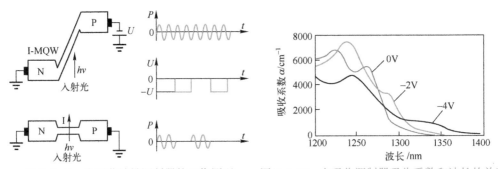

图 3.5.11　电吸收波导调制器的工作原理　　图 3.5.12　电吸收调制器吸收系数和波长的关系

商用 EAM 指标为：插入损耗 7.5~9 dB，偏振相关损耗 0.5 dB，消光比 17~20 dB，调制带宽>30 GHz，工作电压 2.5~3 U_{pp}，内置热电制冷器和直流偏置电路，输出光纤为普通单模光纤或保偏光纤。一种集成了 DFB 激光器的 40 Gbit/s EAM，可提供>5 dBm 的连续输出功率。

EAM 体积小、驱动电压低，可与激光器进行单片集成，不仅可以发挥调制器本身的优点，激光器与调制器之间也不需要光耦合装置，而且可以降低损耗，从而达到高可靠性和高效率，但是，这种调制器在高速和啁啾特性方面不如 $LiNiO_3$ 调制器，所以目前广泛使用的 100 Gbit/s 及其以上速率的光驱动器均使用 $LiNiO_3$ 调制器。

3.6 光开关

光开关（Optic Switch）的功能是转换光路，以实现光信号的交换。对光开关的要求是插入损耗小、串音低、重复性高、开关速度快、回波损耗小、消光比大、寿命长、结构小型化和操作方便。

光开关可以分为两大类。一类是利用电磁铁或步进电动机驱动光纤或透镜来实现光路转换的机械式光开关，这类光开关技术比较成熟，在插入损耗（典型值 0.5 dB）、隔离度（可达 80 dB）、消光比和偏振敏感性方面具有良好的性能，也不受调制速率和方式的限制，但开关时间较长（几十毫秒到毫秒量级），开关尺寸较大，而且不易集成。微机电系统（Micro Electro Mechanical System，MEMS）光开关，采用机械光开关的原理，但又能像波导开关那样，集成在单片硅基底上，所以很有发展前途。另一类光开关是利用固体物理效应（如电光、磁光、热光和声光效应）的固体光开关，其中电光式、磁光式光关突出的优点是开关速度快（毫秒到亚毫秒量级），体积非常小，而且易于大规模集成，但其插入损耗、隔离度、消光比和偏振敏感性指标都比较差。

3.6.1 机械式光开关

机械光开关有移动光纤式光开关、移动套管式光开关和移动透镜（包括反射镜、棱镜和自聚焦透镜）式光开关。图 3.6.1a 表示 1×N 移动光纤式机械光开关，它用电磁铁驱动活动臂移动，切换到不同的固定臂光纤。图 3.6.1b 表示 1×2 移动反射镜光开关。光开关有 1×1、1×N 和 M×N 等几种，图 3.6.1c 即为 1×N 多通道光开关。

微机电系统光开关已成为 DWDM 网中大容量光交换技术的主流，它是一种在半导体衬底材料上，用传统的半导体工艺制造出可以前倾后仰、上下移动或旋转的微反射镜阵列，在驱动力的作用下，对输入光信号可切换到不同输出光纤的微机电系统。通常微反射镜的尺寸只有 140 μm×150 μm，驱动力可以利用热力效应、磁力效应和静电效应产生。这种器件的特点是体积小、消光比大（60 dB 左右）、对偏振不敏感、成本低，其开关速

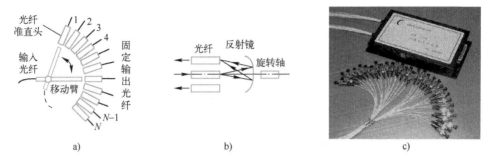

图 3.6.1 机械式光开关

a）1×N 移动光纤式机械光开关　b）1×2 移动反射镜式光开关　c）1×N 多通道光开关

度适中（约 5 ms），插入损耗小于 1 dB。

图 3.6.2 表示一种可上下移动微反射镜的 MEMS 光开关，它有一个用镍制成的微反射镜（高 80 μm×宽 120 μm×厚 30 μm），装在用镍制成的悬臂（长 2 mm×宽 100 μm×厚 2 μm）末端。当悬臂升起来时，入射光可以直通过去，开关处于平行连接状态，如图 3.6.2a 所示；当悬臂放下时，入射光被反射出去，开关处于交叉连接状态，如图 3.6.2b 所示。平行连接状态转变到交叉连接状态是靠静电力将悬臂吸引到衬底上实现的，静电力由加在悬臂和衬底间的 30~40 V 电压产生。衬底上有一个宽约 50 μm 的沟渠，以便让悬臂上的微反射镜插入。

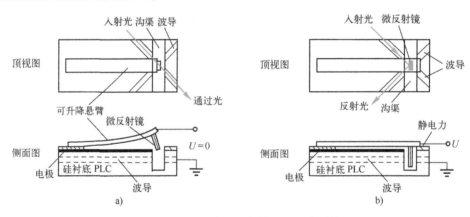

图 3.6.2 可升降微反射镜 MEMS 光开关

a）平行连接状态　b）交叉连接状态

图 3.6.3 为可旋转微反射镜的 MEMS 光开关，当反射镜取向 1 时，入射光从输出波导 1 输出；当反射镜取向 2 时，入射光从输出波导 2 输出。微反射镜的旋转由控制电压完成，通常为 100~200 V。图 3.6.4 为可立卧微反射镜 MEMS 光开关，当反射镜立起时，入射光从输出光纤 1 输出；当反射镜卧倒时，入射光从输出波导 2 输出，这类器件

的插入损耗小于 1 dB，消光比大于 60 dB，切换功率为 2 mW，其开关速度约 10 ms，比波导开关慢。

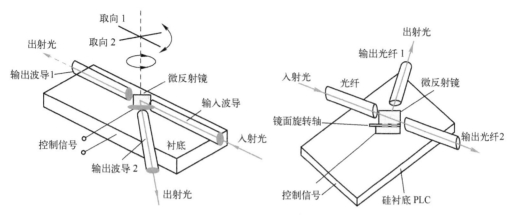

图 3.6.3　可旋转微反射镜 MEMS 光开关　　　图 3.6.4　可立卧微反射镜 MEMS 光开关

3.6.2　电光开关

在 3.5.1 节中，已介绍了电光效应，利用其原理也可以构成波导电光开关（Electro-Optic Switches）。图 3.6.5 表示由两个 Y 形 LiNbO$_3$ 波导构成的马赫-曾德尔 1×1 电光开关，它与图 3.5.5 的幅度调制器类似，在理想的情况下，输入光功率在 C 点平均分配到两个分支传输，在输出端 D 干涉，其输出幅度与两个分支光通道的相位差有关。由式（3.5.6）可知，当 A、B 分支的相位差 $\phi=0$ 时，输出功率最大；当 $\phi=\pi/2$ 时，两个分支中的光场相互抵消，使输出功率最小，在理想的情况下为零。相位差的改变由外加电场控制。

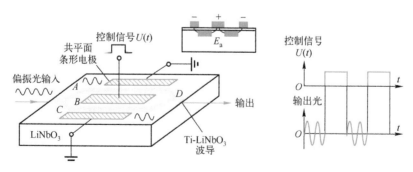

图 3.6.5　马赫-曾德尔 1×1 光开关

3.6.3 热电效应及热光开关

在图 3.6.5 所示的波导电光开关中，用一个薄膜加热器代替控制电压的电极，就可构成热光开关（Thermo Optic Switches, TOS），如图 3.6.6a 和图 3.6.6b 所示，它具有马赫-曾德尔干涉仪（M-ZI）结构形式，包含两个 3 dB 定向耦合器和两个长度相等的波导臂，每个臂上具有 Cr 薄膜加热器。该器件的交换原理是基于在硅介质波导内的热电效应（Thermoelectric Effect），不加热时，器件处于交叉连接状态；但在通电加热 Cr 薄膜时，由式（1.2.8）可知，引起它下面 A 和 B 波导间的相位变化为

$$\Delta\phi = 2\pi\Delta nL/\lambda \tag{3.6.1}$$

式中，L 为薄膜加热器长度，$\Delta n = \alpha\Delta T$ 为 A 和 B 波导间的折射率变化，这里 α 为折射率受热变化系数，ΔT 为温度变化。通常只对一个 Cr 薄膜通电加热。图 3.6.6c 表示该器件的输出特性和驱动功率的关系。由图可见，热驱动功率由 0 变为 0.5 W 时，可引起输出状态的切换，即由交叉连接状态切换到平行连接状态。这种器件的优点是插入损耗小（0.5 dB）、稳定性好、可靠性高、成本低，适合作大规模集成，但是它的响应时间较长（1~2 ms）。利用这种器件已制成空分交换系统用的 8×8 光开关。

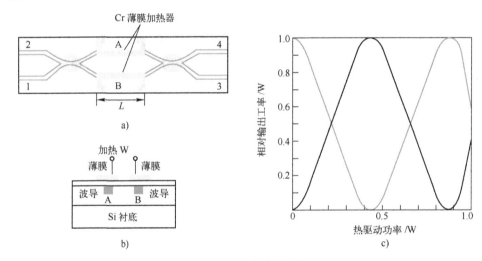

图 3.6.6 热光波导开关

a）俯视图 b）截面图 c）2×2 热电光开关响应曲线

表 3.6.1 给出几种光开关的工作原理和性能的简要比较。

表 3.6.1 几种光开关工作原理和性能比较

类　　型	工作原理	插入损耗/dB	隔离度/dB	转换速度
机械式光开关	电磁铁或步进电机驱动光纤或透镜	0.5~4	>60	<几 ms

（续）

类　型	工作原理	插入损耗/dB	隔离度/dB	转换速度
微机械（MEMS）	半导体工艺制造，热力或磁力或静电效应驱动微反射镜	<1	50～55	5～10 ms
电光 M-Z 光开关	电信号控制 2 个分支波导的相位差，使光输出或断开	3～8	>30	<几 ns
热光 M-Z 光开关	加热薄膜使其下的波导折射率和相位变化，使光切换	<0.5	>30	1～2 ms
磁光开关	控制包围介质线圈上的电压极性，通过法拉第效应使光切换	1.3～1.7	>25	30 μs

3.7　光隔离器和光环形器

连接器、耦合器等大多数无源器件的输入和输出端是可以互换的，称为互易器件。然而光通信系统也需要非互易器件，如光隔离器和光环形器。光隔离器（Optical Isolator）是一种只允许单方向传输光的器件，即光沿正向传输时具有较低的损耗，而沿反向传输时却有很大的损耗，因此可以阻挡反射光对光源的影响。对光隔离器的要求是隔离度大、插入损耗小、饱和磁场低和价格便宜。某些光器件特别是激光器和光放大器，对于从诸如连接器、接头、调制器或滤波器反射回来的光非常敏感，引起性能恶化。因此通常要在最靠近这种光器件的输出端放置光隔离器，以消除反射光的影响，使系统工作稳定。

3.7.1　法拉第磁光效应

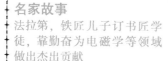名家故事
法拉第，铁匠儿子订书匠学徒，靠勤奋为电磁学等领域做出杰出贡献

名家贡献
英国物理学家法拉第及其伟大贡献——用场表示磁

把非旋光材料（如玻璃）放在强磁场中，当平面偏振光沿着磁场方向入射到非旋光材料时，光偏振面将发生右旋转，如图 3.7.1a 所示，这种效应就称作法拉第（Faraday）效应，它由 M. Faraday 在 1845 年首先观察到。旋转角 θ 和磁场强度与材料长度的乘积成比例，即

$$\theta = \rho HL \tag{3.7.1}$$

式中，ρ 是材料的维德（Vertet）常数，表示单位磁场强度使光偏振面旋转的角度，对于石英光纤，$\rho = 4.68 \times 10^{-6}$ r/A，H 是沿入射光方向的磁场强度，单位是安每米（A/m）或奥斯特（Oe，1 Oe $= 10^3/4\pi$ A/m），L 是光和磁场相互作用长度，单位为 m。如果反射光再一次通过介质，则旋转角增加到 2θ。磁场由包围法拉第介质的稀土磁环产生，起偏器由双折射材料（如方解）石充当（见 3.9.2 节），它的作用是将非偏振光变成线性偏振光，因为它只让与自己偏振化方向相同的非偏振光分量通过，法拉第介质可由掺杂的光纤或者具有大的维德常数的材料构成。

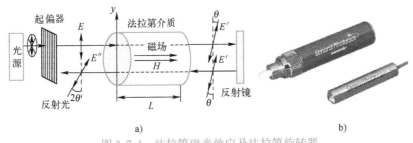

图 3.7.1 法拉第磁光效应及法拉第旋转器

a）法拉第磁光效应 b）法拉第旋转器

已有中心波长 1310 nm 和 1550 nm 的法拉第旋转器，波长范围-50～50 nm，插入损耗 0.3 dB，法拉第旋转角度 90°，最大承受功率>300 mW，它能使光纤上任意一点出射光的偏振态与入射光的偏振态正交。图 3.7.1b 为实用法拉第旋转器产品。

3.7.2 磁光块状光隔离器

光通信用的隔离器几乎都用法拉第磁光效应原理制成。图 3.7.2 表示法拉第旋转隔离器的原理，图 3.7.3 表示厚膜 Gd：YIG 构成的光隔离器的机械结构。起偏器 P 使与起偏器偏振方向相同的非偏振入射光分量通过，所以非偏振光通过起偏器后就变成线性偏振光，调整加在法拉第介质的磁场强度，使偏振面旋转 45°，然后通过偏振方向与起偏器成 45°角的检偏器 A。光路反射回来的非偏振光通过检偏器又变成线偏振光，该线偏振光的偏振方向与入射光第一次通过法拉第旋转器的相同，即偏振方向与起偏器输出偏振光的偏振方向相差 45°。由此可见，这里的检偏器也是扮演着起偏器的作用。反射光经检偏器返回时，通过法拉第介质后，偏振方向又一次旋转了 45°，变成了 90°，正好和起偏器的偏振方向正交，因此不能够通过起偏器，也就不会影响到入射光。光隔离器的作用就是把入射光和反射光相互隔离开来。

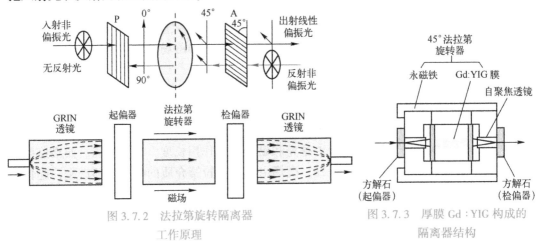

图 3.7.2 法拉第旋转隔离器
工作原理

图 3.7.3 厚膜 Gd：YIG 构成的
隔离器结构

【例 3.7.1】 光隔离器磁场强度计算

石英光纤制成的法拉第旋转隔离器，假如光纤长 100 m，要求磁场强度是多少？假如光纤长 1 m，要求磁场强度又是多少？

解： 旋转角必须是 45°，由式（3.7.1）可知，对于石英光纤，$\rho = 4.68 \times 10^{-6}$ rad/A。

当 $L = 100$ m 时

$$H = \frac{\theta}{\rho L} = \frac{\pi/4}{4.68 \times 10^{-6}(10^2)} = 1.678 \times 10^3 \text{ A/m}$$

当 $L = 1$ m 时，

$$H = \frac{\theta}{\rho L} = \frac{\pi/4}{4.68 \times 10^{-6}(1)} = 1.678 \times 10^5 \text{ A/m}$$

【例 3.7.2】 光隔离器

若要旋转光偏振面 45° 角，分别计算由石英光纤和 BIG（Bi-substituted Iron Garnet）晶体制成的法拉第旋转器的长度，石英光纤的 $\rho = 0.0128$ 分/（Oe·cm），BIG 晶体的 $\rho = 9°$/（Oe·cm），假如施加的磁场都是 1000 Oe。

解： 利用 $1 \text{ Oe} = 10^3/4\pi$（A/m）将 Oe 转换成安培每米（A/m），并将角度分转变为度（60 分等于 1 度），或将度转变为分。利用式（3.7.1）可以得到石英光纤的长度为

$$L_{\text{fib}} = \theta/(\rho H) = 210.9 \text{ cm}$$

用这么长的光纤制作一个微型隔离器，显然是不能接受的。但是用掺杂光纤可以将其缩短到可以接受的值，所以已有光纤隔离器研究成功。

用 BIG 晶体制成的隔离器，其长度仅为

$$L_{\text{cry}} = \theta/(\rho H) = 0.05 \text{ mm}$$

可以用它制成实际使用的微型隔离器。

3.7.3　磁光波导光隔离器

光纤通信发展的趋势是将光源、光放大器、光调制器和探测器等光器件集成在一起，而光隔离器在这个集成器件中是必不可少的。虽然块状自由空间光隔离器尺寸小，隔离度大（>50 dB），插入损耗也小（<0.1 dB），但是这种基于法拉第旋转器和线性偏振片的隔离器不和基于 InP 的半导体 LD 兼容，所以不能集成在一起，所以科学家们正在开发基于平面集成光路（PIC）的磁光波导器件。

集成光隔离器基本工作原理是基于 YIG 磁光薄膜的磁光法拉第效应。按 YIG 磁光薄膜磁化方向的不同，光隔离器可分为纵向型和横向型两类。纵向型是外加磁场方向平行于光的传输方向，而横向型是外加磁场方向垂直于光的传输方向。根据目前已报道的磁光波导隔离器，按其工作原理的不同，也可分为模式（TE/TM）转换型、非互易损耗半导体光放大器（Semiconductor Optical Amplifier，SOA）型和非互易相移马赫-曾德尔干涉

型三类。有关它们的进一步介绍见文献［4］的3.7节。

基于PIC的磁光波导器件具有非互易的特点，成本低、体积小、稳定性好，能与其他器件在同一个基板上集成，适合大批量生产。随着研究的深入和工艺的改进，它的隔离度会提高，插入损耗也会降低，相信不久的将来一定会从实验室进入市场。

3.7.4　光环行器

光环行器除了有多个端口外，其工作原理与光隔离器类似，也是一种单向传输器件，主要用于单纤双向传输系统和光分插复用器中。光环形器用于单纤双向传输系统的工作原理如图3.7.4所示，端口1输入的光信号只有在端口2输出，端口2输入的光信号只有在端口3输出。在所谓"理想"的环行器中，在端口3输入的信号只会在端口1输出。但是在许多应用中，这最后一种状态是不必要的。因此，大多数商用环行器都设计成"非理想"状态，即吸收从端口3输入的任何信号，方向性一般大于50 dB。用多个光隔离器就可以构成一个只允许单一方向传输的光环形器。

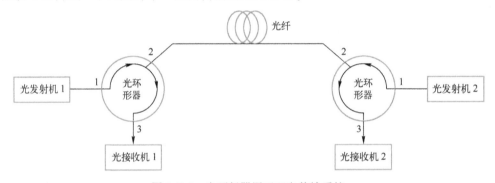

图3.7.4　光环行器用于双向传输系统

3.8　阵列波导光栅（AWG）工作原理及器件

知识扩展
光环形器

以阵列波导光栅（Arrayed Waveguide Grating，AWG）为基础的平面波导集成电路（Planer Lightwave Circuit，PLC）在光纤通信器件中占有重要的地位。以InP为基础的AWG的显著特点是，尺寸小、成本低、设计灵活和易于和光纤耦合，具有平坦的频率响应，小于3 dB的插入损耗，优于-35 dB串扰电平以及易于和光电探测器、激光器、光调制器和半导体光放大器（Semiconductor Optical Amplifier，SOA）集成，从而使光纤通信器件的体积进一步减小，可靠性进一步提高。

AWG属于相位阵列光栅的范畴，其缺点是与偏振和温度有关，它是一种温度敏感器件，为了减小热漂移，可以使用热电制冷器。

由 AWG 构成的 PLC 器件有调谐滤波器、波分复用/解复用器、多信道光发送机和接收机、光分插复用器（Optical Add/Drop Multiplexer，OADM）等，本节将介绍 AWG 的工作原理、AWG 复用/解复用器和 AWG 光分插复用器。

3.8.1　AWG 星形耦合器

AWG 星形耦合器（Star Coupler）是一种集成光学结构器件，它是在对称扇形结构的输入和输出波导阵列之间插入一块聚焦平板波导区，即在 Si 或 InP 平面波导衬底上制成的自由空间耦合区，它的作用是把连接到任一输入波导的单模光纤的输入光功率辐射进入该区，均匀地分配到每个输出端，让输出波导阵列有效地接收，如图 3.8.1 所示。

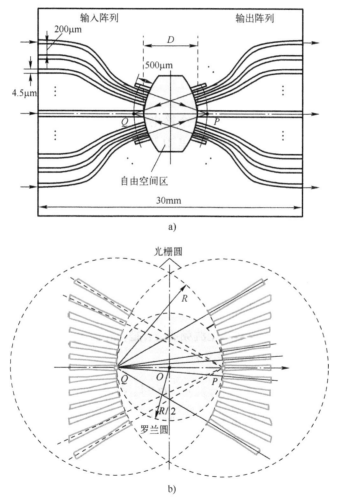

图 3.8.1　采用硅平面波导技术制成的多端星形耦合器

a）相位中心星形耦合器外形原理图　b）光栅圆、罗兰圆中心耦合区示意图

　　自由空间区的设计有两种方法，一种如图 3.8.1a 所示，输入阵列波导法线方向直接指向输出阵列波导的相位中心 P 点，而输出波导法线方向直接指向输入波导的相位中心 Q 点，其目的是为了确保当发射阵列的边缘波导有出射光时，接收阵列的边缘波导能够接收到相同的功率。

　　自由空间区的另一种设计方法如图 3.8.1b 所示，自由空间区两边的输入/输出波导的位置满足罗兰圆（Rowland Circle）和光栅圆规则，即输入/输出波导的端口以等间距排列在半径为 R 的光栅圆周上，并对称地分布在聚焦平板波导的两侧，输入波导端面法线方向指向右侧光栅圆的圆心 P 点；输出波导端面的法线方向指向左侧光栅圆的圆心 Q 点。两个光栅圆周的圆心 Q 和 P 在中心输入/输出波导的端部，并使中心输入和输出波导位于光栅圆与罗兰圆的切点处。

　　这种结构的星形耦合器容易制造，适合构成大规模的 $N×N$ 星形耦合器（输入输出均有 N 个端口）。

3.8.2　AWG 工作原理

　　平板 AWG 器件由 N 个输入波导、N 个输出波导、两个 $N×M$ 平板波导星形耦合器以及一个有 M 个波导的平板 AWG 组成，这里 M 可以等于 N，也可以不等于 N。$N×M$ 平板波导星形耦合器中心耦合区如图 3.8.1 所示。

　　这种光栅相邻波导间具有恒定的路径长度差 ΔL，如图 3.8.2a 所示。

　　AWG 光栅工作原理是基于多个单色光经过不同的光程传输后的干涉理论。输入光从第一个星形耦合器输入，该耦合器把光功率几乎平均地分配到波导阵列输入端中的每一个波导。由式（1.3.3b）可知，M 阵列波导长度 L 用光在该波导中传输的半波长 $\lambda/2n$ 的整数倍 m（阶数）表示[32]，即

$$L = m\frac{\lambda}{2n} = m\frac{c}{2fn}, \qquad m=1,2,3,\cdots \qquad (3.8.1)$$

式中，n 是波导的折射率，$f=c/\lambda$ 是光波频率，c 是自由空间光速。由此可以得到用波导长度 L 表示的沿该波导传输的光的频率为

$$f = m\frac{c}{2nL}, \qquad m=1,2,3,\cdots \qquad (3.8.2)$$

　　由于阵列波导中的波导长度互不相等，所以相邻波导光程差引起的相位延迟也不等，由式（1.2.8）可知，其相邻波导间的相位差为

$$\Delta\phi = k\Delta L = \frac{2\pi n}{\lambda}\Delta L \qquad (3.8.3a)$$

式中，k 是传播常数，$k=2\pi n/\lambda$，ΔL 是相邻波导间的光程差，通常为几十微米。发生相长干涉时，$\Delta\phi = m(2\pi)$，由式（3.8.3a）可以得到

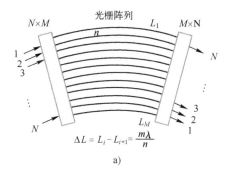

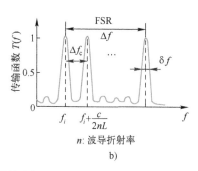

图 3.8.2 阵列波导光栅

a）AWG 构成原理图 b）表示 AWG 频谱特性传输函数

$$\lambda = \frac{n\Delta L}{m} \tag{3.8.3b}$$

从式（3.8.3b）可知，输出端口不同，光程差也不同，输出光的波长也不同，所以 AWG 可以从波分复用信号中分解出每个波长的信号。

图 3.8.2b 表示 AWG 频谱特性传输函数。由式（3.8.2）可知，当光频增加 $c/2nL$ 时，相位增加 2π，传输特性以自由光谱范围（FSR，见 3.3.1 节）为周期重复

$$\text{FSR} = (M-1)\frac{c}{2nL} \tag{3.8.4}$$

如果 FSR = 800 GHz（6.5 nm），可用于信道间距为 100 GHz（0.81 nm）的 8 个信道的 WDM 解复用（100 GHz×8 = 800 GHz）。

传输峰值就发生在以式（3.8.2）表示的频率处。当 λ = 1500 nm 时，对应的 $f = c/\lambda$ = 200 THz，当 $\Delta\lambda$ = 17~35 nm 时，由附录 F 可以求得由 AWG 传输特性决定的 Δf = FSR 约为 2~4 THz，这正好是光放大器的增益带宽，或是 LD 的调谐范围，于是阶数 $m = f/\text{FSR}$ = 200/（2~4）= 100~50，可用 M-Z 干涉器或 m 阶的光栅实现。在 FSR 内相邻信道峰值间的最小分辨率 δf 为

$$\delta f = \frac{\text{FSR}}{M} = \frac{f}{mM} \tag{3.8.5}$$

式中，M 是阵列波导的波导数，假如 $M > N$，信道间距为

$$\Delta f_c = \frac{\text{FSR}}{N} = \frac{M}{N}\delta f \tag{3.8.6}$$

例如，AWG 波导有效折射率指数 n = 3.3，相邻波导长度差 ΔL = 61.5 μm，λ = 1560 nm，由式（3.8.3b）可以求出对应的光栅阶数 $m = n\Delta L/\lambda$ = 130，由此给出的 FSR = 1560/130 = 12 nm，即 $\Delta\lambda$ = 12 nm，由附录 F 可以求出对应的 Δf = 1.5 THz。如果信道间距为 100 GHz，则允许 15 个这种间距的信道复用/解复用，如图 3.8.3a 所示。该图表示当

16 个 WDM 信号从第 8 个输入口输入时，16×16AWG 的 TM 波输出频谱，因为信道 1 和信道 16 具有相同的频谱特性，所以这个器件充当的是一个 15×15 波分复用器/解复用器。图 3.8.3b 为相邻的第 5 和第 6 输出口的频谱。

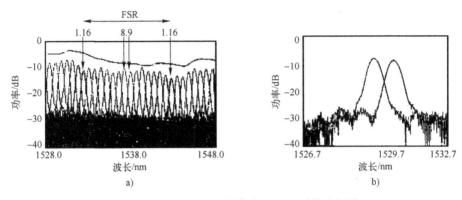

图 3.8.3　16×16 AWG 的横磁（TM）波输出频谱

a) AWG 的 FSR 为 1500 GHz 时允许 15 个间隔 100 GHz 的信道通过　b) AWG 第 5 和第 6 输出口的频谱

　　一般来说，在设计阵列波导光栅时，要折中考虑几个因素，首先要使波导光栅 AWG 的带宽 δf 尽可能窄，以便只锁定 WDM 信道中的一个光波长。另外，自由光谱范围（FSR）或 AWG 周期应该足够大，以便覆盖 WDM 信道的总带宽（即 EDFA 或 SOA 光放大器的增益带宽）。比如，用 C 波段中的 WDM 信道等间距填充 FSR（信道循环打包），FSR 覆盖的频宽也就是 AWG 的周期，全部 WDM 信号等间距排列占据了整个 FSR 的频宽，当下一个 FSR 周期开始时，全部 WDM 信道又一次来填充 FSR 的频宽，这就是所谓的信道循环打包。

3.8.3　AWG 光复用/解复用器

　　平板 AWG 复用/解复用器（AWG Multiplexers/Demultiplexers）由 N 个输入波导、N 个输出波导、两个具有相同结构的 $N \times N$ 平板波导星形耦合器以及一个平板 AWG 组成，如图 3.8.4a 所示。这种光栅中的矩形波导尺寸约为 6 μm×6 μm，相邻波导间具有恒定的路径长度差 ΔL，由式（3.8.3a）可知，其相邻波导间的相位差为

$$\Delta\phi = \frac{2\pi n_{\mathrm{eff}}\Delta L}{\lambda} \tag{3.8.7}$$

式中，λ 是信号波长，ΔL 是光程长度差，通常为几十微米，n_{eff} 为信道波导的有效折射率，它与包层的折射率差相对较大，使波导有大的数值孔径，以便提高与光纤的耦合效率。

　　输入光从第一个星形耦合器输入，在输入平板波导区（即自由空间耦合区）模式场发散，把光功率几乎平均地分配到阵列波导输入端中的每一个波导，由 AWG 的输入孔阑

捕捉。由于阵列波导中的波导长度不等，由式（3.8.7）可知，不同波长的输入信号产生的相位延迟也不等。随后，光场在输出平板波导区衍射汇聚，不同波长的信号聚焦在像平面的不同位置，通过合理设计输出波导端口的位置，实现信号的输出。此处设计采用对称结构，根据互易性，同样也能实现合波的功能。

AWG 光栅工作原理是基于马赫-曾德尔干涉仪的原理，即两个相干单色光经过不同的光程传输后的干涉理论，所以输出端口与波长有一一对应的关系，也就是说，由不同波长组成的入射光束经 AWG 传输后，依波长的不同就出现在不同的波导出口上，如图 3.8.4b 所示。

AWG 星形耦合器的结构可以是图 3.8.1a 表示的相位中心星形耦合器，也可以是图 3.8.1b 表示的光栅圆中心耦合区，图 3.8.4a 是图 3.8.1b 的结构。在图 3.8.4a 中，自由空间区两边的输入/输出波导的位置和弯曲阵列波导的位置满足罗兰圆（Rowland）和光栅圆规则，即输出波导的端口以等间距设置在半径为 R 的光栅圆周上，而输入波导的端口等间距设置在半径为 $R/2$ 的罗兰圆的圆周上。光栅圆周的圆心在中心输入/输出波导的端部，并使阵列波导的中心位于光栅圆与罗兰圆的切点处。

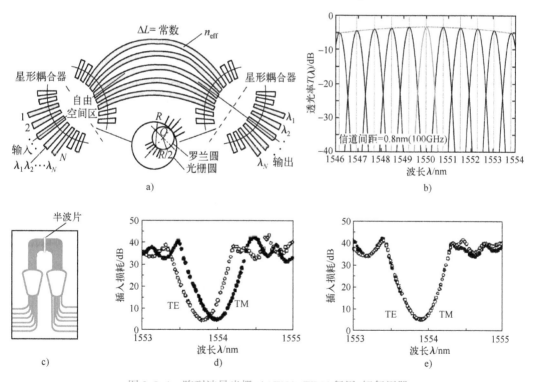

图 3.8.4 阵列波导光栅（AWG）WDM 复用/解复用器

a）阵列波导光栅（AWG）解复用器原理图　b）AWG 复用/解复用频谱响应　c）插入半波片
d）二分之一波片插入前　e）插入半波片使 AWG 对偏振不敏感

AWG 的显著优点是，它具有平坦的频率响应、小于 3 dB 的插入损耗、优于 –35 dB 串扰电平以及易于和光探测器集成。人们不但已制出了各种各样的平板波导光栅波分复用/解复用器件，而且有人已把光探测器或激光器阵列也与它集成在一起，从而使体积进一步减小，可靠性进一步提高。

AWG 属于相位阵列光栅的范畴，其缺点是与偏振和温度有关。在波导臂中间插入一个聚合物半波片进行偏振转换，如图 3.8.4c 所示，可以使它变为一个对偏振不敏感器件，如图 3.8.4d 和图 3.8.4e 所示。AWG 是一种温度敏感器件，为了减小热漂移，在制造时，混合使用硅和聚合物波导；在使用时，采用热电制冷器。尽管如此，工作在 0℃ ~ 85℃ 的器件已有报道。信道间距为 250 GHz 的 128 信道（波长）的 SiO_2 阵列波导光栅和信道间距为 50 GHz 的 64 波长 InP 阵列波导光栅已经制造出来，该器件除用于波分复用和解复用器外，也可以用于光分插复用器和调谐光滤波器。

表 3.8.1 给出几种常用波分复用器件的性能比较。

表 3.8.1　几种常用波分复用器性能比较

器件类型	工作机理	特点	通道间隔/nm	通道数	串扰/dB	插入损耗/dB	主要缺点
棱镜	角色散	结构简单	20	>3	≤ –30	5	自由度小
衍射光栅	干涉	结构简单	0.5 ~ 10	4 ~ 131	≤ –30	3 ~ 6	温度敏感
介质薄膜	干涉	插入损耗低	1 ~ 100	2 ~ 6	≤ –25	1.5 ~ 3	路数少、不能调
熔锥拉伸	场互耦	分光比可变	10 ~ 100	2（单模）	≤ –45 ~ 10	0.2 ~ 0.5	通常只做 2×2
AWG	干涉	易集成、可重复	0.4, 0.8, 5	4, 8, 16, 64, 128	≤ –35	3	温度敏感

3.8.4　AWG 光分插复用器

1. 光分插复用器一般概念

在 WDM 网络中，需要光分插复用器，在保持其他信道传输不变的情况下，将某些信道取出而将另外一些信道插入。可以认为，这样的器件是一个波分复用/解复用对，如图 3.8.5 所示。图 3.8.5a 为固定波长光分插复用器，图 3.8.5b 为可编程光分插复用器，通过对光纤光栅调谐取出所需要的波长，而让其他波长信道通过，所以这样的分插复用器称为分插滤波器。使用级联的 MZ 等滤波器构成的方向耦合器也可以组成多口的分插滤波器。

2. AWG 光分插复用器

利用 1×N 解复用器和 N×1 复用器，可以构成常规的 OADM，如图 3.8.5a 所示。利用 AWG N×N 解复用器/复用器却可以构成星形 N×N 波长分插复用（ADM）互连系统，如图 3.8.6a 所示。利用这种系统可以构成波长地址环网或总线网络。图 3.8.6a 所示的 ADM 基本上是一个 N×N AWG 复用器（见 3.8.3 节），所不同的是，返回光通道连接与它对应

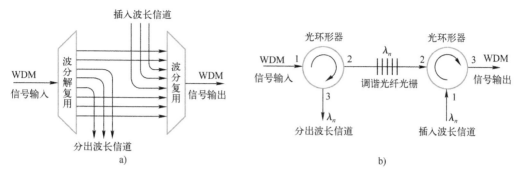

图 3.8.5　光分插复用器

a）固定波长光分插复用器　b）可编程光分插复用器

的每个输出口。只有一个输入口和与它对应的输出口作为共用的输入和输出口，如图 3.8.6a 所示的第 9 端口。第 9 端口输入 WDM 信号，被 AWG 解复用，然后 $N-1$ 个输出信号被返回到对应的输入口。这些环回的信号自动地再一次复用，并送到共用的输出口。利用环回通道被断开的端口（如图 3.8.6a 所示的第 13 端口）分出和插入需要的 λ_i（此处 $i=13$）。由此可见，有 $N-1$ 个波长信道可以用于分出和插入。

　　为了保持极化器件 AWG 复用器工作的极化灵敏性，在 AWG 中间插入一个聚合物半波片。使用 0.8 nm（100 GHz）波长间距的 16×16 端口的 AWG 复用器进行波长分插试验，图 3.8.6b 表示所有端口都环回在一起时输出端口 9b 的频谱响应。图 3.8.6c 表示 13a-13b 没有连接起来时，输出端口 9b 的频谱响应，由图可见，λ_{13} 信道信号没有出现。图 3.8.6d 表示 13a-13b 没有连接起来时，13b 端口的频谱响应，即分出 λ_{13} 的频谱响应。此时若需要，可以把新的业务调制到 λ_{13} 波长上，继续送回 AWG 复用器的输入口，即完成分插复用的功能。该器件分插光信号时，光纤-光纤的插入损耗为 4~6 dB。

　　下面介绍使用 3 个 AWG 和 16 个热光开关（TOS）构成的 16 信道 OADM，如图 3.8.7 所示。这些 AWG 在 1.55 μm 光谱区具有相同的光栅参数，信道间距为 100 GHz（0.8 nm），自由光谱范围（FSR）为 3300 GHz（26.4 nm）。波长间距相等的 WDM 信号 λ_1，λ_2，…，λ_{16} 耦合进入主输入口，被 AWG$_1$ 解复用。被 AWG$_1$ 解复用的信号引入 TOS 的左臂，其右臂连接到光插入口。从 3.6.3 节可知，热光开关不加热时，器件处于交叉连接状态，解复用信号通过交叉臂进入 AWG$_2$，又一次被复用。相反，TOS 通电加热后，就切换到平行连接状态，解复用信号通过平行（直通）臂进入 AWG$_3$。因此，任何所需的波长信号通过控制 TOS 的交叉或平行状态，就可以从主输入口提取出来，改送到分出口而不是主输出口。同理，也可以把插入的 λ_i 光信号送到对应的 λ_i 主输出口或 λ_i 分出口。主输入口到主输出口的插入损耗是 24 dB，主输入口到分出口的插入损耗是 13 dB。当信号耦合到主输入口时，光纤到光纤的插入损耗是 7~8 dB，当信号耦合到插入口时，插入损耗是 3~4 dB。

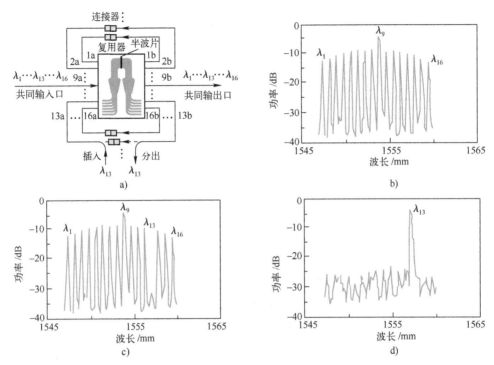

图 3.8.6 用 AWG 构成的 N×N 星形波长分插复用（ADM）互连系统[33,34]

a）分插复用器构成原理图 b）所有端口都环回在一起时输出端口 9b 的频谱响应

c）13a-13b 断开时输出端口 9b 的频谱响应 d）13a-13b 断开时 13b 端口的频谱响应

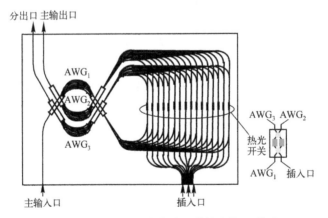

图 3.8.7 三个 AWG 和 16 个热光开关构成的 16 信道 OADM

3.9　光双折射器件

在 1.3.4 节中，已介绍了光的双折射（Birefringence）原理，本节将介绍利用该原理制成的双折射器件。

3.9.1　相位延迟片和相位补偿器

为了解释相位延迟片的工作原理，让线性偏振光入射到正单轴石英晶片上，看会发生什么现象。使该晶片的光轴沿 z 方向，并平行于薄片的两个解理面，如图 1.3.22b 和图 3.9.1所示，即入射光与光轴垂直，不发生双折射，但有速度差。因石英晶体的 $n_e = 1.553$，$n_o = 1.544$，所以 $n_e > n_o$。

在图 3.9.1 中，以法线方向入射到晶体解理面上的线性偏振光的电场 E（与 z 方向成 α 角）可以分解成平行于光轴的 $E_{//}$ 光和垂直于光轴的 $E_{\perp}$ 光。作为非寻常光的 $E_{//}$ 光，以速度 c/n_e 沿 z 轴传输并通过晶体；作为寻常光的 $E_{\perp}$ 光，以速度 c/n_o 沿 x 轴传输并通过晶体。因为 $n_e > n_o$，所以在晶体中 $E_{\perp}$ 偏振光要比 $E_{//}$ 偏振光传输得快些。所以，称与光轴平行的 z 轴是慢轴，与光轴垂直的 x 轴是快轴。假如 L 是晶体片的厚度，寻常光 $E_{\perp}$ 通过晶体经历的相位变化是 $k_o L$，$k_o = (2\pi/\lambda) n_o$ 是寻常光传播常数；而非寻常光 $E_{//}$ 经历的相位变化是 $(2\pi/\lambda) n_e L$，于是线性偏振入射光 E 分解成的两个相互正交的 $E_{//}$ 和 $E_{\perp}$ 分量通过相位延迟片出射时，产生与式（1.2.8）类似的相位差

$$\Delta\phi = \frac{2\pi}{\lambda}(n_e - n_o)L \tag{3.9.1}$$

$\Delta\phi$ 的大小与入射角 α、延迟片厚度 L 和晶体类型（$n_e - n_o$）有关。虽然寻常光和非寻常光在同一 y 方向传输，但却有不同的速度，尽管从同一方向出去，但是离开出射解理面的时间却不同，如图 1.3.22b 和图 3.9.1 所示。这种现象被用来制作相位延迟和补偿器件。用波长表示相位差的晶体称为延迟片。比如相位差为 π 的延迟片称为半波长延迟片，相位差为 $\pi/2$ 的延迟片称为四分之一波片。

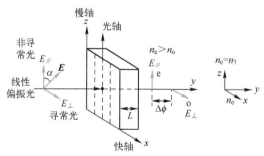

图 3.9.1　线性偏振入射光 E 分解成的两个相互正交的 $E_{//}$ 和 $E_{\perp}$ 分量通过相位延迟片产生相位差 $\Delta\phi$

相位差 $\Delta\phi$ 不同，通过晶体的光波偏振态就不同。例如，四分之一波片能使寻常光线与非寻常光线的相位差变化 $\lambda/4$。当线偏振光通过 $\lambda/4$ 波片时，如偏振方向与波片光轴的方向的夹角 α 为 $\frac{\pi}{4}$ 角时，入射时两分量数值（光强度）和相位都相同，但通过晶片后，数值虽相同，但分量 $E_{/\!/}$ 与 $E_\perp$ 相比延迟了 $\frac{\pi}{2}$，成为圆偏振光，如图 3.9.2c 所示。反之，若入射光是圆偏振光，则出射光就变成线偏振光。

当线偏振光以 $0<\alpha<\frac{\pi}{4}$ 的入射角通过 $\lambda/4$ 波片后，输出光就变成椭圆偏振光，如图 3.9.2b所示。

半波延迟片的厚度 L 使线偏振光两个正交分量 $E_{/\!/}$ 和 $E_\perp$ 的相位差 $\Delta\phi=\pi$，对应波长一半（$\lambda/2$）的延迟，其结果是分量 $E_{/\!/}$ 与 $E_\perp$ 相比延迟了 π。此时，如果输入 E 与光轴的夹角是 α，那么输出 E 与光轴的夹角就是 $-\alpha$，输出光与输入光一样仍然是线偏振光，只是 E 逆时针旋转了 2α，如图 3.9.2a 所示。

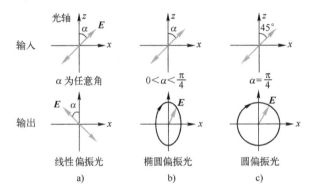

图 3.9.2　以不同的入射角入射的线偏振光通过不同的相位延迟片后出现不同的偏振态[5]

a）通过半波长片（$\Delta\phi=\pi$）　b）通过 $\lambda/4$ 波片 $\left(\Delta\phi=\pi/2, 0<\alpha<\frac{\pi}{4}\right)$　c）通过 $\lambda/4$ 波片，但 $\alpha=\frac{\pi}{4}$

3.9.2　起偏器和检偏器

起偏器（Polarizer）和检偏器（Analyzer）是利用双折射现象制成的一种光学元件。当非偏振光入射到起偏器上时，就分成寻常光和非寻常光，同时起偏器又吸收寻常光而让非寻常光通过，输出平面线偏振光，如图 3.9.3b 所示。

在图 3.9.3a 中，起偏器位于书面的平面上，而传播方向 z 则垂直指向书面。与传播方向垂直的起偏器上的任意电场 E 可以分解为两个矢量 E_x 和 E_y，其大小分别为 $E_x = E \sin\theta$ 和 $E_y = E \cos\theta$。只有与偏振片偏振化方向平行的 E_y 才能通过偏振片，而与偏振片偏

振化方向垂直的 E_x 却在偏振片内被吸收。

将第 2 个偏振片 P_2 放在起偏器之后,如图 3.9.3b 所示,这种装置称为检偏器。如果将 P_2 绕着光的传播方向旋转,就会发现有两个位置光最强,而有两个位置又最弱,强弱间隔为 90°,即两个相隔 180°的位置,透射光的强度几乎为零。这两个位置就是 P_1 和 P_2 的偏振化方向成正交的位置。

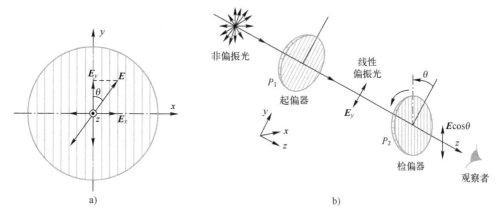

图 3.9.3 起偏器和检偏器的作用

a) 与传播方向 z 垂直的起偏器上的任意电场 E 可以分解为两个矢量 E_x 和 E_y,
只有与偏振化方向平行的 E_y 才能通过偏振片

b) 将 P_2 绕着 z 轴旋转,就会发现有两个位置光最强,而有两个位置又最弱,
透射光的强度几乎为零的两个位置就是 P_1 和 P_2 的偏振化方向成正交的位置

如果透射到 P_2 上的线偏振光的振幅为 E_0,则从检偏器 P_2 射出的光的振幅为 $E_0\cos\theta$,其中 θ 为 P_1 和 P_2 的偏振方向的夹角。由于光强与振幅的平方成正比,所以检偏器 P_2 的输出光强为

$$I = I_0\cos^2\theta \tag{3.9.2}$$

式中,I_0 为透射光强度的极大值。由式 (3.9.2) 可知,当 $\theta = 0$ 或 180°时,透射光强度最大;当 $\theta = 90°$ 或 270°时,透射光强度最小。方程式 (3.9.2) 叫作马吕斯 (Malus) 定律,是马吕斯于 1809 年从实验中发现的。

在线商用起偏器的工作波长有 1550 nm 和 1310 nm 两种,插入损耗 0.3 dB,回波损耗 55 dB,消光比 25~40 dB,最大注入功率>300 mW,有带尾纤和无尾纤两种型号可供选择。检偏器中心波长有 1310 nm、1420 nm、1480 nm、1550 nm 和 1600 nm 多种,光源的相干长度 10 m,输出偏振度<5%,残余消光比<0.5 dB,插入损耗 1 dB。

3.9.3 偏振控制器

在光纤通信中,有些器件是对偏振敏感的,如 LiNbO$_3$ 电光调制器和半导体光放大器,有些系统是偏振相关的，如相干光通信系统。解决偏振匹配问题有两种方法，一种是采用偏振保持光纤，另一种是对输入光进行偏振控制。偏振控制器有波片型、电光晶体型和光纤型，其中光纤型因具有抗干扰能力强、插入损耗小、易于光纤耦合等特点得到广泛的应用。

最简单、最常用的一种光纤偏振控制器如图 3.9.4 所示，它是在一块底板上垂直安装 3~4 个可转动的圆盘，半径比光纤芯径大得多，约为 75 cm，圆盘圆周上有槽，光纤可以绕在盘上，这样外面的光纤被拉伸，里面的光纤被压缩，引起光纤双折射，使输入偏振光 E_x 和 E_y 产生相移，从而起到控制偏振的作用。当转动光纤线圈时，光纤中的快轴和慢轴也发生旋转，因此通过调整线圈的方向，可以获得所需要的任意偏振方向[14]。

图 3.9.5 表示的是另一种偏振控制器，它是把光纤和压电晶体固定在一起，当给晶体施加电压时，晶体的长度伸长压挤光纤，也使光纤发生双折射，从而达到控制偏振状态的目的。压力的大小可通过外加电压精细控制，用 4 个挤压器串行连接可以达到良好的控制效果。

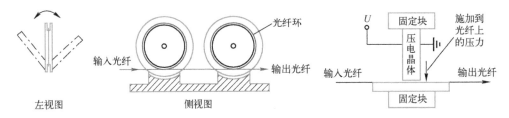

图 3.9.4 转动光纤线圈实现偏振控制   图 3.9.5 挤压光纤实现偏振控制

商用动态偏振控制器/扰偏器都是全光纤结构，在偏振控制模式下，通过数字或模拟信号控制，可以将任意偏振态转换为所需偏振态；在扰偏模式下，输出光为随机偏振态。其指标为：固有损耗 0.05 dB，回波损耗>60 dB，3 dB 带宽>20 kHz，波长 1260~1650 nm，上升/下降时间 30 μs，PMD 0.05 ps，1550 nm 处直流电压 U_{π}<35 V。利用图 3.9.5 制成的手动偏振控制器采用旋拧光纤挤压器实现偏振控制。

复习思考题

3-1 连接器和跳线的作用是什么？接头的作用又是什么？

3-2 耦合器的作用是什么？它有哪几种？

3-3 简述光纤 F-P 干涉滤波器的工作原理。

3-4 简述马赫-曾德尔（Mach-Zehnder）干涉滤波器的工作原理。

3-5 简述衍射光栅/波导光栅/介质薄膜干涉滤波解复用器的工作原理。

3-6 对光的调制有哪两种？简述它们的区别。

3-7 什么是电光效应？

3-8 简述横向线性电光效应相位调制器的工作原理。

3-9 简述马赫-曾德尔幅度调制器的工作原理

3-10 简述电吸收波导调制器的工作原理。

3-11 光开关的作用是什么？主要分为哪两类？

3-12 简述光分插复用器的作用。

3-13 说明阵列波导光栅（AWG）相邻波导间的相位差由哪几个参数决定。

3-14 为什么 AWG 可以从波分复用信号中分解出每个波长的信号？

3-15 起偏器和检偏器用到的是光波在通过各向异性材料时的何种特性？简述起偏器和检偏器在相干通信系统中的作用。

习题

3-1 光隔离器

若要旋转光偏振面 45°，分别计算由石英光纤和 BIG（Bi-substituted Iron Garnet）晶体制成的法拉第旋转器的长度，石英光纤的 $\rho = 0.0128$ 分/Oe-厘米，BIG 晶体的 $\rho = 9°$/Oe-厘米，假如施加的磁场都是 1000 Oe。

3-2 珀克效应相位调制器

在图 3.5.2 表示的横向相位 LiNbO$_3$ 调制器中，晶体的施加电压为 24 V，自由空间工作波长为 1.5 μm，如果要求通过该晶体传输的电场分量 E_x 和 E_y 产生的相位差为 π（半波片），请问 d/L 值是多少？如果 $d = 10$ μm，L 是多少？

3-3 相位差计算

波长为 1550 nm 的激光垂直入射到方解石晶片，晶片厚度为 $d = 0.013$ mm，$n_o = 1.658$，$n_e = 1.609$，计算 e 光和 o 光通过晶片后的相位差。

3-4 AWG 长度差和相位差计算

一个阵列波导光栅包括 M 个石英波导，其相邻波导光程差是 ΔL，在自由空间波长 1550 nm 处相邻波导间的相位差是 π/8。计算其长度差。用 ΔL 值计算自由空间波长分别为 1548 nm、1549 nm、1550 nm、1551 nm 和 1552 nm 时的相位差。

第4章 光发射及光调制

在光纤通信中，将电信号转变为光信号是由光发射机来完成的。光发射机的关键器件是光源。本章介绍发光器件的发光机理、器件种类、结构、特性以及先进的光调制技术。

4.1 概述

光纤通信对光源的要求如下。

1) 电/光转换效率高、驱动功率低、寿命长、可靠性高。

2) 单色性和方向性好，以减少光纤的材料色散，提高光源和光纤的耦合效率。激光器和光纤的耦合通常有4种方法，如图4.1.1所示。

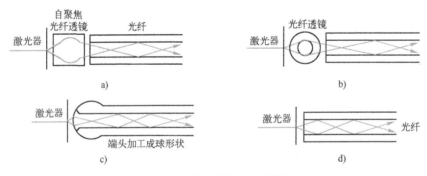

图 4.1.1 激光器与光纤的耦合

a) 自聚焦光纤透镜耦合（3 dB 损耗） b) 横置光纤透镜耦合
c) 光纤末端加工成透镜形状耦合 d) 直接耦合（损耗 7 dB）

3) 光强随驱动电流变化的线性要好，以保证有足够多的模拟调制信道。

光纤通信中最常用的光源是半导体激光器（LD），尤其是单纵模（或单频）半导体激光器，在高速率、大容量的数字光纤系统中得到广泛应用。波长可调谐激光器是多信道 WDM 光纤通信系统的关键器件。而发光二极管（LED）只应用于多模低速短距离系统。

对半导体光源可以进行直接调制，即注入调制电流而实现光波强度调制，如图 4.1.2a所示。响应速度快、输出波形好的调制电路是获得好的光调制波形的前提条件。

图 4.1.2a 是按数字调制设计的，如果采用模拟调制，除编码电路外，其他结构完全相同。信号经复用和编码后，通过调制器对光源进行光强度调制。发送光的一部分反馈到光源的输出功率稳定电路，即光功率控制（AGC）电路。因为输出光功率与温度有关，一般还加有自动温度控制（ATC）电路。

图 4.1.2b 是采用外部调制器的光发射机电路，光源发出的连续光信号送入外调制器，信息信号经复用、编码后通过外调制器对连续光的强度、相位或偏振进行调制。

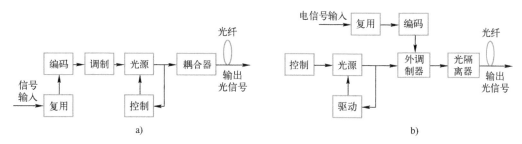

图 4.1.2　光数字发射机原理框图

a）直接调制光发射机　b）外腔调制光发射机

早期大多数情况均采用直接调制方式，但是现在高速率 DWDM 系统和相干检测系统必须采用外调制。

4.2　发光机理

4.2.1　发光机理概述

众所周知，白炽灯是把被加热钨原子的一部分热激励能转变成光能，发出宽度为 1000 nm 以上的白色连续光谱；而发光二极管却是通过电子从高能级跃迁到低能级，发出频谱宽度在几百纳米以下的光。

在构成半导体晶体的原子内部，存在着不同的能带。如果占据高能带（导带）E_c 的电子跃迁到低能带（价带）E_v 上，就将其间的能量差（禁带能量）$E_g = E_c - E_v$ 以光的形式发出，如图 4.2.1 所示。这时发出的光，其波长基本上由能带差 ΔE 所决定。能带差 ΔE 和发出光的振荡频率 ν_0 之间有 $\Delta E = h\nu$ 的关系，h 是普朗克常数，等于 6.625×10^{-34} J·s，发光波长为

$$\lambda = \frac{c}{\nu} = \frac{hc}{\Delta E} = \frac{1.2398}{\Delta E}(\mu m) \tag{4.2.1}$$

式中，c 为光速，ΔE 取决于半导体材料的本征值，单位是电子伏特（eV）。

电子从高能带跃迁到低能带把电能转变成光能的器件叫 LED。在热平衡状态下，大

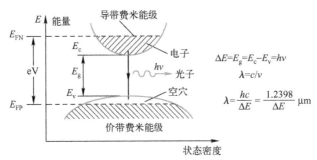

半导体导带中的电子和价带中的空穴通过自发辐射和受激发射可以重新复合并发射光子

图 4.2.1 半导体发光原理

部分电子占据低能带 E_v。如果把电流注入半导体中的 PN 结上,则原子中占据低能带 E_v 的电子被激励到高能带 E_c 后,当电子跃迁到 E_v 上时,PN 结将自发辐射出一个光子,其能量为 $h\nu = E_c - E_v$,如图 4.2.1 所示。

对于大量处于高能带的电子来说,当返回 E_v 能级时,它们各自独立地分别发射一个一个的光子。因此,这些光波可以有不同的相位和不同的偏振方向,它们可以向各自方向传播。同时,高能带上的电子可能处于不同的能级,它们自发辐射到低能带的不同能级上,因而使发射光子的能量有一定的差别,所以这些光波的波长并不完全一样。因此自发辐射的光是一种非相干光,如图 4.2.2a 所示。

反之,如果把能量大于 $h\nu$ 的光照射到占据低能带 E_v 的电子上,则该电子吸收该能量后被激励而跃迁到较高的能带 E_c 上。在半导体结上外加电场后,可以在外电路上取出处于高能带 E_c 上的电子,使光能转变为电流,如图 4.2.2c 所示,这就是将在第 5 章中叙述的光接收器件。

发光过程,除自发辐射外,还有受能量等于能级差 $\Delta E = E_c - E_v = h\nu$ 的光所激发而发出与之同频率、同相位的光,即受激发射,如图 4.2.2b 所示。

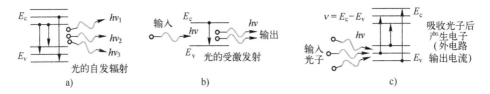

图 4.2.2 光的自发辐射、受激发射和吸收

a) 发光二极管——光的自发辐射 b) 激光器——光的受激发射 c) 光探测器——光的吸收

受激发射生成的光子与原入射光子一模一样,是指它们的频率、相位、偏振方向及传播方向都相同,它和入射光子是相干的。受激发射发生的概率,与入射光的强度成正比。除受激发射外,还存在受激吸收。所谓受激吸收,是指当晶体中有光场存在时,处

在低能带某能级上的电子在入射光场的作用下，可能吸收一个光子而跃迁到高能带某能级上。在这个过程中能量保持守恒，即 $h\nu = E_c - E_v$。

1. 形成激光的首要条件——粒子数反转

受激吸收的概率与受激发射的概率相同，当有入射光场存在时，受激吸收过程与受激发射过程同时发生，哪个过程是主要的，取决于电子密度在两个能带上的分布，若高能带上电子密度高于低能带上的电子密度，则受激发射是主要的，反之受激吸收是主要的。

激光器工作在正向偏置下，当注入正向电流时，高能带中的电子密度增加，这些电子自发地由高能带跃迁到低能带发出光子，形成激光器中初始的光场。在这些光场作用下，受激发射和受激吸收过程同时发生，受激发射和受激吸收发生的概率相同。用 N_c 和 N_v 分别表示高、低能带上的电子密度。当 $N_c < N_v$ 时，受激吸收过程大于受激发射，增益系数 $g<0$，只能出现普通的荧光，光子被吸收的多，发射的少，光场减弱。若注入电流增加到一定值后，使 $N_c > N_v$，且导带能量与价带能量之差大于静带能量（$E_c - E_v > E_g$），增益系数 $g>0$，受激发射占主导地位，光场迅速增强，此时的 PN 结区成为对光场有放大作用的区域（称为有源区），从而形成受激发射，如图 4.2.3b 和图 4.2.3c 所示。为了比较，图 4.2.3a 给出没有偏置时的能带图。

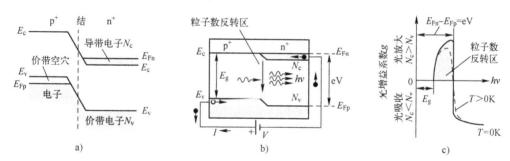

图 4.2.3　半导体激光器的工作原理

a）没有偏置时的能带图　b）正向偏置足够人时的能带图，引起粒子子数反转，此时发生受激发射
c）$g>0$ 受激发射占主导地位，光场迅速增强，形成受激发射

半导体材料在通常状态下，总是 $N_c < N_v$，因此称 $N_c > N_v$ 的状态为粒子数反转。使有源区产生足够多的粒子数反转，这是使半导体激光器产生激光的首要条件。

2. 形成激光的第 2 个条件——光学谐振腔

半导体激光器产生激光的第 2 个条件是半导体激光器中必须存在光学谐振腔（Optical Resonator），并在谐振腔里建立起稳定的振荡。有源区里实现了粒子数反转后，受激发射占据了主导地位，但是，激光器初始的光场来源于导带到价带的自发辐射，频谱较宽，方向也杂乱无章。为了得到单色性和方向性好的激光输出，必须构成光学谐振腔。在

1.3.2 节中，已讨论了法布里-珀罗（Fabry-Perot）谐振腔的构成和工作原理。在半导体激光器中，用晶体的天然解理面（Cleaved Facets）构成法布里-珀罗谐振腔，如图 4.2.4 所示。要使光在谐振腔里建立起稳定的振荡，必须满足一定的相位条件和阈值条件，相位条件使谐振腔内的前向和后向光波发生相干，阈值条件使腔内获得的光增益正好与腔内损耗相抵消。谐振腔里存在着损耗，如镜面的反射损耗、工作物质的吸收和散射损耗等。只有谐振腔里的光增益和损耗值保持相等，并且谐振腔内的前向光波和经解理面反射后的光波发生相干时（见图 1.3.7a），才能在谐振腔的两个端面输出谱线很窄的相干光束。前端面发射的光约有 50% 耦合进入光纤，如图 4.2.4a 所示。后端面发射的光，由封装在内的光检测器接收变为光生电流，经过反馈控制回路，使激光器输出功率保持恒定。图 4.2.5 表示半导体激光器频谱特性的形成过程，它是由谐振腔内的增益谱和允许产生的腔模谱共同作用形成的，图 4.2.5c中，a）+b）= c）是指图 a）曲线加上图 b）曲线就等于图 c）的曲线。

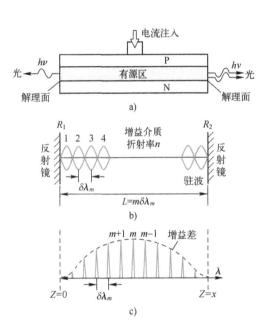

图 4.2.4　半导体激光器结构及其腔内模式特性
a）半导体激光器相当于一个法布里-珀罗谐振腔
b）腔内纵模驻波　c）腔内纵模共振光谱

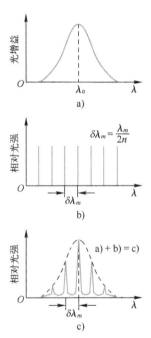

图 4.2.5　激光器频谱特性的形成过程
a）腔内增益谱　b）腔内允许产生的腔模谱
c）半导体激光器的输出光谱

4.2.2　激光器起振的阈值条件

下面讨论激光器起振的阈值条件，为此先来研究平面波幅度在谐振腔内传输一个来回的变化情况（见图 4.2.6）。设平面波的幅度为 E_0，频率为 ω，在图 4.2.6 中，设单位长度增益介质的平均损耗为 $\alpha_{int}(cm^{-1})$，两块反射镜的反射系数为 R_1 和 R_2，光从 $x=0$ 处出发，在 $x=L$ 处被反射回 $x=0$ 处，这时光强衰减了 $R_1R_2\exp[-\alpha_{int}(2L)]$。另外，在单位长度上因光受激发射放大得到了增益 g，光往返一次其光强放大了 $\exp[g(2L)]$ 倍，维持振荡时光波在腔内来回一次的光功率应保持不变，即 $P_f=P_i$，这里 P_i 和 P_f 分别是起始功率和循环一周后的反馈功率。也就是说，衰减倍数与放大倍数应相等，于是可得到

$$R_1R_2\exp(-2\alpha_{int}L)\cdot\exp(2gL)=1 \tag{4.2.2}$$

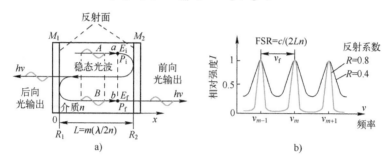

图 4.2.6 激光器是一个法布里-珀罗（F-P）光学谐振腔
a）法布里-珀罗（F-P）光学谐振腔 b）F-P 光学谐振腔的腔模频率特性

由此可求得使 $P_f/P_i=1$ 的增益，即阈值增益 g_{th}，该增益应该等于腔体的总损耗，即

$$g_{th}=\alpha_{cav}=\alpha_{int}+\alpha_{mir}=\alpha_{int}+\frac{1}{2L}\ln\left(\frac{1}{R_1R_2}\right) \tag{4.2.3}$$

式中，α_{int} 表示增益介质单位长度的吸收损耗，对于 GaAs 材料，自由载流子造成的吸收损耗系数大约是 $10\ cm^{-1}$。式（4.2.3）第二项 $\alpha_{mir}=\frac{1}{2L}\ln\left[\frac{1}{R_1R_2}\right]$ 是由于解理面反射系数小于 1 而导致的损耗，介质截面的反射系数为

$$R_1=R_2=R_m=\left(\frac{n-1}{n+1}\right)^2 \tag{4.2.4}$$

式中，n 为腔体折射率，对于 GaAs 材料，$n=3.5$，当 $L=300\ \mu m$ 时，式（4.2.3）表明起振时阈值增益必须等于或大于谐振腔的总损耗 α_{cav}。将这些参数代入式（4.2.4）和式（4.2.3），可以知道 g_{th} 必须大于 $\alpha_{cav}=(10+39)\ cm^{-1}=49\ cm^{-1}$。

式（4.2.3）给出了在 F-P 腔内实现光连续发射所需的光增益，它对应阈值粒子数翻转，即 $N_c-N_v=(N_c-N_v)_{th}$，达到阈值时，高、低能带上的电子密度差为

$$(N_c-N_v)_{th}\approx g_{th}\frac{c\Delta\nu}{B_{cv}nh\nu_0} \tag{4.2.5}$$

它表示阈值粒子数翻转条件。

法布里-珀罗半导体激光器通常发射多个纵模的光，如图 4.2.5c 所示。半导体激光

器的增益频谱 $g(\omega)$ 相当宽（约 10 THz），在 F-P 谐振腔内同时存在着许多纵模，但只有接近增益峰的纵模变成主模，如图 4.2.7 所示。在理想条件下，其他纵模不应该达到阈值，因为它们的增益总是比主模小。实际上，增益差相当小，主模两边相邻的一两个模与主模一起携带着激光器的大部分功率。这种激光器就称作多模半导体激光器。由于群速度色散，每个模在光纤内传输的速度均不相同，所以半导体激光器的多模特性将限制光波系统的比特率和传输距离的乘积（BL）。例如，对于 1.55 μm 系统，$BL<10(\mathrm{Gbit/s})$ ·km。分布反馈单纵模激光器可以使 BL 乘积增加，具体将在 4.3.3 节进行讨论。

图 4.2.8 是对激光器起振阈值条件的简化描述，由图可见，只有当泵浦电流达到阈值电流 I_0 时，高、低带上的电子密度差 $(N_\mathrm{c}-N_\mathrm{v})$ 才达到阈值 $(N_\mathrm{c}-N_\mathrm{v})_\mathrm{th}$，此时就产生稳定的连续输出相干光。当泵浦超过阈值时，$(N_\mathrm{c}-N_\mathrm{v})$ 仍然维持 $(N_\mathrm{c}-N_\mathrm{v})_\mathrm{th}$，因为 g_th 必须保持不变，所以多余的泵浦能量转变成受激发射，使输出光功率 P_0 增加。

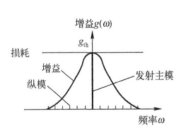

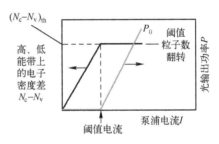

图 4.2.7　激光器增益谱和损耗曲线（阈值增益　　　图 4.2.8　激光器起振阈值条件的简化描述
　　　　　为两曲线相交时的增益值）

【例 4.2.1】 反射系数、透射率和传输损耗计算

计算空气和玻璃界面的反射和透射率，以及用分贝表示的传输损耗。假设玻璃的折射率是 1.5。

解：由式（4.2.4）得到的反射系数为

$$R_1=\left(\frac{n-1}{n+1}\right)^2=\left(\frac{1-1.5}{1+1.5}\right)^2=0.04$$

所以 4% 的光被反射回去，其余 96% 的光透射过去。传输损耗是

$$L_\mathrm{tra}=-10\lg 0.96=0.177\,\mathrm{dB}$$

4.2.3　激光器起振的相位条件

在 4.2.2 节中，讨论了在半导体激光器里，由两个起反射镜作用的晶体解理面构成的法布里-珀罗谐振腔，它把光束闭锁在腔体内，使之来回反射。当受激发射使腔体得到的放大增益等于腔体损耗时，就保持振荡，形成等相面和反射镜平行的驻波，然后穿透反射镜得到激光输出，如图 4.2.4 和图 4.2.8 所示。此时的增益就是激光器的阈值增益，达

到该增益所要求的注入电流称为阈值电流。满足阈值注入电流的所有光波并不能全部都能在 F-P 谐振腔内存在，只有那些特定腔模波长的光才能维持振荡。为了说明这个问题，从图 4.2.6 开始讨论。

设激光器谐振腔长度为 L，增益介质折射率为 n，典型值为 $n = 3.5$，引起 30% 界面反射，从 1.3.2 节可知，增益介质内半波长 $\lambda / 2n$ 的 m（整数）倍等于全长 L

$$\frac{\lambda}{2n} m = L \qquad\qquad (4.2.6)$$

请注意，该式与式（1.3.3）的唯一区别是在分母中增加了增益介质折射率 n。把 $f = c / \lambda$ 代入式（4.2.6）可得到

$$f = f_m = \frac{mc}{2nL} \qquad\qquad (4.2.7)$$

式中，λ 和 f 分别是光波长和频率，c 为自由空间光速。当 $\lambda = 1.55\ \mu m$、$n = 3.5$、$L = 300\ \mu m$ 时，$m = 1354$，这是一个很大的数字。因此 m 相差 1，谐振波长只有少许变化，设这个波长差为 $\Delta\lambda$，并注意到 $\Delta\lambda \ll \lambda$，则当 $\lambda \rightarrow \lambda + \Delta\lambda$，$m \rightarrow m+1$ 时，从附录式（F.4）和式（3.3.1)得到各模间的波长间隔（见图 1.3.8 和图 4.2.8），也称为自由光谱区（FSR）

$$\Delta\lambda = -\lambda^2 \frac{\Delta f}{c} = -\frac{\lambda^2}{2nL} \quad 或 \quad \text{FSR} = \Delta f = \frac{c}{2nL} \qquad (4.2.8)$$

式中，$|\Delta\lambda| = 0.34\ nm$，因此，对谐振腔长度 L 比波长大很多的激光器，可以在差别甚小的很多波长上发生谐振，我们称这种谐振模为纵模，它由光腔长度 nL 决定。与此相反，和前进方向正交的模称为横模。纵模决定激光器的频谱特性，而横模决定光束在空间的分布特性，它直接影响到与光纤的耦合效率，如图 4.6.4 所示。

使用 $\Delta f / f = \Delta\lambda / \lambda_0$，这里 λ_0 是发射光波的自由空间波长，f 是频率，因为 $f = c / \lambda_0$，所以我们可以得到频率间距和波长间距的关系为

$$\Delta\lambda = -\frac{\lambda_0^2}{c} \Delta f \qquad\qquad (4.2.9)$$

【例 4.2.2】 激光器的模式数量和光腔长度计算

双异质结 AlGaAs 激光器光腔长度 200 μm，峰值波长是 870 nm，GaAs 材料的折射率是 3.7。计算峰值波长的模式数量和腔模间距。假如光增益频谱特性半最大值全宽（FWHM）是 6 nm，请问在这个带宽内有多少模式？假如腔长是 20 μm，又有多少模式？

解： 图 4.2.4 和图 4.2.5 为腔模、光增益特性和激光器典型的输出频谱。由式（4.2.6）可知，腔模的自由空间波长和腔长的关系是

$$m \frac{\lambda}{2n} = L$$

因此

$$m = \frac{2nL}{\lambda} = \frac{2 \times 3.7 \times 200 \times 10^{-6}}{900 \times 10^{-9}} = 1644.4 \text{ 或 } 1644$$

相邻腔模 m 和 $m+1$ 间的波长间距 $\delta\lambda_m$ 是

$$\delta\lambda_m = \frac{2nL}{m} - \frac{2nL}{m+1} \approx \frac{2nL}{m^2} = \frac{\lambda^2}{2nL}$$

于是，对于给定的峰值波长，模式间距随 L 的减小而增加。当 $L = 200\,\mu\text{m}$ 时，

$$\delta\lambda_m = \frac{\lambda^2}{2nL} = \frac{(900 \times 10^{-9})^2}{2 \times 3.7 \times 200 \times 10^{-6}} = 5.47 \times 10^{-10}\,\text{m}$$

已知光增益带宽 $\Delta\lambda_{1/2} = 6\,\text{nm}$，在该带宽内的模数是 $\Delta\lambda_{1/2}/\Delta\lambda_m = 6/0.547 \approx 10$。当腔长减小到 $L = 20\,\mu\text{m}$ 时，模式间距增加到

$$\delta\lambda_m = \frac{\lambda^2}{2nL} = \frac{(900 \times 10^{-9})^2}{2 \times 3.7 \times (20 \times 10^{-6})} = 5.47\,\text{nm}$$

此时该带宽内的模数是 $\Delta\lambda_{1/2}/\Delta\lambda_m = 6\,\text{nm}/5.47\,\text{nm} = 1.1$，对于峰值波长约 900 nm，只有一个模式。事实上，m 必须是整数，当 $m = 1644$ 时，$\lambda = 902.4\,\text{nm}$。很显然，减小腔长，可以抑制高阶模。

【例 4.2.3】 频率间距和波长间距的关系

F-P 谐振腔中间的填充材料是 GaAlAs，厚度 0.3 mm，折射率 $n = 3.6$，中心波长 $0.82\,\mu\text{m}$，这是典型的 GaAlAs 激光器结构。计算腔内纵模间的频率间距和波长间距。

解： 由式（4.2.8）可以得到纵模间频率间距，即

$$\Delta f = \frac{c}{2nL} = \frac{3 \times 10^8}{2(0.3 \times 10^{-3})(3.6)} = 139 \times 10^9\,\text{Hz}$$

从式（4.2.9）可以得到纵模间波长间距为

$$\Delta\lambda = -\frac{\lambda_0^2}{c}\Delta f = \frac{(0.82 \times 10^{-6})^2 (139 \times 10^9)}{3 \times 10^8} = 3.11 \times 10^{-10}\,\text{m}$$

4.3　半导体激光器结构

4.3.1　异质结半导体激光器

图 4.3.1 为几种半导体激光器的结构，图 4.3.1a 为同质结构，即只有一个简单 PN 结，且 P 区和 N 区都是同一物质的半导体激光器，该激光器阈值电流密度太大，工作时发热非常严重，只能在低温环境、脉冲状态下工作。为了提高激光器的功率和效率，降低同质结激光器的阈值电流，人们研究出了异质结的半导体激光器，如图 4.3.1b、图 4.3.1c 和图 4.3.2b 所示。所谓"异质结"，就是由两种不同材料（如 GaAs 和 GaAlAs）

构成的 PN 结。如图 4.3.2b 所示，在双异质结构中有三种材料，有源区被禁带宽度大、折射率较低的介质材料包围。前者把电子局限在有源区内，后者将受激发射也限制在有源区内，同时也减少了周围材料对受激发射的吸收。这种结构形成了一个像光纤波导的折射率分布，限制了光波向外围的泄漏，使阈值电流降低，发热现象减轻，可在室温状态下连续工作。为了进一步降低阈值电流，提高发光效率，以及提高与光纤的耦合效率，常常使有源区尺寸尽量减小，通常 $w = 10\ \mu m$，$d = 0.2\ \mu m$，$L = 100 \sim 400\ \mu m$，如图 4.3.1c 所示。

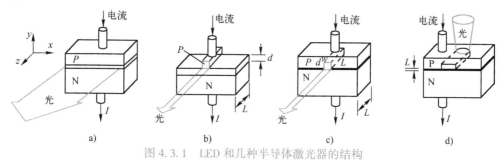

图 4.3.1　LED 和几种半导体激光器的结构

a）同质结构　b）异质结构　c）掩模双异质结构　d）面发射 LED 结构

为了便于比较，图 4.3.1d 也画出了面发射 LED 的结构。图 4.3.2 表示同质结、双异质结半导体激光器能级图、折射率及光子密度分布的比较。

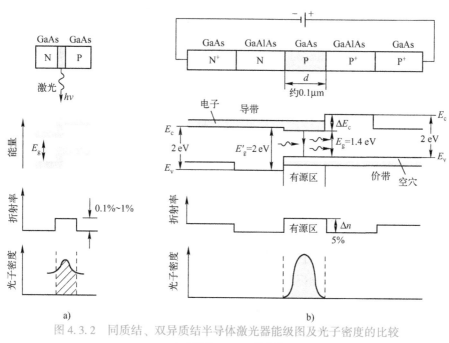

图 4.3.2　同质结、双异质结半导体激光器能级图及光子密度的比较

a）同质结　b）双异质结

4.3.2 量子限制激光器

除双异质结半导体激光器对载流子进行限制外，还有另外一种完全不同的对载流子限制的激光器。这就是对电子或空穴允许占据能量状态的限制，这种激光器叫作量子限制激光器，它具有阈值低、线宽窄、微分增益高，以及对温度不敏感、调制速度快和增益曲线容易控制等许多优点。

典型的量子阱器件如图 4.3.3 所示，很薄的 GaAs 有源层夹在两层很宽的 AlGaAs 半导体材料中间，所以它是一种异质结器件。在这种激光器中，有源层的厚度 d 是如此之薄（典型值约 10 nm），以致导带中的禁带势能 ΔE_c 将电子封闭在 x 方向上的一维势能阱内，但是在 y 和 z 方向是自由的。这种封闭呈现量子效应，导致能带量化分成离散能级是常数的 E_1，E_2，E_3，$\cdots$，它们分别对应量子数 1，2，3，$\cdots$，如图 4.3.3b 所示。价带中的空穴也有类似的特性。这种封闭的主要影响是状态密度（单位能量单位容积的状态数）的改变，如图 4.3.3c 所示，即从图 4.3.4a 表示的抛物线式连续变化改变成图 4.3.4b 表示的类似阶梯的结构。这种状态密度的变化改变了自发辐射和受激发射的速率。微分增益用 $\sigma_g = dg/dN$ 表示，它代表注入电流的微小变化引起多大激光输出的变化。通常，量子阱半导体激光器的 σ_g 值是标准设计激光器的 3 倍。所以注入电流的微小变化就可以引起输出激光的大幅度变化。

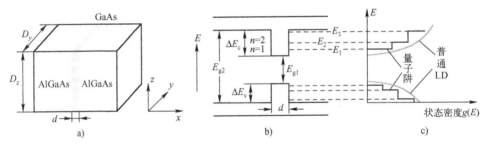

图 4.3.3 量子阱（QW）半导体激光器

a）QW 结构原理图，很薄的 GaAs 有源层夹在两层很宽的 AlGaAs 半导体材料中间

b）导带中的电子在 GaAl 层中的 x 方向被 ΔE_c 限制在很小的范围 d 内，因此它们的能量被量化了

c）两维 QW 器件的状态密度在每个量子能级上是恒定的

采用有源区厚度 d 为 5~10 nm 的多个薄层结构，可改进单量子阱器件的性能，这种激光器就是多量子阱激光器。它具有微分增益更高、调制性能更好、线宽更窄的优点。图 4.3.4c 和图 4.3.4d 分别表示有四个量子阱（被三层 InGaAsP 势垒层隔开）的半导体激光器的示意图和能级图。

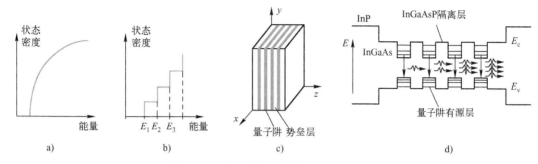

图 4.3.4　量子阱半导体激光器示意图

a）普通激光器　b）量子阱激光器　c）4 量子阱 LD 示意图　d）4 量子阱 LD 能级图

4.3.3　分布反馈激光器

单频激光器是指半导体激光器的频谱特性只有一个纵模（谱线）的激光器。

从 4.2 节的讨论中得知，由于多模激光器 F-P 谐振腔中相邻模式间的增益差相当小（约 $0.1\,cm^{-1}$），所以同时存在着多个纵模。它的频谱宽度为 $2 \sim 4\,nm$，这对工作在波长为 $1.3\,\mu m$，速率为 $2.5\,Gbit/s$ 的第二代光纤系统还是可以接受的。然而，工作在光纤最小损耗窗口（$1.55\,\mu m$）的第三代光纤系统却不能使用，所以需要设计一种单纵模（Single Longitudinal Mode，SLM）半导体激光器。

1. 单纵模激光器

SLM 半导体激光器与法布里-珀罗激光器相比，它的谐振腔损耗不再与模式无关，而是设计成对不同的纵模具有不同的损耗，图 4.3.5 为这种激光器的增益和损耗曲线。由图可见，纵模 ω_B 的损耗最小，它与增益曲线首先接触，开始起振，进而变成主模。其他相邻模式由于其损耗较大，不能达到阈值，因而也不会从自发辐射中建立起振荡。这些边模携带

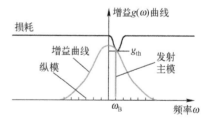

图 4.3.5　单纵模为主模的半导体激光器增益和损耗曲线

的功率通常占总发射功率的很小比例（<1%）。单纵模激光器的性能常常用边模抑制比（Mode-Suppression Ratio，MSR）来表示，定义为

$$MSR = P_{mm}/P_{sm} \tag{4.3.1}$$

式中，P_{mm} 是主模功率，P_{sm} 为边模功率。通常对于好的 SLM 激光器，MSR 应超过 1000（或 30 dB）。SLM 激光器可以分成两类，分布反馈（Distributed Feed Back，DFB）激光器和耦合腔激光器，本节讨论 DFB 激光器，耦合腔激光器将在 4.4 节讨论。

利用 DFB 原理制成的半导体激光器可分为两类：分布反馈（DFB）激光器和分布布拉格反射（Distributed Bragg Reflector，DBR）激光器。

2. 分布布拉格反射（DBR）激光器

图 4.3.6 为 DBR 激光器的结构及其工作原理，如图所示，DBR 激光器除有源区外，还在紧靠其右侧增加了一段分布式布拉格反射器，它起着衍射光栅的作用。这种衍射光栅相当于在 3.4.3 节介绍的频率选择电介质镜，也相当于在 1.3.2 节介绍的反射衍射光栅。衍射光栅产生布拉格衍射，DBR 激光器的输出是反射光相长干涉的结果。只有当波长等于两倍光栅间距 Λ 时，反射波才相互加强，发生相长干涉。例如，当部分反射波 A 和 B 的路程差为 2Λ 时，它们才发生相长干涉。DBR 的模式选择性来自布拉格条件，即只有当布拉格波长 λ_B 满足同相干涉条件

$$m(\lambda_B / \overline{n}) = 2\Lambda \qquad (4.3.2)$$

时，相长干涉才会发生。式中，Λ 为光栅间距（衍射周期），$\overline{n}$ 为介质折射率，整数 m 为布拉格衍射阶数。因此 DBR 激光器围绕 λ_B 具有高的反射，离开 λ_B 则反射就减小。其结果是只能产生特别的 F-P 腔模式，在图 4.3.5 中，只有靠近 ω_B 的波长才有激光输出。一阶布拉格衍射（$m=1$）的相长干涉最强。假如在式（4.3.2）中 $m=1$，$\overline{n}=3.3$，$\lambda_B=1.55\,\mu m$，此时 DFB 激光器的 Λ 只有 235 nm。这样细小的光栅可使用全息技术来制作。

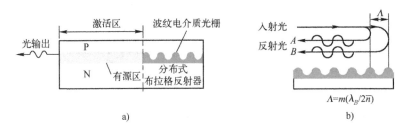

a)   b)

图 4.3.6　DBR 激光器结构及其工作原理

a）DBR 激光器结构　b）部分反射波 A 和 B 的路程差为 2Λ 时才发生相长干涉

【例 4.3.1】 DFB 激光器的光栅节距

计算波长为 1.55 μm 的 InGaAsP DFB 激光器的光栅间距。

解： 已知 InGaAsP 的折射率为 3.5，并假定是一阶衍射（$m=1$），由式（4.3.2）可知，此时间距 $\Lambda=1.55/(2\times3.5)=0.22\,\mu m$，对于二阶衍射，间距是 0.44 μm。

3. 分布反馈（DFB）激光器

DFB 激光器的结构和典型输出频谱如图 4.3.7 所示。在普通 LD 中，只有有源区在其界面提供必要的光反馈；但在 DFB 激光器内，光的反馈就像 DFB 名称所暗示的那样，不仅在界面上有，而且分布在整个腔体长度上。这是通过在腔体内构成折射率周期性变化的衍射光栅实现的。在 DFB 激光器中，除有源区外，紧靠其上还增加了一层导波区。该区的结构和 DBR 的一样，是波纹状的电介质光栅，它的作用是对从有源区辐射进入该区的光波产生部分反射。但是 DFB 激光器的工作原理和 DBR 的完全不同。因为从有源区辐

射进入导波区是在整个腔体长度上，所以可认为波纹介质也具有增益，因此部分反射波获得了增益。不能简单地将其相加，而不考虑获得的光增益和可能的相位变化，式 (4.3.2) 假定法线入射并忽略了反射光的任何相位变化。左行波在导波层遭受了周期性的部分反射，这些反射光被波纹介质放大，形成了右行波。只有左右行波的频率和波纹周期 Λ 具有一定的关系时，它们才能相干耦合，建立起光的输出模式。与 DFB 激光器的工作原理相比，F-P 腔的工作原理就简单得多，就如 1.3.2 节介绍的那样，F-P 腔的反射只发生在解理端面，在腔体的任一点，都是这些端面反射的左右行波的干涉，或者称为耦合。假定这些相对传输的波具有相同的幅度，当它们来回一次的相位差是 2π 时，就会建立起驻波。

DFB 激光器的模式不正好是布拉格波长，而是对称地位于 λ_B 两侧，如图 4.3.7b 所示。假如 λ_m 是允许 DFB 发射的模式，此时

$$\lambda_m = \lambda_B \pm \frac{\lambda_B^2}{2nL}(m+1) \tag{4.3.3}$$

式中，m 是模数（整数），L 是衍射光栅有效长度。由此可见，完全对称的器件应该具有两个与 λ_B 等距离的模式，但是实际上，由于制造过程，或者有意使其不对称，只能产生一个模式，如图 4.3.7c 所示。因为 $L \gg \Lambda$，式 (4.3.3) 的第二项非常小，所以发射光的波长非常靠近 λ_B。

在 DFB 激光器里，在腔体长度方向上产生了反馈，但是在 DBR 激光器里，有源区内部没有反馈。事实上，DBR 激光器的端面对 λ_B 波长的反射最大，并且 λ_B 满足式 (4.3.2)。因此腔体损耗对接近 λ_B 的纵模最小，其他纵模的损耗却急剧增加。

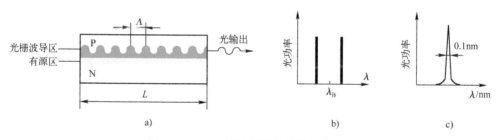

图 4.3.7 DFB 激光器结构及其工作原理

a) DFB 激光器结构 b) 理想输出频谱 c) 典型的输出频谱

DFB 激光器的性能主要由有源区的厚度和栅槽纹深度所决定。尽管制造它的技术复杂，但是已达到实用化，在高速密集波分复用系统中已广泛使用。

图 4.3.8a 为平面波导集成 (PLC) 电吸收调制激光器 (Electroabsorption-Modulated Laser, EML) 结构图，它在 DFB 激光器有源区的光输出端 N^+-InP 衬底上，再做一个 3.5.3 节已介绍过的电吸收调制器，对 DFB 激光器的输出光直接调制后再输出。

图 4.3.8b为目前商用化的 DWDM 10 Gbit/s EML 收发器组件，在组件的前端设置了光输出端口和光输入端口，光输出 $-1 \sim 3$ dBm，可传输 80 km。

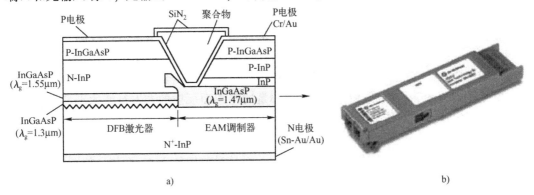

图 4.3.8　平面波导集成电吸收调制激光器（EML）

a）平面波导集成电吸引调制激光器结构　b）目前商用 DWDM 10 Gbit/s EML 收发器

【例 4.3.2】 DFB 激光器布拉格波长、模式波长和它们的间距计算

DFB 激光器的波纹（光栅节距）$\Lambda = 0.22\ \mu m$，光栅长 $L = 400\ \mu m$，介质的有效折射率为 3.5，假定是一阶光栅，计算布拉格波长、模式波长和它们的间距。

解：由式（4.3.2）可知，布拉格波长是

$$\lambda_B = \frac{2\Lambda n}{m} = \frac{2 \times 0.22 \times 3.5}{1} = 1.540\ \mu m$$

在 λ_B 两侧的对称模式波长

$$\lambda_m = \lambda_B \pm \frac{\lambda_B^2}{2nL}(m+1) = 1.540 \pm \frac{1.540^2}{2 \times 3.5 \times 400}(0+1) = 1.540 \pm 8.464 \times 10^{-4}\ \mu m$$

因此，$m=0$ 的模式波长是

$$\lambda_0 = 1.539\ \mu m\ 或\ 1.5408\ \mu m$$

两个模式的间距是 0.0018 μm（或者 1.8 nm）。由于一些非对称因素，只有一个模式出现，实际上大多数实际应用，可把 λ_B 当作模式波长。

4.4　波长可调半导体激光器

波长可调激光器即多波长激光器是 WDM、分组交换和光分插复用网络重构的最重要器件，因为它的实现可以有效地使用波长资源，减少设备费用。波长可调激光器主要有耦合腔波导型、衍射光栅 PIC 型和阵列波导光栅（AWG）PIC 型三种。

4.4.1　耦合腔波长可调半导体激光器

1. 耦合腔波长可调 LD 的工作原理及实现

耦合腔（Coupled Cavity）半导体激光器可以实现单纵模工作，这是靠把光耦合到一个外腔实现的，如图 4.4.1a 所示。外腔镜面把光的一部分反射回激光腔。外腔反馈回来的光不一定与激光腔内的光场同相位，因为在外腔中产生了相位偏移。只有波长几乎与外腔纵模中的一个模相同时才能产生同相反馈。实际上，面向外腔的激光器界面的有效反射与波长有关，从而导致产生如图 4.4.1b 所示的损耗曲线，它最接近增益峰，并且具有最低腔体损耗的纵模才变成主模。

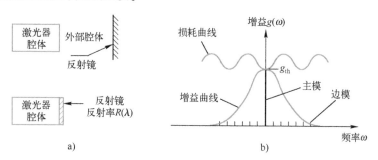

图 4.4.1　耦合腔激光器

a）耦合腔激光器结构　b）纵模选择性

构成单纵模激光器的一个简单方式是从半导体激光器耦合出部分光到外部衍射光栅，如图 4.4.2 所示。为了提供较强的耦合，减小该界面对来自衍射光的反射，在面对衍射光栅的界面上镀抗反射膜。这种激光器是外腔半导体激光器。通过简单地旋转光栅，可在较宽范围内对波长实现调谐（典型值为 50 nm）。这种激光器的缺点是不能单片集成在一起，尽管如此，这种激光器也有产品出售。比如，一种 ECL-100H 微型外腔半导体激光器，借助旋转螺钉可以改变波长，波长调谐范围大于 60 nm，典型值为 100 nm，输出光功率 1 mW，典型值为 4 mW，波长分辨率 0.1 nm，内置隔离器、监控探测器和制冷器。ECL-100HL 外腔激光器线宽小于 10 kHz，内置双级温控，可应用于外差探测，体积为 110×50× 23 nm^3。有的公司除可以提供单路可调谐光源外，甚至可以提供利用外腔激光器构成的 8 路可调谐激光光源，在 100 nm（1480~1580 nm）调谐范围内提供 3 dBm 输出功率，波长分辨率为 0.01 nm，温度灵敏度为 2 pm/℃，长期稳定度为 0.1 nm。

2. 切开的耦合腔（C³）LD

一种单片集成的耦合腔激光器称为 C³ 激光器。C³ 指的是切开的耦合腔（Cleaved Coupled Cavity），如图 4.4.3 所示。这种激光器是这样制成的，把常规多模半导体激光器从中间切开，一段长为 L，另一段为 D，分别加以驱动电流。中间是一个很窄的空气隙（宽

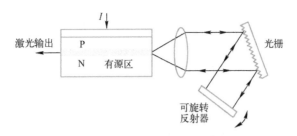

图 4.4.2 从 LD 耦合出部分光到外部衍射光栅构成可调谐单纵模激光器[5]

约 1 μm），切开界面的反射率约为 30%，只要间隙不是太宽，就可以在两部分之间产生足够强的耦合。在本例中，因为 L>D，所以 L 腔中的模式间距要比 D 腔中的密。这两腔的模式只有在较大的距离上才能完全一致，产生复合腔的发射模，如图 4.4.3b 所示。因此 C³ 激光器可以实现单纵模工作。改变一个腔体的注入电流，C³ 激光器可以实现约为 20 nm 范围的波长调谐。然而，由于约 2 nm 的逐次模式跳动，调谐是不连续的。

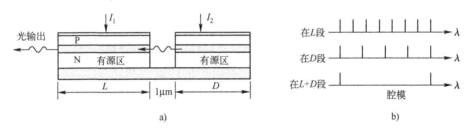

图 4.4.3 C³ 激光器的结构及其单纵模输出原理

a）C³ 激光器结构示意图 b）C³ 激光器单纵模输出原理

为了解决激光器的稳定性和调谐性不能同时兼顾的矛盾，科学家们设计了多腔（Section）DFB 和 DBR 激光器。图 4.4.4 表示这种激光器的典型结构，它包括了三腔，即有源腔（SOA）、相位控制腔和布拉格光栅腔，每腔独立地注入电流偏置。注入布拉格腔的电流改变感应载流子的折射率 n，从而改变布拉格波长（$\lambda_B = 2n\Lambda$）。注入相位控制

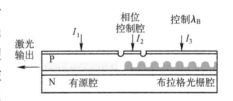

图 4.4.4 多腔分布布拉格（DBR）激光器

腔的电流也改变了该腔的感应载流子折射率，从而改变了 DBR 的反馈相位，实现了波长锁定。通过控制注入三腔的电流，激光器的波长可在 5~7 nm 范围内连续可调。因为该激光器的波长由内部布拉格区的衍射光栅决定，所以它工作稳定。这种多腔分布布拉格反射（DBR）激光器对于多信道 WDM 通信系统和相干通信系统是非常有用的。

图 4.4.5 表示目前商用的集成了波长可调激光器、放大器和光调制器的结构示意图和芯片显微图。如图 4.4.5a 所示，激光器采用取样光栅多腔分布布拉格反射（Sampled

Grating DBR，SG-DBR）结构。它由光放大器（SOA）、MQW 有源区和位于有源区前后两端的两节布拉格光栅组成，有源区提供增益，前后布拉格光栅用作反射镜，相位控制腔提供波长锁定。通过调节注入前面提到的这 4 腔的电流来改变波长。光放大器用于对 DBR 激光器输出光的放大（见第 6 章），M-Z 调制器（见 3.5 节）对光放大器的输出光进行光调制。图 4.4.5b 为集成了波长可调激光器、放大器和光调制器的 PIC 芯片的显微图，光从芯片下端输出。

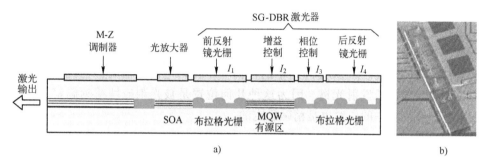

图 4.4.5　目前集成了波长可调激光器、光放大器和光调制器的商用 PLC

a）结构示意图　b）芯片显微图

3. 增益耦合光栅型 MQW-DFB 波长可调阵列半导体激光器

另外一种控制波长的激光器是增益耦合光栅型 MQ-DFB 激光器阵列，其基本结构如图 4.4.6a 所示，它是通过控制激光器的波导脊宽改变波长的，它具有 16 个波长，并可以通过控制脊宽单独精细调谐，发光波长和波导脊宽（w）的关系如图 4.4.6b 所示。由图可见，不同的激光器具有不同的波导脊宽，因而也具有不同的发光波长。

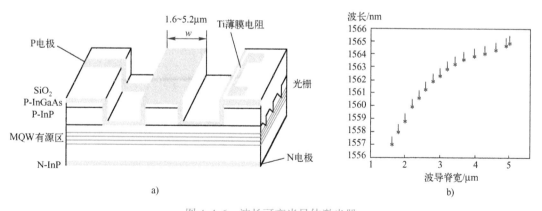

图 4.4.6　波长可变半导体激光器

a）增益耦合光栅 MQW-DFB 阵列激光器的基本结构　b）MQW-DFB 激光器波长和波导脊宽的关系

4.4.2 衍射光栅波长可调激光器

下面介绍的阵列半导体光放大器（SOA）集成光栅腔体激光器，其发射波长可以精确设置在指定位置，该光栅腔体激光器阵列的波长安排好像是一把表示波长的梳子。借助激活该器件的不同 SOA，不同波长梳的任一波长均可发射，其波长间距也可以精确地预先确定，而且该器件的制造也比较简单，除半绝缘电流阻挡层外，仅使用标准的光刻掩埋技术和干/湿化学腐蚀技术。有关 SOA 的介绍见 6.2 节。

与图 4.4.2 表示的外腔半导体激光器相比，图 4.4.7a 表示的激光器可以看作单片集成两元外腔光栅激光器，即一个集成的固定光栅和一个 SOA 阵列，而不是仅用单个有源元件和外部的旋转光栅。当 SOA 阵列中的任何一个注入电流泵浦时，它就以它在光栅中的相对位置确定的波长发射光谱。因为这种几何位置是被光刻掩埋精确确定的，所以设计的发射波长在光梳中的位置也是精确确定的。

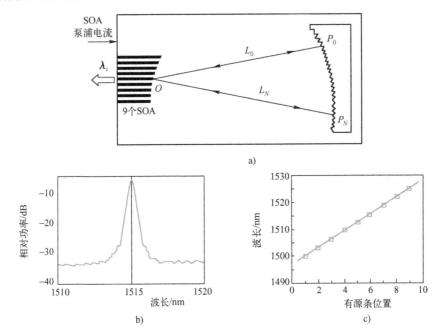

图 4.4.7 阵列 SOA 集成光栅腔体波长可调激光器

a) 阵列 SOA 集成光栅腔体 LD 原理图　 b) 一个 SOA 的典型发射光谱　 c) 波长和有源条位置的关系

阵列 SOA 集成光栅腔体波长可调激光器。在这种激光器中，右边的平板衍射光栅和左边 InP/InGaAsP/InP 双异质结有源波导条（SOA）之间构成了该激光器的主体。有源条的外部界面和光栅共同构成了谐振腔的反射边界。右边的光栅由垂直向下蚀刻波导芯构成的凹面反射界面组成，以便聚焦衍射返回的光到左边有源条的内部端面上。这些条是直接位于波导芯上部的 InGaAs/InGaAsP 多量子阱（MQW）有源区。这种激光器面积只有 14×3 mm²，有源条和光栅的间距为 10 mm，有源条长 2 mm，宽 6~7 μm，条距 40 μm，衍射区是标准的半径 9 mm 的罗兰（Rowland）圆。

由图 4.4.7a 可见，从 O 点发出的光经光栅的 P_N 和 P_0 点反射后回到 O 点，产生的路径差 $\Delta L = 2L_N - 2L_0$，由 1.2.2 节可知，为了使从 P_N 和 P_0 点反射回到 O 点的光发生相长干涉，其相位差必须是 2π 的整数倍 [见式（1.2.8）]，由此可以得到与路径差有关的相位差是

$$\Delta\phi = k_1\Delta L = m(2\pi), \qquad m = 0, 1, 2, \cdots \tag{4.4.1}$$

因为 $k_1 = 2\pi n/\lambda$，式中 n 是波导的折射率，所以可以得到与路径差有关（即与 SOA 位置有关）的波长为

$$\lambda = \frac{n\Delta L}{m} \tag{4.4.2}$$

如果在真空中，则 $n=1$，也和用式（1.3.3b）得出的结论相同。

一个 SOA 的典型发射光谱如图 4.4.7b 所示。测量得到的激光输出的纵模间距和谱宽分别与设计的腔体长度和有源条位置和宽度一致，如图 4.4.7c 所示。

4.5　其他激光器

4.5.1　垂直腔表面发射激光器

图 4.5.1a 为垂直腔表面发射激光器（Vertical Cavity Surface Emitting Laser，VCSEL）的示意图。顾名思义，它的光发射方向与腔体垂直，而不是像普通激光器那样与腔体平行。这种激光器的光腔轴线与注入电流方向相同。有源区的长度 L 与边发射器件比较非常短，光从腔体表面发射，而不是腔体边沿。腔体两端的反射器是由 3.4.3 节介绍的电介质镜组成，即由厚度为 $\lambda/4$ 的高低折射率层交错组成。如果组成电介质镜的高低介质层折射率 n_1、n_2 和 d_1、d_2 满足

$$n_1 d_1 + n_2 d_2 = \frac{1}{2}\lambda \tag{4.5.1}$$

该电介质镜就对波长产生很强的选择性，从界面上反射的部分透射光相长干涉，使反射光增强，经过几层这样的反射后，透射光强度将很小，而反射系数将达到 1。因为这样的介质镜就像一个折射率周期变化的光栅，所以该电介质镜本质上是一个分布布拉格反射器。选择式（4.5.1）中的波长与有源层的光增益一致，因为有源区腔长 z 很短，所以需要高反射的端面，这是由于光增益与 $\exp(gz)$ 成正比，这里 g 是光增益系数。因为有源层通常很薄（<0.1 μm），就像一个多量子阱，所以阈值电流很小，仅为 0.1 mA，工作电流仅为几 mA。由于器件体积小，降低了电容，所以适用于 10 Gbit/s 系统。由于该器件不需要解理面切割就能工作，制造简单、成本低，所以它又适合在接入网中使用。

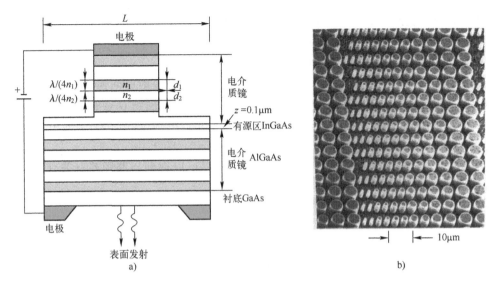

图 4.5.1　垂直腔表面发射激光器

a）λ/4 厚的腔体两端面的反射器起电介质镜的作用　b）VCSEL 激光器阵列

　　垂直腔横截面通常是圆形，所以发射光束的截面也是圆形。垂直腔的高度也只有几微米，所以只有一个纵模能够工作，然而可能有一个或多个横模，这要取决于边长。实际上当腔体直径小于 8 μm 时，只有一个横模存在。市场上有几个横模的器件，但是频谱宽度也只有约 0.5 nm，仍然远小于常规多纵模激光器。

　　由于这种激光器的腔体直径只在微米范围内，所以它是一种微型激光器。其主要的优点是用它们可以构成具有宽面积的表面发射激光矩阵发射器，如图 4.5.1b 所示。这种阵列在光互连和光计算技术中具有广泛的应用前景。另外，它的温度特性好，无须制冷，也能够提供很高的输出光功率，已有几瓦输出功率的器件出售。一种用于 10 Gbit/s 以太网收发模块，就使用波长 850 nm 的 VCSEL 激光器，谱宽 0.2 nm，平均发射功率 -2.17 dBm，消光比 6.36 dB，相对强度噪声 -128 dB/Hz，使用 PIN 光接收机，多模光纤传输距离为 80 m 或 300 m。

4.5.2　光纤激光器

　　将光纤放大器放在能提供光反馈的光纤谐振腔内，就可以转化为激光器，就称这种激光器为光纤激光器（Fiber Laser）。光纤放大器可以由掺杂光纤实现，光纤谐振腔可以由掺杂光纤两端制作的布拉格光栅提供。所以光纤激光器就是由掺杂光纤提供增益的激光器，许多稀土元素，如铒（Er）、铥（Tm）和镱（Yb）等都可以用于制造光纤激光器。与固体激光器类似，光纤激光器输出波长与掺杂元素有关，一般位于近红外区域，其工作波长在 0.4~4 μm 之间。从 1989 年开始，研究焦点集中在掺铒光纤激光器上，因为它能在 1.55 μm 波段产生超短脉冲。2000 年后，掺镱光纤激光器由于输出功率和转换效率高，增益谱和吸收谱也较宽（可达 220 nm），覆盖了 980~1200 nm 的波长范围，而重新受到人们的关注。

1. 单/双包层光纤激光器

早期，光纤激光器都是将泵浦光直接入射到光纤纤芯中进行泵浦，如图 4.5.2a 所示。但是，因纤芯非常细，高强度泵浦光耦合到细小的纤芯非常困难，同时也会引起不必要的非线性效应，所以，从 20 世纪 80 年代后期开始，光纤激光器就采用双包层光纤（Double-Clad Fiber, DCF），如图 4.5.2b 所示。在这种双包层光纤激光器中，信号光仍在纤芯单模波导中传输，而泵浦光则改在内包层多模波导中传输。内包层由折射率比纤芯低的 SiO_2 制成，一方面约束信号光在纤芯中传输，一方面又让泵浦光通过。内包层的种类很多，可以是圆形、矩形、正六角形等，但截面积都比较大（圆形的直径为数百微米），数值孔径大（约为 0.46），允许更多的泵浦光功率进入，同时功率密度也低，可以使用大功率多模 LD 进行有效的泵浦。外包层由低折射率聚合物（树脂材料）制成，相对泵浦光起到包层的作用。因为需要大数值孔径的内包层，所以内包层和外包层的折射率差比较大。

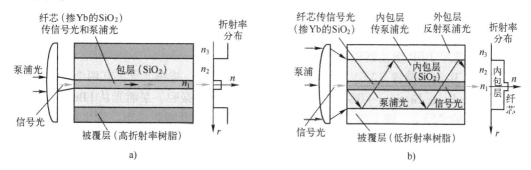

图 4.5.2　普通单模光纤和双包层单模光纤作为增益介质用于光纤激光器[35]
a) 用掺镱普通单模光纤（纤芯数值孔径小）　b) 用掺镱双包层单模光纤（内包层数值孔径大）

在 2.2.1 节中，介绍了数值孔径（NA）的作用，NA 表示光纤接收和传输光的能力，NA 越大，光纤接收光的能力越强，从光源到光纤的耦合效率越高，纤芯对光能量的束缚能力也越强。为了提高泵浦光源耦合进掺杂光纤的功率，需要增大掺杂光纤的数值孔径，采用双包层光纤或外套空气包层（Jackeded Air-Clad, JAC）光纤，如图 4.5.3b 右上图所示，其中 JAC 光纤截面图是用白光射入内包层观察到的图像。一种 DCF 单模光纤纤芯模场直径约 9 μm，内包层尺寸为 170 × 330 μm，数值孔径 0.46，其折射率分布在图中也已表示。JAC 单模光纤纤芯模场直径 9 μm，数值孔径 0.1；内包层直径 20 μm，数值孔径 0.7。

近年来，随着大芯径（如 25~50 μm）双包层掺杂光纤制造工艺和激光二极管泵浦技术的发展，单根单模双包层光纤激光器通过预放大和主放大后的输出功率迅速提高。比如将 45 个泵浦激光器的输出光合束在一起，后向泵浦作为主控光放大器的掺镱大模场面积光纤（双包层光纤），光纤插头输出功率可以达到 10 kW，电光效率大于 30%，甚至有输出 50 kW 的系统。

2. 光纤光栅构成光纤激光器

利用光纤成栅技术把掺铒光纤相隔一定长度的两处写入光栅，两光栅之间相当于谐振腔，用 980 nm 或 1480 nm 泵浦激光激发，铒离子就会产生增益放大。由于光栅的选频作用，谐振腔只能反馈某一特定波长的光，输出单频激光，再经过光隔离器即能输出线宽窄、功率高和噪声低的激光，如图 4.5.3 所示。图 4.5.3a 表示一个自调谐无源耦合腔锁模掺铒光纤激光器，它使用一段掺铒光纤和一段普通光纤分别作为主谐振腔和辅谐振腔，并使用三个光纤布拉格光栅构成耦合腔，掺铒光纤用 980 nm 的 Ti：Al$_2$O$_3$ 激光器泵浦。光隔离器不允许 980 nm 的泵浦光通过，而只能让 1530 nm 的激光通过。实验表明，当三个光栅匹配，主腔和辅腔之间的长度差足够小时（1~2 mm），这种耦合腔光纤激光器总可以提供模式锁定脉冲，而无须精确地控制腔体的长度。事实上 6 m、1 m（掺铒光纤的增益系数为 3.7 dB/m）和 47 cm（掺铒光纤的增益系数为 30 dB/m）长的光纤耦合腔均可以得到脉宽 60 ps、重复率为 213 MHz 的光脉冲。1530 nm 激光的平均输出功率随泵浦功率电平的增加而增大，比如对于 47 cm 长的耦合腔激光器，输入泵浦功率为 20 mW 时，输出功率为 0.5 mW；输入功率为 50 mW 时，输出功率为 0.9 mW。腔体长度甚至短至 1 cm 的布拉格光栅光纤 DBR 激光器也已进行了演示。

图 4.5.3b 表示掺镱（Yb）光纤激光器结构原理图[4]，掺镱光纤夹在两个光纤布拉格光栅（Fiber Bragg Grating, FBG）之间，从而构成 F-P 谐振腔。泵浦光从 FBG1 入射到掺稀土元素镱的光纤中，稀土离子吸收泵浦光后，从基态跃升到激活态，发生粒子数反转。但是激活态是不稳定的，激发到激活态的离子很快返回到基态，将其能量差转换成比泵浦光子波长要长的光子，发生受激发射。所以光纤激光器实质上是一种波长转换器，即通过它将泵浦光能量转换成比泵浦光波长要长的所需波长的发射光，如将 915 nm 的泵浦光转换为 977 nm 的输出强光。

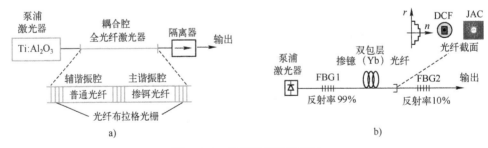

图 4.5.3 光纤激光器构成图

a) 掺铒光纤激光器 b) 双包层掺镱光纤激光器

图 4.5.4 表示由 5 段掺铒光纤光栅构成的具有 5 个波长的激光源。

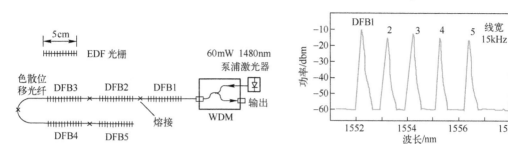

图 4.5.4　由 5 段掺铒光纤光栅（EDF）构成 5 个波长的激光源
a）构成图　b）频谱图

3. 光纤激光器的优点

光纤激光器的优点是，输出激光的稳定性及光谱纯度都比半导体激光器的好，与半导体激光器相比，光纤激光器具有较高的光功率输出、较低的相对强度噪声（r_{RIN}）、极窄的线宽，以及较宽的调谐范围。掺铒光纤激光器的输出功率可达 10 mW 以上，其 r_{RIN} 为发射噪声极限。光纤激光器的线宽可做到小于 2.5 kHz，显然优于线宽 10 MHz 的分布反馈激光器。WDM 传输系统一个很重要的参数就是可调谐性，光纤激光器不但很容易实现调谐，而且调谐范围可达 50 nm，远大于半导体激光器（1~2 nm）的调谐范围。光纤光栅的调谐是通过对光栅加纵向拉伸力、改变温度或改变泵浦激光器的调制频率来实现的。

掺镱（Yb）光纤激光器是仍处于发展中的高功率激光系统，由于电/光效率高、热管理方便、结构紧凑，能够实现高功率和高光束质量激光输出，掺镱光纤激光器输出功率潜力及军事应用前景被普遍看好，得到非常多的关注。在美国海军激光武器系统项目中，最近成功演示了光纤激光器的军事应用。同时光纤激光器进军材料加工领域后，正在逐步替代 CO_2 激光器的统治地位，因为其波长能够与大多数金属更好地耦合，并且利用光纤可以很方便地将激光导入工作台。

但是，单根光纤激光器内部极高的功率密度会不可避免地引起受激拉曼散射和受激布里渊散射（Stimulated Brillouin Scattering，SBS），从而限制单根光纤激光器输出功率的提高，为此可采用光束合成，或者进行相干光束合成。

4.6　半导体激光器的特性

半导体激光器的特性可分为基本特性、模式特性、调制响应及其噪声，现分别叙述如下。

4.6.1 半导体激光器的基本特性

1. 阈值电流 I_{th}

半导体激光器属于阈值性器件，即当注入电流大于阈值点时才有激光输出，否则为荧光输出（见图4.6.1c）。目前的激光器 I_{th} 一般为十几毫安，最大输出功率通常可达几毫瓦。不过 VCSEL 例外，I_{th} 仅为 0.1 毫安。

2. 温度特性

半导体激光器的阈值电流 I_{th} 和输出功率随温度而变化，如图4.6.1b所示。当环境温度为 T 时，$I_{th}(T) \propto \exp(T/T_0)$，$T_0$ 为特性温度，在 GaAl 激光器中，$T_0 > 120$ K，在 InGaAsP 激光器中 $T_0 = 50 \sim 70$ K。由图4.6.1b可见，激光器的阈值电流和输出功率对温度很敏感，所以在实际使用中总是用热电制冷器对激光器进行冷却和温度控制。为了比较，在图4.6.1a和图4.6.1c中也给出发光二极管的输出光功率和驱动电流的关系曲线。

另外，激光器的发射波长也随温度而变化，这是由于导带和价带能量差 ΔE 和折射率随温度变化而引起的，GaAlAs 激光器是 0.2 nm/℃，InGaAsP 激光器是 $0.4 \sim 0.5$ nm/℃。激光器发射波长的变化使传输损耗发生变化。在波分复用系统中，可能导致串话和解调的困难。

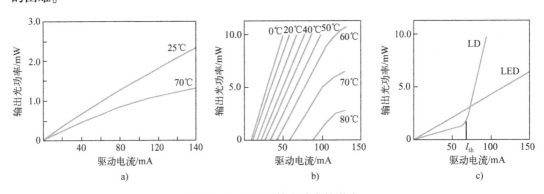

图4.6.1 温度对输出功率的影响
a) 发光二极管　b) MQW-DFB 激光器　c) LD 和 LED 输出功率特性比较

3. 激光器自动温度控制

激光器或调谐滤波器的频率不仅与设计有关，而且也与外界的各种参数（如温度、振动、驱动电流或电压）有关，没有一些稳定措施（窄带光源和窄带滤波器）在 1.55 μm 光纤通信系统中是无法使用的。不管是相干系统，还是使用调谐滤波器的非相干系统都面临着这些问题。

实验表明，假如偏流控制在 0.1 mA 以内变化，采用自动温度控制后，波长稳定在几百兆赫变化，则现有商用 DFB 激光器就可以使用。许多商品化激光器组件包含了可以维持阈值电流相对恒定的器件，通常能够使温度稳定到 0.1℃ 以下。

图 4.6.2 表示使用反馈控制的激光器自动温度控制电路原理图。安装在热电制冷器上的热敏电阻，其阻抗与温度有关，它构成了电阻桥的一臂。热电制冷器采用珀尔帖效应产生制冷，它的制冷效果与施加的电流呈线性关系。为防止制冷器内部发热引起性能下降，在制冷器上加装面积足够大的散热片是必要的。

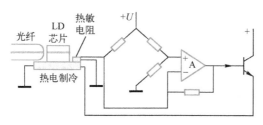

图 4.6.2 激光器的自动温度控制电路原理图

4. 波长特性

激光器的波长特性可以用中心波长、光谱宽度以及光谱模数三个参数来描述。光谱范围内辐射强度最大值所对应的波长叫中心波长 λ_0。光谱范围内辐射强度最大值下降 50% 处所对应的波长宽度叫作谱线宽度 $\Delta\lambda$，有时简称为线宽。图 4.6.3 为激光器的典型光谱特性，为了便于比较，在图中也标出 LED 的光谱特性。

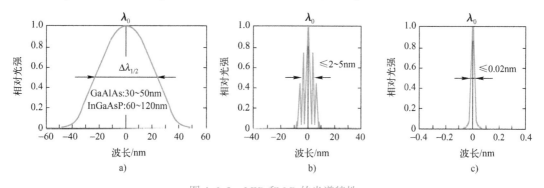

图 4.6.3 LED 和 LD 的光谱特性

a) LED 的光谱特性 b) 多模 LD 的光谱特性 c) 单模 LD 的光谱特性

对于大多数非相干通信系统，对光源的选择，最关心的是中心波长对光纤损耗的影响，以及光谱宽度对光纤色散或带宽的影响。

（1）LED 波长特性

LED 本质上是非相干光源，它的发射光谱就是半导体材料导带和价带的自发辐射谱线，所以谱线较宽。对于用 GaAlAs 材料制作的 LED，发射光谱宽度约为 30~50 nm，而对长波长 InGaAsP 材料制作的 LED，发射谱线为 60~120 nm。因为 LED 的光谱很宽，所以光在光纤中传输时，材料色散和波导色散较严重，这对光纤通信非常不利。

（2）多模激光器光谱特性

多模激光器指的是多纵模或多频激光器，模间距为 0.13~0.9 nm，频谱宽度为 2~5 nm。

（3）单模激光器光谱特性

单模激光器的频谱宽度因为很窄，所以称为线宽，它与有源区的设计密切相关。

对于相干光纤通信，特别是对于 PSK 和 FDM 调制，单模激光器的线宽是一个重要参数。不但要求静态线宽窄，而且要求在规定的功率输出和高码速调制下，仍能保持窄的线宽（动态线宽）。对于半导体激光器，不仅要求单纵模工作，而且要求它的波长能在相当宽的范围内调谐，同时保持窄的线宽（约 1 MHz 或者更窄）。

单模激光器的线宽与结构有关，法布里-珀罗谐振腔单模激光器线宽为 150 MHz，外腔衍射光栅单模激光器线宽更小于 1 MHz。

4.6.2 模式特性

半导体激光器的模式特性可分成纵模和横模两种。纵模决定频谱特性，而横模决定光场的空间特性，如图 4.6.4a 所示。图 4.6.4b 给出 1.3 μm 的 BH 半导体激光器在不同的注入电流下沿 x 和 y 方向的远场分布，通常用角度分布函数的半最大值全宽 θ_x、θ_y 来表征远场分布，对于 BH 激光器，θ_x 和 θ_y 的典型值分别在 10°~20° 和 25°~40°。尽管此角度与 LED 的辐射角相比已经大大减小，但相对于其他类型的激光器来说，半导体激光器的辐射角还是相当大的，半导体激光器椭圆形的光斑加上较大的辐射角，使得它与光纤的耦合效率不高，通常只能达到 30%~50%。

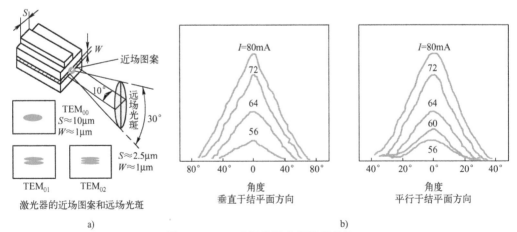

图 4.6.4 BH 半导体激光器横模特性

a）横模决定的近场图案和远场光斑 b）不同注入电流下沿结平面的远场分布

4.6.3 调制响应

半导体激光器的调制响应决定了可以调制到半导体激光器上的最高信号频率。

1. 相位调制

半导体激光器的一个重要特性是幅度调制总是伴随着相位调制。当注入电流使载流子浓度发生变化,引起增益变化而实现对光信号的调制时,载流子浓度的变化不可避免地引起折射率$\bar{n}$的变化,从而对光信号形成一个附加的相位调制,所以半导体激光器幅度调制总是伴随着相位调制。

2. 频率啁啾

光波相位随时间变化等效为模式频率(Mode Frequency)偏离稳态值的瞬时变化。这种现象称作线性调频(Chirped)或频率啁啾,有时人们也称为张弛振荡或频率扫动。这种频率啁啾使光信号脉冲频谱展宽,从而限制了光通信系统的性能。系统工作在光纤零色散波长区时,可以减小频率啁啾对系统性能的影响。

频率啁啾常常是限制 1.55 μm 光通信系统性能的因素,所以已有几种方法用来减小它的影响。一种方法是改变施加的电流脉冲的形状,另一种方法是使用注入锁定。减小啁啾的另一个有效方法是采用 4.4.1 节讨论的耦合腔激光器。另一种有效避免频率啁啾的方法是使用外腔调制器。

4.6.4 半导体激光器噪声

半导体激光器噪声用相对强度噪声(Relative Intensity Noise,RIN)r_{RIN}表示,它表示单位带宽 LD 发射的总噪声与其平均功率之比

$$r_{RIN} = \frac{\overline{P_{NL}^2}}{P^2 \Delta f} \tag{4.6.1}$$

式中,$\overline{P_{NL}}$是 LD 产生的平均噪声功率,P 是 LD 发射的平均功率,Δf 是测量 LD 输出功率的接收机带宽。与式(5.4.4)表示的均方热噪声电流相类似,均方强度噪声电流为

$$\sigma_{RIN}^2 = r_{RIN}(RP_{in})^2 \Delta f \tag{4.6.2}$$

式中,r_{RIN}与噪声指数 F_n 相类似。

半导体激光器输出的强度、相位和频率,即使在恒流偏置时也总是在变化,从而形成噪声。半导体激光器的两种基本噪声是自发辐射噪声和电子-空穴复合(散粒)噪声。在半导体激光器中,噪声主要由自发辐射构成。每个自发辐射光子加到激发辐射建立起的相干场中,因为这种增加的相位是不定的,于是随机地干扰了相干场的相位和幅值。

至今仍假定激光器以单纵模振荡。实际上,即使是 DFB 激光器,除主模外还有一个或多个边模存在,尽管边模至少被抑制了 20 dB,但它们的存在也明显影响着 RIN,这种

噪声就叫作模式分配噪声（Mode-Partition Noise，MPN）。

4.7　先进的光调制技术

4.7.1　光调制技术原理

1. 正交技术产生通用发送机

第1代和第2代光纤通信系统，采用直接调制LD，即电信号直接用开关键控（OOK）方式调制激光器的强度。但在非相干接收的波分复用系统和高速相干检测系统中，直接调制激光器可能出现的线性调频，使输出线宽增大，色散引入脉冲展宽，使信道能量损失，并产生对邻近信道的串扰，从而成为系统设计的主要限制。所以必须采用把激光产生和调制过程分开的外调制，以避免这些有害的影响。外调制是电信号通过电光晶体对LD发射的连续光进行调制。下面介绍外调制技术原理。

任何带通信号均可以表示为

$$v(t) = x(t)\cos\omega_c t - y(t)\sin\omega_c t = \mathrm{Re}\left[g(t)e^{j\omega_c t}\right] \qquad (4.7.1)$$

式中，$\omega_c = 2\pi f_c$，是载波角频率。Re表示函数 $g(t)e^{j\omega_c t}$ 的实部，$g(t)$ 是 $v(t)$ 的复包络。

将复包络表示成直角坐标系中的两个实数，得到

$$g(t) \equiv x(t) + jy(t) \qquad (4.7.2)$$

式中，$x(t) = \mathrm{Re}\left[g(t)\right]$，称为 $v(t)$ 的同向（I）分量；$y(t) = \mathrm{Im}\left[g(t)\right]$，称为 $v(t)$ 的正交（Q）分量。

在现代通信系统中，带通信号通常被分开送入两个信道。一个传送 $x(t)$ 信号，称为同向（Isotropic，I）信道；一个传送 $y(t)$ 信号，称为正交（Quadrature，Q）信道。如果采用复包络 $g(t)$ 代替带通信号 $v(t)$，则采样率最小，因为 $g(t)$ 是带通信号的等效基带信号。

在通信发送机中，输入信号 $s(t)$ 调制载波频率为 f_c 的载波信号，产生式（4.7.1）表示的已调信号 $v(t)$。由此可以得到一个通用发送机模型，如图4.7.1a所示。

图4.7.1b表示以QPSK调制为例的星座图。星座图是指用数字信号矢量绘成的数字信号 n 维图。具有4个电平值的四进制PSK调制，称为正交相移键控（QPSK）调制，它是电平数为4的QAM，其复包络 $g(t) = A_c e^{j\theta(t)}$ 是4个电平值的4个 g 值（一般是复数），对应于 θ 的4个可能相位。假如数/模（D/A）转换器允许的多电平值是-3、-1、+1和+3，分别对应的载波相位就是45°、135°、225°和315°，图4.7.1b表示出相对应的4个点（符号），即 $\pi/4$、$3\pi/4$、$-3\pi/4$ 和 $-\pi/4$，分别传输互不相同的2个比特信息，即00、01、11和10信息。

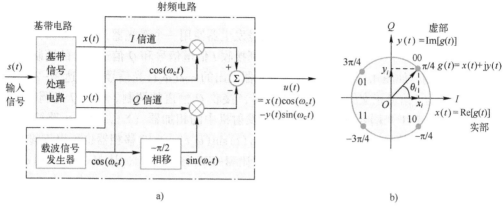

图 4.7.1　正交技术产生的通用发送机

a）通用发送机　b）以 QPSK 调制为例表示的信号星座图

2. 正交幅度调制（QAM）发送机

符号率用符号速率（Symbol/s）或波特（Baud）表示，用于多进制信号，但在一些技术文献中，有时还会采用术语 "波特率" 来代替 "波特"；信息率用比特速率（bit/s）表示，用于二进制信号。对于二进制信号，每秒传输的比特数等于符号数，但是对于多进制信号，则是不等的。

图 4.7.2 表示正交幅度调制（QAM）产生电路。首先 R 比特/秒（bit/s）的二进制 $s(t)$ 信号输入到一个数/模（D/A）转换器，该转换器将串行二进制数据流变成多电平（L 进制）数字信号。对于矩形脉冲，符号率是 $R/l = R/2$，其中比特率是 $R = 1/T_b$，多电平信号的电平数是 $2^l = 2^2 = 4$。对于 16QAM，星座图有 16 个点（符号），每个符号（Symbol）传输 4 个比特（bit）信息，如 0101、0001 等，如图 4.7.2 右下角所示。

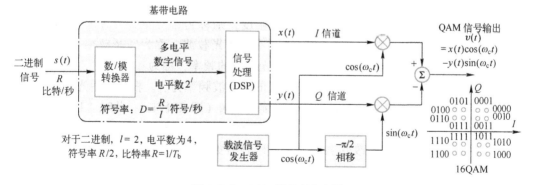

图 4.7.2　QAM 信号产生电路

3. 马赫-曾德尔调制器用于相乘器

正交技术产生的通用发送机中，载波信号发生器使用一个激光器，相乘器采用 3.5 节介绍过的马赫-曾德尔调制器（M-ZM），分别接收 I 信道信号和 Q 信道信号的调制，从而实现 I/Q 光调制，如图 4.7.3 所示。LD 激光器发出的 $\cos(\omega_c t)$ 光信号在到达 M-ZM$_2$ 前移相 $\pi/2$，变为与 I 信道正交的 $\sin(\omega_c t)$ 光信号，接收 Q 信道的调制。在 I/Q 光调制器内，I/Q 光信号经过 2×1 光耦合器，相当于通用发射机中的相加器（Σ），合成一路输出光信号，携带着电数据信号 $v(t)=x(t)\cos(\omega_c t)-y(t)\sin(\omega_c t)$。$\pi/2$ 移相器也可以安排在 M-ZM$_2$ 之后，如图 4.7.7 所示；$\pi/2$ 相移也可以让 M-ZM$_1$ 移相 $-\pi/4$，让 M-ZM$_2$ 移相 $\pi/4$ 来实现，如图 7.3.7 和图 8.4.2 所示。

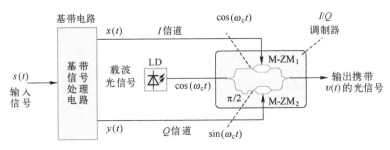

图 4.7.3　用马赫-曾德尔调制器（M-ZM）构成的通用正交调制光发送机

4.7.2　光调制技术分类

调制编码方式将直接影响系统的光信噪比（OSNR）、色度色散（CD）、偏振模色散（PMD）容限以及非线性效应等性能。目前研究较多的调制码型主要有差分相移键控（DPSK）、差分正交相移键控（DQPSK）和偏振复用（PM）差分正交相移键控/正交幅度调制（DQPSK/QAM）/相干接收等。

如果基带数字信号只用来控制光载波的幅度，则称为幅移键控（ASK），最简单的 ASK 就是"1"码时发送光载波，"0"码时不发送光载波，称为通断键控（OOK），如图 4.7.4b 所示。如果基带数字信号用来控制光载波的频率，称为频移键控（FSK）。此时"1"码发送的光载波频率为 f_1，"0"码发送的光载波频率为 f_0。根据前后光载波相位是否连续，又分为相位不连续的 FSK 和相位连续的 FSK（即 CPFSK）；此时"1"码和"0"码分别送出两个相位不一样（通常相差 180°）的信号，如果发送的是前后相位的变化量（例如"1"码时光载波相位改变 180°，"0"码时不变），则称为差分相移键控（DPSK），如图 4.7.4c 所示。在 PSK 中，还有为了尽可能减轻色散影响，同时对信号的强度和相位进行调制的 DQPSK 和 QAM 调制。

图 4.7.4 为 OOK、DPSK 和 QPSK 三种数字调制格式的图解，快速振荡波形表示光载

波频率或相位的变化。

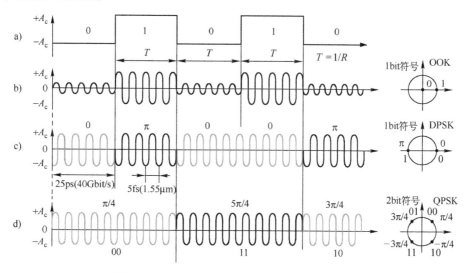

图 4.7.4　OOK、DPSK 和 QPSK 调制格式的比较

a）电二进制信号　b）OOK 光信号　c）DPSK 光信号　d）QPSK 光信号（5π/4 在星座图中表示为-3π/4）

为了克服直接调制时激光器的频率啁啾对传输性能的影响，需要对激光器恒流偏置，然后用户信号通过外调制器对激光器的输出光信号进行调制，以便获得最好的光脉冲信号。目前，广泛使用的调制器是铌酸锂（$LiNbO_3$）调制器。

4.7.3　偏振复用差分正交相移键控（PM-DQPSK）

偏振复用技术可以产生两个正交偏振的 QPSK 信号，QPSK 以一个比特的四分之一符号率工作。

由 4 个马赫-曾德尔单边带调制器就可以构成一个 QPSK 光调制器。它们是在 0.1 mm 厚的铌酸锂（$LiNbO_3$）基板上制作的参数相同的两个平行马赫-曾德尔调制器，参数相同指的是均为单边带调制器、均采用频移键控（FSK）和行波共平面波导电极等。DQPSK 光调制器包含两个主 M-Z 干涉仪，每一个主干涉仪又内嵌两个子干涉仪。对于 DQPSK 调制，两个二进制数据流分别加到两个马赫-曾德尔调制器（M-ZM_A 和 M-ZM_B）插拔电极上，以便控制同相 I 成分和正交 Q 成分。

PM-DQPSK 传输两路正交偏振 DQPSK 信号，因此每符号传输 4 bit，符号率为四分之一数据速率，10.75 吉波特（G Baud）符号率（Symbol/s）相当于 40 Gbit/s 数据率，25 吉波特符号率相当于 107 Gbit/s 数据率。在接收端，使用具有数字信号处理（DSP）技术的相干接收机，补偿经传输和偏振解复用后产生的信号畸变。

图 4.7.5 为 PM-DQPSK 传输系统的发送机、接收机和星座图。

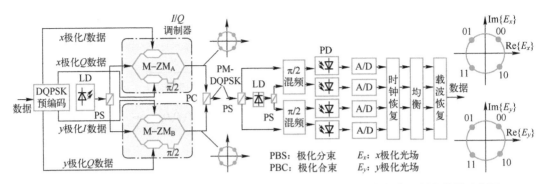

图 4.7.5　PM-DQPSK 光传输系统光发送机、接收机和四电平正交相位调制光信号星座图

　　表 4.7.1 给出速率和调制格式对系统性能的影响，以典型的 10 Gbit/s 系统（采用 NRZ 调制）为参考，对常用的几种调制编码方式进行比较。假设 10 Gbit/s 系统归一化传输距离为 1，对于 40 Gbit/s DP-QPSK 系统，由于其调制速率与 10 Gbit/s 系统一样，均为 10 Gbit/s，因此归一化距离也为 1。DPSK 40 Gbit/s TDM 系统的调制速率为 40 Gbit/s，由于调制速率的增加引起色散容限和 PMD 容限的下降，极大地限制了传输距离，DPSK 系统在接收机使用了平衡检测，相对于传统的 OOK 调制格式，在达到相同误码率（BER）时，对 OSNR 的要求降低了 3 dB，因此归一化传输距离达到 0.8。由表 4.7.1 可见，PM-QPSK 对色散容限最大，波分选择交换（WSS）引入的功率代价也最低，每符号传输的比特数最多，所以目前高速高效长距离传输系统均采用 PM-QPSK 调制。

表 4.7.1　几种调制格式比较

	10 Gbit/s NRZ OOK	DPSK	DQPSK	PM-QPSK
每符号传输的比特数/bit	1	1	2	4
光谱效率/(bit·s^{-1}·Hz^{-1})	0.2	0.4	0.8	0.8
符号率/Gbaud（对 100 Gbit/s）	112	—	56	28
OSNR（0.1 nm）/dB	20	17	18	15.5
归一化传输距离	1	0.8	0.65	1
色散容限/(ps/nm)	500	>180	400	4000~50000
PMD 容限（DGD）/ps	15	3.5	8	25~35
50 GHz WSS 引入的功率代价	—	中高	低	非常低

　　注：DQPSK 用归零码（RZ），PM-QPSK 既可以用归零码（RZ），也可以用非归零码（NRZ）；
　　波长选择交换（Wavelength Selective Switches，WSS），差分群延迟（Differential Group Delay，DGD）

4.7.4　数/模（D/A）转换正交幅度调制（QAM）

　　正交幅度调制（QAM）信号的产生如图 4.7.6 所示，一般来说，QAM 信号星座图不

局限于只在一个圆周上的允许信号点。一般 QAM 信号可表示为

$$s(t) = x(t)\cos\omega_c t - y(t)\sin\omega_c t \tag{4.7.3}$$

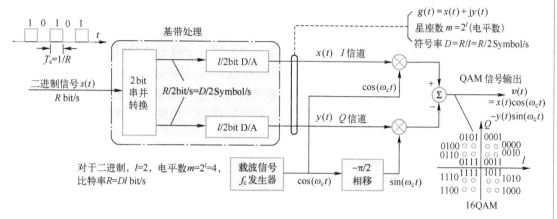

图 4.7.6　QAM 信号产生电路

其中相位函数（复包络）为

$$g(t) = x(t) + jy(t) = R(t)e^{j\theta(t)} \tag{4.7.4}$$

举例来说，图 4.7.7b 表示一个常用 16 符号（$m = 16$）QAM 星座图。对每一个允许信号可用（x_i, y_i）表示，这里 x_i 和 y_i 在 4 组中的每一组上均可有 4 个电平值。采用 2 bit（$l/2 = 2$, $l = 4$）D/A 转换器和正交转换调制器，产生 16QAM 信号，该信号波形的同向和正交分量分别为

$$x(t) = \sum_n x_n h_1\left(t - \frac{n}{D}\right) \tag{4.7.5}$$

$$y(t) = \sum_n y_n h_1\left(t - \frac{n}{D}\right) \tag{4.7.6}$$

式中，$D = R/l$ 为符号率，发送一个符号需 T_s s，如果不限制 QAM 信号的带宽，脉冲波形将为 T_s s 宽的矩形；（x_n, y_n）代表在时间 $t = nT_s = n/R = n/D$ s 符号时间内，星座图（x_n, y_n）中允许的一个值；$h_1(t)$ 代表每个符号的脉冲波形。

在某些应用中，$x_n(t)$ 和 $y_n(t)$ 之间有 $T_s/2 = 1/(2D)$ 秒的时间差，称为时间偏置，$x_n(t)$ 由式（4.7.5）给出，$y_n(t)$ 则变为

$$y(t) = \sum_n y_n h_1\left(t - \frac{n}{D} - \frac{1}{2D}\right) \tag{4.7.7}$$

QPSK 就是常见的一种时间偏置，如图 4.7.7 所示，$y_n(t)$ 与 $x_n(t)$ 之间有 π/2 的相位差，它等价于 $m = 4$ 的 QAM，即 4QAM。

QAM 调制同时使用载波信号的幅度和相位信息，它具有两个相位分开 90°（同向相

位和正交相位）的成分。一个 2^m 的 QAM 信号在单个时隙中，可以传输 m bit 信号，这里 m 是整数。比如 16QAM，每个符号可以传输 4 bit 信息，如图 4.7.6 右下方所示；64QAM 每个符号传输 6 bit 信息；256QAM 每个符号传输 8 bit 信息。一般来说，2^m QAM 可以传输 $\log_2 2^m$ 个比特。也常使用 8QAM 和 32QAM 调制[18]。

光波形包括一系列符号（Symbol），给每个符号分配一个符号持续时隙 T_s，并以符号频率 $1/T_s$（Hz）周期性地更新。符号率用 symbol/s 或波特（Baud）表示。信息率（比特速率 bit/s）可通过符号可能的状态（电平）数从符号率推导出来，如表 4.7.2 所示。通常，信道容量受限于逐渐增长的比特速率，而不是符号率。如果采用双偏振复用，则符号率还可以减半。

表 4.7.2 不同调制格式和比特率所对应的每符号比特数、状态数和符号率

调制格式	比特数/每符号（脉冲）	状态数	比特速率/（Gbit/s）	100	200	400
OOK	1 bit/symbol	1	符号率/ G baud（symbol/s）	100	200	200
BPSK	1 bit/symbol	2		100	200	400
QPSK	2 bit/symbol	4		50	100	200
8QAM	3 bit/symbol	8		33.3	66.7	133.3
16QAM	4 bit/symbol	16		25	50	100
64QAM	6 bit/symbol	64		16.7	33.3	66.6

产生一个光 QAM 信号有几种方法，一种是在电域中使用数/模（D/A）转换器产生多电平信号，如图 4.7.7 所示。在两个多电平电信号驱动的单 I/Q 调制器中，分别调制光载波信号的同向和正交相位成分。

在高速发送机中，通常在高速 D/A 转换器前增加一个数字信号处理器（DSP），对输入电数据信号进行调制格式映射，比如 2^m QAM 调制器，当 $m = 4$ 时，该调制器就是 16QAM 调制器，此时的 DSP 要对输入数据进行 16QAM 比特/符号映射、奈奎斯特脉冲整形、傅里叶变换（FET），在频域进行预均衡等。D/A 转换器输出一个 n 波特数字信号，对 I/Q 马赫-曾德尔（M-Z）光调制器调制，输出一个 $m \times n$ Gbit/s 的数字信号。对于 16QAM 调制，每个符号（电平）携带互不相同的 4 bit 信号，如图 4.7.7b 所示。如果 D/A 转换器取样率为 80 GSa/s，输出 65 Gbaud 的信号，则 I/Q 调制器的输出为 $m \times n =$（4 bit/s）/Symbol×65 G baud = 260 Gbit/s 的数字信号。对于偏振复用/相干检测系统，则经偏振复用后，就变成 520 Gbit/s 信号，其净荷就是 400G 信号。

这种结构实现各种 QAM 调制简单而灵活，所以，这种方式在 400G 光传输系统中常被采用（见 8.6 节）。但是符号率被 D/A 转换器的工作速度和精度所限制，所以，学术界就提出光数/模（D/A）转换器。

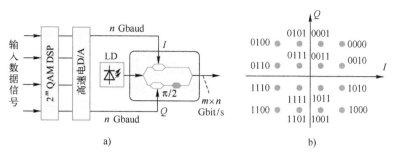

图 4.7.7 用数/模（D/A）转换器实现 16QAM 信号

a）实现原理图　b）星座图

4.7.5 香农限制和调制技术比较

在前边介绍的 QPSK、8QAM、16QAM 等调制系统中，输入带通信号通常被分开送入两个信道，一个传送 $x(t)$ 信号，称为同向（I）信道；一个传送 $y(t)$ 信号，称为正交（Q）信道。也可以称 I 维信道和 Q 维信道。如果采用偏振复用 QPSK 调制（PM-QPSK），2 个偏振光信号同时携带编码的数据光信号，即 x 偏振携带 I_x 信号和 Q_x 信号，y 偏振携带 I_y 信号和 Q_y 信号，即有 I_x、Q_x、I_y 和 Q_y 4 个维度（4D）的光信号。2 个偏振光分别携带 8QAM 的 3 比特编码，则有 6 个可能的状态，表 4.7.3 给出其他调制格式每符号携带的比特数即频谱效率（$\text{bit} \cdot \text{s}^{-1} \cdot \text{Hz}^{-1}$），如图 4.7.8 所示。

表 4.7.3 偏振复用后不同调制格式每符号携带的比特数

	BPSK	QPSK	8QAM	16QAM	32QAM	64QAM	128QAM
每符号携带的比特数	1	2	3	4	5	6	7
每偏振每符号携带状态数 [频谱效率/($\text{bit} \cdot \text{s}^{-1} \cdot \text{Hz}^{-1}$)]	2	4	6	8	10	12	14

图 4.7.8 表示香农限制（Shannon Limit）和不同调制格式的频谱效率与 SNR 的关系，由图可见，QAM 调制比 QPSK 调制和 BPSK 调制更容易接近香农限制。所以下一代光纤通信系统采用 QAM 调制。

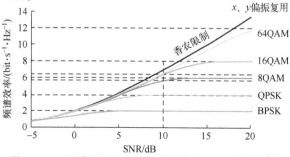

图 4.7.8 不同调制格式的频谱效率与 SNR 的关系[20]

复习思考题

4-1　简述半导体发光基理。

4-2　简述激光器和光探测器的本质区别。

4-3　自发辐射的光有什么特点？

4-4　受激发射的光有什么特点？

4-5　说出产生激光的过程。

4-6　激光器起振的阈值条件是什么？

4-7　激光器起振的相位条件是什么？

4-8　简述 DFB 激光器的工作原理。

4-9　简述耦合腔波长可调谐激光器的工作原理。

4-10　简述 VCSEL 激光器的工作原理。

4-11　LED 和 LD 的主要区别是什么？

4-12　简述阵列半导体光放大器（SOA）集成光栅腔体激光器的工作原理。

4-13　半导体激光器的基本特性是什么？

4-14　实际使用中为什么总是用热电制冷器对激光器进行冷却和温度控制？

4-15　如何构成一个 QPSK/QAM 通用光发射机？这里马赫－曾德尔调制器起什么作用？

4-16　简述数/模（D/A）转换器 16QAM 调制器的主要构成。

习题

4-1　激光器波长的温度漂移

GaAs 材料的折射率 n 的温度系数是 $\mathrm{d}n/\mathrm{d}T \approx 1.5 \times 10^{-4} \mathrm{K}^{-1}$，估计发射波长为 870 nm 时，温度每变化一度波长的变化。

4-2　RIN 噪声

一般 LD 的 RIN 为 -140 dB/Hz，计算由带宽 100 MHz 接收机探测到的 LD 噪声功率。假如平均入射光功率是 10 μW，探测器灵敏度是 0.5 μA/μW，平均噪声电流是多少？

4-3　计算光源耦合进光纤的功率

阶跃折射率光纤芯径折射率 $n_1 = 1.48$，包层折射率 $n_2 = 1.46$，假如面发射 LED 的输出功率为 $P_0 = 100$ μW，请计算光源耦合进光纤的功率 P_{in}（可用公式 $P_{\mathrm{in}} = P_0 (\mathrm{NA})^2$）。

4-4　激光器的模式和光腔长度

双异质结 AlGaAs 激光器光腔长度 100 μm，峰值波长是 1550 nm，GaAs 材料的折射率

是 3.7。计算峰值波长的模式数量和腔模间距。假如光增益频谱特性半最大值全宽
（FWHM）是 6 nm，请问在这个带宽内有多少模式？

4-5　DFB 激光器

DFB 激光器的波纹（光栅节距）$\Lambda = 0.22\ \mu m$，光栅长 $L = 200\ \mu m$，介质的有效折射率
指数为 3.5，假定是一阶光栅，计算布拉格波长、模式波长和它们的间距。

4-6　求 AWG 的 FSR 对应的波长间隔

已知工作在 1560 nm 波长的阵列波导光栅（AWG）的自由光谱范围（FSR）为
2400 GHz，求与此相对应的波长间隔，并计算能容纳多少个 0.8 nm 信道间隔的 WDM
信道。

4-7　计算 AWG 的阶数和波导长度

已知工作在 1560 nm 波长的阵列波导光栅（AWG）的波导有效折射率指数 $n = 3.3$，
相邻光栅臂通道长度差 $\Delta L = 61.5\ \mu m$，计算 AWG 的阶数和波导长度。

第5章 光探测及光接收

发射机发射的光信号经光纤传输后，不仅幅度衰减了，而且脉冲波形也展宽了。光接收机的作用就是检测经过传输后的微弱光信号，并放大、整形、再生成原输入信号。它的主要器件是利用光电效应把光信号转变为电信号的光探测器（光/电转换二极管，简称光电二极管）。对光探测器的要求是灵敏度高、响应快、噪声小、成本低和可靠性高，并且它的光敏面应与光纤芯径匹配。用半导体材料制成的光探测器正好满足这些要求。

本章介绍光探测原理和器件，讨论直接检测接收机的信噪比（SNR）、误码率和 Q 参数及其相互间的关系，最后概述了几种高速光接收机的构成和性能。

5.1 光探测原理

在 4.2.1 节中，已对光探测过程的基本机理——光吸收做了简要介绍。假如入射光子的能量 $h\nu$ 超过禁带能量 E_g，只有几微米宽的耗尽区每次吸收一个光子，根据爱因斯坦光电效应理论，将产生一个电子-空穴对，发生受激吸收，如图 5.1.1a 所示。在 PN 结施加反向电压的情况下，受激吸收过程生成的电子-空穴对在电场的作用下，分别离开耗尽区，电子向 N 区漂移，空穴向 P 区漂移，空穴和从负电极进入的电子复合，电子则离开 N 区进入正电极。从而在外电路形成光生电流 I_p。当入射光功率变化时，光生电流也随之线性变化，从而把光信号转变成电流信号。

5.1.1 响应度和量子效率

光生电流 I_p 与产生的电子-空穴对和这些载流子运动的速度有关，也就是说，直接与入射光功率 P_{in} 成正比，即

$$I_P = RP_{in} \tag{5.1.1}$$

式中，R 是光探测器响应度（用 A/W 表示），由此式可以得到

$$R = \frac{I_P}{P_{in}} \tag{5.1.2}$$

响应度 R 可用量子效率 η 表示，其定义是光信号产生的电子数与入射光子数之比，即

$$\eta = \frac{I_P/q}{P_{in}/h\nu} = \frac{h\nu}{q}R \tag{5.1.3}$$

式中，$q=1.6\times10^{-19}$ C，是电子电荷，$h=6.63\times10^{-34}$ J·s，是普朗克常数，ν 是入射光频率。由此式可以得到响应度

$$R=\frac{\eta q}{h\nu}\approx\frac{\eta\lambda}{1.24} \tag{5.1.4}$$

式中，$\lambda=c/\nu$ 是入射光波长，用微米表示，$c=3\times10^{8}$ m/s 是真空中的光速。式 (5.1.4) 表示光探测器响应度随波长增长而增加，这是因为光子能量 $h\nu$ 减小时可以产生与减少的能量相等的电流。R 和 λ 的这种线性关系不能一直保持下去，因为光子能量太小时将不能产生电子。当光子能量变得比禁带能量 E_g 小时，无论入射光多强，光电效应也不会发生，此时量子效率 η 下降到零，也就是说，光电效应必须满足条件

$$h\nu>E_g \quad \text{或者} \quad \lambda<hc/E_g \tag{5.1.5}$$

5.1.2 响应带宽

光电二极管的本征响应带宽由载流子在电场区的渡越时间 t_{tr} 决定，而载流子的渡越时间与电场区的宽度 W 和载流子的漂移速度 v_d 有关。由于载流子渡越电场区需要一定的时间 t_{tr}，对于高速变化的光信号，光电二极管的转换效率就相应降低。定义光电二极管的本征响应带宽 Δf 为：在探测器入射光功率相同的情况下，接收机输出高频调制响应与低频调制响应相比，电信号功率下降 50%（3 dB）时的频率，如图 5.1.1b 所示，则 Δf 与上升时间 τ_{tr} 成反比[7]

$$\Delta f_{3dB}=\frac{0.35}{\tau_{tr}} \tag{5.1.6}$$

式中，上升时间 τ_{tr} 定义为输入阶跃光脉冲时，探测器输出光电流最大值的 10% ~ 90% 所需的时间（图 11.3.5b）。本征响应带宽与耗尽层宽度 W 和反偏电压 V_d 的具体关系为

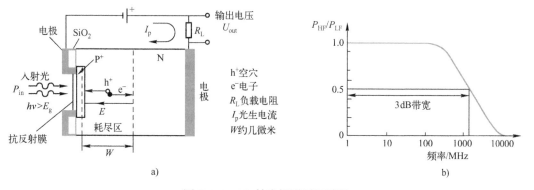

图 5.1.1 PN 结光探测原理说明

a) 反向偏置的 PN 结，在耗尽区产生线性变化的光场，入射光生电子-空穴对分别向 N 区和 P 区漂移，在外电路产生光生电流　b) 探测器的频率响应带宽

$$\Delta f_{3\mathrm{dB}} = 0.44 \frac{U_{\mathrm{d}}}{W} \tag{5.1.7}$$

可以通过对 W 和 V_{d} 的优化而获得较高本征响应带宽的光电二极管,目前 InGaAsP PIN 光电二极管的本征响应带宽已超过 20 GHz。

APD 的本征响应带宽也与倍增系数有关,因为二次电子-空穴对的产生还需要一定的时间,当接收高频调制光信号时,APD 的增益将会下降,从而形成对 APD 响应带宽的限制。APD 的传输函数 $H(\omega)$ 可以写成

$$H(\omega) = \frac{M(\omega)}{M(0)} = \frac{1}{\left[1 + (\omega \tau_e M_0)^2\right]^{1/2}} \tag{5.1.8}$$

式中,M_0 为 APD 的低频倍增系数,τ_e 为等效渡越时间,它与空穴和电子的碰撞电离系数比值 α_h/α_e 有关,在 $\alpha_e > \alpha_h$ 时,$\tau_e \approx \dfrac{\alpha_h}{\alpha_e} \tau_{\mathrm{th}}$。由式 (5.1.8) 可得到 APD 的 3 dB 带宽为

$$\Delta f = (2\pi \tau_e M_0)^{-1} \tag{5.1.9}$$

式 (5.1.9) 表明了带宽 Δf 与倍增系数 M_0 的矛盾关系,也表明采用 $\alpha_h/\alpha_e \ll 1$ 的材料制作 APD,可望获得较高的本征响应带宽。由于 Si 半导体材料的 $\alpha_h/\alpha_e = 0.22$,因此利用 Si 材料可以制成性能较好的 APD,用于 0.8 μm 波长的光纤通信系统。

与半导体激光器一样,光电二极管的实际响应带宽常常受限于二极管本身的分布参数和负载电路参数,如二极管的结电容 C_{d} 和负载电阻 R_{L} 的 RC 时间常数,而不是受限于其本征响应带宽,所以为了提高光电二极管的响应带宽,应尽量减小结电容 C_{d}。受 RC 时间常数限制的带宽 (见文献 [7]) 为

$$\Delta f_{3\mathrm{dB}} = \frac{1}{2\pi R_{\mathrm{L}} C_{\mathrm{d}}} \tag{5.1.10}$$

关于探测器响应度、量子效率和响应带宽的测量见 11.3.2 节。

5.2　光探测器

光纤通信中最常用的光探测器是 PIN 光电二极管和雪崩光电二极管 (APD),以及高速接收机用到的单向载流子光探测器 (UTC-PD)、波导光探测器 (WG-PD) 和行波光探测器 (TW-PD),现分别介绍如下。

5.2.1　PIN 光电二极管

1. 工作原理

简单的 PN 结光电二极管具有两个主要的缺点:一是它的结电容或耗尽区电容较大,RC 时间常数较大,不利于高频接收;二是它的耗尽层宽度最大也只有几微米,此时长波

长的穿透深度比耗尽层宽度 W 还大，所以大多数光子没有被耗尽层吸收，而是进入不能将电子–空穴对分开的电场为零的 N 区，因此长波长的量子效率很低。为了克服以上问题，人们采用 PIN 光电二极管。

PIN 二极管与 PN 二极管的主要区别是：在 P^+ 和 N^- 之间加入一个在 Si 中掺杂较少的 I 层，作为耗尽层，如图 5.2.1 所示。I 层的宽度较宽，为 $5 \sim 50\ \mu m$，可吸收绝大多数光子。PIN 光电二极管耗尽层的电容是

$$C_d = \frac{\varepsilon_0 \varepsilon_r A}{W} \tag{5.2.1}$$

式中，A 是耗尽层的截面，$\varepsilon_0 \varepsilon_r$ 是 Si 的介电常数。因为耗尽层宽度 W 由结构所固定，不像 PN 二极管那样，由施加的电压所决定。PIN 光电二极管结电容 C_d 通常为 pF 数量级，对于 $50\ \Omega$ 的负载电阻，RC 时间常数为 $50\ ps$。

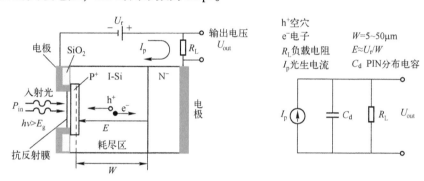

图 5.2.1 PIN 光电二极管

注：反向偏置的 PN 结，在耗尽区产生不变的光场。因耗尽区较宽，可以吸收绝大多数光生电子–空穴，使量子效率提高

PIN 光电二极管的响应时间由光生载流子穿越耗尽层的宽度 W 所决定。增加 W 可使更多的光子被吸收，从而增加量子效率，但是载流子穿越 W 的时间增加，响应速度变慢。载流子在 W 区的漂移时间为

$$t_{tr} = \frac{W}{v_d} \tag{5.2.2}$$

式中，v_d 为漂移速度。为了减小漂移时间，可增加施加的电压。

2. 光电二极管的响应波长

由产生光电效应的条件式（5.1.5）可知，对任何一种材料制作的光电二极管，都有上截止波长，即

$$\lambda_c \triangleq \frac{hc}{E_g} = \frac{1.24}{E_g} \tag{5.2.3}$$

式中，禁带宽度 E_g 用电子伏特表示。对硅（Si）材料制作的光电二极管，$\lambda_c = 1.06\ \mu m$；对锗（Ge）和 InGaAs 材料制作的光电二极管，$\lambda_c = 1.6\ \mu m$。

光电二极管除了有上截止波长外，还有下截止波长。当入射光波长太短时，光/电转换效率也会大大下降，这是因为材料对光的吸收系数是波长的函数。当入射波长很短时，材料对光的吸收系数变得很大，结果使大量的入射光子在光电二极管的表面层里就被吸收。而反向偏压主要是加在 PN 结的结区附近的耗尽层里，光电二极管的表面层里往往存在一个零电场区域。在零电场区域里产生的电子-空穴对不能有效地转换成光电流，从而使光/电转换效率降低。因此，不同种类材料制作的光电二极管对光波长的响应也不同。Si 光电二极管的波长响应范围为 $0.5 \sim 1.0\ \mu m$，适用于短波长波段；Ge 和 InGaAs 光电二极管的波长响应范围为 $1.1 \sim 1.6\ \mu m$，适应于长波长波段，各种光探测器的波长响应曲线如图 5.2.2 所示。

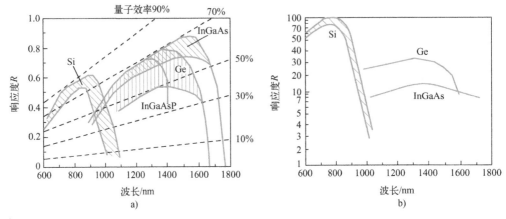

图 5.2.2　各种光探测器的波长响应曲线

a）PIN 光探测器　b）APD 光探测器

因为 InGaAs/InP 材料体系与 InP 晶格匹配，$In_{0.53}Ga_{0.47}As$ 吸收带隙扩展到 $1.67\ \mu m$，包含了光通信 1310 nm 波段和长波长的 S、C、L 多个波段，InGaAs PIN 探测器制作比较简单，能够获得非常高的接收带宽，更重要的是能够将光源、波导、分支波导、分光器、光探测器和高速电子器件集成在一起，所以该体系材料在光通信领域被广泛采用。现在主要的探测器模块都是采用 InGaAs/InP 材料。

3. PIN 光电二极管的性能参数

PIN 光电二极管的性能参数有：

量子效率 η，由式（5.1.3）表示；

响应度 R，由式（5.1.4）表示；

暗电流 I_d，表示无光照时出现的反向电流，它影响接收机的信噪比；

响应速度，表示对光信号的反应能力，常用对光脉冲响应的上升沿或下降沿表示；结电容 C_d（pF），影响响应速度。

5.2.2 雪崩光电二极管

1. 工作原理

雪崩光电二极管（APD）因工作速度高，并能提供内部增益，已广泛应用于光通信系统中。与光电二极管不同，APD 的光敏面是 N^+ 区，紧接着是掺杂浓度逐渐加大的三个 P 区，分别标记为 P、π 和 P^+，如图 5.2.3a 所示。APD 的这种结构设计，使它能承受高的反向偏压，从而在 PN 结内部形成一个高电场区，如图 5.2.3c 所示。光生的电子-空穴对经过高电场区时被加速，从而获得足够的能量，它们在高速运动中与 P 区晶格上的原子碰撞，使晶格中的原子电离，从而产生新的电子-空穴对，如图 5.2.4 所示。这种通过碰撞电离产生的电子-空穴对，称为二次电子-空穴对。新产生的二次电子和空穴在高电场区里运动时又被加速，又可能碰撞别的原子，这样多次碰撞电离的结果，使载流子迅速增加，反向电流迅速加大，形成雪崩倍增效应。APD 就是利用雪崩倍增效应使光电流得到倍增的高灵敏度探测器。

为了比较，图 5.2.3b 也给出了 PIN 光电二极管在各区的电场分布。

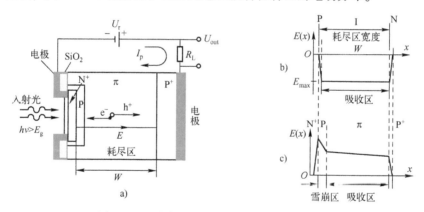

图 5.2.3 雪崩光电二极管的结构和电场分布

a) APD 结构　b) PIN 各区电场分布在耗尽区产生不变的光场　c) APD 各区电场分布，
雪崩发生在 P 区，吸收发生在 π 区

2. 平均雪崩增益

雪崩光电二极管雪崩倍增的大小与电子或空穴的电离率有关。电子（或空穴）的电离率是指电子（或空穴）在漂移的单位距离内平均产生的电子和空穴数，分别用 α_e 和 α_h 表示。α_e 和 α_h 随半导体材料的不同而不同，同时也随高场区电场强度的增加而增大。用空穴电离率和电子电离率之比（$k_A = \alpha_h / \alpha_e$）对 APD 光探测器性能进行量度。

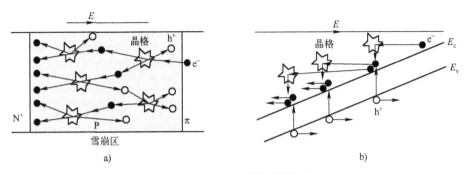

图 5.2.4　APD 雪崩倍增原理图

a）离子碰撞过程释放电子-空穴对，导致雪崩

b）具有能量的导带电子与晶格碰撞，转移该电子动能到一个原子价的电子上，并激发它到导带上

表 5.2.1 列出了三种探测器产品的典型参数。

表 5.2.1　三种探测器产品的典型参数

参　　数		单　位	硅 检 测 器		锗 检 测 器		铟镓砷检测器	
			PIN	APD	PIN	APD	PIN	APD
波长范围		nm	400~1100		800~1800		900~1700	
峰值波长		nm	900	830	1550	1300	1300(1550)	1300(1550)
响应度	芯片	A/W	0.6	77~130	0.65~0.7	3~28	0.75~0.97	
	耦合后		0.3~0.55	50~120	0.5~0.65	2.5~25	0.5~0.8	
量子效率		—	65%~90%	77%	50%~55%	55%~75%	60%~70%	60%~70%
增益 G		倍数	1	100~500	1	50~200	1	10~40
过剩噪声指数		—	—	0.3~0.5		0.95~1	—	0.7
偏压		-V	45~100	220	6~10	20~35	5	<30
暗电流		nA	1~10	0.1~1.0	50~500	10~500	1~20	1~5
结电容		PF	1.2~3.0	1.3~2.0	2~5	2~5	0.5~2	0.5
上升时间		ns	0.5~1.0	0.1~2.0	0.1~0.5	0.5~0.8	0.06~0.5	0.1~0.5
带宽		GHz	0.125~1.4	0.2~1.0	0~0.0015	0.4~0.7	0.0025~40	1.5~3.5
比特率		Gbit/s	0.01				0.1555~53	2.5~4

　　雪崩倍增过程是一个复杂的随机过程，通常用平均雪崩增益 M 来表示 APD 的倍增大小，定义 M 为

$$M = I_M / I_P \tag{5.2.4}$$

式中，I_P 是初始的光生电流，I_M 是倍增后的总输出电流的平均值，M 与结上所加的反向偏压有关。

APD 存在击穿电压 U_{br}，当 $U = U_{br}$ 时，$M \to \infty$，此时雪崩倍增噪声也变得非常大，这种情况定义为 APD 的雪崩击穿。APD 的雪崩击穿电压随温度而变化，当温度升高时，U_{br} 也增大，结果使固定偏压下 APD 的平均雪崩增益随温度而变化。对于 Si APD，M 可以达到 100，但是对于 Ge APD，M 通常约为 10，而 InGaAs-InP APD 的 M 值也只有 10~20。

5.2.3 MSM 光探测器

金属-半导体-金属（Metal-Semiconductor-Metal，MSM）光探测器也可用于光纤通信，但它与 PN 结二极管不同，它是另一种类型的光探测器。然而，它的光/电转换的基本原理却仍然相同，即入射光子产生电子-空穴对，电子-空穴对的流动产生了光电流，其基本结构如图 5.2.5 所示。

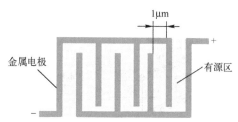

图 5.2.5 MSM 光探测器基本结构

像手指状的平面金属电极沉淀在半导体的表面，这些电极交替地施加电压，所以这些电极间存在着相当高的电场。光子撞击电极间的半导体材料，产生电子-空穴对，然后电子被正极吸引过去，而空穴被负极吸引过去，于是就产生了电流。因为电极和光敏区处于同一平面内，所以这种器件称为平面探测器。

与 PIN 和 APD 探测器相比，这种结构的结电容小，所以它的带宽大，已有 3 dB 带宽 1 GHz 器件的报道。另外它的制造也容易，但缺点是灵敏度低（0.4~0.7 A/W），因为半导体材料的一部分面积被金属电极占据了，所以有源区的面积减小了。有报道称，用低温 MOVPE 技术，已研制成功具有非掺杂 InP 肖特基势垒增强层的 InCaAs MSM，偏压 1.5 V 时暗电流<60 nA（面积 100 μm×100 μm），偏压 6 V 时响应时间<30 ps，偏压 6 V 时灵敏度为 0.42 A/W。

5.2.4 单行载流子光探测器（UTC-PD）

在 PIN 光电二极管中，对光电流做出贡献的包括电子和空穴两种载流子，如图 5.2.1 所示。在耗尽层（吸收层）中的电子和空穴各自独立运动都会影响光响应，由于各自速度不同，电子很快掠过吸收层，而空穴则要停留很长时间，因而总的载流子迁移时间主要取决于空穴。另外，当输出电流或功率增大时，其响应速度和带宽会进一步下降，这是因为低迁移率的空穴在输运过程中形成堆积，产生空间电荷效益，进一步使电位分布发生变形，从而阻碍载流子从吸收层向外运动。

为此，设计了一种新结构的单行载流子光探测器（Uni-Traveling Carrier PD，UTC-PD）。在这种结构中，只有电子充当载流子，空穴不参与导电，电子的迁移率远高于空穴，因而其载流子渡越时间比 PIN 的小。

图 5.2.6b 表示 UTC 光探测器的能带结构、载流子状态和迁移方向，为方便比较，图 5.2.6a 也表示出一般 PIN 光探测器的能带结构图。在光子吸收层，电子由于漂移阻挡层（势垒层）的阻挡，只有极少数电子越过势垒层，而空穴不能漂移形成光生电流。因此称这种探测器为单行载流子光探测器。在 UTC-PD 结构中，由于外加电压的作用，在电子收集层产生强电场，有利于光生电子从光子吸收层向电子收集层的运动。在电子收集层，光电流完全由从光子吸收层漂移过来的电子产生。

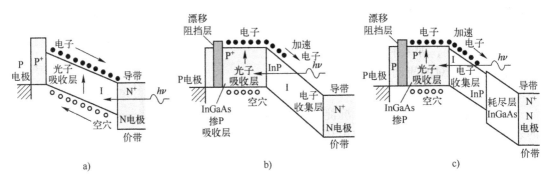

图 5.2.6　电子载流子光探测器（UTC-PD）
a）PIN 能带结构图　b）UTC-PD 能带结构图　c）改进后的 UTC-PD 能带结构图

由于多数载流子空穴的介电弛豫时间远小于电子在结区的渡越时间，空间电荷限制效应很快就释放，在强光照射下不容易达到饱和。

由此可见，UTC-PD 使电子在收集层中的迁移速度非常快，另外在收集层中减少的空间电荷与常规的 PIN 管相比，允许大的工作电流密度通过，这样就在取得高速响应的同时，实现了大的饱和电流输出。这种 UTC-PD 已获得了 3 dB 带宽 310 GHz，100 GHz 带宽输出光功率 20 mW 的性能。

在实际应用中，既要求光/电转换效率高、带宽大，又要求输出功率高。图 5.2.6c 是一种改进后的 UTC-PD ［OFC 2009，OMK1］，这里部分 InP 吸收层被 InGaAs 耗尽层取代，这样光/电转换效率提高了，而带宽没有降低。该器件的灵敏度为 0.22 A/W，350 GHz 的最大输出光功率是-2.7 dBm，3 dB 和 10 dB 的带宽分别是 120 GHz 和 260 GHz。

图 5.2.7 为 UTC-PD 光电混装模块的照片，图 5.2.8 为器件的响应频率与输出光功率的关系曲线。

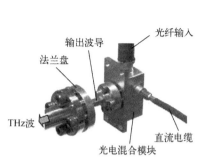

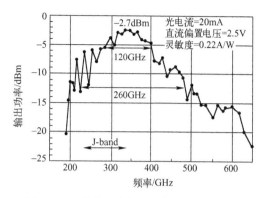

图 5.2.7　UTC-PD 光电混装模块照片　　　图 5.2.8　器件响应频率与输出功率的关系

但是 UTC-PD 的外延层结构比较复杂，而且由于它的吸收层不是耗尽层，因此转换效率比较低，导致内量子效率受到一定的限制。

5.2.5　波导光探测器（WG-PD）

按光的入射方式，光探测器可以分为面入射探测器（Surface Illuminated PD）和边耦合探测器（Vertical Illuminated PD），分别如图 5.2.9a 和图 5.2.9b 所示，普通 PIN 光电二极管是面入射探测器，波导探测器（WG-PD）和行波探测器（TW-PD）是边耦合探测器，下面分别进行介绍。

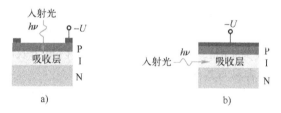

图 5.2.9　面入射光探测器和边耦合光探测器
a）面入射探测器　　b）边耦合探测器

1. 面入射光探测器

在面入射光探测器中，光从正面或背面入射到光探测器的 $In_{0.53}Ga_{0.47}As$ 光吸收层中，产生电子-空穴对，并激发价带电子跃迁到导带，产生光电流，如图 5.2.9a 所示。所以，在面入射光探测器中，光行进方向与载流子的渡越方向平行，和一般的 PIN 探测器（PIN-PD）相同。PIN 光探测器的响应速度受到 PN 结 RC 数值、I 吸收层厚度和载流子渡越时间等的限制。在正面入射光探测器中，光吸收区厚度一般在 $2\sim3\,\mu m$，而 PN 结直径一般大于 $20\,\mu m$。这样最高光响应速率小于 $20\,Gbit/s$。为此，提出了高速光探测器实现的解决方案——边耦合光探测器。

2. 边耦合光探测器

在（侧）边耦合光探测器中，光行进方向与载流子的渡越方向互相垂直，如图 5.2.9b 所示，吸收区长度沿光的行进方向，吸收效率提高了；而载流子渡越方向不变，渡越距离和所需时间不变，这样就很好地解决了吸收效率和电学带宽之间对吸收区厚度要求的矛盾。边耦合光探测器可以比面入射探测器获得更高的 3 dB 响应带宽。边耦合光探测器分为波导光探测器（Waveguide PD，WG-PD）和行波探测器（Traveling Wave PD，TW-PD）。

3. 波导光探测器（WG-PD）

面入射光探测器的固有弱点是量子效率和响应速度相互制约，一方面可以采用减小其结面积来提高它的响应速度，但是这会降低器件的耦合效率；另一方面也可以采用减小本征层（吸收层）的厚度来提高器件的响应速度，但是这会减小光吸收长度，降低内量子效率，因此这些参数需折中考虑。

波导光探测器正好解除了 PIN 探测器的内量子效率和响应速度之间的制约关系，极大地改善了其性能，在一定程度上满足了高速光纤通信对高性能探测器的要求。

图 5.2.9b 为 WG-PD 的结构图，光垂直于电流方向入射到探测器的光波导中，然后在波导中传播，传播过程中光不断被吸收，光强逐渐减弱，同时激发价带电子跃迁到导带，产生光生电子-空穴对，实现了对光信号的探测。在 WG-PD 结构中，吸收系数是 $In_{0.53}Ga_{0.47}As$ 本征层厚度的函数，选择合适的本征层厚度可以得到最大的吸收系数。其次，WG-PD 的光吸收是沿波导方向进行的，其光吸收长度远大于传统型光探测器。WG-PD 的吸收长度是探测器波导的长度，一般可大于 10 μm，而传统型探测器的吸收长度是 InGaAs 本征层的厚度，仅为 1 μm。所以 WG-PD 结构的内量子效率高于传统型结构 PIN PD。另外，WG-PD 还很容易与其他器件集成。

但是，和面入射探测器相比，WD-PD 的光耦合面积非常小，导致光耦合效率较低，同时也增加了与光纤耦合的难度。为此，可采用分支波导结构增加光耦合面积，如图 5.2.10a 所示。在图 5.2.10a 的分支波导探测器（Tapered WG-PD）结构中，光进入折射率为 n_1 的单模波导，当传输到 n_2 多模波导光匹配层的下面时，由于 $n_2 > n_1$，所以光向匹配层偏转，又因吸收区 $n_3 > n_2$，所以光就进入 PD 的吸收层，转入光生电子的过程。分支波导探测器各层折射率的这种安排正好和渐变多模光纤的折射率结构相反（见图 2.1.2），渐变多模光纤是把入射光局限在纤芯内传输，很容易理解，分支波导探测器就应该把光从入射波导中扩散出去。在这种分支波导结构中，永远不会发生全反射现象。

图 5.2.11 为一种平面折射 UTC 光探测器（Refracting Facet UTC-PD，RF UTC-PD）的结构，由图可见，光入射到斜面上产生折射，改变方向后到达吸收光敏区。利用这种方式工作的器件，耦合面积非常大，垂直方向和水平方向的耦合长度分别达到了 9.5 μm 和 47 μm，即使在没有偏压的情况下，外部量子效率也达到了 91%。在 0.5 V 偏压下，它

的响应度达到了 0.96 A/W。RF UTC-PD 和 WG-PD 相比，前者的耦合面积要远大于后者，外量子效率也要比后者高得多。从结构图中可以看出，器件的另外一个显著特征是光在斜面上折射后斜入射到光吸收区，增大了光吸收长度和光吸收面积，提高了内量子效率，同时分散光吸收可以增大探测器的饱和光电流。一种商用的 100 GHz 波导探测器在输入光功率达到 10 dBm 时，仍然保持线性响应（其性能见表 5.6.1）。据报道，WG-PD 工作速率可以达到 160 Gbit/s。

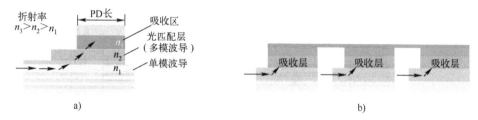

图 5.2.10　增加光耦合面积的分支波导探测器
a）单模波导光经过光匹配层进入分支波导 PD 吸收层　b）串行光反馈
速度匹配周期分布式行波探测器（VMP TW-PD）

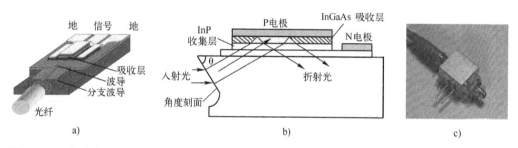

图 5.2.11　分支波导 PIN 和增加光耦合面积的斜边入射平板折射波导 UTC 光探测器（RF UTC-PD）
a）分支波导 PIN　b）RF-UTC 芯片结构图　c）模块组件

5.2.6　行波光探测器（TW-PD）

行波探测器如图 5.2.12 所示，它的波导长度约为探测信号的波长。行波探测器是在波导探测器的基础上发展起来的，它的响应不受与有源面积有关的 RC 常数的限制，而主要由光的吸收系数、光的群速度和电的相速度不匹配决定。这种器件的长度远大于吸收长度，但它的带宽基本与器件长度无关，所以具有更大的响应带宽积。然而这种器件不能得到较高的输出电平值，难以实用化。不过，可采用串行或并行光馈送的 TW-PD 来克服其缺点。

高速 PD 需要低的 C_{bias} 电容值和短的载流子迁移时间，这就要求减小有源区面积和吸收层厚度。但是这样做后，尺寸的减小又使输入光功率不能太高，饱和光电流不能太大。

串行或并行光馈送的 TW-PD 正好克服其高速和大饱和光电流相互之间的制约，如图 5.2.10b 和图 5.2.12 所示。

具有光串行馈送的速度匹配周期分布式 TW-PD（Velocity Matched Periodic TW-PD，VMP TW-PD）由一个输入光波导、多个分布在光波导上的单行载流子光探测器（UTC-PD）和共平面微带传输线（CPW）组成，如图 5.2.12 所示。单个 UTC-PD 的带宽为 116 GHz，响应度为 0.15 A/W。

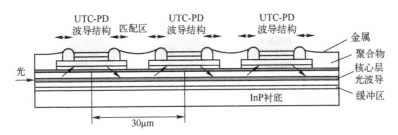

图 5.2.12　光串行馈送速度匹配周期分布式行波探测器（TW-PD）

4 个 PIN 光电二极管并行构成的并行馈送 TW-PD 如图 5.2.13 所示 [OFC 2008，OMS2]，图 5.2.14 表示这种探测器的结构图。输入光信号经过多模干涉分光器（Multimode Interference，MMI）后分成几乎相同的 4 份光（见图 5.2.14c），分别馈送到 4 个并行高速波导集成 PIN 光电二极管，PIN 管产生的光生电流同相复合，4 个 PIN PD 被共平面波导（Coplanar Waveguide，CPW）微带传输线（$Z_0 = 85\,\Omega$）连接。PD 电容在 CPW 内分布，R_{50} 匹配电阻 $Z = 50\,\Omega$，安置在 CPW 输入侧。金属-绝缘-金属（MIM）电容 C_{bias} 用于对射频偏压 U_{bias} 的解耦。

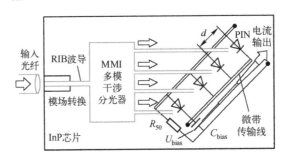

图 5.2.13　由 4 个 PIN 构成光并行馈送行波阵列光探测器（TW-PD）示意图

TW-PD 芯片设计采用模场转换器，以便实现光纤和芯片的有效耦合。可用的不饱和光电流变化范围直接由 TW-PD 内的 PIN 数量决定，带宽不受 RC 时间常数的限制。

该 TW-PD 芯片的频率响应：-3 dB 带宽为 80 GHz；-7 dB 为 150 GHz。响应度 $R = 0.24\,A/W$。

大功率输出时, 经测量可知, TW-PD 直流光生电流随光输入功率线性增加, 在保持输出直流光生电流 22 mA 不变的情况下, 150 GHz 时的电输出功率为-2.5 dBm, 200 GHz时为-9 dBm, 400 GHz 时为-32 dBm。与 4×7 μm² 的单个 PIN 管相比, 由 4 个并行 PIN 管组成的 TW-PD 的输出功率有 7 dB 的提高。

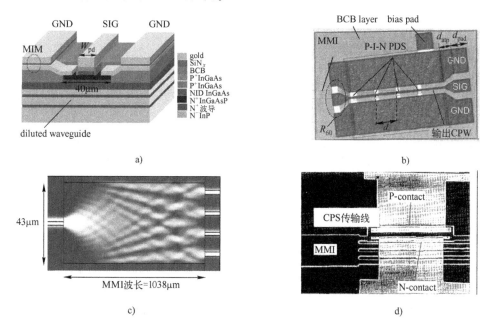

图 5.2.14 光并行馈送行波阵列光探测器 (TW-PD) 结构图

a) TW-PD 的微观结构 (刻蚀立体图) b) TW-PD 芯片刻蚀显微图 (由 4 个 PIN 并联构成)

c) 多模干涉分光器 (MMI) 原理 d) MMI 分成 4 路光, 最上边那路光进入第一个 PIN 的有源区

传输实验表明, 当 40 Gbit/s、80 Gbit/s 和 160 Gbit/s 的光信号输入时, 眼图张开得都很好。当输出电功率分别为 12 dBm、15 dBm 和 16 dBm 时, 对应的输出电压分别为 0.5 V、0.5 V 和 0.2 V。可见不饱和峰值输出电压很大。

UTC-PD、WG-PD 和 TW-PD 均可以和其他 LD、调制器等在 InP 基板上集成。已开发的单片集成 DQPSK 接收机, 集成了 4 个 WG-PD、一个符号延时干涉器、24 端口星形耦合器和电流注入移相器。有报道称已集成了 UTC-PD 行波电吸收 (EA) 光门, 也有报道称已将光探测器和分布式光放大器集成在一起。

目前市场上已有 50 GHz、70 GHz 和 100 GHz 的波导集成 PIN 光探测器, 通常 1550 nm波长的响应度为 0.4~0.6 A/W, 允许平均入射光功率为-20~13 dBm。市场上也出售43 Gbit/s 单端和差分/平衡光接收机, 在芯片上除 PIN PD 外, 还集成了转移阻抗前置放大器 (TIA), 接收灵敏度为-8~11 dBm, 差分输出电压 500~1200 mV。

表 5.2.2 列出光探测器性能比较。

表 5.2.2　光探测器性能比较

	工作原理	响应度 /（A/W）	最大带宽 /GHz	输出电功率	特　　点
PIN	受激吸收光子，产生电流	0.5～0.8	1.4～40	−9.5 dBm	—
APD	雪崩倍增光生电子-空穴对	0.5～0.8	1.5～3.5	小	倍增系数 10～40
MSM	平面探测，受激吸收产生光电流	0.4～0.7	1	小	结电容小、带宽大
UTC-PD	只有电子载流子，空穴不参与导电	0.22	120	−2.7 dBm	响应快、饱和电流大
WG-PD	斜入射分支波导结构，边传输边被吸收，吸收长度长、面积大	0.96	160	大	效率高、饱和电流大
TW-PD	光并行馈送，响应不受 RC 常数限制	0.24	150 （7 dB 带宽）	−2.5 dBm	响应带宽积大

注：所比较的器件均为 InGaAs 器件，除标明者外带宽均为 3 dB 带宽，波导探测器（WG-PD）是平面折射电子载流子光探测器（UTC-PD），行波探测器（TW-PD）是指由 4 个 PIN 构成的光并行馈送阵列探测器。

5.3　数字光接收机

接收机的设计在很大程度上取决于发射端使用的调制方式，特别是与传输信号的种类，即模拟或数字信号有关。因为大多数光波系统使用数字调制方式，所以本节集中讨论数字光接收机。图 5.3.1a 为数字光接收机的原理组成图。它由三部分组成，即由光/电转换和前置放大器部分、主放大（线性信道）器部分以及数据恢复部分组成。图 5.3.1b 为 100 GHz 波导光探测器的外形图（其性能见表 5.6.1）。下面分别介绍每一部分的作用。

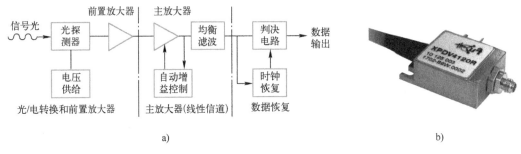

图 5.3.1　数字光接收机
a）原理组成图　b）100 GHz 波导光探测器

5.3.1　光/电转换和前置放大器

接收机的前端是光电二极管，通常采用 PIN 光电二极管和 APD 光电二极管，它是实现光/电转换的关键器件，直接影响光接收机的灵敏度。

  紧接着就是低噪声前置放大器，其作用是放大光电二极管产生的微弱电信号，以供主放大器进一步放大和处理。

  接收机不能对任何微弱信号都能正确接收，这是因为信号在传输、检测及放大过程中总会受到一些干扰，并不可避免地要引进一些噪声。虽然来自环境或空间无线电波及周围电气设备所产生的电磁干扰，可以通过屏蔽等方法减弱或防止，但随机噪声是接收系统内部产生的，是信号在检测、放大过程中引进的，人们只能通过电路设计和工艺措施尽量减小它，却不能完全消除它。虽然放大器的增益可以做得足够大，但在弱信号被放大的同时，噪声也被放大了，当接收信号太弱时，必定会被噪声淹没。前置放大器在减少或防止电磁干扰和抑制噪声方面起着特别重要的作用，所以精心设计前置放大器就显得特别重要。

  前置放大器的设计要求在带宽和灵敏度之间进行折中。光电二极管产生的信号光生电流在流经前置放大器的输入阻抗时，将产生信号光生电压。最简单的前置放大器是双极晶体管放大器和场效应晶体管放大器，分别如图 5.3.2a 和图 5.3.2b 所示。使用大的负载电阻 R_L，可使光生信号电压增大，因此常常使用高阻抗型前置放大器，如图 5.3.2c 所示，而且从 5.4 节可以看到，大的 R_L 可减小热噪声和提高接收机灵敏度。高输入阻抗前置放大器的主要缺点是它的带宽窄，因为 $\Delta f = (2\pi R_L C_T)^{-1}$，$C_T$ 是总的输入电容，包括光电二极管结电容和前置放大器输入级晶体管输入电容。假如 Δf 小于比特率 B，就不能使用高阻抗型前置放大器。为了扩大带宽，有时使用均衡技术。均衡器扮演着滤波器的作用，它衰减信号的低频成分多，高频成分少，从而有效地增大了前置放大器的带宽。假如接收机灵敏度不是主要关心的问题，人们可以简单地减小 R_L，增加接收机带宽，这样的接收机就是低阻抗前置放大器。

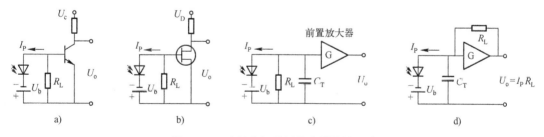

图 5.3.2 光接收机前置放大器等效电路

a）双极晶体管放大器 b）场效应晶体管（FET）放大器 c）高阻抗放大器 d）转移阻抗放大器

  转移阻抗型前置放大器具有高灵敏度、宽频带的特性，它的动态范围比高阻抗型前置放大器的大。如图 5.3.2d 所示，负载电阻跨接到反向放大器的输入和输出端，尽管 R_L 仍然很大，但是负反馈使输入阻抗减小了 G 倍，即 $R_{in} = R_L/G$，这里 G 是放大器增益。于是，带宽也比高阻抗型前置放大器扩大了 G 倍，因此，光接收机常使用这种结构的前置放大器。它的主要设计问题是反馈环路的稳定性。表 5.3.1 为四种光接收机前置放大器的性能比较。

表 5.3.1　光接收机前置放大器性能比较

	双 极 型	FET 型	高 阻 抗 型	跨 阻 抗 型
电路复杂程度	简单	简单	复杂	中等
是否需要均衡	不需要	不需要	需要	不需要
相对噪声	中	中	很低	低
带宽	宽	窄	中	宽
动态范围	中	中	小	大

5.3.2　线性放大

线性放大部分由主放大器、均衡滤波器和自动增益控制电路组成。自动增益控制电路的作用是在接收机平均入射光功率很大时把放大器的增益自动控制在固定的输出电平上。低通滤波器的作用是减小噪声,均衡整形电压脉冲,避免码间干扰。已知接收机的噪声与其带宽成正比,使用带宽 Δf 小于比特率 B 的低通滤波器可降低接收机噪声(通常 $\Delta f = B/2$)。因为接收机其他部分具有较大的带宽,所以接收机带宽将由低通滤波器带宽所决定。此时,由于 $\Delta f < B$,所以滤波器使输出脉冲发生展宽,使前后码元波形互相重叠,在检测判决时就有可能将“1”码错判为“0”码或将“0”码错判为“1”码,这种现象就叫作码间干扰。

均衡滤波的作用就是将输出波形均衡成具有升余弦频谱函数特性,做到判决时无码间干扰。因为前置放大器、主放大器以及均衡滤波电路起着线性放大的作用,所以有时也称为线性信道。

5.3.3　数据恢复

光接收机的数据恢复部分包括判决电路和时钟恢复电路,它的任务是把均衡器输出的升余弦波形恢复成数字信号。

1. 判决

为了判定每一码元是“0”还是“1”,首先要确定判决的时刻,这就需要从升余弦波形中在 $f = B$ 点提取准确的时钟信号,该信号提供有关比特时隙 $T_B = 1/B$ 的信息,时钟信号经过适当的移相后,在最佳的取样时间对升余弦波形进行取样,然后将取样幅度与判决阈值进行比较,确定码元是“0”还是“1”,从而把升余弦波形恢复再生成原传输的数字信号,如图 5.5.1 所示。最佳的判决时间应是升余弦波形的正负峰值点,这时取样幅度最大,抵抗噪声的能力最强。

2. 时钟提取

在归零码（Return-to-Zero，RZ）调制情况下，接收信号中，在 $f=B$ 处，存在着频谱成分，使用窄带滤波器（如表面声波滤波器）可以很容易提取出时钟信号。但在非归零（NRZ）码情况下，因为接收到的信号在 $f=B$ 处缺乏信号频谱成分，所以时钟恢复困难些。通常采用的时钟恢复技术是在 $f=B/2$ 处对信号频谱成分进行平方律检波，然后经高通滤波而获得时钟信号。时钟提取电路不仅应该稳定可靠，抗连"0"或连"1"性能好，而且应尽量减小时钟信号的抖动。时钟抖动在中继器的积累会给系统带来严重的危害。有关抖动问题将在 5.5.3 节进行讨论。

3. 眼图分析码间干扰

在实验室观察码间干扰是否存在的最直观、最简单的方法是眼图分析法，如图 5.3.3 所示。均衡滤波器输出的随机脉冲信号输入示波器的 Y 轴，用时钟信号作为外触发信号，就可以观察到眼图。眼图的张开度受噪声和码间干扰的影响，当输出端信噪比很大时，张开度主要受码间干扰的影响。因此，观察眼图的张开度就可以估计出码间干扰的大小，这给均衡电路的调整提供了简单而适用的观测手段。由于受噪声和码间干扰的影响，误码总是存在的，数字光接收机设计的目的就是使这种误码减小到最小，通常误码率的典型值为 10^{-9}。

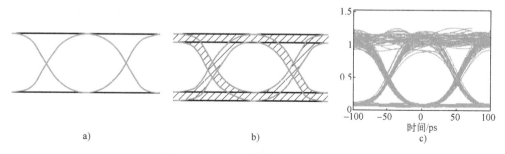

图 5.3.3 NRZ 码数字光接收机眼图
a）理想的眼图 b）因噪声恶化的眼图 c）实测眼图

5.4 接收机信噪比（SNR）

光接收机使用光电二极管将入射光功率 P_{in} 转换为电流，式（5.1.1）是在没有考虑噪声的情况下得到的光生电流。然而，即使对于设计制造很好的接收机，当入射光功率不变时，两种基本的噪声——散粒噪声和热噪声也会引起光生电流的起伏。假如 I_p 是平均电流，$I_p=RP_{in}$ 关系式仍然成立。然而，电流起伏引入的电噪声却影响接收机性能。本节的目的就是回顾噪声机理，并讨论光接收机的信噪比（SNR）。

5.4.1 噪声机理

本节讨论散粒噪声和热噪声，有关激光器引起的强度噪声见4.6.4节。

1. 散粒噪声

光生电流是一种随机产生的电流，散粒噪声是由探测器本身引起的，它围绕着一个平均统计值而起伏，这种无规则的起伏就是散粒噪声。

在光电二极管中，入射光功率产生的光生电流为

$$I(t) = I_P + i_s(t) \tag{5.4.1}$$

式中，$I_P = RP_{in}$ 是平均信号光电流，$i_s(t)$ 是散粒噪声的电流起伏，与之有关的均方散粒噪声电流为

$$\sigma_s^2 = i_s^2(t) = 2qI_P\Delta f \tag{5.4.2}$$

式中，Δf 是接收机带宽，q 是电子电荷。当暗电流 I_d 不可忽略时，均方散粒噪声电流是

$$\sigma_s^2 = 2q(I_P + I_d)\Delta f \tag{5.4.3}$$

为了降低 σ_s^2 对系统的影响，通常在判决之前使用低通滤波器，使接收信道的带宽变窄。

2. 热噪声

由于电子在光电二极管负载电阻 R_L 上随机热运动，即使在外加电压为零时，也产生电流的随机起伏。这种附加的噪声成分就是热噪声电流，记作 $i_T(t)$，与此有关的均方热噪声电流 σ_T^2 为

$$\sigma_T^2 = (4k_BT/R_L)\Delta f \tag{5.4.4}$$

该噪声电流经放大器放大后要扩大 F_n 倍，这里 F_n 是放大器噪声指数，于是式（5.4.4）变为

$$\sigma_T^2 = (4k_BT/R_L)F_n\Delta f \tag{5.4.5}$$

总的电流起伏 $\Delta I = I - I_P = i_s + i_T$，因此可以获得总的均方噪声电流为

$$\sigma^2 = \Delta I^2 = \sigma_s^2 + \sigma_T^2 = 2q(I_P + I_d)\Delta f + \frac{4k_BT}{R_L}F_n\Delta f \tag{5.4.6}$$

式（5.4.6）可被用来计算光电流信噪比。

5.4.2 PIN 光接收机的信噪比

光接收机的性能取决于信噪比。本节讨论使用 PIN 光电二极管作为光探测器的接收机信噪比（SNR）。定义信噪比为平均信号功率和噪声功率之比，并考虑到电功率与电流的平方成正比，这时 SNR 可由式（5.4.7）求出。

$$SNR = I_P^2/\sigma^2 \tag{5.4.7}$$

将 $I_P = RP_{in}$ 以及式（5.4.6）代入式（5.4.7），可获得 SNR 与入射光功率的关系

$$\mathrm{SNR} = \frac{R^2 P_{\mathrm{in}}^2}{2q(RP_{\mathrm{in}}+I_{\mathrm{d}})\Delta f + 4(k_{\mathrm{B}}T/R_{\mathrm{L}})F_{\mathrm{n}}\Delta f} \tag{5.4.8}$$

式中，$R = \eta q/h\nu$ 是 PIN 光电二极管的响应度。

1. 热噪声限制系统（$\sigma_{\mathrm{T}} \gg \sigma_{\mathrm{s}}$）

当均方根噪声（RMS）$\sigma_{\mathrm{T}} \gg \sigma_{\mathrm{s}}$，接收机性能受限于热噪声，在式（5.4.8）中，忽略散粒噪声后，SNR 变为

$$\mathrm{SNR} = (R_{\mathrm{L}}R^2/4k_{\mathrm{B}}TF_{\mathrm{n}}\Delta f)P_{\mathrm{in}}^2 \tag{5.4.9}$$

式（5.4.9）表明在热噪声占支配地位时，SNR 随 P_{in}^2 变化，且增加负载电阻也可以提高 SNR。如 5.3.1 节讨论的那样，这就是为什么大多数接收机使用高阻或转移阻抗前置放大器的道理。

2. 散粒噪声限制系统（$\sigma_{\mathrm{s}} \gg \sigma_{\mathrm{T}}$）

由式（5.4.8）可知，当 P_{in} 很大时，由于 σ_{s}^2 随 P_{in} 线性增大，接收机性能将受限于散粒噪声（$\sigma_{\mathrm{s}} \gg \sigma_{\mathrm{T}}$），这时暗电流可以忽略，此时式（5.4.8）变为

$$\mathrm{SNR} = \frac{RP_{\mathrm{in}}}{2q\Delta f} = \frac{\eta P_{\mathrm{in}}}{2h\nu\Delta f} = \eta N_{\mathrm{P}} \tag{5.4.10}$$

式中，η 是量子效率、Δf 是带宽，$h\nu$ 是光子能量，N_{P} 是 "1" 码中包含的光子数。在散粒噪声受限系统中，$N_{\mathrm{P}} = 100$ 时，$\mathrm{SNR} = 20\,\mathrm{dB}$。相反，在热噪声受限系统中，几千个光子才能达到 20 dB 的信噪比。

【例 5.4.1】 PIN 光电二极管的信号和噪声

有一个短距离 $0.85\,\mu\mathrm{m}$ 波长光纤通信系统，使用 LED 光源，其发射功率为 10 mW，PIN 光电二极管的响应度为 0.5 A/W，暗电流为 2 nA，负载电阻为 50 Ω，接收机带宽为 10 MHz，温度为 300 K(27℃)。光缆损耗为 20 dB，光源和光纤耦合损耗为 14 dB，多个接头和连接器引起的损耗为 10 dB。计算到达 PIN 接收机的光功率、光生电流和电信号功率、散粒噪声和热噪声以及信噪比。

解： 系统总损耗为 $14+10+20 = 44$（dB），已知 $P_1 = 10\,\mathrm{mW}$。从附录式（C.1）$\mathrm{dB} = 10\lg(P_2/P_1)$ 可以得到 $P_2/P_1 = 10^{-4.4} = 4\times10^{-5}$，由此可以获得到达接收机的光功率为

$$P_{\mathrm{rec}} = P_2 = 4\times10^{-5}\times10 = 4\times10^{-4}(\mathrm{mW}) = 0.4\,(\mu\mathrm{W})$$

已知 PIN 光电二极管的响应度 $R = 0.5\,\mathrm{A/W}$，所以从式（5.1.1）可以计算出光生电流为

$$I_{\mathrm{P}} = RP_{\mathrm{in}} = 0.5\times0.4 = 0.2\,(\mu\mathrm{A}) = 200\,(\mathrm{nA})$$

暗电流为 2 nA，与光生电流相比可以忽略不计，光生电信号功率与光生电流的平方成正比，所以光生电信号功率为

$$P_{\mathrm{P}} = I_{\mathrm{P}}^2 R_{\mathrm{L}} = (0.2\times10^{-6})^2\times50 = 2\times10^{-12}(\mathrm{W})$$

由式（5.4.2）可以得到散粒噪声，再乘以负载电阻 $R_L=50\,\Omega$，就可以得到散粒噪声功率

$$P_s=\sigma_s^2 R_L=i_s^2(t)R_L=2qI_P\Delta fR_L=2\times(1.6\times10^{-19})(0.2\times10^{-6})\times10^7\times50=3.2\times10^{-17}(\text{W})$$

同理可得到热噪声功率为

$$P_T=\sigma_T^2 R_L=i_T^2(t)R_L=(4k_BT/R_L)\Delta fR_L=4k_BT\Delta fR_L$$
$$=4(1.38\times10^{-23})\times300\times10^7=1.66\times10^{-13}(\text{W})$$

热噪声功率与散粒噪声功率相比，前者是后者的 10^4 倍，所以散粒噪声可以忽略不计，此时信噪比由式（5.4.9）给出，即

$$SNR=\frac{P_P}{P_T}=\frac{2\times10^{-12}}{1.66\times10^{-13}}=12$$

如果用分贝表示，则是 $SNR=10\lg12=10.8\,dB$。

5.4.3　APD 接收机的信噪比

使用雪崩光电二极管（APD）的光接收机，在相同入射光功率下，通常具有较高的 SNR。这是由于 APD 的内部增益使产生的光电流扩大了 M 倍，即

$$I_P=R_{APD}P_{in}=MRP_{in} \tag{5.4.11}$$

式中，$R_{APD}=MR$ 是 APD 的响应度，与 PIN 光电二极管相比扩大了 M 倍。假如接收机的噪声不受 APD 内部增益机理的影响，SNR 就有可能提高 M^2 倍。但实际上，APD 接收机的噪声也扩大了，从而限制了 SNR 的提高。

APD 接收机的热噪声与 PIN 的相同，但是散粒噪声却受到平均雪崩增益的影响，其值为

$$\sigma_s^2=2qM^2F_A(RP_{in}+I_d)\Delta f \tag{5.4.12}$$

式中，F_A 是 APD 的过剩噪声指数，由式（5.4.13）给出，即

$$F_A(M)=k_AM+(1-k_A)(2-1/M) \tag{5.4.13}$$

式中，k_A 是空穴和电子电离系数之比。对于电子控制的雪崩过程，空穴电离率小于电子电离率（$\alpha_e>\alpha_h$），$k_A=\alpha_h/\alpha_e$；对于空穴控制的雪崩过程，$\alpha_h>\alpha_e$，$k_A=\alpha_e/\alpha_h$。为了使 APD 的性能最好，k_A 应尽可能小。通常可用 $F_A(M)=M^x$ 近似表示 APD 的过剩噪声指数，式中 x 是与材料、APD 结构和初始载流子类型（电子和空穴）有关的指数，对于 Si，$x=0.3\sim0.5$；对于 Ge 和 InGaAs，$x=0.7\sim1$。

在实际的接收机中，当热噪声和散粒噪声都存在时，APD 接收机的信噪比为

$$SNR=\frac{I_P^2}{\sigma_s^2+\sigma_T^2}=\frac{(MRP_{in})^2}{2qM^2F_A(RP_{in}+I_d)\Delta f+4(k_BT/R_L)F_n\Delta f} \tag{5.4.14}$$

式中，I_P^2、σ_s^2 和 σ_T^2 分别通过式（5.4.11）、式（5.4.12）和式（5.4.5）计算给出。在热噪声限制接收机中，（$\sigma_T\gg\sigma_s$），SNR 变为

$$\mathrm{SNR} = \left(R_{\mathrm{L}} R^2 / 4 k_{\mathrm{B}} T F_{\mathrm{n}} \Delta f \right) M^2 P_{\mathrm{in}}^2 \tag{5.4.15}$$

与式（5.4.9）相比，APD 接收机的 SNR 是 PIN 接收机的 M^2 倍，所以 APD 接收机在热噪声限制接收机中具有非常大的吸引力。

在散粒噪声限制的接收机中（$\sigma_s \gg \sigma_{\mathrm{T}}$），SNR 变为

$$\mathrm{SNR} = \frac{R P_{\mathrm{in}}}{2 q F_{\mathrm{A}} \Delta f} = \frac{\eta P_{\mathrm{in}}}{2 h \nu F_{\mathrm{A}} \Delta f} \tag{5.4.16}$$

与式（5.4.10）相比，此时的 SNR 是 PIN 接收机的 $1/F_{\mathrm{A}}$。

【例 5.4.2】 APD 光电二极管的信噪比计算

将【例 5.4.1】中的 PIN 探测器替换为响应度 $M = 160$ 倍的 APD 探测器，其他条件不变，即入射到接收机探测器上的光功率仍然是 $0.4\,\mu\mathrm{W}$，计算 SNR。

解： 散粒噪声功率从 3.2×10^{-17} W 增加到 $P_s = (3.2 \times 10^{-17}) M^2 = (3.2 \times 10^{-17}) \times 160^2 = 8.19 \times 10^{-13}(\mathrm{W})$。

热噪声功率 $P_{\mathrm{T}} = 1.66 \times 10^{-13}$ W，保持不变。现在，散粒噪声功率约是热噪声功率的 5 倍，系统几乎成了散粒噪声受限系统。信号功率也放大了 M^2 倍，即

$$P_{\mathrm{P}} = (2 \times 10^{-12}) \times 160^2 = 5.12 \times 10^{-8}(\mathrm{W})$$

如果两种噪声都考虑在内，则 SNR 为

$$\mathrm{SNR}_{\mathrm{APD}} = \frac{P_{\mathrm{P}}}{P_{\mathrm{T}} + P_s} = \frac{5.12 \times 10^{-8}}{8.19 \times 10^{-13} + 1.66 \times 10^{-13}} = 52000$$

也就是 $47.2\,\mathrm{dB}$。由此可见，APD 接收机的 SNR 是 PIN 接收机的 4.4 倍。

5.4.4　光信噪比（OSNR）和信噪比的关系

在经典的通信理论中，信噪比（SNR）是信号和噪声之比，这里信号和噪声均是只包含一种极化态的信号和噪声。在使用偏振复用相干接收的今天，只考虑信噪比就不够了，必须引入光信噪比的概念。在考虑光信噪比（OSNR）时，信号是包含一种或两种极化态的信号，而噪声是两种极化态噪声之和，并且噪声是在固定带宽 12.5 GHz 内的噪声。

定义光信噪比为

$$\mathrm{OSNR} = \frac{N_{\mathrm{pol}} P_s^{\mathrm{pol}}}{2 B_{\mathrm{ref}} S_{\mathrm{ASE}}} \tag{5.4.17}$$

式中，N_{pol} 表示信号占据的极化态数，P_s^{pol} 表示在一种极化情况下的信号功率，B_{ref} 表示噪声参考带宽（12.5 GHz），S_{ASE} 表示每极化态放大自发辐射（ASE）噪声频谱密度，分母中的 2 表示是两种极化态。

光信噪比 OSNR 和信噪比 SNR 的关系取决于信号是否是极化分集复用（Polarization Division Multiplexed，PDM），没有 PDM 时 $N_{\mathrm{pol}} = 1$，有 PDM 时 $N_{\mathrm{pol}} = 2$。

5.5　接收机误码率、Q 参数和信噪比

数字接收机的性能指标由比特误码率（BER）决定，BER 定义为码元在传输过程中出现差错的概率，工程中常用一段时间内出现误码的码元数与传输的总码元数之比来表示。例如，BER = 10^{-6}，则表示每传输百万比特只允许错 1 比特，如 BER = 10^{-9}，则表示每传输 10 亿比特只允许错 1 比特。通常，数字光接收机要求 BER $\leqslant 10^{-9}$。此时，接收机灵敏度定义为保证比特误码率为 10^{-9} 时，要求的最小平均接收光功率（$\overline{P}_{rec}$）。假如一个接收机用较少的入射光功率就可以达到相同的性能指标，那么我们说该接收机更灵敏些。影响接收机灵敏度的主要因素是各种噪声。

超强前向纠错（SFEC）和电子色散补偿的应用，使纠错能力大为提高，当 Q = 6.3 dB 时，容许系统送入纠错模块前的 BER 甚至可以达到 2×10^{-2}。有关这部分的介绍见 8.1 节。

既然接收机灵敏度 $\overline{P}_{rec}$ 与比特误码率有关，那么就从计算数字接收机 BER 开始。

5.5.1　比特误码率和 Q 参数

图 5.5.1 为噪声引起信号误码的图解说明。由图可见，由于叠加了噪声，使"1"码在判决时刻变成"0"码，经判决电路后产生了一个误码。

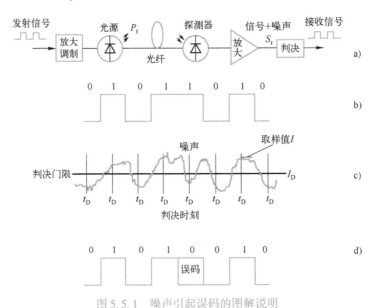

图 5.5.1　噪声引起误码的图解说明

a）系统构成　b）发射信号 $P_t(t)$　c）在接收端探测到的带有噪声的近似于升余弦波形信号 $S_r(t)$

d）由于噪声叠加，使"1"码在判决时刻变成"0"码，经判决电路后产生了一个误码

图 5.5.2a 表示判决电路接收到的信号，由于噪声的干扰，在信号波形上已叠加了随机起伏的噪声。判决电路用恢复的时钟在判决时刻 t_D 对叠加了噪声的信号取样。等待取样的"1"码信号和"0"码信号分别围绕着平均值 I_1 和 I_0 摆动。判决电路把取样值与判决门限 I_D 比较。如果 $I>I_D$，认为是"1"码；如果 $I<I_D$，则认为是"0"码。由于接收机噪声的影响，可能把比特"1"判决为 $I<I_D$，误认为是"0"码；同样也可能把"0"码错判为"1"码。误码率包括这两种可能引起的误码，因此误码率为

$$\text{BER} = P(1)P(0/1) + P(0)P(1/0) \tag{5.5.1}$$

式中，$P(1)$ 和 $P(0)$ 分别是接收"1"和"0"码的概率，$P(0/1)$ 是把"1"判为"0"的概率，$P(1/0)$ 是把"0"判为"1"的概率。对脉冲编码调制（PCM）比特流，"1"和"0"发生的概率相等，$P(1)=P(0)=1/2$。因此比特误码率为

$$\text{BER} = \frac{1}{2}\left[P(0/1) + P(1/0) \right] \tag{5.5.2}$$

图 5.5.2a 表示判决电路接收到的叠加了噪声的 PCM 比特流，图 5.5.2b 表示"1"码信号和"0"码信号在平均信号电平 I_1 和 I_0 附近的高斯概率分布，阴影区表示当 $I_1<I_D$ 或 $I_0>I_D$ 时的错误识别概率。

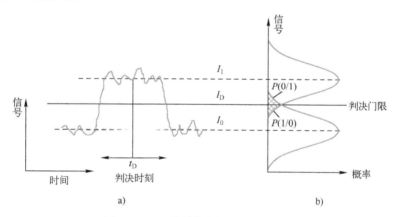

图 5.5.2　二进制信号的误码概率计算

a）判决电路接收到的叠加了噪声的 PCM 比特流，判决电路在判决时刻 t_D 对信号取样

b）"1"码信号和"0"码信号在平均信号电平 I_1 和 I_0 附近的高斯概率分布。

阴影区表示当 $I_1<I_D$ 或 $I_0>I_D$ 时的错误识别概率

可以证明，最佳判决值的比特误码率为[4]

$$\text{BER} = \frac{1}{2}\text{erfc}\left(\frac{Q}{\sqrt{2}} \right) \approx \frac{\exp(-Q^2/2)}{Q\sqrt{2\pi}} \tag{5.5.3}$$

式中

$$Q = \frac{I_1 - I_0}{\sigma_1 + \sigma_0} \qquad\qquad (5.5.4)$$

式中，σ_1 表示接收"1"码的噪声电流，σ_0 表示接收"0"码时的噪声电流，erfc 代表误差函数 erf(x) 的互补函数。

图 5.5.3 表示 Q 参数和比特误码率（BER）及接收到的信噪比（SNR）的关系，信号用峰值（pk）功率表示，噪声用均方根噪声（rms）功率表示。由图可见，随 Q 值的增加，BER 下降，当 $Q>7$ 时，BER$<10^{-12}$。因为 $Q=6$ 时，BER$=10^{-9}$，所以 $Q=6$ 时的平均接收光功率就是接收机灵敏度。近来由于超强前向纠错（SFEC）和电子色散补偿的应用，使纠错能力大为提高，此时 Q 值和 BER 的关系见 9.2.1 节。

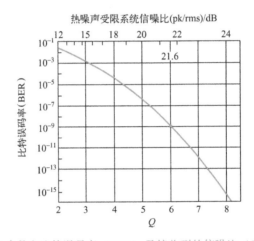

图 5.5.3　Q 参数和比特误码率（BER）及接收到的信噪比（SNR）的关系

5.5.2　比特误码率和 Q 参数、信噪比的关系

比特误码率（BER）表达式（5.5.3）可被用来计算最小接收光功率，所谓最小接收光功率是指 BER 低于指定值使接收机可靠工作所需要的功率，为此，应建立 Q 与入射光功率的关系。为了简化起见，考虑"0"码时不发射光功率，即 $P_0=0$，$I_0=0$。"1"码功率 P_1 与电流 I_1 的关系为

$$I_1 = MRP_1 = 2MR\overline{P}_{\text{rec}} \qquad\qquad (5.5.5)$$

式中，R 是光探测器响应度，$\overline{P}_{\text{rec}}$ 是平均接收光功率，定义为 $\overline{P}_{\text{rec}} = (P_1 + P_0)/2$，$M$ 为 APD 雪崩增益倍数。$M=1$ 为 PIN 接收机。

均方噪声电流 σ_1 和 σ_0 包括分别由式（5.4.3）和式（5.4.5）给出的散粒噪声 σ_{s} 和热噪声 σ_{T} 项。σ_1 和 σ_0 的表达式分别是

$$\sigma_1 = (\sigma_{\text{s}}^2 + \sigma_{\text{T}}^2)^{\frac{1}{2}}, \quad \sigma_0 = \sigma_{\text{T}} \qquad\qquad (5.5.6)$$

σ_s^2 和 σ_T^2 更准确的表达式为

$$\sigma_s^2 = 2qM^2 F_A R(2\overline{P}_{rec})\Delta f \tag{5.5.7}$$

$$\sigma_T^2 = (4k_B T/R_L)F_n \Delta f \tag{5.5.8}$$

式（5.5.7）和式（5.5.8）忽略了暗电流的影响。将式（5.5.5）和式（5.5.6）代入式（5.5.4），可得到

$$Q = \frac{I_1}{\sigma_1 + \sigma_0} = \frac{2MR\overline{P}_{rec}}{(\sigma_s^2 + \sigma_T^2)^{1/2} + \sigma_T} \tag{5.5.9}$$

如果把 LD 强度噪声（RIN）考虑进去，在式（5.5.9）中，还要增加 σ_{RIN}^2 项[7]。

对于指定的 BER，由式（5.5.3）求得 Q 值。对于给定的 Q 值，解式（5.5.9），可得到接收机灵敏度

$$\overline{P}_{rec} = \frac{Q}{R}\left(q\Delta f F_A Q + \frac{\sigma_T}{M}\right) \tag{5.5.10}$$

接收机灵敏度除了可以用要求的最小平均接收光功率量度外，还可以用 BER 为 10^{-9} 时，比特"1"包含的平均光子数 N_P 量度。

在受热噪声限制的接收机中，$\sigma_1 \approx \sigma_0$，使用 $I_0 = 0$，式（5.5.4）变为 $Q = I_1/2\sigma_1$，式（5.4.7）变为

$$SNR = I_1^2/\sigma_1^2 = 4(I_1/2\sigma_1)^2 = 4Q^2 \tag{5.5.11}$$

因为 BER $= 10^{-9}$ 时，$Q = 6$，所以 SNR 必须至少为 144 或 21.6 dB。

在散粒噪声受限的系统中，$\sigma_0 \approx 0$，假如暗电流的影响可以忽略，"0"码的散粒噪声也可以忽略，此时 $Q = I_1/\sigma_1 = (SNR)^{1/2}$，或

$$Q^2 = SNR \tag{5.5.12}$$

于是可得到信噪比与 Q 的简单表达式。为了使 BER $= 10^{-9}$，SNR $= 36$ 或 15.6 dB 就足够了。从 5.4.2 节的讨论得知，SNR $= \eta N_P$［见式（5.4.10）］，所以 $Q = (\eta N_P)^{1/2}$，把此式代入式（5.5.3）中，得到受散粒噪声限制的系统比特误码率为

$$BER = \frac{1}{2}erfc\left(\frac{Q}{\sqrt{2}}\right) = \frac{1}{2}erfc\left(\sqrt{\frac{\eta N_P}{2}}\right) \tag{5.5.13}$$

对于 100% 量子效率的接收机（$\eta = 1$），当 $N_P = 36$ 时，BER $= 10^{-9}$。实际上，大多数受热噪声限制的系统，要想达到 BER $= 10^{-9}$，N_P 必须接近 1000。

由式（5.5.3）、式（5.5.13）和图 5.5.3 可知，BER 与 Q 值有关。式（5.5.12）可知，Q^2 正好等于 SNR。9.2.3 节还将得出结论，Q^2 正好也等于光信噪比（OSNR）。所以，通常使用 Q 值的大小来衡量系统性能的好坏。在工程应用中，通过测量 BER，计算 Q 值，Q 值与 BER 换算如表 9.2.1 所示。

5.5.3 收发机功率代价

5.5.2 节对接收机灵敏度进行了分析，这仅仅局限于只考虑接收机噪声的情况，并且假定是理想接收，即 "1" 码为恒定能量的光脉冲，"0" 码的能量为零。但实际上，光发射机发射的光信号偏离理想的情况，所以引起最小接收平均光功率的增加，这种增加就称为 "功率代价"。许多因素可引起功率代价，有些是在光纤传输时产生的，有些即使不经光纤传输也存在。下面简要讨论各种因素引起的功率代价，主要讨论与光纤无关的因素。

1. 发射 "0" 码时接收光功率不为零引入的功率代价

在 5.5 节中，假定发射全 "0" 码时，接收光功率 P_0 为零，事实上 P_0 取决于偏流 I_b 和阈值电流 I_{th}。假如 $I_b < I_{th}$，$P_0 \ll P_1$，这里 P_1 是发射全 "1" 码时的接收光功率。消光比（Extinction Ratio，EXR）定义为

$$r_{EXR} = P_0 / P_1 \tag{5.5.14}$$

理想情况下，$P_0 = 0$，$r_{EXR} = 0$，实际上 $P_0 \neq 0$，所以引起功率代价。对于 PIN 接收机，功率代价为

$$\delta_{EXR} = 10 \lg \left(\frac{1 + r_{EXR}}{1 - r_{EXR}} \right) \tag{5.5.15}$$

实际上，偏流小于阈值时，通常 $r_{EXR} < 0.05$，功率代价小于 0.4 dB，可以忽略。对于 APD 接收机，通常功率代价要比 PIN 接收机在相同 r_{EXR} 值时扩大 2 倍。

2. 激光器强度噪声引入的功率代价

在 5.4.1 节的噪声分析中，假定入射到接收机的光功率没有波动，实际上，任何激光器的光发射均有功率的波动。光接收机把这种功率的波动转换成电流的起伏，这就是强度噪声，对于大多数数字光接收机，光发射机的强度噪声可以忽略。但是对于模拟光纤系统和相干检测系统，如在 7.2.2 节中讨论的微波副载波系统和 7.4.3 节讨论的相干检测系统，强度噪声就变成一个限制因素。

3. 定时抖动引起的功率代价

5.5.2 节计算灵敏度时，假定在电压脉冲的峰值对信号取样，实际上，判决时刻由时钟恢复电路确定。因为输入到时钟恢复电路信号噪声的影响，取样时刻围绕着比特信号波形中心平均值摆动，这种摆动就叫作定时抖动，这种定时抖动也引起功率代价。

除以上三种功率代价与光纤传输无关外，还有与光纤有关的模式噪声、光纤色散展宽、频率啁啾以及反射均可以引入功率代价，有关这些内容将在 9.4.4 节介绍。

5.6　光接收机

5.6.1　光接收机性能

光接收机的性能用系统 BER 随平均接收光功率的变化来表征，BER $= 10^{-9}$ 时的平均接收光功率为接收机灵敏度。对同一系统来说，接收灵敏度与比特速率有关，比特速率越高，接收灵敏度越低；光纤色散也使灵敏度下降。光纤色散导致的灵敏度下降与比特速率 B 和光纤长度 L 有关，并随 BL 乘积增加而增加，对于比特速率高达 10 Gbit/s 的系统，接收机灵敏度通常大于 -20 dBm。

光接收机的性能可能随时间增加而劣化，对实际运行的系统，不可能常常进行误码率测试，因此一般通过观察接收信号眼图来监测系统性能。不经光纤传输时，眼图张得很开；但经光纤传输后，由于光纤色散，使 BER 下降，反映为眼图变坏，出现部分关闭，如图 5.3.3 所示。因此通过对眼图的监测，可知道系统性能的劣化情况。

1.3~1.6 μm 波长的光接收机性能通常受限于热噪声，采用 APD 接收机，灵敏度可以比 PIN 接收机高，但由于 APD 倍增噪声的存在，这种灵敏度的提高将受到限制，灵敏度的提高只能达到 5~6 dB。用每比特接收到的平均光子数表示，APD 接收机要求接近 1000 个光子/比特，与量子极限（10 光子/比特）相比还差得很远。热噪声的影响可以通过采用相干接收的方式而大大减小，在相干接收中，接收灵敏度可以只比量子极限低 5 dB。

近来超强前向纠错（SFEC）和电子色散补偿的应用，使纠错能力大为提高，$Q = 6.3$ dB 时，允许系统送入纠错模块前的 BER 甚至可以达到 2×10^{-2}（见 8.1.1 节）。

5.6.2　电子载流子（UTC）光接收机

5.2.4 节已介绍了电子载流子（UTC）光探测器，利用它的芯片制造技术，人们已开发出 43 Gbit/s DQPSK 系统用的 2 信道平衡接收模块，如图 5.6.1 所示［OFC 2009，OMK1］。1550 nm 波长的直流响应度高达 1 A/W，这是因为吸收层很厚，约为 1.2 mm。不同信道间极化相关损耗和响应度的变化分别为 0.2 dB 和 0.1 dB。负载电阻 50 Ω 时，3 dB 带宽是 24 GHz，PD 输出连接到 2 信道 InP HBT IC 芯片上。该模块有射频 RF 输出和 DC 供给端口，光耦合由透镜和光纤完成。光/电转换增益和 3 dB 带宽分别是 1200 V/W 和 14 GHz。图 5.6.2 为用于 43 Gbit/s DQPSK 系统的 21.5 Gbit/s 信道的输出眼图波形，每个 PD 输入 3 个不同的功率 -2 dBm、-5 dBm 和 -10 dBm。由图可见，尽管输入变化很大，但眼图张开得都很好。PD 输入功率从 -2 dBm 变化到 -10 dBm 范围内，OSNR 为 19.5 dB，Q 值是 15 dB。

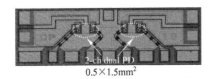

图 5.6.1　2 信道双 PD 芯片（4 PD 阵列）
平衡接收模块

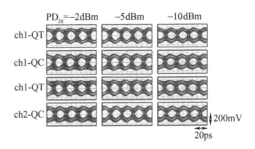

图 5.6.2　不同输入功率 4 个 PD 的眼图

5.6.3　阵列波导光栅（AWG）多信道光接收机

在 WDM 系统中，最重要的器件是直接能把波长信道分解出来的波长解复用接收机，如图 5.6.3 所示，它单片集成了阵列波导光栅（AWG）路由（WGR）波长解复用器和阵列 PIN 光探测器，并且在 PIN 之后紧接着又集成了异质结双极晶体管（Heterojunction Bipolar Transistors，HBT）作为前置放大器。WGR 的自由光谱范围（FSR）是 800 GHz（6.5 nm），设计用于信道间距 100 GHz（0.8 nm）的 8 个信道的 WDM 解复用（100 GHz×8 = 800 GHz）。

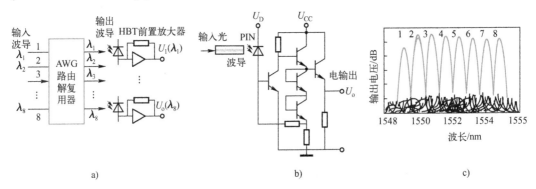

图 5.6.3　AWG 波长解复用器和阵列 PIN 光探测器接收机
a）原理结构图　b）波导 PIN/HBT 接收机　c）解复用接收机频谱图

图 5.6.4a 为今天使用的平面波导集成电路（PLC）多信道光接收机［OFC 2008，OWE3］，10×10 Gbit/s 的 WDM 光信号进入波导光栅解复用器（AWG）中解复用，AWG 输出与波长有关的 10 Gbit/s 信号，进入 PIN 光探测器阵列，该阵列可能是 5.2 节介绍的波导集成 UTC-PD 或 WD-PD 或 TW-PD。图 5.6.4b 为该多信道光接收机照片。为了提高输入到 AWG 输入端的光功率电平，也可以把半导体光放大器（SOA）集成在 AWG 的前端构成另一个新器件。

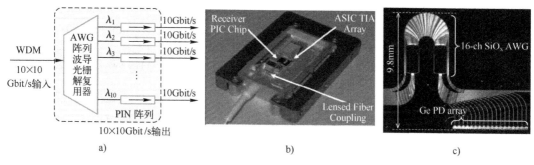

图 5.6.4　平面波导集成电路（PIC）多信道光接收机

a）集成了 AWG 和 PIN 阵列的 PLC 多信道光接收机　b）PIC 多信道光接收机模块

c）AWG 和 PIN 阵列显微图[36]

5.6.4　107 Gbit/s WG-PIN 行波放大光接收机

图 5.6.5a 和图 5.6.5b 为用于 107 Gbit/s 系统的波导集成 PIN 光电接收芯片和模块，图 5.6.5c 和图 5.6.5d 分别为在 PIN 之前还集成了行波放大器（TWA）的芯片和模块 [OFC 2009，OMK2]。WG-PIN 带宽大于 100 GHz，响应度大于 0.7 A/W，极化相关损耗小于 0.4 A/W。TWA 除提供 40 dBΩ 的转移阻抗、并省去了 100 GHz 的互连外，还提供备用增益。

图 5.6.6 给出 107 Gbit/s 系统 BER 测试构成方框图。光发射机由锁模脉冲激光器（MLL）和工作在 13.375 Gbit/s 的 OOK 调制器组成。光复用器经 3 级复用后把数据速率为 13.375 Gbit/s 的信号复用到 107 Gbit/s。光发射机输出 9 dBm。经测试，BER = 10^{-3} 时，OSNR ≈ 24 dB；BER = 10^{-9} 时，OSNR ≈ 33 dB。

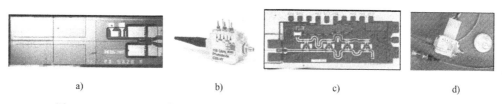

图 5.6.5　107 Gbit/s 波导 PIN/PIN 行波放大器（TWA）光电集成芯片和模块

a）PIN WG-PD 芯片　b）PIN WG-PD 模块　c）PIN TWA 芯片　d）PIN TWA 模块

表 5.6.1 给出几种商用高速光探测器或光接收机的性能指标。DPSK 平衡光接收机模块是两路光输入，差分射频输出，该模块有两个集成在一个芯片上的波导 PIN 探测器，每个 PIN 之后紧接着是输出缓冲转移阻抗放大器（TIA）。100 GHz 波导探测器的外形见图 5.3.1b。

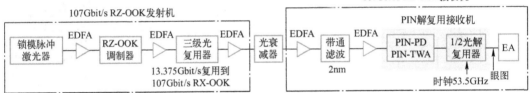

图 5.6.6　由 RZ-OOK 解复用光电接收模块组成的 107 Gbit/s 测试系统

表 5.6.1　高速光探测器/光接收机性能指标

光探测器/接收机类型	43 Gbit/s 光接收机 （双路光输入，射频差分输出）		高速光探测器	
	平衡光探测器	DPSK 平衡光接收机	70 GHz	100 GHz
工作波长/nm	1480~1620	1530~1620	1480~1620	1480~1620
输入光功率范围/dBm	−20~13	−10~4	−20~13	−20~10
灵敏度/dBm	—	−8	—	—
PD 反向电压/V	2.8	2.25	2.8	2.0
放大器供给电压/V	—	−5.2	—	—
差分转换增益/（V/W）	—	2400	—	—
直流响应度/（A/W）	0.6	0.6	0.6	0.5
偏振相关损耗（PDL）/dB	0.2~0.4	0.4	0.3	0.5
回波损耗（ORL）/dB	>27	>27	>27	>27
3 dB 截止频率/GHz	42	22	75	90~100
低频截止频率/kHz	—	100	—	—
暗电流/nA	5~200 nA	200	200	5~200
脉冲宽度/ps（交流耦合）	11	—	7.5	7.5

复习思考题

5-1　光探测器的作用和原理是什么？

5-2　简述半导体光电效应发生的条件。

5-3　什么是雪崩增益效应？

5-4　光纤通信中最常用的光探测器是哪几种？比较它们的优缺点。

5-5　PIN 和 APD 探测器的主要区别是什么？

5-6 单行载流子光探测器（UTC-PD）为什么能够在高速系统中使用？

5-7 简述波导型探测器（WG-PD）和行波型探测器（TW-PD）的工作原理。

5-8 数字光接收机主要由哪几部分组成？

5-9 说明前置放大器和主放大器的功能区别。

5-10 光接收机中存在哪些噪声？

5-11 通常数字光接收机要求 BER 是多少？

5-12 光信噪比（OSNR）和信噪比（SNR）的主要区别是什么？

5-13 接收机灵敏度的定义是什么？

5-14 监测光纤通信系统性能好坏通常采用什么最直观简单的方法？

5-15 通常使用什么参数来衡量光纤通信系统性能的好坏？散粒噪声受限系统中 Q 和 SNR 的关系式是哪个？

习题

5-1 PIN 光电二极管的灵敏度

Si PIN 光电二极管具有直径为 0.4 mm 的光接收面积，当波长 700 nm 的红光以强度 0.1 mW/cm^{-2} 入射时，产生 56.6 nA 的光电流。请计算它的灵敏度和量子效率。

5-2 PIN 光电二极管带宽

PIN 光电二极管的分布电容是 5 pF，由电子-空穴渡越时间限制的上升时间是 2 ns，计算 3 dB 带宽和不会显著增加上升时间的最大负载电阻。

5-3 InGaAs APD 灵敏度

InGaAs APD 没有倍增时（$M = 1$），波长 1.55 μm 处的量子效率为 60%，当反向偏置时，倍增系数是 12。假如入射功率为 20 nW，光生电流是多少？倍增系数是 12 时，灵敏度又是多少？

5-4 Si APD 光电流与 PIN 光电流比较

Si APD 在 830 nm 没有倍增即 $M = 1$ 时的量子效率为 70%，反偏工作倍增系数 $M = 100$，当入射功率为 10 nW 时，光电流是多少？

5-5 理想光电二极管的最小接收光功率

考虑量子效率 $\eta = 1$ 没有暗电流的理想光电二极管，SNR = 1 时要求的最小光功率为

$$P_{in} = \frac{2hc}{\lambda} \Delta f$$

计算当 SNR = 1，$\Delta f = 1$ GHz，工作波长 1300 nm 时，理想光电二极管的最小光功率，对应的光电流又是多少？

5-6 PIN 接收机的 SNR

接收机使用 InGaAs PIN 光电二极管, 如图 5.3.2 所示, 负载电阻 $R_L = 1\,k\Omega$, 光电二极管暗电流 $I_d = 5\,nA$, 放大器带宽 $\Delta f = 500\,MHz$, 假如放大器没有噪声, 入射光功率 $P_{in} = 20\,nW$ 产生平均光电流 $I_P = 15\,nA$, 请计算接收机的信噪比 SNR。

5-7 APD 的噪声和最小光功率

当 InGaAs APD 的 $M = 10$ 时, $k_A = 0.7$。没有雪崩时的暗电流是 $10\,nA$, 带宽是 $700\,MHz$, 请计算:

(1) 单位均方根带宽的噪声电流是多少?

(2) $700\,MHz$ 带宽的噪声电流是多少?

(3) 如果 $M = 1$ 的响应度是 0.8, 那么 SNR = 10 时的最小光功率是多少?

第6章 光放大器

众所周知，任何光纤通信系统的传输距离都受光纤损耗或色散限制，因此，传统的长途光纤传输系统需要每隔一定的距离就增加一个再生中继器，以便保证信号的质量。这种再生中继器的基本功能是进行光-电-光转换，并在光信号转换为电信号时进行整形、再生和再定时（Reshaping，Regenerating，Retiming，3R）处理，恢复信号形状和幅度，然后再转换回光信号，沿光纤线路继续传输。这种方式有许多缺点。首先，通信设备复杂，系统的稳定性和可靠性不高，特别是在多信道光纤通信系统中更为突出，因为每个信道均需要进行波分解复用，然后进行光-电-光转换，经波分复用后再送回光纤信道传输，所需设备更复杂，费用更昂贵；其次，传输容量受到一定的限制。

多年来，人们一直在探索能否去掉上述光-电-光转换过程，直接在光路上对信号进行放大，然后再传输，即用一个全光传输中继器代替目前的这种光-电-光 3R 再生中继器。经过多年的努力，科学家们已经发明了几种光放大器，其中掺铒光纤放大器（EDFA）、分布光纤拉曼放大器（DRA）和半导体光放大器（SOA）技术已经成熟，众多公司已有商品出售。

6.1 光放大器基础

光放大器通过受激发射，使入射光信号放大，其机理与激光器的相同。光放大器只是一个没有反馈的激光器，其核心是当放大器被光或电泵浦时，使粒子数反转获得光增益，如图 6.1.1a 所示。该增益通常不仅与入射信号的频率（或波长）有关，而且与放大器内任一点的局部光强有关，该频率和光强与光增益的关系又取决于放大器介质。为了说明这个问题，须考虑同质展宽两能级系统增益介质模型，这种介质的增益系数可以写成

$$g(\omega,P)=\frac{g_0(\omega)}{1+(\omega-\omega_0)^2T_2^2+P/P_{sat}} \qquad (6.1.1)$$

它表示有源区单位长度获得的增益，其单位是 $1/m$。式中，$g_0(\omega)$ 是由放大器泵浦电平决定的峰值增益，ω 是入射信号光频，ω_0 是介质原子跃迁频率，P 是正在放大的信号光功率。P_{sat} 为饱和功率，与增益介质参数，如介质发光时间和跃迁渡越带（Transition Cross Section）有关。对于不同种类的放大器，它的表达式将在下面几节中给出。式（6.1.1）

中的 T_2 为偶极子张弛时间，其值一般相当小，取值范围为 $0.1\,\text{ps} \sim 1\,\text{ns}$。用式（6.1.1）可讨论光放大器的一些重要特性，如增益带宽、增益（放大倍数）以及输出饱和功率。在整个放大期间，若 $P/P_\text{sat} \ll 1$，则信号光功率在放大期间没有饱和，在此首先讨论这种情况。

6.1.1　增益频谱和带宽

对小信号放大，若 $P/P_\text{sat} \ll 1$，式（6.1.1）中的 P/P_sat 项可以忽略，增益系数变为

$$g(\omega) = \frac{g_0(\omega)}{1+(\omega-\omega_0)^2 T_2^2} \tag{6.1.2}$$

该式表明当入射光频与原子跃迁频率 ω_0 相同时增益最大，如图 6.1.1b 所示。当 $\omega \neq \omega_0$ 时，增益的减小可用洛伦兹（Lorentzian）分布曲线描述，该曲线表示同质展宽两能级系统的特性。下面将讨论的实际放大器增益频谱可能与洛伦兹曲线稍有不同。增益带宽 $\Delta\nu_\text{g}$ 定义为增益频谱曲线 $g(\omega)$ 半最大值的全宽。对于洛伦兹频谱曲线，增益带宽 $\Delta\nu_\text{g}$ 与 $\Delta\omega_\text{g} = 2/T_2$ 的关系是

$$\Delta\nu_\text{g} = \frac{\Delta\omega_\text{g}}{2\pi} = \frac{1}{\pi T_2} \tag{6.1.3}$$

例如，若半导体光放大器的 T_2 为 $0.1\,\text{ps}$，此时 $\Delta\nu_\text{g} \approx 3\,\text{THz}$。光通信系统需要增益带宽很大的放大器，因为此时即使对于多信道放大，在整个带宽内增益也几乎保持不变。

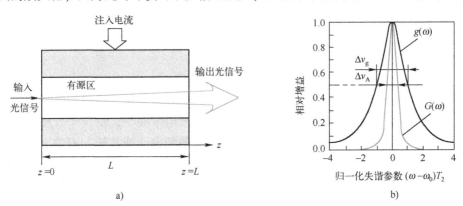

图 6.1.1　光放大器原理和增益分布曲线

a）行波半导体光放大器　b）光放大器增益分布曲线 $g(\omega)$ 和相应的放大器增益频谱曲线 $G(\omega)$

通常使用放大器带宽 $\Delta\nu_\text{A}$，而不用增益带宽 $\Delta\nu_\text{g}$，它们之间的关系推导如下：

放大器增益 G（有时也称放大倍数）为

$$G = P_\text{out}/P_\text{in} \tag{6.1.4}$$

式中，P_in 和 P_out 分别是正在放大的连续波（CW）信号的输入和输出功率。正在放大的光

功率 P 沿有源区 z 方向的分布是

$$\frac{\mathrm{d}P}{\mathrm{d}z}=g(\omega,P)P(z) \tag{6.1.5}$$

式中，$P(z)$ 是距输入端 z 处的光功率。用初始条件 $P(0)=P_{\mathrm{in}}$ 对式（6.1.5）直接积分得到

$$P(z)=P_{\mathrm{in}}\exp(gz) \tag{6.1.6}$$

由式（6.1.6）可知，信号功率随增益系数 g 和 z 指数增长。对于长度为 L 的放大器，当 $z=L$ 时，$P(L)=P_{\mathrm{out}}$，将式（6.1.6）代入式（6.1.4），可以得到放大倍数

$$G(\omega)=\exp[g(\omega,P)L] \tag{6.1.7}$$

因为 g 与频率 ω 有关，所以 G 与频率也有关。当 $\omega=\omega_0$ 时，放大器增益 $G(\omega)$ 和增益系数 $g(\omega)$ 均达到最大，且随 $\omega-\omega_0$ 的扩大而下降。然而，因为 G 是 g 的指数函数，所以 $G(\omega)$ 比 $g(\omega)$ 下降得更快，如图 6.1.1b 所示。放大器带宽 $\Delta\nu_{\mathrm{A}}$ 定义为 $G(\omega)$ 曲线半最大值的全宽，它与增益带宽 $\Delta\nu_{\mathrm{g}}$ 的关系是

$$\Delta\nu_{\mathrm{A}}=\Delta\nu_{\mathrm{g}}\left(\frac{\ln 2}{\ln(G_0/2)}\right)^{\frac{1}{2}} \tag{6.1.8}$$

式中，$G_0=\exp(g_0L)$。如上面指出的那样，放大器带宽要比增益带宽小些，其差取决于放大器增益本身。图 6.1.1b 表示增益系数 $g(\omega)$ 和放大倍数 $G(\omega)$ 与归一化失谐参数 $(\omega-\omega_0)T_2$ 曲线，图中纵坐标表示 g 和 G 的相对值（g/g_0 和 G/G_0）。

6.1.2　增益饱和

当正在放大的信号光功率远小于饱和光功率时，即 $P\ll P_{\mathrm{sat}}$ 时，式（6.1.1）的 $g(\omega,P)$ 简化为式（6.1.2），此时 $g(\omega)$ 称为小信号增益。当 P 接近 P_{sat} 时 g 减小了，所以放大倍数 G 也随着减小，接近饱和。为简化讨论，假定入射信号频率能够准确地调谐到原子跃迁频率 ω_0，以便使小信号增益最大。此时式（6.1.1）变为 $g(\omega P)=g_0(\omega)/(1+P/P_{\mathrm{sat}})$，将它代入式（6.1.5）中可得

$$\frac{\mathrm{d}P}{\mathrm{d}z}=\frac{g_0 P}{1+P/P_{\mathrm{sat}}} \tag{6.1.9}$$

使用初始条件 $P(0)=P_{\mathrm{in}}$、$P(L)=P_{\mathrm{out}}=GP_{\mathrm{in}}$，对式（6.1.9）积分就可以得到大信号放大增益

$$G=G_0\exp\left[-\frac{(G-1)P_{\mathrm{out}}}{GP_{\mathrm{sat}}}\right] \tag{6.1.10}$$

式中，$G_0=\exp(g_0L)$ 是放大器不饱和时（$P_{\mathrm{out}}\ll P_{\mathrm{sat}}$）的放大倍数。

式（6.1.10）表示当 P_{out} 接近 P_{sat} 时，放大倍数 G 开始从它的不饱和值 G_0 处下降。实际上人们对输出饱和功率 $P_{\mathrm{out}}^{\mathrm{sat}}$ 感兴趣，定义 $P_{\mathrm{out}}^{\mathrm{sat}}$ 为放大器增益 G 从 G_0 下降一半（3 dB）时

的输出光功率。将 $G = G_0/2$ 代入式（6.1.10）中可得到饱和输出光功率为

$$P_{out}^{sat} = \frac{G_0 \ln 2}{G_0 - 2} P_{sat}$$ (6.1.11)

事实上，$G_0 \gg 2$（例如放大器增益为 30 dB 时，$G_0 = 1000$），式（6.1.11）变为 $P_{out}^{sat} \approx (\ln 2)P_{sat} \approx 0.69P_{sat}$，即 P_{out}^{sat} 是 P_{sat} 的70%，对于 $G_0 > 20$ dB，P_{out}^{sat} 几乎与 G_0 无关。

6.1.3 光放大器噪声

由于自发辐射噪声在信号放大期间叠加到了信号上，所以对于所有的放大器，信号放大后的信噪比（SNR）均有所下降。与电子放大器类似，用放大器噪声指数 F_n 来量度 SNR 下降的程度，并定义为

$$F_n = \frac{(SNR)_{in}}{(SNR)_{out}}$$ (6.1.12)

式中，SNR 指的是由光探测器将光信号转变成电信号的信噪比，$(SNR)_{in}$ 表示光放大前的光电流信噪比，$(SNR)_{out}$ 表示放大后的光电流信噪比。通常，F_n 与探测器的参数，如散粒噪声和热噪声有关，对于性能仅受限于散粒噪声的理想探测器，同时考虑到放大器增益 $G \gg 1$，就可以得到 F_n 的简单表达式

$$F_n = 2n_{sp}(G-1)/G \approx 2n_{sp}$$ (6.1.13)

式中，n_{sp} 为自发辐射系数或粒子数反转系数。

该式表明，即使对于理想的放大器（$n_{sp} = 1$），放大后信号的 SNR 也要比输入信号的 SNR 低 3 dB；对于大多数实际的放大器，F_n 超过 3 dB，可能降低到 5~8 dB。在光通信系统中，光放大器应该具有尽可能低的 F_n。

【例 6.1.1】 光放大器噪声指数计算

假如输入信号功率为 300 μW，在 1 nm 带宽内的输入噪声功率是 30 nW，输出信号功率是 60 mW，在 1 nm 带宽内的输出噪声功率增大到 20 μW，计算光放大器的噪声指数。

解：光放大器的输入信噪比为 $(SNR)_{in} = 10 \times 10^3$，输出信噪比为 $(SNR)_{out} = 3 \times 10^3$，所以噪声指数为

$$F_n = \frac{(SNR)_{in}}{(SNR)_{out}} = \frac{10 \times 10^3}{3 \times 10^3} \approx 3.33(5.2 \text{ dB})$$

从该例中得到一个重要的概念：光放大器使输出信噪比下降了，但是同时也使输出功率增加了，所以我们可以容忍输出 SNR 的下降。

6.1.4 光放大器应用

在光纤通信系统的设计中，光放大器有四种用途，如图 6.1.2 所示。在长距离通信系统中，光放大器的一个重要应用就是取代电中继器。只要系统性能没被色散效应和自发

辐射噪声所限制，这种取代就是可行的。在多信道光波系统中，使用光放大器特别具有吸引力，因为光-电-光中继器要求在每个信道上使用各自的接收机和发射机，对复用信道进行解复用，这是一个相当昂贵、麻烦的转换过程。而光放大器可以同时放大所有的信道，可省去信道解复用过程。用光放大器取代光-电-光中继器就称为在线放大器。

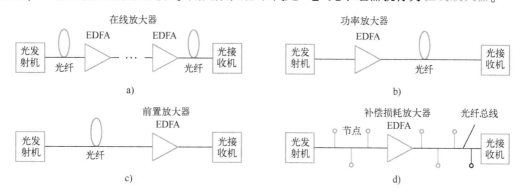

图 6.1.2　光放大器在光纤通信系统中的四种用途

a）在线放大器　b）光发射机功率增强器　c）接收机前置放大器　d）在局域网中用于补偿分配损耗

光放大器的另一种应用是把它插在光发射机之后，来增强光发射机功率。称这样的放大器为功率放大器或功率增强器。使用功率放大器可使传输距离增加 10~100 km，其长短与放大器的增益和光纤损耗有关。为了提高接收机的灵敏度，也可以在接收机之前，插入一个光放大器，对微弱光信号进行预放大，这样的放大器称为前置放大器，它也可以用来增加传输距离。光放大器的另一种应用是用来补偿局域网（LAN）的分配损耗，分配损耗常常限制网络的节点数，特别是在总线拓扑结构的情况下。

6.2　半导体光放大器

所有的激光器在达到阈值之前都起着放大器的作用，当然半导体激光器也不例外。对于半导体光放大器（Semiconductor Optical Amplifiers，SOA）的研究，早在 1962 年发明半导体激光器不久就已开始了。然而，在 20 世纪 80 年代人们认识到它将在光波系统中具有广泛的应用前景，才对 SOA 进行了广泛的研究和开发。本节从它在光纤通信系统中应用来讨论 SOA 的结构和特性。

6.2.1　半导体光放大器设计

6.1 节讨论的放大器特性是只对没有反馈的光放大器而言的，这种放大器被称为行波（Traveling-Wave，TW）半导体光放大器，指的是放大光波只向前传播，如图 6.1.1a 所示。半导体激光器由于在解理面产生的反射（反射系数约为 32%）具有相当大的反馈。

当偏流低于阈值时，它们被作为放大器使用，但是必须考虑在法布里-珀罗（F-P）腔体界面上的多次反射。这种放大器就称为 F-P 半导体光放大器，如图 6.2.1a 所示。

1. F-P 半导体光放大器（SOA）

使用 F-P 干涉理论可以求得 F-P 光放大的放大倍数 $G_{FPA}(\nu)$，其值为

$$G_{FPA}(\nu) = \frac{(1-R_1)(1-R_2)G(\nu)}{(1-G\sqrt{R_1R_2})^2 + 4G\sqrt{R_1R_2}\sin^2[\pi(\nu-\nu_m)/\Delta\nu_L]} \tag{6.2.1}$$

式中，R_1 和 R_2 是腔体解理面反射率，ν_m 表示腔体谐振频率，$\Delta\nu_L$ 是纵模间距，也是 F-P 腔的自由光谱范围。当忽略增益饱和时，光波只传播一次的放大倍数 $G(\nu)$ 对应行波放大器的 $G_{TWA}(\nu)$，并由式（6.1.7）给出。当 $R_1 = R_2 = 0$ 时，式（6.2.1）变为

$$G_{FPA}(\nu) = G(\nu)$$

当 $R_1 = R_2$，并考虑到 $\nu = \nu_m$ 时，$G_{FPA}(\nu)$ 达到最大，此时式（6.2.1）变为

$$G_{FPA}^{max}(\nu) = \frac{(1-R)^2 G(\nu)}{[1-RG(\nu)]^2} \tag{6.2.2}$$

由式（6.2.1）可见，当入射光信号的频率 $\omega(\nu)$ 与腔体谐振频率中的一个 $\omega_m(\nu_m)$ 相等时，增益 $G_{FPA}(\nu)$ 就达到峰值，当 $\omega(\nu)$ 偏离 ν_m 时，$G_{FPA}(\nu)$ 下降得很快，如图 6.2.1b 所示。由图可见，当半导体解理面与空气的反射率 $R = 0.32$ 时，F-P 放大器在谐振频率处的峰值最大；反射率越小，增益也越小；当 $R = 0$ 时，就变为行波放大器，其增益频谱特性是高斯曲线。

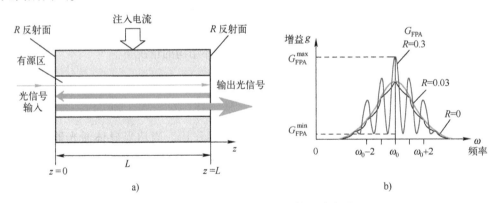

图 6.2.1　法布里-珀罗（F-P）半导体光放大器（SOA）

a）SOA 的结构和原理（F-P 光放大器）　b）SOA 不同反射率的增益频谱曲线

由以上的讨论可知，增大提供光反馈 F-P 谐振腔的反射率 R，可以显著地增加 SOA 的增益，反射率 R 越大，在谐振频率处的增益也越大。但是，当 R 超过一定值后，光放大器将变为激光器。当 $GR = 1$ 时，式（6.2.2）将变为无限大，此时 SOA 产生激光发射。

放大器带宽由腔体谐振曲线形状所决定，如图 6.1.1b 所示。从峰值开始下降 3 dB 的

G_{FPA}值就是放大器的带宽，即

$$\Delta\nu_A = \frac{2\Delta\nu_L}{\pi}\sin^{-1}\left[\frac{1-G\sqrt{R_1R_2}}{\left(4G\sqrt{R_1R_2}\right)^{\frac{1}{2}}}\right] \tag{6.2.3}$$

为了得到大的放大倍数，$G\sqrt{R_1R_2}$应该尽量接近1，由式（6.2.3）可见，此时放大器带宽只是 F-P 谐振腔自由光谱范围的很小一部分（典型值为 $\Delta\nu_L\approx100\,GHz$），此时 $\Delta\nu_A<10\,GHz$。这样小的带宽使 F-P 放大器不能应用于光波系统。

2. 行波半导体光放大器（SOA）

假如减小端面反射反馈，就可以制出行波半导体光放大器。减小反射率的一个简单方法是在界面上镀以抗反射膜（增透膜）。然而，对于作为行波放大器的SOA，反射率必须相当小（$<10^{-3}$），而且最小反射率还取决于放大器增益本身。根据式（6.2.1），可用接近腔体谐振点的放大倍数 G_{FP} 的最大和最小值，来估算解理面反射率的允许值。很容易证明它们的比是

$$\Delta G = \frac{G_{FP}^{max}}{G_{FP}^{min}} = \left(\frac{1+G\sqrt{R_1R_2}}{1-G\sqrt{R_1R_2}}\right)^2 \tag{6.2.4}$$

假如 ΔG 超过 3 dB（2 倍），放大器带宽将由腔体谐振峰决定，而不是由增益频谱决定。使式（6.2.4）的 $\Delta G<2$，可以得到解理面反射率必须满足条件

$$G\sqrt{R_1R_2}<0.17 \tag{6.2.5}$$

当满足式（6.2.5）时，人们习惯把半导体光放大器（SOA）作为行波（TW）放大器来描述其特性。设计提供 30 dB 放大倍数（$G=1000$）的 SOA，解理面的反射率应该满足

$$\sqrt{R_1R_2}<0.17\times10^{-4}$$

为了产生反射率小于 0.1% 的抗反射膜，人们已经做了最大的努力。然而，用常规的方法却很难获得预想的低反射率解理面。为此，为了减小 SOA 中的反射反馈，人们已开发出了另外几种技术，其中一种方法是条状有源区与正常的解理面倾斜，如图 6.2.2a 所示，这种结构叫作角度解理面或有源区倾斜结构。在解理面处的反射光束，因角度解理面的缘故已与前向光束分开。在大多数情况下，使用抗反射膜（反射系数<1%），并使有源区倾斜，可以使反射率小于 10^{-3}（理想设计可以小到 10^{-4}），如图 6.2.2a 所示。减小反射率的另外一种方法是在有源层端面和解理面之间插入透明窗口区，如图 6.2.2b 所示。光束在到达半导体和空气界面前在该窗口区已发散，经界面反射的光束进一步发散，只有极小部分光耦合进薄的有源层。称这种结构为掩埋解理面或窗口解理面结构，当与抗反射膜一起使用时，反射率可以小至 10^{-4}。

【例 6.2.1】 F-P 半导体光放大器增益计算

如果 F-P 半导体光放大器（F-PA）解理面的反射率为 $R=0.32$，估计它的增益是多少。

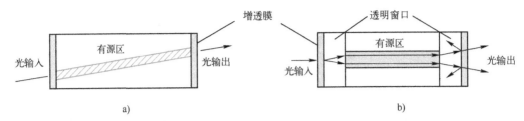

图 6.2.2　减小反射的近似行波（TW）的半导体光放大器结构

a）条状有源区与解理面成倾斜结构　b）窗口解理面结构

解：由式（6.2.2）可知，在 $RG<1$ 前 F-P 是一个放大器，此时 $G<1/R$，因为 $R\leqslant0.32$，所以 G 必须小于 3。假定 $G=2$，由式（6.2.2）得到 $G_{FPA}=7.1$，即 8.5 dB。如果 $G=3$，$G_{FPA}=867$，即 29.4 dB。由此可见，改变 G 就可以得到不同大小的增益。

6.2.2　半导体光放大器特性

半导体光放大器的放大倍数 $G_{FP}(\nu)$ 已由式（6.2.1）给出。当满足式（6.2.5）时，它变成行波放大器，如图 6.1.1a 所示。此时 TWA 的增益是 $R=0$ 时的 F-PA 的增益。把光波密封在有源区的系数 $\varGamma$ 和有源区单位长度的损耗系数 α_{int} 考虑进去后，式（6.1.7）变为

$$G_{TWA}=\exp\left[\left(\varGamma g-\alpha_{int}\right)L\right] \tag{6.2.6}$$

由此可见，要想提高行波放大器的增益，需设法增加 $\varGamma$ 和 g，减小 α_{int}。

图 6.2.3 表示半导体光放大器带宽和增益频谱曲线，图 6.2.3a 为法布里-珀罗放大器（F-PA）和行波放大器的带宽比较，图 6.2.3b 为测量到的放大器增益与波长的关系曲线。由图 6.2.3b 可见，增益只有小的波纹状，这反映出解理面剩余反射率的影响，此时 SOA 解理面反射率约 0.04%。因为这种放大器的 $G\sqrt{R_1R_2}\approx0.04$，所以满足条件式（6.2.5）。该放大器几乎以行波模式工作，所以增益波纹小得可以忽略不计。放大器的 3 dB 带宽约为 70 nm（9 THz）。如同 6.1.1 节中讨论的那样，该带宽反映了 SOA 相当宽的增益频谱 $g(\omega)$。

半导体光放大器（SOA）的噪声指数 F_n 要比最小值 3 dB 大，典型值为 5~7 dB。

*SOA 的缺点是它对偏振方向非常敏感。*不同的偏振模式，具有不同的增益 G，为了克服这种影响，必须使用偏振保持光纤。为减小 SOA 的增益随偏振方向变化的影响，可以使 SOA 有源区宽度和厚度大致相等，使用大的光腔结构或使用两个放大器并联。另外一种减小偏振方向对 SOA 增益影响的方法是让光信号通过同一个放大器两次，使偏振方向旋转 90°，使总增益与偏振无关（见文献［4］中的 6.2.2 节）。

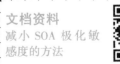
文档资料
减小 SOA 极化敏感度的方法

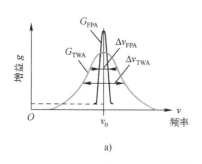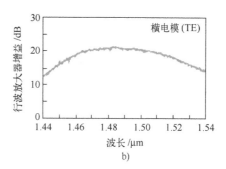

图 6.2.3　半导体光放大器带宽和增益频谱曲线

a）法布里-珀罗放大器（F-PA）和行波放大器（TWA）的带宽比较

b）行波放大器的增益与波长的关系，为了使反射率减少到 0.04%，SOA 解理面镀以抗反射膜

表 6.2.1 列出几种商用半导体光放大器的性能指标。

表 6.2.1　几种商用半导体光放大器性能指标

使 用 波 段	O 波段	C 波段	C 波段	S、C 波段	C、L 波段
工作波长范围/nm	—	1528~1562	1528~1562	1463~1537	1543~1617
峰值波长/nm	1290~1330	1480~1520	1520~1570	1480~1520	1540~1580
3 dB 带宽/nm	70	74	60	75	75
增益平坦度（典型/最大）/dB	—	5/7	—	5/7	5/7
小信号（−20 dBm）增益/dB	23	13	20	14	14
3 dB 饱和输出功率/dBm	15	14	9	14	12
偏振相关增益（典型/最大）/dB	—	1.0/1.5	1.0/2.5	1.0/2.0	1.5/3.0
噪声指数/dB	7	8	9	9	9
工作电流/mA	600	500	500	600	600
偏置电压/V	1.4	1.6	1.4	1.5	1.6

6.2.3　半导体光放大器的应用

SOA 可用于光功率的前置放大、功率放大、WDM 城域网在线放大，以及用于 2R、3R 再生中继器、四波混频和波长转换等的非线性应用。

通常，由于 SOA 存在增益受偏振影响、信道交叉串扰以及耦合损耗较大等缺点，所以不能作为在线放大器使用，但是在解决了偏振相关增益后，也可以应用于在线放大。SOA 可以在 1.3 μm 光纤系统中作为光放大使用，因为一般的 EDFA 不能在该窗口使用。另外行波半导体光放大器具有很宽的带宽，可以对窄至几个 ps 的超窄光脉冲进行放大。在 DWDM 光纤通信中，可作为波长路由器中的波长转换和快速交换器件使用。在 OTDM

中，也可以用作时钟恢复和解复用器的非线性器件。

【例 6.2.2】 计算行波放大器的增益

假如最大增益系数 $g = 106(1/\text{cm})$，$\alpha_{\text{int}} = 14(1/\text{cm})$，$\Gamma = 0.8$，请计算行波放大器的增益。

解：由式（6.2.6）得

$$G_{\text{TWA}} = \exp\left[(\Gamma g - \alpha_{\text{int}})L\right] = \exp\left[(0.8 \times 106 - 14)L\right] = \exp\left[70.8(1/\text{cm})L\right]$$

由此可见，行波光放大器的增益只由有源区的长度决定，如果 $L = 500\ \mu\text{m}$，则 $G_{\text{TWA}} = 34.5$；如果 $L = 1000\ \mu\text{m}$，则 $G_{\text{TWA}} = 1187.9$，即 30.7 dB。

由例 6.2.1 和例 6.2.2 可知，在 F-PA 中，有源区的长度可以很小，增益的提高是靠增加界面的反射系数 R（即减小腔体损耗）达到的，而在 TWA 中，增益的提高只能靠增加 L 的长度实现。另外，F-PA 的 G_{FPA} 不能大于 3，否则它就会变成一个 LD；但在 TWA 中，就没有这个限制，因为没有光反馈，决不会出现激光工作模式。

6.3　掺铒光纤放大器

使用铒离子作为增益介质的光纤放大器称为掺铒光纤放大器（EDFA）。铒离子在光纤制作过程中被掺入光纤芯中，使用泵浦光直接对光信号放大，提供光增益。虽然掺杂光纤放大器早在 1964 年就有研究，但是直到 1985 年英国南安普顿大学才首次研制成功掺铒光纤。1988 年低损耗掺铒光纤技术已相当成熟，其性能相当优良，已可以提供实际使用。放大器的特性（如工作波长、带宽）由掺杂剂所决定。掺铒光纤放大器因为工作波长在靠近光纤损耗最小的 1.55 μm 波长区，比其他光放大器更引人注意。

6.3.1　掺铒光纤结构和 EDFA 的构成

1. 掺铒光纤结构和参数

制造光纤时，把铒离子（E_r^{3+}）掺入纤芯中制成的光纤就是掺铒光纤（Erbium-Doped Fiber，EDF）。掺铒光纤是提供 EDFA 光增益的主要部件。放大器的特性（如工作波长、带宽）由掺杂剂铒、铝与锗所决定。典型掺铒光纤的基本参数为：铒浓度 300 ppm，模场直径 6.35 μm，外径 125 μm，芯径 3.6 μm，数值孔径 0.22，1550 nm 波长的损耗 1.569 dB/km，与泵浦光纤的熔接损耗为 0.06 dB，1530 nm 和 980 nm 的吸收系数分别为 4~40 dB/m 和 2.5~15 dB/m。

2. 实用 EDFA 构成

实用光纤放大器的构成方框图和实物图分别如图 6.3.1a 和图 6.3.1b 所示。光纤放大器的关键部件是掺铒光纤和高功率泵浦源，作为信号和泵浦光复用的波分复用器，以及为了防止光反馈和减小系统噪声在输入和输出端使用的光隔离器。

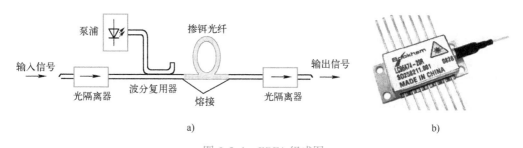

图 6.3.1　EDFA 组成图

a）EDFA 组成图　b）980 nm 大功率输出泵浦激光器

（1）掺铒光纤

具有增益放大特性的掺铒光纤是光纤放大器的重要组成部分，因而使掺铒光纤设计最佳化是技术关键。EDFA 的增益与许多参数有关，如铒离子浓度、放大器长度、芯径以及泵浦光功率等。

（2）泵浦源

对泵浦源的基本要求是高功率和长寿命。掺铒光纤可以在几个波长上被有效地激励。最先突破的是采用 1480 nm 的 InGaAs 多量子阱（MQW）激光泵浦源，其输出功率可达 100 mW，该波长的泵浦增益系数较高，而且 EDFA 的带宽与现已实用化的 InGaAs 激光器相匹配。也可以使用 980 nm 波长对 EDFA 泵浦，这种泵浦效率高、噪声低，现已广泛使用。

大功率泵浦激光器主要指标如表 6.3.1 所示。

表 6.3.1　几种 EDFA 泵浦激光器的性能指标

	中心波长/nm	输出功率/mW	工作电流/mA	输 出 尾 纤	结 构 设 计
制冷蝶形	980	100~750	250~600	普通/保偏单模光纤	双光纤布拉格光栅稳频
非制冷微型	974,976,980	120~240	320~550	保偏单模光纤	光纤光栅波长稳定

（3）波分复用器

光纤放大器使用波分复用器使泵浦光与信号光进行复合。对它的要求是插入损耗低，适用的 WDM 器件主要有熔拉双锥光纤耦合器（见 3.2.2 节）和干涉滤波器（见 3.4 节）。前者具有更低的插入损耗和制造成本；后者具有十分平坦的信号频带和出色的与极化无关的特性。

目前用于制作 EDFA 使用波长为 980/1550 nm 的波分复用耦合器，其主要指标为插入损耗（Insertion Loss，IL）<0.1 dB，回波损耗（Return Loss，RL）55 dB，偏振模色散 0.05 ps，方向性 60 dB，偏振相关损耗（Polarization Dependent Loss，PDL）<0.01 dB，功率容量 2 W。

(4) 光隔离器

在输入端和输出端插入 3.7 节已介绍的光隔离器是为了抑制光路中的反射，从而使系统工作稳定可靠、降低噪声。对隔离器的基本要求是插入损耗低、反向隔离度大。

因为掺铒光纤芯径比普通光纤的小，所以，如果不采取特殊的工艺，两者熔接的损耗会比较大，可以采用图 3.1.3 介绍的方法进行熔接。

6.3.2 EDFA 工作原理及其特性

1. 泵浦特性

EDFA 的增益特性与泵浦方式及其光纤掺杂剂（如锗和铝）有关。图 6.3.2a 为硅光纤中铒离子的能级图。可使用多种不同波长的光来泵浦 EDFA，但是 0.98 μm 和 1.48 μm 的半导体激光泵浦最有效。使用这两种波长的光泵浦 EDFA 时，只用几毫瓦的泵浦功率就可获得高达 30~40 dB 的放大器增益。

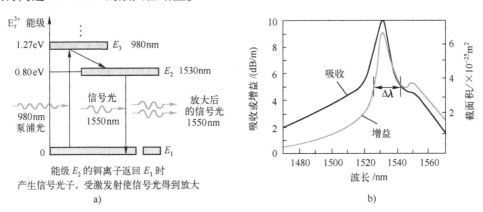

图 6.3.2　掺铒光纤放大器的工作原理
a）光纤中铒离子的能级图　b）EDFA 的吸收和增益光谱

现在具体说明泵浦光是如何将能量转移给信号的。若掺铒离子的能级图用三能级表示，如图 6.3.2a 所示，其中能级 E_1 代表基态，能量最低，能级 E_2 代表中间能级，能级 E_3 代表激发态，能量最高。若泵浦光的光子能量等于能级 E_3 与 E_1 之差，掺杂离子吸收泵浦光后，从基态 E_1 升至激活态 E_3。但是激活态是不稳定的，激发到激活态能级 E_3 的铒离子很快返回到能级 E_2。若信号光的光子能量等于能级 E_2 和 E_1 之差，则当处于能级 E_2 的铒离子返回基态 E_1 时就产生信号光子，这就是受激发射，使信号光放大获得增益。图 6.3.2b 表示 EDFA 的吸收和增益光谱。为了提高放大器的增益，应尽可能使基态铒离子激发到能级 E_3。从以上分析可知，能级 E_2 和 E_1 之差必须相当于需要放大信号光的光子能量，而泵浦光的光子能量也必须保证使铒离子从基态 E_1 跃迁到激活态 E_3。

图 6.3.3 为输出信号功率与泵浦功率的关系，由图可见，能量从泵浦光转换成信号光

的效率很高，因此 EDFA 很适合作为功率放大器。泵浦光功率转换为输出信号光功率的效率为 92.6%，60 mW 功率泵浦时，吸收效率［(信号输出功率–信号输入功率)/泵浦功率］为 88%。

图 6.3.4 为小信号输入时，实际掺铒光纤增益和泵浦功率的关系，1.48 μm 泵浦时的增益系数是 6.3 dB/mW。

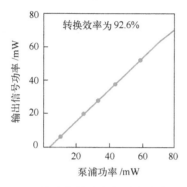

图 6.3.3　输出信号功率与泵浦功率的关系

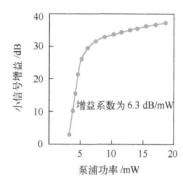

图 6.3.4　小信号增益与泵浦功率的关系

2. 增益频谱

EDFA 的增益频谱曲线形状取决于光纤芯内掺杂剂的浓度。图 6.3.2b 为纤芯掺锗的 EDFA 的增益频谱和吸收频谱。从图中可知，掺铒光纤放大器的带宽［曲线半最大值带宽 (FWHM)］大于 10 nm。

图 6.3.5 和图 6.3.6 分别表示将铝与锗同时掺入铒光纤的小信号增益频谱和大信号增益频谱特性，与图 6.3.2b 比较可见，将铝与锗同时掺入铒光纤可获得比纯掺锗更平坦的增益频谱。

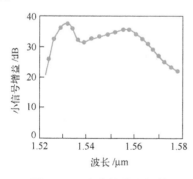

图 6.3.5　小信号增益频谱

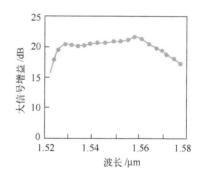

图 6.3.6　大信号增益频谱

3. 小信号增益

EDFA 的增益与铒离子浓度、掺铒光纤长度、芯径和泵浦功率有关。在图 6.3.2a 所示的掺铒离子的能级图中，存在着自发辐射和受激发射。当处于激发态 E_3 能级的离子很快返回到 E_2 能级产生的辐射是自发辐射，它对信号光的放大不起作用。只有铒离子从 E_2 能级返回 E_1 能级时发生的受激发射，才对信号光的放大有贡献。当忽略自发辐射和激发态吸收时，使用一个简单两能级模型，对 EDFA 的原理可得到更好的理解。该模型假定三能级系统的激活态能级 E_3 几乎保持空位，因为泵浦到能级 E_3 的离子数快速地转移到能级 E_2。

对于给定的放大器长度 L，放大器增益最初随泵浦功率按指数函数增加，如图 6.3.7a 所示，但是当泵浦功率超过一定值后，增益增加就变得缓慢。对于给定的泵浦功率，放大器的最大增益对应一个最佳光纤长度，如图 6.3.7b 所示，并且当 L 超过这个最佳值后增益很快降低，其原因是铒光纤的剩余部分没有被泵浦，反而吸收了已放大的信号。既然最佳的 L 值取决于泵浦功率 P_p，那么就有必要选择适当的 L 和 P_p 值，以便获得最大的增益。由图 6.3.7b 可知，当用 1.48 μm 波长的激光泵浦时，如泵浦功率 $P_p = 5$ mW，放大器长度 $L = 30$ m，则可获得 35 dB 的光增益。

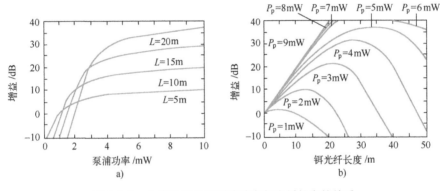

图 6.3.7 小信号增益和泵浦功率与光纤长度的关系
a) 小信号增益和泵浦功率的关系 b) 小信号增益和光纤长度的关系

图 6.3.7 所示的放大器特性在所有的 EDFA 中都已观察到，理论和实践结果一般都符合得很好。

4. 增益饱和（或压缩）特性

在放大器长度固定不变的情况下，随着泵浦功率的增加，增益先是急骤增加，随着泵浦功率的进一步增加，增益的增加变得缓慢，甚至出现饱和，如图 6.3.7a 所示。何时开始饱和取决于 EDFA 的设计，典型值为 1~10 mW。

在 EDFA 泵浦功率一定的情况下，输入功率较小时，放大器增益不随入射光信号的增加而变化，表现为恒定不变，如图 6.3.8 所示。当输入信号功率增大到一定值后（一般为 −20 dBm 左右），增益开始随信号功率的增加而下降，这是入射信号导致 EDFA 出现增益饱和的缘故。图 6.3.8a 为数值模拟结果，假定掺铒光纤模场直径为 3.6 μm，在石英光纤芯中掺有 1500 ppm 的 Er^{+3} 离子，另外还掺有少量的锗和铝离子，用 1.48 μm 的光泵浦，泵浦功率为 8 mW。曲线 A 和 B 分别表示放大器长度为 13 m 和 9 m 两种情况，由图可见，当泵浦功率一定时，掺铒光纤越长饱和程度越深。EDFA 的这种增益饱和特性，称为增益压缩，使它具有增益自调整能力，这在 EDFA 的级联应用中具有重要的意义，但这种特性对 WDM 系统不再适用。在 9.6.2 节还将进一步介绍。

图 6.3.8b 为商用产品的典型特性曲线，由图可见，增益饱和特性的实测值和理论值符合得很好。

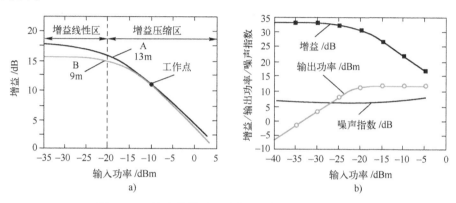

图 6.3.8 放大器增益和噪声指数与输入功率的关系

a）数值模拟结果 b）商用产品的典型特性曲线

5. 放大器噪声

放大器噪声是系统性能的最终限制因素。放大器的噪声一般用噪声指数 F_n 来量度，如式（6.1.13）所示，即

$$F_n = 2n_{sp} \tag{6.3.1}$$

式中，n_{sp} 是自发辐射系数，或者称铒离子反转系数，$n_{sp} = N_2/(N_2 - N_1)$，这里 N_1 是处于基态的离子数，N_2 是激活态的离子数。

对于铒离子完全反转放大器（即所有铒离子均被泵浦光激发到激活态），$n_{sp} = 1$；但是当离子数反转不完全时，即 $N_1 \neq 0$ 时，总有一部分铒离子留在基态，此时 $n_{sp} > 1$。于是 EDFA 的噪声指数要比理想值 3 dB 大。泵浦光不但不能使处于基态的所有离子激发到激活态能级，而且有时激发到激活态的铒离子 N_2 多些，有时又少些，所以引起信号光子数 $N_2 - N_1$ 在变化，自发辐射的影响是把这种变化加到了放大后的光功率上，从而使光电探测过程产生电流的起伏。另外，该自发辐射与信号光本身相互作用产生拍频噪声（Beat Noise）。n_{sp} 是沿铒光纤长度方向自发辐射系数的平均值，因此，噪声指数就像放大器增益一样，与放大器长度 L 和泵浦功率 P_p 有关。

图 6.3.8b 中也表示出商用 EDFA 的噪声指数与输入光功率的关系。

【例 6.3.1】 EDFA 增益计算

铒光纤的输入光功率是 $300\,\mu W$，输出功率是 $60\,mW$，EDFA 的增益是多少？假如放大自发辐射噪声功率是 $P_{ASE}=30\,\mu W$，EDFA 的增益又是多少？

解：由式（6.1.4）可以得到 EDFA 增益是

$$G=P_{out}/P_{in}=60\times10^{3}/300=200$$

或

$$G_{dB}=10\lg(P_{out}/P_{in})=23\ dB$$

放大自发辐射噪声功率与 EDFA 输出功率相比可以忽略不计，所以 EDFA 增益没有变化。

$$G_{dB}=10\lg\left[(P_{out}-P_{ASE})/P_{in}\right]=23\ dB$$

请注意，以上结果是单个波长光的增益，不是整个 EDFA 带宽内的增益。

6.3.3　掺铒光纤放大器的优点

EDFA 的主要优点如下。

1）EDFA 工作波长 1500 nm 恰好落在光纤通信的最佳波长区。

2）因为 EDFA 的主体是一段光纤，它与线路光纤的耦合损耗很小，甚至可达到 0.1 dB。

3）噪声指数低，一般为 4~7 dB。

4）增益高，为 20~40 dB；饱和输出功率大，为 8~15 dBm。

5）频带宽，在 1550 nm 窗口有 20~40 nm 带宽，可进行多信道传输，便于扩大传输容量，从而节省成本费用。

6）与半导体光放大器不同，光纤放大器的增益特性与光纤极化状态无关，放大特性与光信号的传输方向也无关，在光纤放大器内无隔离器时，可以实现双向放大。

7）所需泵浦功率较低（数十毫瓦），泵浦效率却相当高，用 980 nm 光源泵浦时，增益效率为 10 dB/mW，用 1480 nm 光源泵浦时为 5.1 dB/mW；泵浦功率转换为输出信号功率的效率为 92.6%，吸收效率为 88%。

8）放大器中只有低速电子元件和几个无源器件，结构简单、可靠性高、体积小。

9）对不同传输速率的数字制式具有完全的透明度，即与准同步数字制式（PDH）和同步数字制式（SDH）的各种速率兼容，也不受 LD 直接调制或外调制的影响。

10）EDFA 需要的工作电流比光-电-光再生器的小，因此可大大减小远供电流，从而可降低对海缆的电阻和绝缘性能的要求。

11）EDFA 的增益压缩特性，使它具有增益自调整能力，在放大器级联使用中可自动补偿线路上损耗的增加（WDM 系统除外），使系统经久耐用。

6.3.4　EDFA 的应用

如 6.1.4 节所述，EDFA 可作为光发射机功率增强放大器、接收机前置放大器，或者取代光-电-光中继器作为在线光中继器使用。在光纤系统中可延长中继距离，特别适用于长途越洋通信。在公用电话网和 CATV 分配网中，使用 EDFA 补偿分配损耗，可做到信号无损耗的分配。

　　另外，EDFA 可在多信道系统中应用，因为 EDFA 的带宽与半导体光放大器的一样都很宽（1~5 THz），使用光放大器可同时放大多个信道，只要多信道复合信号带宽比放大器带宽小就行。使用 EDFA 进行多信道信号放大时，信道间距均超过 10 MHz，所以 EDFA 不存在四波混频的影响。这种特性使 EDFA 很适合在多信道中应用。虽然 EDFA 不会产生四波混频引起的信道串扰，但是交叉饱和引起的信道串扰依然存在，因为某一信道的饱和不仅来源于它自身的功率（自饱和），而且也来源于相邻信道的功率。这种信道间串话发生的机理对所有光放大器都是相同的，当然 EDFA 也不例外。避免这种串扰的方法是使放大器工作在不饱和区。实验结果证实了这种结论。

　　EDFA 具有相当大的带宽（$\Delta\lambda$ = 20~40 nm，或 Δf = 2.66~5.32 THz），这就意味着可用来放大短至皮秒级的光脉冲而无畸变。从光波系统的应用观点出发，EDFA 的潜在应用在于它们可放大 ps 级的脉冲而不发生畸变的能力。

6.3.5　L 波段 EDFA 及 C+L 波段应用

　　C 波段波长范围 1530~1560 nm，为了增加每对光纤的传输容量，一种办法是扩展放大器波长范围到 1560~1610 nm，人们称为 L 波段。

　　6.3.2 节已介绍了掺铒光纤放大器（EDFA）的工作原理，本节用图 6.3.9b 进一步解释长波长 EDFA 的工作原理。能级 E 由许多斯塔克（Stark）子层能级组成，掺铒离子吸收泵浦光后，从基态能级$(E_1)^4\mathrm{I}_{15/2}$能级升至激活态$(E_3)^4\mathrm{I}_{11/2}$能级。但激活态是不稳定的，激发到激活态能级 E_3 的铒离子很快返回到受激亚稳态能级$(E_2)^4\mathrm{I}_{13/2}$。当处于$^4\mathrm{I}_{13/2}$最下面子层的铒离子返回基态$^4\mathrm{I}_{15/2}$最上面子层时，就产生光子能量 ΔE_L 等于亚稳态$^4\mathrm{I}_{13/2}$最下面子层和基态$^4\mathrm{I}_{15/2}$最上面子层能级差的信号光子，使信号光放大，获得增益。因为该能级差 ΔE_L 小于 C 波段 EDFA 对应的能级差 ΔE_C，所以该光子的波长 λ = 1.2398/ΔE_L μm[37] 比 C 波段 EDFA 的长。很显然，长波长放大器对应受激亚稳态$^4\mathrm{I}_{13/2}(E_2)$最低子层能级和基态$^4\mathrm{I}_{15/2}(E_1)$最上面子层能级的差[20]，该能级差比 C 波段的小（图 6.3.9），所以对应的波长就长。为了比较，图 6.3.9a 也给出 C 波段 EDFA 的能级图。

　　L 波段铒离子基态吸收泵浦光比受激发射少，泵浦光几乎没有被铒离子吸收，平均铒离子反转数也少，由式（6.3.1）可知，该 EDFA 具有低的噪声指数。其缺点是与 C 波段 EDFA 相比，只有少数几个斯塔克能级子层参与工作，所以 L 波段 EDFA 对温度的敏感性也比 C 波段的高。

　　当掺铒光纤铒离子反转平均减少到接近 40% 时，光纤放大器信号波长就转移到长波长。此时，放大器变成在 C 波段吸收铒离子，而在 L 波段提供信号增益。

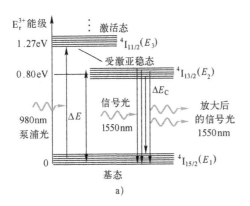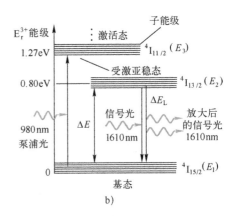

图 6.3.9　C 波段 EDFA 和 L 波段 EDFA 工作原理比较

a) C 波段 EDFA 工作原理　b) L 波段 EDFA 工作原理，$\Delta E_L < \Delta E_C$，

L 波段的波长 $\lambda_L = 1.2398/\Delta E_L$ 要比 C 波段的长

通常，为了减小与光纤长度有关的损耗和非线性效应，L 波段 EDFA 掺铒（Er）浓度是 C 波段的 4 倍；为了避免掺铒浓度高带来的噪声代价，也相应提高了共掺 Al 的浓度。同时，还共掺 Yb（1480 nm 泵浦）、La 和 Bi[20]。这样，通过适当设计的 EDFA，就可以使 L 波段放大。图 6.3.10a 表示 L 波段 EDFA 增益频谱特性实测曲线，掺杂光纤长度已最佳化，以便提供 10 dB 的增益。

C+L 波段 EDFA 是这样构成的，如图 6.3.10b 所示，并行安排 2 个 EDFA，一个是 C 波段放大器，一个是 L 波段放大器，这样就得到了 C+L 波段放大器。在输入端，C+L 波段放大器通信系统要设置一个光解复用器，分开 2 个波段；在输出端，再设置一个复用器，将 2 个波段复用在一起，如图 6.3.10c 所示。复用/解复用可用光耦合器实现，因为 C 波段 EDFA 对 L 波段的信号不放大，反之亦然[30]。

利用这种技术，210×10 Gbit/s WDM 信道信号在色散管理光纤（Dispersion Managed Fiber, DMF）上已传输了 7221 km。

由于传输光谱很宽，要求使用色散管理光纤（DMF），以避免在复用器中心产生更多的四波混频分量。而且，DMF 允许使用 NRZ 调制格式。

实验表明，300×10 Gbit/s WDM 信号使用 NRZ 调制，在 DMF 上传输了 7380 km。1529.94 ~ 1560.00 nm C 波段有 152 个信道，1573.92 ~ 1604.88 nm L 波段有 148 个信道，共 60 nm 光带宽。300 个波长信道信号分成 10 组，分别送入 10 个不同的 NRZ 调制器。该系统实验结果见文献 [2] 中的表 3-7。

另外一个实验表明，44 Tbit/s 信号用 C+L 波段 EDFA 放大，在 9100 km 线路上进行了传输实验，平均 Q 参数达到 4 dB，频谱效率 493%（4.93 bit/s/Hz），总 EDFA 输出功率 20.5 dBm（ECOC 2013 PD3-e-1）。

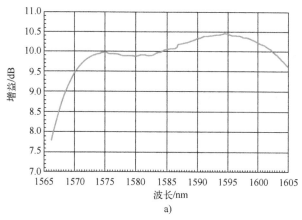

a)

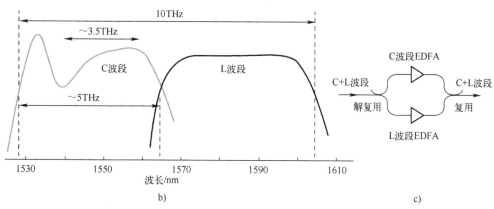

b)

c)

图 6.3.10　C+L 波段 EDFA 及其在系统中的使用

a）测量到的 L 波段 EDFA 增益频谱曲线　b）C+L 波段 EDFA 增益频谱特性[38]

c）C+L 波段 EDFA 在系统中的使用

6.3.6　放大器级联

使用光放大器级联可补偿长距离通信系统（如海底光缆系统）的光纤损耗。设计一个级联在线放大器光波系统，要求考虑许多因素。最重要的是放大器噪声、光纤色散以及光纤非线性。本节将简要地考虑这些设计问题。

1. 放大器噪声

放大器噪声以两种方式影响系统性能。首先，级联中的每个放大器产生的放大自发辐射（ASE）噪声，通过剩下的传输线路传送，并被后面的放大器与信号一起放大。该放大后的自发辐射噪声在到达接收机之前累积并影响系统性能。其次，当 ASE 电平增长时，它开始使光放大器饱和并减小信号增益。总的结果是信号功率 P_s 下降而 ASE 电平 P_{ASE} 沿传输线路增加，在接收端 SNR 甚至下降更多。数值模拟表明，该系统在一定意义上处于自调整状态，即总功率 P_{tot}（信号功率和 ASE 功率之和）维持相对恒定，如图 6.3.11 所示。该图表明具有 100 km 间距、35 dB 小信号增益的 100 个放大器级联的自调整特性。发送机发射的功率是 1 mW，其他参数是 $P_{out}^{s} = 8$ mW，$n_{sp} = 1.3$ 以及 $G_{0}L_{f} = G_{0}\exp(-\alpha L_{A}) = 3$，式中 L_{f} 是两个放大器之间光纤的总损耗，L_{A} 是放大器间距。信号功率和 ASE 功率在传输 10000 km 后逐渐变得接近，从而指出接收机 SNR 下降问题的严重性。

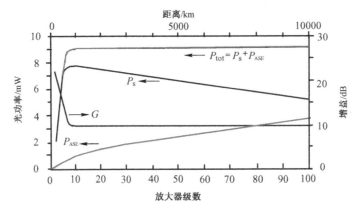

图 6.3.11　信号功率 P_{s} 和 ASE 功率 P_{ASE} 沿级联光放大器线路的变化[7]

经过几级放大器之后，由于固有的自调整特性，总功率 P_{tot} 变得几乎恒定，当 k 个放大器级联时，考虑 ASE 影响的有效噪声指数为

$$F_{n}^{eff} = \frac{F_{n1}}{L_{f1}} + \frac{F_{n2}}{L_{f1}G_{1}L_{f2}} + \frac{F_{n3}}{L_{f1}G_{1}L_{f2}G_{2}L_{f3}} + \cdots + \frac{F_{nk}}{L_{f1}G_{1}L_{f2}G_{2}\cdots L_{k-1}G_{k-1}L_{fk}} \quad (6.3.2)$$

式中，L_{fj} 是两个 EDFA 之间的损耗，F_{nj} 和 G_{j} 分别是第 j 个放大器（$j=1,2,\cdots,k$）的噪声指数和增益。该噪声指数可被用来计算 5.5.2 节的 Q 参数和 SNR。

假如两个放大器间的光纤长度相等，每个放大器的增益也相等，在理想情况下，每个放大器的增益正好补偿了与前一个放大器连接的光纤损耗，即 $L_{fj}G_{j} = 1$，此时式（6.3.2）可简化为

$$F_{n}^{eff} = \frac{kF_{n1}}{L_{f1}} = kF_{n}G \quad (6.3.3)$$

【例 6.3.2】 级联放大器的输出 SNR

计算 10 个光放大器级联时的输出 SNR。假定每个放大器具有 3 dB 的噪声指数，光发送机 SNR $= 10^{8}$，两个放大器之间的光纤损耗 30 dB，放大器增益也是 30 dB。

解：已知 $L_{fj} = 10^{-3}$，即光纤损耗 30 dB，$F_{nj} = 2$，即噪声指数 3 dB，$k = 10$。由式（6.3.3）可知，10 个光放大器级联时的有效噪声指数为

$$F_{n}^{eff} = \frac{kF_{n1}}{L_{f1}} = \frac{10 \times 2}{10^{-3}} = 20000$$

所以 $(SNR)_{out} = (SNR)_{in}/F_n^{eff} = 10^8/20000 = 5000$ 或 37 dB。

SNR 也可以直接用分贝计算，$(SNR)_{in} = 80$ dB，噪声 $F_n = 10lg20000 = 43$ dB，所以 $(SNR)_{out} = (SNR)_{in} - F_n = 80 - 43 = 37$ dB。

2. 光纤色散及光纤非线性

由于光纤色散和光纤非线性的累积影响，实际上，实现总传输距离 L_{tot} 超过几千千米的光纤系统是困难的。通常放大器只补偿光纤损耗，那么，在放大器级联的光纤系统中，系统就由色散所限制，此时可以使用 9.1.4 节讨论的色散限制系统的有关结论，只要用总线路长度 L_{tot} 取代点对点距离 L 即可。

现在已有解决色散和非线性限制系统的技术途径，那就是用 +/- 色散光纤相间配置进行色散管理，采用大芯径有效面积纯硅芯单模光纤（PSCF）相干接收系统，在发送机对非线性进行预补偿，在接收机用 DSP 对非线性进行补偿等（见 8.2 节）。

3. 增益均衡

在 WDM 系统应用中，对 EDFA 性能的要求是相当苛刻的，这是因为单个放大器增益的较小变化，将引起级联放大器总增益很大的变化，即使 0.2 dB 的 EDFA 增益波动，100 个放大器在线级联后，也会产生 20 dB 的增益差，使信道间的功率变化达 100 倍，这在实际中是不能够接受的。因此 WDM 系统的信道数，不仅受放大器带宽限制，而且也受增益频谱的不平坦限制。因此需要对 EDFA 的增益进行均衡。有关增益均衡的几种技术，将在 8.3 节中介绍。

6.4 光纤拉曼放大器

目前广泛使用的 EDFA 只能工作在 1530~1564 nm 之间的 C 波段，为了满足全波光纤工作窗口的需要，科学家们已找到一种能够与全波光纤工作窗口相匹配的光放大器，那就是光纤拉曼放大器（Fiber Raman Amplifier，FRA）。

尽管拉曼放大技术从 1984 年开始研究并应用，但到 1990 年，随着 EDFA 技术的成熟，拉曼放大技术由于要求泵浦功率大，转换效率低，它的研究和应用一度放慢。目前在 1400 nm 窗口，功率大于 100 mW 输出的泵浦激光器已有商品销售，分布式光纤拉曼放大器已经实用化。因为分布式光纤拉曼放大器（DRA）的增益频谱只由泵浦波长决定，而与掺杂物的能级电平无关，所以只要泵浦波长适当，就可以在任意波长获得信号光的增益。正是由于 DRA 在光纤全波段放大的这一特性，以及可利用传输光纤做在线放大实现光路的无损耗传输的优点，自 1999 年在 DWDM 系统上获得成功应用以来，就立刻再次受到人们的关注。如果用色散补偿光纤做放大介质构成拉曼放大器，那么光传输路径的色散补偿和损耗补偿可以同时实现。光纤拉曼放大器已成功地应用于 DWDM 系统和无中继海底光缆系统中。

6.4.1　光纤拉曼放大器的工作原理

与EDFA利用掺铒光纤作为它的增益介质不同，分布式光纤拉曼放大器利用系统中的传输光纤作为它的增益介质。研究发现，石英光纤具有很宽的受激拉曼散射增益谱。光纤拉曼放大器基于非线性光学效应的原理，利用 ω_p 强泵浦光束通过光纤传输时产生受激拉曼散射，使组成光纤的石英晶格振动和泵浦光之间发生相互作用，产生比泵浦光波长还长的散射光（斯托克斯光），即频率差为 $(\omega_p - \Omega_R)$ 的散射光，Ω_R 为斯托克斯频差。该散射光与波长相同的信号光 ω_s 重叠，从而使弱信号光放大，获得拉曼增益。就石英玻璃而言，泵浦光波长与待放大信号光波长之间的频率差大约为 13 THz，在 1.5 μm 波段，由附录 F 可知，它相当于约 100 nm 的波长差，即有 100 nm 的增益带宽。

采用拉曼放大时，放大波段只依赖于泵浦光的波长，没有像 EDFA 那样的放大波段的限制。从原理上讲，只要采用合适的泵浦光波长，就完全可以对任意输入光进行放大。

分布式光纤拉曼放大器采用强泵浦光对传输光纤进行泵浦，可以采用前向泵浦，也可以采用后向泵浦，因后向泵浦减小了泵浦光和信号光相互作用的长度，从而也就减小了泵浦噪声对信号的影响，所以通常采用后向泵浦。图 6.4.1 表示采用前向泵浦的分布式光纤拉曼放大器的构成和工作原理示意图。

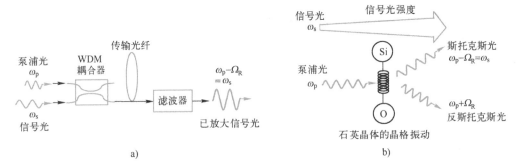

图 6.4.1　分布式光纤拉曼放大器

a）构成图　b）工作原理图解

注：强泵浦光经光纤传输时产生受激拉曼散射，使泵浦光的能量转移到信号光上

6.4.2　光纤拉曼增益和带宽

图 6.4.2 为测量到的硅光纤拉曼增益系数 $g_R(\Omega_R)$ 频谱曲线，拉曼增益系数表示，当用光泵浦光纤时，单位距离单位功率下获得的拉曼增益，由图可见，泵浦光频率 ω_p（波长）与信号光频率 ω_s 差 Ω_R 不同，获得的增益也不同。当 $\Omega_R = \omega_p - \omega_s = 13.2$ THz 时，$g_R(\Omega_R)$ 达到最大，增益带宽（FWHM）$\Delta\nu_g$ 可以达到约 8 THz。光纤拉曼放大器相当大的带宽使其在光纤通信应用中具有极大的吸引力。

光信号的拉曼增益与泵浦光和信号光的频率（波长）差有密切的关系，图6.4.3为小信号光在长光纤内获得的拉曼增益。由图可见，又一次实验证明，泵浦光和信号光的频率差为13.2 THz时，拉曼增益达到最大，该频率差对应于信号光波长比泵浦波长要长约100 nm。此外，光信号的拉曼增益还与泵浦光的功率有关，由图6.4.3可知，同一泵浦光源，不同泵浦功率，信号光波长不同，在光纤中所获得的拉曼增益也不同，比如泵浦功率为200 mW时，信号光最大增益值为7.78 dB；泵浦功率为100 mW时，最大增益值为3.6 dB，但具有相同的增益波动曲线，在增益峰值附近的增益带宽为7~8 THz。

为了使增益曲线平坦，可以改变泵浦光的波长，或者采用多个不同波长的泵浦光。图6.4.4b为用5个波长的光泵浦的增益曲线，由图可见，其合成的增益曲线要平坦得多。

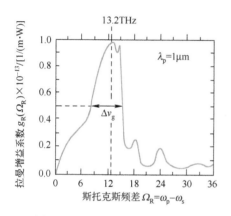

图6.4.2 测量到的硅光纤拉曼
增益系数 $g_R(\Omega_R)$ 频谱

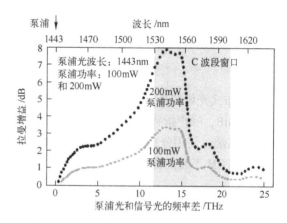

图6.4.3 小信号光在长光纤内的拉曼增益

6.4.3 多波长泵浦增益带宽

增益波长由泵浦光波长决定，选择适当的泵浦光波长，可得到任意波长的光信号放大。分布式光纤拉曼放大器的增益频谱是每个波长的泵浦光单独产生的增益频谱叠加的结果，所以它是由泵浦光波长的数量和种类决定的。图6.4.4a表示由多个泵浦激光器泵浦的掺铒光纤放大器，5个泵浦波长单独泵浦时产生的增益频谱和总的增益频谱曲线如图6.4.4b所示。当泵浦光波长逐渐向长波长方向移动时，增益曲线峰值也逐渐向长波长方向移动，比如1402 nm泵浦光的增益曲线峰值在1500 nm附近，而1495 nm泵浦光的增益曲线峰值就移到了1610 nm附近。EDFA的增益频谱是由铒能级电平决定的，它与泵浦光波长无关，它是固定不变的。EDFA由于能级跃迁机制所限，增益带宽只有80 nm。光纤拉曼放大器使用多个泵源，可以得到比EDFA宽得多的增益带宽。目前增益带宽已达

132 nm。这样通过选择泵浦光波长，就可实现任意波长的光放大，所以光纤拉曼放大器是目前唯一能实现 1290~1660 nm 光谱放大的器件，光纤拉曼放大器可以放大 EDFA 不能放大的波段。

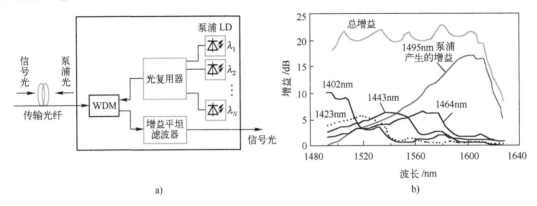

图 6.4.4　为获得平坦的光增益采用多个波长泵浦的拉曼光纤放大器

a) 后向泵浦分布式拉曼放大器　b) 拉曼总增益是各泵浦波长光产生的增益之和

分布式光纤拉曼放大器已成功地应用于 1300 nm 和 1400 nm 波段，试验表明，增益可达到 40 dB，噪声指数只有 4.2 dB，输出功率超过 20 dBm，完全可以用于 1300 nm 波段的 CATV 系统。使用分布式光纤拉曼放大器在 1400 nm 波段用 1400 km 的全波光纤也成功进行了 DWDM 系统的演示。

6.4.4　光纤拉曼放大器等效开关增益和有效噪声指数

分布式光纤拉曼放大器主要参数有拉曼开关增益($G_{on\text{-}off}$)、有效噪声指数(F_{eff})。

定义拉曼开关增益为[39]

$$G_{on\text{-}off} = 10\lg\frac{P_{on}}{P_{off}} \tag{6.4.1}$$

式中，P_{on} 和 P_{off} 分别是拉曼泵浦光源接通和断开时，在增益测量点（Gain Measurement Point，GMP）测量到的信号光功率，如图 6.4.5 所示。

假如有一套传输光纤参数，如受激拉曼色散增益频谱、非线性系数和损耗系数，通过模拟就可以完成对分布式拉曼放大器或混合使用拉曼放大/EDFA 放大器的性能分析。这些参数在研究环境中已获得，但在实际环境中，却很少使用。

为了简化系统性能评估，假如在传输光纤末端，可以测量到放大器参数，可考虑把分布式拉曼放大等效为离散放大器，如图 6.4.5c 所示。所谓离散拉曼放大器，就是所有拉曼放大的物理要素，即光信号在光纤中传输时因传输光纤受激拉曼色散（SRS）效应获得放大的所有要素，都包括在该离散放大器中。

当拉曼放大器与常规 EDFA 线路比较时，这种考虑同样有用。

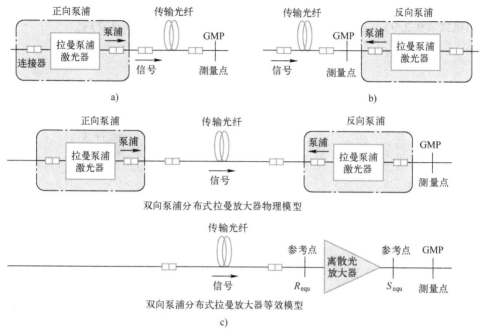

图 6.4.5 光纤分布式拉曼放大器开关增益测量
a）正向泵浦 b）反向泵浦 c）双向泵浦物理模型和等效模型

图 6.4.6 表示分布式拉曼放大器信号光功率在 3 种不同泵浦方式下沿传输光纤的分布。由图可见，信号功率在传输光纤的输出端都增加了，但在输入端却都没有变化。知道从光纤输出端发射的信号光功率和噪声电平有多大，要比知道它们沿光纤如何精确分布重要得多。因此，通常在光纤输出端使用离散放大器等效模型评估系统性能，如图 6.4.5c 所示。该虚拟放大器产生与分布式拉曼放大器相等的有效增益和 ASE 输出功率。因为，在分布式放大器光纤内产生的 ASE 因光纤损耗减少了，所以 ASE 输出功率要比实际值小。

有效噪声指数（F_{eff}）等效于在光纤末端插入一个离散光放大器的噪声指数，该放大器产生与分布式光放大器相等的有效增益和 ASE 输出功率。在混合使用分布式拉曼放大器和常规 EDFA 情况下，也包括该 EDFA 增益和 ASE 噪声（ITU-T G.665），按照 IEC 61291-1 规范，叫作等效总噪声指数。

等效输入参数如等效输入功率和输入 OSNR，可从等效输入参考点 R_{equ} 测量，此时要关闭注入传输光纤的泵浦激光器功率。当接通泵浦光源时，在等效输出参考点 S_{equ} 也可以测量等效输出功率和等效输出 OSNR。

按照 IEC 61290 规定，接通/断开泵浦源，测量离散光放大器在测量点的等效输出光功率，用式（6.4.1）可计算开关增益 G_{on-off}；使用离散光放大器输入/输出 OSNR，用式（6.1.12）可确定有效噪声指数（F_{eff}），以便简化系统性能评估。而 OSNR 是由 BER 得到的［见式（9.2.9）］，BER 是从测量 Q 参数获得的［见式（11.4.7）］。

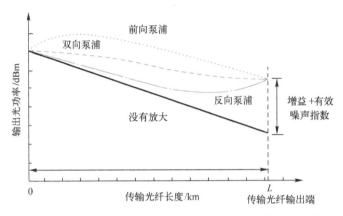

图 6.4.6　分布式拉曼放大器泵浦方式不同沿传输光纤的信号功率分布也不同

净增益 G_{net} 也是开关增益，它是在混合使用分布式拉曼放大和 EDFA 时，拉曼开关增益 G_{on-off} 和 EDFA 增益 G_{EDFA} 之和与光纤线路放大器输入和输出参考点间的损耗 L_{fiber} 之差[39]（用 dB 值表示），即

$$G_{net} = (G_{on-off} + G_{EDFA}) - L_{fiber} \tag{6.4.2}$$

信道净增益是 WDM 系统给定波长信道的净增益。

6.4.5　光纤拉曼放大技术的应用

图 6.4.7a 上图表示后向泵浦的分布式光纤拉曼放大器在 WDM 系统中的应用，图 6.4.7b 表示 32 个波长的 DWDM 信号光和 2 个波长的泵浦光在光纤中反向传输时，光功率在传输光纤中的分布情况。由图可见，在光纤的后半段，信号光功率电平已足够低，所以不会产生光纤的非线性影响。

合理设计分布式光纤拉曼放大器系统，可使光纤线路实现无损耗传输，减小入射信号的光功率，降低光纤非线性的影响，从而避免四波混频效应的影响，可使 DWDM 系统的信道间距减小，相当于扩大了系统的带宽容量。另外，由于四波混频效应影响的减小，允许使用靠近光纤零色散窗口，光纤的可用窗口也扩大了。所以，DRA 也是提升现有光纤通信系统性能的关键技术。

由于分布式光纤拉曼放大器可利用传输光纤做在线放大，它与 EDFA 的组合使用，可提高长距离光纤通信系统的总增益，降低系统的总噪声，提高系统的 Q 值，扩大系统的传输距离，减少 3R 中继器的使用数量，降低系统成本。所谓 3R 中继器，是指能够完成均衡、再生和定时功能的中继器。

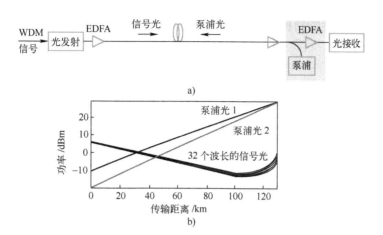

图 6.4.7　分布式光纤拉曼放大器系统

a) 后向泵浦 DRA 结构　b) 信号光功率和泵浦光功率在分布式光纤拉曼放大传输光纤中的分布

分布式光纤拉曼放大器不但能够工作在 EDFA 常使用到的 C 波段（1530~1565 nm），而且也能工作在比 C 波段短的 S 波段（1460~1530 nm）和较长的 L 波段（1565~1625 nm），完全满足全波光纤对工作窗口的要求。

所以，分布式光纤拉曼放大器具有广阔的应用前景，得到了人们的极大重视。

表 6.4.1 给出三种常用光放大器的工作原理、性能指标和特点。

表 6.4.1　光放大器性能比较

放大器特性	掺铒光纤放大器（EDFA）	半导体光放大器（SOA）	光纤拉曼放大器（FRA）
激活介质	硅中的铒离子（E_r^{3+}）	粒子数反转获得光增益	传输光纤受激拉曼散射
工作原理	铒离子吸收泵浦光跃迁到高能级，返回低能级发出信号光子	减小 F-P 腔界面反射到 10^{-3} 以下，泵浦电流可使 LD 变为 SOA	泵浦光通过受激拉曼散射把能量转移到较长的信号光波长
典型长度	几米	500~1000 μm	传输光纤长度
泵浦方式	光学泵浦	电流泵浦	光学泵浦
增益谱/nm	1530~1565（C 波段）	1300~1500	全波段（S、C、L 波段）
增益带宽/nm	25~35	75	56~64（单泵浦 7~8 THz）
弛豫时间	0.1~1 ms	<10~100 ps	—
最大增益/dB	30~50	25~30	20~40
饱和功率/dBm	>10	9~14	20
偏振特性	不敏感	敏感	不敏感
噪声指数/dB	5~7	6~9	4.2
插入损耗/dB	<1	4~6	—
耦合方式	熔接或活动连接器	防反射镀膜的光纤-波导耦合	熔接或活动连接器
光电子集成	不能	可与 LD、电光调制器集成	不能

不同光放大器的性能指标如表 6.4.2 所示，其中掺镱光纤放大器工作波长为 1043～1063 nm。

表 6.4.2　几种光放大器的性能指标

	工作波长/nm	输入功率/dBm	输出功率/dBm	噪声指数/dB	备　注
EDFA 功率放大器	1530～1565	−6～3	8～19	5	—
EDFA 线路放大器	1530～1565	−34～−6	0～18	5	—
EDFA 前置放大器	1530～1565	−40～−25	−8	4.5	—
分布式拉曼放大器　16 通道	1545～1561	—	28.45	0 （有效噪声指数）	开关增益 6～14 dB
分布式拉曼放大器　32 通道	1535～1562				
掺镱光纤放大器	1043～1063	−7～15（脉冲峰值）	36（脉冲峰值）	—	1 kHz 脉冲工作

6.4.6　混合使用拉曼放大和 C+L 波段 EDFA

混合使用分布式拉曼放大和常规 EDFA 可获得平坦的总增益频谱曲线，如图 6.4.8 所示 [ECOC 2014，PD3.3]。实验中使用色散为正、有效面积 134 μm² 的光纤，采用 1484 nm 单波长泵浦，所有信道均工作在非线性代价相似的状态（接近峰值性能）。

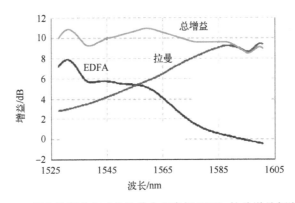

图 6.4.8　混合使用分布式拉曼放大和常规 EDFA 的总增益频谱曲线

图 6.4.9 表示混合使用拉曼放大和 C+L 波段 EDFA，经 9150 km 传输后的实验结果。C 波段有 48 个 WDM 180 Gbit/s 信道，L 波段有 224 个 WDM 202.5 Gbit/s 信道，单根光纤传输容量达到 54 Tbit/s。频谱效率（SE）C 波段为 5.04 bit·s⁻¹·Hz⁻¹，L 波段为 6.08 bit·s⁻¹·Hz⁻¹。电功率效率比单独使用 EDFA 的低，约为 1/2，即与单独使用 EDFA 相比，多消耗了 1 倍的电功率。

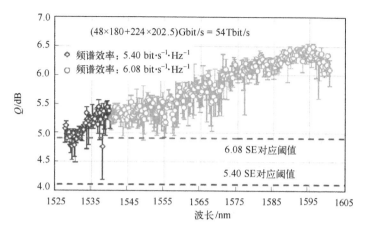

图 6.4.9　混合使用拉曼放大和 C+L 波段 EDFA WDM 信号传输
9150 km 实验结果[40]

复习思考题

6-1　简述半导体光放大器（SOA）的工作原理。

6-2　如何使 LD 变为 SOA?

6-3　什么是掺铒光纤放大器?

6-4　EDFA 的工作原理是什么? 有哪些应用方式?

6-5　用能级图说明，C 波段 EDFA 和 L 波段 EDFA 的工作原理有何不同?

6-6　EDFA 有几种泵浦方式? 哪种方式转换效率高? 哪种噪声系数小?

6-7　画出 EDFA 的结构示意图，并简述各部分的作用。

6-8　EDFA 的主要特性指标是什么? 说明其含义。

6-9　EDFA 级联需要考虑哪些问题?

6-10　什么是分布式拉曼放大器? 有何应用? 并简述它与 EDFA 的不同。

6-11　什么是分布式光纤拉曼放大器拉曼开关增益($G_{\text{on-off}}$)和有效噪声指数(F_{eff})?

习题

6-1　计算光放大器的噪声指数

假如输入信号功率为 400 μW，在 1 nm 带宽内的输入噪声功率是 35 nW，输出信号功率是 70 mW，在 1 nm 带宽内的输出噪声功率增大到 25 μW，计算光放大器的噪声指数。

6-2　F-P 半导体光放大器增益

如果 F-P 半导体光放大器解理面的反射率为 $R = 0.28$，估计它的增益是多少。如果

$R=0.001$，它的增益又是多少？

6-3　EDFA 的增益

掺铒光纤的输入光功率是 $200\,\mu W$，输出功率是 $50\,mW$，EDFA 的增益是多少？

6-4　级联光放大器的 SNR

计算 15 个光放大器级联时的输出 SNR。假定每个放大器具有 3 dB 的噪声指数，光发射机 $SNR=10^8$，两个放大器之间的光纤损耗 32 dB，放大器增益也是 32 dB。

6-5　计算行波放大器的长度

假如最大增益系数 $g=106(1/cm)$，有源区单位长度的损耗系数 $\alpha_{int}=14(1/cm)$，有源区的封闭系数 $\Gamma=0.8$，如需要 25 dB 的 TWA 增益，请计算行波放大器的长度。如需要 40 dB 的 TWA 增益，行波放大器的长度又是多少？

第7章 光纤通信系统

至此，本书已介绍了构成光纤传输系统所必需的传输介质——光纤和光缆，用于发射光信号的激光器和光发送机，用于接收光信号的光探测器和光接收机，对光信号进行中继放大的光放大器，以及光纤传输系统经常用到的光无源器件。本章将简要介绍脉冲编码（PCM）、信道编码和复用、光调制和复用，以及电复用传输系统、光复用传输系统和相干检测系统。

7.1 光纤通信系统基础

7.1.1 脉冲编码——将模拟信号变为数字信号

光纤通信系统光源的发射功率和线性都有限，因此通常选择二进制脉冲传输，因为传输二进制脉冲信号对接收机 SNR 的要求非常低（15.6 dB），对光源的非线性要求也不苛刻。

脉冲编码调制（Pulse Code Modulation，PCM）是光纤传输模拟信号的基础。解码后的基带信号质量几乎只与编码参数有关，而与接收到的 SNR 关系不大。假如接收到的信号质量不低于一定的误码率，此时解码 SNR 只与编码比特数有关。实现 PCM 通信的 3 个最基本的过程是取样、量化和编码，如图 7.1.1 所示。

1. 取样

取样是分别以固定的时间间隔 T 取出模拟信号的瞬时幅度值（简称样值）的过程，如图 7.1.1b 所示。要想实现模拟/数字（A/D）转换，首先要进行取样。

取样定理：若取样频率不小于模拟信号带宽的两倍，则取样后的样值波形只需通过低通滤波器即可恢复出原始的模拟信号波形。

图 7.1.1b 表示具体的取样过程，由图可见，时间上连续的信号变成了时间上离散的信号，因而给时分多路复用技术奠定了基础。但这种样值信号，本身在幅度取值上仍是连续的，称为脉冲幅度调制（PAM）信号，它仍属模拟信号，不仅无法抵御噪声的干扰，也不能用有限位数的二进码组加以表示。

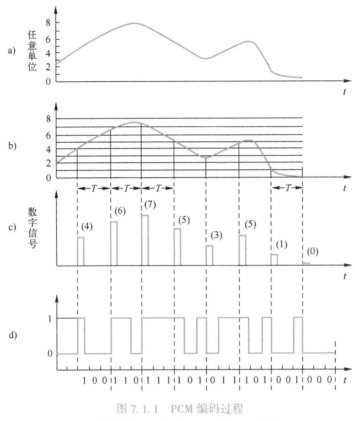

图 7.1.1 PCM 编码过程

a）模拟信号 b）取样 c）量化 d）编码

2. 量化

所谓量化指的是将幅度为无限多个连续样值变成有限个离散样值的处理过程。

具体来说，就是将样值的幅度变化范围划分成若干个小间隔，比如 8 个小间隔，如图 7.1.1b 所示，每一个小间隔称之为一个量化级，当某一样值落入某一个小间隔内时，可采用"四舍五入"的方法分级取整，近似看成某一规定的标准数值，如图 7.1.1c 的第 3 个样值，落在图 7.1.1b 的 7 和 8 之间，并靠近 7，所以分级取整为 7。这样一来，就可以用有限个标准数值来表示样值的大小。当然量化后的信号和原来的信号是有差别的，称之为量化误差，对于图 7.1.1c 所示的均匀量化，各段的量化误差均为 ±0.5。经过量化后的各样值可用有限个值来表示，进而即可进行编码。

3. 编码

所谓编码指的是用一组组合方式不同的二进制码来替代量化后的样值信号的处理过程。

已知二进制码与状态"电平值"的关系为

$$N = 2^n \tag{7.1.1}$$

其中 n 为二进制代码所包含的比特个数，N 为所能表示的不同状态（电平值）。换句话说，当样值信号被划分为 N 个不同的电平幅度时，每一个样值信号需要用

$$n = \log_2 N \tag{7.1.2}$$

个二进制码元表示。

在图 7.1.1c 和图 7.1.1d 中，每一样值划分为 8 种电平幅度（0~7），即 $N = 8$，所以每一样值需用 $n = 3$ 个码元表示，对于 3 位二进制码而言，与各样值的对应关系如表 7.1.1 所示，在图 7.1.1d 中，第 1 个样值为 4，所以用二进制码 100 表示。

表 7.1.1　8 个样值电平值与二进制代码的对应关系

样值电平值	0	1	2	3	4	5	6	7
二进制代码	000	001	010	011	100	101	110	111

至此，将一路模拟信号变成用二进制代码表示的脉冲信号的处理过程就结束了。所产生的信号称之为 PCM 信号。而描述所含信息量的大小，可用传输速率来表示，即每秒所传输的码元（比特）数目（比特/秒，bit/s）。

我国 PCM 通信制式的基础速率计算如下：语音信号的频带为 300~3400 Hz，取上限频率为 4000 Hz，按取样定理，取样频率为 $f_s = 8$ kHz（即每秒取样 8000 次），取样时间间隔 $T = 1/f_s = 1/(8$ kHz$) = 125$ μs，在 125 μs 时间间隔内要传输 8 个二进制代码（比特），每个代码所占时间为 $T_b = 125/8$ μs，所以每路数字电话的传输速率为 $B = 1/T_b = 64$ kbit/s（或者 8 bit/次×8000 次/s）。如果传输 32 路 PCM 电话，则传输速率为 64 kbit/s×32 = 2048 kbit/s（也就是 8 bit/1 个取样值×32 个取样值/次×8000 次/s）。这一速率就是我国 PCM 通信制式的基础速率。

4. PCM 编码

PCM 编码的实现过程如图 7.1.2 所示。首先在输入端用基带滤波器滤除叠加在模拟信号上的噪声。然后信号幅度被等于或大于奈奎斯特（Nyquist）频率 f_s 取样，并使取样频率 f_s 满足条件

$$f_s \geq 2(\Delta f)_b \tag{7.1.3}$$

式中 $(\Delta f)_b$ 为模拟基带信号带宽。

幅度电平被取样器记忆并选通到量化/编码器，在这里每个取样值的幅度与 2^n 个离散参考电平比较。该量化器输出一串 $N = 2^n$ 个二进制代码，它代表每个取样间隔内 $(1/f_s)$ 测量到的取样幅度电平。每个代码具有 n 个码元（比特）。然后，把帧和同步比特插入二进制代码比特流中，重新组成串联数据流以便于传输。因此，传输速率要比 Nf_s 稍高。

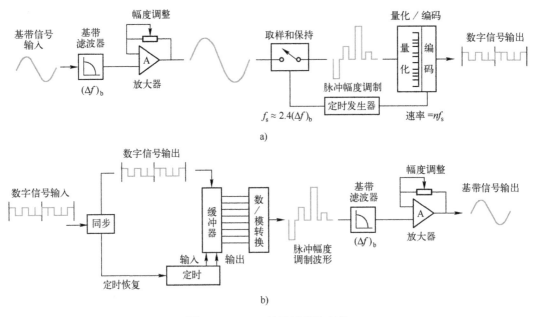

图 7.1.2　PCM 编码过程的实现

a）发送端　b）接收端

在接收端，为了解码的需要，恢复出定时信号并分解取样代码。每个代码进入一个数/模（D/A）转换器。该数/模转换器输出一个离散电压脉冲幅度调制（PAM）波形，它与接收到二进制代码相对应。为了重新恢复原来的模拟波形，PAM 波形需要经基带滤波器$(\Delta f)_b$滤波。

7.1.2　信道编码——减少误码方便时钟提取

信道编码的目的是使输出的二进制码不要产生长连"1"或长连"0"（Consecutive Identical Digits，CID），而是使"1"码和"0"码尽量相间排列，这样既有利于时钟提取，也不会产生如图 7.1.3 所示的因长连零信号幅度下降过大使判决产生误码的情况。10.4.2 节介绍的 XG-PON 要求能够抵御 72 个长连"1"码或长连"0"码。

采用下面的几种编码方式就可以基本达到"1"码和"0"码的相间排列。

1）使非归零码（NRZ）的"1"码在 $T/2$ 周期时由高电平变成低电平，即由非归零码变成归零码（RZ），使图 7.1.4a 变为图 7.1.4b。

2）使用产生随机码的编码多项式对 NRZ 码进行扰码，确保长连"1"（高电平）或长连"0"（低电平）光脉冲串不出现。

3）使用相位调制码，如曼彻斯特（Manchester）编码，不管输入信号如何，输出占空比总是 50%，如图 7.1.4c 所示。

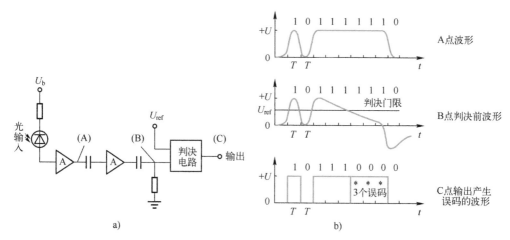

图7.1.3 光接收机电容耦合使长连零信号幅度下降导致判决产生误码

a）电容耦合放大判决电路 b）电容耦合放大判决电路各点波形

4）在 $P-I$ 特性的线性部分的半功率点偏置 LED 或 LD，这样发射光脉冲是双极性码，相当于三电平编码，如图7.1.4d 所示。

5）在半功率点偏置光源，并用差分输入信号驱动它，发射脉冲总是正负相间变化，因此减小了所有的低频分量，如图7.1.4e 和图7.1.4f 所示。

6）使用很高电平的窄脉冲进行脉冲位置调制（PPM），在判决前进行积分和再生，以便恢复输入信号，如图7.1.4g 所示。

图7.1.4 除给出各种二进制编码的波形外，还给出了各自的频谱图。由图7.1.4的频谱图可知，NRZ 和 RZ 码都具有较大的直流和低频分量，所以不经过扰码是不能用来传输的，除非直流耦合的情况。所有其他的编码方式，虽然减小了直流分量，但却增加了传输带宽或减小了信号功率。然而对 NRZ 码扰码，既保持了最初的基带信号带宽，也没有减小信号功率。这是以增加设备复杂性为代价的，同时因增加了一些开销比特，使带宽略有增加。

大多数高性能干线系统使用扰码的 NRZ 码（图7.1.4a），如 SDH 干线。这种码型最简单，带宽窄、SNR 高、线路速率不增加、没有光功率代价、无须编码。在发送端只要一个扰码器，在接收端增加一个解扰码器即可，使其适合长距离系统应用。

数据总线通常使用编码简单的相位编码（如 Manchester），如图7.1.4c 所示，这时因距离短，带宽不是主要的限制。由于恒定的 50% 的脉冲占空比和使用差分接收机，检测和再生易于实现，其 SNR 也与扰码的 NRZ 相当。

双极性编码，如图7.1.4d～图7.1.4f 所示，通常很难在光纤通信系统中找到它的应用，因为它的 SNR 低，但是图7.1.4f 所示的差分变换编码例外，虽然它的 SNR 低，但是编码简单，所以在短距离计算机外围设备互连和工业应用中使用。

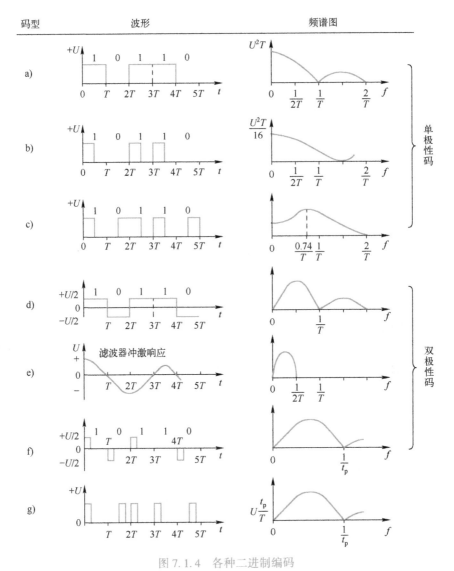

图 7.1.4 各种二进制编码

a）二进制非归零码（NRZ） b）归零码（RZ） c）Manchester 编码 d）HDB3 双极码
e）双二进制码（DB） f）NRZ 变换编码 g）脉冲位置编码（PPM）

脉冲位置调制（PPM）是，调制信号使载波脉冲串中每一个脉冲产生的时间发生改变，而不改变其形状和幅度，如图 7.1.4g 所示，且每一个脉冲产生的时间变化量正比于调制信号电压的幅度，与调制信号的频率无关。由此可见，脉冲位置调制（PPM）是基于脉冲位置来传送信息的，大部分能量集中在很容易通过耦合电容的高频端，从接收到的脉冲位置信号，根据解码定时关系，或者简单地对其积分，就很容易恢复出发送端的双极信号。主要应用在空间光通信中。

双二进制编码（Duo Binary，DB）如图 7.1.4e 所示，能使 "0" 和 "1" 的数字信号，经低通滤波后转换为具有三个电平 "1" "0" 和 "-1" 的信号。这种技术与一般的幅度调制技术比较，信号谱宽减小一半，这就使相邻信道的波长间距减小，信道容量扩大。

光纤通信系统光源的发射功率和线性都有限，因此通常选择二进制脉冲传输，因为传输二进制脉冲信号对接收机 SNR 的要求非常低（15.6 dB，见 5.5.2 节），甚至更低（见 8.1 节），对光源的非线性要求也不苛刻。

脉冲编码调制（Pulse Code Modulation，PCM）是光纤传输模拟信号的基础。解码后的基带信号质量几乎只与编码参数有关，而与接收到的 SNR 关系不大。假如接收到的信号质量不低于一定的误码率，此时解码 $(SNR)_b$ 只与编码比特数有关。

7.1.3　信道复用——扩大信道容量，充分利用光纤带宽

为了提高信道容量，充分利用光纤带宽，方便光纤传输，可把多个低容量信道以及开销信息，复用到一个大容量传输信道。可以在电域和光域同时复用多个信道到一根光纤上。因此，复用后的多个信道共享光源的光功率和光纤的传输带宽。在电域内，信道复用有时分复用（TDM）、频分复用（FDM）和正交频分复用（OFDM）、微波副载波复用（SCM）和码分复用（CDM）；与此相对应，在光域内，信道复用也有光时分复用（OTDM）、光频分复用即波分复用（WDM）和光正交频分复用（O-OFDM）、光偏振复用，以及光码分复用（OCDM），如图 7.1.5 所示。此外，还有空分复用，比如双纤双向传输。

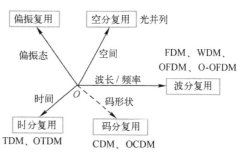

图 7.1.5　光纤通信系统复用技术

不同的复用方式对应最佳调制方式，如表 7.1.2 所示。采用不同的复用方式对接收信噪比将产生不同的影响，对光功率的要求也各不相同。

表 7.1.2　复用方式和调制方式的典型组合

复用方式	调制方式
频分复用（FDM）/正交频分复用（OFDM）	幅度调制（AM）、残留边带（VSB）调幅（AM）、频率调制（FM）、频移键控（FSK）、幅移键控（ASK）、相移键控（PSK）
波分复用（WDM）	直接基带传输，适用于所有形式的传输
偏振复用（PM）	QPSK、QAM
时分复用（TDM）	差分脉码调制、脉冲编码（PCM）调制
光正交频分复用（O-OFDM）	QPSK、QAM

7.1.4　光调制——让光携带声音和数字信号

在无线电广播和通信系统中，调制是用数字或模拟信号改变电载波的幅度、频率或相位的过程。改变载波的幅度调制叫非相干调制，而改变载波的频率或相位调制叫相干调制。调幅收音机是非相干调制，而调频收音机是相干调制。与无线电通信类似，在光通信系统中，也有非相干调制和相干调制。非相干调制有直接调制和外调制两种，前者是信息信号直接调制光源的输出光强，后者是信息信号通过外调制器对连续输出光的幅度或相位或偏振进行调制（见图7.1.8和4.7节）。

激光器发出的光波是一种平面电磁波，式（1.2.5）描述沿 z 方向传输的电场，也可以写成

$$E_x(t) = E_0(t)\cos\left[2\pi f(t)t + \varphi(t)\right] \tag{7.1.4}$$

如图7.1.6b所示，这里 $E_0(t)$ 是以光频 $f(t)$ 振荡的光波电场振幅包络，$\varphi(t)$ 是它的相位。从原理上讲，不论改变这3个参数中的哪一个，都可以实现调制。改变 $E_0(t)$ 的调制是幅度调制，如图7.1.6c和图7.1.6d所示；改变 $f(t)$ 的调制是频率调制，如图7.1.6f所示；改变 $\varphi(t)$ 的调制是相位调制，如图7.1.6g所示。另外还有一种调制，那就是改变光的偏振方向，如图7.1.6e所示。图7.1.6a表示用快速上下移动快门，使光波间断通过遮光板的孔洞，从而实现光的脉冲调制。

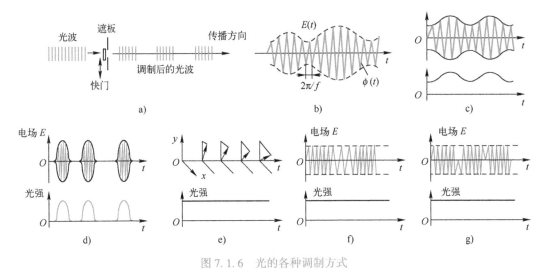

图7.1.6　光的各种调制方式

a）脉冲调制　b）光波的振荡波形　c）幅度调制　d）幅度调制　e）偏振调制　f）频率调制　g）相位调制

早期，所有实用化的光纤系统都是采用非相干的强度调制-直接检测（IM/DD）方式，这类系统成熟、简单、成本低、性能优良，已经在电信网中获得广泛的应用。然而，这种IM/DD方式没有利用光载波的相位和频率信息，从而限制了其性能的进一步改进和

提高。近来，调制信号相位的正交相移键控（DQPSK），以及在 DQPSK 的基础上，又调制信号相位的偏振复用差分正交相移键控（PM-DQPSK），受到人们的高度重视，进行了深入的研究，并在高速光纤通信系统中得到了广泛应用。

IM/DD 方式是用电信号直接调制光载波的强度，在接收端，光信号被光电二极管直接探测，从而恢复发射端的电信号。直接强度调制有模拟和数字强度调制，以及副载波调制。副载波调制是首先用输入信号对高频电磁波（相对于光载波是副载波）进行调制，然后再用该副载波对光波进行二次调制。副载波又有模拟和数字之分，有时将副载波调制简称为载波调制。图 7.1.7 为光通信调制方式分类，图 7.1.8 为几种调制方式的实现和示意图解。

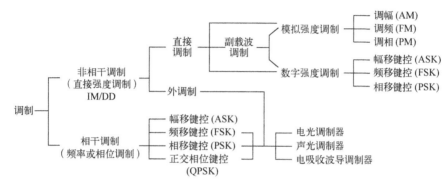

图 7.1.7　光通信采用的调制方式

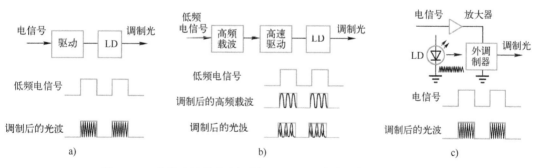

图 7.1.8　几种直接强度光调制（IM/DD）方式的实现和示意图解

a）直接调制　b）副载波调制（以 AM 为例）　c）外调制

1. 模拟强度光调制

模拟强度光调制是模拟电信号线性地直接调制光源（LED 或 LD）的输出光功率，如图 7.1.9a 所示。为了分析简单，假定光载波为相干正弦波，调制信号也为正弦波，此时探测器输入的调制光载波功率为

$$P(t) = 2P_b \left[1 + M_o \cos(\omega_s t) \right] \cos^2(\omega_o t) \tag{7.1.5}$$

式中，$2P_b\cos^2(\omega_o t)$ 为未调制光载波强度，$P_b = A^2/2$ 为偏置点平均光功率（见图 7.1.9a），$M_o = P_s/2P_b$ 为光调制指数，P_s 是加到 LD 上的信号平均光功率，通常 $M_o = 1/2$，ω_o 和 ω_s 分别是光载波和输入信号角频率。

在探测器输出端，光载波被滤除，留下的信号光生电流为

$$i_s(t) = RMP_{in}[1 + M_o\cos(\omega_s t)] \tag{7.1.6}$$

式中，R 是探测器灵敏度，M 是 APD 增益，如果采用 PIN 接收机，则 $M=1$，P_{in} 是入射到探测器的光功率，信噪比为

$$SNR = \frac{(i_s)^2}{\sigma^2} = \frac{M_o(RMP_{in})^2}{\sigma_s^2 + \sigma_T^2 + \sigma_{RIN}^2} \tag{7.1.7}$$

式中，σ_s^2 为散粒噪声，σ_T^2 为热噪声，σ_{RIN}^2 是 LD 的相对强度噪声，其值分别由式 (5.4.2)、式 (5.4.5) 和式 (4.6.2) 表示。由于模拟调制要求高的 SNR，所以信号功率很高，不得不考虑 LD 的强度噪声 (r_{RIN}) 的影响。

2. 数字强度光调制

当调制信号是数字信号时，调制原理与模拟强度调制相同，只要用脉冲波取代正弦波即可，如图 7.1.9b 所示。但是工作点的选择不同，模拟强度调制选在 $P\text{-}I$ 特性的线性区；但数字调制选在阈值点。对于二进制脉冲输入，探测器产生的光生电流为

$$\text{"1" 码时} \qquad i_s = RMP(1) \tag{7.1.8}$$

$$\text{"0" 码时} \qquad i_s = RMP(0) \tag{7.1.9}$$

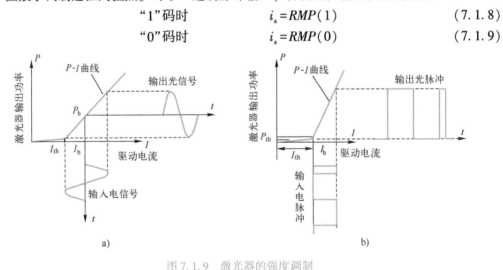

图 7.1.9 激光器的强度调制
a) 模拟强度调制 b) 数字强度调制

例如，对于非归零编码，"1" 码时探测器光生电流为 $i_s = RMP_{pk}$，"0" 码时为 $i_s = 0$，式中 P_{pk} 为脉冲峰值功率。

因为输入信号的离散性，接收机信噪比可用峰值信号电流和均方根噪声电流之比表示，即

$$SNR = \frac{I_s}{\sigma} = \frac{RMP_{pk}}{\sqrt{\sigma_s^2 + \sigma_T^2}} \tag{7.1.10}$$

对于数字信号，传输系统的性能是由比特误码率（BER），而不是用 SNR 表示。SNR 和 BER 的关系可用 SNR 和系统性能参数 Q 的关系表示。

对于单极信号 $$SNR = 20\lg Q$$

或者 $$BER = erfc Q \tag{7.1.11}$$

对于双极信号 $$BER = \frac{2}{3} erfc \frac{Q}{2} \tag{7.1.12}$$

例如，对于单极信号，BER $= 10^{-9}$ 时，从图 5.5.3 可知，$Q = 6$，SNR $= 20\lg 6 = 15.6\,\text{dB}$。

对于双极信号，BER $= 10^{-9}$ 时，BER $= \frac{2}{3} erfc \frac{Q}{2} = 10^{-9}$，由此求得 $Q = 2 \times 5.325 = 10.65$。

有关 Q 参数的进一步介绍见 5.5.1 节、9.2 节和 9.3 节。

【例 7.1.1】"1" 码内的光振荡数量计算

用脉冲信号对光强度调制，使用波长为 0.82 μm 的 LED，请问当脉冲宽度为 1 ns 时，在 "1" 码时有多少个光振荡？

解： 已知 $\lambda = 0.82\,\mu\text{m}$，所以光频是 $f = c/\lambda = 3.6585 \times 10^{14}\,\text{Hz}$，光波的周期是 $T = 1/f = 2.7334 \times 10^{-15}\,\text{s}$。已知脉冲宽度 1 ns，所以在该脉冲宽度内的光周期数是

$$N = T_{ele}/T = 10^{-9}/2.7334 \times 10^{-15} = 3658537.2$$

7.2 频分复用/时分复用光纤通信系统

7.2.1 频分复用（FDM）光纤传输系统

为了充分利用光纤带宽，人们首先采用电频分复用或电时分复用（TDM）对多路信号进行复用，然后再去调制光载波。

图 7.2.1 为电频分复用光纤传输系统的原理图。本质上，频分复用是在频率上把基带带宽分别为 $(\Delta f)_1$，$(\Delta f)_2$，…，$(\Delta f)_N$ 的多个信息通道，分别调制到不同的载波上，然后再"堆积"在一起，以便形成一路合成的电信号，然后用这路合成信号以某种调制方式去调制光载波。经光纤信道传输后，在接收端对光信号进行解调，再进一步借助带通滤波器（BPF）与各信道的频率选择器（电相干检测），将各基带信息分离和重现出来，所以它是一种副载波复用技术。

而光频分复用解调，是用光纤法布里-珀罗滤波器或者采用相干检测技术，首先把各个光载波分离和重现出来，然后用带通滤波器和各信道的频率选择器，把基带信号分离和重现出来。

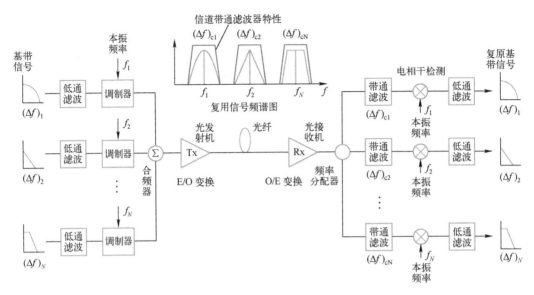

图 7.2.1　电频分复用光纤传输系统原理图

　　FDM 与 TDM 也不同，FDM 是将各路信号的频谱分别搬移到互不重叠的频谱上，而 TDM 是在时域上采用交错排列多路低速模拟或数字信道到一个高速信道上。因此，信道传输 FDM 信号时，各路信号尽管在时间上重叠，但其频谱是不交错的。

　　电频分复用就是各路信号首先通过低通滤波器（LPF）限定最高基带频率，然后再通过各自的调制器，上变频到各自的载波信道上，载波信道带宽分别为$(\Delta f)_{c1}$，$(\Delta f)_{c2}$，…，$(\Delta f)_{cN}$。调制器同时也滤掉不需要的边带信号和各种交叉调制信号。各路的电路形式是一样的，但使用的载频f_1，f_2，…，f_N各不相同，以便实现频率分割，借助一个相加器（即频分复用器）形成复用信号，经电/光（E/O）转换成光信号，进入光纤传输。

　　多路复用信号经长距离传输后，进入接收端。在这里，复用信号经光/电（O/E）转换放大后，经过频率分配器（作用与 FDM 相反）分配到各自的解调信道。解调信道采用电相干检测，类似于外差收音机的选频器，把基带信号解调恢复出来。应注意的是，各解调器的本地载波要与发送载波同步。与时分复用（TDM）比较，不同点仅仅在于：在 TDM 中发送同步（时钟）脉冲，以确保发送两端的路序在时间上一一对应；而在 FDM 中，则要求在发送端和接收端各路载波在频率及相位上相同。

　　假如调制器的作用仅仅起上变频的作用，则传输的载波信道带宽$(\Delta f)_{cN}$大致与基带信道带宽$(\Delta f)_N$相同。在一些系统中，合成器可能起着调幅和调频或调相器的双重作用。此时，$(\Delta f)_{cN} > (\Delta f)_N$，这与调制参数有关。

　　FDM 技术的典型应用就是光纤同轴电缆混合网络，它把多个频道的模拟视频信号用 FDM 技术复用在一起，以广播的形式传送到千家万户。本书将在 7.2.3 节进一步介绍。

目前，FDM 技术中的正交频分复用（OFDM）已广泛应用到 4G、5G 移动通信网络中，因为 OFDM 具有较高的频谱利用率和抗多径干扰的能力。OFDM 与传统的频分复用（FDM）原理基本类似，即把高速的串行数据流通过串/并变换，分割成低速的并行数据流，通过 QAM、QPSK 等调制转变为模拟信号，分别调制若干个载波频率子信道，实现并行传输。所不同的是，OFDM 对载波的调制和解调是分别基于离散傅里叶逆变换（Inverse Discrete Fourier Transform，IDFT）和离散傅里叶变换（Discrete Fourier Transform，DFT）来实现的。

7.2.2　微波副载波复用（SCM）光纤传输系统

在 7.2.1 节介绍的 FDM 系统中，如果载波使用频率较高的微波，则就是微波副载波复用（Subcarrier Multiplexing，SCM）。SCM 是一种结合现有微波和光通信技术的通信系统。众所周知，微波通信是使用多个微波载波经同轴电缆或自由空间传输多个信道（电频分复用）的技术。使用同轴电缆传输多信道微波信号时，总带宽限制在 1 GHz 以下。然而，若使用光纤传输，信号带宽则可以超过 10 GHz。此外，在 SCM 基础上再使用光波分复用（使用多个光载波）还可以达到 1 THz 的带宽。因为信号是用光波传输的，微波载波对光载波而言只起副载波的作用，所以这种技术就称为微波副载波复用。

在图 7.2.2 所示的 SCM 光波系统中，首先，各路基带信号（数字信号或模拟信号）对各自微波频率振荡器的输出信号进行调制，经调制后的各路输出信号送入一个微波带通滤波器和功率放大器，该带通滤波器调谐在各个副载波频率上，经功率放大后混合在一起共同调制一个光发送 LD。所以光纤传输的是携带这些副载波调制信号的光波。

接收端经光/电变换和低噪声放大后与微波本振进行混频，利用一个可调谐微波本振器可以选出所需要的副载波，由混频产生的变频信号再经与发送端对应的解调滤波处理，即可恢复基带信号。图中除了电/光转换、光/电转换和光纤传输以外，其他部分与普通微波通信系统无异。然而，由于光纤传输，SCM 具有如下新特点。

1）由于微波只作为光传输的副载波，因而信号不再经空中传播，而是经一个封闭的、稳定的光纤信道传输，从而避免了与其他微波互相干扰的问题。不发送微波信号到空间，也避免了日益拥塞的微波频道资源分配和批准问题。

2）由于一个光通道可以承载多个微波副载波信道，每个副载波又可以分别传送各种不同类型的业务信号，彼此互相独立，因而易于实现模拟信号与数字信号的混合传输和各种不同业务的综合和分离。

3）SCM 系统可以充分利用现有的微波和卫星通信的成熟技术和设备，但比现有的微波传输容量大得多。

4）与 TDM 相比，SCM 系统只接收本载波频带内的信号和噪声，因而灵敏度高，也不需要复杂的定时同步技术。就传送电视节目而言，采用 TDM 方式，一个光载波可以传输的典型节目数是 16~32 个，而采用 SCM 方式至少可以传送 60~120 个节目，而且成本很低，因而 SCM 系统在电视分配网中很有竞争力。

然而，模拟 SCM 方式光功率余度较小，如不使用 EDFA，在维持端到端性能方面有一定困难，也不适应电信网的数字化趋势，因而不是长远的主流发展方向，而是中近期比较经济的解决方案。但是与密集波分复用和相干光通信技术结合时，将显出其特有的魅力。

1. 模拟 SCM 光纤传输系统

图 7.2.2 为 SCM 光波系统的方框图。SCM 的主要优点是在设计宽带网络过程中它的灵活性和易升级性。人们可以使用模拟调制或数字调制，或它们的复合，传输多路声音、数据和视频信号到大量的用户。在电信用户环路应用中，每个用户使用一个副载波；或者在 CATV 网络提供的电视服务中，分配多路电视到所有用户。本节将介绍模拟 SCM 光波系统，并着重介绍它的设计和性能。

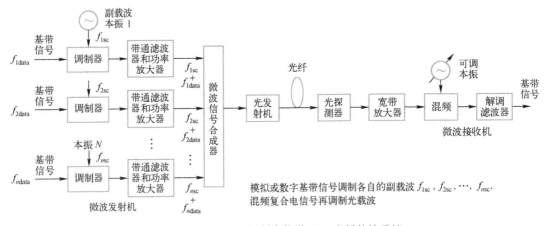

图 7.2.2　VSB-AM 调制多信道 SCM 光纤传输系统

大多数光纤通信系统是数字系统，但是用于电视分配系统的 SCM 系统是例外。现有的 CATV 网络，使用残留边带幅度调制（VSB-AM）的模拟技术，分配多路电视信道到多个用户，其理由是它对带宽的要求低，中国制式为 6 MHz 带宽，信道间距 8 MHz 即可。

SCM 光纤系统可以使用现有的微波设备，但因为模拟信号波形在传输过程中必须保持不变，所以模拟 SCM 系统要求系统载噪比（Carrier-to-Noise Ratio，CNR）高，光源和通信信道的线性度要好。图 7.2.2 为 SCM 光纤系统的组成，使用 VSB-AM 技术，基带信号调制各自的微波副载波，微波信号合成器将所有已调副载波信号复合。该复合信号直接加在激光器的偏流上调制半导体激光器的输出光强，如图 7.1.9a 所示。如果半导体激光器线性特性好，输入电信号就可以变成不失真的输出光信号。显然，任何非线性都要引起输出光波形的畸变并影响系统的性能。

激光器的输出功率可以写成

$$P(t) = P_b \left[1 + \sum_{j=1}^{N} m_j a_j \cos(2\pi f_j t + \phi_j) \right] \tag{7.2.1}$$

式中，P_b 是偏置点的输出功率，N 是复用的信道数，m_j、a_j、f_j 和 ϕ_j 分别是第 j 个副载波的调制指数、幅值、频率和相位。副载波的幅值、频率和相位都可以被调制而构成幅度调制（AM）、频率调制（FM）或相位调制（PM）系统。

图 7.2.2 中的微波信号光发射机和光接收机，其技术指标如表 7.2.1 所示。这种光收/发机可以用于各种雷达、天线系统，以及移动通信基站与基站之间的光信号传输。

表 7.2.1   微波信号光端机（光发射机和光接收机）技术指标

适用波段范围/GHz	宽带	L 波段	S 波段	C 波段	X 波段	Ku 波段
微波频率范围/GHz	0.1~18	1~2	2~4	4~8	8~12	12~18
使用光波长范围/nm	1310/1550					
带内平坦度/dB	±5.5	≤±1.25	≤±1	±2.5	±2.5	±3.5
输入电信号功率/dBm	−15~8	−15~12			−15~10	−15~8
输出光信号功率/dBm	5	2		5		
接收光功率范围/dBm	−6~2	−8~2		−7~2	−6~2	
传输损耗/dB	−20	—	—	−15	−17	−20
输出信噪比/dB	50	—	—	55	55	50
驻波比	≤3:1	≤1.5:1		≤2:1	≤2.5:1	

2. 载噪比（CNR）

在 SCM 系统中，用载噪比（Carrier-to-Noise Ratio，CNR）而不是用信噪比（SNR）描述系统性能，CNR 定义为光检测器输出的均方载波功率与均方噪声功率之比，用式（7.2.2）表示。

$$CNR = \frac{(mR\overline{P})^2/2}{\sigma_s^2 + \sigma_T^2 + \sigma_I^2 + \sigma_{IMD}^2} \tag{7.2.2}$$

式中，m 是信道调制指数，R 是检测器灵敏度，$\overline{P}$ 是平均接收光功率，σ_s、σ_T、σ_I 和 σ_{IMD} 分别是散粒噪声、热噪声、LD 强度噪声以及互调失真（Inter Modulation Distortion，IMD）均方噪声电流。其中 σ_s^2 和 σ_T^2 分别为

$$\sigma_s^2 = 2q(R\overline{P} + I_d)\Delta f \tag{7.2.3}$$

$$\sigma_T^2 = 4k_B T F_n \Delta f / R_L \tag{7.2.4}$$

式中，I_d 是暗电流，Δf 是接收机带宽，$k_B T$ 是热能，F_n 是放大器噪声指数，R_L 是负载电阻。激光器的强度噪声在 4.6.4 节中已做过介绍。假如激光器的相对强度噪声（Relative Intensity Noise，r_{RIN}）在接收机带宽内几乎不变，则激光器的均方强度噪声电流为

$$\sigma_{\mathrm{I}}^2 = r_{\mathrm{RIN}} (R\overline{P})^2 \Delta f \qquad (7.2.5)$$

式中，相对强度噪声 r_{RIN} 由式（4.6.1）给出。

互调失真 σ_{IMD} 值与组合二次（Composite Second-Order, CSO）失真和组合三次差拍（Composite Triple-Beat, CTB）失真有关。

SCM 系统对 CNR 的要求取决于调制方式。VSB-AM 方式通常要求 CNR 大于 50 dB，以满足性能的要求，此时只有增加接收光功率 $\overline{P}$ 到 0.1~1 mW。这样大的功率有两方面的影响。首先，它限制调幅 SCM 系统的功率容限，除非发射功率超过 10 mW。其次，因为 σ_{I}^2 与 $\overline{P}$ 的平方成正比，而散粒噪声仅与 $\overline{P}$ 成正比，当 σ_{I} 占支配地位时，强度噪声决定着系统的性能，CNR 变得与接收光功率 $\overline{P}$ 无关。此时从式（7.2.2）和式（7.2.5）可以得到

$$\mathrm{CNR} \approx \frac{m^2}{2 r_{\mathrm{RIN}} \Delta f} \qquad (7.2.6)$$

当粗略估算时，假如 $m = 0.1$，$\Delta f = 50\,\mathrm{MHz}$，激光器的 r_{RIN} 值应该小于 $-150\,\mathrm{dB/Hz}$，以便使 CNR = 50 dB。只有增加调制指数 m 或减小接收机带宽 Δf，才允许 r_{RIN} 具有较大的值。设计具有较小 r_{RIN} 的 DFB 激光器已显得非常必要。为了提供大于 5 mW 的偏置功率，通常使半导体激光器的偏流超过阈值电流，因为 r_{RIN} 随 P_{b}^{-3} 下降。较大的偏置功率也允许使用较大的调制指数。

3. 影响 CNR 的因素

由式（7.2.2）可知，影响 CNR 的因素除通常的散粒噪声和热噪声外，还有强度噪声 σ_{I}^2 和互调失真 σ_{IMD}^2。下面对 σ_{IMD}^2 和 σ_{I}^2 噪声分别做一讨论。

（1）互调失真

式（7.2.1）是在假定 LD 的 P-I 曲线完全线性的情况下得出的，如图 7.2.3 所示。实际上，由于其非线性，LD 的输出光信号发生失真，这种失真是由互调失真（IMD）引起的，它与 WDM 系统的四波混频干扰的本质相类似。

LD 响应或光纤传输特性的任何非线性均产生新的频率分量 $f_i \pm f_j$ 和 $f_i \pm f_j \pm f_k$，即输出信号中除单个的输入副载波信号外，还有副载波之间的和频与差频的各种组合，它们中的一些落在传输带宽内，产生类似连续背景噪声的分量，并且使模拟信号产生失真，严重限制了系统的性能。新的频率成分称作互调产物（Intermodulation Product, IMP）。

产生互调失真（IMD）的原因来源于几种非线性：首先是激光器本身的非线性，其次是光功率-驱动电流曲线的非线性，再次是光纤色散。

目前，主要有三种办法减小谐波失真的影响：第一，减小光调制深度，因为非线性失真随副载波光调制深度的减小而改善，但这会减小相应的信号功率；第二，设法将张弛振荡的谐振峰往更高频率推移，从而扩大可用频率范围；第三，采用外调制器，使直流偏置电压点置于 M-Z 调制器调制特性曲线的拐点处（最大点），如图 8.8.2b 所示，则

二次谐波失真可以忽略。这一特性对于 AM CATV 系统十分重要，但是需对偏置点进行控制，结果是系统会变得比较复杂。

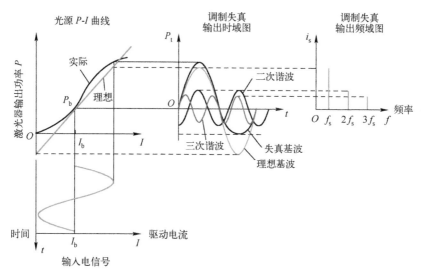

图 7.2.3　由于光源的非线性使调制输出除基波外还产生了谐波

（2）强度噪声

当激光器的相对强度噪声 r_{RIN} 值很小时，根据式（7.2.6），当 m 和 Δf 保持不变时，CNR 应该很大，但是实际上并非如此，强度噪声仍然是一个严重的问题。这是因为信号在光纤中传输时 r_{RIN} 增强了，这是由于光沿着传输路径在两个反射端面多次反射造成的。两个反射端面扮演着法布里-珀罗（F-P）干涉仪的角色，即它可以把激光器频率噪声转变成强度噪声。该反射引入的相对强度噪声与激光器线宽和两个反射端面间的间距有关。使用反射小于 -40 dB 的光纤连接器或熔接接头，以及小于 1 MHz 窄线宽激光器可以避免这种强度噪声。强度噪声增大的另一个原因是由光纤色散本身引起。因为不同的频率成分，光纤色散不同，传输速度也不同。其结果是在信号传输过程中频率的抖动转变成强度的摆动。色散引入的相对强度噪声与光纤色散和激光器线宽有关，并且随光纤长度的平方增加。使用窄线宽（<1 MHz）激光器或者使 SCM 系统工作在光纤零色散波长附近可以减小这种噪声。

（3）调制深度

随着激光器性能的改进，P-I 曲线的线性度也更好，这就允许使用较大的微波信号输入功率驱动激光器，也就是说允许使用较大的调制指数，直至发生限幅为止。

当调制深度 m 与副载波个数 N 的关系为

$$m \leqslant 1/N \tag{7.2.7}$$

时，将根本不会发生限幅，但这并不是最好的设计方法，因为较小的 m 值使 CNR 降低。

通常让 m 足够大，限幅刚刚发生，使 CNR 达到最大。

对于大的 N，发生限幅时载噪比为

$$\mathrm{CNR} = \sqrt{\pi/2\mu^{-3}} \exp(1/2\mu^2) \qquad (7.2.8)$$

式中，μ 是均方根（RMS）调制指数，定义为

$$\mu = m\sqrt{N/2} \qquad (7.2.9)$$

例如，若 CNR = 20 dB，此时 $\mu = 0.48$，调制深度为

$$m = \sqrt{\frac{2\mu^2}{N}} = 0.68/\sqrt{N} \qquad (7.2.10)$$

总之，副载波个数较少时，每个信道要求的调制深度 m 随 N^{-1} 变化；当副载波个数较多时，m 随 $\sqrt{N}$ 变化，m 减小得更慢。

4. 提高 SCM 系统性能的方法

调幅副载波（AM-SCM）系统要求大的 CNR，这将导致功率代价增加，传输距离缩短和服务用户数减少。解决办法之一是使用在线光放大器以增强信号功率，补偿广播网络的分配损耗。解决办法之二是用调频取替调幅。调频副载波（FM-SCM）要求带宽虽然比调幅的大，然而对接收机 CNR 的要求却较低，只有 16~17 dB，而不是 50 dB，从而可以降低接收光功率到 10~50 μW。对于这种系统，只要相对强度噪声（r_{RIN}）低于 -135 dB/Hz，r_{RIN} 就不是一个严重的问题。事实上，当使用 PIN 光电二极管作为探测器时，这种调频系统的接收机噪声通常由热噪声所限制。

5. SCM 系统的基本限制

模拟 SCM 系统的基本限制是半导体激光器本身的 $P\text{-}I$ 曲线。从图 7.1.9 可见，只要驱动电流低于阈值电流 I_{th}，激光器输出功率就下降到零。只有在调制电流 I_m 保持在 $I_{\mathrm{b}}\text{-}I_{\mathrm{th}}$ 范围内时，才能把电信号复制成光信号。对于多频道 SCM 系统，I_m 的瞬时值与微波副载波的相对相位有关，假如总的调制指数 mN（N 为频道数）超过 1，I_m 就可能下降到小于 $(I_{\mathrm{b}}\text{-}I_{\mathrm{th}})$。设计 SCM 系统时，要保持总的调制指数均方根值 $m_{\mathrm{rms}} = m\sqrt{N} < 1$。因为 mN 可能超过 1，特别是对大的 N 值，就有可能产生限幅造成失真。这种失真即使 $P\text{-}I$ 曲线完全线性也存在。这就是模拟 SCM 系统性能的基本限制。若保持 mN 乘积低于 40%，就有可能忽略这种失真。对于 100 个频道的 SCM 系统，这种限制使每频道调制指数小于 4%，然而 FM 系统不受其限制。对于 AM 系统，根据式（7.2.6）常常要求大的 m 值，使 CNR 超过 50 dB。

7.2.3 光纤/电缆混合（HFC）网——典型的 FDM 光纤传输系统

7.2.1 节和 7.2.2 节已介绍了频分复用（FDM）和微波副载波复用（SCM）光纤传输系统，本节介绍它们的典型应用——光纤/电缆混合（Hybrid Fiber/Coax，HFC）网络。

这种网络信源前端到小区使用光缆传输，小区到用户使用同轴电缆传输，如图 7.2.4 所示。它是一种典型的频分复用光纤通信系统，主要任务是把多频道模拟视频信号以 FDM 技术复用在一起，通过光纤和电缆以广播的形式传送到千家万户，逐渐从单向发送模拟视频信号向双向发送数字信号演进。它是三网融合的平台之一。

1. HFC 网络的结构和功能

HFC 系统一般可分为前端、干线和分支等三个部分，如图 7.2.4 所示。

前端部分包括电视接收天线、卫星电视接收设备、甚高频-超高频（UHF-VHF）变换器和自办节目设备等部件。

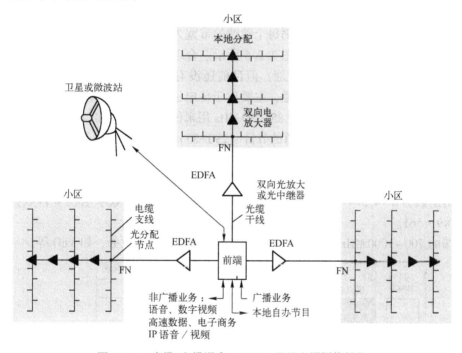

图 7.2.4 光缆/电缆混合（HFC）有线电视网络结构

在设计 HFC 系统时，把一个城市或地区划分为若干个小区，每个小区设一个光节点，每个光节点可向几千个用户提供服务。从前端经一条（或多条）光纤直接传送已调制光信号到每个光节点，或者通过无源光网络（PON）将光信号分配到各个光节点。在节点处，光信号经光探测器转换为射频信号，再经同轴电缆和 3~4 级小型放大器分配信号到用户。级联的放大器最多不超过 5 级。无论是长距离还是短距离，光路的衰减都设计为 10~12 dB，所以 HFC 每条光路和光节点后边的支线指标都相同，TV 信号在光路的失真甚微，支线上的放大器级联数很少，因而由此造成的噪声、频响不平坦和非线性失真积累也较少，因此 HFC 网络与同轴电缆网络相比，性能指标要高得多。

与当今大多数数字光纤通信系统不同，HFC 系统是一种模拟传输系统。如果要传输的信号是数字信号，则用 QAM 调制或 QPSK 调制将数字信号转变为模拟信号，再以频分复用（FDM）的方式与模拟信号混合在一起，然后去调制激光器，经干线光纤和支线同轴电缆传输后，在接收端进行解调，恢复为原来的信号。HFC 网络所提供的业务，除电话、模拟广播电视信号外，还可逐步开展窄带 ISDN 业务、高速数据通信业务、会议电视、数字视频点播（VoD）和各种数据信息业务。这种方式既能提供宽带业务所需的带宽，又能降低建设网络的开支。

2. HFC 网络的频谱安排

HFC 采用副载波频分复用方式，将各种图像、数据和声音信号通过调制/解调器调制在高频载波上，如模拟电视信号，则每个载波的带宽为 8 MHz（中国），多个载波经 FDM 复用后同时在传输线路上传输，如图 7.2.5 所示。合理的频谱安排十分重要，既要照顾到历史和现状，又要考虑到未来的发展，但目前还没有统一的标准。通常，低频端的 5～65 MHz 安排给上行信道，即回传信道，主要用于传电话信号、状态监视信号和 VoD 信令。85～1000 MHz 频段为下行信道，其中 85～290 MHz 用来传输现有的模拟 CATV 信号，每一路的带宽为 8 MHz，约可传输 25 个频道的节目 $[(290-85)/8 \approx 25]$。290～700 MHz 频段允许用来传输数字电视节目。如数字电视信号采用 64 QAM 调制，调制效率为 $4.5\,\mathrm{bit \cdot s^{-1} \cdot Hz^{-1}}$，利用 MPEG-2 压缩编码，每信道速率为 4 Mbit/s，因此每个 8 MHz 模拟 CATV 信道可传输的数字信道数为 $8 \times 4.5/4 = 9$。那么 290～700 MHz 频段传输的数字电视节目数为 $(700-290) \div 8 \times 9 \approx 561$。

高端的 700～1000 MHz 频段将来可用于传输各种双向通信业务，如 VoD 等。

图 7.2.5 典型的 HFC 频谱安排图

3. HFC 网络的调制和复用

大多数光纤通信系统是数字系统，但是用于电视分配系统的 HFC 例外，它是模拟系统。现有的 HFC 网络，对于短距离传输，使用残留边带幅度调制（VSB-AM）频分复用（FDM）技术；对于长距离传输，使用副载波调频（SCM-FM）技术。对于数字视频信号，可以将数字视频基带信号进行 QPSK 或 QAM 载波调制变成模拟信号，分别用不同的副载波载运，再使用 FDM 或 SCM 复用技术复用在一起，如图 7.2.6 所示。

经 FDM 或 SCM 复用后的射频信号或微波信号再对激光器进行直接强度（IM）调制，

如果半导体激光器线性特性好，输入电信号就可以变成不失真的输出光信号，经光纤传输后在接收端采用直接检测（DD）变成电信号，然后再解调还原成原基带信号。所以这种系统称为光强度调制直接检测（IM/DD）系统。

当 HFC 网络光发射机采用直接强度调制时，工作波长为 1310 nm 或 1550 nm 的激光器，其输出光功率为 6~12 dBm，采用直接强度调制。为了消除直接强度调制光发射机的啁啾效应，也有使用铌酸锂外调制器的光发射机，如果同时使用失真补偿技术、偏置控制技术、SBS 抑制技术及系统优化控制技术，还可以提高整机的技术指标。举例来说，有一种光发射机，工作波长 1550 nm，使用线性好、噪声低的 DFB 激光器，激光输出分双口/单口，由用户选择，尾纤输出光功率 2×7 dBm，LD 光调制深度可选自动增益控制/人工增益控制（AGC/MGC）。光反射损耗 > 60 dB，可用 SC/APC 或 E-2000 单模光纤连接器与外接光纤相连。射频指标为：频率范围 45~862 MHz，可容纳 60 个频道，频响平坦度 ≤ ± 0.75 dB，载噪比 CNR ≥ 52 dB，非线性失真组合二阶（Composite Second Order，CSO）互调 ≤ -65 dB，组合三阶差拍（CTB）≤ -65 dB，阻抗 75 Ω。该光发射机内置自动温度控制（Automatic Temperature Control Circuit，ATC）电路和自动光功率控制（Automatic Optical Power Control，APC）电路，使 DFB 激光器稳定在 25℃ 或最佳的输出功率状态。

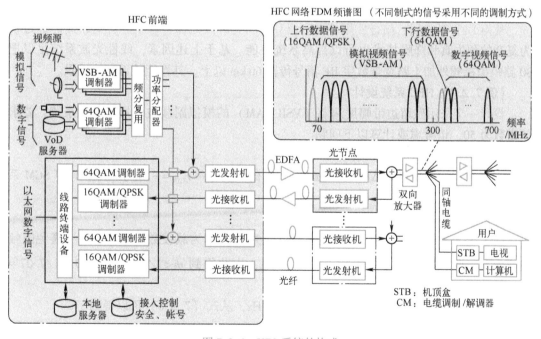

图 7.2.6 HFC 系统的构成

为了提供双向数据通信和支持电话业务，必须增加电缆调制解调器（Cable Modem，CM）。电缆调制解调器是一种可以通过有线电视网络进行高速数据接入的装置。它一般有两个接口，一个用来连接室内墙上的有线电视端口，另一个与电视机/计算机相连，以便将数据终端设备（电视机/计算机）连接到有线电视网，来进行数据通信和访问 Internet。电缆调制解调器不仅有将数字信号调制到射频上的调制功能和将射频信号携带的数字信号解调出来的解调功能，而且还有电视接收调谐、加密/解密和协议适配等功能。它还可能是一个桥接器、路由器、网络控制器或集线器。电缆调制解调器把上行数字信号转换成类似电视信号的模拟射频信号，以便在有线电视网上传送；而把下行射频模拟信号转换为数字信号，以便电视机/计算机处理。

电缆调制解调器可分为外置式、内置式和交互式机顶盒。外置电缆调制解调器的外形像小盒子，通过网卡连接电视机/计算机，所以连接电缆调制解调器前需要给电视机/计算机添置一块网卡，可以支持局域网上的多台电视机/计算机同时上网。电缆调制解调器支持大多操作系统和硬件平台。

内置电缆调制解调器是一块 PCI 插卡，这是最便宜的解决方案，不过只能在台式电脑上使用，在笔记本计算机无法使用。

交互式机顶盒（STB）是电缆调制解调器的一种应用，它通过使用数字电视编码（DVB）技术，为交互式机顶盒提供一个回路，使用户可以直接在电视屏幕上访问网络，收发 E-Mail 等。

使用 DFB 激光器，结合使用外调制器和掺铒光纤放大器，可扩展传输距离。通过较为复杂的预失真和降噪技术也可以提高系统性能。基于上述因素，线性光波系统足以把 80 路模拟视频外加 1 路宽带数字 RF 信号传输 60 km 以上，其性能接近理论极限。

【例 7.2.1】 HFC 系统设计

设计一个采用残留边带幅度调制（VSB-AM）的模拟副载波复用 CATV 系统，要求频道数为 50，请考虑或计算以下问题。

（1）请选择合适的调制指数。

（2）如果接收机带宽 $\Delta f = 50\,\mathrm{MHz}$，激光器的强度噪声 $r_{\mathrm{RIN}} = -150\,\mathrm{dB/Hz}$，计算 SCM 系统的 CNR。

解：

（1）要求频道数 $N = 50$，也就是副载波数为 50，因为载波数比较多，为了避免限幅造成失真，调制指数 m 应满足 $m_{\mathrm{rms}} = m\sqrt{N} < 1$，由此得到 $m < 1/\sqrt{N} = 1/\sqrt{50} = 1/7.07 = 0.14$，选择 $m = 0.12$。

（2）已知 $r_{\mathrm{RIN}} = -150\,\mathrm{dB/Hz}$，相当于 $10^{-15}/\mathrm{Hz}$，从式（7.2.6）可以得到

$$\mathrm{CNR} \approx \frac{m^2}{2 r_{\mathrm{RIN}} \Delta f} = \frac{0.12^2}{2 \times 10^{-15} \times 50 \times 10^6} = 1.44 \times 10^5$$

用 dB 表示的 $\mathrm{CNR} = 51.58\,\mathrm{dB}$。要想提高 SCM 系统的载噪比，必须增加调制指数 m、减小接收机带宽 Δf 或减小激光器的强度噪声 r_{RIN}。

7.2.4 正交频分复用（OFDM）光纤传输系统——4G、5G 移动通信基础

1. 正交频分复用（OFDM）实现原理

4G、5G 移动通信采用的正交频分复用（OFDM）是频分复用（FDM）的一种特殊形式，OFDM 技术利用了各个载频之间频域的正交特性和时域的重叠特性，如图 7.2.7 所示，在每个载波频谱幅值的最大处，所有其他载波的频谱值正好为零。利用这一特性，使用离散傅里叶变换（DFT）

$$X(f) = \sum_{t=0}^{N-1} x(t) e^{-j\frac{2\pi}{N}f_t n} \quad f = 0,1,2,\cdots,N-1 \qquad (7.2.11)$$

可以估算时域信号波形 $x(t)$ 的频谱信号 $X(f)$ 波形。OFDM 使各个载波的频谱幅值最大点正好落在这些具有正交性的点上，因此就不会有其他载波的干扰。所以可以从多个在频域相互正交而时域相互重叠的多个载波信道中，提取每个载波的信号，而不会受到其他载波的干扰。图 7.2.7b 表示与 OFDM 载波频域图对应的时域图，在 $0\sim T$ 内加窗的正弦波形时域图 $x(t)$，经离散傅里叶变换后的频域图 $X(f)$ 就是图 7.2.7a。反之，图 7.2.7a 的频域图 $X(f)$ 经离散傅里叶逆变换（IDFT）后，就是图 7.2.7b 的时域图 $x(t)$。定义离散傅里叶逆变换（IDFT）为

$$x(t) = \frac{1}{N} \sum_{f=0}^{N-1} X(f) e^{j\frac{2\pi}{N}t f_n} \quad t = 0,1,2,\cdots,N-1 \qquad (7.2.12)$$

用它可以估算时域信号波形 $x(t)$ 的频谱信号波形 $X(f)$。

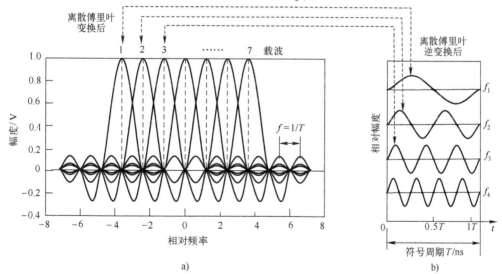

图 7.2.7 OFDM 信号频域图和时域图的对应关系（有变化）

a）OFDM 信号频域图（各载波频域相互正交）$X(f)$　b）与频域图相对应的 OFDM 信号时域图 $x(t)$

4G 和 5G 移动通信网络使用的正交频分复用（OFDM）由于有较高的频谱利用率和抗多径干扰的能力，已广泛应用于无线、有线和广播通信中，已被多个标准化组织所采纳。中国三大基础电信运营商在全国范围内的 5G 试验频率为 2515～4900 MHz。

OFDM 是 FDM 的一种，它与传统的频分复用（FDM）原理基本类似，即把高速的串行数据流通过串/并变换，分割成低速的并行数据流，通过 QAM、QPSK 等调制转变为模拟信号，分别调制若干个载波频率子信道，实现并行传输。所不同的是，OFDM 对载波的调制和解调是分别基于离散傅里叶逆变换（IDFT）和离散傅里叶变换（DFT）来实现的。

在 OFDM 发送端，输入数据被用来产生 BPSK 调制载波的二进制数据，或被用来产生 QPSK、MPSK 或 QAM 载波的多电平值合成的串行数据。让每个输入串行数据符号的时长为 T_s 秒，输入符号速率（波特）是 $D_s = 1/T_s$。串/并转换器一次读入 N 个输入串行符号，在并行输出线上保持其值 $T = NT_s$ 秒，这里 T 是 IDFT 完成一次 $x(t)$ 变换所需的时间。然后，并/串转换器将其傅里叶逆变换后的所有值移出去。

数学分析表明，如果在发送端对每路数据信号进行 QPSK、QAM 符号映射，成为 N 路并行的数据信号，该星座图函数正好满足离散傅里叶逆变换（IDFT）所需要的函数波形。然后，对其进行离散傅里叶逆变换（IDFT），将频域数据信号 $X(f)$ 变为时域数据信号 $x(t)$，经并/串转换后，用数/模（D/A）转换器将结果转换成模拟时域信号，然后用马赫-曾德尔（M-Z）调制器转变为携带

$$v(t) = \mathrm{Re}\left\{ \left[x(t) + \mathrm{j}y(t) \right] \mathrm{e}^{\mathrm{j}\omega_c t} \right\} = x(t)\cos(\omega_c t) - y(t)\sin(\omega_c t) \qquad (7.2.13)$$

的 OFDM 光信号，经光纤信道发送到接收端，如图 7.2.8a 所示。OFDM 光发射机主要包含 IDFT 的基带处理电路和含 I/Q 调制器的电/光转换电路。

在 OFDM 光接收端，从接收到的 OFDM 光信号恢复串行数据的步骤与发射端的正好相反，首先对接收到的光信号进行光/电转换，产生同向(I)和正交(Q)信号，进行模/数转换和串/并转换，然后，进行离散傅里叶变换（DFT），将时域数据信号 $x(t)$ 变为频域数据信号 $X(f)$，经解映射和并/串转换后，则可以不失真地恢复出发送端的原始信号，如图 7.2.8b 所示。这样，就可以用 IDFT 和 DFT 实现 OFDM 光信号的调制和解调。基带信号处理可以使用 DSP 来实现。

在 OFDM 收/发机中，还需要低通滤波器，使复包络 $g(t) = x(t) + \mathrm{j}y(t)$ 的同相(I)和正交(Q)分量经低通滤波后产生等效的带通中频滤波分量，从而用来计算复包络的幅度和相位。通常，滤波器均采用升余弦滚降滤波特性。

使用 DSP 技术几乎不可能制造出工作速率足够快、能处理载频 GHz 的宽带已调信号 ADC/DSP 硬件。但是，根据带通信号的抽样定理，抽样速率与绝对频率（如 6 GHz）无关，而只依赖于信号的带宽，这些复包络信号的产生和接收可以用正交技术光发送机和相干检测光接收机实现，如图 7.2.8 所示。

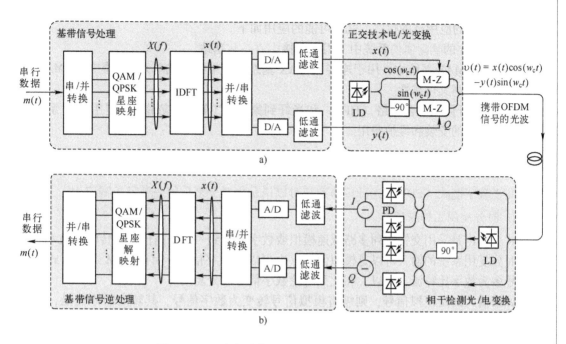

图 7.2.8　正交频分复用（OFDM）光纤传输系统

a）用离散傅里叶逆变换（IDFT）实现 OFDM 发射　b）用离散傅里叶变换（DFT）实现 OFDM 接收

2. 射频信号光纤传输（Radio of Fiber，RoF）

在 RoF 系统中，用光纤将正交频分复用（OFDM）射频信号从中心站传送到远端基站，基站将光信号转变成 OFDM 射频信号，然后用天线广播发送到终端用户，如图 7.2.9 所示。在 RoF 系统中，信号可能由于模式色散（使用多模光纤时）或色度色散（使用单模光纤时）、基站信号分量缺失和多径无线衰落而产生失真。但是，只要循环前缀的时长大于多径传输和色散引起的传输延迟，这些失真就可以避免，RoF 系统的性能就不会受到影响。

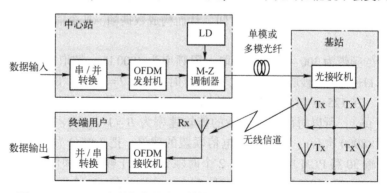

图 7.2.9　OFDM 在射频信号光纤传输（RoF）无线通信网络中的应用

RoF 系统的应用范围很广, 几种可能的应用如下。

1) 在现在的移动通信系统中, 用于连接中心站和基站。

2) 在 WiMAX 系统中, 用于连接 WiMAX 基站和远端的天线单元, 可扩展 WiMAX 的覆盖范围, 提高其可靠性。

3) 在光纤同轴混合网络 (HFC) 和光纤到家 (FTTH) 的应用中, 使用 RoF 系统可降低室内系统的安装和维护费用。

7.2.5　SDH 光纤通信系统——典型的 TDM 光纤通信系统

同步数字制式 (SDH) 光纤传输系统可以说是电时分复用的一种最典型应用。

1. 时分复用工作原理

时分复用是采用交错排列多路低速模拟或数字信道到一个高速信道上传输的技术。

时分复用系统的输入可以是模拟信号, 也可以是数字信号。目前 TDM 通信方式的输入信号多为数字比特流, 所以, 在此只讨论数字信号时分复用。

如果输入的是模拟信号, 则需将模拟信号转变为数字信号, 其转变的原理是, 利用脉冲编码调制 (PCM) 方法, 将语音模拟信号取样、量化和编码转变为数字信号 (见 7.1.1 节)。为了实现 TDM 传输, 要把传输时间按帧划分, 每帧 125 μs, 把帧又分成若干个时隙, 在每个时隙内传输一路信号的 1 个字节 (8 bit), 当每路信号都传输完 1 个字节后就构成 1 帧, 然后再从头开始传输每一路的另 1 个字节, 以便构成另 1 帧。也就是说, 它将若干个原始的脉冲调制信号在时间上进行交错排列, 从而形成一个复合脉冲串, 如图 7.2.10b 所示, 该脉冲串经光纤信道传输后到达接收端。在接收端, 采用一个与发送端同步的类似于旋转式开关的器件, 完成 TDM 多路脉冲流的分离。

图 7.2.10a 为 32 路数字信道 (E1) 时分复用系统构成的原理图。首先, 同步或异步数字比特流送入输入缓存器, 在这里被接收并存储。然后一个类似于旋转式开关的器件以 8000 转/秒 (即 $f_s = 8\,\mathrm{kHz/s}$) 轮流地读取 N 个输入数字信道缓存器中的 1 Byte 数据, 其目的是实现每路数据流与复用器取样速率的同步和定时。同时, 帧缓存器按顺序记录并存储每路输入缓存器数据字节通过的时间, 从而构成数据帧。N 个信道复用后的帧结构如图 7.2.10b 所示。

语音信号的频带为 300~3400 Hz, 取上限频率为 4000 Hz, 按取样定理, 取样频率为 $f_s = 2 \times 4\,\mathrm{kHz} = 8\,\mathrm{kHz}$ (即每秒取样 8000 次)。取样时间间隔 $T = 1/f_s = 1/8000\,\mathrm{Hz} = 125\,(\mu\mathrm{s})$, 即帧长为 125 μs。在 125 μs 时间间隔内要传输 8 个二进制代码 (比特), 每个代码所占时间为 $T_b = 125/8\,(\mu\mathrm{s})$, 所以每路数字电话的传输速率为 $B = 1/T_b = 8 \times 10^6 / 125 = 64\,(\mathrm{kbit/s})$ (或者 8 bit/次×8000 次/s)。按照国际电信联盟的建议, 把 1 帧分为 32 个时隙, 其中 30 个时隙用于传输 30 路 PCM 电话, 另外 2 个时隙分别用于帧同步和信令/复帧同步, 则传输速率为 64 kbit/s×32 = 2048 kbit/s (也就是 8 bit/1 个取样值×32 个取样值/次×8000 次/s)。这一速率就是我国 PCM 通信制式的基础速率。

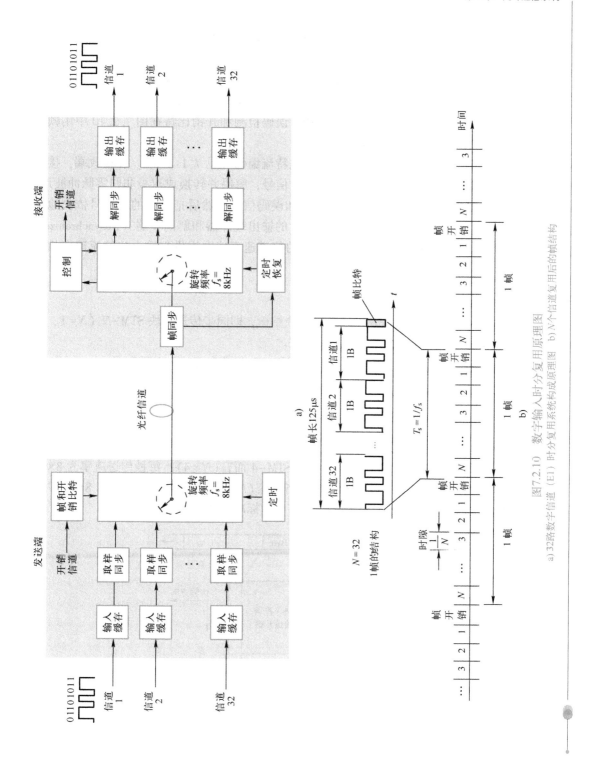

图 7.2.10　数字输入时分复用原理图

a) 32 路数字信道（E1）时分复用系统构成原理图　b) N 个信道复用后的帧结构

当每个信道的数据（通常是一个 8 bit 字节）依次插入帧时隙时，由于信道速率较低，而复用器取样速率较高，有可能出现没有数据字节来填充帧时隙的情况，此时可用一些空隙字节来填充。在接收端把它们提取出来丢弃。在帧一级，也要插入一些定时和开销比特，其目的是使解复用器与复用器同步。为了检测误码并满足监控系统的需要，也插入另外一些比特。这些填充比特、同步比特、误码检测和开销比特在图 7.2.10 中用帧开销（Fram Overhead，FOH）时隙表示。

为了在光纤中传输，要对已形成的串联比特流编码（见 7.1.2 节）。在接收端，接收转换开关要与发送转换开关帧同步，恢复定时信号，解码并转换成双极非归零脉冲波形。该信号被送入接收缓冲器，同时也检出控制和误码信号。然后把存储的帧信号依次地从接收缓冲器取出，每路字节信号被分配到各自的输出缓冲器和解同步器（Desynchronizer，DESY）。输出缓冲器存储信道字节并以适当的信道速率依次提供与输入比特流速率相同的输出信号，从而完成时分解复用的功能。

2. SDH 帧结构和传输速率

在 SDH 通信网中，信息采用标准化的模块结构，即同步传送模块 STM-N（N=1、4、16、64 和 256），其中 N=1 是基本的标准模块。

SDH 帧结构是块状帧，如图 7.2.11 所示，它由横向 270×N 列和纵向 9 行字节（1 Byte = 8 bit）组成，因而全帧由 2430 Byte，相当于 19440 bit 组成，帧重复周期仍为 125 μs。字节传输由左到右按行进行，首先由图中左上角第 1 个字节开始，从左到右，由上而下按顺序传送，直至整个 9×270×N 字节都传送完为止，然后再转入下一帧，如此一帧一帧地传送，每秒共 8000 帧。因此对于 STM-1 而言（N=1），每秒传送速率为（8 bit/Byte×9×270 Byte）/帧×8000 帧/s=155.52 Mbit/s；对于 STM-4 而言（N=4），每秒传送速率为 8×9×270×4×8000 bit/s=622.08 Mbit/s；对于 STM-16 而言（N=16），每秒传送速率为 8×9×270×16×8000 bit/s=2480.32 Mbit/s。SDH 各等级信号的标准速率如附录 E 所示。

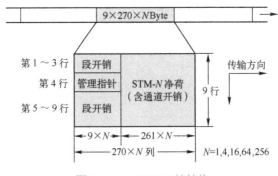

图 7.2.11　STM-N 帧结构

由图 7.2.11 可知，整个帧结构大体可以分为三个区域，即段开销域、管理指针域和净荷域，现分别叙述如下。

段开销（SOH）域，它是指在 STM 帧结构中，为了保证信息正常灵活传送所必需的附加字节，主要是些维护管理字节。对于 STM-1，帧结构中左边 9 列×8 行（除去第 4 行）共 72 Byte（相当于 576 bit）均可用于段开销。由于每秒传 8000 帧，因此共有 4.608 Mbit/s 可用于维护管理。

管理指针域，它是一种指示符，主要用来指示净荷的第 1 个字节在 STM-N 帧内的准确位置，以便接收端正确地分解。图 7.2.11 中第 4 行的第 9 个字节是保留给指针用的。指针的采用可以保证在 PDH 环境中完成复用、同步和帧定位，消除了常规 PDH 系统中滑动缓冲器所引起的延时和性能损伤。

信号净荷域，它是用于存放各种信息业务容量的地方。对于 STM-1，图 7.2.11 中右边 261 列 9 行共 2349 B 都属于净荷域。在净负荷中，还包含通道开销字节，它是用于通道性能监视、控制、维护和管理的开销比特。

3. 复用映射结构

为了得到标准的 STM-N 传送模块，必须采取有效的方法将各种支路信号装入 SDH 帧结构的净荷域内，为此，需要经过映射、定位校准和复用这三个步骤。图 7.2.12 为 ITU-T 规范的复用映射结构。

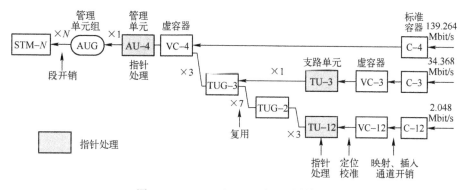

图 7.2.12　STM 和 sSTM 复用映射结构

首先，各种速率等级的数字信号先进入相应的不同接口容器 C，针对现有系统常用的准同步数字体系信号速率，G.709 规定了 5 种标准容器：C-11、C-12、C-2、C-3 和 C-4，但适用于我国的只有 C-4、C-3 和 C-12，这些容器是一种信息结构，主要完成适配功能。

由标准容器出来的数字流加上通道开销（POH）比特后，构成 SDH 中的虚容器（VC），在 VC 包封内，允许装载不同速率的准同步支路信号，而整个包封是与网络同步

的，因此，常将 VC 包封作为一个独立的实体对待，可以在通道中任一点取出或插入，给
SDH 网中传输、同步复用和交叉连接等过程带来了便利。

从 VC 出来的数字流进入管理单元（AU）或支路单元（TU），其中 AU 是一种为高阶
通道层和复用段层提供适配功能的信息结构，它由高阶 VC 和管理单元指针（AU PTR）
组成。一个或多个在 STM 帧内占有固定位置的 AU，组成管理单元组（AUG）；同理，
TU 是一种为低阶通道层和高阶通道层提供适配功能的信息结构，它由低阶 VC 和支路
单元指针（TU PTR）组成。一个或多个在高阶 VC 净荷中占有固定位置的 TU 组成管理
单元组（TUG）。最后，在 N 个 AUG 的基础上再加上段开销（SOH）比特，就构成了
最终的 STM-N 帧结构。

STM-0 子速率主要用于小容量微波和卫星系统，它有两种子速率接口：sSTM-2n 和
sSTM-1k。

图 7.2.13 表示 SDH 的等级复用原理，首先几个低比特率信号复用成 STM-0 信号，
接着 3 个 STM-0 信号复用成 STM-1 信号，几个低比特率信号也可以直接复用成 STM-1
信号。然后 4 个 STM-1 信号复用成 STM-4 信号，以此复用下去，最后 4 个 STM-64 信号
复用成 STM-256（39813.12 Mbit/s）信号。

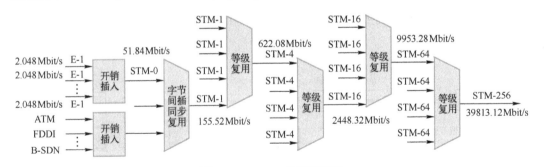

图 7.2.13　SDH 的等级复用

7.3　光复用光纤通信系统

在同一根光纤上传输多个信道，是一种利用极大光纤容量的简单途径。就像电频分
复用一样，在发射端多个信道调制各自的光载波，在接收端使用光频选择器件对复用信
道解复用，就可以取出所需的信道。使用这种制式的光波系统称作波分复用通信系统。

线性偏振光可以分解成 x 偏振光和 y 偏振光，如果用互不相同的电复用信号对这两种
偏振光分别独立进行调制，经过偏振复用后在光纤线路上传输，在接收端，再经过偏振
解复用恢复这两路光信号，则就可以扩大光纤的传输容量。图 7.3.1 表示在波分复用的基
础上再偏振复用。

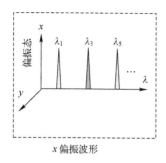
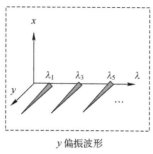
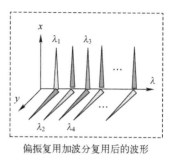

x 偏振波形　　　　　　y 偏振波形　　　　　偏振复用加波分复用后的波形

图 7.3.1　在波分复用的基础上再偏振复用

光时分复用（OTDM）是用多个电信道信号调制速率(B)相同、但在时间上相互错开的同一个光频的不同光信道，然后进行光复用，以便构成比特率为 NB 的复合光信号，这里 N 是复用的光信道数。

光码分复用（Optical Code-Division Multiplexing，OCDM）是在 OCDM 发送端，每个信道采用比它的基带频谱宽得多的编码方式，在接收端对每个信道的编码进行反变换，就可以把该信道信号取出来。

但是，直到目前为此，OTDM 和 OCDM 的技术尚不成熟，应用前景也不明朗，所以本书就不介绍了，感兴趣的读者可参看文献［4］的有关章节。本节只介绍已实用化的波分复用和偏振复用。

7.3.1　波分复用（WDM）光纤传输系统

图 7.3.2 表示光纤 1.55 μm 传输窗口的多信道波分复用，图 7.3.3 为波分复用原理图。

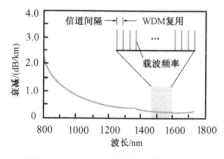

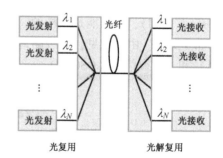

图 7.3.2　硅光纤低损耗传输窗口　　　　图 7.3.3　波分复用光纤传输系统原理图

按照 ITU-T 的规定，波分复用又分为密集波分复用（Dense Wavelength Division Multiplexing，DWDM）、粗波分复用（Coarse Wavelength Division Multiplexing，CWDM）和宽波分复用（Wide Wavelength Division Multiplexing，WWDM），其波长间隔分别为 <8 nm、<50 nm 和 >50 nm。对光源波长稳定性的要求是 ±$\Delta\lambda/5$。

图 7.3.4 表示偏振复用正交相移键控（PM-QPSK）波分复用光收发机原理图，I/Q 调制器和 D/A 转换器已在 4.7 节介绍过，相干检测将在 7.4 节介绍，DSP 将在 8.2 节介绍。

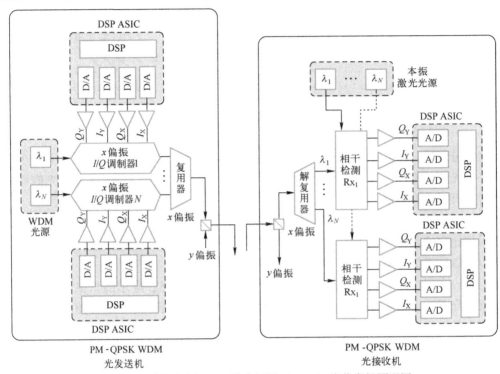

图 7.3.4　偏振复用 QPSK 波分复用（WDM）光收发机原理图

光线路终端（Optical Line Terminal，OLT）有时也称光终端复用器（Optical Terminal Multiplexer，OTM），其功能是一样的，用于点对点系统终端，对波长进行复用/解复用，如图 7.3.5 所示。由图可见，光线路终端包括转发器、WDM 复用/解复用器、光放大器（EDFA）和光监视信道（OSC，Optical Supervisory Channel）。

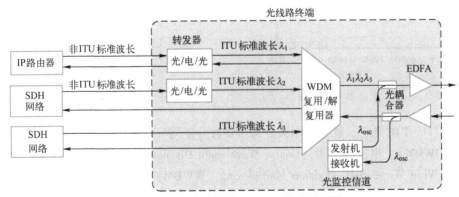

图 7.3.5　光线路终端（OLT）构成原理图

OLT 是具有光/电/光变换功能的转发器（或称电中继器），将用户使用的非 ITU-T 标准波长转换成 ITU-T 的标准波长，以便用户使用标准的波分复用/解复用器。这个功能也可以转移到 SDH 用户终端设备中完成，如果今后全光波长转换器件成熟，也可以用它替换光/电/光转发器。转发器通常占用 OLT 的大部分费用、功耗和体积，所以减少转发器的数量有助于实现 OLT 设备的小型化，降低其费用。

光监视信道使用一个单独波长，用于监视线路光放大器的工作情况，以及用于传送系统内各信道的帧同步字节、公务字节、网管开销字节等。

光监视信道也可以把所有命令比特转换成便于传输的脉宽调制低频（150 kHz）载波信号，然后利用线路光纤放大器（EDFA），把该信号叠加到线路信号上。

WDM 复用/解复用可以使用阵列波导光栅（AWG）、介质薄膜滤波器等器件。

有关 WDM 系统设计将在 9.6 节中介绍，WDM 系统所用到的一些器件已在第 3 章中做了介绍。DWDM 系统传输实验见 8.5 节和 8.6 节。

7.3.2　偏振复用（PM）光纤传输系统

自然光（非偏振光）在晶体中的振动方向受到限制，它只允许在某一特定方向上振动的光通过，这就是线偏振光。光的偏振（也称极化）描述当它通过晶体介质传输时其电场的特性。线性偏振光是它的电场振荡方向和传播方向总在一个平面内（振荡平面），如图 7.3.6a 所示，因此线性偏振光是平面偏振波。一束非偏振光波（自然光）通过一个偏振片就可以使它变成线性偏振光。线性偏振光的场振荡包含在偏振平面内，如图 7.3.6b 所示，而在任一瞬间的线性偏振光可用包含幅度和相位的 E_x 和 E_y 合成，如图 7.3.6c 所示。

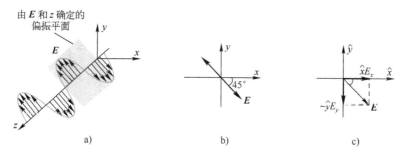

图 7.3.6　线性偏振光

a）线性偏振光波，它的电场振荡方向限定在沿垂直于传输 z 方向的线路上

b）场振荡包含在偏振平面内

c）在任一瞬间的线性偏振光可用包含幅度和相位的 E_x 和 E_y 合成

在标准单模光纤中，基模 LP01 是由两个相互垂直的线性偏振模 TE 模（x 偏振光）和 TM 模（y 偏振光）组成的。在折射率为理想圆对称光纤中，两个偏振模的群速度延迟相同，因而简并为单一模式。利用偏振片可以把它们分开，变为 TE 模（x 偏振光）和

TM 模（y 偏振光）。如果用 QPSK 调制后的同向（I）数据和正交（Q）数据分别去调制 x 偏振光（TE 模）和 y 偏振光（TM 模），调制后的 x 偏振光和 y 偏振光经偏振合波器（PC）合波，就得到偏振复用（PM）光信号，然后再将调制后的奇偶波长信号频谱间插（Spectrally-Interleave，SI）复用，如图 7.3.7a 所示，最后送入光纤传输。在接收端，进行相反的变换，解调出原来的数据。图 7.3.7b 中最右侧图表示发送机所有的 PM-QPSK 波长信道经波分复用后的频谱图（即 C 点波形）。

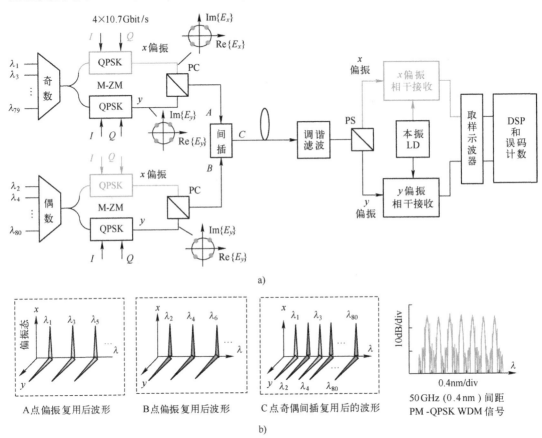

a)

b)

图 7.3.7 偏振复用奇偶间插波分复用系统[11]

a）偏振复用+波长间插复用 80×40 Gbit/s WDM 系统实验原理图

b）WDM 系统偏振复用+奇偶波长信道间插复用图解原理说明

图 7.3.8 表示偏振复用（PM）QPSK 调制和 16QAM 调制的波形、光谱、光发射技术及其输出星座图、光接收技术及其输出眼图。

知识扩展
QPSK 星座图和
16QAM 偏振复用
星座图

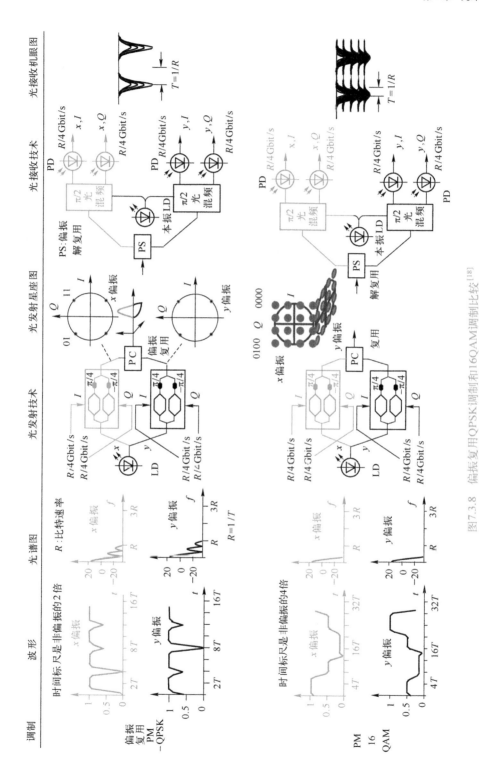

图7.3.8 偏振复用QPSK调制和16QAM调制比较[18]

7.4　相干光纤通信系统

早前，几乎所有实用化的光纤系统都是采用非相干的强度调制-直接检测（IM/DD）方式，这类系统成熟、简单、成本低、性能优良，已经在电信网中获得广泛的应用，并仍将继续扮演主要的角色。然而，这种 IM/DD 方式没有利用光载波的相位和频率信息，无法像传统的无线电通信那样实现外差检测，从而限制了其性能的进一步改进和提高。

IM/DD 方式是用电子数据脉冲流直接调制光载波的强度，在接收端，光信号被光电二极管直接探测，从而恢复最初的数字信号。相干检测系统，就像传统的无线电和微波通信一样，用调制光载波的频率或相位发送信息，在接收端，使用零差或外差检测技术恢复原始的数字信号。因为光载波相位在这种方式中扮演着重要的角色，所以称为相干通信，基于这种技术的光纤通信系统称为相干通信系统。

研究相干通信技术的动机主要有两个：一是接收机灵敏度与 IM/DD 系统相比可以改进 20 dB，从而在相同发射机功率下，允许传输距离增加 100 km；二是使用相干检测可以有效地利用光纤带宽。

20 世纪 80 年代中期，相干光接收技术的研究非常火热。后来，由于 DWDM 技术的出现，加之当时相干光接收技术所需要的光器件不成熟，所以 DWDM 成为光纤通信发展的焦点。现在，相干检测系统所需的器件均已成熟和商品化，DWDM 和相干检测系统已经广泛使用。

7.4.1　相干检测原理

在原理上，激光外差检测与无线电外差接收机相似，是基于无线电波或激光光波的相干性和检测器的平方律特性的检测。

1. 本地振荡器

相干光波系统是信号光在接收端入射到光探测器之前，用另外一个称为本地振荡器产生的窄线宽光波与它相干混频，如图 7.4.1 所示。为了说明接收到的光信号与本振光混合后如何提高接收机的性能，首先考虑接收光信号的光场

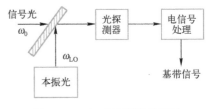

图 7.4.1　相干检测原理框图

$$E_s = A_s \exp\left[-i(\omega_0 t + \phi_s)\right] \tag{7.4.1}$$

式中，ω_0 是载波频率，A_s 是幅值，ϕ_s 是相位。与接收光信号光场类似，本振光的光场是

$$E_{LO} = A_{LO} \exp\left[-i(\omega_{LO} t + \phi_{LO})\right] \tag{7.4.2}$$

式中，A_{LO}、ω_{LO} 和 ϕ_{LO} 分别是本振光的幅值、频率和相位。假定信号光和本振光极化相同，均不考虑它们的向量。图 7.4.1 中的光探测器只响应入射信号光功率和本振光功率的强度 $|E_s+E_{LO}|^2$。因为光功率与光强成正比，接收光功率可由 $P=K|E_s+E_{LO}|^2$ 给出，式中 K 是比例常数。从式（7.4.1）和式（7.4.2）可以得到接收光功率 $P(t)$ 的表达式

$$P(t)=P_s+P_{LO}+2\sqrt{P_sP_{LO}}\cos(\omega_{IF}t+\phi_s-\phi_{LO}) \tag{7.4.3}$$

式中

$$P_s=KA_s^2,\quad P_{LO}=KA_{LO}^2\quad \omega_{IF}=\omega_0-\omega_{LO} \tag{7.4.4}$$

中频（Intermediate Frequency, IF）频率 ν_{IF} 与其角频率 ω_{IF} 的关系是 $\nu_{IF}=\omega_{IF}/2\pi$。当 $\omega_0\neq\omega_{LO}$ 时，要想恢复基带信号，首先必须把接收光信号载波频率转变为中频 ν_{IF}（典型值为 $0.1\sim5\,\mathrm{GHz}$）信号，然后再把该中频信号转变成基带信号，这种相干检测称为外差检测。当 $\omega_0=\omega_{LO}$ 时，可以把接收到的光信号直接变成基带信号，这种方式称为零差检测。虽然零差检测看起来简单，但实现起来却相当困难。下面只对外差检测加以讨论。

2. 外差检测

在外差检测情况下，选择本振光频 ω_{LO} 与信号载波光频 ω_s 不同，使其差频 ω_{IF} 落在微波范围内（$\nu_{IF}\approx1\,\mathrm{GHz}$）。因为 $I=RP$，所以式（7.4.3）可以表示成检测电流的表达式

$$I(t)=R(P_s+P_{LO})+2R\sqrt{P_sP_{LO}}\cos(\omega_{IF}t+\phi_s-\phi_{LO}) \tag{7.4.5}$$

通常，$P_{LO}\gg P_s$，所以第一项可认为是直流常数，很容易被滤除，此时外差信号由交流项 $I_{ac}(t)$ 给出。

$$I_{ac}(t)=2R\sqrt{P_s(t)P_{LO}}\cos(\omega_{IF}t+\phi_s-\phi_{LO}) \tag{7.4.6}$$

与零差检测类似，因为该式中本振光 P_{LO} 的出现，接收到的光信号被放大了，从而提高了 SNR。然而，SNR 的改进只是零差检测的 $1/2$，这 $3\,\mathrm{dB}$ 代价带来的优点是接收机设计相对简单，因为不再需要光相位锁定环路。虽然，ϕ_s 和 ϕ_{LO} 的随机变化仍需要使用窄线宽的信号和本振半导体激光器，然而，异步解调方式对线宽的要求相当宽松。

3. 信噪比（SNR）

相干检测技术在光波系统中的优点可用接收机信噪比（SNR）定量地描述。首先分析 5.3 节讨论过的直接检测接收机信噪比，因为散粒噪声 σ_s^2 和热噪声 σ_T^2 使接收机光生电流起伏摆动，总噪声功率为

$$\sigma^2=\sigma_s^2+\sigma_T^2 \tag{7.4.7}$$

平均信号功率除以平均噪声功率就可以得到 SNR，并考虑到因信号功率与交流电流的平方成正比，功率是平均值的概念，所以外差检测的 SNR 为

$$\mathrm{SNR}=\frac{I_{ac}^2}{\sigma^2}=\frac{2R^2\overline{P_s}P_{LO}}{2q(RP_{LO}+I_d)\Delta f+\sigma_T^2} \tag{7.4.8}$$

相干检测的主要优点从式（7.4.8）可以看出，因为接收机可以控制本振光功率 P_{LO}，

使它足够大，即

$$P_{LO} \gg \sigma_T^2 / (2qR\Delta f) \tag{7.4.9}$$

从而使接收机噪声由散粒噪声支配，即 $\sigma_s^2 \gg \sigma_T^2$。在相同条件下，暗电流 $I_d \ll RP_{LO}$，也可以忽略（由习题7-10的计算也可验证），于是由散粒噪声限制的 SNR 为

$$SNR = \frac{R\overline{P}_s}{q\Delta f} = \frac{\eta \overline{P}_s}{h\nu\Delta f} \tag{7.4.10}$$

式中，$R = \eta q/h\nu$，Δf 是接收机噪声等效带宽。使用相干检测，即使对于通常受热噪声支配限制的 PIN 接收机，也可以达到受散粒噪声限制的 SNR。

SNR 可用单个比特时间内接收到的平均光子数 N_p 表示。平均信号功率 $\overline{P}_s$ 与 N_p 的关系为 $\overline{P}_s = N_p h\nu B$，式中 B 为比特率。通常，$\Delta f = B/2$。将 $\overline{P}_s$ 和 Δf 代入式（7.4.10），可得到 SNR 的最简单表达式：

$$SNR = 2\eta N_p \tag{7.4.11}$$

对于直接检测接收机，BER 为 10^{-9} 时，要求每比特光子数为 $\overline{N}_p \approx 1000$（见5.5.2节）。但对于相干检测接收机，$\overline{N}_p < 100$ 是很容易实现的，因为借助增加本振光功率，使散粒噪声占支配地位，其他噪声均可以忽略不计。

【例7.4.1】 外差检测接收机 SNR 计算

已知外差接收机本振光功率为 $P_{LO} = 1.5\,\text{mW}$，其他参数同习题7-9给出的参数，计算其信噪比，并与 PIN 直接检测接收机接收到信号光生电流和 SNR 比较。

解：由习题7-9可知，探测器响应度为 $R = I_p/P_s = 15\,\text{nA}/20\,\text{nW} = 0.75\,\text{A/W}$，热噪声电流为

$$\sigma_T = \left[\frac{4k_B T\Delta f}{R_L}\right]^{1/2} = \left[\frac{4\times(1.3807\times10^{-23})\times(300\,\text{K})\times(500\times10^6)}{1000}\right]^{1/2} = 5.26(\text{nA})$$

外差检测时，SNR 由式（7.4.8）给出

$$SNR = \frac{I_{ac}^2}{\sigma^2} = \frac{2R^2\overline{P}_s P_{LO}}{2q(RP_{LO}+I_d)\Delta f + \sigma_T^2}$$

$$= \frac{2\times0.75^2\times20\times10^{-9}\times1.5\times10^{-3}}{2\times1.6\times10^{-19}(0.75\times1.5\times10^{-3}+5\times10^{-9})\times500\times10^6+(5.26\times10^{-9})^2} = 187.5\,(\text{即}\,22.73\,\text{dB})$$

从上式可知，暗电流与本振光产生的散粒噪声电流相比可以忽略不计，而热噪声与本振光散粒噪声相比也可以忽略不计。与相同参数条件下的 PIN 直接检测接收机相比，本振光功率为 1.5 mW 的外差检测接收机的信噪比有 22.73 dB - 8.6 dB = 14.13 dB 的提高。

如果用式（7.4.10）直接计算，也可以得到相同的结果

$$SNR = \frac{I_{ac}^2}{\sigma^2} = \frac{R\overline{P}_s}{q\Delta f} = \frac{0.75\times20\times10^{-9}}{1.6\times10^{-19}\times500\times10^6} = 187.5\,(\text{即}\,22.73\,\text{dB})$$

由习题7-9可知，PIN 直接检测接收机接收到的信号电流为

$$I_P = 15 \times 10^{-9} \text{ A} = 15 \text{ nA}$$

而外差接收机接收到的信号电流为

$$I_{ac} = (0.75 \times 20 \times 10^{-9})^{1/2} \text{ A} = 122 \text{ μA}$$

所以外差接收机在相同参数下，输出信号电流要比 PIN 直接检测接收机扩大 8.13×10^3倍，即 39 dB。但是由于外差接收机本振光使散粒噪声也增加了，所以由上面的计算可知，SNR 并没有改善那么多。

7.4.2　相干解调方式

外差检测可简化接收机设计，因为它既不要求本振光的相位锁定，也不要求与入射光的频率匹配。然而，电信号是在微波频率范围内，必须使用微波通信技术从中频频率解调出基带信号。外差检测采用同步或异步方式实现解调。下面讨论外差信号的同步和异步解调方式。

1. 外差同步解调

图 7.4.2 为外差同步解调接收机方框图。光探测器产生的光生电流通过带通滤波器（BPF），该滤波器的中心频率为信号光频和本振光频的差频 ω_{IF}。不考虑噪声时，BPF 滤波后的光生电流可以写成

$$I_f(t) = I_P \cos(\omega_{IF} t - \phi) \tag{7.4.12}$$

式中，I_P是式（7.4.6）的幅值，即 $I_P = 2R\sqrt{P_s P_{LO}}$，$\phi$ 是本振光和信号光的相位差。对于同步解调，$I_f(t)$ 与 $\cos(\omega_{IF} t)$ 相乘产生的 $2\omega_{IF}$ 不能通过低通滤波器，因此产生的基带信号是

$$I_d = \frac{1}{2}(I_P \cos\phi + i_c) \tag{7.4.13}$$

式中，i_c 为同相高斯随机噪声，该式表示只有同相噪声成分影响同步外差接收机的性能。

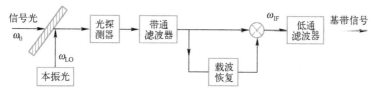

图 7.4.2　外差同步解调接收机方框图

同步解调要求恢复中频 ω_{IF}（微波载波），有几种方法可以实现，所有的方法均要求一种电锁相环路。

2. 外差异步解调

图 7.4.3 为外差异步解调接收机方框图。它不要求恢复中频（微波载波），所以可简化接收机的设计。使用包络检波和低通滤波器，把带通滤波后的信号 $I_f(t)$ 转变为基带信

号，送到判决电路的信号为

$$I_\mathrm{d} = |I_\mathrm{f}| = [(I_\mathrm{P}\cos\phi + i_\mathrm{c})^2 + (I_\mathrm{P}\sin\phi + i_\mathrm{s})^2]^{1/2} \qquad (7.4.14)$$

式中，i_c 和 i_s 分别是同向和异向高斯随机噪声。外差异步解调与外差同步解调的差别在于接收机噪声的同相和异相正交成分均影响信号质量，所以外差异步解调接收机的信噪比和接收机灵敏度均有所降低，不过，灵敏度下降相当小（-0.5 dB）。同时，异步解调对光发射机和本振光的线宽要求却是适中的，因此，外差异步接收机在相干光波系统的设计中扮演着主要的角色。

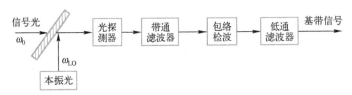

图 7.4.3　外差异步解调接收机方框图

图 7.4.4 表示外差异步解调接收机的两种解调方式。图 7.4.4a 表示 FSK 双滤波器法，该方法接收机使用两个支路处理 "1" 码和 "0" 码 FSK 信号，因为 "1" 码和 "0" 码的载波频率不同，因此产生的中频也不同。只要 "1" 码和 "0" 的码频间距足够大，"1" 码和 "0" 码频谱重叠就可以忽略（宽频差 FSK）。设计两个带宽滤波器（BPF）的中心频率之间的距离正好与码频间距相等，这样每个 BPF 只能让 "1" 码或 "0" 码通过。FSK 双滤波接收机可以认为是由两个并行的 ASK 单滤波接收机组成，它们的输出在到达

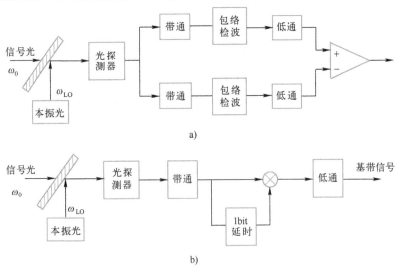

图 7.4.4　外差异步解调接收机
a）FSK 双滤波器法　b）DPSK 延迟解调法

判决电路之前混合。对码频间距小于或等于比特率（即 $\Delta f \leqslant B$）的窄频差 FSK 信号，这种方式工作得很好。

使用图 7.4.4b 所示的延迟法可以对 DPSK 进行异步解调。基本想法是让接收到的比特流与延时了 1 bit 的该比特流相乘，相乘后的信号具有 $\cos(\phi_k - \phi_{k-1})$ 的成分，因为信息以相差 $(\phi_k - \phi_{k-1})$ 被编码（ϕ_k 是第 k 个比特的相位），所以可用来恢复基带信号。这种方式要求在相对短的期限内（几比特周期）相位稳定，使用窄线宽半导体激光器就可以实现。

7.4.3　相干系统接收

在前几节分析相干光波系统时，公式的推导是假定在理想条件下进行的，所以得到的是量子极限接收机 SNR，但实际上是不能实现的。事实上，有许多因素使接收机 SNR 下降，如相位噪声、强度噪声、极化失配以及光纤色散等。本节讨论这些因素对系统性能的影响，以及为此如何进行合理的系统设计[5]。

1. 相位噪声和相位分集接收

在相干光波系统中，导致灵敏度下降的主要因素是发射激光器和本振激光器的相位噪声，其理由可从表示外差接收机光检测器产生的光生电流公式（7.4.5）中得到理解。因为光检测过程的相干特性，相位的不稳定导致电流的不稳定，从而使 SNR 下降。因此，要求零差和外差信号相位 ϕ_s 和本振光相位 ϕ_{LO} 应该保持相对稳定，以避免 SNR 下降。

减少相位噪声除采用单纵模窄线宽半导体激光器外，另一种方法是设计一个相位分集接收机（Phase-Diversity Receivers，PDR）。这种接收机使用两个或多个光检测器，其输出合成后产生一个与相位差 $\phi_{IF} = \phi_s - \phi_{LO}$ 无关的信号。这种技术对于 ASK、FSK 和 DPSK 调制方式工作得很好。图 7.4.5 为一个多端输出相位分集接收机的原理图。光混合器把信号光和本振光混合，在几个输出端口上提供适当相位差的输出，送到相应的接收支路。经信号处理和复合后提供一个与中频相位 ϕ_{IF} 无关的电流。例如，具有两个端口输出的零差接收机，其输出光信号相位差为 90°，一个支路的电流是 $I_p \cos\phi_{IF}$，另一个支路是 $I_p \sin\phi_{IF}$。这两个不同相位的信号进入各自的光检测放大支路（"分"开接收），经各自的基带信号处理后，两个输出信号相加（"集"合为有用的解调信号）。这就是所谓的相位分集接收。不管相位 ϕ_{IF} 如何变化，最后输出总保持不变。举一个 ϕ_{IF} 是 90° 或 0° 的特例，不管 ϕ_{IF} 是 90° 还是 0°，输出信号平方相加后（$I_p^2 \cos^2 90° + I_p^2 \sin^2 90°$）总是 I_p^2。在具有三个端口输出的接收机中，三个支路的相对相位为 0°、120° 和 240°。同样三个电流平方相加后，输出信号仍与相位 ϕ_{IF} 无关。相位分集接收的缺点是需要使用几套接收机，另外，也需要高功率输出的本振激光器，以便能分配足够大的功率到每个支路。因此，目前所有相位分集接收机均使用两个输出端口。光混频耦合器的结构见图 8.2.5。

图 7.4.5 多端输出相位分集接收机原理框图

2. 极化分集接收

在直接检测接收机中，信号光的极化态不起作用，这是因为这种接收机产生的光生电流只与入射光子数有关，而与它们的极化态无关。但是，在相干接收机中，要求接收机信号光的极化态要与本振光的极化态匹配，并且还要保证匹配是持续保持的。否则，任何瞬时的失配都将导致数据的丢失。有三种方法可完成极化匹配任务，即极化控制、极化分集接收和发送机中的极化扰动，其中极化分集接收最为简单可行。

图 7.4.6 为极化分集接收机（Polarization Diversity Receivers，PDR）的原理方框图。用一个极化光束分配器（PBS）获得两个正交极化成分输出信号，然后分别送到完全相同的两个接收支路进行处理。当两个支路产生的光生电流平方相加后，其输出信号就与极化无关。极化分集接收所付出的代价取决于采用的调制和解调技术。同步解调时，功率代价为 3 dB；理想的异步解调接收机功率代价仅 0.4~0.6 dB。

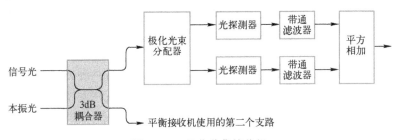

图 7.4.6 极化分集接收机

3. 强度噪声和平衡混频接收

强度噪声对直接检测接收机性能的影响已在 5.5.3 节讨论过，发现在多数实际情况下可被忽略。然而，对相干接收机却不然，因为均方根强度噪声在相干接收机中扮演着重要的角色

$$\sigma_{RIN} = RP_{LO}r_{RIN} \tag{7.4.15}$$

式中，r_{RIN} 是本振激光器强度噪声。假如 r_{RIN} 频谱与接收机带宽 Δf 一致，r_{RIN}^2 可用 $2r_{RIN}\Delta f$ 近似，P_{LO} 对强度噪声的贡献是 P_{LO} 的平方。如果强度噪声变得与散粒噪声一样大，SNR 就要降低。假如接收机处于散粒噪声限制下，暗电流 I_d 和热噪声 σ_T^2 均可忽略，此时，强度噪声引起的功率代价（用 dB 表示）为

$$\delta_{\mathrm{I}} = 10\lg\left(1 + \frac{\eta P_{\mathrm{LO}} r_{\mathrm{RIN}}}{h\nu}\right) \tag{7.4.16}$$

减少强度噪声的方法是使用平衡混频接收机，如图 7.4.7 所示。3 dB 光纤 2×2 耦合器对接收到的光信号和本振光信号混频，并把混频后的光信号等分成具有适当相对相位差的两路光信号。为了理解平衡混频接收机的工作原理，须考虑每个支路产生的光生电流 I_+ 和 I_-。假如式（7.4.5）中的相干项在两个支路中具有相反的符号，I_+ 和 I_- 分别为

$$I_+ = \frac{R}{2}(P_{\mathrm{s}} + P_{\mathrm{LO}}) + R\sqrt{P_{\mathrm{s}} P_{\mathrm{LO}}}\cos(\omega_{\mathrm{IF}} t + \phi_{\mathrm{IF}}) \tag{7.4.17}$$

$$I_- = \frac{R}{2}(P_{\mathrm{s}} + P_{\mathrm{LO}}) - R\sqrt{P_{\mathrm{s}} P_{\mathrm{LO}}}\cos(\omega_{\mathrm{IF}} t + \phi_{\mathrm{IF}}) \tag{7.4.18}$$

式中，$\phi_{\mathrm{IF}} = \phi_{\mathrm{s}} - \phi_{\mathrm{LO}}$，并假定 3 dB 耦合器具有 50% 的分光比，所以分到每个支路的信号和本振功率及相关的强度噪声均相等。

图 7.4.7　平衡混频相干接收机

由式（7.4.17）减去式（7.4.18）（由差分放大器实现）就可以消去直流项得到平衡混频相干接收机的信号输出，即

$$I = 2R\sqrt{P_{\mathrm{s}} P_{\mathrm{LO}}}\cos(\omega_{\mathrm{IF}} t + \phi_{\mathrm{IF}}) \tag{7.4.19}$$

由式（7.4.19）可见，直流项中的强度噪声已被消去，但是交流项中的强度噪声却仍然存在。然而，它们对系统性能的影响却并不严重，这是因为信号输出与本振光功率的平方根成比例。

通常设计相干光波系统时，使用平衡混频接收机，这是因为它具有两个优点：一是强度噪声几乎被消去；二是有效地利用了信号功率和本振功率，因为 2×2 耦合器的输出都得到利用。

相干检测技术允许对光载波的幅度、相位或频率进行调制来发送信息，通常采用 QPSK 和 QAM 调制（见 4.7 节）。

复习思考题

7-1　光纤数字通信系统中，选择码型时应考虑哪几个因素？

7-2　光纤数字通信系统中常用的线路码型是什么？

7-3 有几种光复用技术?

7-4 什么是波分复用?

7-5 什么是偏振复用?

7-6 请简述光波分复用器和解复用器的工作原理。

7-7 简述 SCM 的特点。

7-8 电视台送到各家各户的电视节目是采用何种复用技术?

7-9 SDH 采用何种复用技术?

7-10 不同等级的 STM-N 速率是多少?

7-11 SDH 帧中的传送顺序是什么?

7-12 简述 SCM 和 WDM 的复用过程。

7-13 什么是相干光通信?

7-14 相干光通信的工作原理是什么?

7-15 简述外差异步解调的优点和实现过程。

7-16 简述极化分集接收的实现过程。

习题

7-1 计算每个脉冲包含的光载波

考虑工作在 1550 nm 波长的 10 Gbit/s RZ 数字系统,计算每个脉冲有多少个光载波振荡?

7-2 数字通信帧长和基群比特速率

PCM 通信制式的帧长是多少? PDH 基群 (E1) 的比特速率是多少? 并给出计算过程。

7-3 帧效率

请计算 SDH 系统的 16 个 STM-1 速率 (155.520 Mbit/s) 复用到 STM-16 速率 (2448.320 Mbit/s) 上的复用帧效率。

7-4 从 SDH 的帧结构计算 STM-1 和 STM-64 每秒传送的比特速率。

7-5 计算 WDM 系统波长间隔

工作在 1550 nm 的 WDM 系统,信道间隔为 100 GHz,请问其波长间隔是多少? 如果信道间隔分别为 200 GHz,500 GHz,25 GHz,重复计算其波长间隔。对于这些不同的波长间隔,C 波段能够容纳多少信道?

7-6 HFC 系统设计

设计一个采用残留边带幅度调制 (VSB-AM) 的模拟副载波复用 CATV 系统,要求频道数为 60,请考虑或计算以下问题。

（1）请选择合适的调制指数。

（2）如果接收机带宽 $\Delta f = 55\,\text{MHz}$，激光器的强度噪声 $r_{\text{RIN}} = -150\,\text{dB/Hz}$，计算 SCM 系统的 CNR。

（3）如何选择激光器和工作点？

7-7 计算一根光纤同时传输的 TDM 数字话路

8 个 10 Gbit/s 信道使用 WDM 技术复用到同一根光纤上，有多少路 TDM 数字声音信号同时沿这一根光纤传输？

7-8 计算一根光纤同时传输的 TDM 数字视频信道

16 个 10 Gbit/s 信道使用 WDM 技术复用到同一根光纤上，有多少路 TDM 数字视频信道同时沿这一根光纤传输？（假如每路视频压缩信道要求 4 Mbit/s 速率。）

7-9 PIN 接收机的 SNR

接收机使用 InGaAs PIN 光电二极管，如图 5.3.2 所示，负载电阻 $R_{\text{L}} = 1\,\text{k}\Omega$，光电二极管暗电流 $I_{\text{d}} = 5\,\text{nA}$，放大器带宽 $\Delta f = 500\,\text{MHz}$，假如放大器没有噪声，入射光功率 $P_{\text{s}} = 20\,\text{nW}$ 产生平均光生电流 $I_{\text{p}} = 15\,\text{nA}$，请计算接收机的信噪比 SNR。

7-10 外差检测接收机 SNR 计算，并与直接检测接收到的信号电流和 SNR 比较。

已知外差接收机本振光功率为 $P_{\text{LO}} = 3\,\text{mW}$，其他参数同习题 7-5 给出的参数，计算其信噪比，并与 PIN 直接检测接收机接收到的信号光生电流和 SNR 比较。

7-11 光纤色散补偿

G.652 普通单模光纤传输线路长 80 km，在 1550 nm 的色散是 18 ps/(nm·km)，计算不同补偿方式的补偿光纤长度。

（1）如用色散 $D = 100\,\text{ps/(nm·km)}$ 的单模色散补偿光纤补偿。

（2）如用色散系数是 $D = -770\,\text{ps/(km·nm)}$ 的双模色散补偿光纤补偿。

（3）如用 $D_{\text{g}} \approx 5 \times 10^{7}\,\text{ps/(km·nm)}$ 的啁啾光栅光纤补偿。

第 8 章　高速光纤通信

8.1　前向纠错

8.1.1　前向纠错技术概述

今天，前向纠错（FEC）技术已经广泛地应用于光纤通信系统。这种技术既可以在损耗限制系统中使用，也可以在色散限制系统中使用，尤其在高比特率、长距离的色散限制系统中使用更为必要。它使光纤通信系统在传输中产生的突发性长串误码和随机单个误码得到纠正，提高了通信质量。同时，也提高了接收机信噪比（SNR），延长了无中继传输距离，增加了传输容量，放松了对系统光路器件的要求。前向纠错技术是提高光纤通信系统可靠性的重要手段。

在色散限制系统中，信息传输速率达到 Gbit/s 量级时，经常出现不随信号功率变化的背景误码效应。这种背景误码主要由多纵模激光器的模式噪声、啁啾声和光路器件引入的反射效应引起，以及由单纵模激光器中的部分模式噪声和模跳变效应引起。目前，克服这种误码效应的办法通常是在系统中加入光隔离器以防止光反射，采用外调制技术以防止啁啾噪声，采用高性能激光器以防止模式噪声。但是，采用上述措施，将使光纤通信系统造价增加，而效果并不理想。将前向纠错技术引入色散限制光纤通信系统，效果最好。

8.1.2　ITU-T 前向纠错标准和实现方法

前向纠错（FEC）是一种数据编码技术，该技术通过在发送端传输的信息序列中加入一些冗余监督码进行纠错。在发送端，由发送设备按一定算法生成冗余码，插入要传输的数据流中；在接收端，按同样的算法对接收到的数据流进行解码，根据接收到的码流确定误码的位置，并进行纠错。比如，发送端在 SDH STM-1 信号（155 Mbit/s）的开销字节中，插入总字节 7% 的冗余纠错码，对发射信号进行前向纠错（FEC）编码；在接收端，对传输过程中产生的误码，通过奇偶检验进行监视并纠正，可使系统输出 BER 减少，如图 8.1.1 所示。由图可见，输入误码率为 10^{-3} 时，输出误码率可减小到 10^{-6}；当输入误码率为 10^{-4} 时，输出误码率进一步可减小到 10^{-14}，竟提高了 10 个数量级。图 8.1.2

表示 2.5 Gbit/s 信号传输 480 km 之后，经前向纠错后接收机灵敏度在 BER = 10^{-9} 时提高了 5.7 dB。FEC 技术在光通信中的应用主要是为了获得额外的增益，即净编码增益（Net Coding Gain，NCG）。

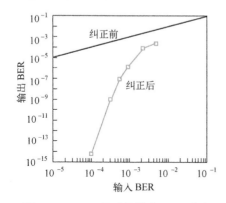

图 8.1.1　FEC 使系统输出 BER 减小

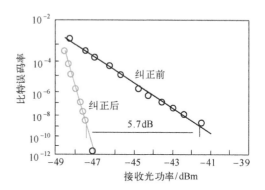

图 8.1.2　采用 FEC 后使接收机
灵敏度提高了

2000 年 10 月，ITU-T 制定了 G.975 建议，规定用 RS(255,239) 码，即规定信息码组长度为 239 bit，FEC 冗余码组长度为（255-239）bit，所以冗余率为（255-239）/239 = 6.69%。这种 EFC 可以纠错 8 Byte 的码字，使用插入 16 Byte 的帧，可以纠错 1017 个连续误码比特，误码纠错的性能很容易被计算出来。通过 RS(255,239) 编码，允许输入端的 $BER_{in} = 1.8×10^{-4}$（如果 $BER_{ref} = 10^{-12}$），编码增益为 5.9 dB，净编码增益 NCG 为 5.6 dB。这里定义净编码增益 NCG 为

$$NCG = 20\lg[\,erfc^{-1}(2BER_{ref})\,] - 20\lg[\,erfc^{-1}(2BER_{in})\,] + 10\lg R \quad (dB) \qquad (8.1.1)$$

式中，BER_{ref} 一般取 10^{-12}，BER_{in} 为 FEC 解码器的输入信号 BER，编码效率 R 为 FEC 前的比特率与 FEC 后的比特率之比，$erfc^{-1}$ 是误差函数 $erf(x)$ 的互补函数。

2004 年 2 月，ITU-T 为高比特率 WDM 海底光缆系统 FEC 制定了 G.975.1 建议，规定了 8 种级联码型。这是一种比 G.975 建议 RS（255，239）码具有更强纠错能力的超级 FEC（Super FEC，SFEC）码。大部分 SFEC 是用内编码和外编码级联而成，内编码采用里德—所罗门（Reed-Solomon，RS）编码，外编码采用其他一些编码方式。RS 编码方式是由 Reed 和 Solomon 提出的一种多进制 BCH 编码。BCH 码是 Bose、Ray-Chaudhuri 与 Hocquenghem 的缩写，是编码理论尤其是纠错码中研究较多的一种编码方式。

级联码由 2 个取自不同域的子码（一般采用分组码）串接成长码，不需要长码所需的复杂编/解码设备，且具有极强的纠突发和随机错误能力。理论上，通常采用一个二进制码作内编码，采用另一个非二进制码作外编码，组成一个简单的级联码，其原理实现如图 8.1.3 所示。

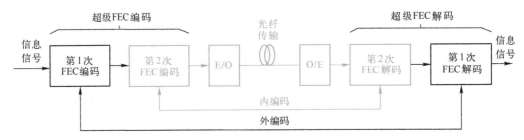

图8.1.3　级联码原理实现框图[41]

当信道产生少量的随机错误时，可以通过内编码纠正；当产生较大的突发错误或随机错误，以至于超过内码的纠错能力时，用外编码纠正。内解码器产生错译，输出的码字有几个错误，这仅相当于外码的几个错误符号，外解码器能较容易纠正。因此，级联码用来纠正组合信道错误以及较长的突发性错误非常有效，而且编解码电路实现简单，付出代价较少，非常适合光纤通信使用。

图8.1.4表示G.975.1建议的FEC帧结构。

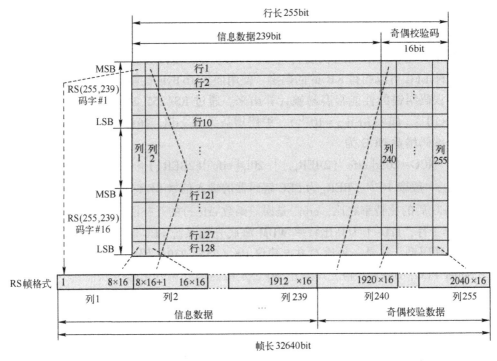

图8.1.4　G.975.1 FEC帧结构[42]

SFEC是一种基于软件判决和循环解码的纠错，其净编码增益可以达到10 dB以上，对输入 BER_{in} 的要求，可以从 2×10^{-13} 降低到 2×10^{-2}，此时判决前的眼图即使张开得很小，信号几乎淹没在噪声中，经过 SFEC 后，也可以不产生误码。

图 8.1.5 表示 SFEC 的解码特性与纠错能力，图 8.1.5a 表示纠错后输出 BER 比输入 BER 减少的情况，而 SFEC 纠错比 RS 编码在输入 BER 增加时性能更好。图 8.1.5b 表示纠错后 BER 减少与 Q 参数性能改善的情况。由式 (5.5.13) 可知，Q 参数和 BER_{in} 的关系是

$$BER_{in} = \frac{1}{2}\mathrm{erfc}\left(\frac{Q}{\sqrt{2}}\right) \quad \text{或} \quad Q = 20\lg\left[\mathrm{erfc}^{-1}(2BER_{in})\right] \tag{8.1.2}$$

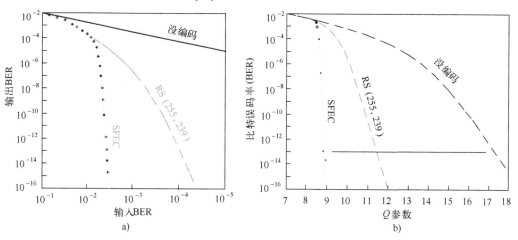

图 8.1.5 超级前向纠错（SFEC）误码纠错能力[41]

a）纠错后输出 BER 比输入 BER 减少的情况 b）纠错后 BER 减少与 Q 参数性能改善的情况

为了实现高比特率传输，需并行处理编码/解码，即使用分路器，把总的比特速率分解为数个速率较低的支路数据流，然后对每一路进行编码/解码，最后再用合路器把编码/解码后的几路数据流合在一起，如图 8.1.6 所示。

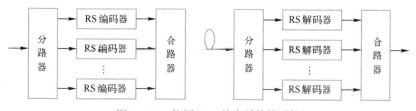

图 8.1.6 使用 FEC 的光纤传输系统

8.2 数字信号处理（DSP）

8.2.1 DSP 在高比特率光纤通信系统中的作用

如 7.4 节所述，相干光通信系统具有许多优点，特别是偏振复用相干光检测系统有着

更高的频谱效率和传输容量。但该系统也面临着许多新的挑战，如光纤非线性和色散效应、激光器频率漂移及相位噪声等。有些效应（如色散）可以通过相关的光器件在光域进行补偿；而有的效应（如偏振模色散、光纤非线性和光频漂移）很难通过光器件在光域补偿。还有，当本振激光与接收到的光信号拍频提取调制相位信息时，还会产生载波相位噪声。相位噪声来源于激光器，它将引起功率代价，降低接收机 SNR。

在开发 100G/400G 光传输系统中，相干检测和数字信号处理是已用的两种关键技术。对于 400G 系统，不但接收机采用 DSP，甚至奈奎斯特脉冲整形发送机也采用 DSP（见 8.6 节）。虽然，同一个过程有各种实现途径，具体算法每个过程可能互不相同，但对所有主流产品，功能结构通常都很类似。图 8.2.1 表示发送机 DSP 的功能，包括符号映射、信号定时偏移调整、色散和非线性预补偿（可选），以及支持多种调制格式和编码制式的软件编程能力等。发送机 DSP 也补偿电驱动器和光调制器引入的非线性。另外，DSP 还完成脉冲整形，调整 WDM 信道要求的奈奎斯特信号频谱。总之，发送机 DSP 不仅用于信道损伤预补偿，而且使智能光网络软件配置更灵活。

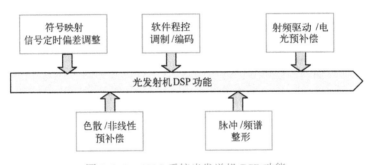

图 8.2.1　400G 系统光发送机 DSP 功能

在数字相干接收机中，DSP 的基本功能可从结构和算法两个层面来介绍，如图 8.2.2 所示。首先，模/数转换后的 4 路数字信号，即 x、y 偏振信号的同向 I 分量和正交 Q 分量，I_x、Q_x、I_y 和 Q_y 送入前端损伤均衡补偿单元，该损伤可能由相干接收机中 4 个信道间光、电通道路径不等产生的定时偏差造成；光混频时，因为 I、Q 分量并不完全成 90°，所以 4 个信道输出功率不等，造成定时偏差。其次，通过数字滤波器，补偿静态和动态信道传输损伤，特别要分别补偿 CD 和 PMD。然后，处理用于符号同步的时钟恢复，以便跟踪输入取样值的定时信息。需指出的是，时钟恢复、偏振解复用或均衡所有损伤，实现符号同步是同时完成的。通过蝶状滤波器和随机梯度算法，对两个偏振同时进行快速适配均衡。此时，估计并去除信号激光和本振激光器间的光频偏差，以防止星座以某种频率旋转。最后，从调制信号中，预测并补偿载波相位噪声（图 8.2.4），恢复出载波信号 I_x、Q_x、I_y 和 Q_y 分量。

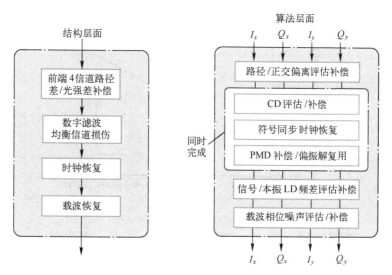

图 8.2.2　接收机 DSP 的基本功能[2]

　　相干检测系统采用 DSP，用于解调、线路均衡和前向纠错。在如图 8.2.3 所示的相干检测系统中，载波相位跟踪、偏振校准和色散补偿均在数字领域完成。对线性传输损伤，如色度色散（CD）、偏振模色散（PMD）可以提供稳定可靠的性能，也使系统安装、监视和维修容易，所以在高速光纤通信中得到广泛的使用。

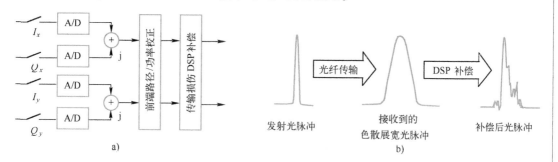

图 8.2.3　相干 DSP 构成及其作用[43]

a）相干检测 DSP 构成原理图　b）光纤传输后展宽光脉冲经接收机 DSP 色散补偿重新变窄

　　相干光接收机使用高速模/数（A/D）转换器和高速基带数字信号处理器（DSP）解调，与使用光相位锁定环（OPLL）解调接收机相比，更具有吸引力。在光相移键控（PSK）系统中，极大似然（Maximum Likelihood，ML）载波相位估计算法可用于理想同步相干检测，因为它可以消除相位噪声，如图 8.2.4 所示。该 ML 相位估算只要求线性计算，更适合在线处理实时系统。显然，ML 估算接收机更适合非线性相位噪声统治系统，可显著提高接收机灵敏度，容忍更多非线性相位噪声的影响。所以，ML 相位估计运算法则可提高多电平 DPSK 调制和 QAM 调制相干光通信系统的性能。

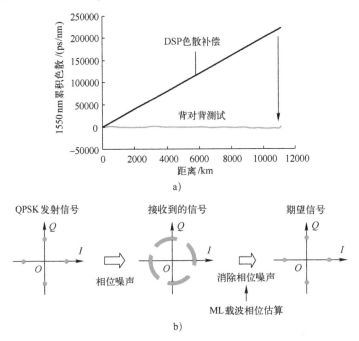

图 8.2.4　DSP 可容忍非线性相位噪声影响提高系统 OSNR

a) DSP 色散补偿效果　b) 载波相位估算可消除相位噪声

因此，在受光纤色度色散（CD）、偏振模色散（PDM）和非线性效应影响的单信道和 DWDM 系统中，发送端/接收端的 DSP 技术可以显著提高 QPSK 和 QAM 调制格式的系统性能。

8.2.2　数字信号处理技术的实现

图 8.2.5 表示 DSP 在 DQPSK 调制和异步相干检测光接收机中的应用，在这种接收机中，通常使用相位 & 偏振分集接收，提取同向分量 I 信号和正交分量 Q 信号。这样的接收机前端由 90° 光混频耦合器组成，其时钟提取、重取样、色散补偿和时钟恢复采用 DSP 来完成，有的 DSP 功能也包含滤波和模/数（A/D）转换。通常用极大似然（ML）算法进行相位估计。

用于偏振复用相干检测的数字信号处理电路如图 8.2.6 所示，它由抗混叠滤波器、4 通道 A/D 转换器、频域均衡（Frequency-Domain Equalization，FDE）器、适配均衡器（Adaptive Equalizer）、载波相位评估补偿和解码器等组成。

对取样速率的要求通常是 2 倍比特速率 R，以避免混淆的影响。目前 100 Gbit/s 偏振复用 QPSK 调制（PM-QPSK）系统，符号率是 25 Gbaud，取样率是 50 GSa/s。

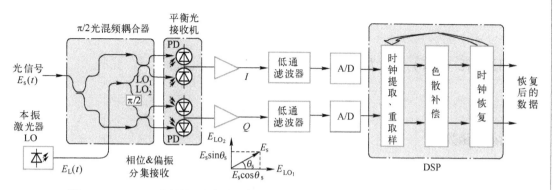

图 8.2.5　DQPSK 调制相干检测平衡光接收机用 DSP 完成时钟恢复和色散补偿[44]

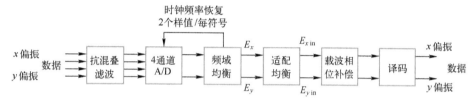

图 8.2.6　数字信号处理电路构成[45]

频域均衡实现过程是对 A/D 转换后的输入数据进行傅里叶变换（FFT）和逆傅里叶变换（IFFT），对系统因传输损伤展宽的输入脉冲信号恢复原来的形状，如图 8.2.7 所示。

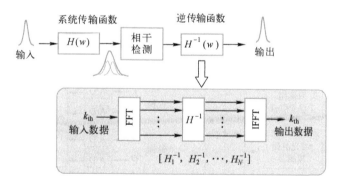

图 8.2.7　频域均衡器的构成和原理[45]

光纤的传输函数在线性区可用一个 2×2 矩阵表示

$$\boldsymbol{H}(\omega) = D(\omega)\boldsymbol{U}(\omega)\boldsymbol{KT} \tag{8.2.1}$$

式中，群速度色散函数为

$$D(\omega) = e^{-j\omega^2\beta_2 z/2} \tag{8.2.2}$$

偏振模色散函数为

$$U(\omega) = R_1^{-1} \begin{bmatrix} e^{j\omega\Delta\tau/2} & 0 \\ 0 & e^{-j\omega\Delta\tau/2} \end{bmatrix} R_1 \qquad (8.2.3)$$

偏振相关损耗（PDL）函数为

$$K = R_2^{-1} \begin{bmatrix} \sqrt{\Gamma_{max}} & 0 \\ 0 & \sqrt{\Gamma_{min}} \end{bmatrix} R_2 \qquad (8.2.4)$$

双折射效应函数为

$$T = \begin{bmatrix} \sqrt{\alpha}\,e^{j\delta} & 0 \\ \sqrt{1-\alpha} & \sqrt{\alpha}\,e^{-j\delta} \end{bmatrix} \qquad (8.2.5)$$

在适配均衡状态下，蝶形有限冲激响应（FIR）滤波器的特性可以产生光纤传输函数的逆矩阵，正好可以抵消光纤传输引起的群速度色散、偏振模色散、偏振相关损耗和双折射效应的影响。

FIR 适配均衡器的作用是时钟相位调整、偏振解复用、偏振模色散补偿、均衡滤波，它对所有线性损伤同时补偿。

8.2.3　100 Gbit/s 系统数字信号处理器

开发出的 100 Git/s PM-QPSK 光纤通信系统收发模块和相干检测 ASIC 接收机通道（含数字信号处理器）分别如图 8.2.8a 和图 8.2.8b 所示[46]，该收发模块与光互联网论坛（Optical Internetworking Forum，OIF）发布的指标一致。相干检测接收通道 ASIC（Application Specific Integrated Circuit）的主要功能包括模/数转换、CD 补偿、适配均衡、载波相位恢复和 FEC 解码。这种 DSP 和 ASIC 设计用于长距离应用，该系统的典型要求是，在 FEC 后 BER 为 10^{-15} 时（要求 FEC 净编码增益约 11 dB），光信噪比（OSNR）约 12 dB，CD 容限 60000 ps/nm 和 PMD 容限 30 ps。

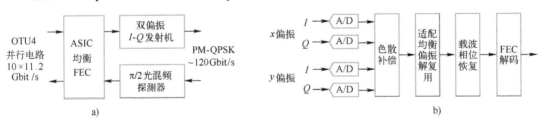

图 8.2.8　100 Gbit/s PM-QPSK 系统收发模块及相干 ASIC[2]

a）100 Gbit/s 用户光线路卡　b）ASIC 接收机通道

模/数（A/D）转换器取样率约为 1.3 倍符号率或更高，模拟带宽要超过 1/2 符号率的奈奎斯特频率。

适配均衡完成偏振解复用，同时对 PMD、PDL 和残留 CD 进行补偿。它有 2 个输入和

2 个输出，分别用于每个偏振。适配均衡器使用有限冲激响应滤波器（FIR）和恒定模量算法（Constant Modulus Algorithm，CMA）进行均衡补偿，同时对使用器件和工厂制造偏差进行补偿。适配均衡器由有限冲激响应（FIR）滤波器构成，它是一个线性滤波器，具有与光通道相反的传输特性，从而抵消色散的线性成分（见 8.7.4 节）。

图 8.2.9 表示 9 抽头有限冲激响应（FIR）滤波器，它由 8 个移位寄存器、9 个倍乘器和 1 个加法器组成。移位寄存器在 9 个不同的连续时刻接入取样信号，通常取样频率是 2 倍符号率。从左到右的每个取样信号值依次与 h_{xx1}, h_{xx2}, ..., h_{xx9} 相乘。假如对均衡没有要求，除中心 h_{xx5} 系数为 1 外，其他所有倍乘系数均为 0。然后，9 路经倍乘后的取样信号值相加输出。倍乘系数值被 CMA 算法更新。

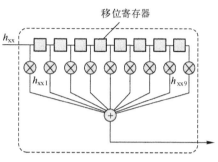

图 8.2.9　用 DSP 实现的有限冲激响应（FIR）滤波器[20]

色散补偿可以在时域进行，也可以在频域进行。为了更有效补偿，当补偿范围约超过 1000 ps/nm 时，就在频域补偿。使用一个快速傅里叶变换（FFT），将时域样值 $x(t)$ 转换成频域样值 $X(f)$，如图 8.2.10 所示，FFT 值与滤波器冲激响应频率值 $W_N(f)$ 相乘，其乘积用一个傅里叶逆变换（IFFT）转换回时域 $x(t)$。频域均衡值与其对应的时域均衡值在数学上是等效的（见 7.2.4 节），但是其均衡的复杂性要低得多。

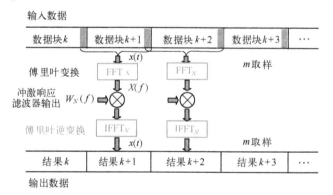

图 8.2.10　DSP 实现从时域转换到频域（FFT/IFFT）对色散进行补偿[47]

8.3　增益均衡

8.3.1　增益均衡的必要性和方法

海底光缆通信系统的增益均衡设备可确保在信道间信号功率的均等分配，以满足所有信道对最小 BER 的要求。每个中继器使用增益平坦滤波器 (Gain Flattening Filter, GFF)，纠正 EDFA 增益形状和与波长有关的光纤传输损耗引起的输出功率–频谱曲线的畸变。然而，这种光功率–频谱特性的纠正，不能完全解决所有信道的偏差。所选器件参数不可能完全一致，制造过程也不可避免产生偏差。而且，光纤老化或海底光缆维修也会引起网络传输特性的变化，进而使功率–频谱特性发生偏差。有两种可用的增益平坦技术，一种是无源均衡技术，另一种是有源均衡技术。均衡器也可以按它们纠正的目的分类，纠正增益–频谱特性倾斜或斜率的，称为斜率均衡器 (Tilt Equalizer, TE)，纠正与残留非线性有关倾斜的，称为形状均衡器 (Shape Equalizer, SEQ)。

EDFA 增益不平坦，多级串联后使不同波长的光增益相差很大，这种光放大器线路的非一致性频谱响应，使长距离传输系统的 SNR 下降。因此，为了补偿这种效应，可采用以下两种技术。

首先，采用功率预增强技术，根据每个波长在线路中的损耗情况，使进入每个 WDM 信道的光功率不同，从而使终端接收机对所有波长信道接收的 SNR (BER) 都几乎相同。

其次，把增益平坦滤波器插入线路中，进行适当的预均衡。实际上有 3 种增益平坦滤波技术：

1）每个光放大器均有增益平坦滤波器；

2）每 10 个光放大器插入一个固定增益均衡器 (Fixed Gain Equalizer, FGE)，补偿放大器链路中残留非一致性频谱响应，如图 8.3.1 所示，没有增益均衡时，在 1533 ～ 1569 nm 范围 (36 nm) 内，增益波动 3 dB，当插入增益平坦均衡器后，只有 0.25 dB 的波动；

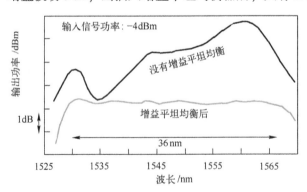

图 8.3.1　固定增益均衡器对 EDFA 增益频谱响应的影响[20,30]

3）每 10 个放大器插入一个可调谐斜率均衡器，补偿因器件老化和海底光缆维修引起的增益畸变。

图 8.3.2 表示横跨大西洋海底光缆系统增益均衡前后的实测输出频谱曲线，该系统长 6000 km，有 80 个 EDFA 光中继器，采用 8 个波长 C 波段 WDM，增益均衡器采用在线布拉格光栅 (In-Fiber Bragg Grating, IFBG) 滤波器 (见 3.3.3 节)。

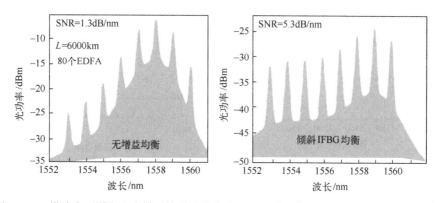

图 8.3.2 横跨大西洋海底光缆系统增益均衡前后实测输出信号频谱比较（1 nm 带宽）[20]

图 8.3.3 表示段长损耗增加或减小 1 dB 时观察到的 EDFA 增益曲线斜率的变化。在波长 32 nm 范围内，段长损耗变化 1 dB，EDFA 增益倾斜典型值为 0.7 dB。因此，对于包含 120 个 EDFA 的 6000 km 海底光缆线路，总的增益倾斜是 0.35×120＝42 dB，这样的增益倾斜不能被预增强补偿调整，因此，有必要在链路中周期性地插入一个补偿设备，以便在系统寿命期内，从终端站遥控调整它的频谱传输响应，进行增益均衡。这样的补偿设备称为调谐增益均衡器（Tunable Gain Equalizer，TGE）。

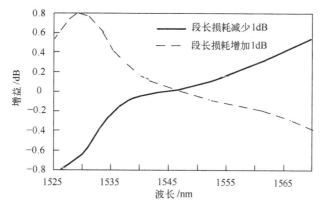

图 8.3.3 在 120 个 EDFA 的 6000 km 海底光缆线路中段长损耗
变化 1 dB 引起 EDFA 增益曲线斜率变化[30]

另外一种补偿方法是周期性地插入拉曼放大器，通过遥控拉曼泵浦功率，获得可调谐倾斜增益。例如用 1480 nm 波长、50 mW 功率的激光器，对非零色散位移（NZ-DSF）光纤拉曼泵浦，在 1540~1570 nm 频谱范围内，可获得 2 dB 增益的倾斜，如图 8.3.4b 所示。这 2 dB 倾斜增益一部分从 0.8 dB 拉曼放大增益坡度中得到，如图 8.3.4a 所示，剩下部分（1.2 dB）是从前面紧挨拉曼放大的 EDFA 中获得。

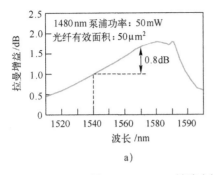
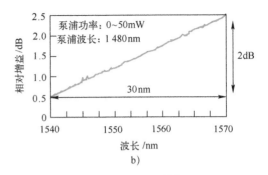

图 8.3.4　EDFA 链路中插入拉曼放大构成调谐增益斜率均衡器[30]

a）拉曼增益与波长的关系　b）拉曼放大产生增益倾斜

8.3.2　无源均衡器

无源均衡器的特性在出厂前均已调整好。通常，每 10~15 个中继器插入一个均衡器。

无源均衡器有斜率均衡器（TE）和形状均衡器（SE），两者的区别在于是否与波长有关，前者与波长有关，而后者则无关。但两者均由固定传输滤波器组成，用光纤熔接方法接入中继器盒。

一种无源均衡器用多个薄膜电介质镜（Thin-Film Filters，TFF）滤波器（3.4.3 节）或布拉格光栅（IFBG）滤波器（3.3.3 节）组成，典型无源均衡器的构成如图 8.3.5 所示，在包含 8 对光纤的中继器盒中，只用一个均衡器即可。通常，均衡器的均衡范围为 1~6 dB，插入损耗为 3~7 dB。需要均衡的区段增益-频谱特性形状，以及滤波器的传输特性，通常直接测量决定。无源均衡器直流电阻小于 0.5 Ω，不需要供电。

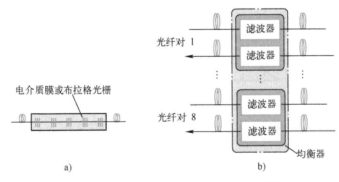

图 8.3.5　由滤波器构成的无源均衡器[30]

a）单个滤波器构成　b）无源均衡器同时补偿 8 个光纤对的增益

无源均衡技术除滤波法外，还有增益互补法、特种光纤放大器和 EDFA 粒子数强烈反转法等。

　　增益互补法是把掺杂不同增益互补的两段掺铒光纤连接起来，实现增益均衡，但不影响放大器工作。在掺铒光纤中掺铝制成的放大器，长波长的信号增益大。在掺铒光纤中掺磷和铝，增益特性与掺铝的正好相反，长波长的信号增益低。把这两段掺铒光纤连接起来，组成放大器，各波长的增益就能实现均衡。

　　特种光纤放大器是用特种光纤（如氟光纤）制作放大器，放大器的增益特性平坦，从而使构建一个性能优良的 WDM 光纤通信系统变得容易，成为发展趋势。另外，用含铝浓度达 2.9wt% 的掺铒光纤做成的放大器，可消除一般放大器在波长 1.55 μm 处的增益峰值，也具有平坦的增益特性。

　　EDFA 粒子数强烈反转法，在多级 EDFA 级联的波分复用光纤通信系统中，选择光纤的长度，即调节放大器间的损耗，使 EDFA 工作在粒子数强烈反转状态，此时能实现增益均衡。

8.3.3　有源斜率均衡器

　　在输出功率自动控制的中继器中，输入信号功率的下降将引起短波长信号 EDFA 增益的增加，于是产生了负的斜率，即频带内短波长信道将携带更多的功率。使用有源均衡器可以均衡这种特性。网络寿命期内，网络管理者在任何时间均可以发送指令，通过光纤传送给中继器监控电路，进行增益斜率调整。

　　用于 1 个光纤对的有源斜率均衡器如图 8.3.6 所示，该均衡器利用法拉第磁光效应（见 3.7.1 节），使入射光偏振方向发生旋转，其磁场由通电线圈产生。波长不同旋转角度也不同，法拉第旋转器输出端对 WDM 波段内不同波长信道信号提供不同的线性衰减特性，即检偏器输出倾斜的增益-频谱特性，可用于对输入 WDM 信道信号增益的纠正。不同的偏流产生不同的倾斜校正。使用监控信号设置一套偏置电流对其校正。图 8.3.6a 监控电路中的 PIN 光检测器接收终端站发送来的监控指令，被监控电路接收理解，并对光纤对上的有源滤波器独立控制。倾斜纠正范围典型值为 ±4 dB，提供的平坦偏差为 0.1~0.4 dB。

　　对倾斜均衡的监控与对中继器的类似，不过使用的指令要少得多。光纤对上的每个有源滤波器有唯一的地址，终端站只需通知指定的斜率均衡器调整线圈偏流，对倾斜实施控制。

　　通常，6 个光纤对均衡器消耗的电力可使供电网络电压下降 15~20 V（线性电流 1000 mA）。

　　有源均衡器还可以采用其他原理构成，例如可用拉曼泵浦获得正倾斜增益-频谱特性，如图 8.3.4 所示，用于纠正老化和维修产生的负斜率。单个波长拉曼泵浦就可以获得 40 nm 以上的带宽。混合使用 EDFA 和拉曼泵浦，同时可以提供倾斜和增益补偿。另外一种有源均衡技术是使用可变光衰减器（Variable Optical Attenuator，VOA），直接控制 VOA 的设置，调整输入到 EDFA 的输入功率，EDFA 就产生一个线性倾斜的输出。但这种方法的系统代价要比固定滤波器或拉曼倾斜均衡器的高。还有一种有源均衡是用光开关从一套无源倾斜滤波器特性中，选择所需要的那种特性进行均衡，但这种方法将中断业务运行。

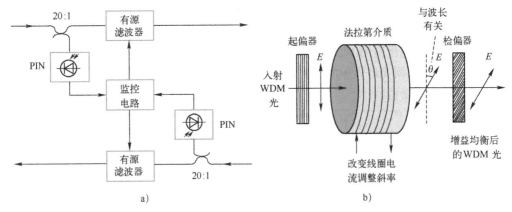

图 8.3.6　有源斜率均衡器[2,30]

a) 用于一个光纤对的有源斜率均衡器　b) 调整加在有源滤波器法拉第介质上的电流实施倾斜控制

8.4　奈奎斯特脉冲整形及其系统

8.4.1　奈奎斯特脉冲整形概念

奈奎斯特脉冲整形（Nyquist Pulse Shaping）使信号频谱局限在一个最小可能的频谱带宽内，从而避免信道间的干扰，减少使用专门信号处理技术的需要，允许信道间距接近符号率，它是光纤通信系统提高频谱效率的有效工具，用于构成最密集的 WDM 系统。有人用它已实现单个激光器编码速率达到 32 Tbit/s。

在一些实验中[48]，使用升余弦滤波器减小信号带宽，同时保持数据速率不变。此时，滤波器的滚降系数 r 决定带宽，当 $r=1$ 时，滤波器带宽最大；当 $r=0$ 时，滤波器带宽最小，并且冲激响应具有辛格函数 $\sin t/t$ 特性，奈奎斯特 WDM 实验常常就是这种情况。

所谓奈奎斯特脉冲整形，就是把时域脉冲形状整形为辛格函数形状。辛格函数用 $\mathrm{sinc}(x)=\sin(x)/x(x\neq0)$ 表示，在数字信号处理和信息论中，通常定义归一化辛格函数为

$$\mathrm{sinc}(x)=\frac{\sin(\pi x)}{\pi x}\quad x\neq0 \tag{8.4.1}$$

当 $x=0$ 时，$\mathrm{sinc}(x)=1$。

在介绍辛格函数频谱特性前，先来回顾一下矩形脉冲的特性。矩形脉冲是最重要和最常用的脉冲信号之一，因为它可以方便地表示二进制数据 1 和 0。用记号 $\prod(\cdot)$ 表示的

单个矩形脉冲 $w(t)$ 为

$$\prod\left(\frac{t}{T}\right) \equiv \begin{cases} 1, & |t| \leqslant \dfrac{T}{2} \\[2mm] 0, & |t| > \dfrac{T}{2} \end{cases} \tag{8.4.2}$$

对该函数进行傅里叶变换，就得到矩形脉冲频谱的辛格函数形状，即

$$W(f) = \int_{-T/2}^{T/2} 1 \cdot e^{-j\omega t} dt = \frac{e^{-j\omega T/2} - e^{j\omega T/2}}{-j\omega} = T\frac{\sin(\omega T/2)}{\omega T/2} = T\mathrm{sinc}(\pi Tf)$$

因而有

$$\prod\left(\frac{t}{T}\right) \leftrightarrow T\mathrm{sinc}(\pi Tf) \tag{8.4.3}$$

图 8.4.1a 表示矩形脉冲的时域图和对应的频域图，由图可见，脉冲宽度 T 与频谱图中的第 1 个零点位置 $1/T$ 是反比关系。

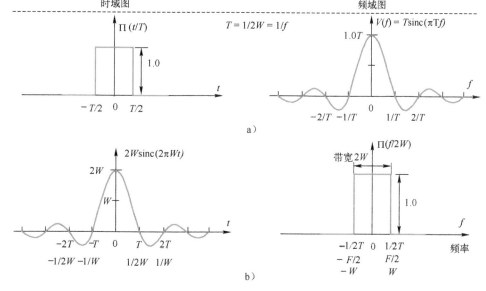

图 8.4.1　矩形脉冲和辛格脉冲及其频谱（傅里叶变换对应的时域和频域信号）[2]
a）矩形脉冲（不整形）　b）辛格脉冲（整形后的奈奎斯特脉冲）

利用傅里叶变换的对称定理，很容易得知，具有 $\sin(x)/x$ 形状的辛格脉冲信号的频谱为矩形频谱

$$T\mathrm{sinc}(\pi Tt) \leftrightarrow \prod\left(-\frac{f}{T}\right) = \prod\left(\frac{f}{T}\right) \tag{8.4.4}$$

由此可见，在时域，奈奎斯特脉冲形状是辛格脉冲信号形状；在频域，它是方波形状。

图 8.4.1 表示的频谱为实函数，这是由于对应的时域脉冲为实偶函数。如果脉冲波形在时间轴上平移一段时间，破坏偶对称性，这时信号的频谱将为复函数，例如令脉冲时延 $T/2$，式（8.4.2）变为

$$\prod\left(\frac{t - T/2}{T}\right) = \begin{cases} 1, & 0 < t \leqslant T \\ 0, & t \text{ 为其他值} \end{cases} = \upsilon(t)$$

利用时延定理，频谱式（8.4.3）变为式（8.4.5）。

$$V(f) = Te^{-j\pi T}\mathrm{sinc}(\pi Tf) \tag{8.4.5}$$

该频谱也可以用正交形式表示为

$$V(f) = T\mathrm{sinc}(\pi Tf)\cos(\pi fT) + j\left[-T\mathrm{sinc}(\pi Tf)\sin(\pi fT)\right] \tag{8.4.6}$$

8.4.2 奈奎斯特发送机/接收机及其系统

奈奎斯特发送机和接收机与传统的不同，它不仅要将数据包络编码到光载波 f_v 上，而且要对脉冲形状编码。因此，需要对发送机输出脉冲整形。当发送机信号脉冲响应是 $h_s(t)$ 时，对接收到的信号用 $h_r(t)$ 求卷积，这里 $h_s(t)$ 和 $h_r(t)$ 是两个正交函数，即它们遵守正交条件

$$T\int_{-\infty}^{\infty} h_s(t - t_m)h_r(t_{m'} - t)\mathrm{d}t = \delta_{mm'} \tag{8.4.7}$$

式中，$t_m = mT$，T 是脉冲持续时间，m 和 m' 是整数。当然，也需要一个 f_v 本振激光器和相干接收机。

在光脉冲整形和复用发送机中，首先，用 I/Q 调制器把电信号编码到光载波上，然后，对光信号进行脉冲整形，形成 $h_s(t)$ 脉冲，进一步波长复用，产生 Tbit/s 超级信道信号。当然，也可以在电域进行奈奎斯特整形，如图 8.4.2 所示。

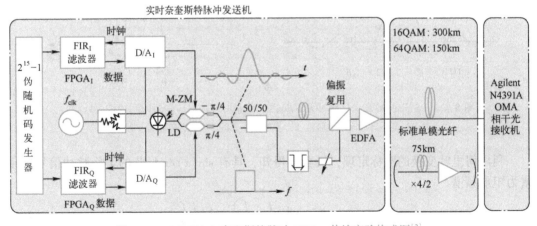

图 8.4.2　150 Gbit/s 奈奎斯特脉冲 300 km 传输实验构成图[2]

奈奎斯特脉冲整形允许有效地进行波长复用，不需要保护间隔，在这方面类似于 OFDM，即方形的时域脉冲和辛格状的频域脉冲，如图 8.4.1 所示。有人用实验对两者进行了比较，测试表明，奈奎斯特 WDM 系统的 Q 参数性能比没有保护间隔的 OFDM 系统还要好[49]。

下面介绍一个在实验室完成的 150 Gbit/s 奈奎斯特脉冲 300 km 传输实验[50]，该实验使用 FPGA 构成 64 抽头系数的有限冲激响应滤波器，对输入的伪随机码在电域实时进行奈奎斯特脉冲整形，经数/模转换平滑后，对 M-Z 调制器进行 I/Q 调制，产生 150 Gbit/s 的光辛格脉冲，并用 PM-16QAM/64QAM 信号在标准单模光纤线路上传输了 300 km/100 km。测试表明，BER 提高了 1.5 个量级。

该实验使用的奈奎斯特光发送机如图 8.4.2 所示，它包括两个同步的 Virtex5 FPGA，两个 6 bit 分辨率的高速 Micram 数/模（D/A）转换器，线宽 1 kHz 的光纤激光器和 LiNbO₃ 马赫-曾德尔 I/Q 调制器。D/A 转换器取样速率 16QAM 为 28 GHz，64QAM 为 25 GHz。发送机输出信号的时域图/频域图几乎为辛格状/方形脉冲。接收端使用 Agilent N4391A OMA 相干接收机，以 80 GSa/s 取样，同时处理两个偏振输入信号，进行模/数转换、载波相位恢复和时钟估算恢复、增益均衡、色散补偿和 BER 测量，这些均为离线处理。

2013 年，阿尔卡特-朗讯贝尔实验室使用奈奎斯特脉冲整形技术，实验比较了 100 Gbit/s PM-QPSK、150 Gbit/s PM-8QAM 和 200 Gbit/s PM-16QAM 信号的 WDM 系统传输性能[51]。频谱间距为 33 GHz 的 16 个窄线宽 LD 信道，按奇偶划分为 2 组，分别独立调制 I/Q 调制器。进行的 PM-QPSK、PM-8QAM 和 PM-16QAM 的传输实验，频谱效率分别为 3 bit·s⁻¹·Hz⁻¹、4.5 bit·s⁻¹·Hz⁻¹ 和 6 bit·s⁻¹·Hz⁻¹。当传输距离分别为 9000 km、3000 km 和 3000 km 时，进行了 OSNR 和 Q 参数测试。频谱间距 33 GHz 时，PM-QPSK 和 PM-8QAM 调制 Q 均为 5.5 dB，PM-16QAM Q 为 4 dB。实验表明，使用滚降系数 0.1 的奈奎斯特脉冲整形技术，允许使用接近符号率的信道间距。

8.5　100G 超长距离 DWDM 系统

2009 年，Verizon 在巴黎和法兰克福之间部署了第一条商用 100G 光纤链路。随后，阿尔卡特-朗讯所提出的 100 Gbit/s 信号 PM-QPSK 调制/相干检测技术被写入国际标准，大大加快了该技术的产业化进程。

2013 年，100G 系统技术在全球市场迎来了爆发性增长，100G 系统的收入逼近整体市场的 15%。在中国市场，中国移动和中国电信的 100G 系统集中采购规模更是不断刷新世界纪录，因此，2013 年也被称为 100G 技术的中国商用元年，业界也广泛认为 100G 技术开启了黄金 10 年的商用期。

本节介绍光互联网论坛描述的 100G 超长距离（ULH）DWDM 系统技术和光收发模块

技术[25]。

8.5.1 100G 超长距离 DWDM 系统关键技术

100G 超长 DWDM 系统用于长距离大容量核心光网络传输，最大线路容量可达 1 Tbit/s，包含 80~100 个 10 Gbit/s 数字速率光信道，可传输 1000~1500 km，具有 6 个 ROADM，同时也能应用于 20 个 ROADM 的广域网。要求 DWDM 信道间距仍保持在 50 GHz，光信噪比是 10 Gbit/s 信道的 10 倍。这就要求除采用前向纠错技术外，还要采用更先进的光调制技术和接收方式。

OIF 经过研究考虑，决定采用双偏振复用、正交相移键控（PM-QPSK）调制/相干检测技术，实现 100G 超长 DWDM 系统传输，如图 8.5.1 所示。因为这种技术对系统器件的要求是合理可行的。

双偏振指的是两个正交偏振光信号，即两个光频率完全相同但又互相独立的光信号，如图 7.3.1 所示。两路光信号来自同一个发射激光器，经过偏振分配器（PS）获得。每路光信号分别被调制，携带一半数据净荷。而实际发射的信号比特率是

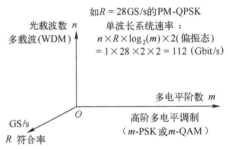

图 8.5.1 采用 PM-QPSK 提高单根光纤传输容量

净荷数据加上数据编码的额外开销、传输管理、前向纠错字节，约为 110 Gbit/s。将数据均分成两份，在两个偏振光上分别传输，每个偏振携带一半数据率。将调制速率减小一半，意味着降低了对光带宽的要求，减小了信道间距，允许使用 50 GHz 的信道间距，传输净荷 100 Gbit/s 的信号。

与 10 Gbit/s 线路速率系统相比，100 Gbit/s 系统要求光信噪比（OSNR）提高 10 倍，为此，除采用偏振复用相干检测、QPSK 调制技术外，还要采用更为先进的前向纠错技术。目前 10G 系统使用提供 8.5 dB 增益的 FEC，而 100G 系统则需要能提供更高增益的超级 FEC（SFEC）技术（见 8.1.2 节）。图 8.5.2 表示净编码增益与开销占比的关系，2 条实线分别表示硬件判决解码和软件判决解码的香农限制。硬件判决解码时，选择一个信号电平，作为分辨"1"码和"0"的门限。软件判决解码时，将信号电平分成许多精细的值，利用这些值判决该符号是"1"码还是"0"码。图 8.5.2 中的净编码增益数值分散点表示指定编码实际达到的结果。RS（255，239）码是 G.709 标准默认的编码，其净编码增益约为 6 dB。光传输网（OTN）FEC 标准是 G.975。图中标明几种硬件判决增强 FEC（EFEC）编码的净编码增益，这正是今天 10G 商用系统都使用的标准。图中也标明几种 G.975.1 标准达到的净编码增益，由图可知，在相同开销占比情况下，G.975.1 推荐的几种 SFEC 码的净编码增益要比 G.709 码的净编码增益提高 2 dB 以上。图中也给出几

种 SFEC 的净编码增益。

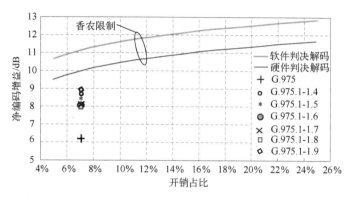

图 8.5.2　几种前向纠错编码的理论限制和实际达到的性能[24]

不同的调制格式，理论上对 OSNR 的要求是不同的[25]，如表 8.5.1 所示。

表 8.5.1　100G 系统不同调制格式理论上对 OSNR 的要求

调制格式	净比特率 /(Gbit/s)	符号率 /Gbaud	脉冲整形	带宽 /GHz	光栅间距 /GHz	频谱效率 /bit · s^{-1} · Hz^{-1}	OSNR (BER = 10^{-3})	OSNR (BER = 10^{-2})
PM-QPSK	100	28	NRZ	56	50	2	12	9.8
	100	32	奈奎斯特	35	50	2	12.6	10.4
PM-8QAM	100	18.7	NRZ	37.5	50	2	13.8	11.4
	100	21.3	奈奎斯特	23.4	25	4	14.3	12
PM-16QAM	100	16	奈奎斯特	17.6	25	4	16.2	13.8

对使用不同调制和检测技术的每信道 100 G WDM 系统，已进行了许多传输实验，其传输容量、频谱效率和传输距离见表 8.5.2。

表 8.5.2　每信道 100 Gbit/s WDM 系统传输容量、频谱效率和传输距离
(不同的调制和检测技术)

线路速率 /(Gbit/s)	传输容量 /(Tbit/s)	频谱效率 /bit · s^{-1} · Hz^{-1}	传输距离 /km	调制和检测方式	资料来源	公司
107	1	0.7	1000	NRZ-OOK	ECOC2006	Lucent
107	1	1	1200	NRZ-DQPSK 差分直接检测	OFC2007	Alcatel-Lucent
111	16.4	2	2550	PM-QPSK 单载波相干检测	OFC2008	Alcatel-Lucent
114	17	4	662	PM-8PSK 单载波相干检测	ECOC2008	NEC 实验室
112	1	4	320	PM-16QAM 单载波相干检测	ECOC2008	Alcatel-Lucent
112	7.2	2	7040	PM-QPSK 单载波相干检测	OFC2009	Alcatel-Lucent

（续）

线路速率 /（Gbit/s）	传输容量 /（Tbit/s）	频谱效率 /bit·s⁻¹·Hz⁻¹	传输距离 /km	调制和检测方式	资料来源	公司
112	1	6.2	630	PM-16QAM 单载波相干检测	OFC2009	Alcatel-Lucent
104	30.58 294×104	6.1	7230	PM-16QAM, WDM	OFC2013, OTu2B.3	TE SubCom
128	17.3 173×128	—	4000	PM-QPSK, Raman/EDFA, WDM	OFC2015 W3G.4	OFS Labs, Bell Labs, Alc.-Luc.

8.5.2　100G 超长距离 DWDM 系统光收发模块

2009 年 6 月，光互联网论坛（OIF）发布了 100G 长距离 DWDM 系统传输框架白皮书，该白皮书采用偏振复用正交相移键控（PM-QPSK）相干检测技术，但也不排除其他调制格式。

2010 年 3 月和 4 月，OIF 相继发布了 PM-QPSK 集成光发送机和集成光接收机执行协议。

2010 年 5 月，OIF 发布了 100G 系统前向纠错编码白皮书，对 FEC 类型、性能和实现考虑等进行了说明。

2010 年 6 月，OIF 又发布了 100G 长距离 DWDM 系统传输模块的电气机械特性、控制层技术执行协议，为器件、模块和设备供应商提供了模块化的接口规范。

OIF 把调制格式从开关幅移键控（OOK）调制改变为偏振复用正交相移键控调制，符号率减小到 1/4，但是信号处理器件规模相应也扩大了 4 倍。图 8.5.3a 表示 PM-QPSK 光发送机模块方框图，信号激光器发射的光信号经过偏振光分离器，分解为水平（x）偏振光和垂直（y）偏振光。x、y 偏振光分别通过 M-Z 调制器被同向（I）和正交（Q）数据信号调制。

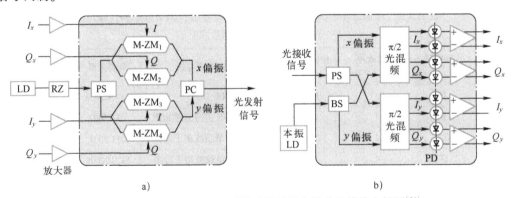

图 8.5.3　100G PM-QPSK 系统光发送机和接收机模块方框图[24]

a）偏振复用光发送机模块　b）平衡检测光接收机模块

OIF 指定 100G 超长 DWDM 系统采用 π/2 光混频相干接收机（见 8.2.2 节），图 8.5.3b 就表示这种 PM-QPSK 集成光接收机模块方框图。

图 8.5.4 表示 PM-QPSK 收发机模块主要功能方框图，所有功能均在一块印制电路板上实现。该模块包含激光器、集成光电子模块、QPSK 解码器、模/数（A/D）转换器和数字信号处理器。如果采用软件判决 FEC，可能还有与 DSP 集成在一起的 FEC。该印制板左侧是 OTN 数据帧和 FEC 编/解码器，它们位于收发机模块的外边。

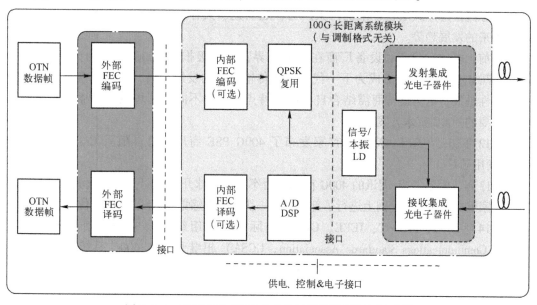

图 8.5.4　100G PM-QPSK 收发机功能模块印制板构成图

100G 系统收发机模块功能是这样实现的。在发射方向，输入数据首先根据 OTN 建议成帧，送入 FEC 编码，接着编码数据进入收发机模块，被转换成 I/Q 驱动信号，控制光调制器。发射激光器提供光信号给调制器，本振激光器提供光信号给相干接收机。输入信号光与本振光混频，解调出信号光，被光检测器转换成电信号，放大、数字化后进入 DSP 模块。经过处理后送入内部或外部 FEC 解码器，最后再按照 OTN 建议成帧。

2010 年，长距离应用的 100G 偏振复用正交相移键控（PM-QPSK）相干检测 WDM 系统首次与 IEEE 802.3 规范的 100GbE 用户物理接口连接，成功商用。与 10G WDM 系统相比，该技术频谱效率扩大了 10 倍，但仍利用现有通信基础设施，即 EDFA 光中继放大、G.652 光纤、50 GHz 密集波分复用（DWDM）光频间距，进行长距离传输。这种相干 100G PM-QPSK 系统，由于接收端采用相干检测、数字信号处理/均衡和软件判决 FEC（SD-FEC）技术，允许至少 30 ps 的偏振模色散（PMD）和 50000 ps/nm 左右的色散（CD），仅使用 EDFA 中继放大，在无需色散补偿光纤（DCF）的 G.652 光纤上传输 2000～2500 km[25]。

8.6 400G 光纤通信系统

8.6.1 400G 光纤通信系统技术概述

随着云计算、视频流、数据中心、社会媒体、移动数据技术的飞速发展，传送网面临着业务流量爆炸式增长带来的巨大压力，超高速、大容量和动态灵活光谱成为光传输技术未来的发展趋势。

当前，电信运营商和设备厂商在内的业界正在积极推动 400G 技术的试验和部署。400G WDM 传输技术势必成为下一代高速光传输系统的发展方向，相关标准化工作取得了阶段性进展，电信运营商需结合自身网络特点，根据不同应用场景选择面向未来业务发展需要的 400G 技术方案。

2012 年初，阿尔卡-特朗讯首家发布了 400G PSE 商用芯片，随后 Ciena 也发布了400G 商用芯片。

2013 年，阿尔卡特-朗讯的 400G 商用平台率先在全球开始商用，并在欧洲、北美、亚太等多家重要运营商电信网上进行了部署，这一切都让人感觉 400G 的商用步伐似乎太快了。

2014 年以来，ITU-T、IEEE、OIF 等国际标准化组织以及中国通信标准化协会（China Communications Standards Association，CCSA）相继开展了 400G 系统的标准化工作，400G 系统国际标准将逐步成熟完善，国内与 400G 系统设备有关的标准也已进入研究阶段。目前，100G 系统已成熟商用并已规模部署，国内一些运营商已在进行 400G 实验室测试。

2015 年 7 月，光互联网论坛（OIF）发布了 400G 长距离光纤通信系统技术选择白皮书，概述了目前逐渐成熟的 400G 传输系统的技术限制和挑战，以及可能采用的系统结构、技术选择和特性[25]。

2017 年 8 月，OIF 也发布了灵活的相干 DWDM 传输框架文件，在长距离、城域范围和数据中心互联应用中，指定了一种灵活相干 DWDM 传输的技术途径，提供了一些网络设备供应商对模块和器件供应感兴趣的技术方向指南[26]。

2018 年 1 月 31 日报道，Ciena 公司宣布，他们将和英国 Janet 教育科研网络合作，部署单波长 400G 连接。

2018 年 2 月 2 日报道，中国移动研究院采用中兴通信设备，组织完成了单载波 400G OTN 实验室测试。

提升 WDM 系统信道传输速率的主要目的是，在特定的频谱资源内，实现更高的频谱效率、优化管理系统资源，进一步降低单位比特成本。

400G 光传输系统涉及以下一些关键技术：提高频谱效率的高阶调制技术、抑制光纤非线性效应的补偿技术、高效高增益前向纠错技术、算法高效规模更大的数字信号处理技术、速度更高的 D/A 和 A/D 转换技术、适应多种频谱宽度的灵活频栅技术。

提升传输速率的主要挑战是如何在频谱效率和传输距离间达到一定的平衡。最终的技术实现方案需要考虑调制阶数、载波数量和波特数，在这三者之间进行权衡。

（1）高阶调制技术

采用高阶调制技术可以提升每符号比特数，对于单载波调制，在一定的频谱带宽上能够实现更高的频谱效率。与 QPSK 相比，16QAM 每符号比特数扩大一倍，从而可提升频谱效率和传输容量。对于 400G 传输来说，运用高阶调制对接收侧 OSNR 提出了更高的要求，同时对激光器的相位噪声和光纤非线性效应也更敏感，限制了系统传输距离。

（2）高信号符号率技术

提升信号符号率可实现高信道传输速率传输。目前，采用 32 Gbaud 是最成熟的方案，400G 传输可以使用 100G 系统的各种光电器件和芯片技术，但性能相对受限。未来将采用 43G、64G 等更高波特数，进一步提升传输性能和频谱效率。

（3）多载波技术

多载波技术可提高频谱效率，未来可能会根据应用场景的不同，分别采用单载波、双载波或四载波技术方案。

实际上，最近报道的所有 400G 系统传输实验，不管是城域距离、长距离、还是超长距离，都采用偏振分集相干接收，为的是减少符号率和放宽对各种系统器件带宽的要求。这些报道均为单载波方案和多载波方案，说是多载波，通常也就是双载波。为了提高频谱效率，建议的传输方案使用高阶调制和窄载波间距。由于光/电器件带宽和分辨率限制，性能的下降被复杂的信号处理技术补偿。这些信号处理技术是先进的脉冲整形技术、高净编码增益 FEC 技术、最大似然检测 DSP 技术，以及使用高性能传输器件，如拉曼放大、超大芯径面积光纤等。

表 8.6.1 给出近年来报道的 400G 传输实验/演示系统情况。

表 8.6.1　400G 传输实验/演示系统[2]

会议或杂志	论文	调制格式	符号率/G 波特	收发机特性	载波数	频谱效率/bit · s^{-1} · Hz^{-1}	传输距离/km
OFC 2014	W2A1	64QAM	42.66	D/AC 1.5 Sa/Sym	1	8	300
	Th3E4	16QAM	56	固定 LUT+MAP	1	4	1200
	Th5B3	QPSK	110	电时分复用（ETDM）	1	4	3600
	Tu2B1	16QAM	32	64 GSa/s D/AC	2	4	1504
	W1A3	8QAM	43	奈奎斯特整形+NL 补偿	2	4.55	6787
ECOC 2014	PD.4.2	16QAM	64	88 GSa/s D/AC	1	6	6600
	P.5.17	16QAM	40	64 GSa/s D/AC	2	4	2150

（续）

会议 或杂志	论文	调制格式	符号率 /G 波特	收发机特性	载波 数	频谱效率 /bit·s⁻¹·Hz⁻¹	传输距离 /km
JLT 2014	No. 4	16QAM	32	64 GSa/s D/AC	2	6	9200
OFC 2015	W3E1	16QAM	32	2×200G/50 GHz	2	4	550
	W3E2	QPSK	60	72 GSa/s D/AC	2	4	6577
	W3E3	16QAM	32	2×200G/37.5 GHz	2	5.33	1000
OFC 2016	Tu3A.3	16QAM	65	8×520 Gbit/s/λ/75 GHz, 80 GSa/s DAC	1	/	840
	Tu3A.4	32QAM	51.25	1×400, 80 GSa/s D/AC, 模拟带宽 20 GHz	1	6.15	1200
	W3G.1	64QAM	43	96×516 Gbit/s, 64 GSa/s D/AC, EDFA/拉曼, 间距 82 km	1	8	328
	Th3A.3	128QAM	40.69	1×400, 50 GHz, 适配数字预均衡, 88 GSa/s, D/AC, 16 GHz, 30% FEC	1	8.2	328
	Th3A.4	32QAM /64QAM	64 54	集成双载波双偏振, 单载波线速分别为 640/648 Gbit/s 双载波净荷线速 1 Tbit/s	1	/	620 295
OFC 2017	Th4D.1[55]	16QAM	66	16×400, 无中继	1	5.33	403
	Th4D.4[56]	16QAM+ 64QAM	18	27 个波长信道分 3 组载波, 62.5GHz 内中间 64QAM, 2 边 16QAM, 线速 504 Gbit/s, (4×18×2× 2+6×18×2), 64 GSa/s DAC	1	6.4	1700
	Th4D.5[57]	64APSK	50	400 Gbit/s, 8 波长按奇偶分组复用, 容量66.8 Tbit/s, 92 GSa/s D/AC	1	8	5920
	M2E.3[58]	16QAM	61	D/AC 和 A/DC 85 GSa/s, 带宽< 15 GHz, 线速 488 Gbit/s (4×61×2)	1	5.33	500
	Tu2E.2[59]	8QAM	84	8WDM, 504 Gbit/s (3×84×2)/λ, 84GSa/s DAC	1	/	2125
	Tu2E.4[23]	64QAM /128QAM	43.125	1×400/500 50 GHz 栅格 G.654 光纤, 拉曼放大, 线速 517.5 Gbit/s (6×43.125×2)、603.75 Gbit/s (7×43.125×2)	1	8 /10	1000
	Tu2E.5[60]	16QAM	128	16 波长分奇偶 2 组, 每波长 1024 Gbit/s, ETDM, EDFA, 中继间距 80 km	1	6.06	320
	Tu2E.6[61]	64QAM	44	2×400 GbE/100 GSa/s D/A 转换器, EDFA, 双偏振, 双信道, 中继间距 80 km	1	—	730

8.6.2　单载波 400G 传输系统技术

单载波 400G 技术方案，即在传统的 50 GHz/100 GHz 频栅内实现 400G 信号传输，最大限度兼容现有 WDM 系统。为实现单载波 400G 系统信号传输，调制格式可以采用 16QAM、32QAM、64QAM。对于 16QAM 调制，需要能支撑 60 Gbaud 的光电器件，模/数转换和数/模转换取样率将超过 100 Gbit/s，实现起来比较困难。对于 32QAM 调制，频谱效率可提升 300%以上，系统集成度高。

单载波 400G PM-16QAM 传输系统继续使用传统的简单收发器结构，具有体积小、成本低的特点，如图 8.6.1 所示。1×400G 64 Gbaud PM-16QAM 系统具有 20%开销的软件判决 FEC（SD-FEC），可分别使用 100 GHz 或 75 GHz 信道间距，对应于经典的 ITU-T 频谱栅格或灵活的频栅。频谱效率可达 4 bit·s^{-1}·Hz^{-1} 或 5.33 bit·s^{-1}·Hz^{-1}，在光纤 32 nm C 波段内，具有 16 Tbit/s 或 21 Tbit/s 的总容量。如使用奈奎斯特数字滤波器，该系统对带宽的要求可减小到约 32 GHz。考虑到目前商用器件的情况，如何实时支持 64 Gbaud 这样高符号率的高速 D/A 和 A/D，是个严重的问题。

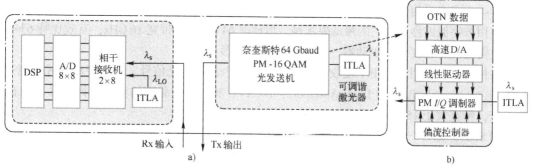

图 8.6.1　单载波 400G PM-16QAM 系统收发机模块结构[2]

a）收发机模块结构　b）光发送机构成

另外一种途径是使用比奈奎斯特快的滤波器，以中等代价进一步压窄带宽。单载波 400G PM-16QAM 传输系统既可应用于城域范围，也可应用于短途距离，因为它规模小、成本低、易于网络管理。

8.6.3　双载波 400G 传输系统技术

采用每个载波承载 200G PM-16QAM 信号的双载波技术，使系统信道速率达到 400 Gbit/s，频谱间距只需 75 GHz，频谱效率可达 5.33 bit·s^{-1}·Hz^{-1}。双载波 400G 技术方案的调制格式主要有 16QAM、QPSK 和 8QAM，下面分别进行介绍。

1. 双载波 400G PM-16QAM

双载波 400G PM-16QAM 系统有希望应用于城域网，其收发机结构如图 8.6.2 所示。

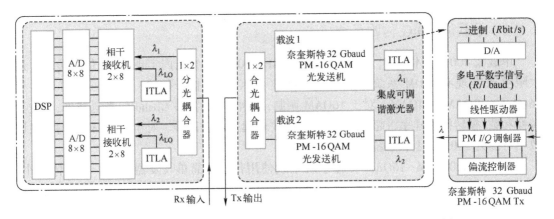

图 8.6.2　2×200G PM-16QAM 系统收发机模块结构（城域网应用）[2]

　　在发送机，使用 2 个 200 Gbit/s 子载波，采用 32 Gbaud PM-16QAM 调制，奈奎斯特信道间距为 32 GHz。要求使用线性驱动器放大多路高速电子信号。使用 2 个高速数/模（D/A）转换器，将比特速率为 R（bit/s）的二进制信号转换为电平数为 2^l 的数字信号（baud/s），多电平信号的符号速率（波特）为 $R/l = R/2$。为了扩大系统容量，D/A 转换器可使用数字滤波器。对它的最低要求是，取样率 64 GSa/s，带宽 16 GHz，有效比特 6 bit。同时也需要一个宽度线性驱动器，以便保持信号波形不变。

　　在接收机，使用 2 个相干接收机，并行接收 2 个波长的光信号。借助使用集成可调谐激光器（Integrable Tunable Laser Assembly，ITLA），实现特定载波的波长选择。对 A/D 的要求是，带宽大于 16 GHz，取样率 64 GSa/s，有效比特 6 bit。

　　图 8.6.3 表示一个双载波 PM-16QAM 收发机结构，为了产生 400 Gbit/s 信号，使用 2 个波长不同（如 λ_1 和 λ_3）的信号组成一对双载波信号，作为 2 个子载波使用。偏振分光器（PS）对每个子载波信号光分光，然后 x 光和 y 光分别进入 I/Q 调制器。数/模（D/A）转换器取样速率 64 GS/s，以 32 Gbuad/s 奈奎斯特整形数字信号驱动 I/Q 调制器，分别产生 128 Gbit/s（4 bit/baud×32 Gbaud）的数字信号。然后偏振复用在一起，变成 256 Gbit/s 信号，通过一个 2×1 耦合器，把波长（频率）信号交错复用在一起，变成信道速率 512 Gbit/s、间距 50 GHz 的 16QAM 信号，占据 100 GHz 的频谱宽度。该速率包含 28% 的开销字节，其中 25.5% 用于 SD-FEC 开销和 12 dB 的编码增益。

　　与现行的 100G 相干系统收发机相比，这种结构使用双倍的器件，收发机所有器件均光子集成在一起。由于光电子技术和 CMOS 集成技术的进步，功率消耗和成本可能会降低。

　　200G 16QAM 调制技术可保持现有的光电器件带宽不变而直接提升速率，需要系统对相位噪声有较大的容限，因此要采用更复杂的相位噪声补偿技术。16QAM 系统方案相对现有 100G QPSK 系统方案，WDM 系统容量提升一倍，但是 200G 16QAM 系统 OSNR 要求

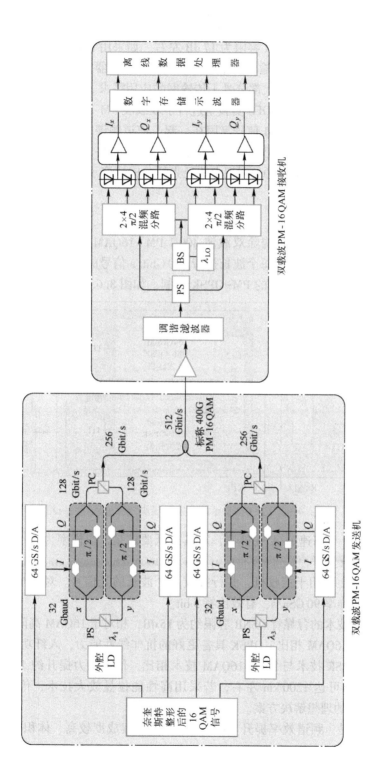

图 8.6.3 双载波 200G PM-16QAM 收发机结构[2]

很高，发送机和接收机背靠背 OSNR 容限为 17 dB 左右。如采用 EDFA 放大，其传输能力约为 600 km，只能满足中短距离传输；如采用高性能拉曼放大器，200G 16QAM 系统传输距离可达 1200 km 左右，可以满足大部分骨干传输网的应用需求。

2013 年，AT&T 实验研究室和 OFS 实验室进行了双载波 PM 16QAM 400G 系统演示试验。该系统在时域内将 QPSK/8QAM 信号复用在一起，信道频谱间距 100 GHz，频谱效率 4.125 bit·s^{-1}·Hz^{-1}，采用 16 个激光器，组成 8 对 495 Gbit/s PM-16QAM 调制，采用 WDM 技术和载波相位恢复技术，利用 150 μm^2 超大芯径光纤，成功演示了传输距离达 12000 km（120×100 km）的传输系统[62]。

2. 双载波 400G PM-QPSK

长距离 400G 收发机的可能结构除双载波 400G PM-16QAM 外，也可以采用低阶调制、高符号率技术。这种结构使用每个波长携带 200 Gbit/s 信号的 2 个波长，奈奎斯特信道间距为 75 GHz，并采用 64 Gbaud 的 PM-QPSK 调制，如图 8.6.4 所示。

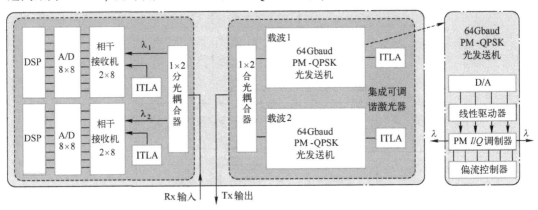

图 8.6.4　双载波 400G PM-QPSK 系统收发机模块结构（城域网应用）[2]

在发送机，使用 2 个高速 D/A 转换器，对其最低要求是，取样率为 90 GSa/s，带宽 20 GHz，有效比特 5 bit。

在接收机，使用 2 个相干接收机，并行接收 2 个波长的光信号。对 A/D 的要求是，带宽大于 20 GHz，取样率 90 GSa/s，有效比特 5 bit。

200G QPSK 调制技术的背靠背 OSNR 容限约为 15 dB，相对于 16QAM 高阶调制，可降低约 3 dB。同时，与 16QAM 相比，QPSK 具备更好的抗非线性能力，入纤功率比 16QAM 更高。因此，200G QPSK 技术与 200G 16QAM 技术相比，传输能力提升约 1 倍。若采用 EDFA 中继，传输距离可达 1200 km 左右，若采用高性能拉曼放大技术，传输距离可达 2000 km，是干线传输的理想解决方案。

这种方案的优点是，频谱效率提升 165% 以上，系统集成度较高、体积小、功耗低，目前已开始商用。

8.7 系统色散补偿和管理

由于光纤放大器的实用化，光纤损耗已不再是光纤通信系统的主要限制因素。的确，最先进的光波系统，如 DWDM 系统被光纤色散所限制，而不是损耗。在某种意义上说，光放大器解决了损耗问题，但同时加重了色散问题，因为与电中继器相比，光放大器不能把它的输出信号恢复成原来的形状。其结果是输入信号经多个放大器放大后，它引入的色散累积使输出信号展宽了。随着比特速率的增加，色散已成为标准单模光纤传输距离超过 100 km 时的主要限制。

越来越受到重视的色散补偿技术，其概念可用脉冲传输方程来理解

$$\frac{\partial A}{\partial z}+\frac{i}{2}\beta_2\frac{\partial^2 A}{\partial t^2}-\frac{i}{6}\beta_3\frac{\partial^3 A}{\partial t^3}=0 \tag{8.7.1}$$

式中，A 是输出脉冲包络的幅度，三阶色散效应包括在 β_3 项中，实际上，当 $|\beta_2|>1\ \mathrm{ps^2/}$km 时，$\beta_3$ 项可以忽略不计，此时输出脉冲包络的幅度

$$A(z,t)=\frac{1}{2\pi}\int_{-\infty}^{\infty}\widetilde{A}(0,\omega)\exp\left(\frac{i}{2}\beta_2 z\omega^2-\mathrm{i}\omega t\right)\mathrm{d}\omega \tag{8.7.2}$$

式中，$\widetilde{A}(0,\omega)$ 是 $A(0,t)$ 的傅里叶变换。

色散使光信号展宽是由相位系数 $\exp(\mathrm{i}\beta_2 z\omega^2/2)$ 引起的，它使光脉冲经光纤传输时产生了新的频谱成分。所有的色散补偿方式都试图取消该相位系数，以便恢复原来的输入信号。具体实现时可以在接收机、发射机或沿光纤线路进行补偿。

本节介绍用光学和电学的方法对色散进行补偿和管理的各种技术。

8.7.1 负色散光纤补偿

色散补偿光纤（DCF）是目前使用最广泛的技术。今天使用的大多数色散补偿是对标准单模光纤的色散和色散斜率进行的补偿。随着非零色散位移光纤的广泛使用，也要求对它的色散和色散斜率进行补偿。

如果入射到光纤的平均功率足够低，光纤的非线性效应就可以忽略，此时就可以利用式（8.7.2）的线性特性对色散进行完全的补偿。最简单的方式是在具有正色散值的标准单模光纤之后，接入一段在该波长下具有负色散特性的色散补偿光纤。其色散补偿的原理可以这样理解，在这两段光纤串接的情况下，式（8.7.2）变成

$$A(L,t)=\frac{1}{2\pi}\int_{-\infty}^{\infty}\widetilde{A}(0,\omega)\exp\left[\frac{i}{2}\omega^2(\beta_{21}L_1+\beta_{22}L_2)-\mathrm{i}\omega t\right]\mathrm{d}\omega \tag{8.7.3}$$

式中，$L=L_1+L_2$，β_{2j} 是长 $L_j(j=1,2)$ 光纤段的 GVD 参数。此时色散补偿条件为 $\beta_{21}L_1+\beta_{22}L_2=0$，因为 $D_j=-(2\pi c/\lambda^2)\beta_{2j}$，所以色散补偿条件变为

$$D_1L_1 + D_2L_2 = 0 \tag{8.7.4}$$

满足式（8.7.4）时，$A(L,t) = A(0,t)$，光纤输出脉冲形状被恢复到它输入的形状。色散补偿光纤的长度应满足

$$L_2 = -(D_1/D_2)L_1 \tag{8.7.5}$$

从实用考虑，L_2 应该尽可能短，所以它的色散值 D_2 应尽可能大。

图 8.7.1 表示使用具有负色散的色散补偿光纤，对传输光纤的正色散进行补偿，以保证整条光纤线路的总色散为零。

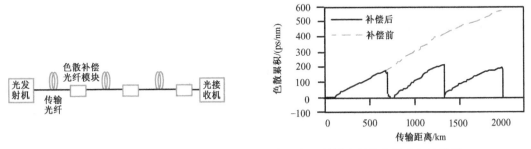

图 8.7.1　用负色散的色散补偿光纤对正色散标准单模光纤的色散进行补偿[2]

色散补偿光纤有两种设计方法，一种是单模设计，另一种是双模设计。在单模设计中，使 DCF 满足单模传输条件，但要使由式（2.2.20）定义的 V 值比较小，当 $V \approx 1$ 时，由式（2.2.21）可知，$w/a > 2$，只有约 20% 的基模功率被限制在纤芯中，大部分功率扩散进折射率较小的包层。这种光纤的 GVD 与普通光纤截然不同，它的 $D \approx -100\,\text{ps/(km·nm)}$。其缺点是，由于这种光纤的弯曲损耗增加，所以它的损耗 α 在 $1.55\,\mu\text{m}$ 较大（$0.4 \sim 1.0\,\text{dB/km}$）。通常用比值 $M = |D|/\alpha$ 来衡量各种 DCF 的性能，现在已可以提供色散值为 $-300\,\text{ps/(km·nm)}$、$M > 400\,\text{ps/(nm·dB)}$ 的 DCF。图 8.7.2 表示两种色散补偿光纤的色散特性和纤芯包层折射率差 Δ 曲线。

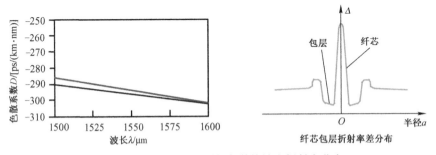

图 8.7.2　色散补偿光纤的色散特性和折射率分布

单模 DCF 存在几个问题，除上面提到的损耗 α 较大外，每 km DCF 只能补偿 $10 \sim 20\,\text{km}$ 的普通光纤，另外由于它的模场直径很小，在给定的输入功率下光强度较大，从而

产生较大的非线性效应。

　　单模 DCF 存在的大多数问题可用双模光纤设计来解决。在这种设计中，使 V 参数增大到接近 2.5，由图 2.2.4 可见，除基模外，在光纤中还存在一个高阶模式。这种光纤的损耗与单模光纤的几乎相同，但是又具有大的高阶模式的负色散。对于椭圆芯光纤，已达到 $D \approx -770 \, \text{ps/(km·nm)}$，只用 1 km 长的这种光纤就可以补偿 40 km 长的普通光纤。另一个优点是允许补偿宽的色散，这一点在后面还要介绍。

　　使用双模光纤时，要求能够将基模能量转换成高阶模式能量的模式转换器件。几种器件已经开发出来。对模式转换器件的要求是插入损耗小、与偏振无关和带宽大。几乎所有实用的模式转换器件都使用具有内置光栅的双模光纤，以便提供两种模式的低损耗耦合。选择光栅周期 Λ 满足两种模式的模式折射率差 $\delta \overline{n}$，即 $\Lambda = \lambda / \delta \overline{n}$，典型值为 100 μm。这种光栅的插入损耗小于 1 dB，耦合效率高达 99%。

　　对于单波长系统，一般使用色散接近零但又不为零的 G.655 负色散光纤，在少数色散补偿段上使用具有很大正色散值的色散补偿光纤。

　　对于多波长系统，大多数线路使用低负色散值[$-2 \, \text{ps/(nm·km)}$]光纤；有时在一个中继段内，采用两种光纤级联，段首使用 G.655 大有效截面非零色散位移光纤，段尾使用 G.652 小色散斜率正常有效截面 60~80 μm² 的单模光纤（SMF），两种光纤的距离比是 1:1，前者在于降低非线性影响，后者在于提高传输带宽，同时在色散补偿段使用具有较高正色散值的光纤。

　　如果中继段使用色度色散 $-2 \sim -3 \, \text{ps/(nm·km)}$ 的 G.655 光纤，每隔 7 个这样的中继段配置一段 G.652 光纤作为色散补偿段，典型的传输容量是 $64 \times 10 \, \text{Gbit/s}$，中继距离是 3000 km。

　　图 8.7.3 表示陆地系统和海底光缆系统色散补偿线路构成图和色散补偿图。

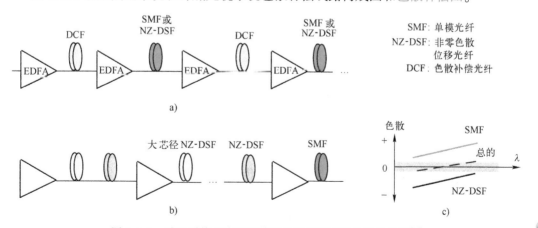

图 8.7.3　陆地系统和海底光缆系统通常使用的色散补偿图[2]

a）陆地系统色散补偿线路构成　b）海底光缆系统标准色散补偿线路构成　c）海底光缆系统平坦色散补偿图

当传输距离较长且比特率较高时，色散在传输路径上累积，使信号光脉冲发生畸变。特别是在海底光缆传输系统中，为了减小传输距离损耗、降低拉曼散射影响，常采用纯石英光纤，但这种光纤的色散值[17 ps/(nm·km)]要比色散位移光纤的大，所以色散累积问题就更为突出。在这种情况下，对于无中继系统就必须在接收机内使用具有负色散的色散补偿光纤或负色散光纤，对传输光纤的正色散进行补偿，以保证整条光纤线路的总色散为零。通常，在第一级前置放大器 EDFA 之后，使用几十千米的色散补偿光纤（DCF），接着再增加一级 EDFA 放大器。之所以增加一级放大，是因为几十千米的色散补偿光纤约有 10 dB 左右的损耗。

负色散补偿光纤除传统的色散补偿光纤外，还有新近开发出的光子晶体光纤（Photonic Crystal Fiber，PCF）（见文献［4］中的 9.5.2 节）。

表 8.7.1 给出 DWDM 系统使用的色散斜率补偿模块指标，这些模块均使用色散补偿光纤制成。表中的色散、色散斜率和插入损耗，C 波段是在 1545 nm 测得，L 波段是在 1590 nm 测得。补偿模块尺寸为 224 mm×238 mm×45 mm，配有适配器/连接器，尾纤为 G.652 光纤。根据实际需要补偿的数值，可选择相对应档次的产品。

表 8.7.1　DWDM 系统商用色散斜率补偿模块指标

补偿对象	G.652 光纤 (C+L)	G.653 光纤 (L 波段)	G.655 光纤 (C+L)	有效面积大 G.655 光纤 (C+L)
可补偿距离/km	20~100	20~80	20~80	40~120
色散/(ps/nm)	-(340~1900)	-(59~236)	-(90~504)	-(180~960)
色散斜率/(ps/nm^2)	-(1.1~5.8)	—	—	—
插入损耗	2.7~8.9	≤(2.8~4.6)	≤(2.6~5.2)	≤(3.9~10.2)
偏振模色散 (PMD)/ps	0.2~0.6	≤(0.4~0.6)	≤(0.4~0.7)	≤(0.2~0.5)
PDL/dB	≤0.1	≤0.2	≤0.1	≤(0.1~0.2)

8.7.2　光滤波器补偿

色散补偿光纤的缺点是每千米只能补偿 10~20 km 普通光纤的群速度色散（GVD），为此人们开发了光均衡滤波器补偿方法。滤波器补偿方法可分为干涉滤波器补偿法和光纤光栅滤波器补偿法。

光均衡滤波器补偿的原理可从式（8.7.2）得到理解。因为 GVD 通过相位项（$\mathrm{i}\beta_2 z\omega^2/2$）影响输出光信号。显然，如果一个滤波器的传输函数可以抵消该相位项，那么就可以恢复输出光信号到原来的形状。然而除光纤本身外，没有一个光滤波器的传输函数可以精确地抵消该相位项。不过几种滤波器可以模拟理想滤波器的传输函数，对部分 GVD 进行补偿。考虑传输函数为 $H(\omega)$ 的滤波器插入长为 L 的光纤之后，从式（8.7.2）得到滤波后的光信号为

$$A(L,t) = \frac{1}{2\pi} \int_{-\infty}^{\infty} \widetilde{A}(0,\omega) H(\omega) \exp\left(\frac{i}{2}\beta_2 L\omega^2 - i\omega t\right) d\omega \qquad (8.7.6)$$

用泰勒级数展开 $H(\omega)$ 相位项，立方项和高阶项忽略不计，只保留二次项，可以得到

$$H(\omega) = |H(\omega)| \exp[i\phi(\omega)] \approx |H(\omega)| \exp\left[i\left(\phi_0 + \phi_1\omega + \frac{1}{2}\phi_2\omega^2\right)\right] \qquad (8.7.7)$$

式中，$\phi_m = d^m\phi/d\omega^m (m = 0, 1, \cdots)$。常数项 ϕ_0 和时间延迟项 ϕ_1 不会影响脉冲形状，所以可以忽略。如果使光滤波器的 $\phi_2 = -\beta_2 L$，那么 $H(\omega) \approx |H(\omega)| \exp(-i\beta_2 L\omega^2/2)$，正好可以补偿光纤引入的频谱相位项 $(i\beta_2 z\omega^2/2)$。如果幅度 $|H(\omega)| = 1$，输出脉冲形状也可以得到补偿。图 8.7.4 表示在光滤波器之前加一个光放大器，既对 GVD 进行了均衡，又对光纤线路的损耗进行了补偿。如果在信号带宽之外，光滤波器的传输函数 $H(\omega) = 0$，则该滤波器还可以滤除光放大器的自发辐射噪声。

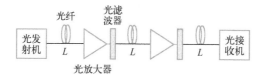

图 8.7.4　光滤波器既均衡了 GVD 又滤除了光放大器的自发辐射噪声[7]

在 3.3 节中介绍的法布里-珀罗干涉滤波器（FPI）和光纤光栅滤波器可以用于此目的。有关用光滤波器进行色散补偿的进一步介绍可看参考文献 [4] 的 9.6 节，已有产品可供选择（见表 8.7.1）

8.7.3　啁啾光纤色散补偿

均匀光栅具有相当窄的截止带宽，通常小于 0.1 nm，而实际上需要宽带光栅。解决办法是采用光栅间距 $\bar{n}\Lambda$ 在整个长度上线性变化的啁啾光栅，如图 8.7.5 所示。由式 (4.3.2) 可知，布拉格波长与光栅间距的关系是 $\lambda_B = 2\bar{n}\Lambda$，所以 λ_B 也随光栅长度线性变化，这样入射光脉冲的不同频率成分就在满足布拉格条件光栅的不同位置上反射。

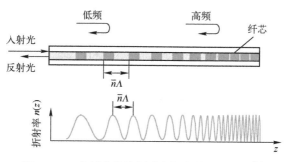

图 8.7.5　光纤布拉格啁啾光栅色散补偿原理[1]

对于普通单模光纤，在 1550 nm 处色散值为正，处在反常色散区，$\beta_2 < 0$，高频分量较低频分量传播得快。色度色散补偿的机理可以理解为，节距线性变化（Chirp）的光纤光栅在光栅的每一点都可视为一个布拉格滤波器，对特定波长的光信号反射回去，而对其他波长的光信号允许通过。若使光栅节距大的一端在前，随着长度的增加，光栅间距 $\overline{n}\Lambda$ 也减小，所以提供正常 GVD，此时 $\beta_2 > 0$，正好与在 1550 nm 处反常色散区普通单模光纤的 β_2 相反。因此，低频分量在这样放置的光栅前端反射，而高频分量在光栅末端反射，高频分量比低频分量多走了 $2L_g$ 距离（L_g 为光栅长度），经过光栅传输以后，滞后的低频分量便会赶上高频分量，从而起到色散补偿的作用，如图 8.7.6 所示。高频分量与低频分量相比，产生时延 $\tau = 2L_g/v_g(\lambda)$，式中 v_g 为有效群速度，这样便在高低频分量间产生的时延差为

$$\Delta T = D_g L_g \Delta\lambda \tag{8.7.8}$$

式中，ΔT 是光栅内来回传输一次的时间，$\Delta\lambda$ 是光栅两端的布拉格波长差（带宽）。因为 $\Delta T = 2\overline{n}L_g/c$，$c$ 为光速，所以啁啾光栅的色散 D_g 为

$$D_g = \frac{2\overline{n}}{c\Delta\lambda} \tag{8.7.9}$$

例如，当 $\Delta\lambda = 0.2$ nm 时，$D_g \approx 5 \times 10^7$ ps/（km·nm），对于这样大的 D_g 值，10 cm 长的啁啾光栅就可以补偿 300 km 标准单模光纤的 GVD。由式（8.7.9）可见，啁啾光栅的色散 D_g 和带宽 $\Delta\lambda$ 成反比，所以通常用带宽和色散的乘积来表示啁啾光栅的补偿能力，即

$$D_g \Delta v = \frac{L}{\pi v_g} \tag{8.7.10}$$

由于光栅的 v_g 是一定的，因此啁啾光栅的补偿能力随光栅长度的增大而增大，所以啁啾光栅一般较长。

使用光环形器可从入射信号中将光栅的反射信号分出来，如图 8.7.6 所示，这样可将插入损耗与使用两个耦合器的 6 dB 减小到低于 1 dB。

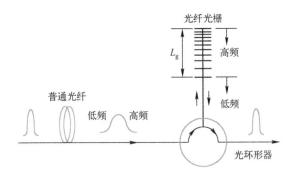

高频分量比低频分量多走了 $2L_g$ 距离，传输慢的低频分量就赶上了传输快的高频分量，使脉冲宽度变窄

图 8.7.6 啁啾光纤光栅进行色散补偿的原理说明

众所周知，色散是限制超高速光通信容量的主要因素，虽已有不少色散补偿的方法，但光纤布拉格光栅色散补偿器与它们相比，可对正负色散进行补偿，具有全光纤型、损耗低、体积小、重量轻、成本低和灵活方便等优点。

一种基于啁啾光栅技术的 ClearSpectrum 色散补偿光栅元件，可提供多达 80 个信道间距 100 GHz 的 DWDM 信道的色散补偿，补偿距离 40~100 km 或 ±2000 ps/nm，该器件尺寸 209 mm×14 mm，插入损耗<1 dB。还有一种基于多信道光纤布拉格光栅技术的色散斜率补偿模块，可以用于 DWDM 解复用后对残余色散斜率的调整，补偿距离为 40~240 km，插入损耗<3~5 dB，尺寸为 230 mm×100 mm×15 mm。以上两种商用器件的通道带宽可以是 30 GHz 或 80 GHz，由用户自行决定，工作温度均为−5~+70℃。

8.7.4　电子色散补偿——DSP 基础

电子色散补偿（Electrical Dispersion Compensation，EDC）是一种受到高度重视的光纤色散补偿技术，其目的是扩展光纤线路无补偿传输的距离。EDC 技术由于其小型化、低功耗和低成本的优点而逐渐受到更多的关注。EDC 是利用电子滤波（均衡）的数字信号处理（DSP）技术进行光纤色散补偿的，它通过对接收光信号在电域进行抽样、软件优化和信号复原，有效地调整接收信号的波形，恢复由于色度色散、偏振模色散和非线性引起的光信号展宽和失真，从而达到色散补偿的效果。

EDC 有两种形式：基于发送端的 EDC 和基于接收端的 EDC。目前，高速大容量光纤通信系统既在接收端采用 EDC，也在发送端采用 EDC。EDC 结构有多种形式，比较典型的有：前馈均衡器（FFE）、判决反馈均衡器（DFE）、固定延迟树查询（FDTS）和最大似然序列估计（MLSE）。其中 MLSE 的色散补偿效果最好，但这种方法需要高速模/数（A/D）和数/模（D/A）转换，功耗大，在 10 Gbit/s 系统中一般不采用。

接收机可以使用电子技术对群速度色散（GVD）进行补偿。其原理是：尽管 GVD 使输入光信号展宽，如果认为光纤是一个线性系统，就可以用电子方法来均衡色散的影响。对于相干检测接收系统，这种色散补偿方法是很容易实现的，因为相干接收机首先把光频转换为保留了信息幅度和相位的微波中频 ω_{IF} 信号。微波带通滤波器的冲激响应为

$$H(\omega) = \exp\left[-\mathrm{i}(\omega-\omega_{\mathrm{IF}})^2\beta_2 L/2\right] \qquad (8.7.11)$$

式中，L 是光纤长度，它对应式（8.7.2）中的 z。用几十厘米长的微带线就可以对色散补偿。

但是在直接检测接收机中，就不能用线性电子电路补偿 GVD，因为光探测器只对光的强度响应，所有的相位信息在这里都丢失了。必须用非线性均衡方法，例如把通常固定在眼图中间位置的判决门限跟随前一个比特的变化，但是这种方法需要复杂的高速逻辑控制电路，使成本费用增加，同时也只能用于低比特速率补偿几个色散距离的系统。

高速光纤通信系统一般综合采用前馈均衡器（FFE）和判决反馈均衡器（DFE）进行补偿，如图 8.7.7 所示。图中，FFE 由一个有限冲激响应滤波器（FIR）构成，输入信号

通过一个分级延时电路,将每一级的输出加权累加得到滤波器的输出。延时电路的级数取决于传输信道造成的脉冲展宽。FIR是线性滤波器,它可以设计成具有与光通道相反的传输特性,从而抵消色散的线性成分。DFE的主要作用是补偿失真信号的非线性成分,它和判决器一起构成反馈回路,用均方误差准则优化均衡器系数,基于前面探测到的信号,动态调节判决阈值电平,消除码间干扰(见5.3.3节)。

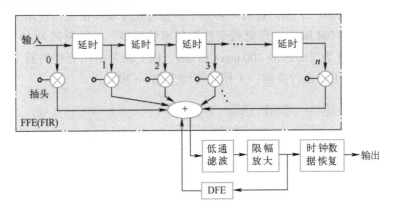

图8.7.7 综合使用前馈均衡器(FFE)和判决反馈均衡器(DFE)进行电子色散补偿

目前已有一些公司提供EDC模块,如Broadcom公司推出了一款BCM 8105芯片,能极大地延长传输距离,可对现有的企业网和城域网进行无缝高性价比的升级。

据2009年OFC会议报道,用实验的方法,在11×111 Gbit/s 偏振复用RZ-DQPSK调制WDM 2000 km 传输系统上,单独用在线色散补偿光纤或在接收端用EDC(DSP技术)对色散进行了补偿,并对两者进行了比较,发现两者对色散都可以进行补偿。

电子色散补偿技术已在数字信号处理器(DSP)中得到广泛的应用(见8.2节)。

8.7.5 光子晶体光纤(PCF)补偿

光子晶体光纤是一种在垂直于光纤纯硅芯纵轴平面内,具有按二维周期性排列的许多空气孔的光纤,如图8.7.8所示。PCF的导光机理有两种解释:一种是利用平均折射率效应和全反射原理导光;另外一种是利用光子带隙效应导光。根据折射率效应,在光子晶体的空隙中增加两个芯子,那么它就相当于一个三包层型波导结构,两个芯子是折射率相同的玻璃,但是内包层和外包层的有效折射率却不同,可以通过全向量平面波展开法计算得到。一种色散补偿双芯光子晶体光纤结构如图8.7.8a所示,其折射率分布如图8.7.8b所示,其色散测试结果如图8.7.8c所示。

双芯光子晶体色散补偿光纤在1550 nm处的色散系数可以达到-700 ps/(nm·km)以上,色散斜率非常大,通过合理的设计还可以实现-2000 ps/(nm·km)的色散值。PCF光纤和单模光纤的接续损耗集中在0.7~1.1 dB。日本日立电缆公司利用所研制的折射率

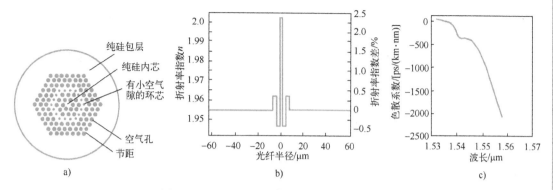

图 8.7.8 双芯光子晶体色散补偿光纤 （PCF）

a） 一种可能的 PCF 结构 b） PCF 折射率分布 c） 双芯 PCF 色散测试结果

传导型 PCF 与常规单模光纤的连接实验表明，平均熔接损耗为 0.022 dB。日本腾仓利用所研制的折射率传导型 PCF 与常规单模光纤的连接实验表明，平均熔接损耗为 0.05 dB。接点强度与常规单模光纤互连时的情况相同。折射率传导型 PCF 的衰减在 1550 nm 处最低已经降到 0.205 dB/km，在 1310 nm 处最低已经降到 0.35 dB/km。

光子晶体光纤色散补偿有三个突出的优点：首先，可以在很大的频率范围内，支持光的单模传输；其次，允许随意改变纤芯面积和模场直径，以削弱或加强光纤的非线性效应；最后，可灵活地设计色散和色散斜率，提供宽带色散补偿。

PCF 可以把零色散波长移到 1 μm 以下，这是因为 PCF 是由同一种材料制成的，因此纤芯和包层的折射率不会因为材料的不相容而受到限制。PCF 的模式特性随波长改变很快，在很宽的波长范围内，可以得到较大的负色散值。国内烽火通信科技股份有限公司已得到在 1550 nm 的 PCF 光纤，色散值为 -662 ps/(nm·km)，比常规的 DCF 具有更高的色散补偿效率。可以预见双芯 PCF 将在未来的光传输网络中扮演重要的角色。

8.7.6 光纤色散管理技术

如果系统每 100~200 km 采用光-电-光再生中继器，在整段距离上，各种使性能下降的因素都不会累积。然而，当周期性地使用光放大器、非线性效应（例如自相位调制（SPM）和四波混频），对于不同的色散补偿制式将以不同的方式影响系统性能。

群速度色散（GVD）和沿色散补偿光纤（DCF）线路功率的变化与 DCF 和光放大器的相对位置有关，为此，需要进行色散管理（Dispersion Management）。所谓色散管理就是在光纤线路上混合使用正负 GVD 光纤，这样不仅减少了所有信道的总色散，而且非线性影响也最小。发送机使用差分相移键控（DPSK）技术可使接收机 SNR 改善 3 dB，可容忍更大的色散累积。适当的色散管理，可减轻非线性噪声和交叉相位调制的影响。

对于一个传输线路使用 G.655 非零色散位移光纤（NZ-DSF）的高比特率系统来说，

光纤色散为负值，虽然很小，但当传输光纤很长时，色散在传输路径上的累积也很大，将使信号光脉冲发生畸变。为了补偿（抵消）这种光纤非线性畸变的累积，周期性地插入一段正色散光纤（如 G. 652 标准光纤），这段光纤的正色散值正好与线路光纤（G. 655）的负色散值相等，从而达到补偿的目的。图 8.7.9 表示理想的色散补偿图，传输线路使用色散位移光纤，平均色散为 $D = -0.2\ \text{ps}/(\text{nm} \cdot \text{km})$，每 1000 km 插入 10 km 的标准光纤 $[+20\ \text{ps}/(\text{nm} \cdot \text{km})]$ 进行补偿。

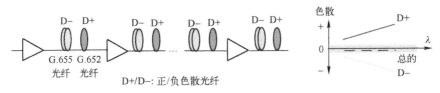

图 8.7.9　理想色散补偿图[2]

目前，海底光缆线路使用色散值为 $-2\ \text{ps}/(\text{nm} \cdot \text{km})$ 的 G. 655 非零色散位移光纤（NZ-DSF）和色散值为 $+18\ \text{ps}/(\text{nm} \cdot \text{km})$ 的 G. 652 标准单模光纤（SSMF），因该光纤色散没有进行位移，所以又称为非色散位移光纤（NDSF）。在 10 段海底光缆线路中，9 段是 NZ-DSF，只有 1 段是 NDSF，这样每 10 段光缆的 ± 累积色散均减小到零，尽管二阶色散从来都不为零。然而，光纤色散随波长线性变化，所有波长的累积色散在规定间隔不能同时减少到零。这种色散的频谱变化（即 3 阶色散，或色散斜率）典型值为 $+0.08\ \text{ps}/(\text{nm}^2 \cdot \text{km})$。例如，假如中心信道的色散被周期性地补偿了，此时 6400 km 线路 32 nm 波分复用频段的头尾两个极端信道的累积色散是 8000 ps/nm。为了减少这种累积色散，分别在发送端和接收端进行预色散补偿和后色散补偿。利用这种技术，最大累积色散减小了一半，如图 8.7.10 所示。利用这种光纤色散管理图，105×10 Gbit/s 和 68×10 Gbit/s WDM 信号已在 6700 km 和 8700 km 线路上分别进行了传输。尽管如此，即使已进行了前色散补偿和后色散补偿，累积色散也不能忽略，对于使用宽带光放大器和超长距离系统，复用波段两端信道波长的色散损伤也是显著的。

为了解决这一问题，光纤供应商已经开发了新型光纤，称为反色散光纤（Reverse Dispersion Fiber，RDF），其 2 阶和 3 阶色散值与 G. 652 非零色散位移光纤的色散值相反。在每个中继段，混合使用反色散光纤（RDF）和非色散位移光纤（NDSF），就可以同时抵消所有波长的累积色散。这种混合使用的光纤，称为色散管理光纤（Dispersion Managed Fiber，DMF）。图 8.7.11 表示 NDSF/RDF 每段长度 1:1 的 DMF 图，这里平均每段的 3 阶色散值是 $0.006\ \text{ps}/(\text{nm}^2 \cdot \text{km})$。以使用色散管理光纤（DMF）的 105×10 Gbit/s WDM 系统为例，每段 DMF 由 30 km 大芯径（$110\ \mu\text{m}^2$）非色散位移光纤（NDSF）和 15 km 小芯径（$19\ \mu\text{m}^2$）反色散光纤（RDF）组成。NDSF 和 RDF 两种光纤的平均色散分别是 $+19$ 和 $-40\ \text{ps}/(\text{nm} \cdot \text{km})$，导致每段光纤平均色散为 $-2\ \text{ps}/(\text{nm} \cdot \text{km})$，色散斜率为 $0.025\ \text{ps}/(\text{nm}^2 \cdot \text{km})$。

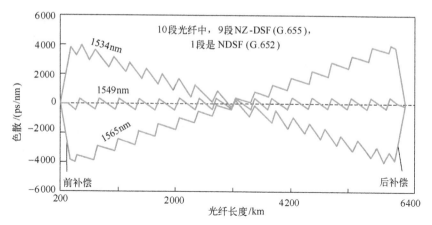

图 8.7.10　混合使用 G.655（NZ-DSF）光纤和 G.652（NDSF）
光纤传输色散图（已进行了前补偿和后补偿）[39]

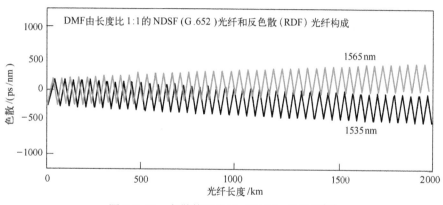

图 8.7.11　色散管理光纤（DMF）色散图[39]

此外，C+L 波段传输要求使用 DMF 结构，不像非零色散位移光纤（NZ-DSF）在 1580 nm 附近色散是零，非色散位移光纤和反色散光纤在 1.55 μm 窗口的 2 阶色散从来不是零，从而可排除四波混频的影响。DMF 结构也从非色散位移光纤的大有效面积受益，因为此时可减小光纤中传输的光强和非线性效应。实际上，NDSF 芯径面积为 110 μm²，NZ-DSF 小于 70 μm²，而 RDF 的有效面积通常只有 20 μm²，比 NDSF 小得多，这就抵消了 NDSF 大有效面积的益处。

8.8　射频信号光纤传输（RoF）

8.8.1　微波信号的光学产生

雷达、无线通信、软件无线电和现代仪器等许多应用，需要低相位噪声的频率可调微波或毫米波信号源。通常，微波（包括毫米波，下同）使用倍频电子电路产生，系统复杂、成本高。此外，对于许多应用，产生的微波还要分配到远端节点。如果用电子方法分配，由于其传输损耗与同轴电缆的长度有关，所以这种分配方式是不现实的。用宽带低损耗光纤分配是最理想的方式。

1. 光学方法产生微波信号的基本原理

通常，用光学方法产生微波信号是基于光外差技术，即用两个波长不同的光波在光探测器拍频，此时探测器输出端就产生了电的拍频信号，如图 8.8.1 所示，该频率与两个光波的波长间距有关。假如，两个光波是

$$E_1(t) = E_{01}\cos(\omega_1 t + \phi_1) \tag{8.8.1}$$
$$E_2(t) = E_{02}\cos(\omega_2 t + \phi_2) \tag{8.8.2}$$

式中，E_{01} 和 E_{02} 分别是两个光波的幅度，ω_1 和 ω_2 是角频率，ϕ_1 和 ϕ_2 是相位。假定两个光波的极化相同，并考虑到光探测器的带宽有限，所以光探测器的输出是

$$I_{RF} = A\cos[(\omega_1 - \omega_2)t + (\phi_1 - \phi_2)] \tag{8.8.3}$$

式中 A 是常数，其值与 E_{01}、E_{02} 和探测器的灵敏度有关。

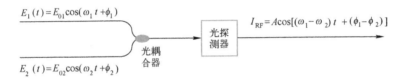

图 8.8.1　两个不同频率光波混频将产生微波信号

从式（8.8.3）可见，频率等于两个光波频率差的高频电子信号就产生了。这种技术可以产生频率高达 THz 的电子信号，仅受限于光探测器的带宽。然而，这种拍频技术产生的微波信号伴随着大的相位噪声。已有几种技术可以产生低相位噪声的微波，但是使用外调制器产生微波的技术应用最广，所以本节只介绍这一种。

2. M-Z 强度调制产生微波信号

图 8.8.2 表示使用 M-Z 强度调制器和固定波长滤波器，产生频率连续可调的毫米波信号的系统原理图。由图可见，系统包括 M-Z 强度调制器、固定波长陷波滤波器（Notch Filter）和光探测器。光调制器偏置在其传输特性的最大点，如图 8.8.2b 所示，以便抑制奇数光边带，产生偶数光边带信号。如果要抑制偶数光边带，则光调制器要偏置在其传输特性的最小点，如图 8.8.2c 所示。固定波长陷波滤波器用光纤布拉格光栅构成，它拒绝光载波通过。陷波滤波器输出的 $2f_m$ 毫米波信号经光纤传输到远端，因为两个 2 阶边带光信号经光探测器检测后发生拍频，所以输出的电信号就是一个频率为 4 倍输入射频驱动信号频率 f_m 的毫米波信号，如图 8.8.2a 所示。

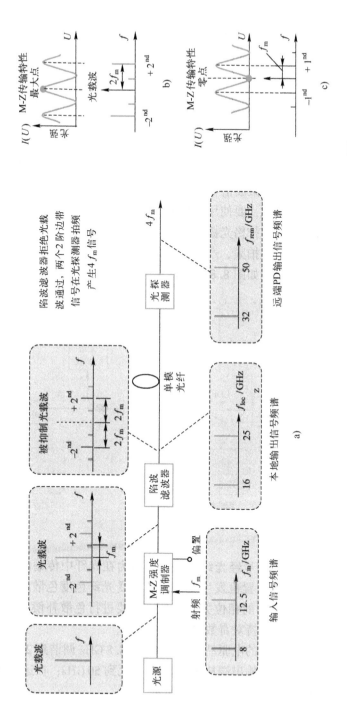

图 8.8.2 使用 M-Z 强度调制器和固定波长陷波器产生微波信号的系统原理图[30]

a) 产生微波信号原理图 b) 产生偶数边带 c) 产生奇数边带

在实验演示中，当电子驱动信号的频率从 8 GHz 调高到 12.5 GHz 时，用电子频谱分析仪观察到光探测器输出信号频率也从 32 GHz 变化到 50 GHz。该毫米波信号用标准单模光纤传输了 25 km 后，其性能保持不变。

3. M-Z 相位调制产生微波信号

虽然使用结构简单的 M-Z 强度调制器可以产生高质量的频率可调微波信号，但是为了抑制奇偶光边带，M-Z 强度调制器必须偏置在其传输特性的最大点或最小点，这就会引起偏流漂移问题，从而导致系统不可靠或者必须使用复杂的控制电路。

一个简单的方法是用光 M-Z 相位调制器取代光强度调制器，这样就不需要电流偏置。图 8.8.3 表示使用相位调制器产生微波信号的原理图。相位调制器因为不加偏置，所以将产生包括光载波的所有边带。为此，要使用一个窄带光滤波器滤除掉光载波，图 8.8.3 使用一个拒绝载波光频通过的光纤布拉格光栅滤波器，其输出边带光经 EDFA 放大传输后到达光探测器，在这里边带光再一次拍频，产生 2 倍边带光，即输出 4 倍入射到 M-Z 相位调制器的射频频率的输出电信号，如图 8.8.3 所示。

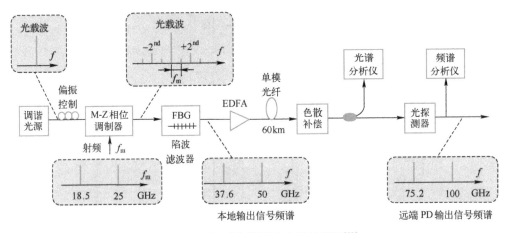

图 8.8.3　用相位调制器产生微波信号[30]

需要指出的是，上下边带光信号经光纤传输后，因为在光纤中传输的速度不同，延时也不同，到达接收端时的相对位置也发生变化，即遭受光纤色度色散影响，边带间的相位关系要改变。为了维持边带间的相位关系不变，需要进行色散补偿，以便减少光探测器输出电信号的功率波动，并保持对奇数电谐波的抑制。

实验表明，当输入相位调制器的电驱动信号频率从 18.8 GHz 调谐到 25 GHz 时，两个边带的毫米波信号频率，在本地的输出端从 37.6 GHz 变化到 50 GHz；在远端（PD）的输出端也从 75.2 GHz 变化到 100 GHz，如图 8.8.3 所示。

8.8.2 光纤传输宽带无线接入网

本节介绍接入网用光纤分配毫米波信号的下行实现技术原理和实验结果。

基于射频信号用光纤传输无线接入技术，特别是工作在 60 GHz 的毫米波可以提供 7~9 GHz 带宽，近来受到人们的极大重视。它是下一代宽带无线个人区域网（Wireless Personal Area Network，WPAN）的首选，已有许多标准化组织考虑在采用它。根据最近的标准草案，60 GHz 无须当局许可的带宽可以分成 4 类频率子带，即中心频率为 58.32 GHz、60.48 GHz、62.64 GHz 和 64.8 GHz，相互间的频率差是 2.160 GHz，符号率是 1.728 GS/s。也就是说，未来的 RoF 光纤无线接入网，可能用 60 GHz 毫米波信号，发射多带宽多业务的射频信号。

本节介绍一个实验演示过的 RoF 光纤传输无线接入系统，该系统用一个光载波携带两个 60 GHz 和 64 GHz 的毫米波信号，每个毫米波载波又携带 1 Gbit/s 的用户业务，如图 8.8.4 所示。

在主集线器中，分配给用户 1 的数据 A 和分配给用户 2 的数据 B 分别与 15 GHz、17 GHz 的本振信号相乘后混合放大，然后去调制 M-Z 强度调制器（MZ-IM），激光器 LD 发出频率为 $f_o = c/\lambda_o$ 的连续光波，如图 8.8.4a 所示，注入强度调制器，被混合后的数据 A 和 B 信号进行光载波抑制副载波调制（SCM）。用光滤波器 1 过滤掉光载波，如图 8.8.4b 所示，其输出是光载波被抑制后携带了 4 个新产生的边带频率（f_{a1}、f_{b1}、f_{a2}、f_{b2}）的光信号。用 15 GHz 的本振信号驱动光相位调制器（PM），以便产生比 f_o 更高或更低的边带信号，如图 8.8.4c 所示。用另一个光滤波器 2 滤除掉不需要的载波信号，而只允许所需要的载波通过，如图 8.8.4d 所示。副载波 f_{a11} 和 f_{a22} 的频率间距是 60 GHz，而 f_{b11} 和 f_{b22} 的频率间距是 64 GHz。

光滤波器 2 的输出光经光纤传输后到达远端天线单元，被 60 GHz 的宽带光探测器接收。在这里，副载波 f_{a11} 和 f_{a22} 相干拍频将产生 60 GHz 的毫米波，而副载波 f_{b11} 和 f_{b22} 拍频也将产生 64 GHz 的毫米波，如图 8.8.4e 所示。使用 60 GHz 的毫米波宽带天线将这些多带信号以无线的方式广播出去。远端用户同时接收该信号，并选择自己需要的带宽信号。

在实验中，使用的 M-Z 强度调制器（IM）带宽是 20 GHz。为了实现抑制光载波的副载波调制，将 IM 偏置在零点，由图 8.8.2c 可知，此时将产生奇数光边带，所以 $f_{a11} = f_{a22} = 15$ GHz，$f_{b11} = f_{b22} = 17$ GHz。光滤波器 1 由一个 50/100 GHz 的光频交错器 1（Interleaver，IL_1）和 M-Z 干涉滤波器（MZ Ieterferometer Filter，MZIF）组成。M-Z 相位调制器（PM）的带宽是 40 GHz，也偏置在零点。光滤波器 2 由一个 33/66 GHz 的光频交错器 2（IL_2）和另一个 50/100 GHz 的光频交错器组成。

图 8.8.4 表示的光纤无线宽带接入网各点输出的光谱图如图 8.8.5 所示。

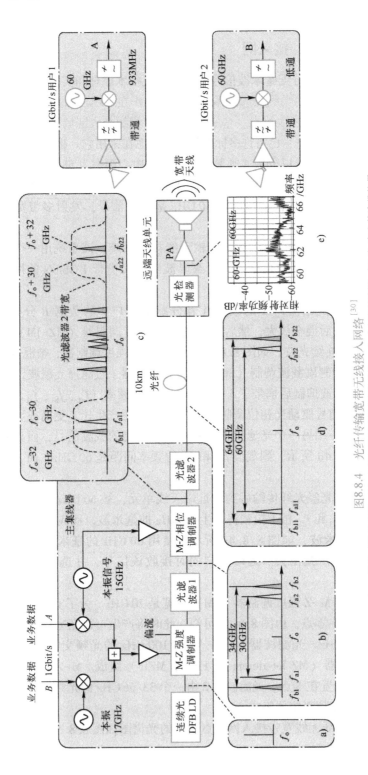

图 8.8.4　光纤传输宽带无线接入网络[30]

a) LD发出 f_o 连续光波　b) 光滤波器1过滤后的光载波　c) 光相位调制器（PM）产生的边带信号
d) 光滤波器2选出所需要载波　e) 副载波 f_{a11} 和 f_{a22} 拍频产生60GHz的毫米波，f_{b11} 和 f_{b22} 拍频产生 64GHz 的毫米波

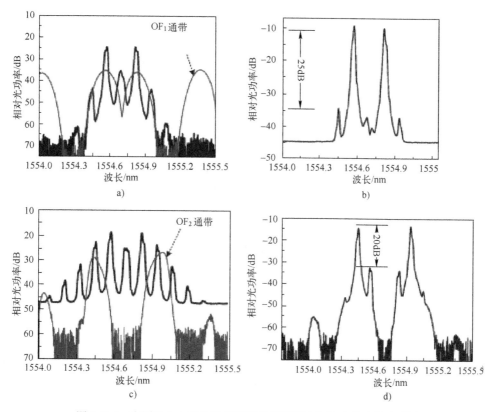

图 8.8.5 在图 8.8.4 表示的光纤无线宽带接入网各点输出的光谱图

a) 强度调制器输出 b) 光滤波器 1 输出 c) 相位调制器输出 d) 光滤波器 2 输出

远端天线单元中的功率放大器（PA）中心频率 60 GHz、带宽约为 7 GHz。天线为双脊波导矩形喇叭天线（Double-Ridge Guide Rectangular Horn Antenna），增益为 15 dBi，频率范围 50~79 GHz，3 dB 光束宽度为 22°（E/H 平面）。

在用户接收端，也使用 60 GHz 双脊波导矩形喇叭天线，接收到的信号经放大、带通滤波后，用一个 V 波段平衡混频器，信息信号与 60 GHz 的射频时钟信号混频，直接完成信号的下行变换。60 GHz 的射频时钟信号由一个四倍 15 GHz 的本振信号产生。用 933 MHz 带宽的低通滤波器恢复 1 Gbit/s 的基带数据信号。

8.9 海底光缆通信系统

8.9.1 海底光缆通信系统在世界通信网络中的地位和作用

海底光缆通信（Undersea Fiber Communication）容量大、可靠性高、传输质量好，在当今信息时代，起着极其重要的作用，因为世界上绝大部分互联网越洋数据和长途通信业务是通过海底光缆传输，有的国外学者甚至认为，可能占到99%[20]。中国海岸线长、岛屿多，为了满足人们对信息传输业务不断增长的需要，大力开发建设中国沿海地区海底光缆通信系统，改善中国通信设施，对于推动整个国民经济信息化进程、巩固国防具有重大的战略意义。

随着全球通信业务需求量的不断扩大，海底光缆通信发展应用前景将更加广阔。

一个全球海底光缆网络可看作由4层构成，前3层是国内网、地区网和洲际网，第4层是专用网。连接一个国家的大陆和附近的岛屿，以及连接岛屿与岛屿之间的海底光缆组成国内网。国内网在一个国家范围内分配电信业务，并向其他国家发送电信业务。地区网连接地理上同属一个区域的国家，在该地区分配由其他地区传送来的电信业务，以及汇集并发送本地区发往其他地区的业务。洲际网连接世界上由海洋分割开的每一个地区，因此称这种网为全球网或跨洋网。第4层与前3层不同，它们是一些专用网，如连接大陆和岛屿之间的国防专用网、连接岸上和海洋石油钻井平台间的专用网，这些网由各国政府或工业界使用。

8.9.2 海底光缆通信系统的组成和分类

海底光缆通信系统按有/无海底光放大中继器可分为有中继/无中继海底光缆系统。有中继海底光缆系统通常由海底光缆终端设备、远供电源设备、线路监测设备、网络管理设备、海底光中继器、海底分支单元、在线功率均衡器、海底光缆、海底光缆接头盒、海洋接地装置以及陆地光电缆等设备组成，如图8.9.1所示。

无中继海底光缆系统与有中继海底光缆通信相比，除没有光中继器、均衡器和远供电源设备外，其他部分几乎与有中继的相同。

海底光缆通信系统按照终端设备类型可分为SDH系统和WDM系统。

图8.9.1表示海底光缆通信系统构成和边界的基本概念，通常，海底光缆通信系统包括中继器和/或海底光缆分支单元。该图中，A代表终端站的系统接口，在这里系统可以接入陆上数字链路或到其他海底光缆系统；B代表海滩节点或登陆点。A-B代表陆上部分，B-B代表海底部分，O代表光源输出口，I代表光探测输入口，S代表发送端光接口，R代表接收端光接口。

图8.9.1各部分由ITU-T G.972给出定义。

陆上部分，处于终端站A中的系统接口和海滩连接点或登陆点B之间，包括陆上光缆、陆上连接点和系统终端设备。该设备也提供监视和维护功能。

海底光缆部分，包括海床上的光缆、海缆中继器、海缆分支单元和海缆接头盒。

B是海底光缆和陆上光缆在海滩的连接点。

LTE（Line Terminal Equipment），线路终端传输设备，它在光接口终结海底光缆传输

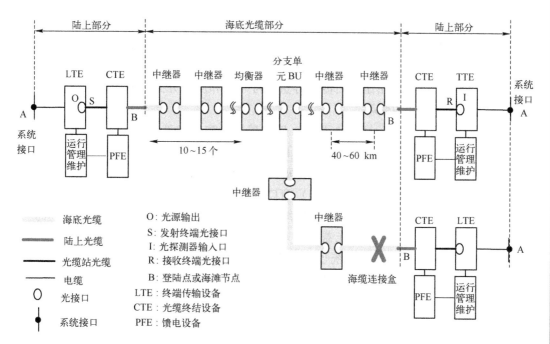

图 8.9.1　海底光缆通信系统[63]

线路，并连接到系统接口。

　　运行管理维护（OA&M）是一台连接到监视和遥控维护设备的计算机，在网络管理系统中对网元进行管理。

　　PFE（Power Feeding Equipmcnt），馈电设备，该设备通过海底光缆里的电导体，为海底光中继器和/或海底光缆分支单元提供稳定恒电流。

　　CTE（Cable Terminating Equipment），海缆终结设备，该设备提供连接 LTE 光缆和海底光缆之间的接口，也提供 PFE 馈电线和光缆馈电导体间的接口。通常，CTE 是 PFE 的一部分。

　　海底光缆中继器包含一个或者多个光放大器。

　　BU（Branching Unit），分支单元，连接三个以上（含三个）海缆段的设备。

　　系统接口是数字线路段终结点，是指定设备数字传输系统 SDH 设备时分复用帧上的一点。

　　光接口是两个互联的光线路段间的共同边界。

　　海缆连接盒是将两根海底光缆连接在一起的盒子。

8.9.3　海底光缆通信系统的发展历程

　　在陆地干线光缆通信系统应用不久，海底光缆敷设就开始了。从 1980 年英国在其国内沿海建立第一条光纤长 10 km，传输速率 140 Mbit/s 只有 1 个电中继器的通信系统算起，海底光缆通信系统已有 40 的历史。自此以后，海底光缆通信技术得到了飞速发展，海底光缆通信系统已经历了 4 代。到目前为止，铺设海底光缆线路已达百万千米。与模拟同轴电缆系统、卫星通信系统相比，在传输容量、可靠性和质量方面，海底光缆通信系统已使全球通信发生了彻底的变革。

1988 年，开通了第一条横跨大西洋，连接美国、法国和英国的海底光缆 TAT-8 系统，以及横跨太平洋，连接日本、美国的 HAW-4/TCP-3 海底光缆系统，以后，远洋洲际通信系统就不再铺设海底电缆了。这些海底光缆系统采用电再生中继器和 PDH 终端设备，工作在第 2 个光纤低损耗（1.3 μm）窗口，传输速率为 295 Mbit/s，提供 40000 个电话电路，使用常规 G.652 光纤，中继间距约为 70 km，称为第 1 代海底光缆通信系统。

由于 1.55 μm 单频半导体激光器的出现，以及 1.55 μm 窗口光纤损耗的降低，1991 年出现了 1.55 μm 系统。这种系统也采用电再生中继器和 PDH 终端设备，传输速率为 560 Mbit/s，使用 G.654 损耗最小光纤，中继间距几乎是第 1 代系统的两倍，这种工作在 1.55 μm 光纤窗口的系统称为第 2 代海底光缆系统。

20 世纪 90 年代，掺铒光纤放大器（EDFA）产品的出现，使全光中继放大成为现实，这就为海底光缆系统全光中继器取代传统电再生中继器创造了条件。1994 年高速大容量 SDH 光传输设备引入海底光缆系统，1997 年随着波分复用（WDM）技术的成熟，光纤损耗的进一步降低（0.18 dB/km）及色散位移光纤的商品化，使无中继传输距离不断增加，622 Mbit/s 的系统可达到 501 km，2.5 Gbit/s 的系统也可以达到 529 km。海底光缆通信系统每话路千米成本逐年降低。2000 年到 2003 年，从开关键控（OOK）调制变化到差分相移键控（DPSK），使用 C+L 波段 EDFA，6000 km 信道速率 10 Gbit/s 系统单根光纤最大传输容量从 1.8 Tbit/s 提升到 3.7 Tbit/s。在 2004 年，40 Gbit/s 系统使用 DPSK 调制也达到 6 Tbit/s。此后的 5 年里，传输容量就没有扩大，直到 2009 年，使用偏振复用/相干检测和先进的光调制技术，100 Gbit/s 信道速率信号传输 6000 km 单根光纤容量才突破 6 Tbit/s，几乎达到 10 Tbit/s。所以，从 20 世纪 90 年代开始到 2009 年，使用偏振复用相干检测之前是第 3 代海底光缆通信系统。

从 2010 年开始，就进入了基于 WDM+EDFA/Raman 放大+偏振复用（PM）/相干检测技术的第 4 代海底光缆系统（见 1.1.2 节）。

由于海底光缆通信质量优于微波和卫星，施工难度又小于陆上光缆，所以敷设了大量的海底光缆系统。到目前为止，已铺设光缆百万千米以上。随着光纤技术的进步，通话费用迅速降低，海底光缆传输的话务量急剧增长。

8.9.4 连接中国的海底光缆通信系统发展简况

1993 年 12 月，中国与日本、美国共同投资建设的第一条通向世界的大容量海底光缆——中日海底光缆系统正式开通。这个系统从上海南汇到日本宫崎，全长 1252 km，传输速率为 560 Mbit/s。有两对光纤，可提供 7560 条电路，相当于原中日海底电缆的 15 倍，显著提高了中国的国际通信能力。

接入中国的主要国际海底光缆通信系统如表 8.9.1 所示，另外还有几条在中国香港登陆的国际海底光缆，如 1990 年 7 月开通的中国（香港）-日本-韩国海缆系统（H-J-K），1993 年 7 月开通的亚太海缆系统（APC），1995 年开通的泰国-越南-中国（香港）海缆系统（T-V-H），1997 年 1 月开通的亚太海缆网络（APCN）等。这些系统通达世界 30 多个国家和地区，形成覆盖全球的高速数字光通信网络。海底光缆通信技术的最新发展已构成了一个高速全球通信网络。

表 8.9.1　连接中国的主要海底光缆系统[2]

名称	连接地区（或城市）	全长/km	信道传输速率/容量	登陆站数	拓扑结构	光纤对数	开通/扩容时间
中韩海缆	中国青岛和韩国泰安	549	0.565 Gbit/s	—	点对点	2	1996 年
环球海缆（FLAG）	中国（上海、香港）、日本、韩国、印度、阿联酋、西班牙、英国等	2.7×10⁴	5 Gbit/s 10 Gbit/s 100 Gbit/s	12	分支形	2	1997 年 2006 年 2013 年
亚欧海缆（SEA-ME-WE-3）	中国（上海、台湾、香港、澳门）、日本、韩国、菲律宾、澳大利亚、英国、法国等	3.9×10⁴	2.5 Gbit/s×8 波长 10 Gbit/s×8 波长 40 Gbit/s×8 波长	39	分支形	2	1999 年 2002 年 2011 年
亚太 2 号海缆（APCN-2）	中国（上海、汕头、香港、台湾）、日本、韩国、新加坡、菲律宾、澳大利亚等	1.9×10⁴	10 Gbit/s×64 波长 40 Gbit/s×64 波长 100 Gbit/s×64 波长	10	环形网 4 纤复用段共享保护	4	2001 年 2011 年 2014 年
C2C 国际海缆	中国（上海、台湾、香港）、日本、韩国、菲律宾等	1.7×10⁴	10 Gbit/s×96 波长，/7.68 Tbit/s	—	环形网	8	2002 年
太平洋海缆（TPE）	中国（青岛、上海、台湾）、韩国、日本、美国	2.7×10⁴	10 Gb/s×64/2.56 Tb/s 100 Gb/s×22.56 Tb/s		环形网	4	2008 年 2016 年
亚洲-美洲海缆系统（AAG）	中国、美国、越南、马来西亚、菲律宾、新加坡、泰国	2.0×10⁴	容量 2.88 Tbit/s 速率 100 Gbit/s	10	分支形	3/2	2010 年 2015 年
东南亚-日本海缆系统（SJC）	中国、日本、新加坡、菲律宾、文莱、泰国	1.0×10⁴	64×40 Gbit/s 64×100 Gbit/s	8	分支形	6	2013 年 2015 年
亚太直达海缆系统（APG）	中国、韩国、日本、越南、泰国、马来西亚、新加坡等	1.1×10⁴	100 Gbit/s /54.8 Tbit/s	11	分支形	4	2016 年
跨太平洋高速海缆（FASTER）	中国、美国、日本、新加坡、马来西亚等	1.3×10⁴	100 Gbit/s×100 波长 /55 Tbit/s	—	分支形	3	2016 年

（续）

名称	连接地区（或城市）	全长/km	信道传输速率/容量	登陆站数	拓扑结构	光纤对数	开通/扩容时间
亚欧海缆（SEA-ME-WE-5）	中国（上海、香港、台湾）、新加坡、巴基斯坦、吉布提、沙特、法国等19个国家	—	100 Gbit/s/24 Tbit/s	—	分支形	—	2017 年
新跨太平洋海缆（NCP）	中国、韩国、日本、美国等	1.3×10^4	100 Gbit/s/60 Tbit/s	—	分支形	6	2018 年
香港关岛海缆 HK-G	中国（香港、台湾）、美国（属地关岛）、越南、菲律宾	3900	100 Gbit/s/48 Tbit/s	5	分支形	—	预计2020 年

亚太光缆网络2号（APCN-2）2001 年 NEC 开通时是 10 Gbit/s DWDM 系统，2011 年将设备升级到 40 Gbit/s，2014 年又升级到 100 Gbit/s，其光纤容量可扩大至原设计能力 2.56 Tbit/s 的 10 倍多。

> 知识扩展
> SEA-ME-WE 海底光缆通信系统

跨太平洋高速海底光缆（FASTER）已于 2016 年 6 月 30 日正式投入使用，项目由中国移动、中国电信、中国联通、日本 KDDI、谷歌等公司组成的联合体共同出资建设，工程由日本 NEC 公司负责，采用信道速率 100 Gbit/s 的偏振复用/相干检测 DWDM（100 个波长）系统，线路总长 13000 km，设计容量 54.8 Tbit/s。

2016 年底报道，NEC 宣布亚太直达海底光缆通信系统（Asia Pacific Gateway，APG）的全部工程建设已经完成，并已交付使用。该系统连接中国（上海、香港和台湾）、日本、韩国、越南、泰国、马来西亚、新加坡，全长约 10900 km，采用信道速率 100 Gbit/s 的偏振复用/相干检测 DWDM 系统，可以实现超过 54.8 Tbit/s 的传输容量。该系统在新加坡与其他海底光缆系统连接，可达北美、中东、北非、南欧。APG 海缆是中国电信、中国联通与国外 13 家国际电信企业组成的联盟筹资建设。

新跨太平洋海缆系统（New Crossing-Pacific Cable System，NCP）由中国电信、中国联通、中国移动联合其他国家和地区企业共同出资建设，信道速率为 100 Gbit/s，设计总容量为 80 Tbit/s，采用鱼骨状分支拓扑结构，系统全长 13618 km，在中国（上海、台湾）、韩国、日本、美国等地登陆。

西方工业国家把海缆（早期是电缆，后来是光缆）作为一种可靠的战略资源已有一个多世纪了。当前海底光缆通信领域由欧洲、美国、日本的企业主导，承担了全球 80% 以上的海底光缆通信系统市场建设。连接我国的主要海底光缆系统设备、工程施工维护几乎都由这些公司垄断。为了保证国家安全、国防安全，我国陆地到我国东海、南海诸岛的海底光缆，必须自己铺设，所用设备原则上也必须自己制造。国内急需培养这方面的技术开发、关键器件设计生产（包括 100G、400G 系统的收发模块、DSP 芯片、光电器件等）设备制造人才。欣慰的是，近年来国内已对此引起了重视，华为技术有限公司在国内成立了华为海洋网络有限公司，在海外成立了加拿大华为技术研究中心，烽火科技集团公司也成立了烽火海洋网络设备有限公司，致力于掌握海底光缆通信系统的关键技术和工程施工维护技术，开发生产海底光缆、岸上设备和海底设备[2]。

　　关于海底光缆通信系统的更多介绍见文献［2］。

复习思考题

8-1　为什么超强 FEC 受到人们的高度重视？

8-2　简述 DSP 在高比特率光纤通信系统中的作用。

8-3　简述增益均衡在使用 EDFA 中继的长距离光纤通信系统中的作用。

8-4　为什么说奈奎斯特脉冲整形是提高光纤通信系统频谱效率的有效工具？

8-5　简述 100G 超长 DWDM 系统的关键技术。

8-6　简述 100G PM-QPSK 系统光发送机和接收机模块的构成。

8-7　简述 400G 光纤通信系统可能用到的技术。

8-8　解释为什么用色散补偿光纤（DCF）补偿普通单模光纤的色散。

8-9　解释用啁啾光纤光栅补偿普通单模光纤色散的原理。

8-10　简述电子色散补偿（EDC）的工作原理。

8-11　简述光纤通信系统色散补偿图的构成。

8-12　简述光纤通信系统色散管理图的构成。

8-13　简述海底光缆通信系统的组成和分类。

第9章　光纤通信系统设计

至此对光纤通信系统的各个组成部分已经有了一个基本的了解，为了构成一个实用的光纤通信系统，需要考虑许多系统设计和限制问题，本章将对此进行讨论。

9.1　系统设计概述

9.1.1　系统设计总体考虑

光纤通信系统设计，需要考虑系统用途、地理环境和路由选择。不仅要考虑系统目前对容量的需求，也要考虑系统未来几年对容量的扩展。在设计系统时，还要考虑目前国内外标准化组织的各项建议，当前器件和设备成熟程度，以及市场的供货情况，系统所用技术的成熟程度和未来的发展趋势。工业标准在决定用户要求和确保电信网络兼容性方面扮演着重要的角色。采购设备时，必须考虑现有技术和未来技术的兼容性。政府规定也影响系统设计，包括系统制造、安装和运行、安全性和环境标准。

光纤通信系统的设计，既要满足系统的性能要求，又要尽可能地减少系统的建设成本，还要考虑将来系统升级的需要。

1. 系统选择

光纤通信系统有无中继系统、3R 光-电-光再生中继系统和光放大中继系统三类。

无中继光纤通信系统在长距离中继段内无任何在线有源器件，减小了线路复杂性，降低了系统成本，提高了可靠性。典型的无中继传输距离是几百千米。其不足之处是设计容量偏小，不过可通过增加光纤对数来弥补。

局间距离较长时，光发射机发出的光信号在传输过程中，由于线路损耗和色散的存在，会使信号波形畸变，误码率增加。为此，必须考虑在线路中间增加再生中继器。中继间距过短，会增加中继器数量，使建设成本增加；中继间距过长，会使系统性能变差，不能满足系统对性能的要求。所以必须合理设计中继间距。

3R 光-电-光再生中继器是对输入中继器的光信号再定时、再整形和再放大，它由中继器内的光接收机和随后的光发送机完成。这种中继器没有噪声和色散累积，但是如果传输的是 WDM 信号，则需要对每个波长信号进行再生，所以中继设备非常复杂，通常并不使用，本书也就不再介绍。

成熟的光放大技术为开发中的长距离、大容量全光传输系统铺平了道路。光放大中继系统通常用于长距离光纤通信系统，每隔 40~60 km 由光中继器放大衰减的光信号，每 10~15 个中继器放置一个光均衡器，以便保持每个 WDM 信道信号功率相等，光分支单元（BU）用于增强网络的灵活性和连接性。

2. 规模容量

无中继海底光缆通信系统的信道速率应根据登陆站间距离确定，降低信道速率，可增加传输距离。由于无中继海底光缆系统不受远供电源系统供电能力和海底中继器体积的限制，可通过增加光纤芯数来扩大总的传输容量。光纤芯数应结合中远期容量需求，通过技术经济分析比较确定，但无中继海底光缆芯数一般不大于 48 芯[64]。

有中继系统的光纤芯数应结合成本、中远期（10~15 年）容量需求和远供电源容量等方面综合考虑确定。该系统应采用先进成熟的终端技术、结合光纤类型和海底光中继器间距等确定设计容量，使系统单位设计容量的成本最小。终端设备的配置容量可按近期业务量需求确定。

3. 传输性能

ITU-T 已对传输性能标准做了规范，它们是 G. 821 和 G. 826。G. 826 标准比 G. 821 规定的 BER 性能更高。信号质量越好，BER 越小，Q 值也越大，所以，可认为 Q 是实际 BER 性能好坏的唯一指标。光纤通信系统技术设计主要是指光功率预算和色散管理，光功率预算（Optical Power Budget）就是冗余计算，即计算系统寿命开始（BoL）要求的最小冗余。这些冗余用 Q 值表示。

随着技术的进步，人们对传输性能的要求也越来越高。

系统设计应综合考虑设计容量和成本因素，实现系统最优化，在技术条件允许的情况下，应优先选择无中继系统。

4. 系统有效性

有效性是传输系统能够载运用户信息的时间百分率。每千米中断时间，即不可用时间，由 ITU-T G. 821 规范，它与系统可靠性有关。在 10 个连续秒期间内，每秒 BER 大于 1×10^{-3} 时，不可用期间就开始了。这 10 s 就是不可用时间。在 10 个连续秒期间内，当每秒 BER 小于 1×10^{-3} 时，不可用时间期就终结了[65]。

不可用时间由系统器件，如激光器切换、终端故障、监控和维修工作导致 10 s 或 10 s 以上业务中断造成。不包括拖网渔船或系统供电切换时间和维修断电等其他外部因素造成的中断。对于海底光缆通信系统，系统中断时间不包括维修船排除系统故障时间。

5. 可靠性

通常，海底光缆通信系统设计寿命是 25 年[66]。一个 25 年寿命的跨洋系统，要求器件失效引起的故障不应多于 3 次[65]。在系统设计寿命期限内，无中继系统可靠性要求是海底光缆船介入维修次数少于 1 次[66]；海底光缆船介入维修长距离中继系统每个光纤对的次数也不能多于 1 次[67]。为确保这样高的可靠性，必须进行精心的设计。

光纤通信系统设计有技术设计、工程设计和可靠性设计，本章只介绍技术设计，工程设计和可靠性设计可查阅文献［2］。

6. 系统设计方法

系统设计方法有最坏值设计法和统计设计法。

最坏值设计法是在设计中继段距离时，将所有参数值都按最坏值选取，而不管其具体分布如何。其优点是可以为网络规划设计者提供简单的设计指导原则，为设备供货商提供明确的元部件指标。同时，在排除人为和自然破坏因素后，这种方法设计出的系统，在系统终了后，仍能保证系统 100% 的性能要求，而不会发生先期失效的问题。最坏值设计法的缺点是各项最坏值条件同时出现的概率极小，因而系统正常工作时有相当多的冗余度。用这种方法设计的中继段距离偏短，使用的中继器偏多，系统总成本偏高。

统计设计法是在设计中继段距离时，要充分考虑光器件和设备参数的离散统计分布规律，更有效合理地设计中继距离，使系统成本降低。统计设计法有映射法和高斯近似法等。这些方法的基本思路是允许一个预先确定的足够小的系统先期失效概率，从而换取延长中继距离的好处。例如采用映射法设计，若取系统的先期失效概率为 0.1%，最大中继距离就可以比最坏值设计法延长 30%。统计设计法的缺点是需要付出一定的可靠性代价，横向兼容不易实现，设计过程较为复杂。

9.1.2 系统结构

光纤通信系统除点对点结构外，另外四种基本结构是集线树形、总线型、环形和星形，如图 9.1.1 所示，下面分别加以介绍。

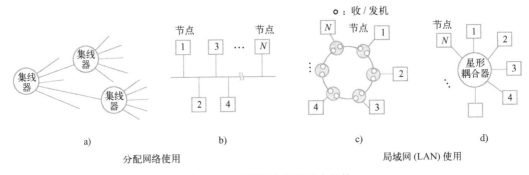

图 9.1.1　光纤通信网络基本结构

a）集线树形结构　b）总线型结构　c）环形结构　d）星形结构

1. 点对点系统

光纤通信系统最简单的一种结构形式是工作在 0.8 μm、1.3 μm 或 1.55 μm 的点对点系统，传输距离可以是几十米的室内传输，也可以是成千上万千米的跨洋传输。在一幢大楼内或两楼之间计算机数据的光纤传输就是一种短距离的点对点系统。在这种应用中，通常不是利用光纤的低损耗及宽带宽能力，而是利用其抗电磁干扰等优点。相反，在超长距离的海底光缆系统中，光纤的低损耗和宽带宽的特点却显得十分重要。

图 9.1.2 给出了采用光-电-光再生中继和光放大中继的点对点光纤传输系统示意图。中继距离 L 是系统的一个重要设计参数，它决定着系统的成本，由于光纤的色散，中继距离 L 与系统码率 B 有关。在点对点的传输中，码率、中继距离乘积 BL 是表征系统性能的一个重要指标。由于光纤的损耗和色散都与波长有关，所以 BL 也与波长有关。对工作波长 $0.85\,\mu m$ 的第一代商用化光纤通信系统，BL 的典型值在 $1(Gbit/s)\cdot km$ 左右，而 $1.55\,\mu m$ 波长的第三代系统的 BL 值可以超过 $1000(Gbit/s)\cdot km$。

中继间距 L 随光纤损耗的减小而增加，同时它也随接收机灵敏度和光源输出光功率的提高而增加。图 9.1.3 给出了一个长波长系统的接收机灵敏度随不同码率变化的实测结果，由于光纤放大器作为前置放大器的使用，强度调制/直接检测（IM/DD）接收机的灵敏度已与外差接收机的相差不多。为了比较也画出了量子极限灵敏度。

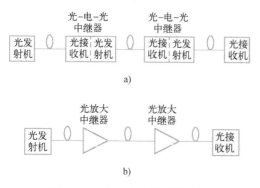

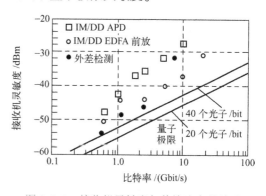

图 9.1.2　点对点光纤传输系统
a）光-电-光中继系统　b）全光中继系统

图 9.1.3　接收机灵敏度与传输速率的关系

通常环形结构采用双环结构，一个环用作发送，另一个环用作接收，并且环网各节点内都有收/发机，如现在广泛使用的 SDH 网络，所以环网结构实质上是一种点对点系统。

2. 广播分配网络

广播分配网络可以分配信息到多个用户，如通过光纤总线型或星形网络分配多路电视信号和/或综合数字业务（Integrated Services Digital Network，ISDN）到用户。在图 9.1.1a 所示的集线树形结构中，信道分配在中心位置（集线器）进行，交叉连接设备在电域内自动交换信道，光纤的作用与点对点线路类似，城市内的电话网络就是这种情况，无源光网络（Passive Optical Network，PON）也是这种树形结构的特例（在第 10 章将专门进行介绍）。

图 9.1.1b 所示的总线结构中，光缆携带多个信道的光信号，通过 T 形光耦合器分配一小部分光功率到每个用户。总线结构的缺点是信号损耗随耦合器数量指数增加，所以限制了单根总线服务的用户数。在忽略光纤损耗的情况下，并假定耦合器的分光比和插入损耗都相同，总线结构中第 N 个用户可用的功率是

$$P_N = P_T C [(1-\delta)(1-C)]^{N-1} \tag{9.1.1}$$

式中，P_T 是发射功率，C 是耦合器的分光比，δ 是耦合器插入损耗。

3. 局域网（LAN）

LAN 与广播网络不同，它能提供每个用户随机的双向访问。在多路访问局域网中，每个用户能够发送信息到网络中所有其他的用户，同时也能接收所有其他用户发送来的信息，电话网和计算机以太网就是这种网络的例子。环形和星形是 LAN 广泛使用的两种结构，如图 9.1.1c 和图 9.1.1d 所示。如果只有一个光载波，采用电 TDM 和分组交换，以及必要的协议就可以构成多路访问 LAN。如果使用波分复用技术，采用交换、选择路由或分配载波频率的技术来实现用户之间的无阻塞连接。

网络的极限容量受分配损耗和插入损耗的限制。对于 $N \times N$ 星形耦合器，每个用户接收到的功率 P_N 由式（9.1.2）给出。

$$P_N = \frac{P_T}{N} (1-\delta)^{\log_2 N} \tag{9.1.2}$$

式中，P_T 是平均发射功率，N 是用户数，δ 是组成星形耦合器中的每个方向耦合器的插入损耗。$(1-\delta)^{\log_2 N}$ 是星形耦合器的插入损耗，为了满足网络工作的要求，接收到的光功率应该超过接收机灵敏度 $\overline{P}_{rec}$。

【例 9.1.1】 总线结构和星形结构分配光损耗比较

在总线结构中，假如有 50 个用户（节点），分配 10% 的功率给与此连接的用户，插入损耗为 0.5 dB；在星形结构中，插入损耗为 3 dB。比较在第 50 个接收点，两种结构的功率比是多少？

解：在总线结构中，$C = 10\%$，$\delta_{dB} = 0.5$ dB，由附录 D 式（D.2）可以得到百分损耗约为 11%，由式（9.1.1）可知，第 50 个节点的功率是

$$P_{Nbus} = P_T C [(1-\delta)(1-C)]^{N-1} = P_T [(1-0.1)(1-0.11)]^{50-1} = 1.89 \times 10^{-5} P_T$$

在星形结构中，$C = 10\%$，$\delta_{dB} = 3$ dB，由附录 D 查表可知百分损耗为 50%，由式（9.1.2）可知，第 50 个节点的功率是

$$P_{Nsta} = \frac{P_T}{N} (1-\delta)^{\log_2 N} = \frac{P_T}{50} \times 0.5 = 0.01 P_T$$

星形和总线结构在 50 个节点得到的光功率比是 $P_{Nsta} / P_{Nbus} = 5.28 \times 10^2$。很显然，星形结构要比总线结构优越。不过，光放大器的使用已解决了这一问题。

4. WDM 系统

为了增加传输容量，可以采用 WDM 系统。最简单的 WDM 是在光纤的两个不同传输窗口（1.3 μm 和 1.55 μm）传送两个信道。这种方式的信道间距为 250 nm，它是如此之大，以至于只能用来传送 2~3 个信道。

对于许多点对点光纤通信系统，WDM 的作用是简单地增加总的比特率。图 9.1.4 表示多信道点对点大容量 WDM 系统，每个光发送机工作在它自己的载波波长上，然后把几个发送机的输出复用在一起。已复用的信号入射进入光纤，经传输后在接收端用解复用器把它们分开。当比特率为 $B_1, B_2, \cdots, B_N$ 的 N 个信道同时在 L 长的光纤上传输时，总的比特率–距离乘积 BL 为

$$BL = (B_1 + B_2 + \cdots + B_N)L \tag{9.1.3}$$

DWDM 系统主要有四种结构：中间含有（也可能没有）光分插复用（OADM）器的点对点系统（见图 9.1.4）、全连接的网状网络、星形网络、具有 OADM 节点和集线器的环网（见图 9.1.5）。

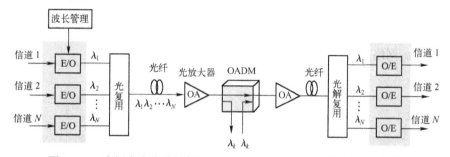

图 9.1.4　中间含有光分插复用（OADM）器和光放大器的点对点网络

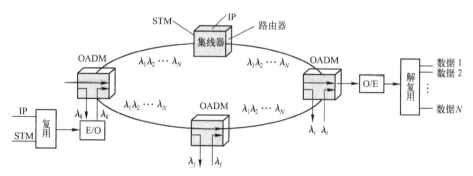

图 9.1.5　具有 OADM 节点和集线器的环网

另外也可将四种基本网络混合组成各种结构的网络。

通信业务种类繁多，有同步传输模式（Synchronous Transfer Mode，STM）的和异步传输模式（Asynchronous Transfer Mode，ATM）的、实时的和非实时的、窄带宽的和宽带宽的，以及电路交换的和非电路交换的等。DWDM 系统设计支持几种业务，这样就增加了

系统和网络设计的复杂性。一种可能的方法是把不同种类的业务用不同的波长传输，如图 9.1.6 所示。另一种可能是对不同种类的业务打包，然后复用它们，在同一个波长上传输。

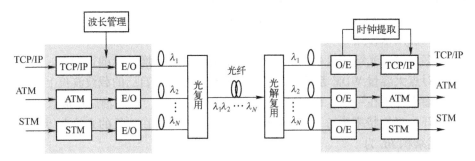

图 9.1.6　一种可能的 DWDM 系统集线器

不同种类的业务使用不同的波长传输。图 9.1.7 表示一个使用星形耦合器的多信道分配网络，每个信道使用单独的光载波频率发送电信号，所有发送机的输出功率复合进无源星形耦合器，并且分配相等的功率到所有的接收机。每个用户接收所有的信道，使用调谐光接收机选择它们中的一个，这种网络有时也称为广播-选择网络。利用图 9.1.7 表示的 WDM 分配网络，可以构成图 9.1.8 表示的多址接入网。

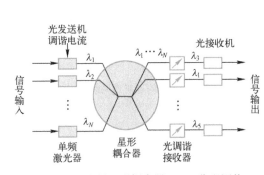

图 9.1.7　广播星形耦合器 WDM 分配网络

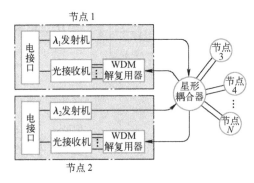

图 9.1.8　多址接入网

系统设计的出发点是工作速率 B 及传输距离 L 应在保证系统性能的基础上（一般要求 $BER \leq 10^{-9}$），使系统成本降到最小。一般说来，工作波长为 $0.85\,\mu m$ 的系统成本最低，随着波长向 $1.3 \sim 1.6\,\mu m$ 移动，成本将会增加。对于 $B \leq 100\,Mbit/s$，$L < 20\,km$ 的系统（例如很多 LAN 系统），一般采用 $0.85\,\mu m$ 的系统，而对于 $B > 200\,Mbit/s$ 的长途传输，需要用长波长系统。

根据工作波长不同，当传输距离超过 $20 \sim 100\,km$ 时，需要对光纤的损耗进行补偿，否则信号功率将十分微弱，以致不能恢复原有信息。早期的补偿方法是采用光-电-光转换的再生中继器，现在由于光放大器的实用化，通常，系统采用光放大器直接对光信号进行放大，补偿光纤的损耗。但是级联的放大器数目不可能无限地增多，一方面放大器存在着噪声积累，更主要的是受限于光纤的色散。色散导致脉冲展宽将限制这种系统的最终传输距离，但光-电-光中继器不受这种色散效应的限制，它对损耗和色散均能起到补偿的作用。

光纤通信系统的设计需要考虑光纤的损耗和色散对系统带来的限制。由于损耗和色散都与系统的工作波长有关，因此工作波长的选择就成为系统设计的一个主要问题。下面分别讨论在不同波长下点对点光纤传输系统中码率 B 和传输距离 L 所受到的限制。

9.1.3　光纤损耗限制系统

在光纤通信系统中，只要不是距离很短，都必须考虑光纤的损耗。假设发射机光源的最大平均输出功率为 $\overline{P}_{\text{out}}$，接收机探测器的最小平均接收光功率为 $\overline{P}_{\text{rec}}$，光信号沿光纤传输的最大距离 L 为

$$L = -\frac{10}{\alpha_{\text{f}}}\lg(\overline{P}_{\text{out}}/\overline{P}_{\text{rec}}) \tag{9.1.4}$$

式中，α_{f} 是光纤的总损耗（单位为 dB/km），包括熔接和连接损耗。由于

$$\overline{P}_{\text{out}} = \overline{N}_{\text{ph}}h\nu B \tag{9.1.5}$$

所以 $\overline{P}_{\text{out}}$ 与码率 B 有关，$\overline{N}_{\text{ph}}$ 为接收机要求的每比特平均光子数，h 为普朗克常量，ν 为光频，$h\nu$ 为光子能量，因此传输距离 L 与码率 B 有关。在给定工作波长下，L 随着 B 的增加按对数关系减小。在短波长 0.85 μm 波段上，由于光纤损耗较大（典型值为 2.5 dB/km），根据码率的不同，中继距离通常被限制在 10~30 km。而长波长 1.3~1.6 μm 系统，由于光纤损耗较小，在 1.3 μm 处损耗的典型值为 0.3 ~ 0.4 dB/km，在 1.55 μm 处为 0.2 dB/km，中继距离可以达到 100~200 km，尤其在 1.55 μm 波长处的最低损耗窗口，中继距离可以超过 200 km，如图 9.1.9 所示。

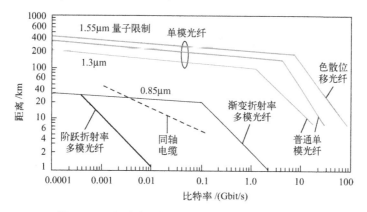

图 9.1.9　各种光纤的传输距离与传输速率的关系

注：粗实线为损耗限制系统，细实线为色散限制系统

9.1.4　光纤色散限制系统

由第 2 章可知，光纤色散导致光脉冲展宽，从而构成对系统 BL 乘积的限制。当色散限制传输距离小于损耗限制的传输距离时，系统是色散限制系统。

对于工作波长为 $0.85\,\mu m$ 的光纤通信系统，为了降低成本，通常采用多模光纤，对阶跃折射率多模光纤，比特率和距离乘积为

$$BL < c/(2n_1\Delta) \qquad\qquad (9.1.6)$$

式中，n_1 为光纤芯折射率指数，c 为光速，$\Delta = (n_1 - n_2)/n_1$ 表示纤芯和包层界面处相对折射率指数的变化，n_2 表示包层折射率指数。对于由阶跃折射率多模光纤构成的系统，即使是在 1 Mbit/s 的较低码率下，L 值也被色散限制在 10 km 以内，如图 9.1.9 所示。因此在光纤通信系统设计中，除短距离传输的低速数据外，基本上都不采用阶跃折射率多模光纤。如果利用渐变折射率多模光纤，则 BL 值可以增大，可用下面近似关系式表达

$$BL < 2c/(n_1\Delta^2) \qquad\qquad (9.1.7)$$

在这种情况下，即使是速率高达 100 Mbit/s 的系统，也为损耗限制系统，损耗限制使这种系统的 BL 值在 2(Gbit/s)·km 左右。

对于 $1.3\,\mu m$ 波长的第二代单模光纤通信系统，在较高码率下，如果光源的谱宽较宽，色散导致的脉冲展宽可能成为系统的限制因素。此时 BL 值可由下式表示

$$BL \leqslant 4D(\sigma_\lambda)^{-1} \qquad\qquad (9.1.8)$$

式中，D 为光纤的色散参数，σ_λ 为光源的均方根谱宽，D 值与工作波长接近零色散波长的程度有关，典型值为 $1\sim 2\,ps/(km\cdot nm)$。如果式（9.1.8）中的 $|D|\sigma_\lambda = 2\,ps/km$，则 BL 的受限值为 125(Gbit/s)·km。一般说来，$1.3\,\mu m$ 单模光纤通信系统在 $B \leqslant 1\,Gbit/s$ 时为损耗限制系统，在 $B > 1\,Gbit/s$ 时可能成为色散限制系统。

由于第三代光纤通信系统使用 $1.55\,\mu m$ 波长光纤，它具有最小的损耗，而色散参数 D 相当大，典型值为 $15\,ps/(km\cdot nm)$，所以 $1.55\,\mu m$ 的光纤通信系统主要受限于光纤的色散，这个问题可采用单纵模半导体激光器而获得解决。在这种窄线宽光源下，系统的最终限制为

$$B^2 L < (16|\beta_2|)^{-1} \qquad\qquad (9.1.9)$$

式中，群速度色散 β_2 与色散参数 D 的关系为 $\beta_2 = -\lambda^2 D/(2\pi c)$。对于这种 $1.55\,\mu m$ 理想系统，$B^2 L$ 可达到 4000(Gbit/s)^2·km，所以只有当码率超过 5 Gbit/s 时才成为色散限制系统。但实际上在调制光源产生光脉冲过程中不可避免地产生频率啁啾，导致光谱展宽，色散使 BL 值通常限制在 $\leqslant 150$(Gb/s)·km，因此对 $B = 2\,Gbit/s$ 的系统，光源频率啁啾使 L 值只能达到 75 km 左右。

解决频率啁啾导致 $1.55\,\mu m$ 波长系统受色散限制的一个方法是采用色散位移光纤。这种光纤群速度色散的典型值为 $\beta_2 = \pm 2\,ps^2/km$，对应的 $D = \pm 1.6\,ps/(km\cdot nm)$。在这种系统

中，光纤的色散和损耗在 1.55 μm 波长都成为最小值，系统的 BL 值可以达到 1600(Gbit/s)·km，在码率为 20 Gbit/s 下，中继距离也可以达到 80 km，如图 9.1.9 所示。

解决频率啁啾导致 1.55 μm 波长系统受色散限制的另一个方法是采用外调制，目前先进的高速光纤传输系统均采用外调制（见 7.1.4 节）。

9.2　光纤通信系统 OSNR 和 Q 参数

光纤通信系统技术设计的主要任务是进行光功率预算，列出影响系统性能的主要因素，如中继设备、终端设备，以及各种因素需要付出的功率代价。使用理论分析、计算机模拟和在实验测试床上直接测量，对功率代价进行评估。

光功率预算目的是保证系统性能比要求的最小 BER 性能要好。光功率预算从测量线性性能参数 Q 开始（见 11.4.4 节），平均 Q 参数只考虑光放大器 ASE 噪声引起的功率下降。通过对 Q 值测试，由式（9.2.7）计算 OSNR。

9.2.1　Q 参数与 BER 的关系

5.5.1 节已介绍了 BER 的概念，由式（5.5.3）可知，当 $Q>3$ 并假定平均信号电流 I_1 和 I_0 为高斯概率分布时，通常使用 BER 的近似值与 Q 联系起来[7]

$$\text{BER} = \frac{1}{Q\sqrt{2\pi}}\exp\left(-\frac{Q^2}{2}\right) \tag{9.2.1}$$

式中

$$Q = \frac{I_1 - I_0}{\sigma_1 + \sigma_0} = \frac{RP_1 - RP_0}{\sigma_1 + \sigma_0} \tag{9.2.2}$$

R 是接收机光检测器的响应度，对于 APD 接收机，R 用 MR 代替；P_1 是接收 "1" 码时，光检测器的输出；P_0 是接收 "0" 码时，光检测器的输出。σ_1 表示接收 "1" 码的均方根噪声电流，σ_0 表示接收 "0" 码时的均方根噪声电流。在偏振复用系统中，传输性能被信号与 ASE 拍频噪声所限制，可忽略接收机热噪声和散粒噪声的影响，此时，σ_1 和 σ_0 分别表示为

$$\sigma_1^2 = R^2(2P_1 N_{\text{ASE}} B_e + N_{\text{ASE}}^2 B_o B_e)$$
$$\sigma_0^2 = R^2(2P_0 N_{\text{ASE}} B_e + N_{\text{ASE}}^2 B_o B_e)$$

式中，N_{ASE} 是光放大器自发辐射（Amplified Spontaneous Emission，ASE）噪声光谱密度，B_e 是光接收机电带宽，B_o 是光接收机光带宽，$R^2(2P_1 N_{\text{ASE}} B_e)$ 是光信号和 ASE 噪声的拍频噪声，$R^2(N_{\text{ASE}}^2 B_o B_e)$ 是 ASE 和 ASE 噪声的拍频噪声。

图 9.2.1a 表示 BER 随 Q 参数变化的曲线。由图可见，随 Q 值的增加，BER 下降，当 $Q>7$ 时，BER$<10^{-11}$。由于超强前向纠错（SFEC）和电子色散补偿的应用，使纠错能

力大为提高，此时 Q 值和 BER 的关系如图 9.2.1b 所示。

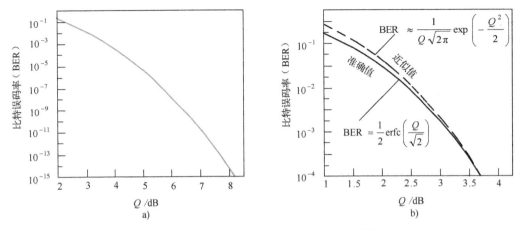

图 9.2.1　光接收机 BER 和 Q 参数的关系[18]

a）误码率较大时　b）误码率较小时

通常，Q 用分贝表示

$$Q_{dB} = 20 \lg Q \qquad (9.2.3)$$

光纤通信系统数字线路段的性能由测量到的 BER 描述，通常，用 BER 从式（9.2.1）或式（9.2.10）计算出 Q 参数，用 Q 值描述。其值应满足合同在光功率预算中指出的使用限制。

为了判定最佳判决阈值的信号质量，可观察接收到的信号眼图的张开程度，张开越大，信号质量越好，BER 越小，Q 值也越大，所以，可认为 Q 是判断实际 BER 性能好坏的唯一指标。

应该指出，式（9.2.1）仅适用于高斯噪声分布。该式近似适用于 OOK 调制，对 DPSK、QPSK 等相位调制，还需做一些修正。

9.2.2　光信噪比（OSNR）

海底光缆通信系统线路设计的首要任务是计算每个波长的光信噪比，考虑到这种系统的设计寿命是 25 年，所以必须考虑海底光缆维修和器件老化引起的 SNR 下降。

在有光放大器 EDFA 的线路中，光信号和噪声的变化，用光信噪比（OSNR）描述。在光放大器的输出端，定义 OSNR 为给定信道的平均光信号功率与平均光噪声功率密度之比，即

$$OSNR = \frac{(P_1+P_0)/2}{m_{pol}N_{ASE}B_o} = \frac{P_1+P_0}{2m_{pol}N_{ASE}B_o} = \frac{P_1+P_0}{m_{pol}h\nu F_n GB_o} \qquad (9.2.4)$$

式中，N_{ASE} 是单偏振输出 ASE 噪声光谱密度，$N_{ASE} = (G-1)n_{sp}h\nu \approx Gh\nu F_n/2$，对于理想光放大器，$F_n \approx 2n_{sp}$，$G$ 是光放大器光增益。B_o 是放大器光带宽，通常取参考带宽 0.1 nm

（ITU-T G. 661）。m_{pol} 是贡献给噪声的偏振模式数量，不采用偏振复用时，$m_{pol}=1$；采用偏振复用时，$m_{pol}=2$。

对于高增益（$G \gg 1$）理想光放大器，其输出端 OSNR 近似为

$$OSNR \approx \frac{G\overline{P}_{in}}{m_{pol}N_{ASE}B_o} = \frac{\overline{P}_{in}}{m_{pol}h\nu F_n B_o} \qquad (9.2.5)$$

式中，$\overline{P}_{in}$ 是光放大器每个波长的平均输入信号光功率，F_n 是光放大器的噪声指数（见 6.1.3 节），h 是普朗克常数，其值为 6.6261×10^{-34} J·s，ν 是光频（Hz）。通常考虑两个偏振（$m_{pol}=2$）的噪声。

9.2.3 Q 参数与 OSNR 的关系

在 5.5.2 节，已经推导出 BER 与 Q 参数、Q 参数与 SNR 的关系［分别见式（5.5.3）和式（5.5.12）］，本节把影响 Q 参数的更多因素考虑进去，来推导 Q 参数与 5.4.4 节介绍的光信噪比（OSNR）的关系式。

在偏振复用系统中，传输性能被信号与 ASE 拍频噪声所限制，此时可忽略接收机热噪声和散粒噪声的影响，并把 5.5.3 节介绍的消光比（r_{EXR}）的影响考虑进去，此时式（9.2.2）Q 参数表达式变为[7]

$$Q = \frac{1-r_{EXR}}{1+r_{EXR}} \times \frac{I_1+I_0}{\sigma_1+\sigma_0} \qquad (9.2.6)$$

假如发送机的 $I_0=0$，消光比 $r_{EXR}=P_0/P_1=0$，在信号与 ASE 拍频噪声限制系统中，可认为 $\sigma_0 \approx 0$，此时式（9.2.6）变为 $Q=I_1/\sigma_1=(OSNR)^{1/2}$，即

$$Q^2 \approx OSNR \qquad (9.2.7)$$

由此可见，Q^2 正好等于光信噪比（OSNR），这和 5.5.2 节得出的 Q^2 等于信噪比（SNR）一样。Q 和 OSNR 间的这种简单关系，就说明了为什么通常使用 Q 参数来衡量系统性能好坏的原因，Q 值越大，OSNR 越大，BER 越小（见图 9.2.1）。如用 dB 表示 Q，则 $Q^2_{dB} = 10\lg Q^2 = 10\lg(OSNR)$[20]。

当考虑调制方式的影响时

$$Q^2 \approx m \cdot OSNR \qquad (9.2.8)$$

式中，m 是调制深度，与发送机消光比 r_{EXR} 有关，定义 $m=(1-1/r_{EXP}^{-1})$。同时 m 也与调制方式有关，NRZ 码，$m=1$；RZ 码，$m=1.4$。该系数也与光、电滤波器传输函数有关。

在工程应用中，通过对 Q 值测试（见 11.4.4 节），利用式（9.2.7）计算 OSNR。Q 值与 BER 的关系如图 9.2.1 所示，其换算如表 9.2.1 所示。

对于偏振复用 QPSK 调制系统，BER 和 OSNR 的关系是[20]

$$BER = \frac{1}{2}erfc\left(\sqrt{\frac{OSNR}{2}}\right) \qquad (9.2.9)$$

表 9.2.1　Q 值与 BER 对照表

BER	2.67×10^{-3}	8.5×10^{-4}	2.1×10^{-4}	3.6×10^{-5}	4.2×10^{-6}	2.8×10^{-7}
Q/dB	9	10	11	12	13	14
BER	9.6×10^{-9}	1.4×10^{-10}	7.4×10^{-13}	4.1×10^{-13}	2.2×10^{-13}	1.2×10^{-13}
Q/dB	15	16	17	17.1	17.2	17.3

此时，把非线性影响作为增加的白高斯噪声。将式（9.2.9）代入式（9.2.7），可以得到 Q 与 BER 的关系

$$Q^2 = 20\times\lg\left[\,2^{1/2}\times\mathrm{erfc}^{-1}(2\times\mathrm{BER})\,\right] \tag{9.2.10}$$

有的学者也把该式应用于 QAM 调制（OFC 2016，W3G.1）。

9.3　Q 参数和 OSNR 预算

在 9.1 节中讨论了由于光纤损耗和色散对系统 BL 值的限制，图 9.1.9 仅是一些系统设计时的指导原则，在实际的光纤通信系统设计中，还需要考虑许多其他问题，例如工作波长、光源、探测器和光纤的选择，各构成部件的兼容性，系统性能价格比及可靠性等。本节讨论考虑功率预算的系统设计过程。所谓光功率预算就是冗余计算，即计算系统寿命开始（BoL）要求的最小冗余。这些冗余用 Q 值表示。

9.3.1　系统运行期间 Q 参数结构图

图 9.3.1 表示光纤通信系统运行期间性能 Q 参数结构图，该图经常用于系统光功率预算。所谓光功率预算，就是为获得规定的系统误码性能，计算要求的最小 Q 值。

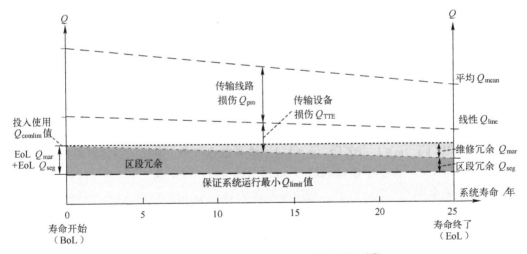

图 9.3.1　系统运行期间 Q 性能参数结构图[67]

通常，在计算系统 Q 值时，要对每个数字线路段（SDLS）进行寿命开始预算（BoL）和寿命终了（EoL）预算。预算时，要保证 BoL 和 EoL 的工作条件一致。

BoL 功率预算提供最坏情况数字线路段（SDLS）性能，该 SDLS 的 Q 值要在交付使用时测量。

EoL 功率预算要对系统设计寿命终了时，最坏情况数字线路段性能进行估算。EoL 预算是计算系统寿命终了估算的最坏 Q 值和保证性能安全传输需要的最小 Q 值间的差。

9.3.2　数字线路段 Q 参数预算

一个典型的数字线路段（DLS）或点对点传输系统的 Q 参数预算如表 9.3.1 所示。

表 9.3.1　海底光缆传输数字线路段（DLS）性能 Q 参数预算表[30]

编号	项　目	符号	寿命开始（BoL）Q_{BoL}/dB	寿命终了（EoL）Q_{EoL}/dB
1	基于 OSNR 性能的 Q_{OSNR} 参数，由式（9.2.7）计算	Q_{OSNR}	17.7	14.7
1.1	传输损伤 Q_{imp}（由光纤色散和非线性效应相互作用引起）	Q_{imp}	2.0	2.0
1.2	非理想预均衡损伤 Q_{pre-em}	Q_{pre-em}	0.4	0.4
1.3	监控损伤（低频信号调制光信号，额外调制带来的损伤）Q_{sup}	Q_{sup}	0.2 调制指数<10%	0.2 调制指数<10%
1.4	制造和环境损伤（同一厂家生产同一个产品性能偏差）Q_{man}	Q_{man}	1	1
1.5	偏振波动（Fluctuation）使平均性能下降 Q_{flu}	Q_{flu}	1.2	1.2
2	传输损伤合计：$\sum Q_{imp}=Q_{imp}+Q_{pre-em}+Q_{sup}+Q_{man}+Q_{flu}$	$\sum Q_{imp}$	4.8	4.8
3	线性性能计算：$Q_{line}=Q_{OSNR}-\sum Q_{imp}$	Q_{line}	12.9	9.9
4	海底光缆线路终端设备（LTE）Q_{LTE}（输入-输出相连测试 Q 值）	Q_{LTE}	24.1	22.9
5	计算区段 Q_{seg}①：$\dfrac{1}{Q_{seg}^2}=\dfrac{1}{Q_{line}^2}+\dfrac{1}{Q_{TTE}^2}=\dfrac{1}{12.9^2}+\dfrac{1}{24.1^2}$	Q_{seg}	11.4	9.1
6	FEC 前要求的最小 Q_{min}②	Q_{min}	8.7	8.7

（续）

编号	项 目	符号	寿命开始（BoL）Q_{BoL}/dB	寿命终了（EoL）Q_{EoL}/dB
7	系统冗余计算：$Q_{\text{mar}} = Q_{\text{seg}} - Q_{\text{min}}$	Q_{mar}	2.7	0.4

① 编号 5，计算区段 Q_{seg} 值

$$\frac{1}{Q_{\text{seg}}^2} = \frac{1}{Q_{\text{iine}}^2} + \frac{1}{Q_{\text{TTE}}^2}$$

② 编号 6，FEC 前要求的最小 Q_{min}，为了 FEC 后达到要求的传输性能，FEC 前就要满足最小 Q 参数要求。该值与使用的 FEC 有关。

9.3.3 光中继系统 OSNR 预算

由于中继器、光纤老化和光缆维修，计算出的寿命终了（EoL）和寿命开始（SoL）OSNR 参数有所变化。在 25 年寿命期内，计算系统 BoL 和 EoL 的输出 OSNR 所用到的参数如表 9.3.2 所示[20]。

表 9.3.2 光中继系统 OSNR 计算参数

编号	项目名称	项目内容	数 值
1	光纤衰减系数	系统寿命开始（BoL）参数	0.2 dB/km
2	中继器输出功率	所有中继器输出功率均相同，不管传输距离长短	0 dBm
3	泵浦 LD 失效	5%的中继器泵浦失效，泵浦失效中继器典型输出功率下降值	3 dB
4	光纤老化	25 年寿命期内光纤衰减每千米增加值	+0.002 dB/km
5	光缆维修增加的额外损耗	深水>1000 m，每 1000 km 维修 1 次	3 dB
		浅水<1000 m，每 20 km 维修 1 次	0.5 dB
6	短距离系统	传输距离（含 1000 km 浅水）	<2000 km
		中继器数量	30 个
		中继间距	70 km
		中继器输入光功率	−14 dBm
7	长距离系统	传输距离（含 1000 km 浅水）	6000 km
		中继器数量	120 个
		中继间距	50 km
		中继器输入光功率	−10 dBm

光中继系统寿命终了（EoL）OSNR 与寿命开始（BoL）OSNR 之比为

$$\frac{\text{OSNR}_{\text{BoL}}}{\text{OSNR}_{\text{EoL}}} = \sum_{j=1}^{k} \frac{P_{\text{in}}}{kP_{\text{in},j}} \tag{9.3.1}$$

式中，$P_{\mathrm{in},j}$是 EoL 时第 j 个中继器每个波长平均输入光功率，k 是系统光中继器数量。当所有中继器间距损耗和中继器输出光功率都相等，并 ASE 功率与信号功率相比可以忽略不计时，P_{in} 是 BoL 中继器每个波长平均输入光功率。

对于有 30 个光中继器的 2000 km 线路，式（9.3.1）计算参数如下。

系统寿命开始（BoL）时，光中继器输入光功率 $P_{\mathrm{in}} = -14\ \mathrm{dBm}$。

系统寿命终了（EoL）时，在 25 年期间内遭受了泵浦激光器故障、深水浅水光缆维修，具体情况如下。

有 14 个光中继器遭受了光缆浅水维修，增加损耗 1.75 dB，这 14 个中继器的输出光功率为 $(-14 - 1.75 - 0.35)\mathrm{dBm} = -16.1\ \mathrm{dBm}$，其中 0.35 dB 是光纤老化损耗。

有 14 个中继器的输出光功率为 $(-14 - 0.35)\mathrm{dBm} = -14.35\ \mathrm{dBm}$，其中 0.35 dBm 是光纤老化损耗；

有 1 个中继器泵浦 LD 发生故障，增加损耗 3 dB，这 1 个中继器的输出光功率为 $(-14 - 3 - 0.35)\mathrm{dBm} = -17.35\ \mathrm{dBm}$，其中 0.35 dB 是光纤老化损耗。

有 1 个中继器进行了光缆深水维修，增加损耗 3 dB，这 1 个中继器的输出光功率为 $(-14 - 3 - 0.35)\mathrm{dBm} = -17.35\ \mathrm{dBm}$，其中 0.35 dB 是光纤老化损耗。

已知，光中继器数量 $k = 30$，$P_{\mathrm{in}} = -14\ \mathrm{dBm}$，将刚计算出的 $P_{\mathrm{in},j}$ 值代入式（9.3.1），就可以计算出光中继系统寿命终了（EoL）OSNR 与寿命开始（BoL）OSNR 之比为

$$\frac{\mathrm{OSNR_{BoL}}}{\mathrm{OSNR_{EoL}}} = \sum_{j=1}^{k} \frac{P_{\mathrm{in}}}{kP_{\mathrm{in},j}} = \frac{10^{-14/10}}{30} \times \left(\frac{14}{10^{-16.1/10}} + \frac{14}{10^{-14.35/10}} + \frac{2}{10^{-17.35/10}} \right) = 1.4$$

所以，OSNR 下降了 $10\lg(1.4) = 1.5\ \mathrm{dB}$。

对于有 120 个光中继器的 6000 km 线路，式（9.3.1）计算参数如下。

系统寿命开始（BoL）时，光中继器输入光功率 $P_{\mathrm{in}} = -10\ \mathrm{dBm}$。

系统寿命终了（EoL）时，在 25 年期间内，有 20 个光中继器遭受了光缆浅水维修，增加损耗 1.25 dB，这 20 个中继器的输出光功率为 $(-10 - 1.25 - 0.25)\mathrm{dBm} = -11.5\ \mathrm{dBm}$，其中 0.25 dB 是光纤老化损耗。

有 89 个中继器的输出光功率为 $(-10 - 0.25)\mathrm{dBm} = -10.25\ \mathrm{dBm}$，其中 0.35 dBm 是光纤老化损耗。

有 6 个中继器泵浦 LD 发生故障，增加损耗 3 dB，这 6 个中继器的输出光功率为 $(-10 - 3 - 0.25)\mathrm{dBm} = -13.25\ \mathrm{dBm}$，其中 0.25 dB 是光纤老化损耗。

有 5 个中继器进行了光缆深水维修，增加损耗 3 dB，这 5 个中继器的输出光功率为 $(-10 - 3 - 0.25)\mathrm{dBm} = -13.25\ \mathrm{dBm}$，其中 0.25 dB 是光纤老化损耗。

已知，光中继器数量 $k = 120$，$P_{\mathrm{in}} = -10\ \mathrm{dBm}$，将刚计算出的 $P_{\mathrm{in},j}$ 值代入式（9.3.1）中，就可以计算出光中继系统寿命终了（EoL）OSNR 与寿命开始（BoL）OSNR 之比为

$$\frac{\mathrm{OSNR_{BoL}}}{\mathrm{OSNR_{EoL}}} = \sum_{j=1}^{k} \frac{P_{\mathrm{in}}}{kP_{\mathrm{in},j}} = \frac{10^{-10/10}}{120} \times \left(\frac{20}{10^{-11.5/10}} + \frac{14}{10^{-10.25/10}} + \frac{2}{10^{-13.25/10}} \right) = 1.21$$

所以，OSNR 下降了 10lg(1.21)= 0.85 dB。

由此看来，似乎 OSNR 下降短距离系统要比长距离系统多些。

9.4　光纤通信系统光功率预算

光纤通信系统技术设计主要是指光功率预算和色散管理[67]。光功率预算要考虑光噪声积累、色散和非线性效应等带来的传输损伤，进行 OSNR 和 Q 参数预算。色散管理见第 8.7.6 节。

9.4.1　低速小容量系统光功率预算

光纤通信系统功率预算的目的是，保证系统在整个工作寿命内，接收机要具有足够大的接收光功率，以满足一定的误码率要求。

系统光功率预算要计算发送机和接收机之间光通道上所有器部件的损耗，这些器部件有耦合器、滤波器、连接器、接头、光交叉连接器、复用/解复用器和光纤等。光路上除 LD 发射的功率外，还有光放大器的增益，它们相加后减去光路上的总损耗（均用 dB 表示），其差减去接收机灵敏度还应该有几 dB 的余量，以留给 LD 等器件老化、色散代价和线路维修用，一般考虑 P_{mar} 为 6~8 dB。

功率预算的目的就是要确保系统在寿命终了时到达接收机的光信号功率大于或等于接收机灵敏。功率预算为

$$P_{mar} = P_{out} - P_{rec} - \sum P_{loss} \qquad (9.4.1)$$

式中，P_{mar} 是系统余量，P_{out} 是光发送机输出功率（包括光放大器增益），P_{rec} 是接收机灵敏度，$\sum P_{loss}$ 是光路上的总损耗，其值为

$$\sum P_{loss} = \sum \alpha_n L_n + \alpha_s N + \alpha_c M \qquad (9.4.2)$$

式中，α_n 是第 n 段光纤的损耗系数，L_n 是第 n 段光纤的长度，α_s 平均接头损耗，N 是接头数量，α_c 是连接器平均损耗，M 是连接器数量。

【例 9.4.1】 LD 1.3 μm 系统光功率预算

假如 LD 的发射波长是 1310±20 nm，输出功率 $P_{out} = -8$ dBm，使用 APD 接收机，接收灵敏度 $P_{rec} = -35$ dBm（BER = 10^{-9} 时），最大可接收功率为 -15 dBm，系统速率 1 Gbit/s，光纤损耗为 0.35 dB/km，总长为 45 km。

由此可见，系统增益 $G = P_{out} - P_{rec} = [(-8)-(-35)]$ dB = 27 dB。使用 4 个连接器，每个损耗 1 dB，所以连接器总损耗为 $L_c = 1.0$ dB×4 = 4.0 dB。可能有 9 个接头，每个损耗为 0.2 dB，总损耗 $L_s = 0.2$ dB×9 = 1.8 dB。估计色散损耗 $P_d = 1.0$ dB，其他模式噪声和连接器反射等损耗 $P_m = 0.4$ dB。考虑未来修理 4 次的接头损耗余量 $M_r = 0.2$×4 = 0.8 dB，系统未

来升级到 WDM 余量 $M_{\text{WDM}} = 3.0\,\text{dB}$。光纤的总损耗 $L_f = (0.35 \times 45)\,\text{dB} = 15.75\,\text{dB}$，所以线路的总损耗为

$$\sum P_{\text{loss}} = L_c + L_s + P_d + P_m + M_r + M_{\text{WDM}} + L_f$$
$$= (4.0 + 1.8 + 1.0 + 0.4 + 0.8 + 3.0 + 15.75)\,\text{dB} = 26.75\,\text{dB}$$

到达接收机的功率还有

$$P'_{\text{rec}} = P_{\text{out}} - \sum P_{\text{loss}} = [(-8) - 26.75]\,\text{dBm} = -34.75\,\text{dBm}$$

由此可见，到达接收机的功率满足接收机灵敏度 $P_{\text{rec}} = -35\,\text{dBm}$ 的要求，虽然只有很少的余量。因此也不需要在线路中间加光放大器。允许的光纤最大损耗为

$$L = G - L_c - L_s - P_d - P_m - M_r - M_{\text{WDM}} = (27 - 4.0 - 1.8 - 1.0 - 0.4 - 0.8 - 3.0)\,\text{dB} = 16.0\,\text{dB}$$

也满足光纤总损耗 $L_f = 15.75\,\text{dB}$ 的要求。

【例 9.4.2】短波长多模光纤系统光功率预算

设计一个速率为 50 Mbit/s、传输距离为 8 km 的系统，由图 9.1.9 可知，该系统应选择 0.85 μm 工作波长和阶跃折射率多模光纤，以便降低成本，此时发送机中的光源可以选用 GaAs LD 或 LED，接收机中的探测器可以选用 PIN 或 APD。

为了降低成本，先考虑 PIN 作为探测器的情况。目前 PIN 探测器在 5000 光子/比特的平均入射功率下，可以达到 BER<10^{-9} 的要求，这样接收灵敏度可表示为 $\overline{P}_{\text{rec}} = \overline{N}_{\text{ph}} h\nu B$，将 B、$\overline{N}_{\text{ph}}$ 及 $h\nu$ 代入，可得 $\overline{P}_{\text{rec}} = -42\,\text{dBm}$。光发送机的尾纤输出平均功率，使用 LD 时，一般为 1 mW；使用 LED 时，一般为 50 μW。表 9.4.1 给出了对该系统的功率预算结果。

表 9.4.1　50 Mbit/s 波长 0.85 μm 多模系统功率预算

光　源	LD	LED
发射功率 P_{out}	0 dBm	-13 dBm
接收灵敏度 P_{rec}	-42 dBm	-42 dBm
系统余量 P_m	6 dB	6 dB
连接损耗 L_{con}	2 dB	2 dB
最大允许传输损耗	36 dB	23 dB
最大传输距离 L（光纤平均损耗 α_f）	≈9.7 km (3.5 dB/km)	≈6 km (3.5 dB/km)

由此看来，只有采用 LD 才能满足 8 km 传输距离的要求。如果用 APD 代替 PIN，则接收灵敏度可提高 7 dB，此时可以采用 LED 作为光源。因此该系统应该是 LD 与 PIN 的组合，或 LED 与 APD 的组合。究竟采用哪种组合，可依据成本而定。

由于单模光纤的广泛使用，生产批量很大，而多模光纤的使用范围却相当有限，生

产批量当然也小，所以目前单模光纤的售价和多模光纤相当，甚至比后者还要便宜。

9.4.2 WDM 系统光功率预算

光功率预算（Optical Power Budget）就是冗余计算，即计算系统寿命开始（BoL）要求的最小冗余。这些冗余用 Q 值表示。承包商应该提供进行功率预算使用的参数，以及与此配套的相关信息，如信道光功率、OSNR 和线路终端设备（LTE）调制方式及 Q 参数与 OSNR 的函数关系等[63]。

光功率预算表描述什么样的系统性能才能满足用户的要求。

在海底光缆中继通信系统中，只在 LTE 接口发生电/光或光/电信号的转换。而在两个 LTE 中间，光信道将遭受噪声累积、光纤非线性和色散等带来的传输损伤。因此，要对海底光缆数字线路段（SDLS）进行光功率预算。一些系统可能由几个具有不同损伤的 SDLS 组成，这样就需对每个 SDLS 进行光功率预算。

另外，在设计多个登陆点的系统中，对于最长的 SDLS 和中继间距，OSNR 下降要比最短的多一些，最短的 SDLS 可能具有较大的额外冗余 Q_{ext}。该冗余通常称为未分配冗余 Q_{una}，在光功率预算表中应予以标明。

对于海底光缆通信系统，每个数字线路段的功率预算，要进行寿命开始（BoL）预算和寿命终了（EoL）预算。

BoL 功率预算提供最坏情况数字线路段性能，该 SDLS 的 Q 值要在交付使用时测量。要保证寿命开始（BoL）预算和寿命终了（EoL）预算的工作条件一致。

EoL 预算是计算系统寿命终了估算的最坏 Q 值和保证性能安全传输需要的最小 Q 值的差。EoL 功率预算对系统设计寿命终了时的最坏情况数字线路段性能进行估算，包括：光缆、器件和线路终端设备老化；泵浦激光器故障；维修工作增加的光接头；光缆损耗；以及由这些因素引起的色散图改变。

供货商应该提供足够的信息，以便进行光功率预算，至少应给出总的传输距离和段长、WDM 波长数、发送机消光比、中继器输出光功率值和光放大器噪声指数值、接收机光、电带宽、线路终端设备背对背 Q 参数值、前向纠错编码性能（包括纠错前和纠错后的 BER 曲线）等[67]。

供货商也应该说明，为了改善传输性能，在发送端/接收端是否使用了偏振扰码器和/或虚拟信道，或者在海底设备中是否使用了增益均衡滤波器和斜率均衡器。

DWDM 系统应该考虑色散对系统性能的影响。已知色散引起脉冲展宽，光纤越长，色散影响越大，因此色散限制了信道间距和传输距离。在进行功率预算时要考虑色散带来的功率代价。

当 WDM 网络具有 WDM 分支（WDM-BU）时，传输的两个方向可能遭受不同的损伤，也需要分别对 SDLS 进行光功率估算，然后选择最大损伤的进行预算。

表 9.4.2 列出 $100 \times 100\,\text{Gbit/s}$，长 $10000\,\text{km}$ WDM 海底光缆通信系统中一些引起光功率代价的损伤效应及对应的 Q 值，并给出系统功率预算结果。

表 9.4.2　WDM 海底光缆通信系统 Q 参数预算[20,63]

编　号		项　　目	Q_x/dB	BoL/dB	EoL/dB
0		计算得到 OSNR（dB/0.1 nm）	—	15.0	14.5
1		平均（mean）Q 值（从 OSNR 计算或实验获得，含海底光缆传输损伤 Q_{pro}）	Q_{mean}	9.5	9.3
传输损伤 $\sum Q_{imp}$	1.1	色散效应损伤、非线性效应、自相位调制、交叉相位调制、四波混频、受激拉曼色散等的综合（Combined）影响	Q_{com}	−1.8	−1.6
	1.2	全段累积增益曲线不平坦（Gain Flatness）损伤	$Q_{gainfla}$	—	—
	1.3	非理想预均衡（Pre-emphasis）损伤①	Q_{pre-em}	—	—
	1.4	海底光缆数字线路段波长（Wavelength）失配损伤	Q_{wav}	−0.5	−0.5
	1.5	偏振相关损耗（PDL）	Q_{PDL}	—	—
	1.6	偏振相关增益（PDG）	Q_{PDG}	—	—
	1.7	偏振模色散（PDM）②	Q_{PDM}	—	—
	1.8	监控损伤（低频信号调制光信号用于监控，额外调制带来的损伤）	Q_{sup}	−0.2	−0.2
	1.9	制造和环境损伤（同一厂家生产同一个产品也不能保证指标相同）	Q_{man}	−0.5	−0.5
	2	偏振波动（Fluctuation）使平均性能下降	Q_{flu}	−0.5	−0.5
	$\sum Q_{imp}$	$Q_{com} + Q_{gainfla} + Q_{pre-em} + Q_{wav} + Q_{PDL} + Q_{PDG} + Q_{PDM} + Q_{sup} + Q_{man} + Q_{flu}$	$\sum Q_{imp}$	−3.5	−3.3
3 线性 Q_{line} 计算		$Q_{line} = Q_{mean} + \sum Q_{imp}$	线性 Q_{line}	6.0	6.0
4		线路终端设备（LTE）背对背（输入输出直接相连）测试出的 Q 值	Q_{LTE}	17.1	17.1
5 区段 Q_{seg} 计算		$\dfrac{1}{Q_{seg}^2} = \dfrac{1}{Q_{line}^2} + \dfrac{1}{Q_{LTE}^2}$	区段 Q_{seg}	5.7	5.7
	5.1	FEC 前，BER③的典型值	BER_{no-FEC}	$2e^{-2}$	$2e^{-2}$
	5.2	FEC 后，BER_{FEC} 典型值	BER_{FEC}	$<1e^{-13}$	$<1e^{-13}$
	5.3	利用式（9.2.1）或式（9.2.10），由 BER_{FEC} 计算出 Q_{FEC} 值	Q_{FEC}	>17.3	>16.6
6		FEC 后的 Q 值（符合 ITU-T G.826 和 G.975.1），保证系统运行的最小 Q 值，对应 FEC 前最坏允许的 BER④	Q_{limit}	5.0	5.0
7 其他代价		维修（repair）冗余、光纤和器件老化⑤、泵浦激光器故障、判决阈值非理想等，$Q_{rep} = Q_{FEC}(BoL) - Q_{FEC}(EoL)$	Q_{rep}	—	0.7
8		区间冗余⑥	Q_{mar}	1.7	1.0

（续）

编 号	项　目	Q_x/dB	BoL/dB	EoL/dB
9	未分配（Unallocaded）冗余	Q_{una}	—	0
10	系统开始运行 Q 值，由合同给出每个数字线路段（DLS）值	Q_{comlim}	5.7	—

① 编号 1.3，预均衡损伤代价

预均衡在 WDM 光发送端机中使用，以便减轻在线光放大器在传输过程中增益波动和增益斜率对系统性能的影响。

预均衡是这样实现的：安排最大光功率 WDM 信道给在线放大器增益最小的信道；而安排最小光功率 WDM 信道给在线放大器增益最大的信道。最大和最小光功率之差就是每个波长的预均衡值。于是，信道功率预均衡后，系统所有信道的传输性能几乎都相等。

② 编号 1.7，对于 10 Gbit/s NRZ 系统，偏振模色散（PMD）30 ps 极限的 1 阶代价是 1 dB，其概率为 1×10^{-5}（见 ITU-T G.691 和 G.959.1）。

③ 编号 5.1，FEC 前要求的最小 BER，为了 FEC 后达到要求的传输性能，FEC 前就要满足最小 BER 要求。该值与使用的 FEC 有关，典型值约为 $1e^{-2}$。

④ 编号 6，保证系统运行的最小 Q 值（Q_{limit}），该值是 FEC 后的符合 ITU-T G.826 和 G.975.1 推荐的 Q 值。Q_{limit} 对应 FEC 前最坏允许的 BER，例如 Q_{limit} = 11.2 dB 对应 BER = 2.4×10^{-4}。该 BER 在 ITU-T G.975 中，减小到 BER < 10^{-11}。而 ITU-T G.975.1 的 SFEC 能把 10^{-3} 的 BER 减小到比 10^{-13} 还要低。

⑤ 编号 7，其他代价（含维修冗余）Q_{rep}，由环境引起的物理效应和光纤损耗缓慢增加引起。海底光缆光纤老化主要考虑氢效应老化和海洋辐射老化两个因素。光纤氢效应，25 年后损耗增加约 0.003 dB/km。海底沉淀物、倾倒垃圾等引起的辐射效应，使损耗 25 年后约增加 < 0.002 dB/km，陆地缆老化损耗可按 0.01 dB/km 考虑。Q_{rep} 等于寿命开始（BoL）区段 Q_{seg} 减去寿命终了（EoL）的区段 Q_{seg}。

EoL 的 Q_{mar} 通常为 1 dB，BoL 的 Q_{mar} 等于 EoL 的 Q_{rep} 加上 EoL 的 Q_{mar}。

系统维修冗余，每次维修可能将额外插入 2 倍水深的光缆，并增加 2 个光纤接头。陆地光缆按 2 个登陆站每侧 4 次维修考虑，虽然陆地光缆维修不额外增加光缆长度，但可能每次增加 2 个光纤接头。应把所有插入光缆损耗和接头损耗作为系统总的维修损耗量，并把该值分摊到每个中继段中，作为每个中继段的光功率代价。

光缆施工冗余，由于船载量或施工气象不测等原因，海底光缆施工时可能增加的现场接头及其附加损耗，根据施工期的不同，可按 100～200 km/每个接头做预算。该接头只增加接头盒而不额外插入光缆，按每个接头损耗 0.1 dB 计算。GB 51158-2015《通信线路工程设计规范》要求每个接头损耗最大值为 0.14 dB。海底光缆每次维修不少于两个接头，接头总损耗按 0.4 dB 计算[64]。

⑥ 编号 8，区段冗余 Q_{mar}。

9.4.3　无中继放大系统功率预算

两种不同的无中继光放大器海底光缆通信系统如图 9.4.1 所示，图 9.4.1a 表示只有本地功放和本地前放的无中继系统，图 9.4.1b 表示除有本地功放和前放外，还在发送端和接收端分别增加了远泵功放和远泵前放 EDFA 或拉曼放大。表 9.4.3 给出两种无中继放大系统的功率预算结果，既适用于单信道系统，也适用于 WDM 系统，后者只要发射功率满足每个信道的要求即可。

在表 9.4.3 中，凡是能够提供增益的项目，如发送机输出功率、光放大器增益、接收机灵敏度都设为"+"值；而凡是吸收或衰减增益的均设为"-"值，在计算公式中均相加即可。

传输终端设备（LTE）寿命开始（BoL）功率预算是光发送机输出功率、光放大器增益、接收机灵敏度以及传输损伤相加。LTE 寿命终了（EoL）功率预算是 BoL 值加上设备老化值即可。

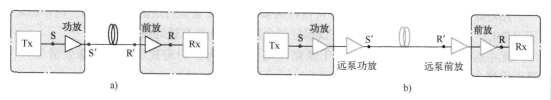

图 9.4.1 无中继放大系统构成

a）系统1，只有功放和前放　b）系统2，在功放和前放基础上又增加了2个远泵光放大器

表 9.4.3 无中继海底光缆通信系统功率预算表[30]

	项　目	单位	系统1	系统2	表示符号及计算结果
传输终端设备（LTE）功率预算	参考点 S′发射功率	dBm	17.5	14.0	A1
	远泵功率增强光放大器增益	dB	0.0	11.0	A2
	远泵前置光放大器增益	dB	0.0	18.0	A3
	参考点 R′接收机灵敏度	dBm	46.0	43.0	A4
	传输损伤	dB	−0.5	−0.5	A5
	设备老化	dB	−1.0	−1.0	A6
	寿命开始（BoL）设备功率预算	dB	63.0	84.5	A7=A1+A2+A3+A4+A5
	寿命终了（EoL）设备功率预算	dB	62.0	83.5	A8=A7+A6
海底光缆功率预算	海底光缆长度	km	300	420	B1
	BoL 海底光缆衰减系数	dB/km	−0.181	−0.181	B2
	BoL 海底光缆损耗	dB	−54.3	−76.0	B3=B1×B2
	EoL 海底光缆衰减系数	dB/km	−0.186	−0.186	B4
	EoL 海底光缆损耗	dB	−55.8	−78.1	B5=B1×B4
	安装损耗	dB	−1.0	−1.0	B6
	维修冗余	dB	−3.0	−3.0	B7
	BoL 海底光缆总损耗	dB	−55.3	−77.0	B8=B3+B6
	EoL 海底光缆总损耗	dB	−59.8	−82.1	B9=B4+B6+B7
寿命开始（BoL）系统冗余		dB	5.7	7.5	C1=A7+B8
寿命终了（EoL）系统冗余		dB	1.2	1.4	C2=A8+B9

海底光缆功率预算首先将海底光缆长度与其衰减系数相乘，然后相乘值加上安装损耗、维修冗余就是海底光缆总损耗。

系统寿命开始（BoL）/寿命终了（EoL）冗余是寿命开始（BoL）设备功率预算/寿命终了（EoL）设备功率预算分别加上其总损耗。

在系统2中，发射功率定义在远泵功放的输出端（S′点），接收灵敏度定义在远泵前放的输入端（R′点）。这时，远泵光缆段损耗可以增加到设备功率预算中。

用寿命开始（BoL）系统冗余，可以检测系统刚刚安装运行后的工作状态，而寿命终了（EoL）系统正值（+）冗余值可以保证寿命期内系统具有较好的性能。

无中继海底光缆线路可能数百千米路由均处于浅海，为避免所预留维修余量过大，最大维修余量应不超过 5 dB[64]。

9. 4. 4　功率代价因素

由 9.1 节分析可知，光纤的损耗和色散都可能对系统设计和性能产生影响。在较低码率（$B<100$ Mbit/s）时，只要上升时间满足传输的要求，大多数系统都是受损耗限制而不是受色散限制；但在较高码率（$B>500$ Mbit/s）时，光纤色散可能构成对系统的限制因素。从 5.5.3 节已经知道，消光比、强度噪声及定时抖动要引起的功率代价（Power Penalty）。本节主要讨论在系统设计中还需考虑的其他几个可能引起功率代价的因素，它们是光纤的模式噪声、色散导致的脉冲展宽、LD 的模分配噪声、LD 的频率啁啾、反射噪声以及线性串扰和非线性串扰，其中前四种因素都与光纤的色散有关。

1. 光纤模式噪声

在多模光纤中，由于沿光纤传播的各模式间的干涉作用，在接收探测器光敏面上将形成一个光斑，由于光斑随时间发生变化，将会造成接收光功率变化，引起 SNR 下降，对接收机来说相当于一种噪声，这种噪声称为光纤模式噪声（Modal-Noise），它仅存在于多模光纤中。当光纤受到诸如振动和微弯等机械作用时，不可避免地会出现模式噪声。此外，在多模光纤传输线路上，连接器和熔接点会形成一种空间滤波器，该滤波器随时间的任何变化都会引起光斑图的变化，而使模式噪声增强。

在短距离的单模光纤系统中，如果光纤中激励起高次模，也会出现模式噪声。但一般说来，模式噪声只在采用 LD 和多模光纤的系统中才予以考虑，而在单模光纤系统中，一般不予考虑。

2. 色散引起脉冲展宽

单模光纤系统避免了模间色散和与之相关的模式噪声，但正如 9.1.4 节中指出的那样，群速度色散导致光脉冲展宽将限制系统的 BL 值，此外，这种色散（Dispersion）导致的脉冲展宽效应还会使接收灵敏度下降。

色散引起脉冲展宽，可能对系统的接收性能形成两方面的影响。首先，脉冲的部分能量可能逸出到比特时间以外而形成码间干扰。这种码间干扰可以采用线性通道优化设计，即使用一个高增益的放大器（主放大器）和一个低通滤波器，有时在放大器前也使用一个均衡器，以补偿前端的带宽限制效应，使这种码间干扰减小到最小。其次，由于光脉冲的展宽，在比特时间内光脉冲的能量减少，导致在判决电路上 SNR 降低。为了维持一定的 SNR，需要增加平均入射光功率。

3. 激光器模式分配噪声

使用多模 LD 时，除主模外，在其两侧存在着对称的多个纵模对。由于光纤色散，纵模对中的每个纵模到达光纤末端就出现不同的延迟，从而产生光生电流的随机抖动，这种噪声称为模分配噪声（Mode-Partition Noise，MPN）。尽管各模式的强度之和可以保持恒定，但每一个模式却可能发生较大的强度变化。在不考虑光纤色散的情况下，因为所有模式在发射和探测期间可能均保持同步，这种模式分配噪声对系统性能可能不产生影响。但实际上由于群速度色散的存在，各模式具有不同的传播速度，使得模式之间出现不同步，导致接收机上光生电流产生随机的漂移，形成噪声，使判决电路上的 SNR 降低。因此为了维持一定的 SNR，以达到要求的 BER，在 MPN 存在的情况下，需要增大接收光功率。考虑模式噪声需增加的这部分功率就是需付出的光功率代价。即使接近单纵模工作的 LD，这种 MPN 也会存在。

使用单纵模激光器时，可以使 MPN 的影响降到最小。事实上，$1.55\ \mu m$ 的光纤通信系统大多数都采用了 DFB 激光器，但实际上任何单纵模激光器都会有边模存在，尤其激光器在受调制的情况下更是如此，只能用边模抑制比（MSR）来表征这种准单模激光器"单模"工作性能的好坏。显然，在准单模激光器的情况下，MPN 引起的光功率代价与 MSR 有关。

理论计算表明，当 MSR<42 时，光功率代价变为无限大，因为不管接收到的光功率有多大，总不能满足 $BER \leqslant 10^{-9}$ 的要求。而当 MSR > 100（20 dB）时，光功率代价可以忽略（<0.1 dB）。因此 MSR 的大小对 MPN 引起的功率代价起着重要的作用。

4. LD 的频率啁啾

在 4.6.3 节中我们已对频率啁啾做过简要介绍，从中已知，LD 的直接强度调制，由于载流子浓度导致的折射率变化，总是不可避免地伴随着相位调制，这种相位随时间变化的光脉冲就叫作频率啁啾。频率啁啾使光脉冲的频谱大大展宽，展宽的频谱因光纤的群速度色散，导致光纤输出端光脉冲形状发生展宽，使系统误码率增加。在 $1.55\ \mu m$ 波长系统中，即使采用边模抑制比大的单模 LD，LD 的频率啁啾也是对系统的主要限制因素。

因此高速光纤通信系统，多采用多量子阱结构 DFB LD，以减小频率啁啾的影响。另一种消除频率啁啾的方法是用直流驱动 LD 使之发光，然后采用外调制器对其调制。

5. 反射噪声

在光传输路径上总是存在着熔接点和连接头，也不可避免地要插入光器件，从而会引起折射率的不连续变化产生光反射（Reflection）。这种光反射是不希望有的，因为它会对发射机和接收机产生影响，降低系统的性能，即使是很小的反射光进入激光器也会在 LD 输出端产生附加噪声，引起功率代价，这种代价称为回波损耗（ORL）代价。因此在要求较高的场合，需要在光源与光纤之间使用光隔离器，即使在这种情况下光纤线路上两个反射点之间的多次反射也会形成附加的强度噪声而影响系统性能。

6. 线性串扰

在设计 DWDM 系统时，最重要的问题是信道串扰（话），串扰是由一个信道的能量转移到另一个信道引起的，发生串扰时，系统性能下降。这种能量转移来自光纤的非线性效应，即非线性串扰现象，它与通信信道的非线性本质有关。然而，即使在非常好的线性信道中，因为解复用器件，如实际调谐光滤波器的非理想特性，也不能完全排除相邻信道功率的进入，从而产生串扰，使误码率增加。增加接收光功率可使误码率减小，增加的这部分功率就叫作串扰引入的功率代价。线性信道中的串扰叫作线性串扰。

用分贝表示的串扰代价为

$$\delta_{CT} = 10\lg \frac{P_{yx}}{P_x} \tag{9.4.3}$$

式中，P_{yx} 是 x 光纤（信道）耦合到 y 光纤（信道）的功率，P_x 是 x 光纤（信道）上的输入信号功率。

线性串扰在解复用时发生，它与信道间隔和解复用方式以及器件的性能有关，特别是它与选择信道使用的光或电滤波器的传输特性有关。在直接检测系统中，常采用光滤波器和波导光栅作为解复用器或路由器，所以光滤波器和波导光栅的性能决定着串扰的大小。在相干检测系统中，串扰由对中频信号进行处理的带通滤波器决定。

7. 非线性串扰

2.3.5 节已简单介绍了几种光纤的非线性。光纤非线性对系统性能的影响取决于光纤中传输的光功率密度（光功率/光纤有效芯径面积）和传输距离。光纤中的非线性效应可能引起信道间串扰，即一个信道的光强和相位将受到其他相邻信道的影响，形成非线性串扰。显然，光功率密度越大和光纤越长，非线性影响也越严重。对于光纤长度固定的系统，减小非线性对系统性能影响的因素就是光功率。但是光功率太小，比特速率就不能高，否则每比特接收的光功率就太小，不足以维持期望的 BER。

信道比特速率和调制技术也限制信道宽度、间距和 BER 和串扰等性能。在 DWDM 系统中，要求每个信道发射进入光纤的功率要足够大，以使系统经过传输后不产生误码（要求 BER<10^{-11}）；但是每个信道的光功率也不能任意大，否则光纤非线性也会使系统性能下降。

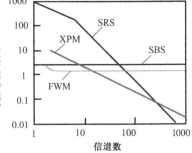

SRS为受激拉曼散射，SBS为受激布里渊散射，
XPM为交叉相位调制，FWM为四波混频

图 9.4.2　四种非线性串扰对信道
功率的限制[7]

图 9.4.2 给出了为避免非线性串扰，系统复用信道数与对信道功率限制的关系曲线，系统工作在 1.55 μm 波长，光纤芯径为 8 μm，损耗为 0.2 dB/km，信道间距为 10 GHz。由图 9.4.2 可知，随着信道数的增加，每个信道允许的最大光功率将

下降，对于 100 个信道的 WDM 光纤系统，为避免受激拉曼散射的影响，每个信道的功率应小于 0.4 mW。图 9.4.2 同时给出了几种非线性效应对信道功率的限制曲线。

比较图 9.4.2 所示的四种非线性对系统性能的影响，可以看到，当信道数 $N \leq 10$ 时，受激布里渊散射（SBS）和四波混频（FWM）的影响最为严重。但是当 $N>10$ 时，交叉相位调制（XPM）变成一个影响系统性能的主要因素。当信道数超过 100 时，信道功率需要减少到小于 0.1 mW。四波混频的影响对信道间距和光纤色散的大小都很敏感。对于 100 GHz 的信道间距，假如其他参数保持相同，图 9.4.2 中限制的功率可从 1 mW 增加到 30 mW，此时 SRS 和 XPM 是最主要的限制因素。通常，在多信道通信系统中，非线性串扰限制发射进信道的功率为零点几毫瓦。

关于受激拉曼散射、受激布里渊散射、交叉相位调制以及四波混频引入的非线性串扰见文献［4］中的 8.6.2 节和 8.6.3 节。

9.5　光纤通信系统技术设计

9.5.1　光中继系统技术设计考虑

在光接收过程中，不可避免地发生随机的比特误码。光中继器 EDFA 和电子元器件产生的光、电噪声与畸变的信号脉冲一起，使送到再生器判决电路的信号质量下降。传输路径设计的目的就是选择合适的中继器和光缆，以有效、经济的方法限制 OSNR 降低，使 BER 低于系统设计指标的要求。

对于光中继海底光缆通信系统，要使用专门为光中继系统设计生产的光缆，该光缆含有向水下中继器供电的导体，又有浅水和深水之分，其直流电阻（通常 1.0 Ω/km）和绝缘强度应满足供电设备（PFE）对所有海底中继器的要求。中继段光纤可以是同类光纤，也可以是不同种类光纤，同一段内也可以用 2 种不同种类的光纤（如正色散 G.652 光纤和负色散 G.655 光纤）连接，进行色散管理（见 8.7.6 节）。

光中继海底光缆与无中继海底光缆相比，光纤芯数较少，通常只有 4~8 芯，通信容量主要依赖波分复用和提高线路速率。所以，选择在系统寿命 25 年内可以一直使用的光纤光缆，如用 G.652、G.655 和 G.656 光纤制成的深水、浅水应用的轻铠（LW 和 LWA）、单铠（SM）和双铠（DA）等多种保护结构的缆型（见 2.6.3 节），如需系统升级只需更换传输设备即可。

光中继传输系统距离长（>12000 km），为了提高线路输出端 OSNR，要求线路中继器的输入功率高、噪声指数和增益低，这样就限制了中继段长。通常，两个相邻放大器的平均损耗为 10~20 dB，这取决于线路总长和光纤非线性效应允许的放大器信号输出功率。事实上，克尔效应（自相位调制、交叉相位调制）、四波混频使每信道最大功率约为

0 dBm。EDFA 输出光信号功率已从 +12 dBm（几个信道）增加到 +17 dBm（≥100 个信道）。由于信道比特速率由 10 Gbit/s 增加到 100 Gbit/s 或 400 Gbit/s，高 OSNR 要求线路信号功率保持较高，从而限制了 EDFA 的增益电平[20]。

目前，由于 PM-QPSK 调制/相干检测和大有效面积光纤的使用，长距离海底光缆系统信道速率一般均采用 100 Gbit/s，线路色散也不需要补偿，可使用独立设计的中继器。这种系统使用 C 波段 EDFA 中继，可实现 150×100 Gbit/s WDM 信道传输，频谱效率可达 300%。设计较短距离系统时，采用高阶调制格式，频谱效率还可大于 300%。

中继海底光缆需对光纤色散、衰减和非线性效应进行优化。在串接上百个掺铒（Er）光纤放大器延伸数千千米的线路中，为防止信号展宽，减小非线性畸变，必要时要周期性插入一段具有负色散的成缆色散补偿光纤，进行周期性补偿。

对于一个高斯噪声限制 BER 的海底光缆通信系统，BER 与 Q 有关 [见式（9.2.1）和式（9.2.10）]。设计系统的 Q 值在开始使用时要足够大，以便允许系统老化和维修后也能正常工作。中继系统在系统寿命终了后仍应留有 1 dB 的 Q 值余量（见表 9.4.2 和图 9.3.1）。光中继系统光功率预算见 9.4.2 节，系统维修冗余考虑见表 9.4.2。

设计海底光缆系统时，维修余量应这样考虑，在寿命期内，登陆点到登陆站之间的陆地光缆段可按每 4 km 维修 1 次计算，但不宜少于 2 次，每次维修的每个接头损耗可按 0.14 dB 计算；近岸段和浅海段可按每 15 km 维修 1 次计算，但不宜少于 5 次；深海段可按每 1000 km 维修 1 次计算；海底光缆每次维修增加的损耗应包括入海光缆本身的衰减和接头损耗，插入光缆长度可按海水深度的 2.5 倍计算，每次维修的接头损耗可按 0.4 dB 计算[64]。

中继海底光缆系统应采用一线一地的远供恒流供电方式，对于点到点线型系统，应采用双端供电，在一端远供电源设备出现故障时，另一端远供电源设备应能自动对整个系统供电。在海底光缆发生接地故障的情况下，远供电源设备可自动调整输出工作电压，实现新的供电平衡[64]。

对于分支型海底光缆系统，在正常工作情况下，其中两个登陆站之间应双端供电，第三个登陆站到海底分支单元应采用单端供电；在连接海底分支单元的一个分支发生故障的情况下，海底分支单元可实现供电倒换，实现另两个分支之间双端供电或分别对海底分支单元单端供电。供电设备的供电转换模块应进行 1+1 冗余配置[64]。

对光中继器的供电要求是，供电电流要小，通常为 1 A 左右；直流压降也要小，通常为 20~30 V；中继器应具有较小的热阻，以利散热；但应有高的绝缘强度。

9.5.2　光中继间距设计

通常设计长距离光纤传输通信系统的目标是，对于给定的传输距离和容量，减少中继器的数量。中继器间距（Span Length）计算通过以下步骤实现[20]。

第 1 步，计算系统寿命开始要求的区段 Q_{seg}^{BOL} 参数（见图 9.3.1 和表 9.4.2）

$$Q_{\text{seg}}^{\text{BOL}} = Q_{\text{lim}} + Q_{\text{mar}} + Q_{\text{rep}} \tag{9.5.1}$$

式中，Q_{lin} 是系统寿命开始要求的最小 Q 值，Q_{mar} 是系统寿命终了要求的维修冗余，Q_{rep} 是允许光缆维修和老化的 Q 值。

第 2 步，估计中继器每个波长最大输出功率和有关的传输损伤。

在长距离传输系统中，发射功率由于非线性效应被脉冲展宽和色散所限制。产生高 Q 值的中继器输出功率可从实验室传输实验中获得。脉冲畸变取决于系统长度、WDM 波长数、波长间距、光纤类型（有效面积、色散）和调制方式。

在短距离系统中，发射功率主要受限于中继器可用泵浦功率。

第 3 步，计算 BoL 时要求的 OSNR。

首先，基于 OSNR 的 Q 参数为

$$Q = Q_{\text{seg}}^{\text{BOL}} + Q_{\text{pro}} + Q_{\text{TVSP}} + Q_{\text{pre-em}} + Q_{\text{sup}} + Q_{\text{man}} \tag{9.5.2}$$

式中，$Q_{\text{seg}}^{\text{BOL}}$ 是系统开始时的区段 Q 参数，Q_{pro} 是传输损伤，Q_{TVSP} 是随时间变化的 Q 参数损伤（Time-Varying System Performance），$Q_{\text{pre-em}}$ 是非理想预均衡损伤，Q_{sup} 是监控损伤，Q_{man} 是制造损伤（见表 9.4.2）。

然后，通过式（9.2.7）$Q^2 \approx \text{OSNR}$，就可以计算 OSNR。假如需要，可以把级联光中继器中的光放大器非一致频谱响应引起的 OSNR 下降损伤值考虑进去。

最后，用式（9.5.3）计算出所需要中继器的数量 N_{amp} [2]

$$\text{OSNR} = P_{\text{out}} - 30 - F_n - \frac{L\alpha}{N_{\text{amp}}} - 10\lg M_\lambda - 10\lg N_{\text{amp}} + 88 \tag{9.5.3}$$

式中，OSNR 的单位为 dB，P_{out} 是中继段光纤的输入光功率，即中继器输出光功率（dBw），F_n 是 EDFA 噪声指数，M_λ 是 WDM 系统使用的波长数，L 是光中继系统总长度，α 是光纤衰减系数。

图 9.5.1 表示典型海底/陆地光缆通信系统传输距离与要求的中继器间距的关系。

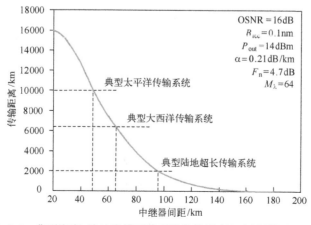

图 9.5.1　典型海底/陆地光缆通信系统传输距离与中继器间距的关系

对于 80×150 Gbit/s 系统的典型中继器间距与线路长度的关系如图 9.5.2 所示。

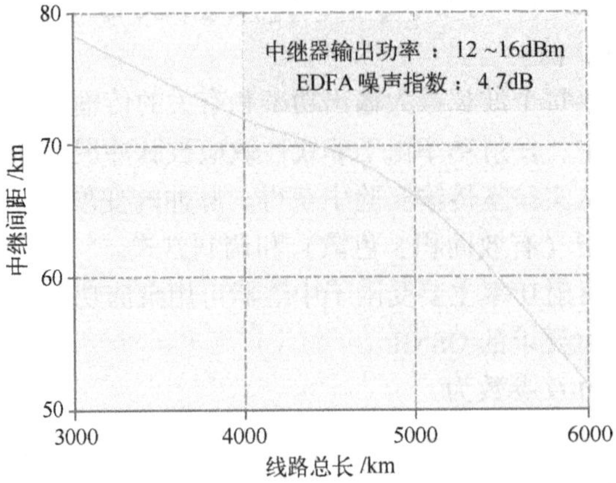

图 9.5.2　80×150 Gbit/s 系统中继器间距与线路长度的关系

9.5.3　无中继系统技术设计考虑

无中继系统与中继系统相比具有如下三个特殊的要求。

1) 传输容量自系统开始运营后常常进行不断扩容，这就要求系统具有能够不断扩容的能力。

2) 大部分无中继系统敷设在浅水区，因此海底光缆的强度可以降低，成本也可以减小。但是当近海海底光缆敷设在渔场和港口区时，为了防止人为的抛锚损坏，海底光缆的强度要加强，常采用单铠或双铠光缆，此外还要把海底光缆深埋入海底。

3) 无中继系统常被用来连接具有许多登陆点的地区网和本地网，系统结构变得很复杂，要求网络管理能力很强。

无中继系统设计的主要任务是，在满足用户提出的性能要求的前提下使成本降低。然而，高性能的要求常常要付出高成本的代价。设计者的责任就是在这两者之间取得折衷。例如低损耗光纤的色散要稍大，而具有最小色散的 G.653 色散位移光纤的损耗又偏大。若选用色散偏大而损耗最小的 G.654 光纤（在 1.55 μm），则要求较好的光发送机，特别是在高比特率使用时，因为此时色散是影响系统性能的主要因素。所以设计一个高性能无误码传输的无中继系统是一项艰巨的任务。

典型的设计方法是，从各种可能的拓扑结构中，选择一种满足用户要求的路径、长度和容量，进行损耗预算。损耗预算的目的是，根据现有可用的技术和收发终端性能，计算光路上的允许损耗，然后和路径上的光纤损耗、连接器接头损耗以及各种损伤、冗余之和进行比较，判定是否满足设计要求，如表 9.4.3 所示。

支持当今无中继海底光缆通信系统的传输技术有光纤和光缆技术、高性能光发送机和接收机技术、先进的复用（如偏振复用）技术和 BPSK、QPSK 和 QAM 调制技术、前向纠错技术、色散管理和补偿技术、线路增益均衡滤波技术、脉冲整形技术以及最重要的掺铒光纤集中放大和分布式拉曼放大等技术等。

无中继海底光缆系统一般采用陆地光缆 WDM 设备或陆地光缆 SDH 设备，所以性能指标设计宜参照我国陆地光缆 WDM 和 SDH 传输系统的设计规范。在建设单位和设备供应商双方同意的情况下，无中继 WDM 系统也可按照有中继 WDM 系统性能指标设计[64]。

无中继传输系统海底光缆敷设及其维护可以使用当地较小的船只进行，无须使用高性能的专门海底光缆敷设船，这样就可大大地减少无中继系统的费用。无中继海底光缆网络管理系统应该与陆上网络的兼容，因为海底和陆上系统可能由用户作为一个统一的网络来维护。

无中继系统是中继系统的支系统，它故障定位简单。

9.6 DWDM 系统设计

DWDM 系统设计要考虑影响系统和网络性能的几个关键参数，它们是使用的光纤类型、支持的业务类型和透明支持业务的协议，信道中心频率或波长以及波长的稳定性和互操作性、信道比特速率和调制方式，信道容量、宽度和间隔，光放大器使用和必须考虑的问题，系统功率预算和色散引起的功率代价，总带宽管理，网络管理协议、可靠性、保护和生存策略，网络可扩展性和灵活性等。

9.6.1 中心频率、信道间隔和带宽

1. G.692 推荐的频栅

为了 WDM 系统的互操作，发送端和接收端的信道中心频率必须相同。ITU-T G.692 推荐在 C 波段和 L 波段从 196.10 THz（1528.77 nm）开始，按 50 GHz 的倍数增加或减小（或按 0.39 nm 的倍数减小或增加），如图 9.6.1 所示。这样，在 C 波段和 L 波段可用的信道中心频率为

$$F = 196.1 \pm m \times 0.05 \, \text{THz} \tag{9.6.1}$$

式中，m 是整数，196.1 THz 是参考频率。在式（9.6.1）中，用 0.1 THz、0.2 THz 和 0.4 THz 取代 0.05 THz 就可以计算出频率间隔为 100 GHz、200 GHz 和 400 GHz 系统在 C 波段的中心频率。

这里使用频率而不是波长作为参考是因为波长受材料折射率影响。

信道间距越小，对滤波器和复用/解复用器的频谱特性要求就越严，否则相互间就会产生干扰。信道间距、波长和比特速率、光纤类型及长度决定色散的大小。同时要允许信道间距在 2 GHz 的范围内变化，以免 LD、滤波器和光放大器频率的漂移引起信道间相互干扰。

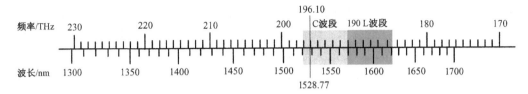

图 9.6.1　ITU-T 推荐的 WDM 信道频率和波长的对应关系

在有光滤波器的 DWDM 系统中，滤波器失谐会使中心频率偏离原设计值。当失谐增加时，使相邻信道的干扰增加，从而串扰也增加了。另外失谐也增加了插入损耗，所以应该考虑对失谐的频率校正或补偿，或者对 LD 的频率进行稳频。

2. G. 694. 1 关于 DWDM 信道中心频率的安排

ITU-T 规定 DWDM 系统信道的频率间距可以是 12. 5 GHz、25 GHz、50 GHz 和 100 GHz，允许的信道频率（THz）为[68]

$$f = 193.1 + n \times m \, (\text{THz}) \tag{9.6.2}$$

式中，$n = 0, \pm 1, \pm 2, \pm 3, \cdots$，$m = 0.0125$、0.025、0.05、0.1，分别对应信道频率间距 12. 5 GHz、25 GHz、50 GHz 和 100 GHz。

3. G. 694. 1 推荐的灵活频栅

ITU-T G. 694. 1 推荐了一个基于 12. 5 GHz 颗粒的新的灵活频栅（Spectral Grids）频谱，它规定了用于信道比特速率不同的频栅，如图 9.6.2 所示。由图可见，以 32 Gbaud 信号调制的 100G PM-QPSK 信道可插入 37. 5 GHz 的频栅中，而以 32 Gbaud 信号调制的 2×200G PM-16QAM 信道可插入 75 GHz 的频栅中。

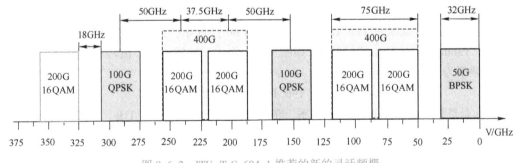

图 9.6.2　ITU-T G. 694. 1 推荐的新的灵活频栅

按照 ITU-T G. 694. 1 的规范，DWDM 系统光纤上允许的标称中心频率如表 9.6.1 所示，计算时光速取 2. 99792458×10⁸ m/s，ITU-T G. 694. 1 已给出不同信道间距下频率所对应的波长。

表 9.6.1　DWDM 系统允许光纤标称中心频率

信道间距/GHz	允许中心频率/THz（n 为正的或负的整数，包括 0）
12.5	193.1+n×0.0125
25	193.1+n×0.025
50	193.1+n×0.05
100	193.1+n×0.1

在 ROADM 级联时，没有足够的滤波，以 37.5 GHz 或 75 GHz 频栅的光交换是不可能的。理论上，由于在 37.5 GHz 或 75 GHz 频栅之间需插入保护频带的要求，灵活频栅技术允许有 25% 的频率容量损失。保持 50 GHz ITU-T 频栅的 400G 系统似乎是可行的，不过要等待 ROADM 能有效管理这 37.5 GHz 的频栅到来。

4. DWDM 信道带宽

如果一个 DWDM 系统具有 N 个信道，占据的带宽为 Δf_N，每个信道的比特速率是 B (Gbit/s)，编码后的带宽为 $\Delta f_{cod} = 2B$（GHz）（及信道带宽），为避免信道间串扰，信道间距最小应该是 $\Delta f_{spa} = 6B$（GHz），如图 9.6.3 所示。基于以上的考虑，当已知信道比特速率后，可以计算在指定的波长范围内所能容纳的信道数。因为 $\Delta f_N = \Delta f_{cod} N + \Delta f_{spa}(N-1)$，故

$$N = \frac{\Delta f_N + 6B}{8B} \qquad (9.6.3)$$

式中，用波长表示的 Δf_N 由附录 E 给出

$$\Delta f_N = c\Delta \lambda_N / \lambda^2 \qquad (9.6.4)$$

式中，λ 为 DWDM 所占带宽的中心波长。

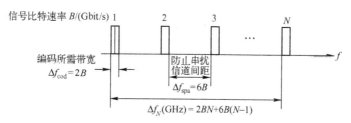

图 9.6.3　DWDM 系统的编码带宽、信道间距和 N 个信道占据的总带宽

ITU-T 对 WDM 系统规定的 4 种信道带宽所要求的信道宽度如表 9.6.2 所示。

表 9.6.2　WDM 系统规定的信道带宽

信道带宽/dB	-1	-3	-20	-30
信道宽度	>0.35 倍信道间隔	>0.5 倍信道间隔	<1.5 倍信道间隔	<2.2 倍信道间隔

表 9.6.3 表示 ITU-T G.694.2 规定的粗波分复用（CWDM）波长间隔。

表 9.6.3　ITU-T G.694.2 粗波分复用（CWDM）波长间隔

波段	O	E	S	C	L
中心波长/nm	1270	1370	1470	1530	1570
	1290	1390	1490	1550	1590
	1310	1410	1510	—	1610
	1330	1430	—	—	—
	1350	1450	—	—	—

9.6.2　光放大器系统设计

1. EDFA 系统设计

在 DWDM 系统中，必要时需使用 EDFA 对线路损耗进行补偿，但是级联的 EDFA 会引入 ASE 噪声和脉冲展宽的累积，EDFA 增益频谱的不平坦也会引起各信道功率的不平坦和增益竞争。同时也要考虑 EDFA 的带宽，因为它会影响使用的信道数。另外，也要注意到有两种 EDFA，一种用于 C 波段，一种用于 L 波段。

（1）噪声累积

在 EDFA 级联的系统中，放大器的噪声以两种方法影响系统性能。一是级联中的每个放大器产生的自发辐射噪声（ASE），通过剩下的传输线路传输，该噪声和信号被后面的放大器同时放大。经放大后的自发辐射噪声在到达接收机之前累积，并影响系统性能。二是当 ASE 电平增加时，它开始使光放大器饱和并减小信号增益。解决这一问题的办法是在噪声累积到一定程度后，插入一个光-电-光中继器，使含有累积噪声的输出信号经门限电路判决后，去掉该噪声，然后重新由激光器发射。

（2）增益均衡

EDFA 对不同波长光的放大增益不同，从而在 EDFA 多级串联后，使不同波长的光增益相差很大，如图 9.6.4 所示，将限制 WDM 系统的信道数量。增益均衡的实现方法见8.3 节。

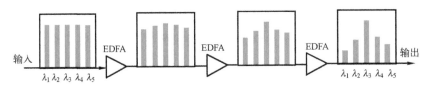

图 9.6.4　EDFA 增益不平坦，多级串联后使不同波长的光增益相差很大

（3）增益压缩

从 6.3.2 节可知，EDFA 存在增益饱和或增益压缩特性，这种特性使它具有增益自调整能力，这在 EDFA 的级联应用中具有重要的意义。使 EDFA 工作在增益压缩区，在系统运行过程中，当光纤和无源器件损耗增加时，加到 EDFA 输入端口的信号功率减小，但由于 EDFA 的这种增益压缩特性，它的增益将自动放大，从而又补偿了传输线路上的损耗增加；同样，若放大器输入功率增加，由于增益压缩特性，其增益将自动降低，从而在系统寿命期限内可稳定光信号电平到设计值，如图 9.6.5 所示。增益补偿的物理过程较慢，约为毫秒量级，因此增益补偿不会影响传输的数据光脉冲的形状。合理设计的光放大器系统，在系统寿命期内可维持系统的输出功率不变。不过，这种补偿功能不适用于 WDM 系统。

2. 分布式拉曼放大器（DRA）系统设计

设计一个使用 EDFA+DRA 的长距离光纤通信系统，要综合考虑影响系统性能的各方面因素。图 9.6.6 表示信号输入光功率对系统性能 Q 值的影响。由图可见，EDFA+DRA 光纤通信系统不但使系统的 Q 值提高了，而且使最佳信号入射光功率降低了许多，这对降低光纤非线性对系统性能的影响有积极的作用。

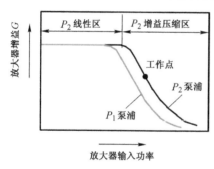

图 9.6.5　由于 EDFA 的增益自调整能力，
通过合理设计，使系统在寿命期内
可维持输出功率不变

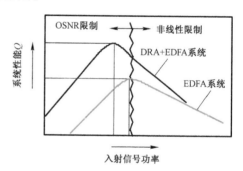

图 9.6.6　信号入射光功率对拉曼
放大系统性能的影响[4]

在设计一个分布式拉曼放大器传输系统时，要考虑许多问题，现简单介绍如下。

（1）信号入射光功率

由式（9.2.5）和式（9.2.7）可知，信号入射光功率越大，OSNR 越大，Q 值也越大。但是，另一方面，信号入射光功率越大，光纤的非线性也越严重，使 Q 值降低，所以信号入射光功率不能太大。但是信号入射光功率也不能太小，否则 ASE 噪声也使 Q 值降低。

（2）瑞利散射

瑞利散射是由光纤材料密度局部的微小变化引起的，密度的变化导致折射率指数在光纤内的随机波动,这种波动比光的波长还小。在这种介质中的光散射就是瑞利散射,其引起的损耗与 λ^{-4} 成比例,它与吸收损耗一起构成了光纤的基本损耗。

采用与信号功率传输方向相反的泵浦,当信号增益增加到很大时,前向 ASE 功率引起的瑞利后向散射可以与后向 ASE 功率引起的瑞利后向散射相当。信号功率也产生瑞利散射,信号获得增益的同时,也在与入射方向相反的方向产生瑞利散射。这就构成了信号多径干扰(Multi-Path Interference,MPI),它取决于拉曼增益、数据速率、光纤长度和光纤有效面积。较低的数据速率、较长的光纤长度和较小的光纤有效面积都会产生较大的瑞利后向散射引入的 MPI。

(3)光纤非线性

使用分布式光纤拉曼放大器可减小入射信号的光功率,降低了光纤非线性的影响,从而避免了四波混频效应的影响,可使 DWDM 系统的信道间距减小,相当于扩大了系统的带宽容量。

从图 6.3.11 可知,在光纤的后半段,信号光功率电平已足够低,所以不会产生光纤的非线性影响。

(4)信道分插

DWDM 网络中,由于波长信道的插入和取出,必须考虑分布式拉曼放大器产生的功率瞬变。较短的跨距、较高的信号输入功率和较大的信号带宽具有较大的瞬变功率幅度。

(5)S 波段应用

使用分布式光纤拉曼放大器不能同时在 S、C 和 L 波段构成 DWDM 系统,因为在 C 和 L 波段,分布式光纤拉曼放大器的泵浦波长 1450~1510 nm 正好和 S 波段一致,泵浦光的后向反射会引起对 S 波段信号的严重干扰。

9.6.3 网络管理

1. 网络管理一般概念

网络运行管理和维护(Operation,Administration and Maintenance,OA&M)功能可以分为网元管理、网络管理、业务管理和商务管理 4 部分,由网络管理系统(Network Management System,NMS)进行管理,提供系统配置、状态查询、线路维护、性能管理,以及故障探测、分析定位和维修等功能,如图 9.6.7 所示[2]。网元层属于被管理层,由一套网元管理系统(Element Management System,EMS)软硬件管理平台进行管理;但是本身也有一定的管理功能,如系统启动、关闭、备份、数据库管理及运行情况记录等。

电信管理网(Telecommunication Management Network,TMN)是 ITU-T 从 1985 年以来定义的一套电信管理网框架规范。TMN 网管系统框架内位于最底层的通信子网包含了各类业务(数据、语音、分组交换等),这些业务的管理信息经由专用数字通信网络

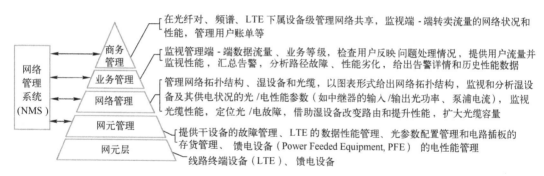

图 9.6.7　TMN 层结构及网络管理系统（NMS）对各层的管理功能[2]

（DCN）集中传送至位于顶层的网络操作系统（Operation System，OS），实现统一网络管理。一般而言，TMN 框架内提供一个服务器，综合协调各通信子网、DCN、OS 之间的消息传递和管理。在各大运营商和通信设备厂之间采用通用网络管理模型，采用标准信息模型和标准接口，实现通信网络内部不同厂商、不同设备的统一管理。

ITU-T M.3000 给出电信管理网的逻辑分层结构，它把管理内容从低到高分为网元层、网元管理层（Element Management Layer，EML）、网络管理层（Network Management Layer，NML）、业务管理层（Service Management Layer，SML）和商务管理层（Business Management Layer，BML），每一层从较低层管理系统获得管理信息进行管理。

除图 9.6.7 列出了各层管理的内容，下面进一步说明各层的管理功能。

（1）网元管理层（EML）

网元（LTE、PFE）性能数据管理：搜索、存储、显示和测量数据的传输质量，如背景误码块（Background Block Error，BBE）、误码秒（ES）、严重误码秒（SES）以及不可用秒（UAS）。

网元配置管理：光参数配置，包括在网元中添加和拆除设备，如电路板架等。

网元故障管理：搜索、存储和显示网元提供的所有类型告警、事件和系统信息。

网元管理系统应具有基本的数据通信管理能力，即 EMS 与网元（NE）、EMS 和 NMS 之间应能建立或中断通信、监视通信状态、设置和修改通信协议参数及地址分配等。

（2）网络管理层（NML）

网络配置管理：使用网元提供的数据，管理端对端路径。

网络故障管理：管理网元提供的所有海底设备和光缆的各种告警、事件和系统信息，并且在网络拓扑结构图上用显著的标记显示该信息，进行光电故障定位。

网络性能管理：管理网元提供的所有海底设备（中继器、分支器和 ROADM）和传输光缆的光/电性能参数，如 EDFA 中继器的输入/输出光功率、泵浦 LD 的泵浦电流，电子监视馈电设备的工作状态，并在网络拓扑结构图上显示该信息，以便操作者监视网络何处性能已经下降。

当维修断裂光缆时，借助海底设备光路和供电路径的重新配置，可以抢救部分中断的业务。

（3）业务管理层（SML）

业务管理层由业务管理者进行，提供端-端数据流量、检查用户信誉、处理问题、提供用户路径并监视性能、汇总告警、分析路径故障和性能劣化、给出告警详情和历史性能数据。路径发生故障，收不到信号，信道完全无法通信，这是由于光缆断裂，设备线路板卡故障等。

性能劣化则是指信道可以传输，但是通信中出现误码，原因则是光缆物理性能降低、设备编码模块故障、接头有灰尘等。

（4）商务管理层（BML）

商务管理层由商务管理者进行，在光纤对、频谱和 LTE 下属设备这 3 级管理网络共享，对转售的端-端流量状况和性能进行监视，管理用户提供的账单、故障通知等。

在电信 5 层管理系统中，电信设备开发商更关心下 3 层的管理活动，其中网元层和网元管理层与硬件设备紧密相关，所以必须由电信设备厂商完成。网络管理一般也需要电信设备厂商提供，但是因为当前制订了标准接口，所以也可以由非设备厂商来开发，例如有的网络管理软件就是由电信运营商自行开发的。网络管理层不一定仅有一层，尤其在目前多子网环境下，高层的网管系统一般是通过底层的网管系统代理同网元管理层联系，完成管理和控制。

上 2 层的商务管理层和业务管理层因为关系到电信运营商的服务形象和水平，所以电信运营商更为关心。这两层也可以认为是通常的运营支撑系统（Operation Support System，OSS）。

2. 波长管理

在 DWDM 系统中，每个信道分配一个波长，所以，必须考虑发送机到接收机间光通道上所有的有源部件，如光发送机、光接收机和光放大器等的可靠性。例如，当一个 LD 或探测器不工作时，网络要能够探测到它，并通知管理者。也就是说，网络应该有监控功能，因为通道上有众多贵重的光学元部件，但说起来容易，做起来难。假定该功能存在，网络就应该隔离故障恢复业务。在 DWDM 系统中，假如一个光学部件发生故障，它将影响一个或多个波长，所以应指派保护波长取代故障波长。

除硬件故障外，可能有的波长传输的信号 BER 小于可接收的程度。在 DWDM 系统中，监控光信号的性能要比只探测好/坏更复杂。在任何速率下，当信号质量下降时，网络应该能够动态地切换到保护波长或备份波长，也可以切换到另外的波长。这就是说，网络必须对系统性能进行连续监控，为此需要能够进行性能监控、波长切换的硬件（备份波长）和软件（支持动态波长分配协议）。

在 DWDM 系统或网络中，切换到另外的波长，要求对波长进行管理，然而在 DWDM 系统的端对端通道中，包含许多节点和段（节点与节点间的线路称为段）。假如在一个段内波长进行了切换，那么通道上的其他段必须能够知道这种改变，假如波长已进行了转换或再生中继，通道上的其他段也必须转换到新的波长。

在全光网络中，改变一个波长到另一个波长，已成为一个还需继续研究的多维问题。在一定的情况下，由于缺乏可用的波长，必须寻找另外的路由，以便建立端对端的连接。这就要求新的路由不能影响通道上的功率预算。

目前，波长管理还在研究中，网络管理和保护也仅停留在简单的 $1:N$，$1:1$，$1+1$ 等模式。

3. 带宽管理

典型的节点具有许多输入口，也就是说它要连接多个其他接点，能够以不同的比特速率支持不同种类或质量水平的业务，不管是恒定的还是变化的，汇集从所有其他节点来的带宽业务。所以，节点相当于一个集线器，它能够识别与它相连的其他节点支持的所有类型业务，提供带宽管理功能，在许多场合提供网络管理。在 DWDM 网络中，节点的总汇集带宽可能超过 Tbit/s。

4. 协议管理

节点或集线器必须能够处理每种业务要求的所有协议。SDH/SONET、ATM、帧中继、IP、视频、电话和信令等的协议又各不相同，例如电话要求呼叫即处理，以便保证实时通信；ATM 要求呼叫接入控制（Call Admission Control，CAC）和业务质量保证。所以，对业务的优先权要求也不同，电话要求最高的优先权，而数据包业务可能只有最低的优先权。通常，所有这些通信协议对许多 WDM 网络，在光层（发射端和接收端间的光链路）上是透明的。然而，该层必须支持和完成故障管理、恢复和生存功能。

DWDM 网络要与整个通信网络通信，它也要接受远端工作站的管理。

知识扩展
亚太 2 号海底光缆
通信系统网络管理
系统简介

9.6.4　网络保护、生存和互联

DWDM 网络处理许多业务，具有很大的带宽容量，所以网络的可靠性非常重要。当一条或多条链路或节点发生故障，但仍然可以提供不中断的业务，许多高速和宽带系统在设计时就必须采取许多保护措施。这些措施可以在输入级采用，如进行 $1+1$ 或 $1:N$ 设备保护，也可以进行波长、光纤和节点备份。图 9.6.8 表示双环 DWDM 网络的保护和生存性，另外网络可靠性和生存性也与业务类型、系统或网络结构和传输协议有关。

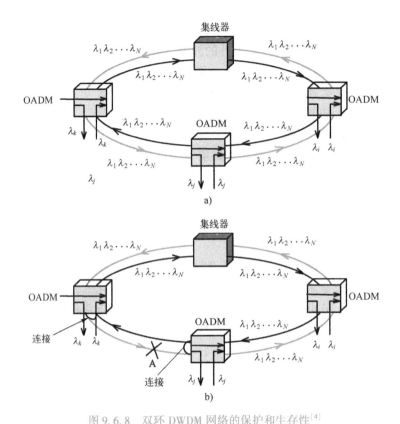

图 9.6.8　双环 DWDM 网络的保护和生存性[4]

a）当没有故障发生时，内外两个环网同时工作　b）当外环 A 处发生故障时，
与故障线路相邻的 OADM 终端用光开关将发射和接收端短路，
从而避开故障线路，但此时内外两个环只能当作一个环使用

　　网络互联时，要确保业务和数据流从一个网络传输到另一个网络。一些网络具有标准的传输协议和接口，而另一些网络可能是专用网或非标准网，传输协议不同，互联就不能实现。此外，虽然系统使用的波长均符合 ITU-T 标准，但两个网络的波长及其稳定性和线宽也可能并不相同，所以当两个相似的系统互联时，必须使用波长转换器，将一个系统的波长转换成另一个系统的波长。同时也要考虑到一个系统使用的光纤类型可能与另一个的并不相同。同时也要考虑两个网络的管理和生存性。

复习思考题

9-1　简述系统设计总体考虑。

9-2　光纤通信系统的基本结构有哪几种？

9-3 什么是损耗限制系统？什么是色散限制系统？

9-4 若光纤的色散太大，将给系统带来什么问题？

9-5 如何定义 Q 参数？简述 Q 参数和 BER、OSNR 的关系。

9-6 什么是光功率预算？需要考虑哪些因素？

9-7 有哪些功率代价因素？

9-8 影响中继距离的因素有哪些？是如何影响的？

9-9 设计光中继系统时，需考虑哪些因素？

9-10 设计无中继系统时，需考虑哪些因素？

9-11 DWDM 系统设计要考虑哪些影响系统和网络性能的几个关键参数？

习题

9-1 功率预算

有一短距离光纤通信系统，工作波长 1300 nm，多模光纤损耗 0.45 dB/km。光源 LED 的发射功率为 0.5 mW，光源与光纤的耦合损耗 14 dB。系统连接器和熔接点的总损耗为 5 dB。接收机灵敏度为-30 dBm。拟预留 3 dB 富余量，以防系统恶化。求该系统的最大可用光纤长度。

9-2 功率代价计算

如果第 1 根光纤的输入功率是 100 μW，串扰到第 2 根光纤上的功率值为 1 μW，计算用 dB 表示的第 2 根光纤上的串扰功率与第 1 根光纤的输入功率比是多少？

9-3 星形网络损耗计算

假如有一个如图 9.1.1 的 5×5 星形网络，连接 5 个终端。

（1）首先画出拓扑图，假如不考虑耦合器、连接器和光纤的损耗，如果终端 1 是发射机，计算每个接收机的总传输损耗（以 dB 表示）。

（2）如果星形耦合器的附加损耗 L_{sta} 是 2 dB，连接器损耗 L_{con} 是 0.8 dB，接头损耗 L_{fus} 是 0.2 dB，光纤损耗 L_{fib} 是 0.5 dB/km，假如终端 1 仍是发射机，终端 1、终端 2、终端 3 和终端 4 距离星形耦合器 100 m，终端 5 距离星形耦合器 20 m，计算终端 1 到其他终端的传输损耗（以 dB 表示）。

9-4 光纤总线分配功率计算

使用光纤总线分配信号到 10 个用户，每个 T 形耦合器具有 1 dB 的插入损耗，它分配 10% 的功率给与此连接的用户。假如 1 号站发射 1 mW 的功率到总线上，计算 8 号站、9 号站和 10 号站接收到的光功率。

9-5 星形网络服务用户数计算

星形网络使用 0.5 dB 插入损耗的方向耦合器分配数据到它的用户，假如每个接收机需要最小 100 nW 的光功率，每个发射机发射 0.5 mW 的光功率。该网络可以为多少个用户服务？

　　9-6　最长光纤距离计算

　　1300 nm 光纤系统工作速率为 100 Mbit/s，使用 InGaAsP LED，可以耦合 0.1 mW 光功率到 1 dB/km 损耗的单模光纤，每 2 km 间隔有一个熔接点，熔接损耗 0.2 dB，光纤端的连接器损耗为 1 dB，假如 PIN 接收机灵敏度 100 nW，系统余量 6 dB，进行功率预算，并计算最长光纤距离。

第10章　无源光网络接入技术

有源接入的 SDH 技术已在 7.2.5 节中做了介绍，三网融合的平台之一——HFC 网络也在 7.2.3 节中做了阐述。本章专门介绍无源光网络技术，包括它的网络结构、上/下行复用技术、安全性和私密性，以及 EPON、GPON 和 WDM-PON 等无源光网络的有关技术。

10.1　接入网在网络建设中的作用及发展趋势

10.1.1　接入网在网络建设中的作用

信息网由核心骨干网、城域网、接入网和用户驻地网组成，其模型如图 10.1.1 所示。由图可见，接入网处于城域网/骨干网和用户驻地网之间，它是大量用户驻地网进入城域网/骨干网的桥梁。

目前，科学技术突飞猛进，大量的电子文件不断产生，随着经济全球化，社会信息化进程的加快，因特网大量普及，数据业务激烈增长，电信业务种类不断扩大，已由单一的电话业务扩展到多种业务。窄带接入网已成为制约网络向宽带化发展的瓶颈。接入网市场容量很大，为了满足用户的需求，新技术不断涌现。接入网是国家信息基础设施的发展重点和关键，网络接入技术已成为研究机构、通信厂商、电信公司和运营部门关注的焦点和投资的热点。

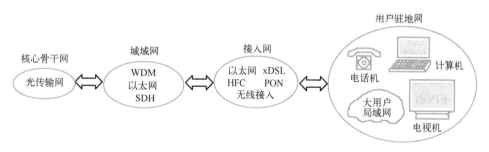

图 10.1.1　信息网模型

10.1.2　光接入网技术演进

在接入技术方面，窄带接入逐渐被宽带接入所取代，最终实现光纤到家；铜缆接入已逐渐被光缆接入所取代。

光纤接入有无源与有源之分，基于同步数字制式（SDH）或准同步数字制式（PDH）的光纤接入是有源接入，基于无源光网络（PON）的接入是无源接入。由于 PON 具有独特的优点，它能够提供透明宽带的传送能力；PON 本身是一种多用户共享系统，即多个用户共享同一个设备、同一条光缆和同一个光分路器，所以成本低；与有源光网络相比，由于 PON 的固有特性，它的安装、开通和维护运营成本大为降低，使系统更可靠、更稳定，因此接入网正在大量应用 PON 系统。

异步传输模式（ATM）技术支持可变速率业务，支持时延要求较小的业务，具有支持多业务多比特率的能力，因此 ATM 接入系统能够完成不同速率的多种业务接入，它既能够提供窄带业务，又能提供宽带业务，即能提供全业务接入。另外，电信网的核心部分正在 ATM 化，为了使用户接入网部分的 PON 和核心网的 ATM 化相兼容，ITU-T 自 1998 年以来，已完成了一整套 G.983 建议，其目的就是使 PON 携带的信息 ATM 化，这种 ATM 化的 PON 称为 APON，利用 APON 构成的网络是一种全业务接入网（Full Service Access Network，FSAN）。但是，G.983.1 规定 APON 接入网传输系统下行传输速率最高为 622 Mbit/s，随着 PON 分光比的增加，光网络单元（ONU）数也随之增多，每个 ONU 所用的带宽就有限。

随着因特网的快速发展，以太网被大量使用，由于市场的推动，以太网技术也得以飞速发展。在 20 世纪 80 年代它仅是一种局域网（LAN）技术，其速率为 10 Mbit/s。20 世纪 90 年代发展了交换型以太网，并先后推出了快速（100 Mbit/s）以太网、吉位（Gbit/s）以太网和 100 Gbit/s 以太网，其传输介质也由双绞线变为多模光纤（MMF）或单模光纤（SSMF），它的应用也从 LAN 发展到宽域网（WAN）。

2000 年 12 月，以太网设备供应商提出了将 PON 用于以太网接入的标准研究计划，这种使用 PON 的以太网称为 EPON。EPON 与 APON 相比，上下行传输速率比 APON 的高，EPON 提供较大的带宽和较低的用户设备成本，除帧结构和 APON 不同外，其余所用的技术与 G.983 建议中的许多内容类似，如下行采用 TDM，上行采用 TDMA。

提倡 EPON 的人相信，随着 EPON 标准的制定和 EPON 的使用，在 WAN 和 LAN 连接时将减少 APON 在 ATM 和 IP 间转换的需要。

鉴于 APON 标准复杂、成本高，在传输以太网和 IP 数据业务时效率低，以及在 ATM 层上适配和提供业务复杂。而 EPON 存在两大致命的缺陷，即带宽利用率低和难以支持以太网之外的业务。因此，全业务接入网组织已制定了一种融合 APON 和 EPON 的优点，克服其缺点的新的 PON，那就是 GPON（千兆无源光网络）。GPON 具有吉比特高速率，

92%的带宽利用率和支持多业务透明传输的能力，同时能够保证服务质量和级别，提供电信级的网络监测和业务管理。

早在 2001 年 IEEE 制定 EPON 标准的同时，全业务接入网组织就开始发起制定速率超过 1 Gbit/s 的 PON 网络标准，即 GPON。随后，ITU-T 也介入了这个新标准的制定工作。

2016 年 2 月，ITU-T G.987.2 规范了 10G 无源光网络（XG-PON）物理媒质相关层（PMD）参数，它满足商用和家用对带宽的要求。G.987 系列标准允许使用多个上行和下行线路速率，XG-PON1 规定下行方向线路速率为 9.95328 Gbit/s，上行方向为 2.488 32 Gbit/s[17]。

GPON 与 EPON 的主要区别在二层协议上，一个采用以太网协议，一个采用 GPON 成帧协议。两种技术下行均采用广播方式，上行均采用时分多址方式。

APON、EPON 和 GPON 都是 TDM-PON。APON 由于其较低的承载效率以及在 ATM 层上适配和提供业务复杂等缺点，现在已渐渐淡出人们的视线。而 EPON 存在两大致命的缺陷，即带宽利用率低和难以支持以太网之外的业务。GPON 虽然能克服上述缺点，但上下行均工作在单一波长，各用户通过时分方式进行数据传输。这种在单一波长上为每个用户分配时隙的机制，既限制了每用户的可用带宽，又大大浪费了光纤自身的可用带宽，不能满足不断出现的宽带网络应用业务的需求。在这种背景下，人们就提出了 WDM-PON 的技术构想。WDM-PON 能克服上面所述的各种 PON 缺点。近年来，由于 WDM 器件价格的不断下降，WDM-PON 技术本身的不断完善，WDM-PON 接入网应用到通信网络中已成为可能。相信，随着时间的推移，把 WDM 技术引入接入网将是下一代接入网发展的必然趋势。

本章将对以上几种 PON 及其有关的技术进行阐述。

10.1.3　三网融合——接入网的发展趋势

由于历史的原因，我国存在着各自独立经营的电信网、互联网和广播电视网。为了使有限而宝贵的网络资源最大限度地实现共享，避免大量低水平的重复建设，打破行业垄断和部门分割，三网融合是信息网发展的必然趋势。

所谓三网融合就是将归属于工业和信息化部的电信网、互联网和归属于广电总局的广播电视网在技术上趋向一致，网络层互联互通，业务层互相渗透交叉，应用层使用统一的协议，经营上互相竞争合作，政策层面趋向统一。三大网络通过技术改造均能提供语音、数据和图像等综合多媒体的通信服务。

要想实现三网融合，如图 10.1.2 所示，首先，各网必须在技术、业务、市场、行业、终端和制造商等方面进行融合，转变成电信综合网、数据综合网和电视综合网。这三种网可能在相当长一段时间内长期共存，互相竞争，最后三网才能融合成一个统一的网。

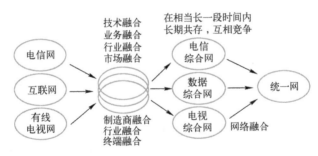

图 10.1.2　三网融合示意图

三网融合的技术基础如下

1）数字技术：电话、数据和图像业务都可以变成二进制"1"和"0"信号在网络中传输，无任何区别。

2）光通信技术：为各种业务信息传送提供了宽敞廉价高质量的信息通道。

3）软件技术：通过软件变更可支持三大网络各种用户的多种业务。

三网融合对信息产业结构的影响将导致不同行业、公司的并购重组或业务扩展；导致各自产品结构的变化；导致市场交叉、丢失和获取。

10.2　网络构成

10.2.1　网络结构

一个本地接入网系统可以是点到点系统，也可以是点到多点系统；可以是有源的，也可以是无源的。图 10.2.1 表示光接入网（OAN）的典型结构，可适用于光纤到家（Fiber to the Home，FTTH）、光纤到楼（Fiber to the Building，FTTB）和光纤到路边（Fiber to the Curb，FTTC）。

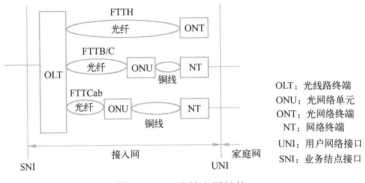

图 10.2.1　光接入网结构

FTTB 和 FTTH 的不同仅在于业务传输的目的地不同，前者是业务到大楼，后者是业务到家。与此对应，到楼的终端叫 ONU，到家的终端叫 ONT。它们都是光纤的终结点，为了叙述的方便，今后统称为 ONU。通常 ONU 比 ONT 服务的用户更多，适合于 FTTB，而 ONT 适合于 FTTH。

在 FTTH 系统中，没有户外设备，使网络结构及运行更简单；因为它只需对光纤系统进行维护，所以维修容易，并且光纤系统比混合光纤/同轴电缆系统（HFC）更可靠；随着接入网光电器件技术的进步和批量化生产，将加速终端成本和每条线路费用的降低。所以 FTTH 是接入网未来的发展趋势。

为了增加上行带宽的可用性，可以采用 ITU-T 有关标准规范的动态带宽分配（Dynamic Bandwidth Assignment，DBA）技术，给用户提供高性能的业务，让更多的用户接入同一个 PON。DBR 系统应具有后向兼容性，及与采用 G.983.1 等规范的现有系统兼容。

根据 ITU-T G.982 建议，PON 接入网的参考结构如图 10.2.2 所示。该系统由 OLT、ONU、无源光分配网络（ODN）、光缆和系统管理单元组成。ODN 将 OLT 光发射机的光功率均匀地分配给与此相连的所有 ONU，这些 ONU 共享一根光纤的容量。为了保密和安全，对下行信号进行搅动加密和口令认证。在上行方向采用测距技术以避免碰撞。

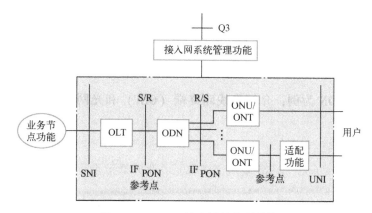

图 10.2.2　PON 接入网的参考结构

光分配网络（Optical Distributed Network，ODN）在一个 OLT 和一个或多个 ONU 之间提供一条或多条光传输通道。参考点 S 和 R 分别表示光发射点和光接收点，S 和 R 间的光通道在同一个波长窗口中。光在 ODN 中传输的两个方向是下行方向和上行方向。下行方向信号从 OLT 到 ONU 传输，与 ODN 的接口是 S/R；上行方向信号从 ONU 到 OLT 传输，与 ODN 的接口是 R/S。在下行方向，OLT 把从业务节点接口（SNI）来的业务经过 ODN 广播式发送给与此相连的所有 ONU。在上行方向，系统采用 TDMA 技术使 ONU 无碰撞地发送信息给 OLT。

根据 ITU-T G.983.3 建议，使用 WDM-OLT/ONU 宽带 PON 接入网的参考结构如图 10.2.3 所示。因为使用了 WDM，所以允许系统增加了 E-OLT 和 E-ONU，其他部分和图 10.2.2 表示的 PON 接入网的参考结构相同。

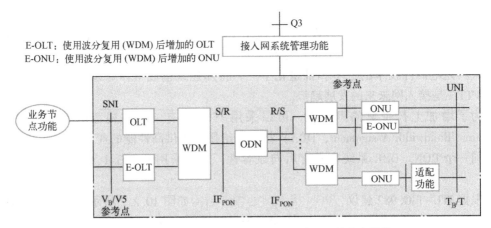

图 10.2.3　WDM-OLT/ONU 宽带 PON 接入网的参考结构

业务节点接口（SNI）已在 ITU-T G.902 中进行了规范。与 ODN 的接口是 IF_{PON}，也就是参考点 S/R 和 R/S，它支持 OLT 和 ONU 传输的所有协议。用户网络接口（UNI）与用户终端连接。

10.2.2　光线路终端（OLT）

下面以 ATM-PON 为例，介绍光线路终端（OLT）和光网络单元（ONU）的构成、作用和工作原理。

1. OLT 功能模块

OLT 由 ODN 接口单元、ATM 复用交叉单元、业务单元和公共单元组成，如图 10.2.4 所示。

ODN 接口单元完成物理层功能和 TC 子层功能，主要包括光/电和电/光变换、速率耦合/解耦、测距、信元定界和帧同步、时隙和带宽分配、口令识别、扰码和解扰码、搅动和搅动键更新、信头误码控制（HEC）和比特交错校验（BIP8）、比特误码率（BER）计算和运行管理和维护（OA&M）等，特别是在 OLT 上行方向要完成突发同步和数据恢复等功能。在具有动态带宽分配（DBA）功能的系统中，ODN 还完成动态授权分配功能。为了实现 OLT 和 ODN 间的保护切换，OLT 通常配备有备份的 ODN 接口（见 10.3 节）。

ATM 复用交叉单元完成多种业务在 ATM 层的交叉连接功能、传输复用/解复用功能、流量管理和整形功能、运行维护和管理等功能。在下行 ATM 净荷中插入信头构成 ATM 信元，并从上行 ATM 信元中提取 ATM 净荷。

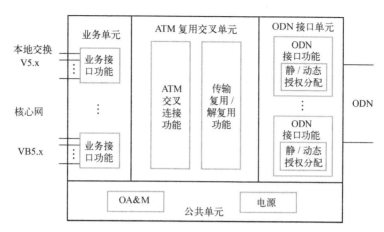

图 10.2.4　OLT 构成框图

业务单元完成业务接口功能，如采用基于 SDH 接口，除完成电/光或光/电转换外，在下行方向，从输入的 SDH 信息流中提取时钟和恢复数据，用信元定界方式从 SDH 帧中提取 ATM 信元，滤除空闲信元（即速率解耦），通过通用测试和运行物理接口（UTOPIA）输出到 ATM 复用交叉单元；在上行方向，把 ATM 信元和空闲信元（如有必要）插入 SDH 帧的净荷中（即速率耦合），并插入各种 SDH 开销，以便组成 SDH 帧。另外业务单元还应具有信令处理的能力。

公共单元提供 OA&M 功能和完成对各单元的供电。OA&M 功能应能处理系统所有功能块（包括 ONU 中的功能块）的操作、管理和维护，通过 Q3 或其他接口还能与上层网管系统相连。OLT 在断电时也应能正常工作，所以它应配备有备用电池。

通常 OLT 只完成 G.983.1 规定的静态授权分配功能，此时的 OLT 称为 Non-DBA-OLT。静态授权分配是，根据预先的约定，MAC 协议分配授权给一个 ODN 中的每个传输容器（T-CONT）。但是当 OLT 具有动态上行带宽分配（DBA）能力时，OLT 必须具有 G.983.4 规定的动态授权分配功能。此时的 OLT 称为 DBA-OLT，它根据事先约定、带宽需求报告、可用的上行带宽以及 MAC 协议，动态地分配授权给 ODN 中的每个 T-CONT。所以 DBA-OLT 应具有监测从 ONU 来的输入信元数量和收集 ONU 报告的功能，而 ONU 要不断地对其带宽需求向 OLT 进行报告。

2. OLT 工作原理

在下行方向，接收来自业务端的数字流，经速率解耦去掉空闲信元，提取出 ATM 信元，根据其虚通道标识符（VPI）/虚信道标识符（VCI）交叉连接到相应的通路，重新组成 ATM 信元，然后对其净荷进行搅动加密。下行传输复用采用时分复用（TDM）方式，每发送 27 个 ATM 信元就插入 1 个物理层 OA&M（PLOAM）信元，由此形成 PON 的下行传输帧，经扰码后送给光发送模块，进行电/光变换，以广播方式传送给所有与之相连的 ONU。

在上行方向，OLT 在接收到 ONU 的突发数据时，根据前导码恢复判决门限并提取时钟信号，实现比特同步。接着根据定界符对信元进行定界。获得信元同步后，首先进行解扰码，恢复信元原貌。经速率解耦后提取出 ATM 信元，然后根据信元类型进行不同的处理。若是 PLOAM 信元，则根据其中的信息类型分别送到测距、搅动、OA&M 等功能模块进行处理。若是 ATM 信元，则送到 ATM 交叉连接单元进行 VPI/VCI 转换，连接到相应的业务源。

通常，实现动态带宽分配（DBA）可以分成三步：第一步，DBA-OLT 综合使用流量监测结果和 ONU 对带宽需求的情况报告更新带宽分配；第二步，DBA-OLT 根据 ONU 对带宽需求的情况报告更新带宽分配；第三步，DBA-OLT 根据流量监测结果更新带宽分配。

10.2.3 光网络单元（ONU）

ONU 处于用户网络接口（UNI）和 PON 接口（IF_{PON}）之间，提供与 ODN 的光接口，实现用户侧的端口功能。与 OLT 一起，ONU 负责在 UNI 和 SNI 之间提供透明的业务传输。ONU 根据用户需要，利用 ATM 复用交叉连接功能，提供 10/100 Base T 以太网业务、电路仿真业务（Circuit Emulation Service，CES）、ATM E1 业务和 xDSL 等业务，从而可实现多业务的综合接入。

1. ONU 完成功能

图 10.2.5 表示 ONU 的功能构成框图，它由 ODN 接口单元、复用/解复用单元、业务单元和公共单元组成。

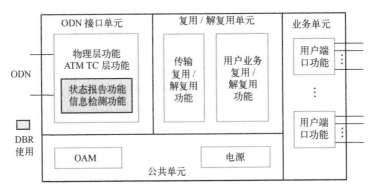

图 10.2.5　ONU 功能构成框图

ODN 接口单元完成物理层功能和 ATM 传输会聚子层（TC）功能，物理层功能包括对下行信号进行光/电变换，从下行数据中提取时钟，从下行 PON 净荷中提取 ATM 信元，在上行 PON 净荷中插入 ATM 信元。如上行接入采用时分多址（TDMA）方式，则对上行信号完成突发模式发射。通常，TC 子层完成速率耦合/解耦、串/并变换、信元定界和帧同步、扰码/解扰码、ATM 信元和 PLOAM 信元识别分类、测距延时补偿、口令识别、搅动键更新和解搅动、信头误码控制（HEC）和比特交错校验（BIP8）、比特误码率（BER）计算和运行管理和维护（OA&M）等功能。如果在一个 ONU 中有多个传输容器（T-CONT），每个 T-CONT 都要完成以上的功能。

当系统具有上行带宽分配（DBA）能力时，ODN 接口单元还应具有情况报告和信息检测功能。此时的 ONU 称为情况报告 ONU（SR-ONU），与此对应，没有情况报告的 ONU 记为 NSR-ONU。SR-ONU 的 DBA 报告功能提供每个 T-CONT 带宽需求情况的报告给 OLT。SR-ONU 的检测功能在 SR-ONU 内监测每个 T-CONT 数据的排队情况。

为了实现 OLT 和 ODN 间的保护切换，ONU 通常配备有备份的 ODN 接口。

ONU 提供的业务既可以给单个用户，也可以给多个用户。所以要求复用/解复用单元完成传输复用/解复用功能、用户业务复用/解复用功能。在上行 ATM 净荷中插入信头构成 ATM 信元，从下行 ATM 信元中提取 ATM 净荷，根据 VPI/VCI 值完成多种业务在 ATM 层的交叉连接、组装/拆卸和分发功能，以及运行管理和维护（OA&M）等功能。

业务单元提供用户端口功能，根据用户的需要，提供 Internet 业务、CES 业务、E1 业务和 xDSL 等业务。按照不同的物理接口（如双绞线、电缆），它提供不同的调制方式接口，进行 A/D 和 D/A 转换。另外，还应具有信令转换功能。

ONU 公共单元包括供电和 OA&M 功能。供电部分有交/直流变换或直流/直流变换，供电方式可以是本地供电，也可以是远端供电，几个 ONU 也可以共用同一个供电系统。ONU 须在备用电池供电条件下也能正常工作。

2. ONU 工作原理

当接收下行数据时，ONU 利用锁相环（Phase-Locked Loop，PLL）技术从下行数据中提取时钟，并按照 ITU-T I.432.1 建议进行信元定界和解扰码。然后识别信元类型，若是空闲信元则直接丢弃，若是 PLOAM 信元，则根据其中的信息类型分别送到测距、搅动键更新、OA&M 等功能模块进行处理。若是 ATM 信元，则解搅动后根据 VPI/VCI 值选出属于自己的 ATM 信元，送到 ATM 复用/解复用单元进行 VPI/VCI 转换，然后送到相应的用户终端。

当发送上行数据时，ONU 从业务单元接收到各种用户业务（如 E1、CES 等）的 ATM 信元后，进行拆包，根据传送的目的地加上 VPI/VCI 值，重新打包成 ATM 信元，然后存储起来。根据从下行 PLOAM 信元中收到的数据授权和测距延时补偿授权，延迟规定的时间后把信元发送出去，当没有信元发送时就发送空闲信元，当接收到 PLOAM 授权后就发送 PLOAM 信元或在接收到可分割时隙授权后就发送微时隙。对该信元进行电/光变换前，先要对除开销字节外的净荷进行扰码。

10.2.4　光分配网络（ODN）

光分配网络（ODN）提供 ONU 到 OLT 的光纤连接，如图 10.2.2 所示。ODN 将光能分配给各个 ONU，这些 ONU 共享一根光纤的容量。在该分配网中，使用无源光器件实现光的连接和光的分路/合路，所以这种光分配系统称为无源光网络（PON）。主要的无源光器件有：单模光纤光缆、光连接器、光分路器和光纤接头等。

ODN 采用树形结构的点到多点方式，即多个 ONU 与一个 OLT 相连。这样，多个 ONU 可以共享同一根光纤、同一个光分路器和同一个 OLT，从而节约了成本。这种结构利用了一系列级联的光分路器对下行信号进行分路，传输给多个用户，同时也靠这些分路器将上行信号汇合在一起送给 OLT。

光分路器的功能是把一个输入的光功率分配给多个光输出。作为光分路器使用的光耦合器，只用其一个输入端口。光分路器的基本结构如图 10.2.6 所示，它是图 3.2.2 星形耦合器的一个特例。1×N 光分路器可以由多个 2×2 耦合器组合。图 10.2.6 表示由 7 个 2×2 单模光纤耦合器组成的 1×8 光分路器结构。光分路器对线路的影响是附加插入损耗，可能还有一定的反射和串音。表 10.2.1 表示 1×N 光分路器不同分路比的分配损耗和插入损耗，分配损耗是

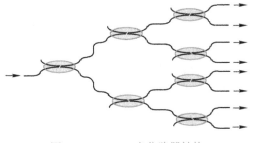

图 10.2.6　1×N 光分路器结构

$$L_{spl} = 10 \lg N \tag{10.2.1}$$

插入损耗的定义见 3.2.1 节。在用 1×N 光分路器构成的 ODN 中，其传输损耗为

$$L_{tot} = 10 \lg N + L_{ext} + 4L_{con} + nL_{fus} + \alpha(L_{fib}^{L-S} + L_{fib}^{N-S}) \tag{10.2.2}$$

式中，α 是光纤衰减系数，L_{fib}^{L-S} 和 L_{fib}^{N-S} 分别是 OLT 或 ONU 连接光分路器的光纤长度，为了维修方便，这两段光纤两头通常都用活动连接器连接，此时则要 4 个连接器，L_{con} 是连接器损耗，L_{fus} 是光纤熔接点损耗，可能有 $n = (L_{fib}^{L-S}/L_{sec} + L_{fib}^{N-S}/L_{sec}) - 2$ 个接头，L_{sec} 是每盘光缆的长度，L_{ext} 是 1×N 光分路器的插入（附加）损耗，其值可用式（10.2.3）计算。

$$L_{ext} = -10 \lg (1-\delta)^{\log_2 N} \text{ (dB)} \tag{10.2.3}$$

式中，δ 为 2×2 耦合器插入损耗（δ%），如果 2×2 耦合器的插入损耗是 0.5 dB，表 10.2.1 已给出用式（10.2.3）计算出来的 1×N 分路器的附加损耗 L_{ext}，通常在售产品的附加损耗要比理论值的大，如表 10.2.1 最右边列所示。

表 10.2.1   1×N 光分路器参数

N	分配损耗 L_{spl}(dB)	L_{ext}(dB) (δ=11%)	L_{ext}(dB) (产品最大值)
8	9	1.5	2.0
16	12	2.0	3.5
32	15	2.53	4.5
64	18	3.03	5.0

1×2 耦合器的损耗大约是 3.5 dB，其中 3 dB 是分配损耗，0.5 dB 是插入损耗。这种耦合器的体积和重量都比较大，一致性并不好，损耗对光波长敏感，特别是对于使用 3 个波长（1310 nm、1490 nm 和 1550 nm）PON 的应用场合，这是一个致命的缺陷，不过其反射及方向性都非常好，均可以达到 50 dB 或更高的水平。

在 ODN 中，光传输有上行方向和下行方向。信号从 OLT 到 ONU 是下行方向，反之是上行方向。上行方向和下行方向可以用同一根光纤传输（单纤双工），也可以用不同的光纤传输（双纤双工）。

为了提高 ODN 的可靠性，通常需要对其进行保护配置。保护通常指在网络的某部分建立备用光通道，备用光通道往往靠近 OLT，以便保护尽可能多的用户。

设计 ODN 时，应考虑不仅能提供目前业务的需要，而且还能提供将来可预见到的任何业务需要，而不必对 ODN 本身做较大的改动。这就要求在选择组成 ODN 的无源光器件时，要考虑器件的以下特性。

1）对光波长的透明性：如光分路器应能支持 1310 nm 和 1550 nm 波长区的任何波长信号的传输。

2）可逆性：输入口和输出口调换后不会引起光损耗的明显变化，这样可以简化网络的设计。

3）与光纤的兼容性：所有光器件应能与 G.652 单模光纤兼容，因为到目前为止，ITU-T 并不打算在光接入网中采用其他光纤。

ODN 的反射会造成光源发送光功率的波动和波长的偏移，另外，光通道多个反射点产生的反射波干涉会在接收机转化为强度噪声。因此，ODN 的反射应控制在一定的范围内。ODN 的反射取决于光路中各个器件的回波损耗（ORL），因而保证光器件具有优良的回波损耗特性是确保整个光路反射性能的基本前提。目前在各类光器件中，光活动连接器的回波损耗较差，不定因素较多，诸如机械对准失效、灰尘和损坏等都会引起性能下降。除光纤活动连接器外，光纤接头也会产生反射。最后，光纤本身也会因折射率不均匀产生后向散射而影响光路反射特性。

为了扩大 ODN 的规模，可以使用光放大器补偿光路的损耗，从而允许使用多个光分路器。

有关无源光器件的规范见 G.671，光纤和光缆的规范见 G.652，ODN 损耗规范见

G. 982 和 G. 987. 2。目前，ITU–T 规定了三类光路损耗，如表 10. 2. 2 所示。B 类光路损耗可应用于时间压缩复用（Time Compression Multiplexer，TCM）系统，而 C 类光路损耗可应用于空分复用（SDM）系统和波分复用（WDM）系统，因为这两种系统的附加损耗没有或很小。因为 TDM 和全双工的附加损耗最大，所以只能使用 A 类损耗系统。

表 10. 2. 2A　PON 接入网光路损耗类别（G. 982 规范）

	A 类	B 类	C 类
最小损耗 /dB	5	10	15
最大损耗 /dB	20	25	30
应用	TDM 和全双工系统	时间压缩复用（TCM）系统	空分复用（SDM）和 WDM 系统

表 10. 2. 2B　PON 接入网光路损耗类别（G. 987. 2 规范）

	N1	N2	E1	E2
最小损耗 /dB	14	16	18	20
最大损耗 /dB	29	31	33	35

　　PON 是一个点到多点（PTM）系统，比点到点（PTP）系统复杂得多。各种 PON 都具有相同的拓扑特性，即所有来自 ONU 的上行传输都在树状 ODN 中以无源方式复用，再通过单根光纤传送到 OLT 后解复用。不过，各个 ONU 都不能访问其他 ONU 的上行传输。为了尽量减少光纤的使用，可以把各 ONU 的分路器放在所有与之相连的 ONU 的重心上，或者将多个 PON 的分路器集中放在便于操作的维护节点中。为了获得最大的灵活性，简化管理，也可以将所有的分路器都放在 OLT 中。

　　PON 的功率分配也可以分级进行，比如在一条馈线末端安装 1×8 的分路器，再在 8 分支末端安装 1×4 的分路器，从而使总分路比达到 1:32。分配级数可以大于 2。由于功率分配可以分开进行，这使得同一 PON 里的 ONU 享有不同的分光比。

　　在 ODN 中有两种发送下行信号的基本方法：一种是功率分配 PON（PS-PON）；另一种是波长路由 PON，也称 WDM-PON。PS-PON 一般简称为 PON，下行信号的功率平均分配给每个分支，所以 OLT 可以向所有的 ONU 进行广播，由各个 ONU 负责从集合信号中提取自己的有效载荷。在 WDM-PON 中，给每个 ONU 分配一个或多个专用波长，有关它的进一步介绍见 10. 4. 3 节。

10. 3　无源光网络（PON）基础

10. 3. 1　分光比

　　允许 PON 以一定的分光比配置，从完全不分路（变成点对点系统）到通过光损耗预算和 PON 协议规定的最大分路值。PON 容量是共享的，所以分光比越大，每个 ONU 的平均可用带宽就越小。同样，分光损耗越大，留给光缆的光功率预算就越小，系统的有效范围也就越小。但采用 PON 最主要的原因是为了分担馈线光纤和 OLT 光接口的费用，所以分光比越大，系统所需器件的平均成本就越低。不过，系统总成本不会一直随分光比的增大而减少。这是因为，对于给定的系统有效范围，分光比越大，对光电器件的要求也越高，成本也随之增加。

综合以上因素，分光比为 16 ~ 32 是最经济的，FSAN 则可以用 64。如果 ODN 采用图 3.2.2 表示的星形耦合器，每个 ONU 接收到的功率可以用式（9.1.2）计算。

10.3.2　结构和要求

图 10.3.1 表示只有 OLT 具有保护备份的 PON 系统，假如 OLT 工作的 PON 接口发生故障，或者与它相连接的 PON 中的光纤和光分路器发生故障，OLT 就从工作的 PON 线路终端切换到备份的线路终端。ITU-T G.983.1 规定的 B 类系统就可以采用这种保护。

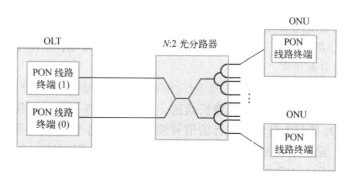

图 10.3.1　只有 OLT 具有保护备份的 PON 系统

图 10.3.2 表示 OLT 和 ONU 都具有线路终端备份的 PON 保护系统，这是一种 1:1 和 1+1 保护系统。假如在 OLT 和 ONU 中，任何 PON 接口发生故障；或者在 ODN 中，任何光纤损坏，OLT 都能完成保护切换。ITU-T G.983.1 规定的 C 类系统就可以采用这种保护。在实际应用中，根据不同用户的需要，也可以对有的 ONU 进行保护，有的不进行保护。当然保护的 ONU 所付出的费用就高。

在 C 类系统中，当工作系统正常时，可以让备用系统提供额外的业务。当工作系统发生故障时，立刻停止额外业务的提供而切换到备用系统。当然，额外业务就不能受到保护。

保护切换是利用 PLOAM 信元中的规定信息完成的，保护切换时间应在 50 ms 内完成。

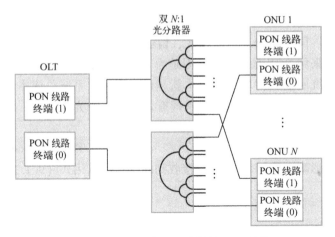

图 10.3.2　1∶1 和 1+1 全保护 PON 系统

10.3.3　下行复用技术

PON 的所有下行信号流都复用到馈线光纤中，并通过 ODN 广播传输到所有的 ONU。下行复用可以采用电复用和光复用。最简单经济的电复用是 OLT 采用时分复用（TDM），将分配给各个 ONU 的信号按一定的规律插入时隙中。在接收端，ONU 把给自己的有效载荷从集合信号中再分解出来。

对于光复用，可以采用密集波分复用（DWDM），给每个 ONU 分配一个下行波长，将分配给各个 ONU 的信号直接由该波长载送，如图 10.3.5 所示。在接收端，ONU 使用光滤波器再从 WDM 信号中分解出自己的信号波长，因此每个 ONU 都要配备相当昂贵的特定波长接收机。虽然 DWDM 下行复用大大增加了功率分配 PON（PS-PON）的容量，但是也增加了每个用户的成本和系统的复杂性。

通过上述的简单措施，PON 至少具备与现有双绞线和 SDH 环网类似的性能。

10.3.4　上行接入技术

在 PON 接入系统中，信道复用是为了充分利用光纤的传输带宽，把多个低容量信道以及开锁信息，复用到一个大容量传输信道的过程。在电域内，信号复用可分为时分复用（TDM）、正交频分复用（OFDM）和码分复用（CDM）。

在点对点的系统中，信道的接入称为复用，而在接入网中则称为多址接入。所以对应的正交频分复用称为正交频分多址接入（OFDMA），在光域内的频分复用则称为波分复用（WDM），对应的时分复用称为时分多址接入（TDMA），对应的码分复用则称为码分多址接入（CDMA），如图 10.3.3 所示，也可以综合使用几种接入方法。

对于上行/下行均使用 OFDM 的 4G/5G 移动通信系统的移动前传（WFH），也可以使用 TDM-PON。

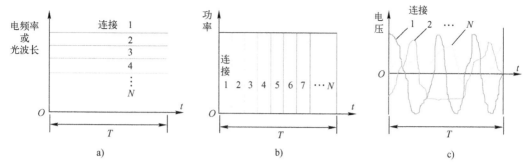

图 10.3.3 基本的多址接入技术

a）正交频分多址（OFDMA）或波分多址（WDMA） b）时分多址（TDMA） c）码分多址（CDMA）

1. TDMA

时分多址接入（TDMA）是把传输带宽划分成一列连续的时隙，根据传送模式的不同，预先分配或者根据用户需要分配这些时隙给用户。通常有同步传送模式（STM）和异步传送模式（ATM）。

STM 分配固定时隙给用户，因此可保证每个用户有固定的可用带宽。时隙可以静态分配，也可以根据呼叫动态分配。不管是哪种情况，分配给某个用户的时隙只能由该用户使用，其他用户不能使用。有关动态分配带宽的进一步介绍见文献［3］中的第 9 章。

相反，ATM 根据数据传输的实际需要分配时隙给用户，因此可以更有效地使用总带宽。与 STM 相比，ATM 要求更多的有关业务的类型和流量特性，以确保每个用户公平地使用带宽。

图 10.3.4 表示一个树形 PON 的 TDMA 系统，该系统允许每个用户在指定的时隙发送上行数据到 OLT。OLT 可以根据每个时隙位置或时隙本身发送的信息，取出属于每个 ONU 的时隙数据。在下行方向，OLT 采用 TDM 技术，在规定的时隙传送数据给每个 ONU。

2. 突发模式接入

在使用 TDMA 技术的树形 PON 中，上行接入采用突发模式，一个重要特点是必须保证 ONU 上行时隙的同步，所以必须采用测距技术，以便控制每个 ONU 的发送时间，确保各 ONU 发送的时隙插入指定的位置，避免在组成上行传输帧时发生碰撞。为防止各 ONU 时隙发生碰撞，要求时隙间留有保护间隙 T_{gap}。测距精度通常为 $1\sim2$ bit，所以各 ONU 信元在组成上行帧时的间隙 T_{gap} 有几个比特，因此到达 OLT 的信元几乎是连续的比特流。ONU 占据多少时隙由媒质接入控制协议（Medium Access Control，MAC）完成，ONU 何时发送数据时隙（即在收到数据发送授权后延迟多长时间），由 OLT 根据测距（测量 ONU 到 OLT 的距离）结果通知 ONU。关于测距的更多细节见文献［3］中的 8.4 节和 8.5 节。

在突发模式接收的 TDMA 系统中，除要求 OLT 测量每个 ONU 到 OLT 的距离外，还要

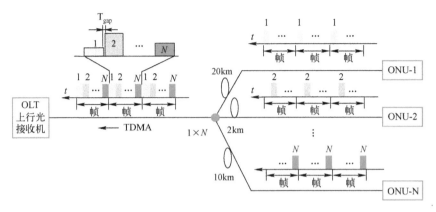

图 10.3.4　PON 系统各 ONU 采用 TDMA 突发模式接入

求 OLT 利用上行突发数据时隙开始的前几个比特尽快地恢复出采样时钟，并利用该时钟进行该时隙数据的恢复。也就是说同步电路必须能够确定突发时隙信号到达 OLT 的相位和开始时间，同时还要为测距计数器提供开始计数和计数终了的时刻。有关上行同步技术的进一步介绍见文献 [3] 中的 8.1 节。

在使用 TDMA 技术的树形 PON 中，OLT 突发模式接收机接收从不同距离的 ONU 发送来的数据包，并恢复它们的幅度，正确判决它们是 "1" 还是 "0"。由于每个 ONU 的 LD 发射功率都相同，但它们到达 OLT 的距离互不相同，所以它们的数据包到达 OLT 时的功率变化很大，如图 10.3.4 所示。OLT 突发模式接收机必须能够应付这些功率的变化，正确恢复出数据，不管它们离 OLT 多远。有关突发模式接收的进一步介绍见文献 [3] 中的 8.3 节。

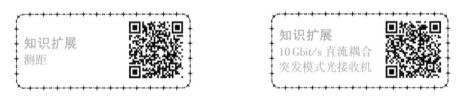

3. WDMA

由于光纤的传输带宽很宽，所以可以采用波分复用（WDM）技术实现多个 ONU 的上行接入。图 10.3.5 表示波分多址接入（WDMA）树形 PON 的系统结构，每个 ONU 用一个特定的波长发送自己的数据给 OLT，各个波长的光信号进入光分路器后复用在一起，OLT 使用滤波器或光栅解复用器将它们分开，然后送入各自的接收机将光信号变为电信号。OLT 也可以使用 WDM 技术或一个波长的 TDM 技术把下行业务传送给 ONU。WDM 技术虽然简化了电子电路的设计，但是是以使用贵重的光学器件为代价的。

10.4.3 节将对 WDM-PON 的有关技术进行介绍。

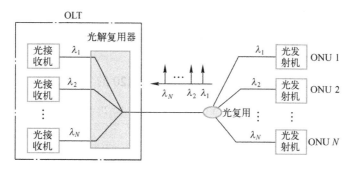

图 10.3.5　波分多址接入（WDMA）树形 PON 系统结构

10.3.5　安全性和私密性

私密性是 PON 终端用户关注的问题，因为用户通信可能会被同一 PON 中的其他用户窃听。所有的 PON 都向与它相连的 ONU 用户广播下行信号，因此潜在地允许一个终端用户窃听其他终端用户的信息，但是这有一个前提条件，那就是窃听者首先要能够模仿 PON 的通信协议，所以很难实现。更高一层的保护是把下行信号加密，例如在 ITU-T G.983.1 中采用的扰码加密机制（见文献 [3] 中的 4.3.5 和 4.3.6 节）。

还有一种泄密的可能，上行信号在分路器上行侧反射后可能会被其他终端用户截取。不过通常认为，由于反射和分路损耗的总影响，其他终端用户很难达到截取所需要的功率电平。所以上行信号的发送一般不加密，如 ITU-T G.983.1 中所述。

安全性是网络运营者关注的问题，因为网络可能会被盗用或破坏。在 PON 中，只要有人利用未使用的分光口接入光纤，就有可能造成破坏。侵入者可能接入某个 ONU 窃取相关服务。这种侵入行为可以通过口令协议加以阻止，在 ITU-T G.983.1 中称为"验证"。为此，ONU 在初始化时向 OLT 注册密码（Password），并得到 OLT 的确认，该密码只向上传送，其他 ONU 接收不到。OLT 有一个与其连接的所有 ONU 的密码表，当接收到某个 ONU 的密码后，OLT 就把它与自己的密码表比较，符合的就让其接入。假如 OLT 接收到一个没有注册的密码，它就通知网络运营者。这样就能确保在合法的 ONU 关闭电源后，假冒的 ONU 不能连接到网络。

10.4　PON 接入系统

10.4.1　EPON 系统

EPON 和 APON 的主要区别是，在 EPON 中，根据 IEEE 802.3 以太网协议，传送的是可变长度的数据包，最长可为 1526 Byte；而在 APON 中，根据 ATM 协议的规定，传送的是包含 48 Byte 的净荷和 5 Byte 信头的 53 Byte 的固定长度信元。IP 要求将待传数据分割成可变长度的数据包，最长可为 65535 Byte。与此相反，以太网适合携带 IP 业务，与 ATM 相比，极大地减少了开销。

表 10.4.1 给出 1000 Base-PX10 和 1000 Base-PX20 的主要技术规范。

表 10.4.1　1000 Base-PX10 和 1000 Base-PX20 的主要技术规范

	1000 Base-PX10		1000 Base-PX20	
	下行方向（D）	上行方向（U）	下行方向（D）	上行方向（U）
光纤类型	单 模 光 纤			
光纤数目	1			
线路速率/Mbit/s	1250 Mbit/s			
标称发射波长/nm	1490	1310	1490	1310
平均发射功率（max）/dBm	2	4	7	4
平均发射功率（min）/dBm	−3	−1	2	−1
比特误码率	10^{-12}		10^{-12}	
平均接收功率（max）/dBm	−1	−3	−6	−3
接收机灵敏度（max）/dBm	−24		−27	−24
传输距离（无 FEC）	0.5~10000 m		0.5~20000 m	
最大光通道插入损耗/dB	20	19.5	24	23.5
最小光通道插入损耗/dB	5		10	

鉴于 EPON 系统已经获得大规模的成功部署，IEEE 工作组开发的 802.3av 标准最重要的要求是和现有部署的 EPON 网络实现后向兼容及平滑升级，并与以太网速率 10 倍增长的步长相适配。为此，802.3av 标准进行了多方面的考虑。

1）10G-EPON 提供两种应用模式，充分满足不同客户的需求：一种是非对称模式（10 Gbit/s 下行/1 Gbit/s 上行），另一种是对称模式（10 Gbit/s 下行/10 Gbit/s 上行）。

2）10 Gbit/s EPON 绝大部分继承了 1 Gbit/s EPON 的标准，仅针对 10 Gbit/s 的应用，对 EPON 的 MPCP 协议（IEEE 802.3）以及 PMD 层进行扩展。在业务互通、管理与控制方面，与 1 Gbit/s EPON 兼容，如图 10.4.1 所示，下行采用双波长波分，上行采用双速率突发模式接收技术，通过 TDMA 机制协调 1 Gbit/s 和 10 Gbit/s ONU 共存。10 Gbit/s EPON 的 ONU 与 1 Gbit/s EPON 的 ONU 在同一 ODN 下实现了良好共存，有效地保护了运营商的投资。

3）采用一系列技术措施提高性价比，且为长距离与大分光比的应用打下了坚实的基础。10 Gbit/s EPON 采用 64 Byte/66 Byte 线路编码，效率高达 97%；拥有更高的链路光功率预算（29 dB）；前向纠错（FEC）功能采用 RS（255、223）多进制编码，可以使光功率预算相对于没有 FEC 增加 5~6 dB（见 8.1 节）。

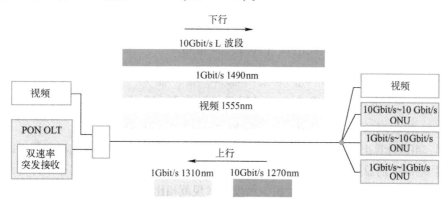

图 10.4.1　10 Gbit/s EPON 与 1 Gbit/s EPON 系统共存兼容与波长分配示意图

　　10 Gbit/s EPON 的标准思路清晰明确，延续 EPON 的产业特征，产业链上下游响应速度快。光模块厂商方面，早在 2008 年上半年，10 Gbit/s EPON 光模块已经可以供货。芯片方面，全球许多公司可以提供完整的 10 Gbit/s EPON 解决方案。

　　由于以太网技术的固有机制，不提供端到端的包延时、包丢失率以及带宽控制能力，因此难以支持实时业务的服务质量。如何确保实时语音和 IP 视频业务，在一个传输平台上以与 ATM 和 SDH 的 QoS 相同的性能分送到每个用户，GPON 则是一个最好的选择，第 10.4.2 节将对其进行介绍。有关 EPON 的进一步介绍可看文献［3］中的第5章。

　　【例 10.4.1】EPON 无源光网络下行方向功率预算

　　使用单模光纤 G.652 的 1 Gbit/s EPON，由 16 个 ONU 组成，使用 15 个 2×2 耦合器构成 1×16 分光器，每个 2×2 方向耦合器的插入损耗为 0.5 dB。

　　1）假如不考虑耦合器、连接器和光纤的损耗，OLT 发射机的输出光功率 P_T 是 3 dBm，计算每个 ONU 接收到的光功率（以 dBm 表示）。

　　2）OLT 使用 1×16 分路器分配它的光功率到 16 个 ONU，连接器损耗 L_{con} 是 0.8 dB，接头损耗 L_{fus} 是 0.2 dB，光纤损耗 L_{fib} 是 0.2 dB/km，假如 OLT 距离分路器 10 km，ONU 1、ONU 2、ONU 3 分别距分路器 1 km、6 km 和 10 km，光缆盘长 2 km。计算这 3 个 ONU 分别接收到的光功率（以 dBm 表示）。

　　解： 1）由题已知 $N=16$，$P_T = 10^{3/10} = 2$ mW，2×2 方向耦合器的插入损耗为 0.5 dB，由附录中的式（D.2）可以得到百分损耗 $\delta = 11\%$，由式（9.1.2）可得到每个 ONU 得到的光功率为

$$P_N = (P_T/N)(1-\delta)^{\log_2 N} = \frac{(2\times10^{-3})}{16}(1-0.11)^{\log_2 16} = 78.4\times10^{-6} = 78.4(\mu W) \quad (-11\,dBm)$$

2) 1×16 分光器的附加损耗是

$$L_{ext} = -10\ lg\ (1-\delta)^{log_2 N} = -10\ lg\ (1-11\%)^{log_2 16} = 2(dB)$$

ONU-1 距离 OLT 的总损耗由式（10.2.2）得到

$$L_{1\ tot} = 10\ lgN + L_{ext} + 4L_{con} + nL_{fus} + \alpha(L_{fib}^{L-S} + L_{fib}^{N-S})$$
$$= 10lg16 + 2 + 4\times0.8 + 0.2\times(10/2-1) + 0.2\times(10+1) = 20.2(dB)$$

ONU-1 接收到的光功率是 $P_{ONU\ 1} = 3-20.2 = -17.2$（dBm）

同样，可以计算出 ONU-2 距离 OLT 的总损耗是 21.6 dB，接收到的光功率是 -18.6 dBm。ONU-3 距离 OLT 的总损耗是 22.8 dB，接收到的光功率是-19.8 dBm。这三个计算结果与表 10.4.1 给出的 1000 Base-PX20 接收机灵敏度技术规范相比，还有几分贝的余量。

10.4.2 GPON 系统

APON 标准复杂、成本高，在传输以太网和 IP 数据业务时效率低，以及在 ATM 层上适配和提供业务复杂。而 EPON 存在两大致命的缺陷，即带宽利用率低和难以支持以太网之外的实时业务。因此，全业务接入网（FSAN）组织开始考虑制定一种融合 APON 和 EPON 的优点，克服其缺点的新的 PON，那就是 GPON。GPON 具有吉比特高速率，92%的带宽利用率和支持多业务透明传输的能力，同时能够保证服务质量和级别，提供电信级的网络监测和业务管理。本节就介绍 GPON 接入的有关技术问题。

1. GPON 系统参考结构

图 10.4.2 表示当前 GPON 系统的参考结构，GPON 主要由光线路终端（OLT）、光分配网（ODN）和光网络单元（ONU）三部分组成。OLT 位于接入网局端，它的位置可以就在局内本地交换机的接口处，也可以是野外的远端模块，为接入网提供网络侧与核心网的接口，并通过一个或多个 ODN 与用户侧的 ONU 通信。OLT 与 ONU 是主从关系，它控制各 ODN 执行实时监控，管理和维护整个无源光网络。

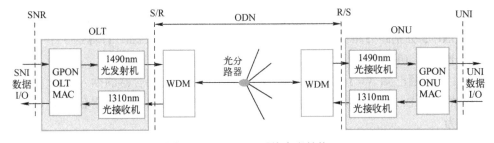

图 10.4.2　GPON 系统参考结构

　　ODN 是一个连接 OLT 和 ONU 的无源设备，它的主要功能是完成光信号和功率的分配任务。GPON 采用单纤双向传输，上下行光信号采用波分复用汇合/分开。下行使用 1480~1500 nm 波段（XG-PON1，使用 1575~1580 nm 波段），上行使用 1260~1360 nm 波段（XG-PON1，使用 1260~1280 nm 波段）。同时，GPON 的 ODN 光分路器的性能也大大提高，可支持 1:128 分路比。

　　ONU 为光接入网提供直接或者远端的用户侧接口。ONU 终结 ODN 光纤，处理光信号并为若干用户提供业务接口。

　　在 GPON 中，光接口的定义如图 10.2.3 所示。在 G.984.2 中，给出了 GPON 系统不同上下行速率时的 4 个光接口的要求。在 S/R 参考点对发射机的要求和在 R/S 参考点对接收机的要求，GPON 和 APON 的标准基本一致。表 10.4.2~表 10.4.5 给出 4 个典型的接口要求。

表 10.4.2A　9.95328 Gbit/s 下行方向光接口参数—OLT 发射机（在 S/R 点）[17]

项　　目	单　位	数　值					
标称比特率	Gbit/s	9.95328					
工作波长	nm	1575~1580					
线路码型	—	NRZ					
ODN 等级		N1	N2		E1	E2	
			N2a	N2b		E2a	E2b
最小平均发射功率	dBm	+2.0	+4.0	+10.5	+6	+8	+14.5
最大平均发射功率	dBm	+6.0	+8.0	+12.5	+10	+12	+16.5
最小消光比	dB	8.2					
发送机对反射光功率的容忍度	dB	>−15					
色散范围	ps/nm	0~400（DD20）；0~800（DD40）					
最小边模抑制比	dB	30					
最大光通道损耗差	dB	15					

注：DD20：S/R 和 R/S 参考点间最大距离 20 km；DD40：S/R 和 R/S 参考点间最大距离 40 km。

表 10.4.2B　9.95328 Gbit/s 下行方向光接口参数—ONU 接收机（在 R/S 点）[17]

项　　目	单　位	数　值					
最大光通道代价	dB	1.0					
R/S 点的最大反射（接收机波长测量）	dB	<−20					
比特误码率参考值	—	10^{-3}					
ODN 等级		N1	N2		E1	E2	
			N2a	N2b		E2a	E2b

（续）

项　目	单　位	数　值					
最小平均发射功率	dBm	−28.0	−28.0	−21.5	−28.0	−28.0	−21.5
最大平均发射功率	dBm	−8.0	−8.0	−3.5	−8.0	−8.0	−3.5
抗连1或连0能力	bit	>72					
接收机对反射光功率的容忍度	dB	<10					

表 10.4.3A　2.4883 2 Gbit/s　上行方向光接口参数—ONU 发送机（在 R/S 点）[17]

项　目	单　位	数　值			
标称线路速率	Gbit/s	2.48832			
工作波长	nm	1260~1280			
线路码型	—	NRZ			
ODN 等级		N1	N2	E1	E2
最小平均发射功率	dBm	+2.0	+2.0	+2.0	+2.0
最大平均发射功率	dBm	+7.0	+7.0	+7.0	+7.0
最小消光比	dB	8.2			
发送机对反射光功率的容忍度	dB	>−15			
色散范围	ps/nm	0~140（DD20）；0~280（DD40）			
最小边模抑制比	dB	30			
最大光通道损耗差	dB	15			

表 10.4.3B　2.48832 Gbit/s 下行方向光接口参数—OLT 接收机（在 S/R 点）[17]

项　目	单　位	数　值			
最大光通道代价	dB	0.5			
S/R 处的最大反射	dB	<−20			
BER 参考数值	—	10^{-4}			
ODN 等级		N1	N2	E1	E2
最小平均发射功率	dBm	−27.5	−29.5	−31.5	−33.5
最大平均发射功率	dBm	−7.0	−9.0	−11	−13
抗连1或连0能力	bit	>72			
最小消光比	dB	8.2			
接收机对反射光功率的容忍度	dB	<10			

表 10.4.4A　1244 Mbit/s 下行方向光接口参数——OLT 发射机（在 S/R 点）

项　目	单　位	单 纤 传 输	双 纤 传 输
标称比特率	Mbit/s	1244.16	
工作波长	nm	下行 1480~1580，上行 1260~1360	1260~1360
线路码型	—	扰码的 NRZ	
最小平均发射功率	dBm	−4，1，5（分别对应三类 ODN）	
最大平均发射功率	dBm	1，6，9（分别对应三类 ODN）	
消光比	dB	>10	
标称光源类型	—	MLM−LD 或 SLM−LD	

表 10.4.4 B　1244 Mbit/s 下行方向光接口参数——ONU 接收机（在 R/S 点）

项　目	单　位	单 纤 传 输	双 纤 传 输
系统对接收波长的最大反射	dB	<−20	
比特误码率	—	<10^{-10}	
最小灵敏度	dBm	−25	
最小过载能力	dBm	−4	
抗长连"0"或长连"1"性能	bit	>72	
反射光功率容限	dB	<10	

表 10.4.5 A　622 Mbit/s 上行方向光接口参数——ONU 发射机（在 R/S 点）

项　目	单　位	单 纤 传 输		双 纤 传 输
比特率	Mbit/s	622.08		
工作波长	nm	下行 1480~1580，上行 1260~1360		1260~1360
线路码型	—	扰码的 NRZ		
光分配网（ODN）分类		A	B	C
最小平均发射功率	dBm	−6	−1	−1
最大平均发射功率	dBm	−1	+4	+4
消光比	dB	>10		
光源类型	—	MLM−LD 或者 SLM−LD		

表 10.4.5 B　622 Mbit/s 上行方向光接口参数——OLT 接收机（在 S/R 点）

项　目	单　位	单 纤 传 输	双 纤 传 输
最大反射系数	dB	小于 −20	
比特误码率	—	低于 10^{-10}	

（续）

项　目	单　位	单纤传输		双纤传输
光分配网（ODN）分类		A	B	C
最小灵敏度	dBm	-27	-27	-32
最小过载	dBm	-6	-6	-11
抗长连 "0" 或长连 "1" 性能	bit	>72		
反射光功率容限	dB	<10		

根据系统对衰减/色散特性的要求，可以选择多纵模（MLM）激光器或单纵模（SLM）激光器。应该指出，并不要求都用 SLM 激光器，只要能够满足系统性能的要求，就可以用 MLM 器件取代 SLM 器件。但是，XG-PON1（10 Gbit/s PON）只考虑使用单纵模激光器。

消光比（EXR）、接收机灵敏度定义的性能测试方法等见 11.3 节。

2. GPON 传输模式

GPON 有两种传输模式：一种是 ATM 模式，另一种是 GEM（GPON Encapsulation Method）模式。图 10.4.3 清晰地解释了这两种模式在 U 平面中的传输过程。GPON 在传输过程中，可以用 ATM 模式，也可以用 GEM 模式，也可以共同使用这两种模式。究竟使用哪种模式，要在 GPON 初始化的时候进行选择。

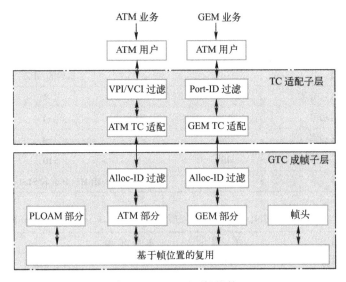

图 10.4.3　U 平面协议栈

GEM 对 TDM 数据的封装是将 TDM 业务直接映射到可变长的 GEM 帧中，即 TDM over GEM。这种方式是 ITU-T G.984.3 的附录中提出的专门为 GPON 系统承载 TDM 业务所设计的一种封装技术。具有相同 Port ID 的 TDM 数据分组汇聚到 TC 层。

由于用户数据帧的长度是随机的，如果用户数据帧的长度超过 GEM 协议规定的净荷最大长度，就要采用 GEM 的分段机制。GEM 的分段机制把超过净荷最大长度的用户数据帧分割成若干段，每一段的长度与 GEM 净荷最大长度相等，并且在每段的前面都加上一个 GEM 帧头。这种分段机制，对于一些时间比较敏感的业务，如语音业务，可保证以高优先级进行传输。因为它把语音业务总是放在净荷区的前端发送，而且帧长是 125 μs，延时比较小，从而能保证语音业务的 QoS。

GEM 使用不定长的 GEM 帧对 TDM 业务字节进行分装。TDM over GEM 方式的优点在于使用了与 SDH 相同的 125 μs 的 GEM 帧，使得 GPON 可以直接承载 TDM 业务，将 TDM 语音和数据直接映射到 GEM 帧中，使得分装效率提高。

3. GPON 与 EPON 的比较

下面将从带宽利用率、成本、多业务支持、OA&M 功能等多方面对 EPON 和 GPON 进行详细的比较。

（1）带宽利用率

一方面，EPON 使用 8B/10B 编码，其本身就引入了 20% 的带宽损失，1.25 Gbit/s 的线路速率在处理协议本身之前实际上就只有 1 Gbit/s 了。GPON 使用扰码作线路码，只改变码，不增加码，所以没有带宽损失；另一方面，EPON 封装的总开销约为调度开销总和的 34.4%，而 GPON 在同样的包长分布模型下，得到 GPON 的封装开销约为 13.7%。

（2）成本

从单比特成本来讲，GPON 的成本要低于 EPON。但如果从目前的整体成本来讲，则反之。影响成本的因素在于技术复杂度、规模产量以及市场应用规模等各个方面，特别是产量基本决定了产品的成本。目前，随着 EPON 部署规模的增大，EPON 和 ADSL 的价格差距正在逐步缩小，却能提供更多的服务和更好的服务质量。而 GPON 的部署规模相对来说还很小，模块价格难以很快下降。

（3）多业务支持

EPON 对于传输传统的 TDM 支持能力相对比较差，容易引起 QoS 的问题。而 GPON 特有的封装形式，使其能很好地支持 ATM 业务和 IP 业务，做到了真正的全业务。

（4）OA&M 功能

EPON 在 OA&M 标准方面定义了远端故障指示、远端环回控制和链路监视等基本功能，对于其他高级的 OA&M 功能，则定义了丰富的厂商扩展机制，让厂商在具体的设备中自主增加各种 OA&M 功能。GPON 的 OA&M 包括带宽授权分配、DBA、链路监视、保护倒换、密钥交换以及各种告警功能。从标准上看，GPON 标准定义的 OA&M 信息比 EPON 的丰富。

4. GPON 较 EPON 的优势

通过上面对 GPON 和 EPON 主要特征以及具体各项指标的比较，可以发现 GPON 具有以下优势。

（1）灵活配置上/下行速率

GPON 技术支持的速率配置有多种方式，如图 10.4.4 所示，对 FTTH 和 FTTC 应用，可采用非对称配置；对于 FTTB 和 FTTO 应用，可采用对称配置。由于高速光突发发射和突发接收器件价格昂贵，且随速率上升显著增加，因此这种灵活的配置可使运营商有效控制光接入网的建设成本。

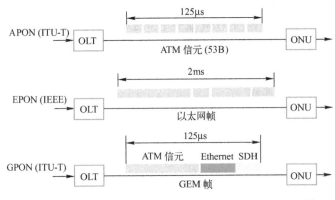

图 10.4.4　APON、EPON、GPON 承载业务能力的比较[3]

（2）高效承载 IP 业务

GEM 帧的净荷区范围为 0~4095 Byte，解决了 APON 中 ATM 信元带来的承载 IP 业务效率低的弊病；而以太网 MAC 帧中净负荷区的范围仅为 46~1500 Byte，因此 GPON 对于 IP 业务的承载能力是相当强的。

（3）支持实时业务能力

GPON 所采用的 125 μs 周期的帧结构能对 TDM 语音业务提供直接支持，无论是低速的 E1，还是高速的 STM-1，都能以它们的原有格式传输，这极大地减少了执行语音业务的时延及抖动。

（4）支持更远的接入距离

针对 FTTB 开发的 GPON 系统，其 OLT 到 ONU 的最远逻辑接入距离可以达到 60 km 以上，而 EPON 则只有 20 km。

（5）更高的带宽有效性

EPON 的带宽有效性为 70%；而 GPON 则高达 92%。

（6）更多的分路比数量

EPON 支持的分路比为 32；而 GPON 则高达 64 或 128。

（7）运行、管理、维护和指配功能强大

GPON 借鉴 APON 中 PLOAM 信元的概念，实现全面的运行维护管理功能，使 GPON 作为宽带综合接入的解决方案可运营性非常好。

表 10.4.6 列出 APON、EPON、GPON 和 XG-PON1 四种 PON 的技术比较。

表 10.4.6　四种 PON 技术的比较

项　目		APON	EPON	GPON	XG-PON1
标准		ITU-T G.983	IEEE 802.3ah	ITU-T G.984	ITU-TG.987.2
基本协议		ATM	Ethernet	ATM 或 GEM	
编码类型		NRZ	8B/10B	NRZ	NRZ
下行线路速率/(Mbit/s)		155/622/1244	1250	1244/2488	9953.28
上行线路速率/(Mbit/s)		155/622	1250	155/622/1244/2488	2488.32
上行可用带宽（IP 业务)/(Mbit/s)		500（上行 622）	760~860	1100（上行 1244）	
带宽有效性		80%	70%	92%	
支持 ODN 的类型		A、B、C	A、B	A、B、C	N1、N2、E1、E1
分路比		1:16	1:32	1:32，1:64，1:128	
逻辑传输距离/km		20	20	60	20 或 40
网络保护		有	无	有	—
使用波长/nm	单纤模式	下行 1480~1500 上行 1260~1360	下行 1490 上行 1310	下行 1480~1500 上行 1260~1360	下行 1575~1580 上行 1260~1280
	双纤模式	上/下行 1260~1360		上/下行 1260~1360	—
第三波长支持视频		有	有	有	—
实现 FTTX 选择性		可用	较佳	佳	最佳
TDM 支持能力		TDM over ATM	TDM over Ethernet	TDM over ATM 或 TDM over Packet	—
下行数据加密		搅动或 AES	没有定义，可采用 AES	AES	

注：AES（Advanced Encryption Standard）：高级加密标准

有关 GPON 的进一步介绍可看文献［3］中的第 6 章。

10.4.3　WDM-PON 系统

目前的 PON 技术主要有 APON、EPON 和 GPON，它们都是 TDM-PON。APON 承载效率低，在 ATM 层上适配和提供业务复杂。EPON 存在两大致命的缺陷，即带宽利用率低和难以支持以太网之外的业务，特别是承载语音/TDM 业务时会引起 QoS 问题。GPON 虽然能克服上述的缺点，但上下行均工作在单一波长，各用户通过时分的方式进行数据传输。这种在单一波长上为每用户分配时隙的机制，既限制了每用户的可用带宽，又大大浪费了光纤自身的可用带宽，不能满足不断出现的宽带网络应用业务的需求。在这种背景下，人们就提出了 WDM-PON 的技术构想。WDM-PON 能克服上面所述的各种 PON 缺点。近年来，由于 WDM 器件价格的不断下降，WDM-PON 技术本身的不断完善，WDM-PON 接入网应用到通信网络中已成为可能。相信随着时间的推移，把 WDM 技术引入接入网将是下一代接入网发展的必然趋势。

WDM-PON 有三种方案：第一种是每个 ONU 分配一对波长，分别用于上行和下行传输，从而提供了 OLT 到各 ONU 固定的虚拟点对点双向连接；第二种是 ONU 采用可调谐激光器，根据需要为 ONU 动态分配波长，各 ONU 能够共享波长，网络具有可重构性；第三种是采用无色 ONU（Colorless ONU），即 ONU 无光源方案。本节将介绍 WDM-PON 的有关技术问题。

1. 波长固定 WDM-PON 系统结构

波长固定 WDM-PON 是一种点对多点（PTM）系统，下行复用采用 WDM 方式，上行接入采用 WDMA 技术。它与功率分配 PON（PS-PON）的根本区别在于，在 ODN 中采用 3.8 节介绍的波导光栅（AWG）复用/解复用器取代无源分路器，完成 ONU 在频域复用或解复用的功能。结果是既获得了 PTM 拓扑的光纤增益，又通过 OLT 和 ONU 之间专用波长连接得到了 PTP 系统结构的优点。因此，WDM-PON 有可能胜过 PON 和 PTP 结构。常见的 WDM-PON 结构如图 10.4.5 所示，它既支持单纤传输，也支持双纤传输。

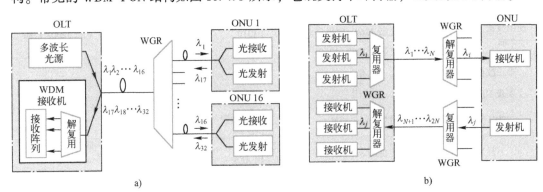

图 10.4.5　波长固定 WDM-PON
a）波长固定单纤 WDM-PON　b）波长固定双纤 WDM-PON

在这种 WDM-PON 接入网中，OLT 中有多个不同波长的光源，每个 ONU 也使用特定波长的光源，各点对点连接都按预先设计的波长进行配置和工作，多个不同波长同时工作，如图 10.4.5 所示。在这种接入网中，每个用户的发送和接收信道分别使用单独的波长，因而不需要定时和网络同步。在 TDM-PON 中担当光功率分配的 ODN，在 WDM-PON 中，已由完成波分复用/解复用器功能的阵列波导光栅（AWG）路由器（WGR）替代；在 OLT 中，为了实现 DWDM 的功能，采用了能够产生多个波长输出的光发射机和接收机阵列。

产生多波长输出的光发射机阵列是一个单片集成器件，采用单旋钮进行调谐，以便降低成本，提高可靠性。可把 4.3 节介绍的 DFB 或 DBR 激光器阵列与 AWG 功分器集成在一起使用。

但是，这种 WDM-PON 网络，如果波长数越多，需要的光源种类也越多，需要价格昂贵而且数目众多的光器件，这对 ONU 尤其突出，初期建设投资非常大，因此，固定光源的解决方案难以应用于商用 WDM-PON 系统，它的应用要等到集成光学器件成熟并且成本降下来以后才有前景。

波长路由器最好采用阵列波导光栅（AWG）路由器（WGR）[4]。因为，WGR 除了直接提供 1×N 波分复用/解复用功能外，还可以通过设计使其具有周期特性，也就是说它们能工作在多个自由光谱范围（FSR）上。

图 10.4.5b 表示使用双纤的波长固定 WDM-PON 的结构，在 OLT 有 N 个独立的激光器，输出 N 个不同波长的光，复用后进入馈线光纤，而各 ONU 仅使用一个发出指定波长的激光器。

2. ONU 波长可调 WDM-PON

上面介绍的固定波长 WDM-PON，每个 ONU 有一对固定波长分别用于上行和下行传输的通道。本节介绍的 ONU 波长可调 WDM-PON，如图 10.4.6 所示，其下行传输与固定波长方案相同，但上行方案不同。在上行方向，根据需要为 ONU 动态分配波长，各 ONU 能够波长共享，网络具有可重构性。上行传输时，ONU 先使用控制信道向 OLT 发送传输申请，OLT 为 ONU 分配波长，并在下行帧中通知 ONU，ONU 收到分配信息后，调谐到分配给自己的波长上发送数据。在这种方案中，ONU 需要配置一个用于控制信道的固定发射机和一个用于发送数据的可调波长发射机。其优点是上行波长动态分配，能够支持更多的 ONU，提高了波长信道的利用率。但这种 ONU 成本太高，不宜推广使用。

在图 10.4.6 中，为了清晰起见，图中只给出了 PON 的上行部分。在 ONU 中，使用 4.4 节介绍的波长可调 LD，使其工作在不同的波长，可调激光器工作在特定波长，但可通过电调谐、温度调谐或机械调谐使其波长改变。如果网络中的分路器只是 WDM 器件（如 AWG），WDM 器件的通道间隔和 LD 的调谐范围将决定系统可支持的 ONU 数量。如果在分配节点中采用宽带分路器/合路器，在 OLT 中心局采用更多波长选择的滤波器，则可以有比较多的接入通道，但是必须考虑可能的功率预算。另外，可调激光器系统比传统 PON 系统更复杂，价格也较为高昂，因此在目前的 WDM-PON 系统中一般不采用。

3. ONU 无色 WDM-PON

基于无色 ONU 的技术方案是 WDM-PON 系统的主流，根据使用器件的不同，可分为宽谱光源 ONU 和无光源 ONU。

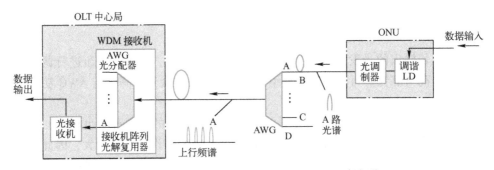

图 10.4.6　ONU 波长可调 LD　WDM-PON 上行部分

图 10.4.7a 表示 ONU 中采用宽谱光源的 WDM-PON 系统。在这种系统中，ONU 内有一个宽谱光源，例如超发光二极管（Super LED，SLED），它发出的光进入 WDM 器件（薄膜滤波器或者 AWG）的一个端口，该器件对信号进行谱分割，只允许特定波长的光信号通过并传输到位于中心局的 OLT。尽管所有 ONU 都采用同一个光源，但由于它们连接在 AWG WDM 合波器的不同端口上，所以每个 ONU 分切到的是同一个光源的不同光谱，即每个通道（ONU）得到的是不同的波长信号。宽谱光源可采用 SLED、ASE-EDFA 和 ASE-RSOA（自发辐射反射半导体光放大器）等。

表 10.4.7 列出几种商用超发光二极管的性能比较，ASE 输出功率为尾纤输出功率，内含 10 kΩ 的热敏电阻，芯片工作温度为 25℃，环境温度为 0~65℃。还有一种 ASE 功率 1.5 W 的 SLED，中心波长 1280 nm，带宽 95 nm。

表 10.4.7　几种商用超发光二极管的性能比较

波长/输出光功率	1310 nm/10 mW	1310 nm/15 mW	1550 nm/10 mW	1550 nm/15 mW
峰值波长/nm	1290~1330	1290~1330	1530~1570	1530~1570
频谱宽度/nm	65	55	45	50
ASE 输出功率/mW	15	20	16	20
均方增益波动/dB	最大 0.35	0.08	0.2	0.18
工作电流/mA	800	600	500	600
偏置电压/V	1.3	1.4	1.3	1.4

另一种方案是在 ONU 处无光源，系统中所有的 ONU 共用的宽谱光源置于 OLT 处，并通过 OLT 之外的 WGR 进行光谱分割，然后向每个 ONU 提供波长互不相同的光信号，而 ONU 直接对此光信号进行调制，以产生上行信号，如图 10.4.7b 所示。根据上行光信号的路径，该方案也叫作基于光反射的无色 ONU。根据所采用的反射器件的不同，又有多种技术方案。常用的反射调制器有反射式半导体光放大器（Reflecting Semiconductor Optical Amplifier，RSOA）和反射式电吸收波导调制器（Reflective EAM，REAM）等，其中

RSOA 对 OLT 发送过来的光信号又调制又放大。在这种方案中，OLT 宽谱光源发出的光经 WGR 分波后提供给不同的 ONU 作为上行光源，因此没有光信号的浪费。宽谱光源被称作种子光源（更详细的介绍见文献 [3] 中的 7.3.2 节）。

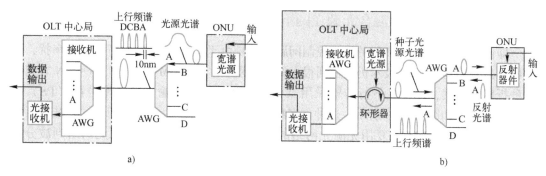

图 10.4.7　ONU 无色 WDM-PON 系统[3]

a）ONU 宽谱光源 WDM-PON 系统的上行部分　b）ONU 中无光源 WDM-PON

在采用宽谱光源的 WDM-PON 系统中，宽谱光源发出的光中只有很窄的一部分谱线被用作承载信号上，而其他大量的能量都被浪费了。因此，这种光谱分割的损耗非常大，甚至比 $1/N$ 分路器的损耗还要大，特别是在未完全调准时。如果系统要达到较高的比特率，传统的 LED 提供的功率是不够的，所以要采用昂贵的大功率 LED 或者在 ONU 使用光放大，使光源提供足够强的光功率。

此外，频谱分割会引起较大的线性串扰，限制了系统的动态范围，因为每个 ONU 光源都覆盖了整个复用/解复用路由器的光谱范围，光串扰将成为光谱分割 WDMA 方案的一个严重问题。这个问题只有通过采用低串扰器件，选择通带谱宽和信道间隔较窄的复用器和解复用器，精确校准复用/解复用器的波长，并控制 ONU 光源功率来均衡 OLT 接收机接收的功率变化来解决。或许光谱分割技术更实际的用途在于，通过 WDM-PON 广播下行信号的能力。

反射式半导体光放大器（RSOA）采用外腔式光纤光栅结构[16]，如图 10.4.8 所示，其技术指标为：工作波长范围 1528～1608 nm，全波段输出功率 60 mW，正面反射率 R_2 90%，斜面反射率 R_1（与光纤耦合）0.001%，阈值电流 60 mA，工作电流 300 mA，偏置电压 1.4～1.7 V，边模抑制比 40 dB，内含 10 kΩ 的热敏电阻，芯片工作温度为 25℃，环境温度为 0～65℃。

图 10.4.8　反射式半导体光放大器（RSOA）芯片及封装

据报道，已研制出一种用于L波段的与偏振无关的RSOA，其指标是：光增益大于21dB，增益平坦度小于4dB，偏振相关增益小于1dBm，饱和功率（尾纤输出）1dBm，噪声指数10dB，3dB调制带宽1.3GHz，已能满足1.25Gbit/s的WDM-PON的要求。

10.4.4 WDM/TDM 混合无源光网络

即使完善地解决了ONU的波长控制问题，但是由于WDM-PON的高损耗及串扰，光环回和光谱分割WDMA技术仍然受到很大的使用限制。在WDM-PON和PS-PON之间有一种折衷的方案，那就是下行传输采用WDM-PON，上行传输采用功率分配（PS）的TDMA-PON，如图10.4.9所示。这种方案称为WDM/TDM 混合无源光网络，它结合了波分复用无源光网络和时分复用无源光网络的优点，非常适合从时分无源光网络到波分无源光网络过渡的部署。这种混合网络实际上在网络容量和实现成本两个方面进行了折衷，既具有TDM-PON中无源光功率分配所带来的优点，又具有WDM-PON波长路由选择所带来的优点，实现了相对较低的用户成本，并在维持较高用户使用带宽的前提下，增加了网络容量扩展的弹性。

图10.4.9是一种双纤结构，下行是1550nm的DWDM，用AWG波长路由器（WGR）对各个用户波长解复用，然后分别馈送各波长信号到相应的ONU。上行采用1310nm的TDMA，所以OLT接收机要采用突发模式光接收机。

因为混合PON采用专用的下行波长及共

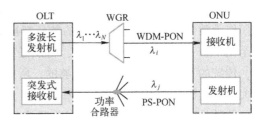

图10.4.9 复合WDM-PON[3]

享的上行带宽，它特别适用于满足住宅区对非对称带宽的要求。另外，下行使用波长路由，不仅解决了PS-PON的私密问题，而且还可以采用OTDR来远程定位分支光纤的故障状况。从光层角度看，混合PON的ONU和TDM/TDMA PS-PON的ONU没有任何区别。在OLT侧，用一个突发模式接收机取代波分解复用器和接收机阵列即可。

WDM-PON 与 PS-PON 的技术比较

与TDM-PON相比，WDM-PON系统具有以下一些优点：第一，WDM-PON系统的信息安全性好，在TDM-PON系统中，由于下行数据采用广播式发送给与此相连接的所有ONU，为了信息安全，必须对下行信号进行加密，这在G.983.1建议中已经做了规定，尽管如此，它的保密性也不如单独使用一个接收波长的WDM-PON系统；第二，OLT由于是多波长发射和接收，工作速率与ONU的数目无关，可与ONU的工作速率相同；第三，电路实现相对较简单，因为不需要难度很大的高速突发光接收机；第四，波分复用/解复用器的插入损耗要比光分配器的小，在激光器输出功率相等的情况下，传输距离更远，网络覆盖范围更大。

WDM-PON 可以视作 PON 的最终形态，但在近期还很难大规模应用。主要原因是缺乏国际标准，设备商投入较少，各种器件（如芯片、光模块）还不够成熟，成本也偏高，世界范围内能提供商用 WDM-PON 系统的设备制造商也屈指可数。但随着 WDM-PON 相关研究的逐渐活跃，国际标准化组织也开始考虑 WDM-PON 的标准化工作。

WDM-PON 既具有点对点系统的大部分优点，又能享受点对多点系统的光纤增益。但如果将 WDM-PON 同已建成的点对点或 PS-PON 系统比较，就会发现由于昂贵的 WDM 器件、串扰及损耗所致的性能降低，以及复杂性等因素，WDM-PON 的这些优点难以体现。关键在于成本，不管是单用户成本或是单波长成本，对于住宅或者中小型公司的接入，WDM-PON 在未来数年内都显得成本偏高。这点对上行方向尤为如此。用 TDMA 替代 WDMA 会使 WDM-PON 看起来更加现实，如果 WDM-PON 在近几年商用的话，WDM/TDM 混合 PON 可能会是其第一个优选方案。

有关混合 PON 的进一步介绍可看文献［3］中的 7.4 节和 7.5 节。

复习思考题

10-1 简述接入网在网络建设中的作用。

10-2 简述光接入网的技术演进过程。

10-3 何谓三网融合？

10-4 接入网主要由哪三部分组成？简述其功能。

10-5 何谓无源光网络？目前有哪几种无源光网络？

10-6 有哪几种下行复用技术？简述其工作原理。

10-7 有哪几种上行接入技术？简述其工作原理。

10-8 10 Gbit/s EPON 如何与 1 Gbit/s EPON 兼容？

10-9 为什么 PON 系统上行方向均选用 1260～1360 nm 波长的发射机，而下行方向则选用 1480～1500 nm 波长的发射机？

10-10 为什么要提出 GPON？

10-11 GPON 与 EPON 比较有哪些优势？

10-12 GPON 有哪两种传输模式？为什么 GPON 能够提供多业务特别是实时业务支持？

10-13 什么是 XG-PON？上下行速率各是多少？

10-14 对 WDM-PON 与 PS-PON 进行技术比较。

10-15 为什么要提出 WDM-PON？

10-16 WDM-PON 有哪三种方案？

10-17 简述波长固定 WDM-PON 的工作原理。

10-18　简述 ONU 波长可调 WDM-PON 的工作原理。

10-19　简述 ONU 无色 WDM-PON 的工作原理。

10-20　什么是 WDM-TDM 混合无源光网络?

习题

10-1　GPON 无源光网络上行方向功率预算

使用单模光纤 G. 652 的 1 Gbit/s GPON 系统，由 32 个 ONU 组成，使用 2×2 耦合器构成 1×32 分光器，每个 2×2 方向耦合器的插入损耗为 0.6 dB。下行速率 1.244 Gbit/s，波长 1490 nm；上行速率 622 Mbit/s，波长 1310 nm。采用单纤双向传输，如图 10.4.2 所示，采用 1×2 介质薄膜 WDM，插入损耗 2 dB。已知连接器损耗 L_{con} 是 0.8 dB，接头损耗 L_{fus} 是 0.2 dB，1310 nm 光纤损耗系数 α 是 0.4 dB/km，假如 OLT 距离分路器 10 km，ONU-1 距分路器 2 km，光缆盘长 2 km。ONU-1 LD 平均发射光功率 4 dBm，计算 OLT 接收到的光功率（以 dBm 表示）。

10-2　WDM/TDMA 混合 PON 下行方向功率预算

在参考文献 [3] 第 7.4 节中，介绍了一个 WDM/TDMA 混合无源光网络，它由反射式半导体光放大器（RSOA）构成无色 ONU 突发模式发射机，如图 10-2 所示。

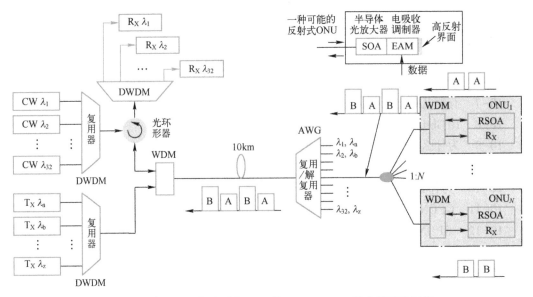

图 10-2　由 RSOA 构成无色 ONU 的 WDM/TDMA 混合无源光网络

该网络 OLT 使用 1.25 Gbit/s 商用器件作为突发模式接收机，ONU 使用中心波长 1550 nm、带宽 40 nm 的 RSOA 作为无色 ONU 的光发射机。RSOA 的最大增益 19 dB，噪声指数为

9 dB。RSOA 光放大器调制并反射从 OLT 分布反馈激光器（DFB）发送来的连续光波。在 PON 的馈线上距 OLT 20 km 处使用一个 32 信道的阵列波导光栅（AWG），用来对 OLT 的 WDM 信号解复用，解复用后的单波长信号又经一个 1:N 分路器分光，送给各个 ONU。在上行方向，1:N 分路器使用 TDMA 技术复用 N 个 ONU 的突发信号。该 AWG 的频率间距为 0.8 nm，插入损耗为 4 dB。在实验中使用粗波分复用器对上行和下行信号分开。在实验中进行了两种情况演示，一种是 N = 4（6 dB），馈线长 50 km（10 dB），可接用户（ONU）128 个；另一种是 N = 32（15 dB），馈线长 5 km（1 dB），可接用户 1024 个。系统线路功率预算为 13~28 dB，这与 GPON 的 B 类功率预算相同。功率代价包括瑞利后向散射 1.5 dB，单纤系统 20 dB，双纤系统 22 dB，32 信道的 AWG 4 dB。请选择没有列出的器件参数，并具体给出下行方向 N=4(6 dB)，馈线长 50 km（10 dB），可接用户（ONU）128 个的功率预算结果。

第11章　光纤通信仪器及测试

11.1　光纤通信测量仪器

11.1.1　光功率计

光功率计是测量光功率的仪表，用它可测量线路损耗、发射机输出功率和接收机灵敏度，以及无源器件的插入损耗等。它是光通信领域最基本最重要的测量仪表之一。

光功率计由主机和探头组成。普通探头采用低噪声、大面积光电二极管，根据测量用途不同，可选择不同波长的探测器（Ge：750~1800 nm，InGaAs：800~1700 nm）。光功率计采用微机控制、数据处理和防电磁干扰等措施，实现了测试的智能化和自动化，具有自校准、自调零、自选量程、数据平均和数据存储等功能。测量显示 dBm/W 和 dB 可随时按需切换。

普通光功率计的原理如图 11.1.1a 所示。在光探头内安装的光检测器将入射的光信号功率转变为电流，该光生电流与入射到光敏面的光功率成正比。如果入射光功率很小，则产生的光生电流也很小，比如 1 pW（10^{-12} W）的光功率仅产生约 0.5 pA（10^{-12} A）的电流（如果探测器的灵敏度是 0.5 A/W）。这样微小的电流是无法检测的，为此采用一个电流/电压变换器，该变换器采用低噪声高输入阻抗的运算放大器，在其输入和输出端之间跨接 10 倍量程的电阻 R，如 10 M、100 M 甚至更大的电阻。则 I/U 变换器的输出 $U = IR$，I 为探测器产生的光生电流。如果 $R = 100$ MΩ，输入光功率为 10^{-11} W 时，在 I/U 变换器的输出端可产生约 0.05 mV 的电压（$0.5 \times 10^{-12} \times 100 \times 10^{6}$），再加上斩光同步检测技术，又可以提高测量灵敏度。

图 11.1.1　普通光功率计

a) 普通光功率计原理图　b) 手持普通光功率计外形

图 11.1.1b 表示手持式光功率计的外形图，测量范围均为 -70~3 dBm 或 -50~23 dBm。

高灵敏度探头则采用小面积 InGaAs 探测器，主机采用音频斩光同步检测技术，如图 11.1.2 所示，克服探测器暗电流随时间和环境温度变化而波动的影响，使探测灵敏度大为提高（从 -60 dBm 提高到 -90 dBm）。

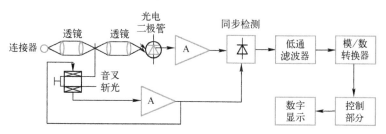

图 11.1.2　高灵敏度光功率计原理图

另外还有校准用的光功率计，通常有 0.001 dB 的分辨率和 ±0.01 dB 的线性度，采用带制冷的 Ge 探测器。

11.1.2　光纤熔接机

光纤熔接机是光纤固定接续的专用工具，在两根端面处理好的待连接光纤对准后，采用电弧放电的加热方式，熔接光纤端面，具有可自动完成光纤对准、熔接和推断熔接损耗的功能。光纤熔接机可根据被连接光纤的类型，分为单模光纤熔接机和多模光纤熔接机；根据一次熔接光纤芯数的多少，分为单纤熔接机和多纤熔接机。另外，还有保偏光纤熔接机和大芯径单模光纤熔接机。熔接损耗单模光纤 0.03 dB，多模光纤 0.02 dB，保偏光纤 0.07 dB。

光纤熔接机主要由高压电源、放电电极、光纤对准装置、张力测试装置、监控系统、光学系统和显示器（显微镜和电子荧屏）等组成。张力测试装置和光纤夹具装在一起，用来测试熔接后接头的强度，如图 11.1.3a 所示。图 11.1.3b 是光纤熔接机外形图，图 11.1.3c 是光纤熔接机专用的切割刀。

光纤熔接机的使用方法如下。

1）用多芯专用软线把熔接机的熔接部分和监控部分连接起来，然后接上电源，开启电源开关。

2）根据待熔接光纤的类型，用按钮选择好单模或多模工作状态。

3）将待熔接光纤的端面处理好，端面处理的好坏将直接影响接头的损耗，要求端面完整无破裂（不能凹凸不平）并垂直于光纤轴，一端套上保护用的热可塑套管，然后把它放在光纤平台的夹具内，盖上电极盖。

4）按下"定位/开始"按键，监控装置开始全自动工作。首先由 TV 摄像管送来某一方向（比如 X 方向）的画面，将两根待熔接光纤拉近后，开始在 X 方向对接耦合；然后

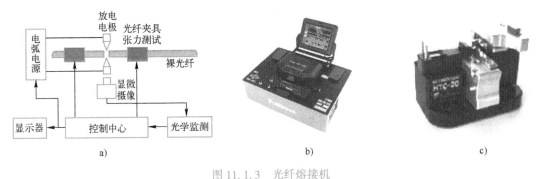

图 11.1.3　光纤熔接机

a）光纤熔接机结构原理图　b）光纤熔接机外形图　c）光纤熔接机切割刀

自动转至 Y 方向，再在 Y 方向对接耦合，并反复几次，直至中央微处理机认为耦合达到最佳，这时开始自动点火熔接。

5）中央微处理机计算熔接损耗，并在监视屏幕上显示出来（多模光纤不显示）。

6）按复位按键，进行张力测试后认为满意，就取出光纤，将预先套上的热可塑套管移至接头处，用光纤熔接机附带的加热器，加热可塑套管，对接头进行永久性保护。

在自动熔接过程中，如果操作者认为光纤端面处理不理想或其他原因须中止熔接机工作时，可随时按复位按键。如果发生异常状态，机内蜂鸣器会响几秒钟，并在监视器屏幕上显示故障位置。

11.1.3　光时域反射仪

光时域反射仪（Optical Time Domain Reflectometer，OTDR）是利用光纤传输通道存在的瑞利散射和菲涅尔反射特性，通过监测瑞利散射的反向散射光的轨迹，制成的光传输测试仪器。利用它不仅可以测量光纤的损耗系数（dB/km）和光纤长度，而且还可以测量连接器和熔接头的损耗，观测光纤沿线的均匀性和确定光纤故障点的位置，在工程上除 EDFA 光中继线路外得到了广泛使用。这种仪器采用单端输入和输出，不破坏光纤，使用非常方便。

OTDR 的工作原理如图 11.1.4a 所示，其中脉冲发生器用来产生不同宽度的窄脉冲信号，然后用它调制电/光（E/O）变换器中的激光器，变成很窄的脉冲光信号，经耦合器送入待测光纤。光信号在光纤中传输，由于光纤结构的不均匀、缺陷和端面的反射，信号光发生反射，这种反射光经耦合器送至光/电（O/E）变换器中的探测器，转换成电信号，经放大处理后送到显示器，以曲线的形式显示出来。

下面以后向散射法测量光纤损耗为例，说明 OTDR 的用法。

瑞利散射光功率与传输光功率成正比，后向散射法就是利用与传输光方向相反的瑞利散射光功率来确定光纤损耗的，如图 11.1.4b 所示。

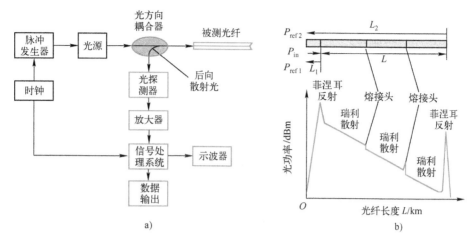

图 11.1.4 后向散射法（OTDR）测量光纤损耗系数
a）测试系统构成 b）后向散射功率曲线（OTDR 屏幕显示）

设在光纤中正向传输光功率经过长 L_1 和 L_2 的两段光纤传输后反射回输入端的光功率分别为 $P_{\mathrm{ref}\,1}$ 和 $P_{\mathrm{ref}\,2}$，如图 11.1.4b 所示。经分析可知，正向和反向损耗系数的平均值为

$$\alpha = \frac{10}{2(L_2-L_1)}\lg\frac{P_{\mathrm{ref}\,1}}{P_{\mathrm{ref}\,2}} \quad (\mathrm{dB/km}) \tag{11.1.1}$$

后向散射法不仅可以测量损耗系数，还可利用光在光纤中传输的时间来确定光纤的长度，显然

$$L = \frac{ct}{2n} \tag{11.1.2}$$

式中，c 为光速，n 为光纤纤芯的折射率，t 为光脉冲在光纤中传输的来回时间。

11.1.4 相干光时域反射仪（C-OTDR）

中继器监视功能记录每个中继器的输入功率和输出功率，可以随时监测路径损耗的变化。然而，如果光纤发生故障，却没有提供光纤故障点精确位置的任何信息。因此，为了精确监测每段链路的损耗和故障情况，必须应用另外一种技术，这种技术就是相干光时域反射（Coherent Optical Time Domain Reflectometry，C-OTDR）技术[2,30]。

光缆断点定位一般在业务中断情况下进行。通常，使用光时域反射仪（Optical Time Domain Reflectometry，OTDR）定位。但在光中继海底光缆系统中，因为 EDFA 光中继器内有光隔离器，所以后向散射光信号是通过光耦合器进入返回通道的，如文献［2］图 3-9 所示。然而，这种技术使返回 EDFA 的 ASE 噪声和发送光纤的后向散射信号同时在返回光纤上传输，这就导致 OTDR 信号 SNR 很低，严重缩小了 OTDR 的动态范围，使其不适合超长距离海底光缆线路的监测。另外，传统 OTDR 光源带宽有数十纳米，其必定覆盖部分 WDM 系统波长，从而对该波长的通信产生严重干扰，所以 OTDR 不能使用在线监测。

为此，在线监测、故障定位使用相干光时域反射仪，因为它灵敏度高、频率选择性好、动态范围大，本振 LD 波长可以远离通信波长，有利于在线监测。

C-OTDR 是在 OTDR 的基础上增加一个频率为 ω 的窄线宽本振外腔激光器，该激光器输出光信号通过一个 90∶10 耦合器，90% 的光用于发送测试光，10% 的光用于接收本振光，如图 11.1.5 所示。发送测试光通过一个声光调制器（Acoustic-Optic Modulator, AOM），受微波频率 Ω 的信号调制，在声光调制器的输出端，输出一个 $\omega + \Omega$ 的测试光信号。该测试光在沿光纤传输过程中，受到光纤结构不均匀、缺陷和光纤断裂端面发生散射。这种后向散射光进入平衡检测器与本振光混频，产生一个频率为 Ω 的中频信号，经带通滤波器滤除噪声后，进入模/数变换器，变成数字信号送入数字信号处理器，最后用显示器显示测试光沿光纤后向散射的轨迹。

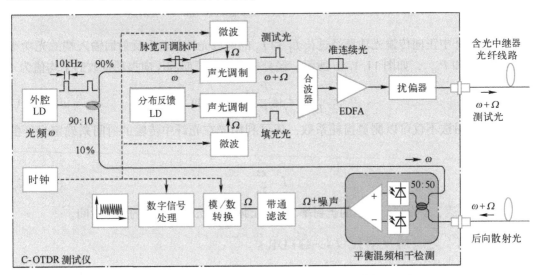

图 11.1.5　C-OTDR 测试仪原理构成图[2]

借助改变微波频率 Ω，就可以改变中频频率信号的脉冲宽度 T。C-OTDR 的分辨率为速度 v 乘以时间 T 的二分之一，即 $\delta = vT/2$，当 $T = 10\,\mu s$ 时，$\delta = vT/2 = 1\,km$，即分辨率为 1 km。可见，分辨率由 C-OTDR 测试光信号的脉冲宽度决定。通常，这种仪器提供多种光脉冲宽度，供用户选择。

声光调制器的基本原理是基于光弹性效应，通过电极施加在压电晶体上的微波调制信号，在晶体表面产生应力，从而产生表面声波，该声波信号通过声光材料传输时，产生随声波幅度周期性变化的应力，使该材料的分子结构产生局部的密集和疏松，相当于使折射率 n 产生周期性的变化，其结果是声波产生了可以对光束衍射的光栅，如

图 11.1.6 所示。

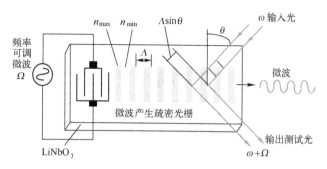

图 11.1.6　声光调制器[4]

假如 ω 是入射光波的角频率，由于多普勒（Doppler）效应，衍射光束随着声波传输的方向，要么频率高一点，要么低一点。假如 Ω 是声波频率，衍射光束具有一个多普勒频移，其值为 $\omega'-\omega\pm\Omega$。当声波传输方向与入射光束相对传输时，此时衍射光束频率为 $\omega'=\omega+\Omega$，否则为 $\omega'=\omega-\Omega$。很显然，借助调制声波的频率，可以调制衍射光束的频率（波长），此时衍射角也改变。

由于 EDFA 在无光输入期间，大量的铒离子处于激发态，在光脉冲到来时，EDFA 增益会突然增大，即光信号会产生光浪涌现象，使输出光信号功率出现起伏。为此，利用一路与测试光脉冲互补的填充光，使二者合成为准连续光，可以很好地消除这一现象。

后向散射光与本振光偏振态失配，也会带来偏振噪声，扰偏器可以消除这种噪声的影响。

由于测试光线宽极窄（小于 10 kHz），因此其相干性很好，使瑞利散射信号功率出现随机起伏，产生相干瑞利噪声，使显示的轨迹曲线剧烈波动。如果进行多次测量取其平均值，就可以消除瑞利噪声，使曲线变得平滑。

相干接收机的电 SNR 为

$$SNR_{C\text{-}OTDR}=\frac{P_{bs}}{2N_{ASE}B_e}\qquad(11.1.3)$$

式中，N_{ASE} 是本振 LD 自发辐射（ASE）噪声功率频谱密度，$B_e=2/T$ 是 C-OTDR 接收机电带宽，P_{bs} 是接收到的后向散射光信号功率。为了减小返回光纤上的噪声功率，有必要使 C-OTDR 的发送光波长与携带业务信号的 WDM 光波长不同。

提高 SNR 的一种方法是进行 m 次 C-OTDR 测量。P_{bs} 经返回路径上的 EDFA 放大，同时这些 EDFA 的噪声也叠加在该信号上，但是，P_{bs} 信号强度与 m 成正比，而 P_{bs} 信号在返回路径上的 EDFA 自发辐射噪声与 $m^{1/2}$ 成正比，所以，经过 m 次测量后，P_{bs} 信号的信噪比提高了 $m^{1/2}$ 倍。

表 11.1.1 给出 OTDR 和 C-OTDR 的性能参数。

表 11.1.1　OTDR 和 C-OTDR 的性能参数[69]

名　　称	单位	OTDR	C-OTDR
测量距离范围	km	0.5~200	100~12000
平均时间	—	—	$2^8 \sim 2^{24}$
脉冲宽度	μs	可调整	1、10、100，可调整
中心波长	nm	1310/1490/1550/1625/1650	1535.03~1565.08
IOR	—	1.400000~1.699999	1.400000~1.699999
测量衰减精度	dB	≤1	≤1
测量动态范围	dB	>45	>17
测量盲区	km	≤1	≤1
测量距离精度	m	无中继器系统，±1m ±3×10^{-5}×测量到的距离 ±读数分辨率	有中继器系统，±50m ±5×10^{-6} ×测量到的距离
平均测量时间	s	—	取决于测量距离和平均时间

11.1.5　误码测试仪

PCM 通信设备传输特性中重要的指标是误码和抖动，为了测量这项指标，有许多 PCM 误码和抖动测试仪表，而且两者往往合在一起，统称为 PCM 传输特性分析仪，简称误码仪。

知识扩展
C-OTDR 用于海底光缆 WDM 通信系统线路终端（LTE）监控

图 11.1.7 表示误码仪的原理框图，误码仪发送部分主要由时钟信号发生器、伪随机码/人工码发生器，以及相应的接口电路组成。它可以输出从（2^7-1）至（2^{23}-1）比特的各种不同序列长度的伪随机码和人工码，以满足 ITU 对不同速率测试序列长度的要求。发送电路伪随机码发生器输出 AMI 码、HDB$_3$ 码、NRZ 码和 RZ 码，经被测信道和设备传输后，再由误码仪的接收部分接收。接收部分产生一个与发送码发生器图案完全相同且严格同步的码型，以此为比对标准。如果被测设备产生任何一个错误比特，都会被检测出一个误码，并送到误码计数器显示。

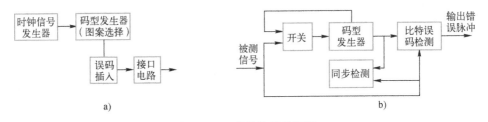

图 11.1.7　误码仪原理框图

a）误码仪发送部分　b）误码仪接收部分

11.1.6 PCM 综合测试仪

PCM 综合测试仪是一种数字传输系统测试仪,用于 PCM 线路的开通测试、工程验收、设备维护和产品研发,主要针对 E1（2 Mbit/s）速率等级线路进行通道误码测试、告警分析、故障定位查找和信令分析等。这种仪器集误码测试、帧结构分析、信令/信号分析、时延测试等多种功能于一体,可方便地完成帧/非成帧误码测试、在线测试、时隙分析、$N \times 64$ kbit/s 通道测试、音频测试和 PCM 仿真等应用。按照 ITU-T G. 821、G. 826 和 M. 2100 规范进行误码分析。

图 11.1.8 表示 PCM 综合测试仪应用举例。图 11.1.8a 是模拟 PCM 端机发送和接收信号,完成误码插入、告警插入、信令编程、音频插入等功能,用于 PCM 端机的性能测试。图 11.1.4b 表示中断业务的误码测试。

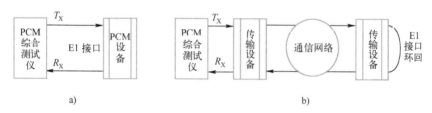

图 11.1.8 PCM 综合测试仪应用举例

a）仿真测试 b）中断业务误码测试（远端环回）

11.1.7 SDH 测试仪

SDH 测试仪具有标准的 SDH 和 PDII 线路接口,可以工作在终端复用器（TM）、分插复用器（ADM）或 E1 测试模式,可实现 PDH E1、SDH STM-1、STM-4、STM-16 或 STM-64 中断业务测试和在线监测。提供各种告警和误码信号的产生和分析,在面板上显示收到的告警和误码信号,并可记录告警产生的时间和持续时间,误码产生的时间和每秒收到的误码个数。它是电信传输日常维护、开通验收、故障查找的专用测试仪表。

SDH 测试仪可进行映射和去映射测试,实现 PDH 到 SDH 信号的映射与去映射。可在仪表的发送端对 SDH 所有的开销（段开销和通道开销）进行设置,在接收端对其监测,以便进行通道跟踪。按 ITU-T 的 G. 821、G. 826 和 M. 2100 建议,进行 SDH 设备和系统的误码和抖动性能分析和评估。

11.1.8 光谱分析仪

在光纤通信中,从光谱中得到的各种信息是评价光通信无源/有源器件特性、光传输系统质量的重要参数。

在光纤通信中,基本的光谱测量有以下几种。

1）测量激光器、发光二极管等发光器件的中心波长、峰值波长、光谱宽度和光功率。

2）测量光纤的波长损耗特性、光滤波器等的衰减特性、透射特性和截止波长。

3）分析光纤放大器的增益特性和噪声指数。

4）分析光传输信号的光信噪比。

目前，有的光谱分析仪采用内置参考可调激光器，可对 DWDM 信号特性进行分析，可自动测试 1250~1650 nm 波长范围内的有源和无源器件的光谱特性；不仅能够测量调制光信号的功率和波长，同时还能测量其相位，通过傅里叶变换，计算得到啁啾和脉冲强度信息。

图 11.1.9a 表示光谱分析仪测量信号光谱的原理，光带通滤波器采用光学棱镜或衍射光栅对输入光进行分光，通过旋转光带通滤波器对波长范围进行扫描。光带通滤波器的带宽越窄，光谱分析仪的分辨率就越高；其中心波长的精度越高，光谱分析仪测量波长的精度就越高。输入光被光带通滤波器分割成多个狭窄的频段，通过光探测器转换成电信号。在扫描光带通滤波器中心波长的同时，测量并分析分光后不同波长光的光功率，就可以得到输入光信号的光谱。图 11.1.9 给出了商用光谱分析仪的外形图。

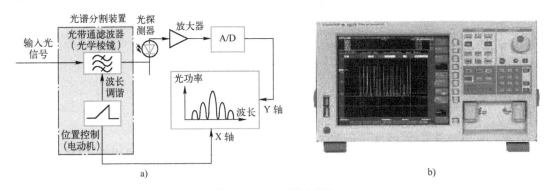

图 11.1.9　光谱分析仪

a）光谱分析仪原理框图　b）光谱分析仪外形图

11.1.9　多波长光源

多波长光源也称宽带光源，有一种多波长光源是采用一个高输出功率的超发射 LED（SLED）作为光源，其波长可满足所有波段的通信要求。在单模光纤中，它提供了比白光源更宽的光谱范围和更高的功率密度。使用这种光源满足多种应用，包括粗波分复用（CWDM）网络测试，CWDM 和 DWDM 元件生产和测试，光纤传感器的测试。

一种使用掺铒光纤和 980 nm 泵浦的受激辐射（ASE）原理制成的无极化光源，输出功率大于 11 dBm，在 1532~1560 nm 波长范围内具有良好的平坦性（<2 dB）。可应用于元器件，如滤波器、WDM 耦合器和布拉格光栅等的特性测试。

另一种 C 波段 WDM 多波长光源采用改进的反射式 M-Z 干涉滤波器或阵列波导光栅（AWG），对掺铒光纤的放大自发辐射（ASE）光信号进行光谱分割，然后对其放大和平坦，并结合自动功率控制和精密温度控制技术，可制成多波长光源。该光源的优点是波长和功率稳定性高，比采用 DFB 激光器的多波长光源性价比和可靠性高。

使用阵列波导光栅（AWG）和半导体放大器（SOA）的组合还可以制成 WDM 光源，它可提供 ITU-T 规定的通道间隔为 25 GHz、50 GHz 或 100 GHz 的多波长光源，输出光功率 10 dBm，波长范围 1528~1600 nm。

多波长光源可用于测量光放大器，如掺铒光纤放大器（EDFA）、半导体光放大器（SOA）和拉曼（Raman）光放大器，以及 WDM 系统。

表 11.1.2 给出高稳定光源、功率可调光源和 16 个波长（C+L 波段）光源的技术指标，这些光源采用了高性能的自动功率控制（Automatic Power Control，APC）技术和自动温度控制（Automatic Temperature Control，ATC）技术，从而保证了输出光功率极高的稳定性。

表 11.1.2　稳定激光光源技术指标

	高稳定光源	功率可调光源		16 波长光源	
工作波长/nm	850/980/1310/1480/1550	976±5	1480±5	1570~1595	1536~1560
输出功率/dBm	≥0	25		−40~−15	
输出功率稳定度/(dB/8h)	±0.05	<5%		<0.5	
中心波长稳定度/nm	—	≤±0.5		中心波长符合 ITU-T 标准	
功率调谐范围/mW	—	50~300	65~300	—	
调谐步进/mW	—	5		—	
波长间隔/GHz	—			200	
调制速率	—	—		50 Mbit/s ~ 2.5 Gbit/s	

11.1.10　光衰减器

光衰减器是对入射的光功率进行衰减的器件。使用它可使光接收器件和设备的响应特性不至于失真或饱和。在调整和校准装置时，接入衰减器调整其衰减量等于实际使用光纤的传输损耗，模拟其实际使用的情况。

对光衰减可采用吸收一部分光，反射一部分光，空间遮挡一部分光或用偏振片调整光的偏振面来实现。光衰减器分为可变光衰减器和固定光衰减器两种。可变光衰减器又可分连续可变衰减器和分档可变衰减器。最大衰减可达 65 dB，插入损耗一般为 1~3 dB，允许最大输入功率 25 dBm。

图 11.1.10 表示几种单模/多模光衰减器的外形图，固定式光衰减器有 5 dB、10 dB、

15 dB 和 20 dB 可选, 在线固定式光衰减器有 1~30 dB 可选, 连续可调式光衰减器 1~20 dB 可调, 精度均为±0.5 dB。

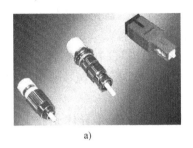
a)

b)

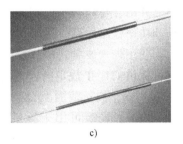
c)

图 11.1.10 光衰减器

a) 固定式光衰减器 b) 连续可调式光衰减器 c) 在线固定式光衰减器

11.1.11 综合测试仪

目前已有一些综合测试仪器和系统, 用于测试无源器件和波分复用系统。有的用于器件测量的光谱分析仪除有光功率测量的功能外, 还内置固定波长光源和偏振控制器, 可以测量损耗 (IL)、偏振相关损耗 (PDL) 以及回波损耗 (ORL)。

有一种基于扫描激光干涉技术的仪器, 通过一次激光扫描, 除完成器件的 IL、PDL、ORL 测试外, 还可进行色散 (CD)、偏振模色散 (PMD) 的测量, 同时该仪器还可以扩充为光频域反射计 (OFDR), 它类似于传统的 OTDR, 能对器件、系统内部的缺陷、故障进行诊断, 定位并测量这些因素引起的损耗。

还有一种 DWDM 无源器件测试系统, 它内置了可调波长激光源、多通道光功率计、波长参考模块和偏振状态调节器, 能够测试 DWDM 无源器件的 IL、PDL 和 ORL。

市场上有集成了光源和光功率计功能的光万用表, 既可用于光功率测量, 也可用于光线路损耗测量, 如图 11.1.11 所示。还有手持式光时域反射仪, 如图 11.1.12 所示, 光源使用 1310 nm 和 1550 nm 激光器, 测量动态范围 25 dB, 最大测试距离 100 km, 操作界面简单友好, 触摸屏与按键面板均可实现对 OTDR 的操作, 具有单键测试功能。用于现场维修、故障寻找, 使用很方便。

图 11.1.11 手持光万用表

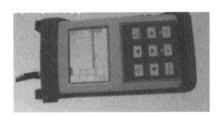

图 11.1.12 手持光时域反射仪

11.2 光纤传输特性测量

11.2.1 损耗测量

光纤损耗测量有两种基本方法，一种是测量通过光纤的传输光功率，称为剪断法和插入法；另一种是测量光纤的后向散射光功率，称后向散射法。后向散射法已在 11.1.3 节中做了介绍，本节介绍剪断法光纤损耗测量。

光纤衰减（损耗）系数由式（2.3.3）决定

$$\alpha_{dB} = \frac{1}{L}10\lg\left(\frac{P_{in}}{P_{out}}\right) \quad (dB/km) \tag{11.2.1}$$

式中，L 为被测光纤长度（用 km 表示），P_{in} 和 P_{out} 分别是光纤的输入和输出光功率（用 mW 或 W 表示）。由式（11.2.1）可知，为了测量 α_{dB}，只要测量 P_{in} 和 P_{out} 即可。首先测量长度 L_2 的输出光功率 P_{out}；其次，在注入条件不变的情况下，在离光源 2~3 m 附近剪断光纤，测量长度 L_1 的输出光功率，如图 11.2.1b 所示，当 $L_2 > L_1$ 时，可以认为该功率就是长度 $L = L_2 - L_1$ 光纤的输入光功率 P_{in}，这样由式（11.2.1）就可以计算出光纤的衰减系数。

图 11.2.1 剪断法测量光纤损耗系数

a）光功率和光纤长度的关系   b）剪断法测量光纤损耗系数的系统配置

图 11.2.1b 为用剪断法测量光纤损耗系数的系统配置图，光源通常采用谱线足够窄的激光器。注入器的作用是，在测量多模光纤的损耗系数时，使多模光纤在短距离内达到稳态模式分布；在测量单模光纤的损耗系数时应保证全长为单模传输。多模光纤用的注入器即为扰模器，通常是用与被测光纤相同的光纤，以比较小的曲率半径周期性地弯曲，以便充分引起模变换，使光功率在光纤内的分布即模式分布是稳定不变的，以模拟多段光纤接续起来的情况。因为单模光纤的传输模只有一个，所以不用多模光纤的扰模器，而是只用 1~2 m 的单模光纤作激励。

剪断法是根据损耗系数定义直接测量传输光功率而实现的，所用的仪器简单，测量结果准确，因而被确定为基准方法。但这种方法具有破坏性，不利于多次重复测量。在实际应用中，可以采用插入法作为替代方法。

插入法是在注入条件不变的情况下，首先测出注入器（扰模器）的输出光功率，然后再把被测光纤接入，测出它的输出光功率，据此计算出损耗系数。这种方法使用灵活，但应对连接损耗做合理的修正。

11.2.2 带宽测量

由式（2.3.20）可知，高斯色散限制的 3 dB 光带宽（FWHM）为

$$f_{3\mathrm{dB,op}} = \frac{0.440}{\Delta\tau_{1/2}} \tag{11.2.2}$$

式中，$\Delta\tau_{1/2}$ 是光纤引起的脉冲展宽，单位是 ps，所以只要测量出 $\Delta\tau_{1/2}$ 即可求出 3 dB 光带宽。$\Delta\tau_{1/2}$ 由光纤输入端的脉冲宽度 $\Delta\tau_{1/2\,\mathrm{in}}$ 和输出端的脉冲宽度 $\Delta\tau_{1/2\,\mathrm{out}}$ 决定，即

$$\Delta\tau_{1/2} = \sqrt{(\Delta\tau_{1/2\,\mathrm{out}})^2 - (\Delta\tau_{1/2\,\mathrm{in}})^2} \tag{11.2.3}$$

根据以上的分析，可用时域法对光纤带宽进行测量，测试系统如图 11.2.2 所示。测试步骤如下：先用一个脉冲发生器去调制光源，使光源发出极窄的光脉冲信号，并使其波形尽量接近高斯分布。注入装置采用满注入方式。首先用一段短光纤将 1 点和 2 点相连，这时从示波器上观测到的波形相当于输入被测光纤的输入光功率，测量其脉冲半宽 $\Delta\tau_{1/2\,\mathrm{in}}$。然后将被测光纤接入 1 和 2 两点，并测量此时示波器上显示的脉冲半宽，该带宽相当于 $\Delta\tau_{1/2\,\mathrm{out}}$。然后，利用式（11.2.3）和式（11.2.2）就可以得到高斯色散限制的 3 dB 光纤带宽。

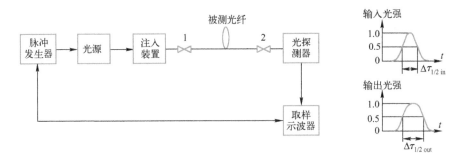

图 11.2.2 时域法测量光纤带宽

11.2.3 色散测量

对于单模光纤，色散与光源的谱线宽度密切相关。光源的谱宽越窄，光纤的色散越小，带宽越大。光纤色散测量有相移法和脉冲时延法，前者是测量单模光纤色散的基准方法，所以这里只介绍相移法。

用角频率为 ω 的正弦信号调制波长为 λ 的光波，经长度 L 的单模光纤传输后，其时间延迟 τ 取决于波长 λ。不同的时间延迟产生不同的相位 ϕ。用波长为 λ_1 和 λ_2 的受调制光，分别通过被测光纤，由 $\Delta\lambda = \lambda_2 - \lambda_1$ 产生的时间延迟差为 $\Delta\tau$，相位移为 $\Delta\phi$。根据色散定义，长度为 L 的光纤总色散为

$$D(\lambda)L = \frac{\Delta\tau}{\Delta\lambda}$$

把 $\Delta\tau = \Delta\phi/\omega$ 代入上式，得到光纤的色散系数为

$$D(\lambda) = \frac{\Delta\phi}{L\omega\Delta\lambda} \tag{11.2.4}$$

图 11.2.3 表示相移法测量光纤色散的系统，要求光源 LD 具有稳定的光功率强度和波长。相位计用来测量参考信号与被测信号间的相移差。为避免测量误差，一般要测量一组 λ_i 和 ϕ_i，再计算出 $D(\lambda)$。

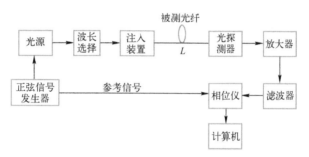

图 11.2.3　相移法测量光纤色散系统框图

11.2.4　偏振模色散测量

在 2.3.2 节中，已介绍了偏振模色散（PMD），偏振模色散已经成为限制系统容量升级和扩大传输距离的主要因素。所以测量现已铺设光纤线路的 PMD 色散已是必不可少的工作。

图 11.2.4 是干涉法测量 PMD 的原理图，LED 发出的非偏振光经起偏器变为线性偏振光，经待测光纤传输后，送入保偏光纤耦合器，分成两束光，分别送到末端是反射镜的光纤传输，其中一根光纤末端的反射镜由步进马达控制，可以左右移动，这种结构就构成迈克尔逊（Michelson）干涉仪。这两束光被反射回耦合器混合发生干涉，其中一路光送入光探测器，由于光源是 LED，由图 1.3.11 可知，LED 是空间相干性差的含有多个波长的光源，所以相干长度很短，当两臂臂长完全相等时，两束反射光发生相长干涉，探测器可检测到光功率。当移动一臂的反射镜位置，相长干涉条件被破坏，当发生相消干涉时，探测器就检测不到光功率。

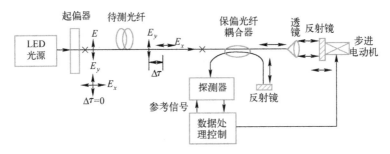

图 11.2.4 干涉法测量偏振模色散（PMD）原理图

由于待测光纤的 PMD 特性，由图 2.3.9 可知，两臂中的正交偏振光（E_x 和 E_y）并不同时到达反射镜，而是 E_x 比 E_y 传输得快，产生时间延迟 $\Delta\tau$。如果改变透镜输出光纤到某个特定位置，使一个臂的快轴光（E_x）与另一臂的慢轴光（E_y）同时到达探测器（即 $\Delta\tau=0$），相长干涉条件重新建立，那么探测器就又可以探测到光功率。但是，由于是部分干涉，强度较弱，这样通过测量出现较弱干涉时的反射镜移动的距离，就可以直接计算出器件的 PMD 值。干涉法测量 PMD，具有速度快，设备体积小的优点，特别适用于现场测量。

11.3 光器件参数测量

11.3.1 光源参数测量

光源包括 LD 和 LED，但测量内容和方法相同，这里以 LD 为例来介绍。LD 的参数测量有输出光功率随注入电流的变化（$P\text{-}I$）曲线、发射波长和发射光谱的测量以及调制响应特性的测量。

1. $P\text{-}I$ 特性测量

$P\text{-}I$ 特性如图 4.6.1 所示，其测量系统如图 11.3.1 所示，连续改变注入电流的大小，就可以得到激光器的 $P\text{-}I$ 特性。改变激光器的温度，在不同温度下测量 LD 的 $P\text{-}I$ 特性，就可以得到 $P\text{-}I$ 特性随温度变化的关系，如图 4.6.1b 所示。

2. LD 的光谱特性测量

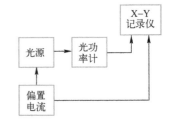

图 11.3.1 LD 的 $P\text{-}I$ 特性测量系统

LD 的光谱特性如图 4.6.3 所示，通常采用光谱分析仪直接测量 LD 的光谱特性，可以注入直流，也可以在一定的偏置下加不同的调制信号。从光谱特性曲线，可以得到 LD 的峰值波长（中心波长）、光谱宽度和边模抑制比。

中心波长定义为最大峰值功率对应的波长。光谱宽度定义为峰值功率下降 3 dB（50%）所对应的波长宽度。边模抑制比定义为峰值波长功率与相邻次高峰值波长功率之比。

3. LD 的调制响应特性测量

调制响应有时域测量法和频域测量法。时域法是测量 LD 的脉冲响应特性，从中可以得到上升时间和下降时间。上升时间定义为输出功率从幅值的 10% 上升到 90% 所需的时间，如图 11.3.5b 所示。下降时间与上升时间的定义正好相反。

频域法是测量 LD 的频率响应，用 3 dB 调制带宽表示。测量采用网络分析仪和高速光探测器，网络分析仪也可以用高速信号源和频谱分析仪代替。测量系统如图 11.3.2a 所示。网络分析仪输出的扫频信号加在 LD 上，LD 的输出经光探测器转换成电信号，再输入到网络分析仪的输入口，以便进行频谱分析。在网络分析仪上就可以直接观察到 LD 的调制响应。

图 11.3.2b 表示测量到的 1.3 μm DFB 激光器在不同偏流下的小信号调制响应曲线，当 DFB 激光器偏置电流是阈值的 7.7 倍时，3 dB 调制带宽 $f_{3\text{dB}}$ 约增加到 14 GHz。

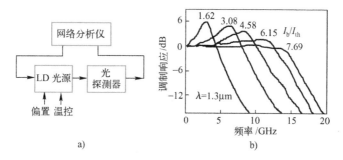

图 11.3.2 频域法测量 LD 的调制响应特性

a）测量系统 b）不同偏流下的小信号调制响应曲线

11.3.2 探测器参数测量

1. 响应度和量子效率测量

响应度 R 和量子效率 η 已在 5.1 节做了介绍，其表达式分别如式（5.1.2）和式（5.1.3）所示。响应度和量子效率的关系由式（5.1.4）联系在一起。只要测量出探测器的入射光功率 P_{in}、光生电流 I_{p} 就可以用式（5.1.2）求得响应度。光生电流等于有光入射时流经电阻 R_{L} 上电流减去暗电流 I_{d}，即光生电流 $I_{\text{P}} = U_{2\text{有光}}/R_{\text{L}} - I_{\text{d}}$，这里 $U_{2\text{有光}}$ 是有光入射时电阻 R_{L} 上的电压，如图 11.3.3a 所示。改变电位器 R_2，可以调节施加在探测器上的偏压 U_1。

测出响应度 R 后，用式（5.1.4）就可以算出量子效率。响应度 R 和量子效率 η 与波长的关系曲线如图 5.2.2 和图 11.3.3b 所示。

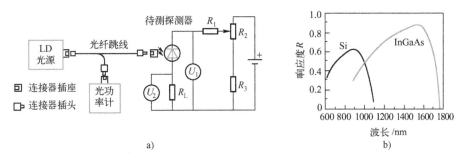

图 11.3.3　探测器响应度和量子效率测量

a）探测器响应度和量子效率测量系统方框图　b）探测器响应度和量子效率

测量响应度和量子效率时，应注意以下几点。

1）被测器件为 PIN 时，测量时反向偏压一般为器件击穿电压的 1/5~1/3。

2）被测器件为 APD 时，则以倍增因子 $M=1$ 时的响应度测试其量子效率。

3）当入射光功率过大时，探测器的输出电流与入射光功率不成线性关系，因此，输入光功率不要过大，一般以微瓦量级为宜。

4）R_L 上的电压包括暗电流所产生的电压，计算时应扣除。

2. 探测器暗电流测量

无光照射时，反向偏置下外电路流过的反向电流称为暗电流（I_d），其大小与外加反向偏压有关。偏压越低，暗电流越小。当偏压接近 U_{br} 时，暗电流急剧增加。暗电流定义为无光照时，PIN 管在规定的反向电压下，或 APD 管在 90% 击穿电压下（$U_1=0.9\ U_{br}$），把探测器全部屏蔽遮挡后，流经电阻 R_L 上的电流，其值为 $I_d=U_{2无光}/R_L$，测量原理图如图 11.3.3a 所示。

3. 探测器光谱响应特性测量

光谱响应特性是在规定的反向偏压和恒定的入射光功率条件下测得的。一般定义光谱响应范围为响应度峰值的 10%（10 dB）所对应的两个波长之间的范围，如图 11.3.4b 所示。图 11.3.4a 表示探测器光谱响应特性测量系统方框图，它是用波长可调光源取代图 11.3.3 中的 LD 光源，并在光路中插入分光镜，测出不同波长下对应的探测器响应度，然后画出响应度-波长特性（R-λ）曲线，如图 11.3.4b 所示，从该曲线就可以求出探测器的光谱响应范围。如果分光镜对所有波长的分光比都相同，那么只要知道分光镜的分光比，就可以知道送入探测器的光功率，比如分光比为 1:1，则认为光功率计读出的光功率就是送入探测器的光功率。

4. APD 反向击穿电压 U_{br} 测试

APD 的倍增作用是随反向偏压增加而增大，但偏压增加到一定值后，暗电流将急剧增加，此时工作状态不稳定，管子有击穿的危险。因此，可以利用暗电流的变化特性来

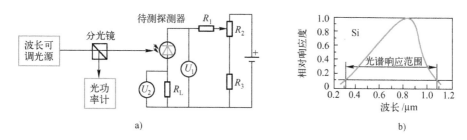

图 11.3.4　探测器光谱响应特性测量用图

a) 探测器光谱响应特性测量系统方框图　b) 探测器光谱响应特性

测试 APD 的击穿电压 U_{br}。

对于 Si-APD，在无光照射时，逐步增加反向偏压，使反向电流（即暗电流）增加到 $10\,\mu\mathrm{A}$ 时所对应的偏压，即为反向击穿电压；对于 Ge-APD，增加反向偏压，使暗电流为 $100\,\mu\mathrm{A}$ 时所对应的偏压即为反向击穿电压。图 11.3.3a 表示其测量原理图，测试时，调节电位器 R_2 改变 APD 的偏置电压，并由 U_1 测出，暗电流由 R_{L} 上的电压来计算。APD 的击穿电压一般为数十伏到数百伏。应该指出，击穿电压并非破坏电压，是指当撤去外电压时，器件还能恢复正常工作的电压。

5. APD 倍增因子 M 的测量

平均雪崩增益 M 由式（5.2.4）给出，即 $M = I_{\mathrm{M}}/I_{\mathrm{P}}$，式中 I_{P} 是初始的光生电流，I_{M} 是倍增后的总输出电流的平均值，M 与结上所加的反向偏压和入射的光功率有关。所以在测量时，先给 APD 一定的光功率，比如 $1\,\mu\mathrm{W}$，测出 R_{L} 上的电流，如果忽略暗电流，则认为该电流就是初始的光生电流 I_{P}；然后，置偏压 $U_1 = (1/4 \sim 1/8)U_{\mathrm{br}}$，测出 R_{L} 上的电流，如果忽略暗电流，则此时的电流就是 I_{M}。然后由 I_{M} 和 I_{P} 计算出该偏压下的 M。多测几次就可以做出 M 和偏压的关系曲线。图 11.3.3a 表示测试 M 的原理图。

6. 探测器响应带宽测量

在 5.1.2 节已介绍了光电二极管的响应带宽 Δf，并定义为在探测器入射光功率相同的情况下，接收机输出高频调制响应 P_{HF} 与低频调制响应 P_{LF} 相比，电信号功率下降 50%（3 dB）时的频率，如图 5.1.1b 所示，并且已知 Δf 可由上升时间 τ_{tr} 表示，见式（5.1.6），即

$$\Delta f_{3\mathrm{dB}} = \frac{0.35}{\tau_{\mathrm{tr}}} \tag{11.3.1}$$

式中，上升时间 τ_{tr} 定义为输入阶跃光脉冲时，探测器输出光生电流最大值的 10% ~ 90% 所需的时间，如 11.3.5b 所示。所以，只要测出探测器对高速脉冲响应的上升时间 τ_{tr}，就可以用式（11.3.1）计算出响应带宽。

响应带宽时域法测量系统如图 11.3.5a 所示，脉冲源产生的窄脉冲信号送入 M-Z 外

调制器，对 LD 产生的连续光进行调制，调制器的输出信号经 EDFA 放大，滤除 ASE 噪声后送入光探测器接收，其响应输出送入取样示波器，在这里与脉冲源送入的时钟信号比较，就可以得到探测器对窄脉冲的响应，从曲线可以求得上升时间 τ_{tr}。

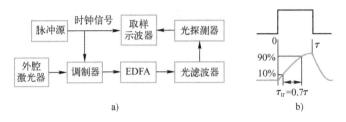

图 11.3.5 时域法测量响应带宽

a）时域法测量系统原理图 b）脉冲响应上升时间定义

图 11.3.6a 表示频域法测量响应带宽原理图，图 11.3.6b 表示探测器响应带宽定义。

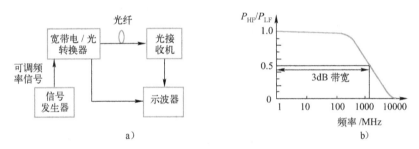

图 11.3.6 频域法测量响应带宽

a）频域法测量响应带宽原理图 b）探测器响应带宽定义

11.3.3 无源光器件参数测量

无源光器件种类很多，如第 3 章已介绍的那样，但较为典型的器件是 WDM 器件。WDM 器件的主要参数有插入损耗和偏振相关损耗、中心波长和通道特性、信道间隔和隔离度等。

1. 中心波长和带宽测量

通道特性是指 WDM 器件各信道的滤波特性，ITU-T 规定可用 1 dB、3 dB、20 dB、30 dB 带宽表示，3 dB 带宽中心点对应的波长为信道的中心波长，这些参数均应符合 ITU-T G.692 的要求，测量系统如图 11.3.7 所示。宽谱光源的输出送入 WDM 器件的输入端，用光谱分析仪测量 WDM 器件每个输出信道的滤波特性，从中可以得到中心波长和 3 dB 带宽。

2. 插入损耗测量

WDM 器件的插入损耗（Insert Loss，IL）测量系统如图 11.3.8 所示，当测某一信道，

如 λ_1 信道时，首先要使波长可调光源的输出为 λ_1 信道，用光功率计测出其光功率，然后再测出波分解复用器 λ_1 信道的输出光功率，二者之差就是该信道的插入损耗。重复前面的过程，就可以测出其他波长信道的插入损耗。

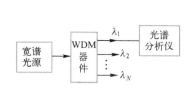 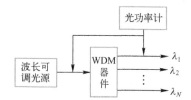

图 11.3.7　波分复用器中心波长和　　　　　图 11.3.8　波分复用器插入损耗
　　　　带宽测量系统　　　　　　　　　　　　　　测量系统

3. 隔离度和串扰测量

定义 y 信道对 x 信道的隔离度（ISO）为

$$\text{ISO} = 10 \lg \frac{P_x}{P_{yx}} \tag{11.3.2}$$

式中，ISO 的单位为 dB，P_{yx} 是 x 信道功率通过 WDM 器件耦合到 y 信道上的功率，它是在解复用器输出端测量到的，P_x 是解复用器 x 信道上的输出信号功率。在理想的 WDM 器件中，一个信道的功率不应该耦合到其他信道，即 $P_{yx} = 0$，所以由式（11.3.2）可知，隔离度为无穷大。所以隔离度越大越好。

9.4.4 节已经定义了串扰，串扰是由一个信道的能量转移到另一个信道引起的。这种串扰是因为解复用器件，如实际调谐光滤波器的非理想特性，引起相邻信道功率的进入，从而产生串话，使误码率增加。

用分贝表示的串扰由式（9.4.3）给出

$$\delta_{\text{CT}} = 10 \lg \frac{P_{yx}}{P_x} \tag{11.3.3}$$

式中，P_{yx} 是在 y 信道上测量到的 x 信道串扰到 y 信道的功率，P_x 是 x 信道上的信号功率，它们都是在解复用器的输出端测量到的。由这两个公式可知，隔离度和串扰是一对相关联的参数，绝对值相等，符号相反。

隔离度和串扰的测量用图和测量插入损耗的图 11.3.8 相同，只是测量信道功率的位置有的不同，如图 11.3.9 所示。比如测量信道 1 对信道 2 的隔离度，将波长可调光源的输出波长调到信道 2 的标称波

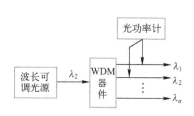

图 11.3.9　波分复用器隔离度和
　　　　串扰测量系统

长上，分别测量信道 1 和信道 2 的输出光功率，由式（11.3.2）就可以计算出信道 1 对信

道 2 的隔离度。一般要求相邻信道的隔离度大于 25 dB，非相邻信道的隔离度大于 22 dB。

4. 偏振相关损耗测量

偏振相关损耗（Polarization Dependent Loss，PDL）体现了一个器件对不同偏振态的敏感度，比如某个器件，由于入射光的偏振态不同，其插入损耗也不同。PDL 定义为不同偏振态的光通过器件后最大光功率 P_{max} 与最小光功率 P_{min} 的比值，以对数表示为

$$\text{PDL} = 10 \lg \frac{P_{max}}{P_{min}} \tag{11.3.4}$$

理想情况下，各向同性器件对各个偏振态的损耗相同，PDL＝0。理想情况下的起偏器，对一个偏振方向没有损耗，而在正交方向损耗为无穷大，PDL 趋近于无穷大。

PDL 的测试方法很多，但是最大值/最小值搜寻法系统简单，使用方便，测试速度快，测试数据准确，是性价比极高的 PDL 专业测试技术，本书只介绍这一种，如图 11.3.10 所示。

比如测量 WDM 器件某一信道的偏振相关损耗时，将波长可调光源的输出波长调整到该信道（λ_1）的标称波长上，通过偏振控制器改变测试光信号的偏振状态，测量不同偏振光对应的插入损

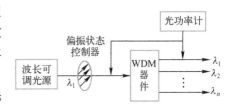

图 11.3.10　波分复用器偏振相关损耗（PDL）测量系统

耗。计算出不同偏振状态下的插入损耗的最大和最小值的差，即为该信道（λ_1）的偏振相关损耗。改变光源的输出波长，可以测出各个信道的偏振相关损耗，其中最大者为波分复用器的最大偏振相关损耗。

目前已有一些可以同时测量器件插入损耗、回波损耗、偏振相关损耗、色散和偏振模色散的仪器。

11.4　光纤通信系统指标测试

光纤通信系统指标测试主要有光路指标和设备指标测试，现分别加以介绍。

光路指标是衡量一个光通信系统优劣的重要参数。光路测试需要的测试仪表有：PCM 传输特性分析仪一套，光功率计一台和光衰减器一个。测试时，要求设备至少工作半小时无误码，才能开始测试。

11.4.1　平均发射光功率和消光比测试

平均发射光功率$\overline{P}$是设备正常工作条件下，送入光缆线路的平均光功率。平均发射光功率与信号的占空比有关，对于 NRZ 码，当占空比为 50% 时，则$\overline{P}$为峰值功率的 1/2，而对于 RZ 码则为 1/4。实际工作的输入信号都可以认为是占空比为 50% 的随机码。

发射光功率指标比较灵活，它随工程的要求而定。一般在满足线路要求的情况下，尽可能使发射光功率小些，以便延长光源的使用寿命。

工程中不能采用剪断法来测量实际进入线路的光功率，一般是用替代法。即用一根两头带活动连接器的光纤短线（跳线），分别接在光端机发送端活动连接器插座和光功率计上，此时测出的光功率作为实际进入光线路的光功率。由于各光活动连接器之间存在偏差，测量结果与实际值略有误差。单模光纤误差为 ±0.2 dB，多模光纤误差为 ±0.4 dB。

平均发射光功率和消光比测试按图 11.4.1 连接，测试方法如下。

1. 光端机平均发射光功率测试

1）将码型发生器的输出连接到待测设备的输入端。根据 ITU-T 建议，不同速率的光纤通信系统要求送入不同的 PCM 测试信号：2 Mbit/s 和 8 Mbit/s 系统送长度为 $(2^{15}-1)$ 的 HDB3 伪随机码，34 Mbit/s 系统送 $(2^{23}-1)$ 的 HDB3 伪随机码，140 Mbit/s 系统送 $(2^{23}-1)$ 的 CMI 伪随机码。

2）用光纤跳线把待测设备发送端连接器插座和光功率计探头连接起来，此时光功率计显示器上的读数就是待测设备的平均发射光功率（包括连接器的损耗）。在连接光功率计前，应将探头帽盖好，对光功率计调零。

这种测试方法对 LED 光源测试误差较大，因为 LED 发散角大，部分小于临界角的光也会耦合进入光纤，但这种光在短距离内就会衰减掉，这是无用的光。为了防止这部分光进入光功率计，可在待测设备 LED 光源和光功率计之间接入一定长度的光纤，或者在光源和光功率计之间接入扰模器。

2. 消光比测试

在 5.5.3 节中，讨论了消光比引入的功率代价，在此要对消光比进行测试。定义消光比（Extinction Ratio，EXR）为

$$r_{EXR} = P_0 / \overline{P_1} \quad 或 \quad r_{EXR} = 10 \lg (P_0 / \overline{P_1}) \tag{11.4.1}$$

式中，$\overline{P_1}$ 是发射全 "1" 码时的平均发射光功率，P_0 是发射全 "0" 码时的平均发射光功率。所以消光比的测试就是测试 $\overline{P_1}$ 和 P_0。因为码型发生器是伪随机码发生器，基本上认为发送 "1" 码和 "0" 码的概率相等。因此，全 "1" 码时的光功率应为测出平均光功率 $\overline{P_1}$ 的 2 倍，则消光比表示为

$$r_{EXR} = P_0 / 2\overline{P_1} \quad 或 \quad r_{EXR} = 10 \lg (P_0 / 2\overline{P_1}) \tag{11.4.2}$$

测试原理图仍是图 11.4.1，码型发生器根据相应的速率送出 (2^N-1) 伪随机码测试信号，测

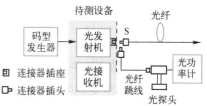

图 11.4.1　光端机平均发射光功率和消光比的测试示意图

出发射机的 $\overline{P}$。然后断开光端机的输入信号，再测出此时的发射光功率，即为 P_0，根据式（11.4.2）就可以算出 r_{EXR}。

11.4.2 光接收机灵敏度和动态范围测试

1. 光接收机灵敏度

在 5.5 节开始已定义了光接收机灵敏度，即比特误码率（BER）低于指定值使接收机可靠工作所需要的最小接收光功率 $\overline{P}_{rec}$，通常要求 BER $= 10^{-9}$，对于长途干线则要求 BER $= 10^{-11}$。如果 $\overline{P}_{rec}$ 的单位是 W（瓦特），则用 dBm 表示的接收机灵敏度为

$$\overline{P}_{rec} = 10\lg \frac{\overline{P}_{rec}}{10^{-3}} (dBm) \tag{11.4.3}$$

比如 $\overline{P}_{rec} = 10^{-6}$ W（1 μW），则用 dBm 表示的接收机灵敏度为 −30 dBm。

在实验室和工厂测试时，因发射机和接收机在一起，可按图 11.4.2 连接测试。如果在现场测试，收发端机一般分于两地，灵敏度测试一般对远端设备环回测试，如图 11.4.3 所示。

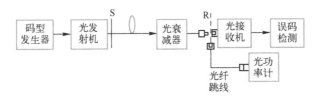

图 11.4.2 光接收机灵敏度实验室测试示意图

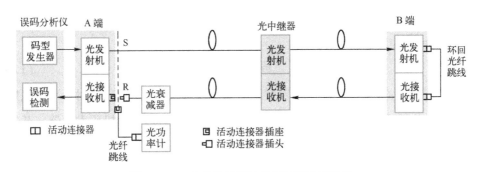

图 11.4.3 光接收机灵敏度现场测试示意图

光接收机灵敏度现场测试步骤如下。

1）将连接光接收机的线路光缆从机架上取下，按图 11.4.3 接入可变光衰减器。

2）按图 11.4.3 接入误码分析仪，并将远端的收发机连接着一起。

3）让码发生器发送测试信号给光端机，测试信号的选择与平均光功率的测试相同。

4）误码检测器在接收端检测误码，调整光衰减器使其衰减量增大，使输入光接收机

的光功率逐步减小，直到系统处于误码状态。然后向相反方向调节光衰减器，使其衰减量减小，即增加接收机的光功率，使系统的误码率减小。当能够满足在一定观察时间内误码数少于额定值时，断开接收端活动连接器，用光纤跳线改接到光功率计上，测试环回光纤在 R 点的光功率，此时测得的光功率即为光接收机的灵敏度。

误码率是一个统计平均值，不同传输速率的系统，统计误码的时间也不同，如表 11.4.1 所示。为了使测试的误码率更准确，实际上测试时间要比表中列出的时间长些。

表 11.4.1 灵敏度测试的最短观察时间

误码率	2 Mbit/s	8 Mbit/s	34 Mbit/s	140 Mbit/s	156 Mbit/s	622 Mbit/s	2 448 Mbit/s
$\leq 10^{-8}$	50 s	12 s	3 s	0.7 s	0.6 s	0.2 s	0.04 s
$\leq 10^{-9}$	8.3 min	2 min	29.1 s	7 s	6 s	2 s	0.4 s
$\leq 10^{-10}$	83 min	21 min	4.8 min	71 s	64 s	16 s	4 s
$\leq 10^{-11}$	—	—	49 min	12 min	11 min	2.7 min	40 s

观察时间可从误码率的定义式（11.4.6）得到

$$观察时间 = 误码数/(码速率 \times 误码率) \tag{11.4.4}$$

例如 4 次群 139.264 Mbit/s 光通信系统要求误码率小于 1×10^{-10}，若要求观察时间内记录到一个误码，则观察时间为

$$观察时间 = 误码数/(码速率 \times 误码率) = \frac{1}{139.264 \times 10^6 \times 1 \times 10^{-10}} = 71.8 \ (s)$$

2. 光接收机动态范围测试

光接收机动态范围 D_{rec} 定义为，在保证误码率指标的情况下，允许接收到的最大光功率 P_{max} 和最小光功率（即接收机灵敏度 $\overline{P}_{rec}$）之间的范围。光接收机动态范围 D_{rec} 用式（11.4.5）表示。

$$D_{rec} = 10\lg \frac{P_{max}}{P_{rec}} \ (dB) \tag{11.4.5}$$

接收光功率过大时，会引起接收放大器过载，从而引起误码。

接收机灵敏度 $\overline{P}_{rec}$ 已在前面得到，所以要想得到光接收机动态范围，就只测量接收的最大光功率 P_{max} 即可。为此，增大光功率到开始误码，再略减小光功率到误码在允许的范围内时，测量此时的光功率 P_{max} 即可。

光端机和光中继器光接收机的动态范围测试方框图如图 11.4.4 所示。

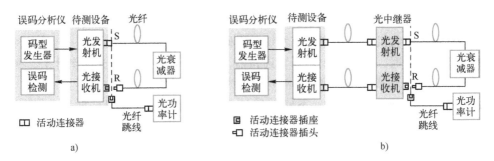

图 11.4.4　光接收机动态范围测试示意图

a) 光端机动态范围测试　b) 光中继器动态范围测试

11.4.3　光纤通信系统误码性能测试

在 5.5 节中，已介绍了比特误码率（BER）的概念，定义 BER 为码元在传输过程中出现差错的概率，工程中常用一段时间内出现误码的码元数与传输的总码元数之比来表示误码率。

误码率是一个统计平均值，不同传输速率的系统，统计误码的时间也不同（见表 11.4.1）。误码率可表示为

$$误码率 = 误码个数 / (码速率 \times 观察时间) \tag{11.4.6}$$

图 11.4.5 表示用误码仪测量系统误码的连接方框图，工程测试时，一般采用图 11.4.5b 所示的远端环回测试。误码仪向被测光端机送入测试信号，PCM 测试信号为伪随机码，长度为 $2^N - 1$，根据测试系统的速率选择长度 N。例如 4 次群 139.264 Mbit/s 光通信系统，设定测试信号长度为 $(2^{23} - 1)$，要求观察时间为 71.8 s，在该时间间隔内记录到 2 个误码，则误码率为 2×10^{-10}。

图 11.4.5　用误码仪测量系统误码的连接方框图

a) 近端测试　b) 远端环回测试

11.4.4　系统 Q 参数测量

为了评估端对端光纤通信系统线路性能的好坏，以及系统的冗余，需进行 Q 参数测

量。Q 参数与 BER 有关，Q 参数测量实际上是测量 BER。BER 测量系统如图 11.4.6 所示，计算出 BER 后，当 $Q > 3$，并假定平均信号电流 I_1 和 I_0 为高斯概率分布时，通常使用式（5.5.3）将 BER 的近似值和 Q 值联系在一起，即

$$BER = \frac{1}{Q\sqrt{2\pi}}\exp\left(-\frac{Q^2}{2}\right) \tag{11.4.7}$$

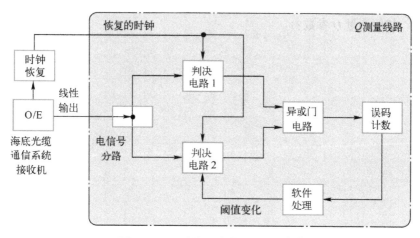

图 11.4.6　测量 Q 参数系统设备[69]

对于偏振复用 QPSK 调制系统，由式（9.2.10）可以从 BER 计算出 Q 值，即

$$Q^2 = 20\lg\left[2^{\frac{1}{2}}\mathrm{erfc}^{-1}(2\times BER)\right]$$

测量时，把光接收机的线性输出电信号分成两路，一路用于理想的判决阈值，另一路用于可变的判决阈值。理想判决阈值的判决电路输出与可变判决阈值判决电路输出经异或门电路进行比较，判断其误码数，然后送入误码计数器计数。统计出 BER 后，利用式（11.4.7）就可以计算出 Q 值。

测量 Q 的过程中，系统接收端输入光功率应在正常的范围内。在规定的时间间隔进行多次测量，求出其平均值。Q 的平均值减去 5 倍标准偏差（$Q = Q_{\mathrm{mean}} - 5\sigma$）就是测量值。对于 WDM 系统，对每个波长要进行测量。

复习思考题

11-1　简述光功率计的工作原理和用途。

11-2　简述光纤熔接机的工作原理和用途。

11-3　简述剪断法测量光纤损耗的原理和过程。

11-4　简述后向散射法测量光纤损耗的原理和过程。

11-5　简述光时域反射仪（OTDR）的工作原理和用途。

11-6　简述用光时域法测量光纤带宽的原理和方法。

11-7　简述多波长光源的几种原理。

11-8　简述光接收机灵敏度的定义及其测试步骤。

11-9　简述光纤通信系统误码率的定义及其测试步骤。

11-10　如何测量 Q 参数？

附　　录

附录 A　电磁波频率与波长的换算

$$(f=c/\lambda \quad c=3\times 10^8 \text{ m/s})$$

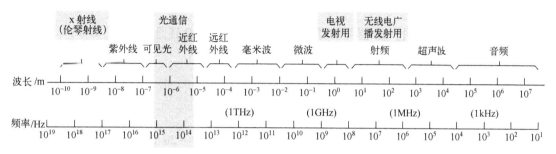

附图 A.1　电磁波频率与波长的换算

附录 B　dBm 与 mW、μW 的换算

在光纤通信系统中，常以 1 mW 作为参考电平，相对于 1 mW 用 dB 表示的功率值用 dBm 表示。当 P 用 mW 表示时，用 dBm 表示的值就为

$$\text{dBm}=10 \lg P(\text{mW}) \tag{B.1}$$

当 P 用 μW 表示时，如用 dBm 表示，则

$$\text{dBm}=10 \lg P(\mu\text{W})-30 \tag{B.2}$$

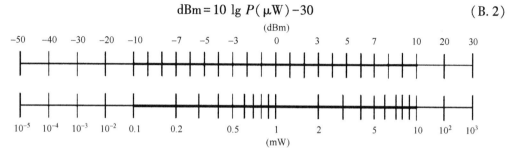

附图 B.1　dBm 与 mW、μW 的换算

例如 1 μW, 10 lg 1-30=0-30=-30 dBm；

又如 2.81 μW, 10 lg 2.81-30=4.487-30=-25.51 dBm。

当 P 用 nW 表示时，如用 dBm 表示，则

$$dBm = 10\ lg\ P(nW)-60 \tag{B.3}$$

附录 C　dB 值和功率比

分贝（dB）是表示通信系统中相对功率的电平，如果光源发出的功率 P_1，经光纤线路传输后，在接收端的功率是 P_2，则光纤线路的损耗是 P_2/P_1，用分贝表示就是

$$dB = 10\ lg\ \frac{P_2}{P_1} \tag{C.1}$$

P_2 和 P_1 的单位必须相同。dB 值可正可负，这要取决于 $P_2 > P_1$ 还是 $P_2 < P_1$。令 $P_1 = 1\ mW$，即可得到以 mW 为单位的 P_2 值的 dBm 值，即

$$dBm = 10\ lg P_2 \tag{C.2}$$

如果已知 P_1，则用下式求得 P_2

$$P_2 = P_1\ 10^{dB/10} \tag{C.3}$$

例如，要想查找-23 dB 的功率比 P_2/P_1，因为-23 dB=-20 dB -3 dB，图 C.1a 给出

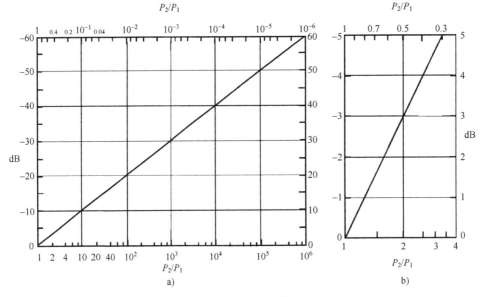

附图 C.1　分贝计算

a）分贝的粗略计算　b）放大的分贝尺度，用于精确的分贝计算

注：右侧的纵坐标刻度与底端刻度对应（$P_2 > P_1$），左侧的纵坐标刻度与顶端刻度对应（$P_2 < P_1$）

-20 dB 对应的损耗是 0.01，而图 C.1b 给出-3 dB 对应的损耗是 0.5，这两个值的乘积就是总损耗，即 0.01×0.5＝0.005。

利用图 C.1 也可以进行 dBm 计算，只要 P_2 的单位是 mW，用其代替图中的 P_2/P_1，此时读到的纵坐标刻度值就是 dBm 值。

附录 D 百分损耗（%）与分贝（dB）损耗换算表

如果百分损耗是 $x\%$，则用 dB 表示的损耗是

$$dB = 10\lg\frac{100-x}{100} \qquad (D.1)$$

例如百分损耗是 40%，则用 dB 表示的损耗是 dB＝10lg[（100-40)/100]＝-2.218。

如果已知 dB 值，则

$$(100-x)/100 = 10^{-dB/10}$$
$$x = 100-100\times10^{-dB/10} \qquad (D.2)$$

附表 D.1 百分损耗（%）与分贝（dB）损耗换算表

百分损耗	8%	7%	6%	5%	4%	3%	2%	1%
分贝（dB）	-0.362	-0.315	-0.268	-0.222	-0.177	-0.132	-0.088	-0.044

百分损耗	100%	90%	80%	70%	60%	50%	40%	30%	20%	10%	9%
分贝（dB）	∞	-10	-7	-5	-4	-3	-2.2	-1.5	-1	-0.457	-0.390

附录 E PDH 与 SDH 速率等级

附表 E.1 中国、欧洲 PDH 和 SDH 数字电话系统传输速率

		电 接 口			光 接 口				
		基群 EI	二次群 E2	三次群 E3	四次群 E4	五次群 E5			
PDH	比特速率/（Mbit/s）话路数	2.048 30	8.448 120	34.368 480	139.264 1920	564.992 7680			
SDH	比特速率/（Mbit/s）话路数			STM-1 155.52 1 920	STM-4 622.08 7680	STM-16 2488.32 30720	STM-64 9953.28 122880	STM-256 39813.12 491520	

附表 E.2 SONET 和 SDH 同步数字电话系统对比

SONET（北美）		SDH	比特速率/(Mbit/s)	E1 口数量	话路数（每路 64 kbit/s）
电信号	光信号				
STS-1	OC-1	STM-0	51.840	—	—
STS-3	OC-3	STM-1	155.520	63	1920
STS-9	OC-9	—	466.560	—	—
STS-12	OC-12	STM-4	622.080	252	7680
STS-18	OC-18	—	933.120	—	—
STS-24	OC-24	—	1244.160	—	—
STS-36	OC-36	—	1 866.240	—	—
STS-48	OC-48	STM-16	2488.320	1008	30720
STS-192	OC-192	STM-64	9 953.280	4 032	122880
		STM-256	3 9813.12	16128	491520

附录 F WDM 信道 $\Delta\lambda$ 和 $\Delta\nu$ 的关系

根据给定的中心波长 λ 和该 λ 附近的波长范围 $\Delta\lambda$，可以求出与 $\Delta\lambda$ 相对应的频率范围 $\Delta\nu$。波长和频率的基本关系是

$$\lambda \cdot \nu = c \qquad (F.1)$$

式中，c 是真空中的光速。对式（F.1）微分得到

$$\Delta\nu/\nu = -\Delta\lambda/\lambda \qquad (F.2)$$

在式（F.2）中用 c/λ 取代 ν，可得到

$$\Delta\nu = -c\Delta\lambda/\lambda^2 \quad \text{或} \qquad (F.3)$$

$$\Delta\lambda = -\lambda^2 \frac{\Delta f}{c} \qquad (F.4)$$

例如，在 $\lambda = 1.55\,\mu m$ 附近，信道间隔 $\Delta\nu = 100\,GHz$，其波长间隔是 $\Delta\lambda = 0.8\,nm$。C 波段在 $1530 \sim 1565\,nm$，总带宽为 $35\,nm$，因此可容纳的信道数是 $35/0.8 \approx 43$。其他频率间隔对应的波长间隔和可容纳的信道数如附表 F.1 所示。

附表 F.1 C 波段 WDM 信道间距

$\Delta\nu$ /GHz	$\Delta\lambda$ /nm	可容纳信道数量
25	0.2	175
50	0.4	87
100	0.8	43
200	1.6	21

附录 G　物理常数

常数	符号	数值
真空中的光速	c	2.9979×10^8 m/s $\approx 3 \times 10^8$ m/s
电子电荷	e 或 q	1.6022×10^{-19} C
静止电子质量	m_e	9.109×10^{-31} kg
真空介电常数	ε_0	8.8542×10^{-12} F/m
真空磁导率	μ_0	$4\pi \times 10^{-7}$ H/m
普朗克常数	h	6.6261×10^{-34} J·s
电子伏特	eV	1.6022×10^{-19} J
玻尔兹曼常数	k_B	1.3807×10^{-23} J/K
真空阻抗	$z_0 = \sqrt{\mu_0/\varepsilon_0}$	376.7 Ω

附录 H　系统设计参数

B	比特速率		P	光功率
BER	比特误码率		P_{out}	LD 或 LED 输出光功率
CNR	载噪比		P_{rec}	接收机灵敏度
D	色散		P_{in}	探测器入射光功率
D_m	材料色散		P_{mar}	系统余量
D_w	波导色散		P_{mar}^{WDM}	WDM 余量
F_n	噪声指数		P_{mar}^{fus}	熔接余量
G	增益		P_s, P_{LO}	探测器接收到的信号或本振激光器功率
G_{PIN}	PIN 接收机系统等效增益		R	探测器响应度
G_{APD}	APD 接收机系统等效增益		R_L 和 C_d	探测器负载电阻和电容
I_p, I_{ph}	信号光生电流		SNR	信噪比
I_d	探测器暗电流		T_r	系统上升时间

L	光纤长度或距离或光程差	T_{tr}	光源上升时间
L_{sec}	每盘光缆的长度	T_{rec}	接收机上升时间
L_{fib}^{L-S}	连接 OLT 和光分路器的光纤长度	T_{RC}	接收机电路上升时间
L_{fib}^{N-S}	连接 ONU 和光分路器的光纤长度	Δf_{rec}	接收机带宽
L_{tot}	总损耗	Δf_{3dB}	3 dB 带宽
L_{cpl}	光源和光纤耦合损耗	α	光纤损耗系数
L_{con}	连接器损耗	σ_I	激光器强度噪声均方根电流
L_{fus}	熔接损耗	σ_s	散粒噪声均方根电流
L_{fib}	光纤损耗	σ_T	热噪声均方根电流
L_{dis}	色散损耗	σ	总噪声均方根电流
L_{spl}	耦合器或 $1 \times N$ 分路器的分配损耗	η	量子效率
L_{ext}	耦合器或分路器的插入损耗（dB）	m	调制深度或整数
δ	2×2 耦合器插入损耗（百分数）	n	波导或晶体折射率指数
NA	光纤数值孔径	M	APD 增益倍增系数

附录 I　名词术语索引

（括号内数字表示术语所在章节）

A

Absorption Coefficient　　　　　　　　　　吸收系数（5.1）

Access Network　　　　　　　　　　　　　接入网（10.1，10.4）

　　EPON（Ethernet PON）　　　　　　　　　　以太网 PON（10.4）

　　GPON（Gigabit Capable PON）　　　　　　吉比特无源光网络（10.4）

　　WDM-PON　　　　　　　　　　　　　　WDM 无源光网络（10.4）

A/D（Analog-to-Digital）Conversion　　　　模/数转换器（8.2.1）

ADM（Add and Drop Multiplexer）　　　　分插复用器（3.8.4）

ADSL（Asymmetric Digital Subscriber Line）非对称数字用户线（10.1.1）

AGC（Automatic Gain Control）　　　　　自动增益控制（5.3.2）

Airy Ring   弥散（爱里）环（1.3.2）

Airy Disk   弥散（爱里）盘（1.3.2）

AM（Amplitude Modulation）   振幅调制/调幅（7.1，7.2）

Amplifier   放大器（5.3，6）

    Applications of Amplifier   放大器应用（6.1.4）

    Bandwidth of Amplifier   放大器带宽（6.1.1）

    Cascaded Amplifier   放大器级联（6.3.6）

    Gain of Amplifier   放大器增益（6.1.1）

    In Line Amplifier   在线放大器（6.1.4）

    LAN Amplifier   LAN 放大器（6.1.4）

    Noise in Amplifier   放大器噪声（5.4，6.1.3）

    Rama Amplifier   拉曼放大器（6.4）

    Saturation Characteristics of Amplifier   放大器饱和特性（6.1.2，9.5.2）

    Semiconductor Laser Amplifier   半导体激光放大器（6.2）

APC（Automatic Optical Power Control）   自动光功率控制（7.2.3）

APD（Avalanche Photodiode）   雪崩光电二极管（5.2.2）

APS（Automatic Protection Switching）   自动保护倒换（9.6.4）

ASE（Amplified Spontaneous Emission）   放大自发辐射（6.1.3）

ASK（Amplitude Shift Keying）   幅移键控（7.1）

ATC（Automatic Temperature Control Circuit）   自动温度控制电路（7.2.3）

ATM（Asynchronous Transfer Mode）   异步传送模式（10.1.2）

AWG（Arrayed Waveguide Grating）   阵列波导光栅（3.8.1，4.4.3，5.6.3）

B

Bandwidth   带宽

    Amplifier Bandwidth   放大器带宽（6.1.1）

    APD Bandwidth   APD 带宽（5.2.2）

    Electrical Bandwidth   电带宽（9.2.1）

    Fiber Bandwidth   光纤带宽（2.3.4）

    FWHM（Full Width at Half Maximum）   半最大值全宽（2.3.4）

    Gain Bandwidth   增益带宽（6.1.1）

    Optical Bandwidth   光带宽（2.3.4）

    Receiver Bandwidth   接收机带宽（9.3）

    Raman Amplifier Bandwidth   拉曼放大器带宽（6.4.1）

    Semiconductor Laser Bandwidth   半导体激光器带宽（4.6.1）

Baseband Signal   基带信号（7.2.1）

BER（Bit-Error Rate）   比特误码率（5.5）

BH（Buried Heterostructure）   掩埋异质结（4.3.1）

Binary FSK　　　　　　　　　　　　　二进制频移键控（7.1.4）

Bipolar Coding　　　　　　　　　　　双极编码（7.1.2）

Birefringence　　　　　　　　　　　双折射（1.3.4）

　　Half-Wave Plate Retarder　　　　　半波片（3.5.1, 3.9.1）

　　Quarter-Wave Plate Retarder　　　四分之一波片（3.5.1, 3.9.1）

　　Retarding Plates　　　　　　　　相位延迟片（3.5.1, 3.9.1）

Bit Rate-Distance Product　　　　　比特速率距离乘积（9.1.3）

BoL（Beginning of Life）　　　　　寿命开始（9.3.1）

Bragg Diffraction　　　　　　　　布拉格衍射（1.3.2, 4.3.3）

Bragg Diffraction Condition　　　布拉格衍射条件（1.3.2）

Broadcast Star　　　　　　　　　广播星形（9.1.2）

Bus Network　　　　　　　　　　总线网（9.1.2）

C

C³（Cleaved-Coupled Cavity）Laser　　切开的耦合腔激光器（4.4.1）

Carrier Recovery Circuit　　　　　载波恢复电路（7.2.1）

Chirping　　　　　　　　　　　啁啾声，线性调频（4.6.3, 9.4.4）

CNR（Carrier-To-Noise Ratio）　　载噪比（7.2.2）

Coding　　　　　　　　　　　编码（7.1.1, 7.1.2）

Coherence　　　　　　　　　相干（1.3.2）

C-OTDR（Coherent Optical Time Domain Reflectometry）相干光时域反射（11.1.4）

Perfect Coherence　　　　　　完全相干

Temporal Coherence　　　　　时间相干

Mutual Temporal Coherence　　互相干

Spatial Coherence　　　　　　空间相干

Coherent Detection　　　　　相干检测（7.4.1）

Constructive Interference　　相长干涉（2.2.2, 3.3.2, 3.4.1, 3.4.3, 3.5.1, 3.8.2, 4.3.3, 4.4.2, 4.5.1）

Colorless ONU　　　　　　　无色 ONU（10.4.3）

Connectors　　　　　　　　连接器（3.1）

Coupled-Cavity LD　　　　　耦合腔 lD（4.4.1）

CPW（Coplanar Waveguide）　　共平面波导（5.2.6）

Critical Angle　　　　　　　临界角（1.3.1）

Crosstalk　　　　　　　　串扰/串音（2.3.5）

CSO（Composite Second-Order）　　组合二次失真（7.2.2）

CSF（Cutoff Wavelength Shifted Fiber）　截止波长位移光纤（2.4.4）

CTB（Composite Triple-Beat）　　组合三次差拍失真（7.2.2）

Current to Voltage Converter　　电流/电压变换器（11.1.1）

Cutoff Wavelength 截止波长 (2.2.2, 5.2.1)

D

Dark Current 暗电流 (5.2.1)

DA (Double Armored) Cable 双铠装光缆 (9.5.1)

D/A (Digital-to-Analog) Conversion 数/模转换器 (8.2.1)

DB (Duo Binary) 双二进制编码 (7.1.2)

DBA (Dynamic Bandwidth Assignment) 动态带宽分配 (10.2.2)

dBm 以 1 mW 为参考的功率单位 (0 dBm = 1 mW) (2.3.1, 附录 B)

DBR (Distributed Bragg Reflector) Laser 分布布拉格反射激光器 (4.4.1)

DCF (Dispersion Compensation Fiber) 色散补偿光纤 (8.7.1)

DCM (Dispersion Compensation Module) 色散补偿模块 (8.7.1)

Decision Threshold 判决门限 (5.5.1)

DEMUX (Demultiplexer) 解复用器 (3.4)

  Diffraction-Based 衍射光栅解复用器 (3.4.1)

  Interference Filter-Based 干涉滤波器解复用器 (3.4.2)

  Waveguide-Grating 波导光栅解复用器 (3.8.3)

DFB (Distributed Feedback) Laser 分布反馈激光器 (4.3.3)

DFT (Discrete Fourier Transform) 离散傅里叶变换 (7.2.1, 7.2.4)

DH (Double Heterostructure) 双异质结构 (4.3.1)

Diffraction 衍射 (1.3.2)

  Diffraction Grating 衍射光栅 (1.3.2)

Directional Coupler 方向耦合器, 定向耦合器 (3.2.1)

Dispersion 色散 (2.3.2)

  Chromatic Dispersion 色度色散 (2.3.2)

  Dispersion Coefficient 色散系数 (2.4.6)

  Dispersion Compensating Fiber 色散补偿光纤 (2.4.8, 8.7.1)

  Dispersion Management 色散管理 (8.7.6)

  Dispersion Parameter 色散参数 (2.3.2)

  Dispersion Penalty 色散代价 (9.1.4)

  Dispersion Slope 色散斜率 (2.3.2)

  Dispersion Shifted Fibers 色散位移光纤 (2.4.3)

  Intermodal Dispersion 模间色散 (2.1.1)

  Intramodal Dispersion 模内色散 (2.1.1)

  Modal Dispersion 模式色散 (2.1.1, 2.3.2, 2.3.4)

  Material Dispersion 材料色散 (2.3.2)

  Polarization Dispersion 偏振色散 (2.3.2)

Waveguide Dispersion 波导色散 (2.3.2)
Dispersion Induced Limitation 色散引入限制 (9.1.4)
Dispersion Compensation 色散补偿 (8.7)
Broadband 宽带色散补偿 (8.7.5)
Fiber Grating for Dispersion Compensation 光纤光栅色散补偿 (8.7.2)
Dispersion-Compensating Fiber 色散补偿光纤 (2.4.8, 8.7.1)
Distributed Amplification 分布式放大 (6.4)
Dispersion Management 色散管理 (8.7.6)
DP-QPSK (Dual-Polarization QPSK) 双偏振正交相移键控 (4.7.2)
DPSK (Differential Phase Shift Keying) 差分相移键控 (4.7.2)
DP-QPSK (Dual-Polarization QPSK) 偏振复用正交相移键控 (4.7.3)
DQPSK (Differential Quadrature Phase-Shift Keying) 差分正交相移键控 (3.5.2, 4.7.2)
DSF (Dispersion Shifted Fiber) 色散位移光纤 (2.4.3)
DSP (Digital Signal Processing) 数字信号处理 (8.2.1)

E

EAM (Electro Absorption Modulator) 电吸收波导调制器 (3.5.3)
REAM (Reflective EAM) 反射式 EAM (10.4.3)
EDC (Electrical Dispersion Compensation) 电子色散补偿 (8.7.4)
EDFA (Erbium-Doped Fiber Amplifier) 掺铒光纤放大器 (6.3)
Electro-Optic Effects 电光效应 (3.5.1)
Kerr Effects 克尔效应
Pockels Effect 珀克效应
Electro-Optic Switches 电光开关 (3.6.2)
EoL (End of Life) 寿命终结 (9.3.1)
Encoding 编码 (7.1.2)
Equalization Technique 均衡技术 (8.3)
FDE (Frequency-Domain Equalization) 频域均衡 (8.2.2)
FGEQ (Fixed Gain Equalizers) 固定增益均衡器 (8.3.1)
SEQ (Shape Equalizers) 形状均衡器 (8.3.1)
TEG (Tilt Equalizers) 斜率均衡器 (8.3.1, 8.3.3)
Erbium-Doped 掺铒光纤放大器 (6.3)
System Applications 系统应用 (6.1.4)
ES (Errored Second) 误码秒 (9.6.3)
Ethernet 以太网 (10.4.1)
Evanescent Wave 消逝波 (1.3.1)
EXR (Extinction Ratio) 消光比 (5.5.3, 11.3.1)
Extraordinary 非寻常光 (1.3.4)

Eye Patterns 眼图 (5.3.3)

F

FDM (Frequency-Division Multiplexing) 频分复用 (7.2.1)

FDE (Frequency-Domain Equalization) 频域均衡 (8.2.2)

FEC (Forward Error Correction) 前向纠错 (8.1)

Feedback Cavity 反馈腔 (4.2.4)

    Distributed Feedback 分布式反馈 (4.3.3)

    Optical Feedback 光反馈 (4.4, 4.3.3)

    Reflection Feedback 反射反馈 (4.3.3, 6.2)

FGEQ (Fixed Gain Equalizers) 固定增益均衡器 (8.3.1)

Fiber Amplifiers 光纤放大器 (6.3)

FIR (Finite Impulse Response) Filter 有限冲激响应滤波器 (8.2.2, 8.2.3, 8.4.2)

    Distributed-Gain 分布式增益 (6.4)

Fiber Cable 光缆 (2.6)

Fiber Coupler 光纤耦合器 (3.2)

Fiber Dispersion 光纤色散 (2.3.2)

Fiber Mode 光纤模式 (2.2.2)

Fiber Nonlinearity 光纤非线性 (2.3.5)

Fiber 光纤

    Bandwidth of Fiber 光纤带宽 (2.3.4)

    Birefringence of Fiber 光纤双折射 (2.2.3)

    Design of Fiber 光纤设计 (2.4.1)

    Dispersion-Compensating Fiber 色散补偿光纤 (2.4.8)

    Dispersion-Shifted Fiber 色散位移光纤 (2.4.3)

    Geometrical-Optics Description of Fiber 光纤几何尺寸 (2.1)

    Graded-Index Fiber 渐变折射率光纤 (2.1.1)

    Loss of Fiber 光纤损耗 (2.3.1)

    Mode of Fiber 光纤模式 (2.2.2)

    Multimode Fiber 多模光纤 (2.1.1)

    Nonlinear Effects in Fiber 光纤非线性效应 (2.3.5)

    Pulse Propagation 脉冲展宽 (2.3.2)

    Single-Mode 单模光纤 (2.1.2, 2.2.2)

    Single-Mode Condition 单模条件 (2.2.1, 2.2.3)

    Standard 标准 (2.4)

    Step-Index Multimode Fiber 阶跃折射率多模光纤 (2.1.1)

Filter 滤波器 (3.3)

    Amplifier-Based Filter 基于放大的滤波器 (3.3.3)

Bragg Filter　　　　　　　　　　布拉格光栅滤波器（3.3.3）

Fabry-Perot Filter　　　　　　　　F-P 滤波器（3.3.1）

Fiber Grating Filter　　　　　　　光纤光栅滤波器（3.3.3）

Low-Pass Filter　　　　　　　　　低通滤波器（5.3.1）

Mach-Zehnder Filter　　　　　　　M-Z 滤波器（3.3.2）

Optical Filter　　　　　　　　　　光滤波器（3.3）

Tunable Optical Filter　　　　　　调谐滤波器（3.3）

FM（Frequency Modulation）　　　调频（7.1.4）

FOH（Frame Overhead）　　　　　帧开销（7.2.4）

F-P（Fabry-Perot）Resonator　　　法布里-珀罗谐振腔（1.3.2）

F-P（Fabry-Perot）Laser　　　　　法布里-珀罗激光器（1.3.2, 4.2.1）

F-P（Fabry-Perot）Laser Amplifier　法布里-珀罗激光放大器（6.2）

Fraunhofer Diffraction　　　　　　弗琅荷费衍射（1.3.2）

Fresnel Diffraction　　　　　　　　菲涅尔衍射（1.3.2）

Frequency Chirp　　　　　　　　　频率啁啾，线性调频（4.6.3, 9.4.4）

　　Modulation-Induced Frequency Chirp　　调制引入频率啁啾（4.6.3）

　　Power Penalty Duo To Frequency Chirp　频率啁啾代价（9.4.4）

FSK（Frequency Shift Keying）　　频移键控（7.4.2）

FSR（Free Spectral Range）　　　　自由频谱范围（1.3.2, 3.3.1, 3.4.2, 3.8.2, 3.8.4, 4.2.3）

FTTB/C（Fiber to the Building/Curb）　光纤到楼/路边（10.2.1）

FTTCab（Fiber to the Cabinet）　　光纤到交接间（10.2.1）

FTTH（Fibber to the Home）　　　光纤到家（10.2.1）

FTTO（Fiber to the Office）　　　光纤到办公室（10.4.2）

FWHM（Full Width at Half Maximum）　半最大值全宽（2.3.4）

FWM（Four-Wave Mixing）　　　　四波混频（2.3.5）

　　　G

Gain　　　　　　　　　　　　　　增益

　　Bandwidth Gain　　　　　　　增益带宽（6.1.1）

　　Coefficient Gain　　　　　　　增益系数（6.1.1）

　　Gain Equalization Technique Gain　增益均衡技术（9.5.2）

　　Gain-Flattening Technique Gain　增益平坦技术（9.5.2）

　　Saturation Gain　　　　　　　增益饱和（6.1.2, 6.3.2）

　　Spectrum Gain　　　　　　　　增益频谱（6.1.1）

GEM（GPON Encapsulation Method）　GPON 封装法（10.4.2）

Geometrical Optics　　　　　　　几何光学（2.2）

GFF（Gain Flattening Filters）　　增益平坦滤波器（8.3.1）

GPON（Gigabit Capable PON）   吉比特无源光网络（10.4.2）

Graded Index Multimode Fiber   渐变折射率多模光纤（2.1.1）

Grating   光栅

  Bragg Grating   布拉格光栅（1.3.2，3.3.3，4.3.3，4.4.1，
                 4.5.2，8.3.1，8.3.2，8.7.3，8.8.1）

  Chirped Grating   啁啾光栅（8.7.3）

  DFB-Laser Grating   DFB 激光器光栅（4.3.3）

  Diffraction Grating   衍射光栅（1.3.2，3.3.3）

  Fiber Grating   光纤光栅（3.3.3）

  Reflection Grating   反射光栅（3.4.1）

  Waveguide Grating   波导光栅（3.8）

GVD（Group-Velocity Dispersion）   群速度色散（2.3.2）

GVD Parameter   GVD 参数（2.3.2，9.1.4）

H

Half-Wave Plate Retarder   半波片延迟器（3.5.1，3.9.1）

Half-Wave Voltage   半波电压（3.5.1，3.9.1）

HEC（Header Error Check）   帧头错误校验（10.2.2，10.2.3）

Heterodyne Detection   相干检测（7.4.1）

HFC（Hybrid Fiber Copper）   光纤同轴混合网络（7.2.3）

Huygens-Fresnel Principle   惠更斯-菲涅尔原理（1.3.2）

Hub   集线器（9.1.2）

I

IDFT（Inverse Discrete Fourier Transform） 离散傅里叶逆变换（7.2.1，7.2.4）

IL（Insert Loss）   插入损耗（11.3.3）

IMD（Intermodulation Distortion）   互调失真（7.2.2）

IM/DD（Intensity Modulation/Direct Detection） 强度调制/直接探测（7.1.4）

Intensity Modulation   强度调制（7.1.4）

Intensity Noise   强度噪声（5.5.3）

Interferometer   干涉器

  F-P   法布里-珀罗干涉仪（3.3.1）

  Fiber F-P   光纤 F-P 干涉仪（3.3.1）

  Mach-Zehnder   马赫-曾德尔干涉器（3.3.2）

ISI（Intersymbol Interference）   码间干扰（5.5.1）

ISO（Isolation）   隔离度（11.3.3）

K

Kerr Effect   克尔效应（3.5.1）

k，β（propagation constants）   传播常数（1.2.2，2.2.2）

L

LAN（Local Area Network）   局域网（9.1.2）

Laser   激光器（4.3~4.6）

Laser Linewidth   激光器线宽（4.6.1）

LD（Laser Diode）   激光二极管（4.3）

     DBR（Distributed Bragg Reflector）Laser   分布布拉格反射激光器（4.3.3）

     DFB（Distributed Feedback）Laser   分布反馈激光器（4.3.3）

     Double Heterostructure Laser Diode   双异质结激光器（4.3.1）

     Homojunction Laser Diode   同质结激光器（4.3.1）

     Heterostructure Laser Diode   异质结激光器（4.3.1）

     MQW（Multiquantum Well）Laser Diode   多量子阱激光器（3.5.3，4.3.2）

     VCSEL（Vertical Cavity Surface Emitting Laser）   垂直腔表面发射激光器（4.5.1）

LDPC（Low Density Parity Check Codes）   低密度奇偶校验码（8.1）

LED（Light Emitting Diode）   发光二极管（4.2.1）

Lightwave System   光波系统

     Amplifiers for Lightwave system   光放大器应用于光波系统（6.1.4，8.9.2）

     Architectures for Lightwave System   光波系统构成（9.1.2）

     Design of System   系统设计（9）

     Dispersion-Limited System   色散限制系统（9.1.4）

     History of System   光纤通信系统的历史（1.1.1）

     Long-Haul System   长距离系统（6.3.6）

     Loss-Limited System   损耗限制系统（9.1.3）

     Point-to-Point System   点对点系统（9.1.2）

     Subcarrier System   副载波系统（7.2.2）

     TDM System   时分复用系统（7.2.4）

     Undersea System   海底光缆系统（8.9）

     WDM System   波分复用系统（7.3.1，9.6）

$LiNbO_3$（Lithium Niobate）   铌酸锂（3.5.1）

     Phase Modulator（3.5.1）   铌酸锂相位调制器

LPF（Low-Pass Filter）   低通滤波器（5.3.1）

LW（Light Weight）Cable   轻型光缆（9.5.1）

LWP（Light Weight Protected）Cable   轻型保护光缆（9.5.1）

M

MAC（Media Access Control）   媒质接入控制（10.3.4）

Magneto-Optic Effects（Faraday Effect）   磁光效应或法拉第效应（3.7.1）

Magneto-Optic Isolator   磁光隔离器（3.7）

Malus Law   马吕斯定律（3.5.1，3.9.2）

MAN（Metropolitan Area Networks）	城域网（7.2.3，8.6.3，9.1.2）
Manchester Code	曼彻斯特码（7.1.2）
Maxwell's Wave Equation	麦克斯韦波动方程（1.2.1）
MEMS（Micro Electro Mechanical System）	微机电系统开关（3.6.1）
MFD（Mode Field Diameter）	模场直径（2.2.3）
Microbinding Loss	微弯损耗（2.3.1）
ML（Maximum Likelihood）	极大似然（8.2.1）
MMI（Multimode Interference）	多模干涉分光器（5.2.7）
Modal Noise	模式噪声（9.4.4）
Mode	模
Cavity Mode	腔模（1.3.2，4.2.2，4.2.3）
Laser Mode	激光器模式（4.6.2）
Longitudinal	纵模（4.2.1，4.2.3，4.3.3，4.4.1，4.5.1，4.6.2）
Mode Field Diameter（MFD）	模场直径（2.2.3）
Mode Number	模数（4.2.3）
Propagation Mode	传输模式（2.1.1，2.2.3，2.3.2）
Resonator Mode	谐振模（1.3.2）
TE Mode	TE 模（1.3.5，2.2.2，2.3.2）
Transvers	横模（1.3.5，4.2.3，4.5.1，4.6.2）
TM Mode	TM 模（1.3.5，2.2.2，2.3.2）
Modulation Format	调制方式
AM（Amplitude Modulation）	调幅（7.1.4）
AM-VSB	残留边带调幅（7.1.4）
ASK	幅移键控（4.7.2）
DPSK（Differential Phase Shift Keying）	差分相移键控（4.7.2）
DQPSK（Differential QPSK）	差分正交相移键控（4.7.2，4.7.3）
FM（Frequency Modulation）	调频（7.1.4，7.2.2）
FSK（Frequency Shift Keying）	频移键控（7.1.4）
Intensity	强度调制（7.1.4）
Modulation of Light	光调制（4.7，7.1.4）
NRZ（Non-Return-to-Zero）	非归零码调制（7.1.2）
OOK	通断键控（4.7.2）
PCM（Pulse Code Modulation）	脉冲编码调制（7.1.2，7.3.4）
PM（Phase Modulation）	调相（3.5.1）
Pulse Position	脉冲位置调制（7.1.2）
QPSK（Quadrature Phase-Shift Keying）	正交相移键控调制（4.7.1）
QAM（Quadrature Amplitude Modulation）	正交幅度调制（4.7.2，4.7.4）

RZ（Return-to-Zero）　　　　　　　　　归零码调制（7.1.2）

　　Subcarrier　　　　　　　　　　　　　副载波调制（7.2.1，7.2.2）

Modulation Index　　　　　　　　　　　调制指数（7.2.2）

Modulation Response　　　　　　　　　调制响应（4.6.3）

MOVPE（Metal Organic Vapor Phase Epitaxy）　金属有机物汽相外延（5.2.5）

MPN（Mode-Partition Noise）　　　　　模分配噪声（4.6.4，9.4.4）

MQW（Multiquantum Well）　　　　　　多量子阱（4.3.2）

　　MQW Laser　　　　　　　　　　　　多量子阱激光器（4.3.2）

　　Single Quantum Well LD　　　　　　单量子阱 LD（4.3.2）

MSR（Mode-Suppression Ratio）　　　　边模抑制比（4.3.3）

MSM（Metal-Semiconductor-Metal）　　金属-半导体-金属光探测器（5.2.3）

Multisection DBR Laser　　　　　　　　多腔分布布拉格反射激光器（4.4.1）

Multimode Fiber　　　　　　　　　　　多模光纤（2.1.1）

Mux（Multiplexing）　　　　　　　　　复用（7.1.3，7.2，7.3）

　　Electric-Domain　　　　　　　　　电域复用（7.1.3）

　　Frequency-Division　　　　　　　　频分复用（7.1.3）

　　Polarization-Division　　　　　　　偏振复用（7.3.2）

　　Subcarrier　　　　　　　　　　　　副载波复用（7.2.2）

　　Wavelength-Division　　　　　　　波分复用（7.3.1）

M-Z（Mach-Zehnder）Modulator　　　　马赫-曾德尔调制器（3.5.1，4.7.1）

MZIF（MZ Interferometer Filter）　　　M-Z 干涉滤波器（8.8.2）

N

NA（Numerical Aperture）　　　　　　　数值孔径（2.2.1）

Network Topology　　　　　　　　　　网络结构（9.1.2）

Network　　　　　　　　　　　　　　网络

　　Broadcast Network　　　　　　　　广播网络（9.1.2）

　　Distribution Network　　　　　　　分配网络（9.1.2）

　　LAN（Local Area Network）　　　　局域网（9.1.2）

　　Local-Loop Network　　　　　　　本地环网（9.1.2）

　　Metropolitan-Area Network　　　　城域网（8.6.2，10.1.3）

　　Passive-Star Network　　　　　　　无源星形网络（9.1.2）

　　Subscriber-Loop Network　　　　　用户环网（9.1.2）

　　WAN（Wide Area Network）　　　　宽域网（10.1.1）

　　WDM　　　　　　　　　　　　　波分复用网（9.1.2）

Noise　　　　　　　　　　　　　　　噪声

　　Amplifier Noise　　　　　　　　　放大器噪声（6.1.3）

　　APD Noise　　　　　　　　　　　APD 噪声（5.4.3）

Intensity Noise	强度噪声	(4.6.4, 5.5.3)
IMP (Intermodulation Products)	互调产物	(7.2.2)
Laser Noise	LD 噪声	(4.6.4, 5.5.3)
Noise Figure	噪声指数	(6.1.3, 6.3.6)
Receiver Noise	接收机噪声	(5.4)
Reflection	反射噪声	(9.4.4)
Quantum Noise	量子噪声	(5.4.1)
Shot Noise	散粒噪声	(5.4.3)
Spontaneous-Emission Noise	自发辐射噪声	(6.1.3)
Timing Jitter	定时抖动	(5.5.3)
Thermal Noise	热噪声	(5.4.1)
White Noise	白噪声	(6.1.3)
Noise Figure	噪声指数	
EDFA Noise Figure	掺铒光纤放大器噪声指数	(6.3.2)
Effective Noise Figure for a Cascaded In-Line Amplifier	级联放大器有效噪声指数	(6.3.6)
Optical Amplifier Noise Figure	光放大器噪声指数	(6.1.3)
Receiver Amplifier Noise Figure	接收机放大器噪声指数	(5.4.1)
Non-Linear Optical Coefficient	非线性光学效应	(2.3.5)
FWM (Four-Wave Mixing)	四波混频	
SRS (Stimulated Raman Scattering)	受激拉曼散射	
XPM (Cross-Phase Modulation)	交叉相位调制	
NRZ (Non-Return to Zero)	非归零 (脉冲)	(7.1.2, 2.3.4)
Nyquist Pulse Shaping	奈奎斯特脉冲整形	(8.4)
NZDSF (Non Zero Dispersion Shift Fiber)	非零色散位移光纤	(2.4.5)

O

OADM (Optical Add/Drop Multiplexer)	光分插复用器	(3.8.4)
OA&M (Operation, Administration and Maintenance)	运行管理与维护	(9.6.3, 10.2.2)
OAN (Optical Access Network)	光接入网	(10)
ODN (Optical Distribution Network)	光分配网络	(10.2.4)
OLT (Optical Line Termination)	光线路终端	(10.2.2)
ONU (Optical Network Unit)	光网络单元	(10.2.3)
Colorless ONU	无色 ONU	(10.4.3)
Optic Switche	光开关	(3.6)
Optical Attenuator	光衰减器	(11.1.10)
Optical Anisotropy	光各向异性	(1.3.4)
Optical Coupler	光耦合器	(3.2)
Optical Circulator	光环形器	(3.7.4)

Optical Fiber　　　　　　　　　　　　　　光纤
　　All Wavelength Fiber　　　　　　　　　全波光纤（2.4.6）
　　Attenuation　　　　　　　　　　　　　光纤损耗（2.3.1）
　　Cut-off Wavelength　　　　　　　　　　截止波长（2.2.1）
　　DCF（Dispersion Compensating Fiber）　色散补偿光纤（2.4.8）
　　DSF（Dispersion Shifted Fiber）　　　　色散位移光纤（2.4.3）
　　GI（Graded Index）　　　　　　　　　　渐变（折射率）光纤（2.1.1）
　　Multimode Fiber　　　　　　　　　　　多模光纤（2.1.1）
　　NA（Numerical Aperture）　　　　　　　数值孔径（2.2.1）
　　NZ-DSF　　　　　　　　　　　　　　非零色散位移光纤（2.4.5）
　　Single Mode Fiber　　　　　　　　　　单模光纤（2.1.2）
　　SI（Step Index）Fiber　　　　　　　　　阶跃（折射率）光纤（2.1.1）
Optical Fiber Amplifier　　　　　　　　　　光纤放大器
　　Booster（Post-Amplifier）　　　　　　　功率增强放大器（6.1.4）
　　EDFA（Erbium-Doped Fiber Amplifier）　掺铒光纤放大器（6.3）
　　Distributed-Gain Amplifier　　　　　　分布式增益放大器（6.4）
　　Gain Equalization Technique　　　　　　增益均衡（8.3，9.6.2）
　　Gain Compress　　　　　　　　　　　增益压缩（9.6.2）
　　Gain Saturation　　　　　　　　　　　增益饱和（9.6.2）
　　In-Line　　　　　　　　　　　　　　在线放大器（6.1.4）
　　Preamplifiers　　　　　　　　　　　　前置放大器（6.1.4）
　　Raman　　　　　　　　　　　　　　拉曼光纤放大器（6.4）
Optical Fiber Fusion Splicing Equipment　　光纤熔接设备（11.1.2）
Optical Isotropic　　　　　　　　　　　　光各向同性（1.3.4）
Optical Isolator　　　　　　　　　　　　光隔离器（3.7）
Optical Modulator　　　　　　　　　　　光调制器（3.5）
　　EAM（Electro Absorption Modulator）　电吸收波导调制器（3.5.3）
　　External Modulator　　　　　　　　　外调制器（7.1.4）
　　Intensity Modulator　　　　　　　　　强度调制器（3.5）
　　Mach-Zehnder Modulator　　　　　　马赫-曾德尔调制器（3.5.1）
　　Phase Modulator　　　　　　　　　　相位调制器（3.5.1）
Optical Path（phase）Difference　　　　　光程（相位）差（1.2.2，3.3.2，3.8.3，3.4.2，3.5.1，3.6.3，4.4.2，4.4.3）
Optical Power Meter　　　　　　　　　　光功率计（11.1.1）
Optical Receiver　　　　　　　　　　　　光接收机（5.3）
　　PDR（Phase-Diversity Receiver）　　　相位分集接收机（7.4.3）
　　PDR（Polarization Diversity Receiver）　极化分集接收机（7.4.3）
Optical Resonant　　　　　　　　　　　光谐振（1.3.2）

Optical Source   光源（4.1~4.6）
Optical Switche   光开关（3.6）
    Electro-Optic   电光开关（3.6.2）
    Mechanism   机械光开关（3.6.1）
    MEMS（Micro-Electro-Mechanical System） 微机电系统光开关（3.6.1）
    Thermo-Optical   热光开关（3.6.3）
    Waveguide   波导光开关（3.6.2）
Ordinary Optical Ray   寻常光线（1.3.4）
ORL（Optical Return Loss）   回波损耗（9.4.4, 10.2.4）
OSNR（Optical SNR）   光信噪比（5.4.4, 5.5, 9.2, 9.3）
OTDR（Optical Time-Domain Reflectometer）   光时域反射计（11.1.3, 11.1.4）
OTN（Optical Transport Network）   光传输网（1.1.3）
Overhead   开销（7.2.4）
    FOH（Frame Overhead）   帧开销

P

Password   密码（10.3.5）
PCM（Pulse Code Modulation）   脉冲编码调制（7.1.1, 7.2.4）
PD（Photo Detection）   光检测器（5.1）
PDH（Plesiochronous Digital Hierarchy）   准同步数字制式（附录 E）
PDR（Phase-Diversity Receiver）   相位分集接收机（7.4.3）
Phase Velocity   相速度（1.2.2, 1.3.1, 1.3.4）
Photodetector（PD）   光探测器（5.1, 5.2）
PIC（Photonic Integrated Circuit）   光子集成电路（3.7.2, 4.4）
PIN Photodiode   PIN 光电二极管（5.2.1）
PLC（Planer Lightwave Circuit）   平面波导电路（3.3.2）
PM（Phase Modulation）   相位调制，调相（3.5.1）
PMD（Polarization Mode Dispersion）   偏振模色散（2.2.3, 2.3.2, 11.2.4）
Pockels Effect   珀克效应（3.5.1）
    Pockels Phase Modulator   珀克相位调制器
Polarization   偏振（1.3.3）
    Analyzer   检偏器（3.5.1, 3.9.2）
    Control   偏振控制（3.9.3）
    Elliptically Polarized   椭圆偏振（1.3.3）
    Linearly Polarized（LP）   线偏振（1.3.3）
    Left Circularly Polarized   左圆偏振（1.3.3）
    Polarizer   起偏器（3.5.1, 3.9.2）
    Right Circularly Polarized   右圆偏振（1.3.3）

PON（Passive Optical Network） 　　　　无源光网络（10）

    APON（ATM PON） 　　　　ATM PON（10.1.2, 10.2.2）

    EPON（Ethernet PON） 　　　　以太网 PON（10.4.1）

    GPON（Gigabit Capable PON） 　　　　吉比特无源光网络（10.4.2）

    PS-PON（Power Splitting PON） 　　　　功率分配 PON（10.3）

    TDM-PON 　　　　时分复用无源光网络（10.4.3, 10.4.4）

    WDM-PON 　　　　WDM 无源光网络（10.4.3）

    WDM/TDM 　　　　WDM/TDM 混合无源光网络（10.4.4）

Power Penalty 　　　　功率代价（5.5.3, 9.4.4）

    Chirp-Induced 　　　　啁啾引入（9.4.4）

    Dispersion-Induced 　　　　色散引入（9.4.4）

    Extinction Ratio 　　　　消光比引入（5.5.3）

    Feedback-Induced 　　　　光反馈引入（9.4.4）

    Intensity-Noise 　　　　强度噪声引入（5.5.3）

    Modal-Noise 　　　　模式噪声引入（9.4.4）

    Mode-Partition Noise 　　　　模式分配噪声引入（9.4.4）

    RIN-Induced 　　　　相对强度噪声引入（5.5.3）

PSCF（Pure Silica Core Fiber） 　　　　纯硅芯光纤（2.5.2）

PS-PON（Power Splitting PON） 　　　　功率分配 PON（10.4.3）

Q

Q 　　　　信号电平和判决门限之差与均方噪声之比（5.5.1, 9.2, 9.3）

QAM（Quadrature Amplitude Modulation） 　　　　正交幅度调制

QPSK（Quadrature Phase-Shift Keying） 　　　　正交相移键控调制（4.7.1）

Quantum 　　　　量子

    Quantum Well 　　　　量子阱（4.3.2, 4.4.2）

    Quantum Device 　　　　量子器件（4.3.2, 5.2.4）

    Quantum Efficiency 　　　　量子效率（5.1, 5.2.1, 5.2.4, 5.4.2, 5.5.2）

Quarter-Wave Plate Retarder 　　　　四分之一波片（3.5.1, 3.9.1）

Quartz 　　　　石英（1.3.4, 3.5.1）

R

3R（Reshaping, Regenerating, Retiming） 　　　　整形、再生和再定时功能（6.1, 6.4.5）

Raman 　　　　拉曼（6.4）

    DRA（Distributed Rama Amplifier） 　　　　分布式拉曼放大器

    Raman Amplifier 　　　　拉曼放大器（6.4）

    Raman Gain 　　　　拉曼增益（6.4.2）

    Raman Scattering 　　　　拉曼散射（6.4.1）

Rayleigh Scatter　　　　　　　　　　　瑞利散射（2.3.1）

Reflection　　　　　　　　　　　　　　反射（1.3.1）

Reflectionat Normal Incidence　　　　　法线入射反射（1.3.2）

　　　Multiple Reflection　　　　　　　多次反射（4.2.3）

Reliability　　　　　　　　　　　　　可靠性（9.6.4）

Repeater　　　　　　　　　　　　　　中继器（6.1.4）

Repeater Space　　　　　　　　　　　中继距离（6.1.4, 9.5.2）

Retarding Plate　　　　　　　　　　　相位延迟片（3.5.1, 3.9.1）

RF（Radio Frequency）　　　　　　　射频（8.8）

RF UTC-PD（Refracting Facet UTC-PD）　平面折射 UTC 光探测器（5.2.6）

Ring Network　　　　　　　　　　　环网（9.1.2）

RIN（Relative Intensity Noise）　　　相对强度噪声（4.6.4, 9.4.4）

RoF（Radio of Fiber）　　　　　　　射频信号光纤传输（7.2.4）

Rowland Circle　　　　　　　　　　罗兰圆（3.8.1, 3.8.3, 4.4.2）

RS Code　　　　　　　　　　　　　由 Reed 和 Solomon 提出的一种多进制 BCH 码（8.1）

RS（Reed Solomon）　　　　　　　里德-所罗门（编码）（8.1）

RZ（Return To Zero）　　　　　　　归零（脉冲）（7.1.2）

S

SA（Single Armored）Cable　　　　单铠装光缆（9.5.1）

Sampling Time　　　　　　　　　　取样时刻（5.5.1, 7.1.2）

Scattering　　　　　　　　　　　　散射（2.3.1）

　　　Rayleigh Scattering　　　　　　瑞利散射

　　　SRS（Stimulated Raman Scattering）　受激拉曼散射（2.3.5, 6.4）

　　　SBS（Stimulated Brillouin Scattering）　受激布里渊散射（9.6.2）

SCM（Subcarrier Modulation）　　　副载波调制（7.1.4）

SCM（Subcarrier Multiplexing）　　副载波复用（7.1.3, 7.2.2）

SDH（Synchronous Digital Hierarchy）　同步数字制式（附录 E）

SDLS（Submarine Digital Line Section）　海底数字线路段（9.3.1）

Self-Healing Network　　　　　　　自愈网（9.6.4）

Sensitivity　　　　　　　　　　　　灵敏度（5.5.3）

SE（Spectral Efficiency）　　　　　频谱效率（1.1.2）

SES（Severely Errored Second）　　严重误码秒（9.6.3）

SEQ（Shape Equalizer）　　　　　　形状均衡器（8.3.1）

SFEC（Super Forward Error Correction）　超强前向纠错（8.1）

SG-DBR（Sampled Grating DBR）　取样光栅多段分布布拉格反射（4.4.1）

Shannon Limit　　　　　　　　　　香农限制（4.7.5）

Shot Noise　　　　　　　　　　　　散粒噪声（5.4.1）

SI（Step Index）Fiber　　　　　　　　　　阶跃折射率光纤（2.1.1）

Singlemode Fiber　　　　　　　　　　　　单模光纤（2.1.2）

Skew Ray or Helical Ray　　　　　　　　斜射光线或螺旋光线（2.2.2）

SLED（Super LED）　　　　　　　　　　超发光二极管（10.4.3）

SLM（Single Longitudinal Mode）Laser　单纵模激光器（4.3.3，4.6.1）

Slow Axis　　　　　　　　　　　　　　　慢轴（1.3.4）

Small-Signal Gain　　　　　　　　　　　小信号增益（6.1.2，6.3.2，6.3.6）

SMSR（Side Mode Suppression Ratio）　边模抑制比（4.3.3）

Snell's Law　　　　　　　　　　　　　　斯奈尔定律（1.3.1）

SNR（Signal-to-Noise Ratio）　　　　　信噪比（5.4，5.5.2，6.1.3）

SOA（Semiconductor Optical Amplifier）　半导体光放大器（6.2）

　　RSOA（Reflective SOA）　　　　　　　反射式 SOA（10.4.3）

SONET（Synchronized Optical Network）　同步光网络（北美）（附录 E）

Spectral Attenuation　　　　　　　　　损耗谱（2.3.1）

Spectral Width　　　　　　　　　　　　频谱宽度（4.2.1，4.3.3，4.5.1，4.6.1）

Spherical Wave　　　　　　　　　　　　球面波（1.3.2）

Spontaneous Emission　　　　　　　　自发辐射（6.1.3）

SPM（Self-Phase Modulation）　　　　自相位调制（2.3.5）

SQW（Single Quantum Well）　　　　单量子阱（4.3.2）

SRS（Stimulated Raman Scattering）　受激拉曼散射（2.3.5，6.4）

Stationary Waves or Standing EM　　驻波（1.3.2，4.2.3）

Star Network　　　　　　　　　　　　星形网（9.1.2）

Stokes Shift　　　　　　　　　　　　斯托克斯频差（6.4.1）

Subcarrier　　　　　　　　　　　　　副载波（7.2.1，7.2.2）

System Design　　　　　　　　　　　系统设计（9）

　　Dispersion-Limited Lightwave System　色散限制系统设计（9.1.4）

　　Digital System Design　　　　　　数字系统设计（9.4.1）

　　System Architecture　　　　　　　系统结构（9.1.2）

　　Loss-Limited Lightwave System　损耗限制系统设计（9.1.3）

　　Power Budget　　　　　　　　　功率预算（9.4）

　　WDM System Design　　　　　　WDM 系统设计（9.6）

T

Tapered WG-PD　　　　　　　　　　分支波导探测器（5.2.6）

TDM（Time-Division Multiplexing）　时分复用（7.1.3，7.2.4）

TDM-PON　　　　　　　　　　　　时分复用无源光网络（10.4.4）

TDMA（Time Division Multiple Access）　时分多址，时分多路接入（7.1.3，10.3.4）

TE（Transverse Electric Field modes）　横电模（1.3.5，2.2.2，2.3.2）

TEG（Tilt Equalizers） 斜率均衡器（8.3.1，8.3.3）
TEM（Transverse Electric Magnetic Field modes） 横电磁模（1.3.5，4.2.3，4.5.1，4.6.2）
Temporal and Spatial Coherence 时间和空间相干（1.3.2）
TFF（Thin-Film Filters） 薄膜电介质镜（3.4.3，8.3.2）
TGC（Tunable Grating Cavity） 调谐光栅腔（4.4.2）
TGEG（Tunable Gain Equalizer） 调谐增益均衡器（8.3.1）
Thermal Noise 热噪声（5.4.1）
Threshold of Decision 判决门限（5.5.1）
Timing Jitter 定时抖动（5.5.3）
TIA（Transimpedance Amplifer） 转移阻抗放大器（5.3.1，11.1.1）
TM（Transverse Magnetic Field mode） 横磁模（1.3.5，2.2.2，2.3.2）
TOS（Thermo Optic Switche） 热光开关（3.6.3）
Transmission Coefficient 折射率（1.3.4）
Tree Network 树状网（9.1.2）
TW-SOA（Travelling Wave-SOA） 行波半导体激光放大器（6.2.1）
TW-PD（Traveling Wave PD） 行波探测器（5.2.6）

U

UAS（Unavailable Second） 不可用秒（9.6.3）
UNI（User Network Interface） 用户网络接口（10.2.1）
UTC-PD（Uni-Traveling Carrier PD） 单行载流子光探测器（5.2.4）
Undersea Fiber Communication 海底光缆通信（8.9）

V

V 归一化频率，归一化纤芯直径（2.2.2）
VCSEL（Vertical Cavity Surface Emitting Laser） 垂直腔表面发射激光器（4.5.1）
VMP TW-PD（Velocity Matched Periodic TW-PD） 光串行馈送的速度匹配周期分布式行波 PD（5.2.6）

W

Wave 波
　Circularly Polarized Wave 圆偏振波（1.3.3，1.3.4）
　Electromagnetic Wave 电磁波（1.2.1，1.2.2）
　Elliptically Polarized Wave 椭圆偏振波（1.3.3）
　Evanescent Wave 消逝波（1.3.1）
　Linearly Polarized Wave 线性偏振波（1.3.3，1.3.4，2.2.2）
　Plane Electromagnetic Wave 平面电磁波（1.2.2）
　Plane-Polarized Wave 平面偏振波（1.3.3）
　Sinusoidal Wave 正弦波（1.2.2）
　Spherical Wave 球面波（1.2.2）

Stationary or Standing EM Wave	驻波（1.3.2，4.2.2）
Wave Equation	波动方程（1.2.1）
Wavefront	波前（1.2.2，1.3.1，1.3.2，2.2.2，2.3.2）
Waveguide	波导
Waveguide Modulator	波导调制器（3.5）
Waveguide Switche	波导开关（3.6.2）
Waveguide Condition	波导条件（2.2.2）
Wavelength	波长（1.2.1）
Cut-off Wavelength	截止波长（2.2.3）
Wave Number k	波数（1.2.1，1.2.2，1.3.2）
Wavevector k	波矢量（1.2.2，1.2.4，1.3.1，2.2.2）
WDM（Wavelength Division Multiplexing）	波分复用（7.1.3，7.3.1）
WDMA（Wavelength Division Multiacces）	波分多址/波分多路接入（10.3.4）
WDM Component	波分复用器件
Broadcast Star Coupler	广播星形耦合器（3.2.2）
Multiplexers And Demultiplexer	复用和解复用器（3.4）
Tunable Optical Filter	调谐光滤波器（3.3）
WG-PD（Waveguide PD）	波导型探测器（5.2.5）
WPAN（Wireless Personal Area Network）	无线个人区域网（8.8.2）
WNZ-DSF（Wide Band NZ-DSF）	宽带非零色散位移光纤（2.4.6）

附录 J　二维码对应内容

1-1　贝尔发明电话

1-2　世界上第一台红宝石激光器发明者——梅曼

1-3　高锟——光纤之父、诺贝尔物理学奖得主

1-4　爱因斯坦那不可思议的 1905 年

1-5　麦克斯韦电磁学论文《论法拉第力线》的诞生过程

1-6　赫兹实验验证电磁波存在

1-7　斯奈尔——折射定律发现者

1-8　电谐振

1-9　基本的法布里-珀罗（F-P）干涉仪

1-10　法国导师法布里和其中国学生严济慈

1-11　惠更斯-菲涅尔原理

1-12　布拉格不向贫穷低头，穿着破皮鞋努力奋斗成功

1-13　巴塞林那斯——双折射现象的发现者

2-1　海底光缆及光中继器

3-1　珀克对晶体学的贡献

3-2　法拉第，铁匠儿子订书匠学徒，靠勤奋为电磁学等领域做出杰出贡献

3-3　英国物理学家法拉第及其伟大贡献——用场表示磁

3-4　磁光波导光隔离器

3-5　光环形器

6-1　减小 SOA 极化敏感度的方法

7-1　QPSK 星座图和 16QAM 偏振复用星座图

8-1　SEA-ME-WE 海底光缆通信系统

9-1　亚太 2 号海底光缆通信系统网络管理系统简介

10-1　测距

10-2　10 Gbit/s 直流耦合突发模式光接收机

11-1　C-OTDR 用于海底光缆 WDM 通信系统线路终端（LTE）监控

参 考 文 献

［1］ 原荣．光纤通信技术［M］．北京：机械工业出版社，2011．

［2］ 原荣．海底光缆通信——关键技术、系统设计及 OA&M［M］．北京：人民邮电出版社，2018．

［3］ 原荣．宽带光接入技术［M］．北京：电子工业出版社，2010．

［4］ 原荣．光纤通信［M］．3 版．北京：电子工业出版社，2010．

［5］ KASAP S O. Optoelectronics and photonic：principles and practices［M］. New Jersey：Prentice-Hall, 2001.

［6］ JOSEPH C. Fiber optic communications［M］. 4th ed. New Jersey：Prentice-Hall, 1998.

［7］ AGRAWAL G P. Fiber - optic communication systems［M］. 2nd ed, New Jersey：John Wiley & Sons, 1997.

［8］ 黄怀诚．激光通信［M］．北京：国防工业出版社，1976．

［9］ 末松安晴，伊贺健一．光纤通信入门［M］．刘时衡，梁民基，译．北京：国防工业出版社，1981．

［10］ HALIDAY D, RESNICK R. 物理学［M］．2 版．李仲卿，等，译．北京：科学出版社，1978．

［11］ 原荣．光纤通信网络［M］．2 版．北京：电子工业出版社，2012．

［12］ 菊池和郎，等．光信息网络［M］．玄明奎，姜明珠，译．北京：科学出版社，2005．

［13］ 杨同友，杨邦湘．光纤通信技术［M］．北京：人民邮电出版社，1995．

［14］ 顾畹仪，黄永清，陈雪．光纤通信［M］．北京：人民邮电出版社，2006．

［15］ 副岛俊雄，贝渊俊二．光纤通信基础［M］．李先源，石景魁，译．北京：人民邮电出版社，1988．

［16］ TAEBI S, SAINI S S. L-Band polarization-independent reflective SOA for WDM-PON applications［J］. IEEE Photonics Technology Letters, 2009, 21（5）：334-336.

［17］ ITU-T. 10-Gigabit-capable passive optical networks（XG-PON）：physical media dependent（PMD）layer specification：ITU-T G. 987. 2［S］.

［18］ ITU-T. Optical system design and engineering considerations：Series G Supplement 39［S］.

［19］ COUCH L W II. 数字与模拟通信系统［M］．罗新民，任品毅，田琛，等，译．6 版．北京：电子工业出版社，2002．

［20］ CHESNOY J. Undersea fiber communication systems［M］. 2nd ed. New York：Academic Press, 2016.

［21］ 原荣，邱琪．光子学与光电子学［M］．北京：机械工业出版社，2014．

［22］ CHANDRAEKHAR S, LIU X. Enabling components for future high - speed coherent communication systems［C］//Optical Fiber Communication Conference and Exposition and the National Fiber Optic Engineers Conference 2011, OMU5.

［23］ YI Y, LU Y Z, LIU L, et al. Experimental demonstration of single carrier 400G/500G in 50 GHz grid for 1000 km transmission［C］// Optical Fiber Communication Conference, 2017, Tu2E. 4.

［24］ OIF. 100G ultra long haul DWDM framework document：OIF - FD - 100G - DWDM - 01. 0［S/OL］.

www. oiforum. com.

［25］ OIF. Technology options for 400G implementation：OIF-Tech-Options-400G-01. 0 ［S/OL］. www. oiforum. com.

［26］ OIF. Flex coherent DWDM transmission framework document：OIF-FD-FLEXCOH-DWDM-01. 0 ［S/OL］. www. oiforum. com.

［27］ ITU-T. Interfaces for the Optical Transport Network（OTN）：ITU-T Recommendation G. 709 ［S］.

［28］ GORSHE S. Beyond 100G OTN interface standardization ［C］//Optical Fiber Communication Conference, 2017, Th1I. 1.

［29］ HIRANO M. Ultralow loss fiber advances ［C］. //Optical Fiber Communication Conference, 2014, M2F. 1.

［30］ CHESNOY J. Undersea fiber communication systems ［M］. Elsevier Science（USA）：Academic Press, 2002.

［31］ ITU-T. Characteristics of optical fibre submarine cable：ITU-T G. 978 ［S］.

［32］ Dragone C, Edwards L A, Kistler R C. Integrated optical $N \times N$ multiplexer on silicon ［J］. IEEE Photonics Technology Letters, 2002, 3（10）：896-899.

［33］ TACHIKAWA Y, LNOUE Y, KAWACHI M, et al. Arrayed-Waveguide grating add-drop multiplexer with loop-back optical paths ［J］. Electronic Letters, 1993, 29：2133~2134.

［34］ OKAMOTO K, TAKIGUCHI K, OHMORI Y. 16-channel optical add/drop multiplexer using silica-based arrayed waveguide ［J］. Electronic Letters, 1995, 31（9）：723~724.

［35］ 住村和彦, 西浦匡则. 图解光纤激光器入门 ［M］. 宋鑫, 译. 北京：机械工业出版社, 2013.

［36］ KOKUBUN Y. Passive waveguide device technologies – building block of functionality and Integration ［C］// Optical Fiber Communications Conference & Exhibition, 2017, Th3E. 5.

［37］ 原荣. 光纤通信简明教程 ［M］. 北京：机械工业出版社, 2013.

［38］ PILIPETSKIL A. High capacity submarine transmission systems ［C］// Optical Fiber Communication Conference（OFC）, 2015, W3G. 5.

［39］ ITU-T. Generic characteristics of Raman amplifiers and Raman amplified subsystems ITU-T G. 665 ［S］.

［40］ 原荣. 认识光通信 ［M］. 北京：机械工业出版社, 2020.

［41］ ITU-T. Forward error correction for high bite-rate DWDM submarine systems Corrigendum 2：ITU-T G. 975. 1 Corrigendum 2 ［S］.

［42］ ITU-T. Forward error correction for submarine cable systems：ITU-T G. 975 ［S］.

［43］ RAYBON G. High symbol rate transmission systems for data rates from 400 Gb/s to 1 Tb/s ［C］// Optical Fiber Communication Conference（OFC）, 2015, M3G. 1.

［44］ MARDOYAN H, MULLER R R, MESTRE M A, et al. Trunsmission of single-carrier Nyquist-shaped 1-Tb/s line-rate signal over 3000 km ［C］//Optical Fiber Communication Conference（OFC）, 2015, W3G. 2.

［45］ KIKUCHI K. Coherent optical communication technology ［C］// Optical Fiber Communication Conference, 2015, Th4f. 4.

［46］ RASMUSSEN C, PAN Y, AYDINLIK M, et al. Real-time DSP for 100+Gb/s ［C］//Optical Fiber Conference, 2013, OW1E. 1.

［47］ GEYER J C, FLUDGER C R S, DUTHEL T, et al. Efficient frequency domain chromatic dispersion compensation in a coherent polmux QPSK - receiver [C]//Optical Fiber Communication Conference, 2010, OWV5.

[48] CHATELAIN B, LAPERLE C, ROBERTS K, et al. Optimized pulse shaping for intra-channel nonlinearities mitigation in a 10G baud dual-polarization 16-QAM system [C]//Optical Fiber Communication Conference, 2011, OWO5.

[49] MENG Y, TAO Z N, YAN W Z, et al. Experimental comparison of no - guard - interval - OFDM and Nyquist-WDM superchannels [C]//Optical Fiber Communication Conference, 2012, OTh1B. 2.

[50] SCHMOGROW R, MEYER M, WOLF S, et al. 150 Gbit/s real-time Nyquist pulse transmission over 150 km SSMF enhanced by DSP with dynamic precision [C]//Optical Fiber Communication Conference, 2012, OM2A. 6.

[51] BERTRAN-PARDO O, RENAUDIER J, TRAN P, et al. Submarine transmissions with spectral efficiency higher than 3 b/s/Hz using Nyquist pulse-shaped channels [C]//Optical Fiber Communication Conference, 2013, OTu2B. 1.

[52] XIA T J, WELLBROCK G A, HUANG M F, et al. Transmission of 400G PM-16QAM channels over long-haul distance with commercial all-distributed Raman amplification system and aged standard SMF in field [C]//Optial Fiber Communication Conference, 2014, Tu2B. 1.

[53] ZHAN G S, YAMAN F, WANG T, et al. Transoceanic transmission of dual-carrier 400G DP-8QAM at 121. 2 km span length with EDFA-Only [C]//Optical Fiber Communication Conference, 2014, W1A. 3.

[54] LI F, CAO Z Z, ZHANG J W, et al. Transmission of 8×520 Gbit/s Signal Based on Single Band/λ PDM-16QAM-OFDM on a 75-GHz Grid [C]//Optical Fiber Communication Conference, 2016, Tu3A. 3.

[55] JANUARIO J, ROSSI S, JUNIOR J H, et al. Unrepeatered WDM transmission of single - carrier 400G (66-GBd PDM-16QAM) over 403 km [C]//Optical Fiber Communication Conference, 2017, Th4D. 1.

[56] AMADO S, GUIOMAR F, MUGA N J. 400G frequency-hybrid superchannel for the 62. 5 GHz slot [C]. //Optical Fiber Communication Conference, 2017, Th4D. 4.

[57] MAZURCZY K M, CAI J X, BATSHON H G, et al. 5 0GBd 64APSK coded modulation transmission over long haul submarine distance with nonlinearity compensation and subcarrier multiplexing [C]//Optical Fiber Communication Conference, 2017, Th4D. 5.

[58] LOUSSOUARN Y, PINCEMIN E, GAUTIER S, et al. Single-carrier 61 Gbaud DP-16QAM transmission using bandwidth-limited DAC/ADC and Narrow filtering equalization [C]//Optical Fiber Communication Conference, 2017, M2E. 3.

[59] ZHANG J W, YU J J. Single-carrier 400G Based on 84-GBaud PDM-8QAM Transmission over 2 125 km SSMF Enhanced by Preequalization, LUT and DBP [C]//Optical Fiber Communication Conference, 2017, Tu2E. 2.

[60] ZHANG J W, YU J J, CHIEN H C, et al. WDM transmission of 16-channel single-carrier 128-GBaud PDM - 16QAM signals with 6. 06 bit/s/Hz SE [C]//Optical Fiber Communication Conference, 2017, Tu2E. 5.

[61] SCHUH K, BUCHALI F, IDLER W, et al. 800 Gbit/s dual channel transmitter with 1. 056 Tbit/s gross rate [C]//Optical Fiber Communication Conference, 2017, Tu2E. 6.

［62］ ZHOU X，NELSON L E，ISAAC R，et al. 12 000 km Transmission of 100 GHz Spaced，8 495－Gb/s PDM Time－Domain Hybrid QPSK－8QAM Signals ［C］//Optical Fiber Communication Conference，2013，OTu2B. 4.

［63］ ITU－T. Characteristics of optically amplified optical fibre submarine cable systems ITU－T G. 977 ［S］.

［64］ 海底光缆工程设计规范：GB/T 51154-2015 ［S］. 北京：中华人民共和国工业和信息化部，2015.

［65］ ITU－T. Characteristics of regenerative optical fibre submarine cable systems：ITU－T G. 974 ［S］.

［66］ ITU－T. Characteristics of repeaterless optical fibre submarine cable systems：ITU－T G. 973 ［S］.

［67］ ITU－T. Design guidelines for optical fibre submarine cable systems：ITU－T Series G Supplement 41 ［S］.

［68］ ITU－T. Spectral grids for WDM applications：DWDM frequency grid：ITU－T G. 694. 1 ［S］.

［69］ ITU－T. Test methods applicable to optical fibre submarine cable systems：ITU－T G. 976 ［S］.